CFD基础与软件应用

——Gambit、ICEM、Fluent、CFX、Tecplot

韩占忠　黄　彪　吴　钦　朱宏政　编

机 械 工 业 出 版 社

本书针对本科生和硕士研究生开设热流体软件基础与应用课程而编写，内容涵盖CFD基础、ANSYS Fluent、ANSYS CFX和Tecplot的基本操作与工程应用范例，其中Fluent部分有9个典型范例，CFX部分有7个典型范例。本书的主要读者对象是理工科院校的本科生和硕士研究生，也可供相关专业的科技人员参考使用。

扫码获取配套资源

图书在版编目（CIP）数据

CFD基础与软件应用：Gambit、ICEM、Fluent、CFX、Tecplot/韩占忠等编. —北京：机械工业出版社，2023.4（2024.12重印）

ISBN 978-7-111-72820-7

Ⅰ.①C… Ⅱ.①韩… Ⅲ.①计算流体力学-应用软件 Ⅳ.①O035-39

中国国家版本馆CIP数据核字（2023）第049175号

机械工业出版社（北京市百万庄大街22号 邮政编码100037）

策划编辑：薛颖莹 责任编辑：汤 嘉

责任校对：樊钟英 李 杉 封面设计：陈 沛

责任印制：常天培

北京机工印刷厂有限公司印刷

2024年12月第1版第2次印刷

184mm×260mm · 31印张 · 764千字

标准书号：ISBN 978-7-111-72820-7

定价：99.00元

电话服务

客服电话：010-88361066

010-88379833

010-68326294

网络服务

机 工 官 网：www.cmpbook.com

机 工 官 博：weibo.com/cmp1952

金 书 网：www.golden-book.com

机工教育服务网：www.cmpedu.com

前言

人类的生活越来越离不开对流体流动规律的研究，无论是航空、航天、航海，还是石油化工、汽车外形设计，乃至医学领域等，都与流体流动问题密切相关。而由于流体流动的特殊性，包括流体的易变形性、可压缩性等，到目前为止，人们对流体流动规律的认识还远远不够。

自阿基米德开始，科学家们在实验研究和理论研究的基础上，逐渐建立起流体流动的规律和控制微分方程，比如阿基米德的浮力定理、牛顿内摩擦定律、欧拉方程、N-S 方程等。这些前人的研究成果无疑给我们带来了许多惊喜，也使后人可以对比较简单的流动问题进行有效的研究和计算。但当遇到比较复杂的流动问题时，类似于伯努利方程等就难以胜任了，特别是涉及需要研究流场内部的流动细节时，比如压力分布或速度分布，此时就需要求解 N-S 方程了。对于欧拉方程和 N-S 方程，我们假定这些控制方程是正确的，但由于方程的非线性问题，目前对这些方程的求解还是很无奈的。为此，科学家们提出了采用离散的方法求解微分方程，将连续的流场空间离散化，在离散点上利用差分方法将微分方程转化为代数方程，构成代数方程组，进而求解离散点上的值，用离散解来替代连续解，这就是计算流体力学的基本出发点。

计算流体力学（Computational Fluid Dynamics，CFD），是 20 世纪 50 年代以来随着计算机的发展而产生的一个介于数学、流体力学和计算机科学之间的交叉学科，主要研究内容是通过计算机和数值方法来求解流体力学的控制方程，对流体力学问题进行仿真计算模拟和分析。早在 20 世纪初就有人提出了用数值方法来解流体力学问题的思想，但是由于这种问题本身的复杂性和当时计算工具的落后，这一思想并未引起人们重视。自从 20 世纪 40 年代中期电子计算机问世以来，用电子计算机进行数值模拟和计算才成为现实。1963 年，美国的 F. H. 哈洛和 J. E. 弗罗姆用当时的 IBM7090 计算机，成功地解决了二维长方形柱体的绕流问题并给出尾流涡街的形成和演变过程，受到普遍的重视。1965 年，哈洛和弗罗姆发表“流体动力学的计算机实验”一文，对计算机在流体力学中的巨大作用做了介绍。从此，人们把 20 世纪 60 年代中期看成是计算流体力学兴起的年代。

计算流体力学的发展历史虽然不长，但已广泛深入到流体力学的各个领域。许多优秀的 CFD 商业软件也相继问世，比如 Fluent、CFX、Star-CD 等。1981 年，英国 CHAM 公司首先推出求解流动与传热问题的商业软件 PHOENICS，自此，在国际软件产业中迅速形成了通称为 CFD 软件的产业市场。种类繁多的流动与传热问题商业软件的相继发布，在促进 CFD 技术在工业实际应用方面起了很大的作用。CFD 软件之间还可以方便地进行数值交换，并采用统一的前、后处理工具，这就避免了科研工作者在设计计算机算法、编程、前后处理等方面投入的重复、低效的劳动，而可以将主要精力和智慧用于物理问题本身的探索上，所以这些软件的推出，大大方便了相关科技人员的研究工作。

本书是针对工科院校本科生和研究生开设相关课程而编写的，是一本 CFD 基础与软件应用方面的入门教材。本书在介绍 CFD 基本概念的基础上，通过对多个流体工程中常见典型问题的求解过程，在前处理方面介绍了 Gambit、ICEM 的应用方法与技巧；在求解计算方面介绍了 ANSYS Fluent 和 ANSYS CFX 两个软件平台的应用；后处理方面介绍了 Tecplot 360 的应用。编写的风格是“跟我学”的方式，从建模到计算，再到计算结果的后处理，一步一步地完成对问题的仿真计算与分析。另外，对本书的内容，读者或教师也可根据不同的专业或感兴趣的课题进行有选择的阅读。

本书由韩占忠、黄彪、吴钦、朱宏政共同编写，由韩占忠担任主编，具体分工如下：第 2 篇的第 5、6、9 章由安徽理工大学朱宏政博士编写；第 3 篇的第 1、2、3、4 章由北京理工大学黄彪博士编写；第 3 篇的第 5、6、7 章由北京理工大学吴钦博士编写；其余部分由韩占忠主笔。在本书的编写过程中，得到了北京理工大学流体工程研究所所有教师和部分研究生的大力支持和许多有益的建议，在此一并表示衷心的感谢。

由于编者水平有限，书中难免有错漏之处，望广大读者海涵并给予指正。

编　者

扫码获取配套资源

目　录

第 3 篇　ANSYS CFX 应用基础练习

第1篇

CFD基础

近几十年来，计算流体力学（Computational Fluid Dynamics，CFD）有了突飞猛进的发展，而且正以更快的速度向前推进。推动这一学科发展的原因，一方面是实际问题的需要，另一方面是计算技术的飞速发展和巨型计算机的出现。

本篇对计算流体力学的基本思想和方法进行简单介绍，并对CFD中常用的湍流模型的类型及应用进行简单说明。

第1章 计算流体力学概论

计算流体力学是一门多领域交叉学科，它所涉及的学科有流体力学、偏微分方程的数学理论、计算几何、数值分析、计算机科学等，其发展促进了这些学科的进一步发展。最终体现计算流体力学水平的是解决实际问题的能力。

第1节 计算流体力学与数值模拟

任何流体运动的规律都是以三个定律为基础的，即质量守恒定律、动量守恒定律和能量守恒定律。这些基本定律可由数学方程组来描述，如连续性方程、Euler 方程、N-S 方程等。采用数值计算方法，通过计算机求解这些数学方程，研究流体运动特性，给出流体运动空间定常或非定常流动规律，这样的学科就是计算流体力学。

计算流体力学的兴起推动了研究工作的发展。自 1687 年牛顿定律公布到 20 世纪 50 年代初，研究流体运动规律的主要方法有两种：一是实验研究，它以地面实验为研究手段；另一种是理论分析，它利用简单流动模型假设，给出所研究问题的解析解，例如势流理论等。这些研究成果推动了流体力学的发展，很多方法仍是目前解决实际问题时常采用的方法。然而，仅采用这些方法研究较复杂的非线性流动现象是不够的，特别是不能满足 20 世纪 50 年代已开始高速发展起来的宇航飞行器绕流流场特性研究的需要。

计算流体力学的兴起促进了实验研究和理论分析方法的发展，为流动模型的简化提供了更多的依据，使很多分析方法得到发展和完善。然而，更重要的是计算流体力学采用它独有的研究方法——数值模拟方法——研究流体运动的基本特性。这种研究方法的特点如下：

（1）给出流体运动区域内的离散解，而不是解析解，这有别于一般理论分析方法。

（2）它的发展与计算机技术的发展直接相关，这是因为所需模拟的流体运动的复杂程度、解决问题的广度都与计算机速度、内存等直接相关。

（3）若物理问题的数学提法（包括数学方程及其相应的边界条件）是正确的，则可在较广泛的流动参数（如马赫数、雷诺数、气体性质、模型尺度等）范围内研究流体力学问题，且能给出流场参数的定量结果。

以上这些常常是风洞或水洞实验和理论分析难以做到的。然而，要建立正确的数学方程还必须与实验研究相结合。另外，严格的稳定性分析、误差估计和收敛性理论的发展还跟不上数值模拟的进展。所以计算流体力学仍必须依靠一些较简单的、线性化的、与原问题有密切关系的模型方程的严格数学分析，给出所求解问题的数值解的理论依据，然后再依靠数值实验、地面实验和物理特性分析，验证计算方法的准确性和可靠性，从而进一步改进计算方法。

实验研究、理论分析和数值模拟是当前研究流体运动规律的三种基本方法，它们的发展是相互依赖、相互促进的。计算流体力学的兴起促进了流体力学的发展，改变了流体力学研究工作的状况，很多原来认为很难解决的问题，如超声速、高超声速钝体绕流、分离流以及湍流问题等，都有了不同程度的发展，且将为流体力学研究工作提供新的前景。

第2节 计算流体力学的发展

计算流体力学是随着计算技术和宇航飞行器的发展而逐步发展起来的一门独立学科。计算机问世之前，研究工作的重点是椭圆形方程的数值解。20世纪30年代所研究的绕流流场是假设气体的黏性和旋度效应可忽略不计，故流动的控制方程为拉普拉斯（Laplace）方程，求解的方法是基本解的迭加。后来，为了考虑黏性效应，有了边界层方程的数值计算方法，并发展为以位势流方程为外流方程，与内流边界层方程相结合，通过迭代求解黏性流场的计算方法。

同一时期，很多数学家研究了偏微分方程的数学理论。Hadamard、Courant、Friedrichs等研究了偏微分方程的基本特性、数学提法的适定性、物理波的传播特性、解的光滑性和唯一性等问题，发展了双曲型偏微分方程理论。以后，Courant、Friedrichs、Lewy等发表了经典论文，证明了连续的椭圆型、抛物型和双曲型方程组的存在性和唯一性定理，且针对线性方程的初值问题，首先将偏微分方程离散化，然后证明了离散系统收敛到连续系统，最后利用代数方法确定了差分解的存在性。他们还讨论了双曲型方程的特征性质，提出了特征线方法，给出了著名的稳定性判别条件：CFL（Courant-Friendrichs-Lewy）条件。这些工作是有限差分方法的数学理论基础。

20世纪60年代，基于双曲型方程数学理论基础的时间相关方法（time-dependent methods）开始应用于求解宇航飞行器的气体定常绕流流场问题。这种方法的基本思想是从非定常Euler方程或非定常N-S方程出发，利用双曲型方程或双曲-抛物型方程的数学特性，沿时间方向推进求解，由此得到对于时间t趋近于无穷大的渐进解为所要求的定常解。虽然该方法要求花费更多的计算时间，但因其数学提法适定，又有较好的理论基础，且能模拟流体运动的非定常过程，故成为应用范围较广的一般方法。后来，由Lax、Kreiss和其他学者给出的非定常偏微分方程差分逼近的稳定性理论，进一步促进了时间相关方法的发展。

20世纪70年代在计算流体力学中，取得较大成功的一大领域是采用时间相关方法求解可压缩N-S方程，数值模拟飞行器超声速、高超声速黏性绕流复杂流场的研究工作。针对流场中激波的数值模拟，发展了高分辨率的差分格式，如总变差递减格式（Total Variation Diminishing Scheme，DS），本质无跳动格式（Essentiallynon-oscillatory Scheme，ENO），守恒同族特征方法（Conservative Supracharacteristic Method，CSCM）等，形成了第二代差分格式。这些格式的应用使得超声速、高超声速和跨声速绕流流场的计算方法有了大的改进。目前已可模拟包含有各种宏观尺度结构的非光滑流场，如包含有激波、黏性干扰、分离涡、真实气体效应等物理特性的流场，可利用巨型计算机、采用合适的网格生成技术和有效的计算方法，求解非定常可压缩N-S方程，模拟各类流动。

在国内，早在20世纪50年代就有了计算流体力学方面的研究工作。早期的工作是研究钝头体超声速无黏绕流流场的数值解方法。20世纪70年代中期，开展了采用时间相关方法求解非定常Euler方程、可压缩N-S方程和简化N-S方程的计算方法研究。在差分格式和构造方面，提出了求解 Euler 方程的特征符号分裂方法和三层格式等。在可压缩 N-S 方程的求解中也提出了许多有效的方法。

应当指出，近几十年来计算流体力学发展很快，许多较成熟的商业软件包相继出现，如 Phoenix、Fluent、CFX、Star-CD 等，这些商业软件的出现，为从事相关专业的研究人员，特别是广大工程技术人员提供了很大的便利，也进一步促进了计算流体力学的发展和应用。

第 3 节 计算流体力学基本概念

本节对计算流体力学中若干基本概念进行简单的介绍。为使问题更为简单，在此选用一维模型对所涉及的概念和知识进行讲解，当然，所涉及的内容对于多元流动也是适用的。本节涉及内容有 CFD 的求解策略、有限差分方法、有限体积方法、网格收敛性、迭代的收敛性、数值稳定性等。

1. 为什么需要 CFD

首先讨论一下，为什么要用 CFD 的方法来解决流体流动问题。由力学的基本定律可以得到流体流动的控制方程，其中质量守恒方程为

$$\frac{\partial\rho}{\partial t}+\frac{\partial(\rho u)}{\partial x}+\frac{\partial(\rho v)}{\partial y}+\frac{\partial(\rho w)}{\partial z}=0 \tag{1-1}$$

动量守恒方程为

$$\begin{cases} X-\dfrac{\partial p}{\rho\partial x}+\dfrac{\mu}{\rho}\left(\dfrac{\partial^2 u}{\partial x^2}+\dfrac{\partial^2 u}{\partial y^2}+\dfrac{\partial^2 u}{\partial z^2}\right)=\dfrac{\partial u}{\partial t}+u\dfrac{\partial u}{\partial x}+v\dfrac{\partial u}{\partial y}+w\dfrac{\partial u}{\partial z} \\ Y-\dfrac{\partial p}{\rho\partial y}+\dfrac{\mu}{\rho}\left(\dfrac{\partial^2 v}{\partial x^2}+\dfrac{\partial^2 v}{\partial y^2}+\dfrac{\partial^2 v}{\partial z^2}\right)=\dfrac{\partial v}{\partial t}+u\dfrac{\partial v}{\partial x}+v\dfrac{\partial v}{\partial y}+w\dfrac{\partial v}{\partial z} \\ Z-\dfrac{\partial p}{\rho\partial z}+\dfrac{\mu}{\rho}\left(\dfrac{\partial^2 w}{\partial x^2}+\dfrac{\partial^2 w}{\partial y^2}+\dfrac{\partial^2 w}{\partial z^2}\right)=\dfrac{\partial w}{\partial t}+u\dfrac{\partial w}{\partial x}+v\dfrac{\partial w}{\partial y}+w\dfrac{\partial w}{\partial z} \end{cases} \tag{1-2}$$

这些方程与能量守恒方程一起，构成非线性偏微分方程组，是流体流动所必须满足的控制方程。从理论上讲，根据一定的边界条件和初始条件，对这些方程进行求解，就可得到对应的流动规律。但由于这些方程中包含着 $u\dfrac{\partial u}{\partial x}$ 这类的非线性项，使得对大多数工程问题而言，通过求解这些方程组来得到连续的解析解几乎是不可能的。为此，将连续区域划分为离散区域，将微分方程变为代数方程，通过计算机技术和计算方法来获得某些工程问题的近似解，就形成了所谓的计算流体力学（CFD）。

2. CFD 的求解策略

CFD 的求解策略有如下两点：

（1）将连续的区域进行离散化，形成离散的区域。

（2）针对离散的区域，利用数值方法将微分方程转化为代数方程，直接求解网格节点上的物理量，其他非节点处的值则可通过插值来得到。

计算流体力学（CFD）求解的基本思想就是将连续的流动区域用网格进行分割，从而形成离散的区域。在连续的流动区域中，各个物理量在区域内的每一个点上都是有定义的。例如，在一元流动中的压强可表示为

$$p=p(x), \quad 0<x<1 \tag{1-3}$$

但在离散后的区域中，各个物理量只在网格节点上才有值。例如将［0，1］区间分为 $N-1$ 份，共有 N 个节点，形成离散的流域如图 1-1-1 所示。

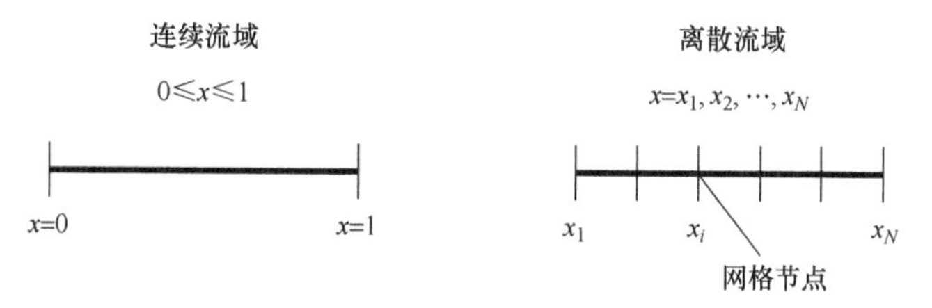

图 1-1-1　连续区域与离散区域

对于离散流域来说，压强仅在 N 个网格节点上有值

$$p_i=p(x_i) \quad i=1,2,\cdots,N \tag{1-4}$$

在 CFD 求解过程中，直接求解网格节点上的物理量，其他非节点处的值只能通过插值得到。

在控制流体流动的偏微分方程和边界条件中，变量 p、$\vec{v}$ 等都是连续的量，在离散后的区域中，用网格节点上的值 p_i、$\vec{v}_i$ 等来逼近这些连续的量。这就形成了由大量相互耦合的代数方程所组成的离散系统（方程组）。建立离散方程组并求解，包含了大量的重复而烦琐的计算，为此只能依赖计算机来完成了。

对于二维平面流动问题，流域离散后的情况如图 1-1-2 所示，图中显示的是求解翼型绕流所建立的离散区域（网格）。

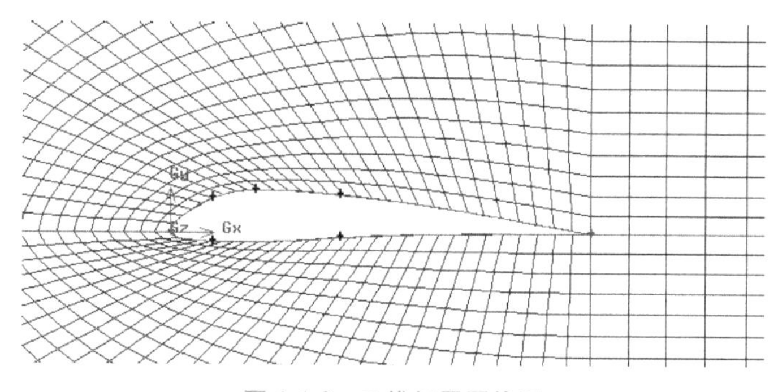

图 1-1-2　二维机翼网格图

3. 有限差分法

针对离散的区域，将微分方程转化为代数方程所用的方法有有限差分法、有限体积方法等。下面通过一个例子来说明有限差分法的基本思想。

对于一维方程

$$\frac{\mathrm{d}u}{\mathrm{d}x}+u^m=0 \qquad 0\leqslant x\leqslant 1, u(0)=1 \tag{1-5}$$

若设 $m=1$，则方程为线性方程

$$\frac{\mathrm{d}u}{\mathrm{d}x}+u=0 \qquad 0\leqslant x\leqslant 1, u(0)=1 \tag{1-6}$$

其精确解为 $u=\mathrm{e}^{-x}$。

现在将线段（区域）三等分，如图 1-1-3 所示。

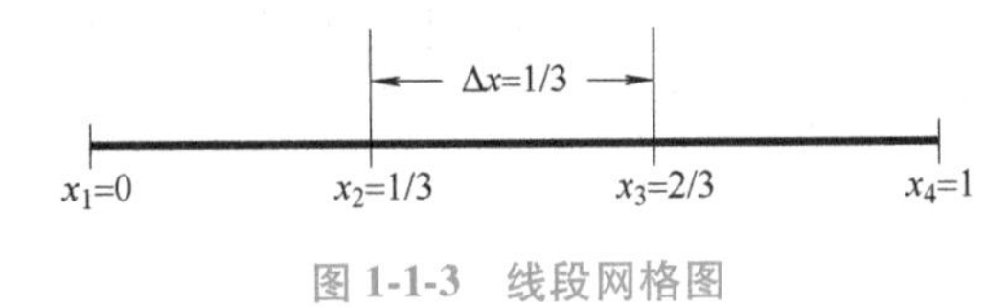

图 1-1-3　线段网格图

由于方程对于任何一个节点上都适用，则有

$$\left(\frac{\mathrm{d}u}{\mathrm{d}x}\right)_i + u_i = 0 \tag{1-7}$$

对于导数项，由泰勒展开式，有

$$u_i = u_{i-1} + \left(\frac{\mathrm{d}u}{\mathrm{d}x}\right)_i \Delta x + O(\Delta x^2)$$

得到在 i 点处微分的差分表达式

$$\left(\frac{\mathrm{d}u}{\mathrm{d}x}\right)_i = \frac{u_i - u_{i-1}}{\Delta x} + O(\Delta x) \tag{1-8}$$

略去高级小量，得到导数的一阶近似表达式为

$$\left(\frac{\mathrm{d}u}{\mathrm{d}x}\right)_i = \frac{u_i - u_{i-1}}{\Delta x}$$

代入式（1-7），得到微分方程离散化后的形式为

$$\frac{u_i - u_{i-1}}{\Delta x} + u_i = 0 \tag{1-9}$$

此时微分方程式（1-6）转化为代数方程式（1-9），式（1-9）也称为式（1-6）的差分格式。

利用泰勒展开导出离散代数方程的方法就称为有限差分方法。大多数商业 CFD 软件是采用有限体积法和有限元方法，以适应更复杂的流动问题。例如 Fluent 采用的是有限体积法，而 CFX 采用的是有限元法。

4. 有限体积法

前面关于翼型的网格（见图 1-1-2），是由许多四边形小网格组成的。对于有限体积方法，这样的小四边形网格称为单元（cell），网格线的交点称为节点（node）。对于二维平面问题，也可以是三角形网格，对于三维问题，单元通常是六面体、四面体或棱柱体。对于有限体积法，要求对每个单元满足积分形式的守恒方程，由此建立单元的离散方程。例如对于不可压定常流动，积分形式的连续性方程为

$$\int_S \vec{V} \cdot \vec{n} \mathrm{d}S = 0$$

式中，积分是对单元表面 S 进行的；$\vec{n}$ 为表面的外法向单位矢量。

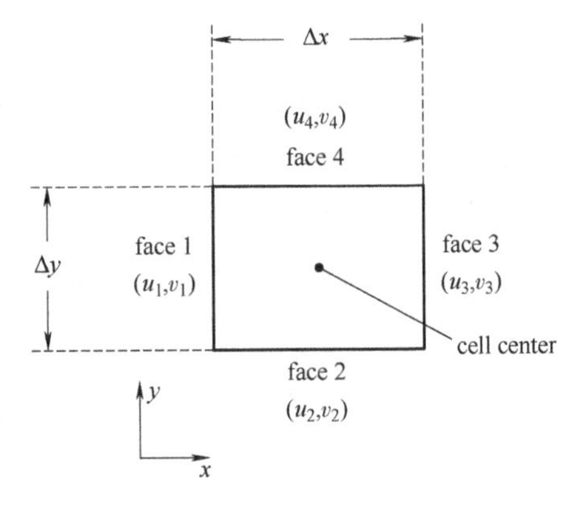

图 1-1-4　平面网格单元

对于如图 1-1-4 所示的矩形单元，在面（face）

i 上的速度为 $\vec{V}_i=u_i\boldsymbol{i}+v_i\boldsymbol{j}$。根据质量守恒定律，对此单元应有

$$-u_1\Delta y-v_2\Delta x+u_3\Delta y+v_4\Delta x=0$$

这就是该单元离散形式的连续性方程。由于保证了对此单元质量的纯流入量为0，故对此单元质量是守恒的。单元中心点的值可通过对离散方程的求解直接得到，即 u_1、v_2 等值可通过对矩形单元所列方程进行求解得到。

类似地，也可得到单元的动量守恒方程和能量守恒方程的离散方程。

对于前面提到的翼型的网格，使用 Fluent 时，采用有限体积法可保证对每一个单元的质量、动量和能量的守恒性，也可以保证其他物理量的守恒性，并可直接对单元中心处的物理量进行求解。

5. 离散方程组与边界条件的匹配

利用有限差分法所获得的离散方程为

$$\frac{u_i-u_{i-1}}{\Delta x}+u_i=0$$

整理后得到

$$-u_{i-1}+(1+\Delta x)u_i=0$$

利用前面图 1-1-3 的一维网格，在网格节点 $i=2$，3，4 处，可得到

$$\begin{cases}-u_1+(1+\Delta x)u_2=0, i=2\\-u_2+(1+\Delta x)u_3=0, i=3\\-u_3+(1+\Delta x)u_4=0, i=4\end{cases}$$

求解此方程组，必须要利用边界条件 $u_1=1$，从而构成一个关于 u_1，u_2，u_3，u_4的代数方程组，其矩阵形式如下

$$\begin{bmatrix}1 & 0 & 0 & 0\\-1 & 1+\Delta x & 0 & 0\\0 & -1 & 1+\Delta x & 0\\0 & 0 & -1 & 1+\Delta x\end{bmatrix}\begin{bmatrix}u_1\\u_2\\u_3\\u_4\end{bmatrix}=\begin{bmatrix}1\\0\\0\\0\end{bmatrix} \tag{1-10}$$

对于流域内的网格节点（有限体积中的单元），都可以列出相应的离散方程，并进行求解。对于靠近或位于边界上的节点（单元），可利用离散方程或边界条件进行处理。最后可使得离散系统代数方程组方程个数与未知量个数相同，从而进行求解。

一般来说，CFD 软件都会提供许多边界类型可供选择，例如速度入口边界（velocity inlet）、压力入口边界（pressure inlet）、压力出流边界（pressure outlet）等。确定适当的边界类型和边界条件，对于正确求解是非常重要的。

注意：一个错误的边界设置，会引起整个计算的失败。

6. 离散方程的求解

前面一维模型所得到的离散方程还是比较容易求解的，各个网格节点上的值求解如下。

设 $\Delta x=1/3$，则 $u_i=\dfrac{u_{i-1}}{1+\Delta x}=\dfrac{3u_{i-1}}{4}$，得到

$$u_1=1, u_2=3/4, u_3=9/16, u_4=27/64$$

方程（1-6）的精确解为 $u=\mathrm{e}^{-x}$，离散解与精确解对比如图 1-1-5 所示。明显看出，右边界处的误差最大，为 $\varepsilon=\dfrac{|u_4-\mathrm{e}^{-1}|}{\mathrm{e}^{-1}}=14.7\%$。

在 CFD 的实际应用中，会有成千上万个节点所对应的未知量和相应的方程，这样大规模的矩阵求解必须借助计算机进行，相应的计算程序也对计算机 CPU 的计算速度和内存的容量有较高的要求。

7. 网格与收敛性

就本例的一维流动来说，离散系统的计算误差为 $O(\Delta x)$。增大网格节点数，使 Δx 变小，则计算误差应该下降，并能得到更为精确的计算结果。

假设将网格节点数由 $N=4$ 改为 $N=8$，16，重复上述求解过程，结果如图 1-1-6 所示。当 $N=16$ 时，$\Delta x=1/15$，此时

$$
\begin{cases}
u_i=\dfrac{u_{i-1}}{1+\Delta x}=\dfrac{15u_{i-1}}{16} \\
u_{16}=\left(\dfrac{15}{16}\right)^{15}=0.38 \\
\varepsilon=\dfrac{|u_{16}-\mathrm{e}^{-1}|}{\mathrm{e}^{-1}}=3.24\%
\end{cases}
$$

明显看出，随着网格数的增加，计算误差明显下降，计算结果更为精确。

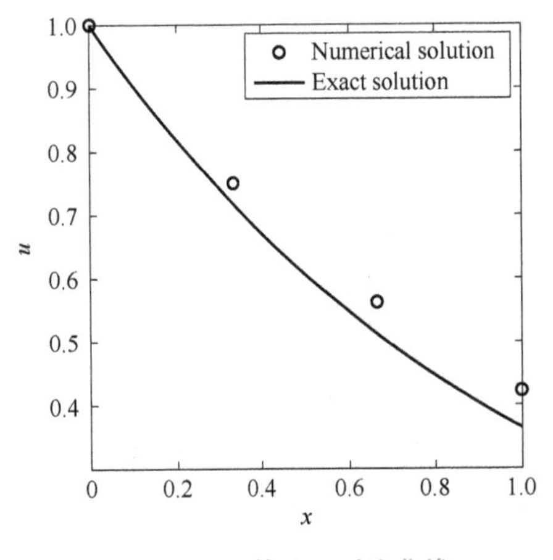

图 1-1-5　计算结果对比曲线

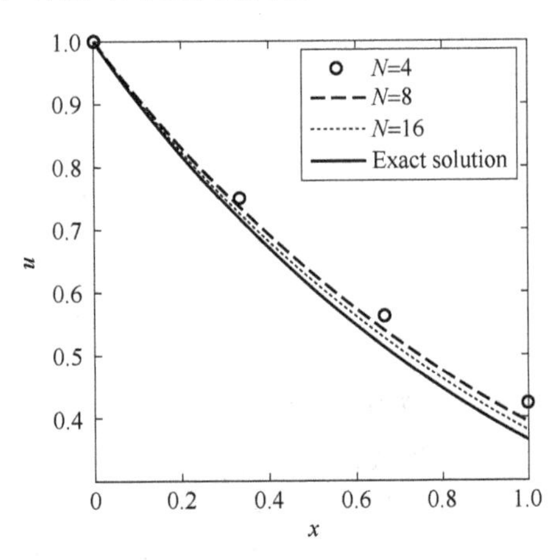

图 1-1-6　计算结果对比曲线

对不同网格数所得到的数值解，其误差满足所规定的要求时，这些解称为网格收敛的解。这个概念用于有限体积法中，就是计算结果与单元大小无关。这里强调一点，对于 CFD 计算，必须进行网格无关性验证。

8. 非线性问题的处理方法

流体流动的动量守恒方程是非线性的，因为方程中包含了 $(\vec{V}\cdot\nabla)\vec{V}$ 项。另外，湍流流动、化学反应流动等现象也会产生附加的非线性问题。控制方程的非线性使得数值求解更为困难。就拿前面的一维方程式（1-5）来说，如果 $m=2$，则方程变为

$$\frac{\mathrm{d}u}{\mathrm{d}x}+u^2=0 \qquad 0\leqslant x\leqslant 1,\quad u(0)=1 \tag{1-11}$$

此方程的精确解为

$$u=\frac{1}{1+x}$$

此方程的一阶有限差分方程变为

$$\frac{u_i-u_{i-1}}{\Delta x}+u_i^2=0 \tag{1-12}$$

式（1-12）为一个非线性的代数方程。

处理非线性问题的策略就是将其线性化，方法就是先猜测方程的一个解（初始化），反复代入方程，直到数值解满足了误差要求。就此例来说，在第 i 个节点处，设方程的猜测解为 $u_{g,i}$，定义猜测解与收敛解的误差为

$$\Delta u_i=u_i-u_{g,i}$$

则有

$$u_i^2=u_{g,i}^2+2u_{g,i}\Delta u_i+(\Delta u_i)^2$$

假设 $\Delta u_i \ll u_{g,i}$，可忽略 Δu_i^2项，得到

$$u_i^2\approx u_{g,i}^2+2u_{g,i}\Delta u_i=u_{g,i}^2+2u_{g,i}(u_i-u_{g,i})$$

即

$$u_i^2\approx 2u_{g,i}u_i-u_{g,i}^2$$

有限差分方程式（1-12）变为

$$\frac{u_i-u_{i-1}}{\Delta x}+2u_{g,i}u_i-u_{g,i}^2=0 \tag{1-13}$$

当把猜测值 $u_{g,i}$视为已知值时，对 u_i来说方程（1-13）就线性化了。由于线性化所引起的误差为 $O(\Delta u^2)$，故当 $u_g\to u$ 时，此误差趋于零。

为了求解有限差分方程，需要预先猜测各个网格节点处的值 u_g，将初始的猜测值用于第一次迭代计算，以后，都将前次迭代获得的值作为下次迭代的猜测值。

$$\begin{cases}\text{第 1 次迭代}: u_g^{(1)}=u^{(0)} & u_g^{(1)}\text{ 为初始的猜测值(初始化)}\\ \text{第 2 次迭代}: u_g^{(2)}=u^{(1)} & \\ \vdots & \\ \text{第 } k \text{ 次迭代}: u_g^{(k)}=u^{(k-1)} & \end{cases}$$

式中，上标为迭代次数。这样持续迭代计算，直到迭代收敛。这就是在 CFD 中对非线性方程进行线性化处理的基本方法与过程。

9. 非线性方程的求解策略

前面说明了要用迭代的方法处理非线性问题，在实际 CFD 计算中，还涉及另一个因素，即所采用的迭代计算方法。

利用有限差分方法得到的离散方程，对网格节点来说，由式（1-13）及边界条件，可得到

$$\begin{cases}u_1=1\\ -u_{i-1}+(1+2\Delta x u_{g,i})u_i=\Delta x u_{g,i}^2\end{cases}$$

这样，就构成如下的求解矩阵：

$$\begin{bmatrix} 1 & 0 & 0 & 0 \\ -1 & 1+2\Delta x u_{g,2} & 0 & 0 \\ 0 & -1 & 1+2\Delta x u_{g,3} & 0 \\ 0 & 0 & -1 & 1+2\Delta x u_{g,4} \end{bmatrix} \begin{bmatrix} u_1 \\ u_2 \\ u_3 \\ u_4 \end{bmatrix} = \begin{bmatrix} 1 \\ \Delta x u_{g,2}^2 \\ \Delta x u_{g,3}^2 \\ \Delta x u_{g,4}^2 \end{bmatrix} \tag{1-14}$$

对于一个实际问题，有可能有成千上万个网格节点或单元，这样所构成的矩阵将会占用大量的内存，因此必须对迭代程序和迭代方法进行讨论优化。

在网格节点 i 处的速度 u_i 可表示为

$$u_i = \frac{u_{i-1} + \Delta x u_{g,i}^2}{1+2\Delta x u_{g,i}}$$

如果在这个点 i 的邻近点的值 u_{i-1} 是未知的，就用猜测值 $u_{g,i-1}$ 代替。比如从右侧网格节点向左进行迭代计算，在每次迭代计算中，先计算 u_4，然后 u_3，最后是 u_2。如果在第 k 次迭代中，在求 u_i^k 时，u_{i-1}^k 是未知的，就用猜测值 $u_{g,i-1}^k$ 代替，从而有

$$u_i^{(k)} = \frac{u_{g,i-1}^{(k)} + \Delta x (u_{g,i}^{(k)})^2}{1+2\Delta x u_{g,i}^{(k)}} \tag{1-15}$$

由于使用了相邻点上的猜测值，并在每一次迭代过程中获得矩阵方程的近似解，因而大大降低了对内存的需求。更为可贵的是，随着迭代计算的收敛，$u_g \to u$，矩阵的近似解也趋向于精确解，误差趋向于零。

就式（1-13）来说，设 $\Delta x = 1/3$，由式（1-15）得到

$$u_i^{(k)} = \frac{3u_{g,i-1}^{(k)} + (u_{g,i}^{(k)})^2}{3+2u_{g,i}^{(k)}}$$

设初始猜测值均为左边界点处的值，即 $u_1 = u_{g,2}^{(1)} = u_{g,3}^{(1)} = u_{g,4}^{(1)} = 1$，则对于第 2 点来说，有

$$\begin{cases} u_2^{(1)} = \dfrac{3u_{g,1}^{(1)} + (u_{g,2}^{(1)})^2}{3+2u_{g,2}^{(1)}} = \dfrac{3\times 1 + 1^2}{3+2\times 1} = \dfrac{4}{5} = 0.8 \\ u_2^{(2)} = \dfrac{3u_{g,1}^{(2)} + (u_{g,2}^{(2)})^2}{3+2u_{g,2}^{(2)}} = \dfrac{3\times 1 + 0.8^2}{3+2\times 0.8} = 0.7913 \\ u_2^{(3)} = \dfrac{3u_{g,1}^{(3)} + (u_{g,2}^{(3)})^2}{3+2u_{g,2}^{(3)}} = \dfrac{3\times 1 + 0.7913^2}{3+2\times 0.7913} = 0.79129 \end{cases}$$

可以看出，经过 3 次迭代计算，第 2 点的值变化不大了。采用相同的方法，可迭代计算第 3、4 点的值。

这样，迭代计算达到了两个目的：

1）由于采用相同的迭代公式，使得矩阵求解降低了对内存的需求。

2）可求解非线性方程组。

10. 迭代计算的收敛性

当 $u_g \to u$ 时，线性化后的矩阵方程组求解误差趋于零。继续这一求解过程，直到所有节点上猜测值 u_g 与数值解 u 的差足够小，这个差称为残差。可定义残差为节点上 u_g 与 u 的均方差为

$$R=\sqrt{\frac{\sum_{i=1}^{N}(u_i-u_{g,i})^2}{N}}$$

这样定义的残差值是有量纲的，其量纲是速度的量纲。有量纲的量无法说明其性质，比如$R=0.1$，相对于100就是小量，而相对于1就是较大的量了。为此，需要定义无量纲的残差值。将上式除以所有节点上的平均速度，得到

$$R=\sqrt{\frac{\sum_{i=1}^{N}(u_i-u_{g,i})^2}{N}}\times\frac{N}{\sum_{i=1}^{N}u_i}=\frac{\sqrt{N\sum_{i=1}^{N}(u_i-u_{g,i})^2}}{\sum_{i=1}^{N}u_i} \tag{1-16}$$

对于上述非线性一维方程，在各个节点上取初始猜测值均相等，都是左边界点的值，即$u_g^{(1)}=1$。在每一次迭代计算中，从右向左逐步更新各个节点上的值，即利用式（1-15）先计算u_4，再计算u_3、u_2，然后根据式（1-16）计算残差。如果残差值小于10^{-9}（称为收敛限）就结束迭代计算。就本例而言，残差随迭代计算的变化如图1-1-7所示。

下面对经过第2、4、6次迭代的计算结果与精确解进行比较。方程的精确解为

$$u=\frac{1}{1+x}$$

经过第4、6次迭代的计算结果与精确解的比较如图1-1-8所示。从图中可明显看出，尽管残差收敛了，但数值解与精确解的误差仍很大，这是由于网格太粗糙了导致截断误差很大。尽管迭代误差限是10^{-9}，但截断误差的量级为10^{-1}，迭代误差精度被截断误差淹没了，计算结果无效。从这里可以看出，对迭代误差限与网格的截断误差都应给予足够重视。

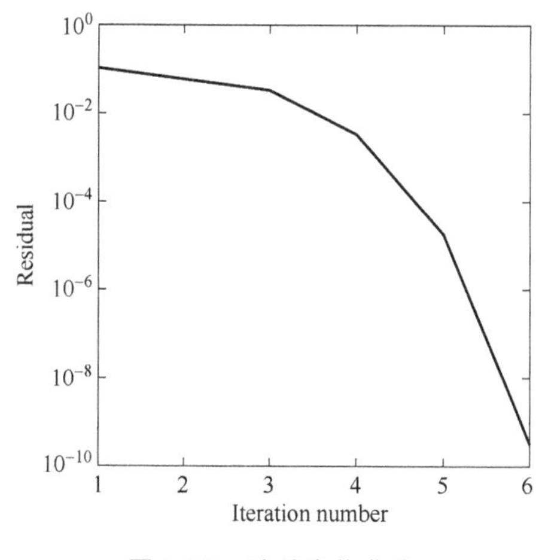

图1-1-7 残差变化曲线

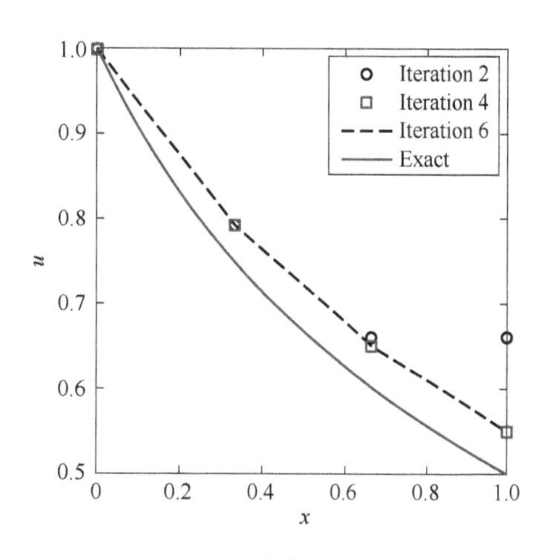

图1-1-8 计算结果对比

注意：

（1）不同的程序所定义的残差有可能差别很大，还需注意相关说明。

（2）在CFD计算过程中，每一个守恒方程都有相应残差的计算与收敛限。

（3）对每一个守恒方程所确定的收敛限是与程序和问题相关的。一般先选用默认收敛限，然后再对收敛限进行修改。

11. 数值稳定性

在前面的一维问题中，迭代收敛非常快，仅用 6 次迭代，残差就达到 10^{-9}以下。一般来说，迭代收敛是很慢的，有时甚至会发散。因此，必须对数值求解的收敛性和收敛条件进行讨论，即数值求解在什么条件下才能保证其收敛性，这就是数值计算的稳定性分析。

当迭代过程是收敛的，可以认为这个数值方法是稳定的，如果发散，则认为其是不稳定的。对于欧拉方程和 N-S 方程，目前还不能对其进行确切的稳定性分析，但对简单的模型方程进行稳定性分析，可以得到相应的稳定性条件。

CFD 对定常问题的求解策略是采用时间推进法，利用非定常的方法，当时间趋于无限长时，流动达到定常状态。

对定常问题采用时间推进法，主要关注在较长时间内数值解向精确解的趋近过程。为此，时间间隔 Δt 希望取得大一些，以尽快达到稳定解。在数值解的稳定条件下，有一个最大的时间间隔 Δt_m，当 $\Delta t>\Delta t_m$时，数值解就会发散。Δt_m的大小，与所采用的数值离散格式有关。有两类数值离散计算格式，一个是隐式的，另一个是显式的，就数值稳定性而言，两者具有明显的差别。

12. 隐式格式与显式格式

隐式格式与显式格式具有明显的区别，下面就波动方程

$$\frac{\partial u}{\partial t}+c\frac{\partial u}{\partial x}=0$$

进行简要的说明，式中 c 是波速。

在网格节点 i 和时间段 n，对方程离散后，参考如图 1-1-9 所示的网格节点，有

$$\frac{u_i^n-u_i^{n-1}}{\Delta t}+c\frac{u_i^{n-1}-u_{i-1}^{n-1}}{\Delta x}=O(\Delta t,\Delta x) \tag{1-17}$$

得到

$$u_i^n=\left[1-c\frac{\Delta t}{\Delta x}\right]u_i^{n-1}+c\frac{\Delta t}{\Delta x}u_{i-1}^{n-1} \tag{1-18}$$

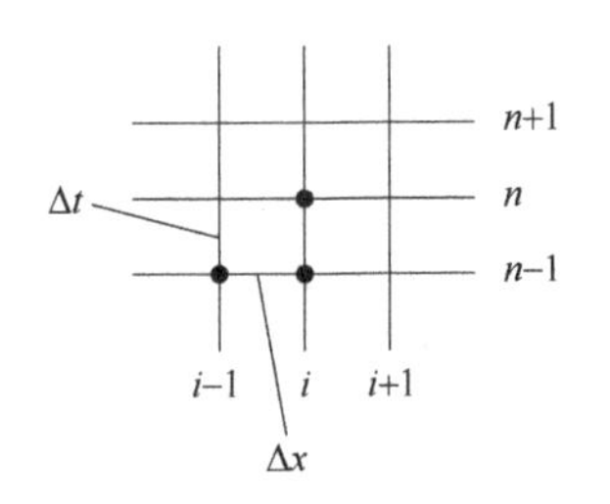

图 1-1-9　网格节点图

由于 u_i^{n-1}和 u_{i-1}^{n-1}是上一个时间段 $n-1$ 的计算结果，u_i^n的值可直接进行计算，故式（1-17）就是一个显式的计算格式。另外，这个格式的稳定性条件要求

$$C=c\frac{\Delta t}{\Delta x}\leqslant 1 \tag{1-19}$$

式中，C 为科朗数（Courant number）。这个稳定性条件称为 Courant-Friedrichs-Lewy（CFL）条件。根据 CFL 条件，从式（1-18）明显看出来，随着时间的推进，收敛性要求 $u_i^{n-1}\to u_i^n$，故要求 $C\leqslant 1$。由 CFL 条件，即可计算出最大时间间隔 Δt。

对于隐式求解格式，在第 n 个时间段，参考离散后的网格节点图 1-1-10，可得到偏微分方程离散格式为

$$\frac{u_i^n-u_i^{n-1}}{\Delta t}+c\frac{u_i^n-u_{i-1}^n}{\Delta x}=O(\Delta t,\Delta x)$$

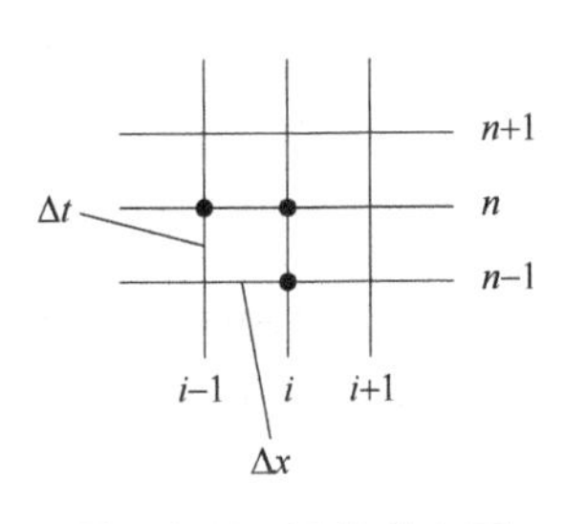

图 1-1-10　网格节点图

此时，由于在第 n 个时间段上的值 u_{i-1}^{n} 是未知的，就不能直接计算网格节点上 u_{i}^{n} 的值了。此时必须通过求解所有节点上的代数方程组才能进行所有节点上值的求解。

可以证明，就波动方程而言，这种隐式格式的数值计算是无条件稳定的，也就是说时间间隔取大一些不会影响数值计算的收敛性。

以上关于稳定性的讨论仅限于波动方程。一般来说，如果用显式格式计算欧拉方程或N-S方程，要求 $C\leqslant 1$。另外，隐式格式用于求解欧拉方程或N-S方程，也并不是无条件稳定的，因为控制方程中的非线性项，对数值计算的稳定性有更高的要求。当然，隐式格式允许较大的科朗数，要比显式格式的科朗数大得多。

注意：

（1）对于时间相关的计算，CFD程序要求设置科朗数（CFL数）。由于时间间隔越大，趋向于稳定值越快，故应尽量设置较大的科朗数。

（2）刚开始计算时，要求较小的科朗数，这是因为解的误差较大。等迭代若干步后，可适当增大科朗数。

第4节 差分格式构造方法

构造差分方程的方法是多种多样的。对应于一个微分方程，可以建立多种不同的差分方程，它们的解都是原偏微分方程的近似解，也可以用不同的方法得到相同的差分方程。前面介绍了有限差分法和有限体积法，本节以一维模型方程为例，介绍几种常用的差分方程的构造方法。

一、Taylor 级数展开法

1. 时空节点及差商

双曲型一维方程及初值条件为

$$\begin{cases}\dfrac{\partial u}{\partial t}+a\dfrac{\partial u}{\partial x}=0 \\ u(x,0)=f(x)\end{cases} \qquad t>0,-\infty<x<+\infty \tag{1-20}$$

式（1-20）的求解域为 $x\sim t$ 的上半平面。

（1）把求解域分成矩形网格

问题的求解域为 $x\sim t$ 的上半平面。在上半平面上画出两族平行于坐标轴的直线，把求解域分成矩形网格。网格线的交点称为节点，x 方向上网格线之间的距离 Δx 称为空间步长，t 轴上网格线之间的距离 Δt 称为时间步长（见图1-1-11）。

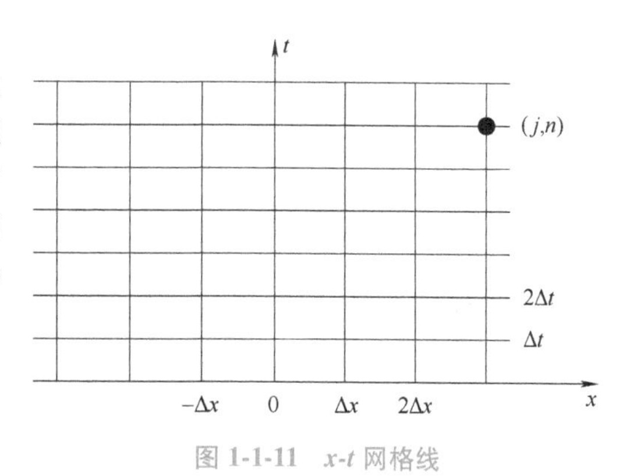

图1-1-11 x-t 网格线

对于这样的两族网格线，节点坐标可记为

$$\begin{cases}x=x_j=j\Delta x, & j=0,\pm1,\pm2,\cdots \\ t=t_n=n\Delta t, & n=0,1,2,\cdots\end{cases}$$

网格节点（x_j，t_n）简记为（j，n），则节点处的函数值可记为

$$u_j^n = u(x_j, t_n) = u(j\Delta x, n\Delta t)$$

（2）偏导数的基本差分表达式（Taylor 展开法）

为求出偏导数的各种差分表达，首先对空间坐标将函数 u Taylor 展开

$$\begin{aligned} u_{j+1}^n &= u(x_j+\Delta x, t_n) \\ &= u_j^n + \left(\frac{\partial u}{\partial x}\right)_j^n \Delta x + \frac{1}{2}\left(\frac{\partial^2 u}{\partial x^2}\right)_j^n \Delta x^2 + O(\Delta x^3) \end{aligned} \tag{1-21}$$

$$\begin{aligned} u_{j-1}^n &= u(x_j-\Delta x, t_n) \\ &= u_j^n - \left(\frac{\partial u}{\partial x}\right)_j^n \Delta x + \frac{1}{2}\left(\frac{\partial^2 u}{\partial x^2}\right)_j^n \Delta x^2 + O(\Delta x^3) \end{aligned} \tag{1-22}$$

利用式（1-21）、式（1-22）两个展开式，可导出几种基本差分表达式。

1）一阶中心差商

用式（1-21）减式（1-22），然后两边同除 $2\Delta x$，可得

$$\left(\frac{\partial u}{\partial x}\right)_j^n = \frac{u_{j+1}^n - u_{j-1}^n}{2\Delta x} + O(\Delta x^2) \tag{1-23}$$

式（1-23）称为一阶偏导的一阶中心差商表达。它具有 Δx^2 阶的截断误差，记为 $R = O(\Delta x^2)$，或说具有二阶精度。当 $\Delta x \to 0$ 时，截断误差 R 也趋于零，因此说差商与微商是相容的。

2）一阶向前差商

由式（1-21），两边同时减去 u_j^n，然后等式两边同除以 Δx，得到 u 对 x 的一阶向前差商

$$\left(\frac{\partial u}{\partial x}\right)_j^n = \frac{u_{j+1}^n - u_j^n}{\Delta x} + O(\Delta x) \tag{1-24}$$

一阶向前差商具有一阶精度，$R = O(\Delta x)$，它与微商也是相容的。

3）一阶向后差商

由式（1-22），得到 u 对 x 的一阶向后差商

$$\left(\frac{\partial u}{\partial x}\right)_j^n = \frac{u_j^n - u_{j-1}^n}{\Delta x} + O(\Delta x) \tag{1-25}$$

一阶向后差商具有一阶精度。

4）二阶中心差商

由式（1-21）与式（1-22）相加，可以推出二阶偏导数的二阶中心差分表达

$$\left(\frac{\partial^2 u}{\partial x^2}\right)_j^n = \frac{u_{j+1}^n - 2u_j^n + u_{j-1}^n}{\Delta x^2} + O(\Delta x) \tag{1-26}$$

它具有一阶精度，$R = O(\Delta x)$，二阶中心差商与二阶偏导也是相容的。

（3）对时间的差分表达式

将 u 对 t 进行 Taylor 展开，有

$$u_j^{n+1} = u(x_j, t_{n+1}) = u(x_j, t_n+\Delta t) = u_j^n + \left(\frac{\partial u}{\partial t}\right)_j^n \Delta t + O(\Delta t^2) \tag{1-27}$$

$$u_j^{n-1}=u(x_j,t_{n-1})=u(x_j,t_n-\Delta t)=u_j^n-\left(\frac{\partial u}{\partial t}\right)_j^n\Delta t+O(\Delta t^2) \tag{1-28}$$

1）对时间的一阶向前差商

由式（1-27），可得到 u 对 t 的一阶向前差商

$$\left(\frac{\partial u}{\partial t}\right)_j^n=\frac{u_j^{n+1}-u_j^n}{\Delta t}+O(\Delta t) \tag{1-29}$$

2）对时间的一阶向后差商

由式（1-28）可得到 u 对 t 的一阶向后差商

$$\left(\frac{\partial u}{\partial t}\right)_j^n=\frac{u_j^n-u_j^{n-1}}{\Delta t}+O(\Delta t) \tag{1-30}$$

式（1-29）、式（1-30）的截断误差均为 $R=O(\Delta t)$。

有了以上差商公式，就可以用差商代替偏微分方程中的微商，构成逼近偏微分方程的差分方程。差分方程加上离散化的初始条件，就得到差分格式。当用一阶向前差商逼近时，导数分别选用三种不同的空间一阶差商来逼近空间偏导数时，可以构成三种差分格式。

2. 定解问题的三种差分格式

设定解问题为

$$\begin{cases}\dfrac{\partial u}{\partial t}+\alpha\dfrac{\partial u}{\partial x}=0\\ u(x,0)=f(x)\end{cases} \tag{1-31}$$

其三种差分格式如下。

（1）中心差分格式

用一阶中心差商代替方程中的微商，将初值条件写成离散形式，差分格式为

$$\begin{cases}\dfrac{u_j^{n+1}-u_j^n}{\Delta t}+\alpha\dfrac{u_{j+1}^n-u_{j-1}^n}{2\Delta x}=0\\ u_j^0=f(x_j)\end{cases} \tag{1-32}$$

写成便于计算的格式

$$\begin{cases}u_j^{n+1}=u_j^n-\dfrac{\alpha\Delta t}{2\Delta x}(u_{j+1}^n-u_{j-1}^n)\\ u_j^0=f(x_j)\end{cases} \tag{1-33}$$

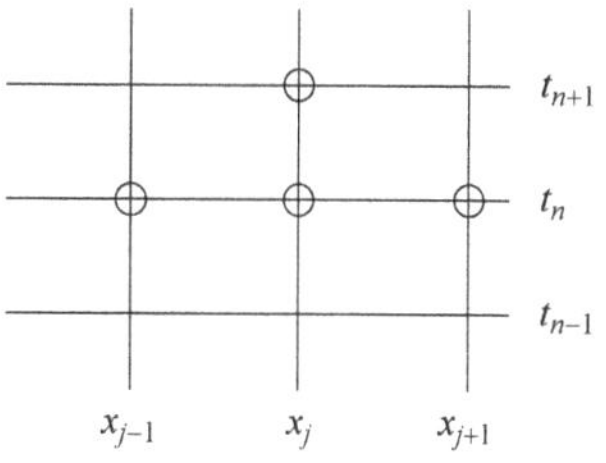

图 1-1-12 中心差分格式节点图

格式截断误差 $R=O(\Delta t,\Delta x^2)$，差分方程中用到 $n+1$ 层上的一个节点和 n 层上的三个节点。节点图如图 1-1-12 所示。

注意：

（1）式（1-33）中，可令 $\lambda=\dfrac{\Delta t}{\Delta x}$，称作网格比。

（2）此格式又称为 FTCS（forward for time；center for space）格式。

（2）向前差分格式

用一阶向前差商代替微商，得到

$$\begin{cases} u_j^{n+1}=u_j^n-\alpha\dfrac{\Delta t}{\Delta x}(u_{j+1}^n-u_j^n) \\ u_j^0=f(x_j) \end{cases} \tag{1-34}$$

节点如图 1-1-13 所示。

（3）向后差分格式

节点如图 1-1-14 所示，用一阶向后差商代替微商，得到

$$\begin{cases} u_j^{n+1}=u_j^n-\alpha\dfrac{\Delta t}{\Delta x}(u_j^n-u_{j-1}^n) \\ u_j^0=f(x_j) \end{cases} \tag{1-35}$$

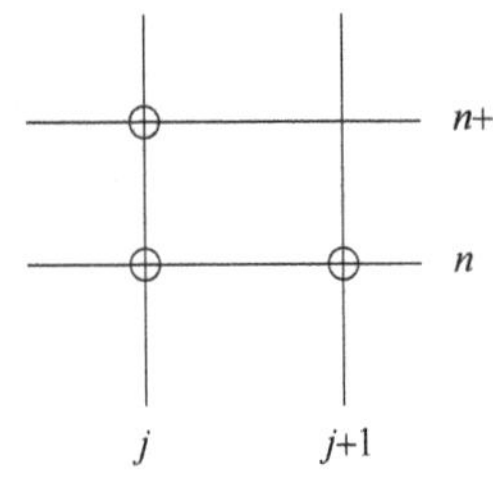

图 1-1-13　向前差分格式节点图

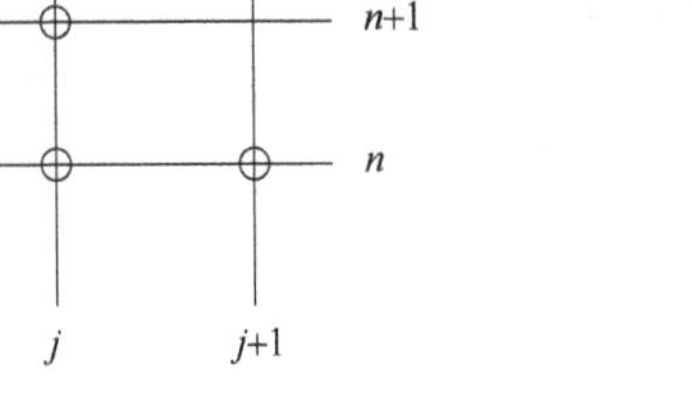

图 1-1-14　向后差分格式节点图

这三种格式都可以作为原定解问题的近似解。由于 $n+1$ 时间层上只用到一个节点的函数值，只要已知第 n 层的值就可以计算第 $n+1$ 层上的值，这样从初始条件可逐层计算下去，不必求解方程组。这种格式叫作显式格式。

构成差分格式的 Taylor 级数展开法是一种最常用的方法。它简便但不包含物理意义，得到的差分格式的相容性、收敛性和稳定性还需进一步考证。

注意：对于隐式格式，有如下解法（见图 1-1-15）。

在$\left(j,\ n+\dfrac{1}{2}\right)$上，要求满足

$$\left(\frac{\partial u}{\partial t}\right)_j^{n+1/2}+\alpha\left(\frac{\partial u}{\partial x}\right)_j^{n+1/2}=0 \tag{1-36}$$

采用时、空间均为中心差分，则有

$$\frac{u_j^{n+1}-u_j^n}{\Delta t}+\alpha\frac{1}{2}\left[\frac{u_{j+1}^{n+1}-u_{j-1}^{n+1}}{2\Delta x}+\frac{u_{j+1}^n-u_{j-1}^n}{2\Delta x}\right]=0 \tag{1-37}$$

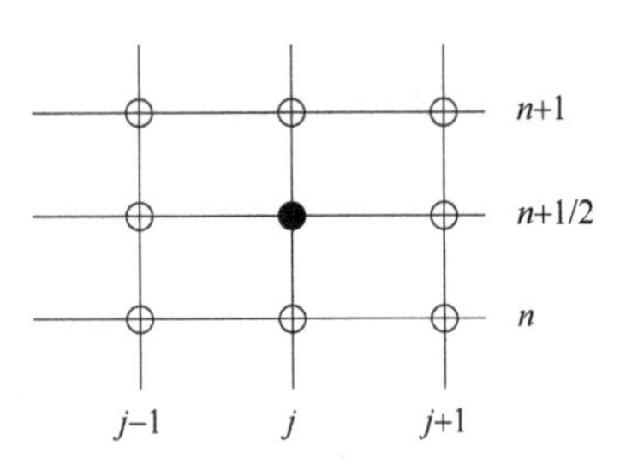

图 1-1-15　隐式格式节点图

此即为 Crank-Nicolson 格式，为一个隐式格式。

令

$$\sigma=\frac{\alpha}{4}\frac{\Delta t}{\Delta x} \tag{1-38}$$

则有

$$\sigma u_{j+1}^{n+1}+u_j^{n+1}-\sigma u_{j-1}^{n+1}=-\sigma u_{j+1}^n+u_j^n+\sigma u_{j-1}^n \tag{1-39}$$

由此可明显看出，必须求解方程组才可以得到方程的数值解。

二、多项式插值法

用多项式插值把待求函数表示成含有待定系数的解析函数，由节点函数值确定该系数，然后对此函数求偏导数，得到逼近偏导数的差商表达式，将差商代入偏微分方程中求出差分方程。

下面以中心差分格式为例，说明多项式插值法及其应用。

1. 选择差分节点如图 1-1-16 所示，在第 n 层上有 $j-1$、j、$j+1$ 三个节点。

2. 设在此区间上函数 u 可用抛物线插值公式来近似

$$u(x,t_n)=a+bx+cx^2 \tag{1-40}$$

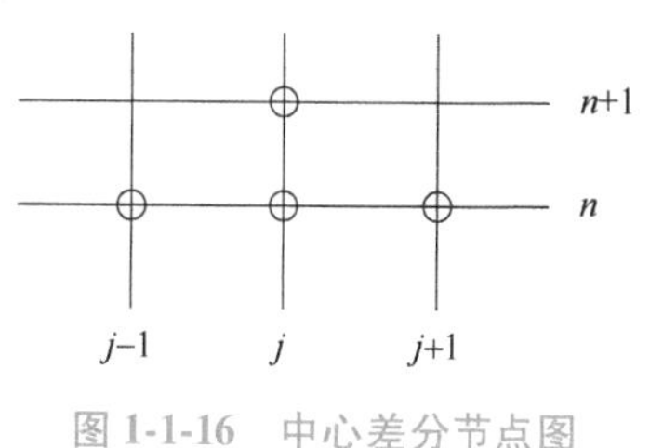

图 1-1-16 中心差分节点图

为方便，设原点 $x=0$ 在 j 点的位置，则有

$$\begin{cases}u_{j-1}^n=a-b\Delta x+c\Delta x^2\\u_j^n=a\\u_{j+1}^n=a+b\Delta x+c\Delta x^2\end{cases}$$

解出

$$\begin{cases}b=\dfrac{u_{j+1}^n-u_{j-1}^n}{2\Delta x}\\c=\dfrac{u_{j+1}^n-2u_j^n+u_{j-1}^n}{2\Delta x^2}\end{cases}$$

3. 对 $u=a+bx+cx^2$ 微分，并计算在 j 点的值，得到

$$u'_x=b+2cx$$

$$\left(\frac{\partial u}{\partial x}\right)_j^n=(b+2cx)_{x=0}=\frac{u_{j+1}^n-u_{j-1}^n}{2\Delta x}$$

$$\left(\frac{\partial^2 u}{\partial x^2}\right)_j^n=2c=\frac{u_{j+1}^n-2u_j^n+u_{j-1}^n}{\Delta x^2}$$

4. 在第 j 条网格线上，函数在 n 与 $n+1$ 层内可设

$$u(x_j,t)=\alpha+\beta t$$

有

$$\begin{cases}u_j^n=\alpha+\beta t_n\\u_j^{n+1}=\alpha+\beta t_{n+1}=\alpha+\beta t_n+\beta\Delta t\end{cases}$$

求解上式，得

$$\beta=\frac{u_j^{n+1}-u_j^n}{\Delta t}$$

对 $u=\alpha+\beta t$ 微分，有 $u'_t=\beta$，则得到时间向前差商公式

$$\left(\frac{\partial u}{\partial t}\right)_j^n=\beta=\frac{u_j^{n+1}-u_j^n}{\Delta t} \tag{1-41}$$

注意：

（1）多项式插值法结果与 Taylor 级数展开法相同。

（2）若用不同的节点图，可得到一阶向前或向后差商。

（3）用高阶多项式插值可得到高阶差分表达式，除一、二次多项式外，所得到的表达式与高阶 Taylor 展开得到的结果不相同。

（4）除边界附近的微商外，其他不采用多项式差值方法。

三、待定系数法

1. 选择差分节点如图 1-1-17 所示。

设差分格式的形式为

$$\alpha u_j^{n+1}+\beta u_j^n+\gamma u_{j+1}^n=0 \tag{1-42}$$

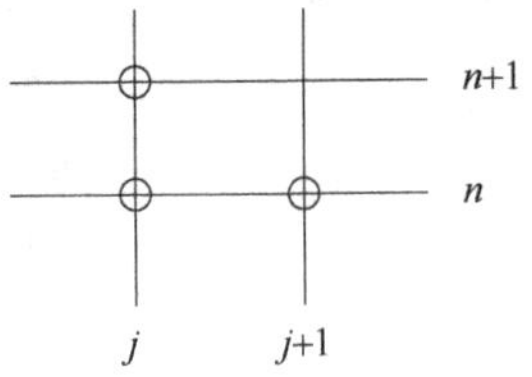

图 1-1-17　向前差分节点图

2. 利用 Taylor 展开

$$\begin{cases} u_j^{n+1}=u_j^n+\left(\dfrac{\partial u}{\partial t}\right)_j^n \Delta t+O(\Delta t^2) \\ u_{j+1}^n=u_j^n+\left(\dfrac{\partial u}{\partial x}\right)_j^n \Delta x+O(\Delta x^2) \end{cases}$$

代入式（1-42），得到

$$(\alpha+\beta+\gamma)u_j^n+\alpha\Delta t\left(\frac{\partial u}{\partial t}\right)_j^n+\gamma\Delta x\left(\frac{\partial u}{\partial x}\right)_j^n=O(\gamma\Delta x^2,\alpha\Delta t^2) \tag{1-43}$$

3. 与方程$\dfrac{\partial u}{\partial t}+a\dfrac{\partial u}{\partial x}=0$ 比较，得到

$$\begin{cases} \alpha+\beta+\gamma=0 \\ \alpha\Delta t=1 \\ \gamma\Delta x=a \end{cases}$$

解出

$$\begin{cases} \alpha=1/\Delta t \\ \beta=-1/\Delta t-a/\Delta x \\ \gamma=a/\Delta x \end{cases}$$

4. 代入差分格式，得到

$$\frac{u_j^{n+1}-u_j^n}{\Delta t}+a\frac{u_{j+1}^n-u_j^n}{\Delta x}=0 \tag{1-44}$$

注意：

（1）待定系数法结果与 Taylor 级数展开法相同。

（2）选用不同节点图，可得到不同的差分格式。

（3）可一次完成，整体性好。

四、积分方法

积分方法是在积分的意义下，而不是在微分的意义下近似地满足控制方程。仍然以向前差分格式为例，选取差分节点如图 1-1-17 所示。

在 $t_n<t<t_n+\Delta t$，$x_j<x<x_j+\Delta x$ 区域中，对微分方程

$$\frac{\partial u}{\partial t}+a\frac{\partial u}{\partial x}=0$$

积分，有

$$\iint\left(\frac{\partial u}{\partial t}+a\frac{\partial u}{\partial x}\right)\mathrm{d}x\mathrm{d}t=0$$

进行二次积分，得到

$$\begin{cases}\displaystyle\int_{x_j}^{x_j+\Delta x}\mathrm{d}x\int_{t_n}^{t_n+\Delta t}\frac{\partial u}{\partial t}\mathrm{d}t+a\int_{t_n}^{t_n+\Delta t}\mathrm{d}t\int_{x_j}^{x_j+\Delta x}\frac{\partial u}{\partial x}\mathrm{d}x=0\\ \displaystyle\int_{x_j}^{x_j+\Delta x}(u^{n+1}-u^n)\mathrm{d}x+a\int_{t_n}^{t_n+\Delta t}(u_{j+1}-u_j)\mathrm{d}t=0\end{cases}$$

得到

$$(u_j^{n+1}-u_j^n)\Delta x+a(u_{j+1}^n-u_j^n)\Delta t=0 \tag{1-45}$$

式（1-45）除以 $\Delta x\Delta t$，整理得差分格式

$$\frac{u_j^{n+1}-u_j^n}{\Delta t}+a\frac{u_{j+1}^n-u_j^n}{\Delta x}=0 \tag{1-46}$$

注意：

（1）积分方法结果与 Taylor 级数展开法相同。

（2）不同形式的积分，可构成不同的格式。

（3）积分区域可以不是矩形。

（4）积分方法容易保证物理量的守恒。

（5）对于非直角坐标系，积分方法与 Taylor 级数展开法有所不同。

五、特征线法

双曲型方程存在特征线，沿特征线函数值保持不变。利用特征线的这一性质可构造差分方程。设方程类型为

$$\frac{\partial u}{\partial t}+a\frac{\partial u}{\partial x}=0 \qquad a>0$$

1. 令 $\dfrac{\mathrm{d}x}{\mathrm{d}t}=a$，积分得 $x=at+\xi$，这一直线称为特征线，其中 ξ 为参变数。

2. 将 $x_t=a$ 代入原方程，得到

$$\frac{\partial u}{\partial t}+\frac{\mathrm{d}x}{\mathrm{d}t}\frac{\partial u}{\partial x}=\frac{\mathrm{d}u}{\mathrm{d}t}=0$$

得到在特征线上有 u 为常数。

3. 取节点如图 1-1-18 所示。

过点 P 作一条特征线，交 n 层于 D 点，则有 $u(P)=u(D)$，D 点落在 A、B 之间，$u(D)$ 可近似用 A、B 点的函数值线性插值得到，设

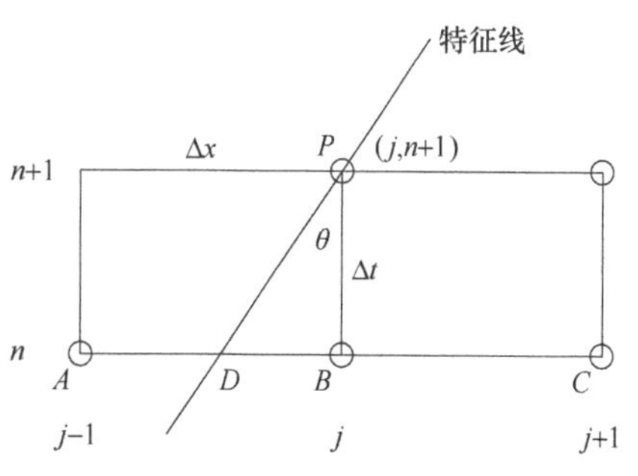

图 1-1-18 特征线法节点图

$$u(P)=u(D)=\frac{\Delta x-a\Delta t}{\Delta x}u(B)+\frac{a\Delta t}{\Delta x}u(A) \tag{1-47}$$

即得到

$$u_j^{n+1}=u_j^n-a\frac{\Delta t}{\Delta x}(u_j^n-u_{j-1}^n) \tag{1-48}$$

注意：式（1-48）为后差格式。

（1）$a>0$ 时，特征线斜率为正，后差格式节点图逆风偏斜，使得第 n 层上的节点 A、B 包含 D 点，保证了物理上的合理性。用特征线法构造的格式满足收敛的必要条件。

（2）$a<0$ 时，过 P 点的特征线交于 BC 中，可用 B、C 两点插值得到前差的逆风格式。

（3）若选用 A、C 两点插值求 D 点的值，就得到 Lax-Friedrichs 格式，简称 L-F 格式。

节点如图 1-1-19 所示，有

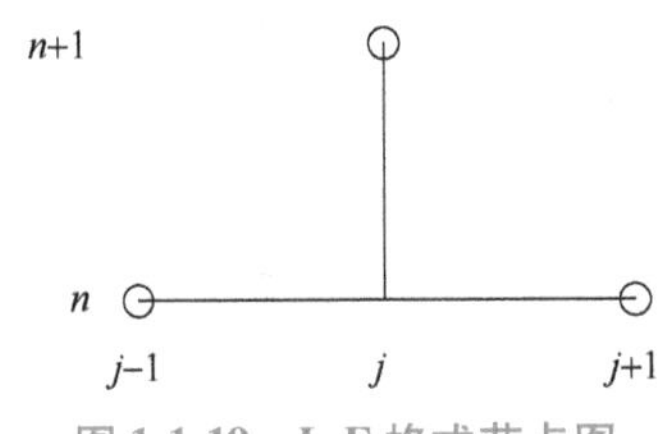

图 1-1-19　L-F 格式节点图

$$u(P)=u(D)=\frac{\Delta x-a\Delta t}{2\Delta x}u(C)+\frac{\Delta x+a\Delta t}{2\Delta x}u(A) \tag{1-49}$$

即

$$u_j^{n+1}=\frac{1}{2}(u_{j+1}^n+u_{j-1}^n)-\frac{a}{2}\frac{\Delta t}{\Delta x}(u_{j+1}^n-u_{j-1}^n) \tag{1-50}$$

无论 a 是正或负，只要 D 点位于 A、C 两点之间，L-F 格式即可满足收敛必要条件。根据差分方程式（1-50）可知，u_j^{n+1}的值是由前一时间层上 u_{j+1}^n、u_{j-1}^n两个值决定的，即 P 点的值由 A、C 两点的值决定，所以可以称 AC 线段为差分解的依赖区。由微分方程的性质可知，沿特征线微分解不变，$u(P)=u(D)$，所以称 D 点为 P 点的微分解的依赖区。如果 D 点在 AC 线段之外，那么格式计算的结果 u_j^{n+1}就与 $u(D)$ 无关，即与微分方程的解 u 在 P 点的值 $u(P)$ 毫无关系，因此差分解 u_j^{n+1}不可能收敛到微分方程的解 $u(P)$。因此收敛的必要条件是差分依赖区包含微分依赖区。这个条件称为 Courant 条件，也称 Courant-Friedrichs-Lewy（CFL）条件。

下面推导 Courant 条件的一个表达式。

由图 1-1-18 可知，差分依赖区为［$x_j-\Delta x$，$x_j+\Delta x$］。微分依赖区 D 点的坐标为 $x_j-a\Delta t$。D 点应在 AC 线段内，故有

$$x_j-\Delta x\leqslant x_j-a\Delta t\leqslant x_j+\Delta x$$

或者写作

$$\Delta t\leqslant\frac{\Delta x}{|a|} \tag{1-51}$$

这就是 Courant 条件的一个表达式，也可写成 $|a|\frac{\Delta t}{\Delta x}<1$。

L-F 格式不像逆风格式那样要考虑特征线的走向，因此用起来比较方便，但计算精度比逆风格式差。

六、有限体积法

有限体积法是针对微元体的，是以物理量守恒规律为依据来建立离散的数学模型。比如对于一维定常流动问题来说，取控制体如图 1-1-20 所示。设流体以速度 u 沿 x 轴正方向流动，流体密度为 $\rho(x,\ t)$，流动满足质量守恒定律。

在空间位置 x_j 附近取控制体 V，根据质量守恒，有

$$V\text{中的总增量}=\text{流入的净通量}$$

在 Δt 时间内，V 中的总增量为

$$[\rho(x_j,t+\Delta t)-\rho(x_j,t)]\Delta x\Delta y\Delta z$$

从左界面流入的质量

$$u\rho\left(x_j-\frac{\Delta x}{2},t\right)\Delta y\Delta z\Delta t$$

从右界面流出的质量

$$u\rho\left(x_j+\frac{\Delta x}{2},t\right)\Delta y\Delta z\Delta t$$

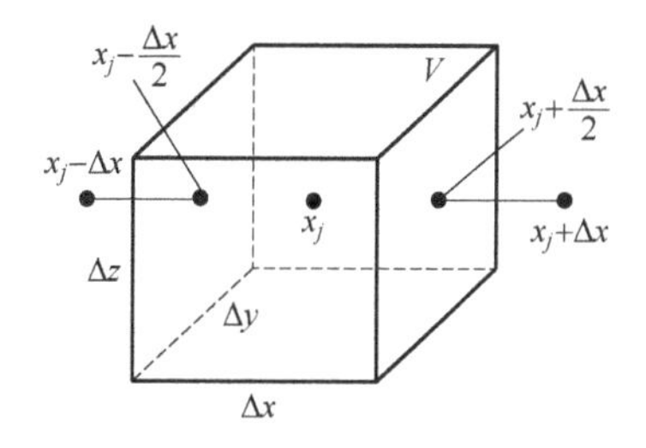

图 1-1-20 微元控制体图

根据守恒定律，得到质量守恒方程

$$[\rho(x_j,t+\Delta t)-\rho(x_j,t)]\Delta x=u\left[\rho\left(x_j-\frac{\Delta x}{2},t\right)-\rho\left(x_j+\frac{\Delta x}{2},t\right)\right]\Delta t$$

在左、右边界面处，有

$$\begin{cases}\rho\left(x_j-\dfrac{\Delta x}{2},t\right)=\dfrac{1}{2}[\rho(x_j,t)+\rho(x_j-\Delta x,t)]\\[2ex]\rho\left(x_j+\dfrac{\Delta x}{2},t\right)=\dfrac{1}{2}[\rho(x_j,t)+\rho(x_j+\Delta x,t)]\end{cases}$$

将上式代入质量守恒方程，得到

$$\rho(x_j,t+\Delta t)=\rho(x_j,t)-\frac{u}{2}\frac{\Delta t}{\Delta x}[\rho(x_j+\Delta x,t)-\rho(x_j-\Delta x,t)]$$

整理得

$$\rho_j^{n+1}=\rho_j^n-\frac{u}{2}\frac{\Delta t}{\Delta x}(\rho_{j+1}^n-\rho_{j-1}^n) \tag{1-52}$$

式（1-52）为一维流动方程的中心差分格式。

推导中，如果界面上 $\rho(x,\ t)$ 选不同的近似，可得到不同的差分格式，一般而言可取

$$\begin{cases}\rho\left(x_j+\dfrac{\Delta x}{2},t\right)=a\rho(x_j+\Delta x,t)+(1-a)\rho(x_j,t)\\[2ex]\rho\left(x_j-\dfrac{\Delta x}{2},t\right)=a\rho(x_j,t)+(1-a)\rho(x_j-\Delta x,t)\end{cases}$$

式中，$0\leqslant a\leqslant 1$。$a=1/2$，得到中心差商格式；$a=1$，得到向前差分格式；$a=0$，得到向后差分格式。

用有限体积法构造差分格式，是直接从物理守恒规律出发的，可以用来构造守恒型格式，可保证物理量的守恒律。

第 5 节 差分格式的相容性、收敛性和稳定性

本节讨论线性初值问题差分格式的相容性、收敛性和稳定性问题。考虑适定的线性偏微分方程的初值问题

$$\begin{cases} L(u)=0 & t>0,-\infty<x<\infty \\ u(x,0)=f(x) \end{cases} \tag{1-53}$$

方程中只含有未知函数及其各阶偏导数的一次项，则称为是线性偏微分方程。相应的 L 称为线性微分算子，它满足叠加原理

$$L(\alpha u_1+\beta u_2)=\alpha L(u_1)+\beta L(u_2), \forall \alpha,\beta \in K$$

如果一个微分问题满足下列三个条件，则称这个微分问题是适定的。

（1）存在一个有限的解，即 $\|u(x,t)\| \leqslant M$。

（2）在求解域中解 u 是唯一的。

（3）解对于定界条件是连续相依的，当定解条件有微小变化时，解的变化也是微小的。即当 $\|\Delta f\| \to 0$ 时，解的改变量 $\|\Delta u\| \to 0$。

这就是解的存在性、唯一性和连续性。

对于适定的微分问题，可以构造相应的差分格式。但离散格式是否适用，还需解决以下三个问题：

（1）相容性：当 $\Delta x \to 0$ 时，差分方程应充分逼近微分方程。

（2）收敛性：差分格式的真解应充分逼近微分方程的精确解。

（3）稳定性：差分格式的近似解与真解之间的误差有界。

注意：差分格式的真解：初始条件无误差，计算精确无舍入误差的理想解。

在稳定条件中，假若步长 Δt、Δx 的选取需满足某种条件格式才稳定，就称为条件稳定，否则称为无条件稳定。

Lax 等价定理：对于一个适定的线性微分方程的初值问题及其相容的差分格式，稳定性是收敛性的充分和必要条件。即

相容性+稳定性⇔收敛性

根据 Lax 等价定理，只要判定了相容性和稳定性，就保证了收敛性，而判断格式的稳定性可以有许多方法。

等价定理的使用条件：

（1）适定的问题。

（2）初值问题，并包括周期性边界条件的初边值问题。

（3）线性问题。对于非线性问题没有这样简洁的关系。

稳定性分析的 Hirt 启示性方法是一种近似分析法。它是把差分方程在某点 Taylor 展开，略去高阶误差，保留最低阶误差项，得到新的微分方程称为第一微分近似。如果格式是相容

的，那么第一微分近似方程只比原微分方程增加了一些含小参数的较高阶导数的附加项。如果第一微分近似是适定的，那么原微分方程的差分格式是稳定的，否则是不稳定的。

例如考虑一维流动方程及其一阶向后差分格式

$$\frac{\partial u}{\partial t}+a\frac{\partial u}{\partial x}=0, a>0 \tag{1-54}$$

$$\frac{u_j^{n+1}-u_j^n}{\Delta t}+a\frac{u_j^n-u_{j-1}^n}{\Delta x}=0 \tag{1-55}$$

在（j，n）点进行 Taylor 展开，得到

$$\begin{cases}\dfrac{u_j^n-u_{j-1}^n}{\Delta x}=\left(\dfrac{\partial u}{\partial x}\right)_j^n-\dfrac{\Delta x}{2}\left(\dfrac{\partial^2 u}{\partial x^2}\right)_j^n+O(\Delta x^2)\\ \dfrac{u_j^{n+1}-u_j^n}{\Delta t}=\left(\dfrac{\partial u}{\partial t}\right)_j^n+\dfrac{\Delta t}{2}\left(\dfrac{\partial^2 u}{\partial t^2}\right)_j^n+O(\Delta t^2)\end{cases}$$

由式（1-54），有

$$\frac{\partial^2 u}{\partial t^2}=\frac{\partial}{\partial t}\left(-a\frac{\partial u}{\partial x}\right)=-a\frac{\partial}{\partial x}\left(\frac{\partial u}{\partial t}\right)=-a\frac{\partial}{\partial x}\left(-a\frac{\partial u}{\partial x}\right)=a^2\frac{\partial^2 u}{\partial x^2}$$

将以上三式代入，略去 $O(\Delta x^2)$ 和 $O(\Delta t^2)$ 等高阶误差项，得到微分近似方程

$$\frac{\partial u}{\partial t}+a\frac{\partial u}{\partial x}+\frac{\Delta t}{2}\frac{\partial^2 u}{\partial t^2}-a\frac{\Delta x}{2}\frac{\partial^2 u}{\partial x^2}=0$$

$$\frac{\partial u}{\partial t}+a\frac{\partial u}{\partial x}+\frac{\Delta t}{2}a^2\frac{\partial^2 u}{\partial x^2}-a\frac{\Delta x}{2}\frac{\partial^2 u}{\partial x^2}=0$$

$$\frac{\partial u}{\partial t}+a\frac{\partial u}{\partial x}=\frac{a}{2}(\Delta x-a\Delta t)\frac{\partial^2 u}{\partial x^2} \tag{1-56}$$

要使偏微分方程式（1-56）适定，等号右边系数必须为正，即

$$\frac{a}{2}(\Delta x-a\Delta t)\geqslant 0$$

则 $\Delta t\leqslant\Delta x/a$，且 $a>0$，这就是使式（1-56）适定的条件，同时保证了差分格式（1-55）的稳定性。如果 $a<0$，则 $\frac{a}{2}(\Delta x-a\Delta t)<0$，那么微分问题不适定，相应的后差格式就是不稳定的。

第 2 章　湍流模型概述

流体的流动分层流流动和湍流流动。层流的特征是相互之间没有交叉的流动，其雷诺数较低。湍流流动则是一种杂乱无规则的流动，一点处的流速随时间的变动如图 1-2-1 所示。湍流流动的雷诺数较高，流动参数不仅是位置的函数，同时还是时间的函数。

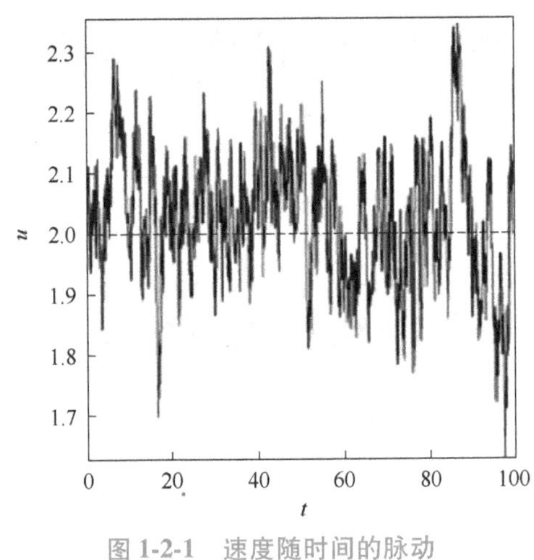

图 1-2-1　速度随时间的脉动

第 1 节　瞬时速度、时均速度和脉动速度

对于湍流流动，取时间平均值 $\overline{u}$ 作为空间点上瞬时值 u 的近似值，二者之间的差称为脉动值 u'，三者之间的关系为

$$u=\overline{u}+u'$$

其中时间平均值的定义式为

$$\overline{u}(y)=\lim_{T\to\infty}\frac{1}{2T}\int_{-T}^{T}u(y,t)\,\mathrm{d}t \tag{1-57}$$

注意： 脉动速度 u'的时间平均值$\overline{u'}=0$，但$\overline{u'^2}\neq 0$。

第 2 节　雷诺应力与紊流模型

流体流动的控制方程，包括连续性方程和 N-S 方程，对层流流动和紊流流动都是适用的，但对紊流流动就相对复杂多了。对紊流流动的求解策略大致可分为两类，一类是直接数值模拟（DNS），利用高速计算机对 N-S 方程直接进行数值求解，不用任何其他的附加方程（模型）。从本质上讲，DNS 的求解过程与层流类似。DNS 仅限于简单的几何外形，类似于明渠、射流和边界层等，计算成本也非常高。不同于 DNS，包括 Fluent 和 CFX，都是对雷诺方程（Reynolds-averaged Navier-Stokes，RANS）进行时均速度和时均压强求解的。这种方法出于雷诺方程的封闭性要求，必须采用适当的湍流模型，以使雷诺方程封闭，但这些模型不可避免地带来了计算误差。

为了说明方程的封闭性要求，现考虑直径为 $2R$ 管道中充分发展的湍流流动，仅求时均速度$\overline{u}(y)$。此时的雷诺方程变为

$$\frac{\mathrm{d}\,\overline{u'v'}}{\mathrm{d}y}+\frac{1}{\rho}\frac{\mathrm{d}\overline{p}}{\mathrm{d}x}=\nu\frac{\mathrm{d}^2\overline{u}(y)}{\mathrm{d}y^2} \tag{1-58}$$

边界条件为

$$\begin{cases}\dfrac{\mathrm{d}\overline{u}}{\mathrm{d}y}=0,y=0\\ \overline{u}=0,y=R\end{cases} \tag{1-59}$$

式中，运动黏度 $\nu=\mu/\rho$，一般把 $\rho\,\overline{u'v'}$ 称为雷诺应力。

雷诺应力是在对瞬时方程进行时均化过程中产生的，是未知的量，必须用类似时均速度 $\overline{u}(y)$ 或其导数等物理量来表示，以使方程封闭，这些表达式就称为紊流模型。

例如，雷诺应力可用两个量（参数）来进行表述，一个是湍动能 k，另一个是湍动能耗散率 ε，其表达式如下：

$$\begin{cases}k=\dfrac{1}{2}(\overline{u'^2}+\overline{v'^2}+\overline{w'^2})\\ \varepsilon=\nu\left[\left(\dfrac{\partial u'}{\partial x}\right)^2+\left(\dfrac{\partial u'}{\partial y}\right)^2+\left(\dfrac{\partial u'}{\partial z}\right)^2+\left(\dfrac{\partial v'}{\partial x}\right)^2+\left(\dfrac{\partial v'}{\partial y}\right)^2+\left(\dfrac{\partial v'}{\partial z}\right)^2+\left(\dfrac{\partial w'}{\partial x}\right)^2+\left(\dfrac{\partial w'}{\partial y}\right)^2+\left(\dfrac{\partial w'}{\partial z}\right)^2\right]\end{cases} \tag{1-60}$$

式中，（u'，v'，w'）为脉动速度矢量。

对于层流流动，没有脉动，故湍动能项为 0。对于高湍流流动，湍动能可达到 5%。依此建立的方程称为 k-ε 模型，也是目前利用 CFD 求解湍流问题的基本湍流模型。

第 3 节 常用紊流模型

在 CFD 中常常用到的湍流模型如下。

（1）S-A 模型：适用于翼型计算、壁面边界层流动，不适合射流等自由剪切流问题。

（2）标准 k-ε 模型：有较高的稳定性、经济性和计算精度，应用广泛，适用于高雷诺数湍流流动，不适合强旋流等各相异性的流动。

（3）RNG k-ε 模型：可以用来计算低雷诺数湍流流动，对强旋流计算的精度也有所提高。

（4）Realizable k-ε 模型：与前两种模型比较，其优点是可以保持雷诺应力与真实湍流一致，可以更加精确地模拟平面和圆形射流的扩散速度，同时在旋流计算、带方向压强梯度的边界层计算和分离流计算等问题中，计算结果更符合真实情况，同时在分离流计算和带二次流的复杂流动计算中也有较好的表现。

（5）标准 k-ω 模型：包含了低雷诺数影响、可压缩性影响和剪切流扩散，适用于尾迹流动、射流、受壁面限制的流动，以及边界层湍流和自由剪切流的计算。

（6）SST k-ω 模型：综合了 k-ω 模型在近壁区计算的优点和 k-ε 模型在远场计算的优点，同时增加了横向耗散导数项，在湍流黏度定义中考虑了湍流剪切应力的输运过程，可用于带逆压梯度流动的计算、翼型计算、跨声速带激波的计算等。

（7）雷诺应力模型：没有采用涡黏性各向同性假设，在理论上比前面的湍流模型要精确得多，直接求解雷诺应力分量（二维 5 个，三维 7 个）输运方程，适用于强旋流动，如龙卷风、旋流燃烧室计算等。

第 4 节 常用计算公式

在涉及湍流流动的计算时，或者在设置出、入口边界条件时，常用的计算公式如下。

1. 湍流强度（turbulence intensity）

定义：湍流强度（I）为湍流脉动速度的均方根与平均速度的比值，即

$$I = \frac{1}{\overline{V}}\sqrt{\frac{1}{3}\left(\overline{u'^2} + \overline{v'^2} + \overline{w'^2}\right)}$$

常用的计算公式为

$$I = 0.16(Re)^{-1/8} \tag{1-61}$$

式中，Re 为按水力直径计算得到的雷诺数。

当湍流强度小于 1%时为低湍流强度，高于 10%时则为高湍流强度。

2. 湍动能（turbulent kinetic energy）

湍动能（k）是湍流模型中最常见的物理量。利用湍流强度估算湍动能的计算公式为

$$k = \sqrt{\frac{3}{2}}(\overline{V}I)^2 \tag{1-62}$$

式中：$\overline{V}$ 为时间平均速度；I 为湍流强度。

3. 湍流耗散率（turbulent dissipation）

通常利用 k 和湍流尺度 l 估算湍流耗散率 ε，计算公式为

$$\varepsilon = C_\mu^{3/4}\frac{k^{3/2}}{l} \tag{1-63}$$

式中，$C_\mu = 0.09$。

湍流尺度计算公式为

$$l = 0.07L \tag{1-64}$$

式中，L 为特征尺度，可认为是水力直径；因数 0.07 是基于充分发展的湍流管流中混合长度的最大值。

第 5 节 关于紊流模型的阅读内容

湍流运动在物理上具有近乎无穷多尺度的漩涡流动，在数学上具有强烈的非线性，这使其无论是在理论上还是实验上，或者在数值模拟上，都是很难解决的问题。虽然 N-S 方程能够准确地描述湍流运动的细节，但直接求解这样一个复杂的方程（所谓的 DNS 方法）会花

费巨大的精力和时间，目前来说还是不现实的。

实际上往往采用时间平均 N-S 方程来描述工程和物理学问题中遇到的湍流运动。当对三维流动的 N-S 方程取时间平均后，得到相应的时均方程，此时方程中增加了六个未知的雷诺应力项，从而形成了湍流流动基本方程的不封闭问题。因为雷诺方程的不封闭性，必须引入适当的关系式或称湍流模型来封闭方程组，所以模拟结果的好坏很大程度上取决于湍流模型的准确度。

常用的湍流模型根据所采用的微分方程个数可分类为零方程模型、一方程模型、两方程模型、七方程模型。一般来说随着方程个数的增多，精度也会越来越高，计算量也越来越大、收敛性也会越差。

自 20 世纪 70 年代以来，湍流模型的研究得到迅速发展，建立了一系列的零方程、一方程、两方程模型等，已经能够比较成功地模拟边界层和剪切层的流动。但是，对于复杂的流动，比如航空发动机中的压气机动静叶相互干扰问题、大曲率绕流问题、激波与边界层相互干扰问题、流动分离问题、高速旋转等情况，常常会改变湍流的结构，使那些能够预测简单流动的湍流模型失效，故至今还没有得到一个有效、统一的湍流模型。所以完善现有湍流模型和寻找新的湍流模型在实际工作中显得尤为重要。

湍流模型理论的思想可追溯到 100 多年前，为了求解雷诺应力所满足的关系式，从而使方程组封闭，早期的处理方法是模仿黏性流体应力张量与变形率张量之间的关联表达式，直接将脉动特征速度与时均速度联系起来。

19 世纪后期，Boussinesq 提出用涡黏性系数的方法来模拟湍流流动，通过涡黏度将雷诺应力和时均流场联系起来，涡黏系数的数值用实验方法确定。

第二次世界大战前，已发展出了一系列的所谓半经验理论，其中包括得到广泛应用的普朗特混合长度理论，以及 G. I 泰勒涡量传递理论和 Karman 相似理论。这些理论的基本思想都是建立在对雷诺应力的模型假设上，使雷诺时均运动方程组得以封闭。

1940 年，我国流体力学专家周培源教授在世界上首次推出了一般湍流的雷诺应力输运微分方程；1951 年在西德的 Rotta 又提出了完整的雷诺应力模型。这些工作现在被认为是以二阶封闭模型为主的现代湍流模型理论最早的奠基工作。但由于当时计算机水平落后，方程组实际求解还不可能。直到 20 世纪 70 年代后期，由于计算机技术的飞速发展，湍流模型的研究才得到迅速发展。

湍流模型可根据微分方程的个数分为零方程模型、一方程模型、二方程模型和多方程模型。这里所说的微分方程是指除了时均 N-S 方程外，还要增加其他方程才能使方程组封闭，需增加多少个方程，则该模型就称为多少个方程模型。

为了选择合适的湍流模型，需要了解不同模型的适用范围和限制，例如流体是否可压、问题的特殊性、精度的要求、计算机的能力、时间的限制等。CFD 计算软件中一般都提供以下湍流模型：Spalart-Allmaras 模型、k-ε 模型、k-ω 模型、雷诺应力模型（RSM）和大涡模拟模型（LES）。

1. Spalart-Allmaras 模型

Spalart-Allmaras 湍流模型由 Spalart、Allmaras 提出，利用了 Boussinesq 逼近，其核心问题是处理漩涡黏度的计算。

应用范围：Spalart-Allmaras 模型主要用于航空领域，计算结果也比较令人满意，另外在透平机械中也得到较多的应用。

模型评价：Spalart-Allmaras 模型是相对简单的单方程模型，只需求解湍流黏性的输运方程，不需要求解当地剪切层厚度的长度尺度；由于没有考虑长度尺度的变化，这对一些流动尺度变换比较大的流动问题不太适合；比如平板射流问题，当从有壁面影响的流动突然变化到自由剪切流时，流场尺度变化明显等问题。

Spalart-Allmaras 模型中的输运变量在近壁处的梯度要比 k-ε 模型小，这使得该模型对网格粗糙带来数值误差不太敏感。

2. k-ε 模型

（1）标准的 k-ε 模型

最简单的完整湍流模型是两个方程的模型，要求解两个变量：速度和长度尺度。湍动能输运方程通过精确的方程推导得到，耗散率方程通过物理推理、数学上模拟相似原型方程得到。

应用范围：标准 k-ε 模型假设流动为完全湍流，黏性的影响可以忽略，此模型只适合完全湍流的流动过程模拟。

（2）RNG k-ε 模型

RNG k-ε 模型来源于严格的统计技术。它和标准 k-ε 模型很相似，但是进行了以下改进：

① RNG 模型在 ε 方程中加了一个条件，有效地改善了精度。

② 考虑到了湍流漩涡，提高了在这方面的精度。

③ 标准 k-ε 模型是一种高雷诺数的模型，RNG 理论提供了一个考虑低雷诺数流动黏性的解析公式。

这些特点使得 RNG k-ε 模型比标准 k-ε 模型在更广泛的流动中有更高的可信度和精度。

（3）可实现的（realizable）k-ε 模型

可实现的 k-ε 模型相比于标准 k-ε 模型有两个主要的不同点：

① 可实现的 k-ε 模型为湍流黏性增加了一个公式。

② 为耗散率增加了新的传输方程。

应用范围：可实现的 k-ε 模型直接的好处是对于平板和圆柱射流的发散比率的预测更精确。而且它对于旋转流动、强逆压梯度的边界层流动、流动分离和二次流有很好的表现。

该模型适合的流动类型比较广泛，包括有旋均匀剪切流、自由流（射流和混合层）、腔道流动和边界层流动。对以上流动过程模拟结果都比标准 k-ε 模型的结果好，特别是可实现的 k-ε 模型对于圆口射流和平板射流模拟，能给出较好的射流扩张。

模型评价：可实现的 k-ε 模型的一个不足是在计算旋转流动区域时不能提供自然的湍流黏度，这是因为可实现的 k-ε 模型在定义湍流黏度时考虑了平均旋度的影响。

3. k-ω 模型

（1）标准的 k-ω 模型

标准的 k-ω 模型基于 Wilcox k-ω 模型，适于低雷诺数、可压缩性和剪切流。标准的 k-ω 模型的一个变形就是 SST（Shear Stress Transfer）k-ω 模型。

应用范围：标准的 k-ω 模型适于有墙壁束缚的流动和自由剪切流动，可预测自由剪切流传播速率，像尾流、混合流动、平板绕流、圆柱绕流和放射状喷射等。

（2）SST k-ω 模型

SST k-ω 模型由 Menter 提出，核心思想是近壁面利用 k-ω 模型，以捕捉到黏性底层的流动，而在主流区域利用 k-ε 模型，以避免 k-ω 模型对入口湍动参数过于敏感的问题。

SST k-ω 模型和标准 k-ω 模型相似，但有以下改进：

① 通过混合函数将标准 k-ω 模型和标准 k-ε 模型结合到了一起（所谓的混合函数就是取值为 1 或 0 的分段函数）；

② SST k-ω 模型合并了来源于 ω 方程中的交叉扩散；

③ 湍流黏度考虑到了湍流剪应力的传播；

④ 模型常量不同。

这些改进使得 SST k-ω 模型比标准 k-ω 模型有更高的精度和可靠性（逆压梯度流动、翼型、跨声速激波）。

4. RSM 模型

放弃了前述模型所采用的涡黏性为各向同性的假设，直接对雷诺应力的各个分量建立输运方程，再结合耗散率输运方程使雷诺时均 N-S 方程封闭。这意味在二维流动中加入了 5 个方程，而在三维流动中加入了 7 个方程。

RSM 模型比单方程和双方程模型更加严格地考虑了流线曲率、漩涡、有旋流场和应变率的快速变化的影响，应该对复杂流动的模拟具有更高的精度，但是模拟精度并不理想。其中压力-应变和耗散率的模化是最难的，一般认为就是它们影响了 RSM 的模拟精度。

除了以上介绍的湍流模型外，还有 DNS 方法和 LES 模拟方法。DNS 又称为直接求解 NS 方程的方法，不需要湍流模型；LES 方法又称为大涡模拟方法。一般来说，DNS 和 LES 所需要的网格数量大，计算量和内存需求都比较大，计算时间长，目前工程应用较少。

第2篇

ANSYS Fluent 应用基础练习

ANSYS Fluent 是目前比较流行的商用 CFD 软件包，适用于流体流动、热能传递以及化学反应等有关的科学研究与工程设计问题。ANSYS Fluent 软件包具有丰富的物理模型和简单实用的前后处理功能，在航空航天、汽车设计、石油天然气和涡轮机设计等方面都有着广泛的应用。本篇通过 9 个比较典型的案例对 ANSYS Fluent 的使用方法与技巧进行简单的介绍。

第 1 章　旋转阀门通道内的水流流动分析——网格划分基础与计算结果分析

问题来源：花瓣式阀门是一种常见的旋转阀门，其结构如图 2-1-1a 所示。设阀门左侧（上游）为固定部分，阀门右侧（下游）部分可转动，通过下游阀门的转动来调节通道的过流面积，从而用来调节流量。对于这种阀门，需要研究流体在流动过程中对下游阀门的作用力和力矩，并研究流速、阀门开度等因素对力矩大小的影响。

这是一个三维流动问题，且花瓣式阀门内部结构不规则，流动复杂，对其进行理论计算是很困难的，为此，需要对模型进行简化，并采用数值计算的方法进行研究。出于教学的需要，本章只讨论数值仿真计算方法和计算过程，为此对模型进行如下简化。

简化 1：用一个等径圆周面对通道进行切割，切割面就形成具有周期性的二维通道。

简化 2：取其中一个通道进行研究，并假设这个通道是一个二维平面。

简化 3：假设左右两侧的阀门之间有一个小间隔。

这样，就提炼出一个简单的二维模型进行分析与计算，模型简化后的结构尺寸如图 2-1-1b 所示。设水自左侧 inlet 边界流入，并从右侧 outlet 边界流出到大气中，假设缝隙出口边界 up 和 down 是通大气的，试确定水流对右侧阀门的作用力。

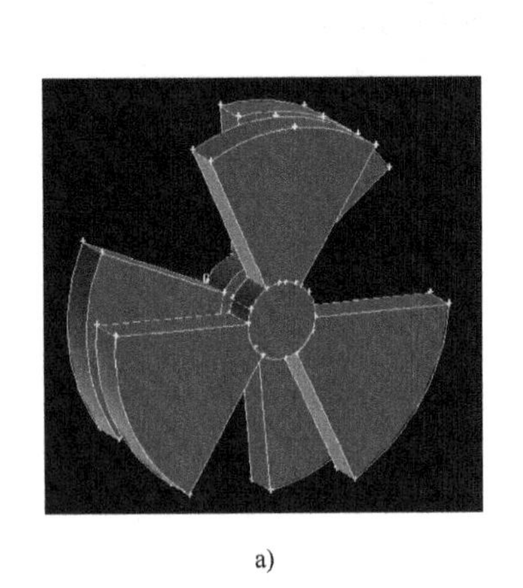

a)

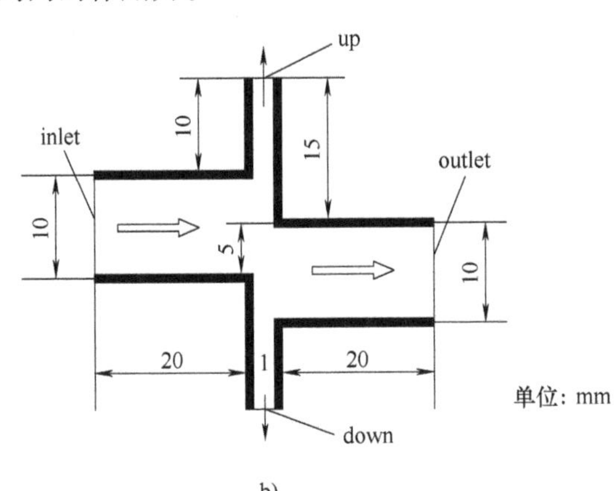

b)

图 2-1-1　花瓣式阀门结构示意图

思考：

1. 水流对右侧阀门的作用力是促使阀门打开（作用力方向向上）还是促使其关闭（作用力方向向下）？

2. 试确定水流在缝隙内的流动方向。自外向内流动还是自内向外流动？

说明： 本章利用 Gambit 进行前处理，用 ANSYS Fluent 15 进行计算和后处理。对应光盘上的文件夹为：Fluent 篇\valve，读者也可直接用光盘中的网格文件进行仿真计算。

第1节 利用 Gambit 进行几何建模

1. 确定关键点

利用 Gambit 进行建模的过程是首先确定点，其次由点连成线，然后由封闭的周线围成面（构成二维流动的流域），最后由封闭的面围成体（构成三维流动的流域）。

参考图 2-1-1，区域的关键点 *A*、*B*、*C*、*D*、*E*、*F*、*G*、*H*、*I*、*J*、*K*、*L* 的坐标如图 2-1-2 所示。

2. 启动 Gambit

（1）首先在 D 盘建立一个文件夹，用于存放所创建的文件，取文件夹的名字为 valve。

（2）启动 Gambit，启动对话框如图 2-1-3 所示。

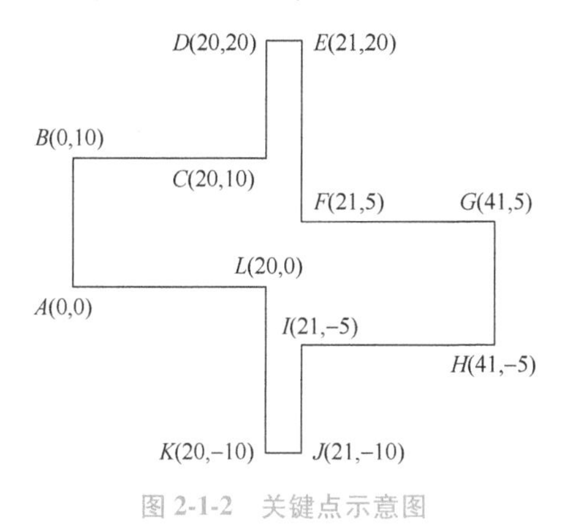

图 2-1-2 关键点示意图

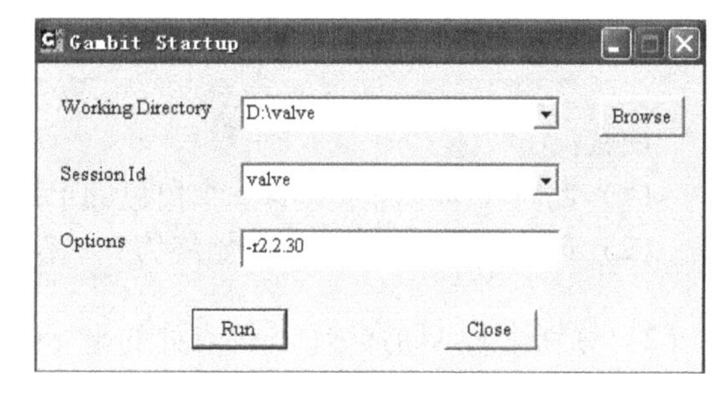

图 2-1-3 Gambit 启动对话框

说明： Working Directory 意为工作文件夹，表示所创建的文件存放的位置。Session Id 表示所创建的文件名。

（3）在 Working Directory 项，单击右侧的 Browse 按钮，找到新建的文件夹 valve。

（4）在 Session Id 项填入文件名 valve，如图 2-1-3 所示。

（5）单击 Run 按钮，启动 Gambit 界面如图 2-1-4 所示。

说明：

（1）左上角为菜单栏，有 File、Edit、Solver。

（2）右上角为建模工具栏。

（3）右下角为显示工具栏。

（4）中间部分为建模工作区。

（5）下方为命令解释区。

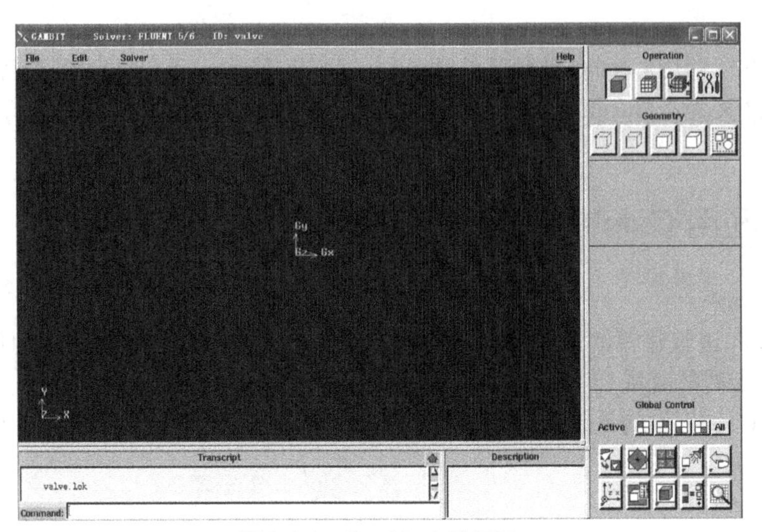

图 2-1-4　Gambit 启动界面

3. 按照坐标创建关键点

操作：单击右上角的 → → ，打开点（Vertex）设置对话框如图 2-1-5 所示。

（1）在 Global 下面的 x、y、z 框内分别输入 0，0，0，单击 Apply 按钮，就在坐标原点处创建了一个点，就是 A 点。

注意：

（1）此时在坐标原点处有一个白色的十字。

（2）创建二维模型时，z 轴始终为 0，不用改变。

（2）分别输入不同点 B、C 等点处的坐标值，得到图 2-1-6 中所示的各个关键点。

注意：

（1）F、G、H、I 四个点先按图 2-1-6 所示位置创建。

（2）对于图形显示效果的操作如下：

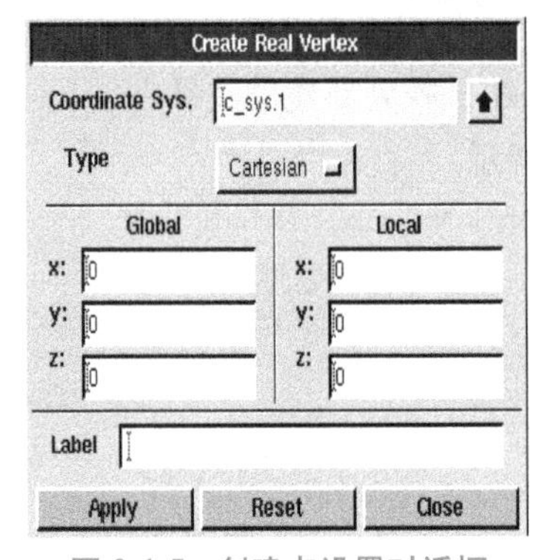

图 2-1-5　创建点设置对话框

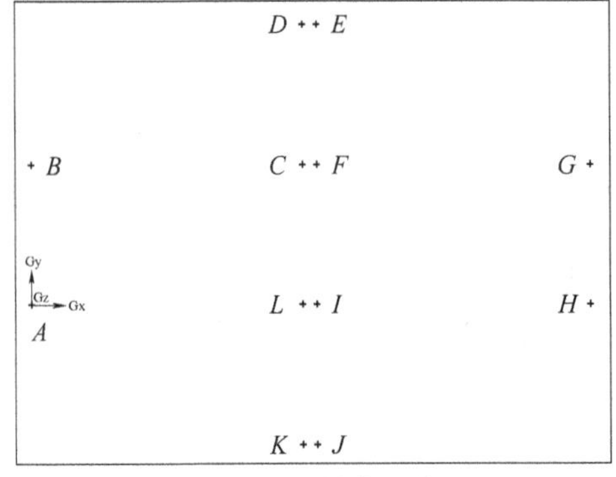

图 2-1-6　关键点示意图

（a）全屏显示，单击右下方的 。

（b）按住鼠标右键向上推动，可缩小图形。

（c）按住鼠标右键向下拖动，可放大图形。

（d）按住鼠标中键拖动鼠标，可改变图形位置。

（e）按住鼠标左键拖动鼠标，可旋转图形。

（f）单击右下方的按钮，可改变视角。

（3）将右侧滑动阀门的四个点 *F*、*G*、*H*、*I* 向下移动 5。

操作：单击右上角的→→，打开点移动对话框如图 2-1-7 所示。

单击 Vertices 右侧黄色区域，按住<Shift>键，分别单击需要移动的四个点（此时点变为红色）。

在 Global 下的 *x*、*y*、*z* 框内分别输入 0，−5，0，单击 Apply 按钮，结果如图 2-1-8 所示。

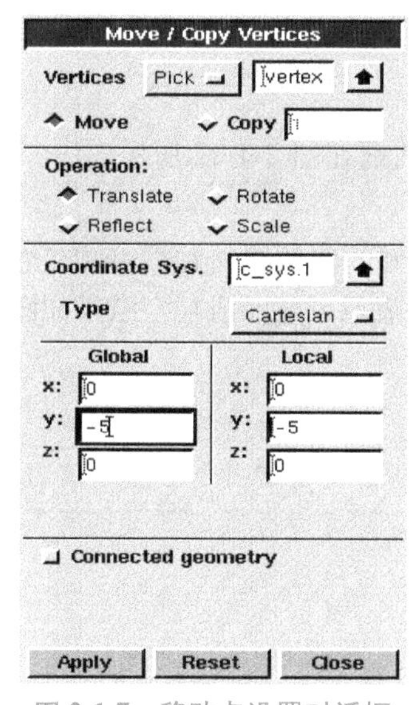

图 2-1-7　移动点设置对话框

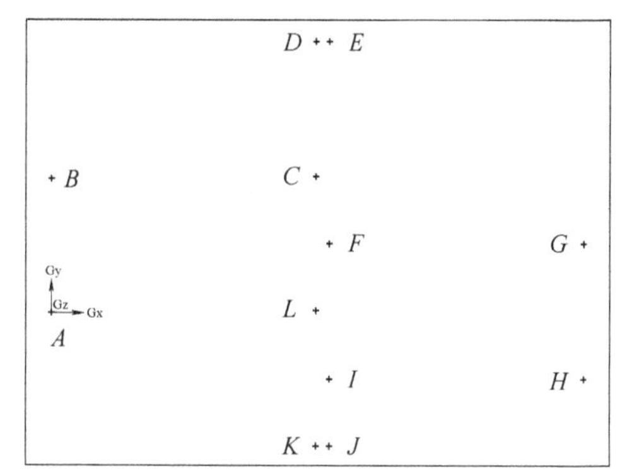

图 2-1-8　关键点示意图

4. 按照关键点连成线

操作：单击右上角的→→，打开线段创建对话框如图 2-1-9 所示。

（1）单击 Vertices 右侧黄色区域。

（2）按住<Shift>键，依次单击各个点，单击 Apply 按钮，得到线段如图 2-1-10 所示。

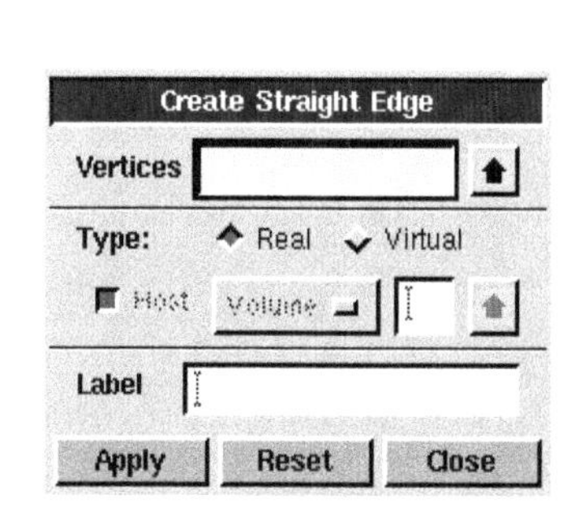

图 2-1-9　创建线设置对话框

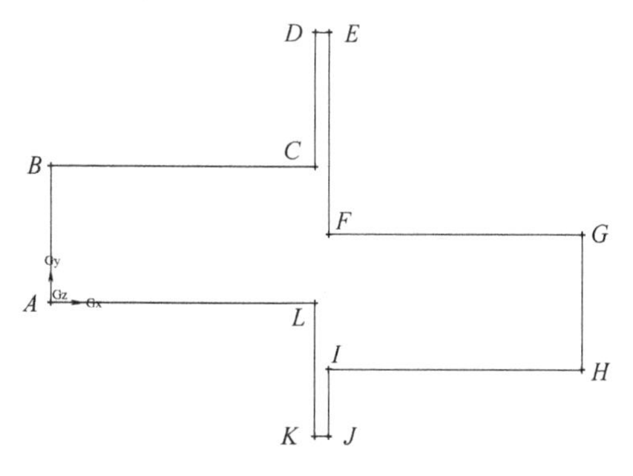

图 2-1-10　流域的周线示意图

（3）连接图 2-1-10 *CL* 线段和 *FI* 线段，结果如图 2-1-11 所示。

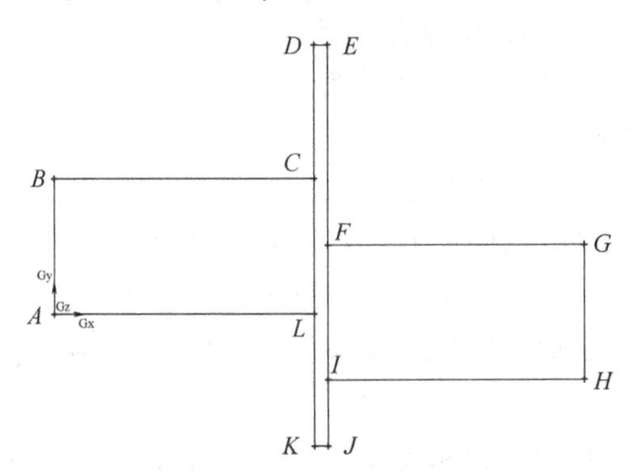

图 2-1-11　流域的分割线示意图

5. 由封闭周线创建面

操作：单击右上角的 → → ，打开面创建对话框如图 2-1-12 所示。

（1）单击图 2-1-12 中 Edges 右侧的黄色区域。

（2）按住<Shift>键单击图 2-1-13 所示左侧形成封闭区域的四条线（线段变成红色）。

（3）单击 Apply 按钮，此时区域周线由黄色变成蓝色，表示创建面成功。结果如图 2-1-13 所示。

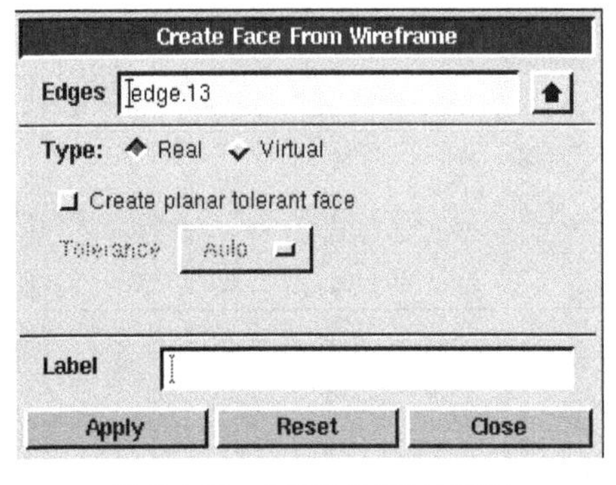

图 2-1-12　创建面设置对话框

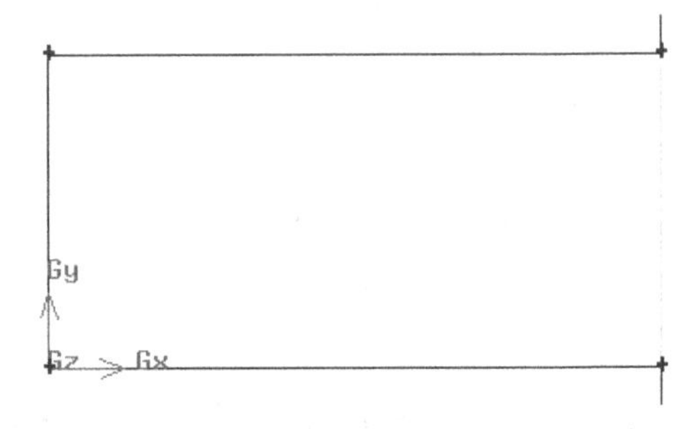

图 2-1-13　左侧流域示意图

按此方法，分别创建中间区域和右侧区域，最后形成三个面。

注意：

（1）一定是封闭的周线才能围成面。

（2）创建面成功后，围成面的周线都变成蓝色。

第 2 节　利用 Gambit 进行网格划分

1. 划分中间区域出口线段的网格

操作：单击 → → ，打开线段网格设置对话框如图 2-1-14 所示。

（1）单击图 2-1-14 中 Edges 右侧黄色区域。

（2）按住<Shift>键单击下面出口处的边界线段 *JK*。

（3）在 Spacing 下面空白处的右侧选 interval count。

（4）在 Spacing 下面填入数字 4（表示将线段均分 4 份，每一段的长度为 0.25）。

（5）单击下面的 Apply 按钮，结果如图 2-1-15 所示。

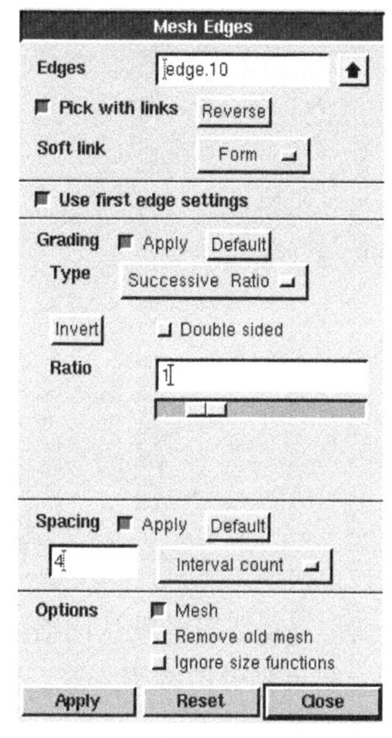

图 2-1-14　线段网格设置对话框

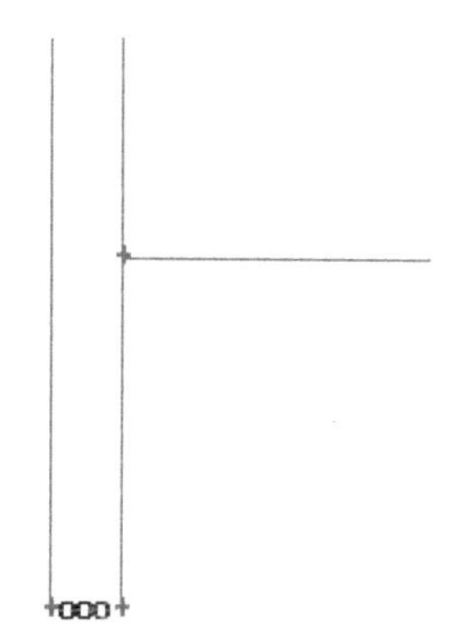
图 2-1-15　线段网格划分示意图

2. 对中间区域进行面网格划分

操作：单击 → → ，打开面网格设置对话框如图 2-1-16 所示。

（1）单击图 2-1-16 中 Faces 右侧的黄色区域。

（2）按住<Shift>键单击中间区域的边线，此时区域边线变成红色。

（3）在 Spacing 下面空白处的右侧，选 interval size。

（4）在 Spacing 下面空白处填入：0.5（单元线段长度为 0.5）。

（5）单击下面的 Apply 按钮。结果如图 2-1-17 所示。

注意：

（1）Elements 项选 Quad，表示划分为四边形网格。

（2）Type 右侧选 Map，表示划分为结构化网格。

（3）对于二维流域来说，结构化网格要求图形为四边形，且对应边的网格数相同。

（4）这样划分的网格，长度为 0.5，宽为 0.25，则网格的长宽比为 0.5/0.25=2。网格的长宽比对计算结果有影响，一般来说，以网格长宽比不超过 6 为宜。

3. 对两侧区域边线划分网格

（1）显示图 2-1-11 中 *FG* 线段默认划分的网格。

操作：单击 → → ，打开线段网格设置对话框如图 2-1-14 所示。

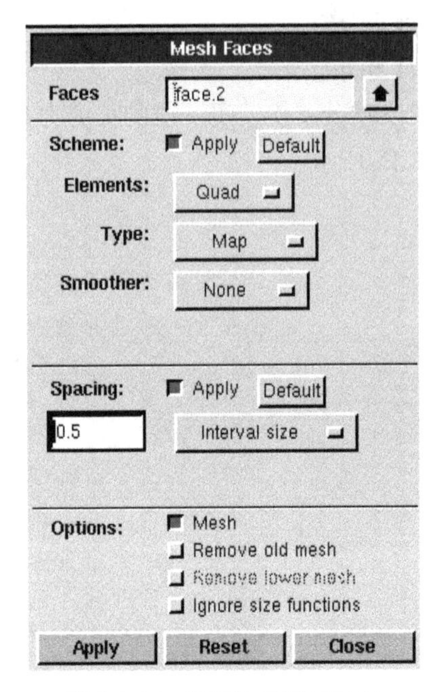

图 2-1-16　面网格设置对话框

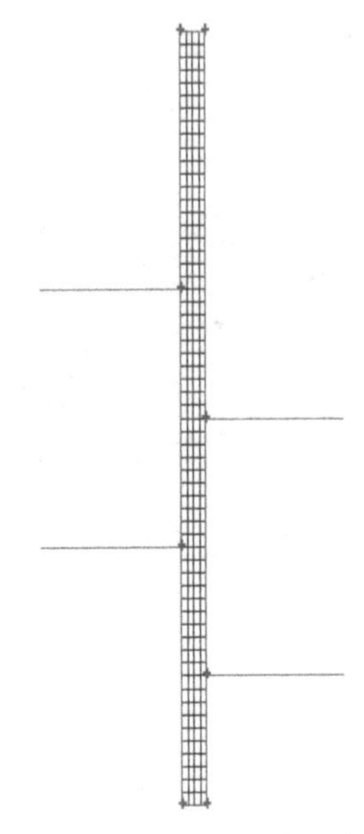

图 2-1-17　中间面网格示意图

类似前面的操作，选择图 2-1-11 中 *FG* 线段，此时，*FG* 线段的默认网格如图 2-1-18 所示。对比中间区域的网格，发现 *FG* 线段的网格太粗，需要划分的细密一些。按照流动参数变化大的地方网格应该细密的原则，最好是左侧密、右侧稀疏。

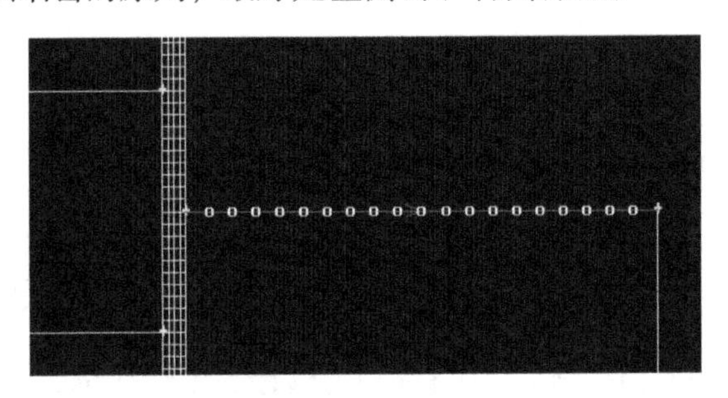

图 2-1-18　线段网格示意图

注意：线段有一个箭头指向，按住<Shift>键，用鼠标中键单击该线段，可以改变线段的方向。

（2）在图 2-1-19 中 Spacing 下面空白处的右侧选择 interval count，并在空白处输入 30（将 *FG* 线段分为 30 份）。

（3）在 Ratio 框中输入 1.03（网格线段长度的公比比值），此时线段网格如图 2-1-20 所示。

（4）按住<Shift>键单击图 2-1-11 中的 *BC* 线段。

观察线段划分情况，如果方向不对，按住<Shift>键，用鼠标中键单击线段，可以改变线段的方向。

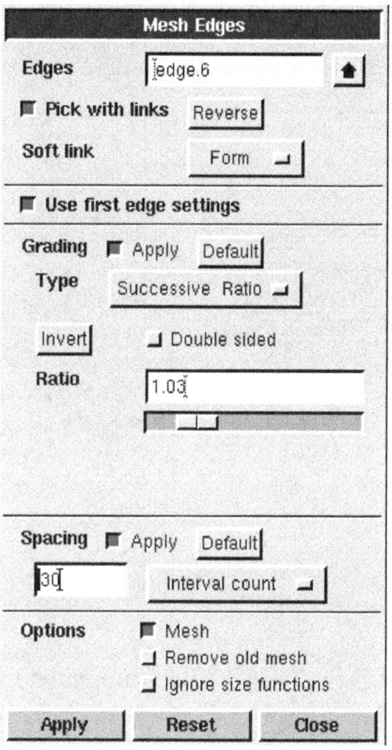

图 2-1-19　线段网格划分对话框

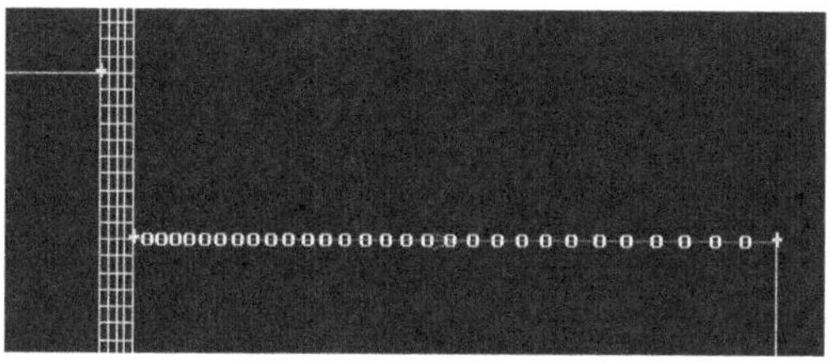

图 2-1-20　线段网格图

（5）图 2-1-11 中的 *AL* 和 *HI* 线段分别照此操作。

注意：一定要一条线一条线地进行，要特别注意箭头方向。

（6）单击 Apply 按钮，最后的线段网格划分结果如图 2-1-21 所示。

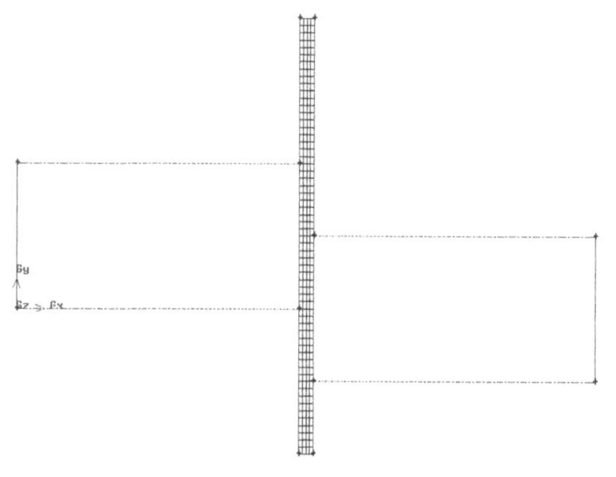

图 2-1-21　线段网格划分图

4. 对两侧的面划分网格

操作：单击 → → ，打开面网格设置对话框如图 2-1-16 所示。选择两侧区域，单击 Apply 按钮，网格划分结果如图 2-1-22 所示。

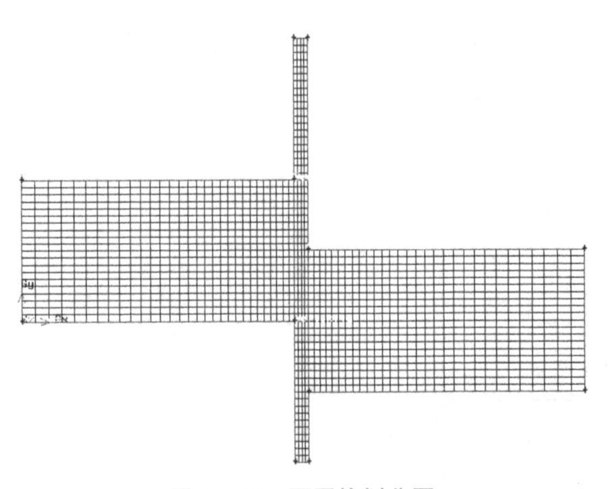

图 2-1-22　面网格划分图

第 3 节　设置边界类型，保存网格文件

边界类型分壁面（WALL）、速度入口（Velocity-inlet）、压力出流（Pressure-outlet）等，需要在 Gambit 中进行设置。

操作：单击→，打开边界类型设置对话框如图 2-1-23 所示。

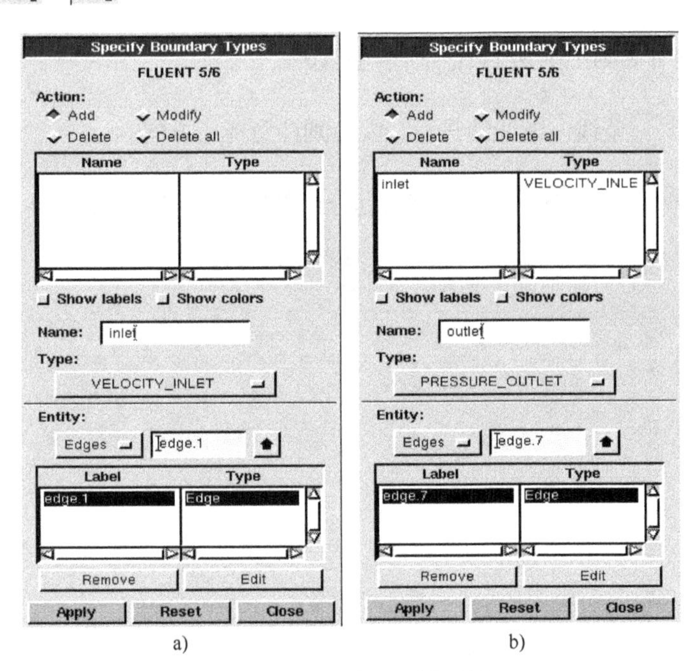

图 2-1-23　边界类型设置对话框

1. 设置左侧入口边界 *AB* 为速度入口边界类型，如图 2-1-23a 所示。

（1）在 Name 右侧输入边界名称 inlet。

（2）在 Type 项选择 VELOCITY_INLET。

（3）单击 Edges 右侧黄色区域。

（4）按住<Shift>键单击 *AB* 线段。

（5）单击 Apply 按钮。

2. 设置图 2-1-11 中的右侧出口边界 *GH* 为压力出流边界类型，取名为 outlet，如图 2-1-23b 所示。

（1）在 Name 框中输入边界名称 outlet。

（2）在 Type 项选择 PRESSURE-OUTLET。

（3）单击 Edges 右侧黄色区域。

（4）按住<Shift>键单击 *GH* 线段。

（5）单击 Apply 按钮。

3. 设置上面出口边界 *DE* 为压力出流边界类型，取名为 up。

4. 设置下面出口边界 *JK* 为压力出流边界类型，取名为 down。

5. 设置右侧阀门的其他边界（4 条线）为固壁边界类型（WALL），取名为 valve。

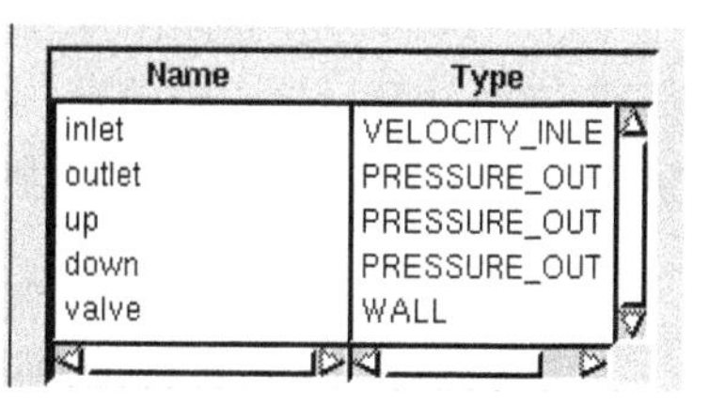

图 2-1-24　边界类型设置

最后，边界类型设置结果如图 2-1-24 所示。

6. 输出网格文件。

操作：File→Export→Mesh...，如图 2-1-25 所示，打开输出网格文件对话框如图 2-1-26 所示。

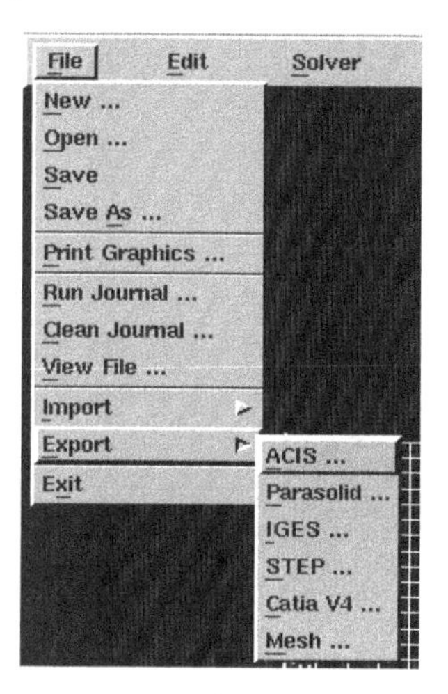

图 2-1-25　输出网格文件菜单

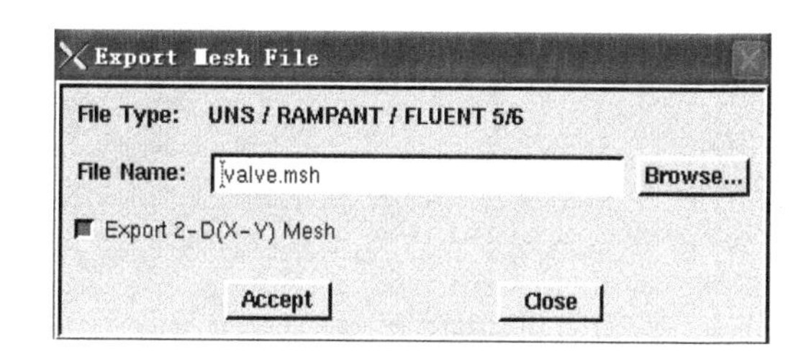

图 2-1-26　输出网格文件对话框

（1）在 File Name：右侧保留默认文件名。

（2）选择 Export 2-D（X-Y）Mesh（输出二维网格）。

（3）单击 Accept 按钮。

7. 保存其他文件。

操作：File→Exit，打开文件保存对话框，单击 Yes 按钮。

最后，保存在文件夹内的文件如图 2-1-27 所示。

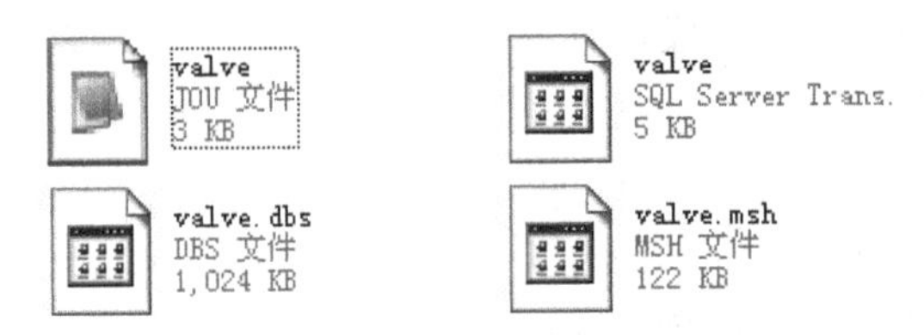

图 2-1-27　保存的四个文件

第 4 节　启动 ANSYS Fluent 进行求解

ANSYS Fluent 启动对话框如图 2-1-28 所示。在 Dimension 项选择 2D 求解器；在 Options 项不选择双精度（Double Precision）求解器；在 Processing Options 项选择串行（Serial）运算（Parallel 为并行运算），保留其他默认设置，单击 OK 按钮，启动 Fluent，界面如图 2-1-29 所示。

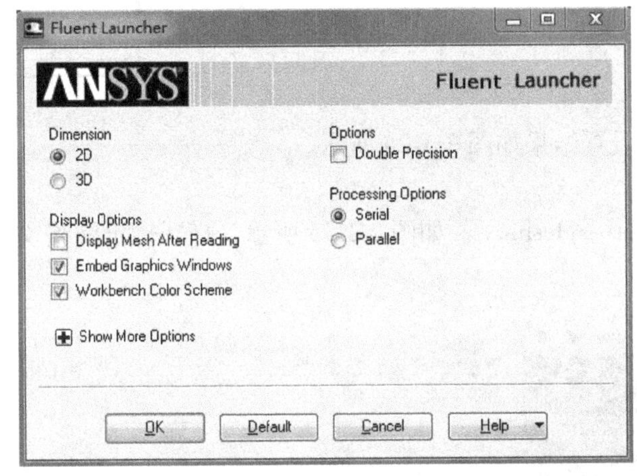

图 2-1-28　Fluent 启动对话框

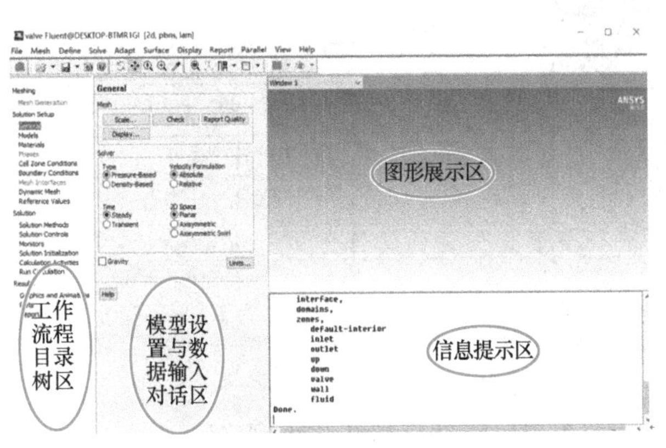

图 2-1-29　Fluent 窗口界面

1. 读入网格文件，进行网格设置

操作：File→Read→Mesh...，打开文件读入对话框。

选择网格文件的路径和文件名（valve 文件夹中的 valve. mesh 文件），双击文件名，读入网格文件。

注意到文件读入后，右下方信息提示区显示读入过程，最后一行显示 Done，表示读入成功。

注意：界面第 1 行为总菜单栏，从左至右分别是文件操作（File）、网格操作（Mesh）、求解器和边界条件等若干定义（Define）、流场初始化和监视器等求解设置（Solve）。第 2 行为菜单工具栏。界面左侧为工作流程目录树区，在读入网格后，Fluent 的工作流程就是按照这个目录树中的次序进行的。旁边是对应的模型设置与数据输入对话区。界面右上方是工作窗口，其下方是信息提示区。

首先是 Solution Setup 中的 General 项，如图 2-1-30 所示，可对求解进行一般设置。

操作：Solution Setup→General，右边为设置区如图 2-1-30 所示。

（1）区域范围与网格长度单位（Scale）

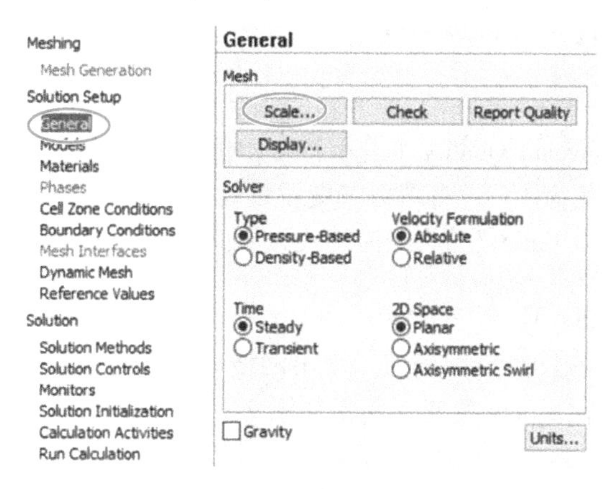

图 2-1-30　综合设置对话框

操作：单击 Mesh 项的 Scale...按钮，弹出网格尺寸设置对话框，如图 2-1-31 所示。

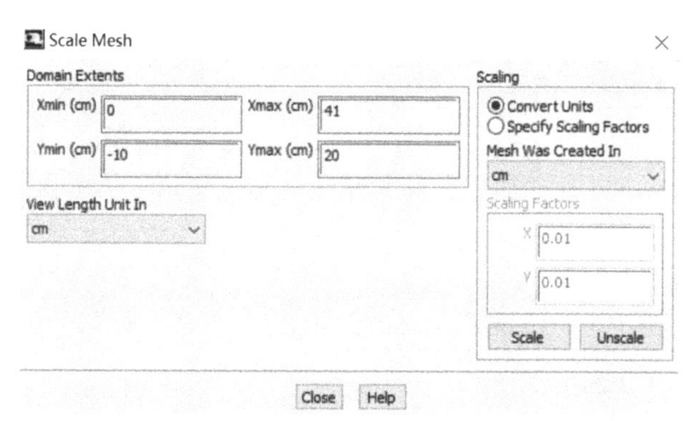

图 2-1-31　网格尺寸设置对话框

① Domain Extents 项显示区域的范围。

② View Length Unit In 显示网格长度单位，选择 cm。

③ Mesh Was Created In 项选择 cm。

④ 单击 Scale 按钮，单击 Close 按钮关闭对话框。

注意：系统默认单位是 m，改变长度单位为 cm 后，区域范围在 X 方向由 0~41m 变成 0~4100cm，Y 方向也是如此。单击下面的 Scale 按钮后注意区域范围的变化。

（2）网格检查（Check）

操作：单击 Mesh 项的 Check 按钮，对网格进行检查。

注意：在信息提示区最后一定是 Done，表示检查通过。

（3）网格质量报告（Report Quality）

操作：单击 Mesh 项的 Report Quality 按钮，对网格进行质量检查。

在信息提示区显示的质量报告如下：

Minimum Orthogonal Quality = 1. 00000e+00

Maximum Aspect Ratio = 2. 23608e+00

注意：

（1）Minimum Orthogonal Quality（最小正交质量）的变化范围为 0~1，值越大越好，一般要求大于 0. 2。本例为 1，说明网格正交质量非常高。

（2）Maximum Aspect Ratio（最大纵横比），一般要求小于 6。本例为 2. 236，符合要求。

（4）展示网格（Display）

操作：单击 Mesh 项的 Display...按钮，弹出网格显示对话框，如图 2-1-32 所示。

保留默认设置，单击 Display 按钮，网格如图 2-1-33 所示。

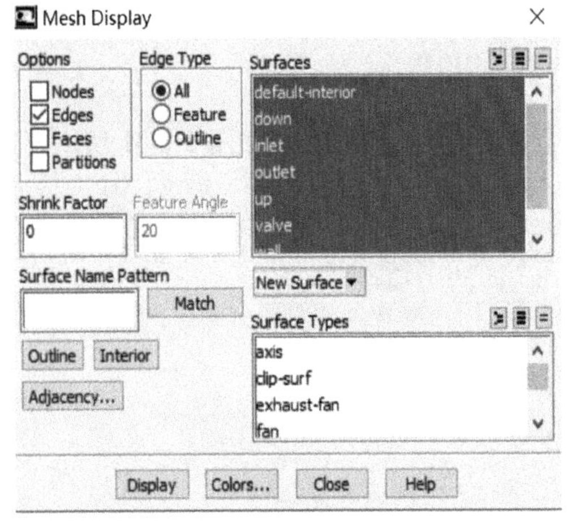

图 2-1-32　网格显示对话框

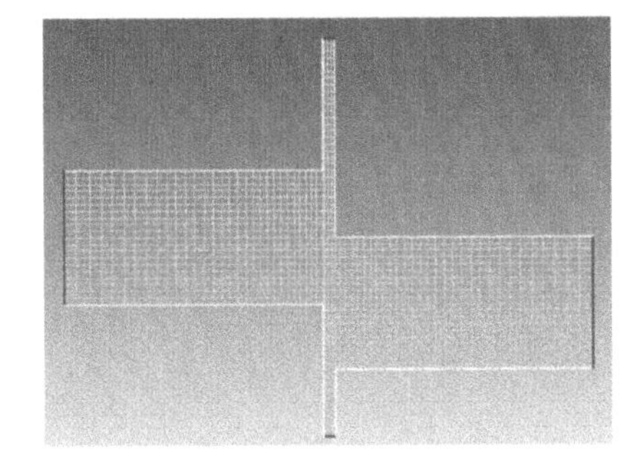

图 2-1-33　区域网格图

注意：

（1）如果图形显示不理想，可以在菜单工具栏中单击 Fit to Window 按钮，如图 2-1-34 所示。

（2）可以按住鼠标中键，自左上方到右下方拖动并形成一个方框，系统会将方框内的图形放大；反之操作会缩小图形。

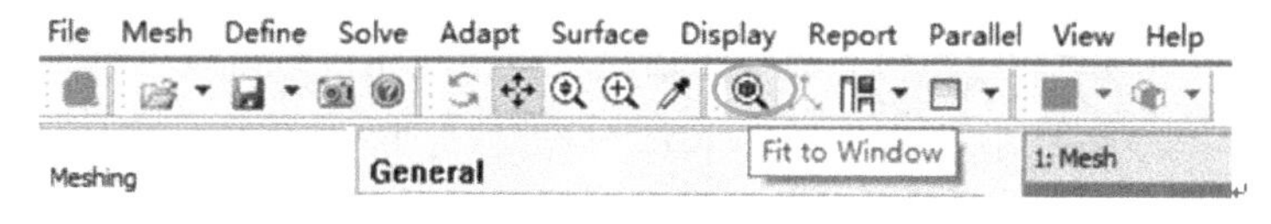

图 2-1-34　菜单工具栏

2. 设置求解器

操作：Solution Setup→General，右边为设置区如图 2-1-35 所示。

（1）在 Solver 中的 Type 项默认选择 Pressure-Based（基于压力的）；

（2）在 Solver 中的 Time 项默认选择是 Steady（定常的）；

（3）在 2D Space 项默认选择是 Planar（平面的）；

（4）Gravity 复选框，不勾选，本题与重力无关。

注意：以上为默认设置。

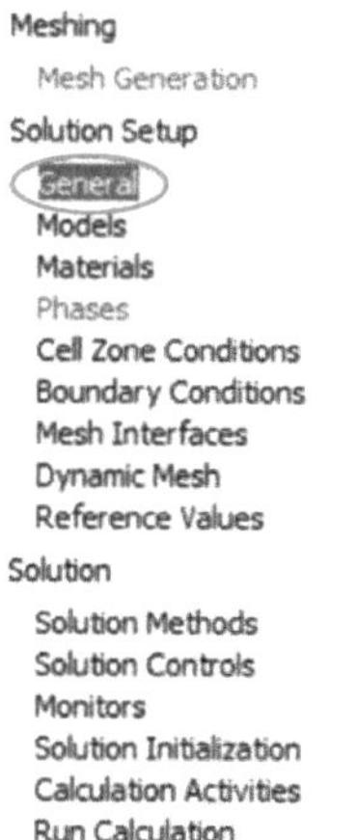

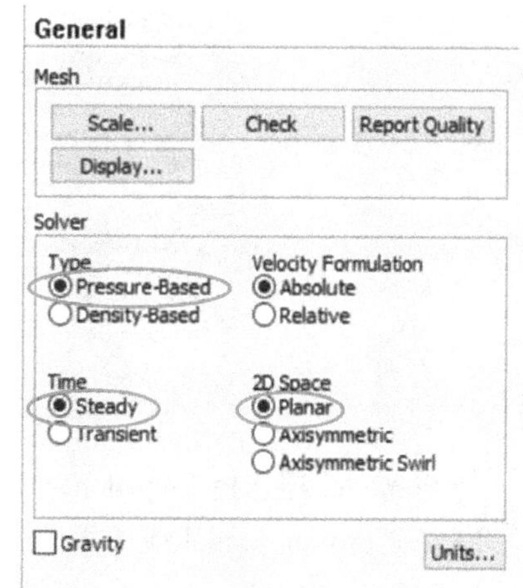

图 2-1-35　设置求解器对话框

3. 设置湍流模型

操作：Solution Setup → Models，如图 2-1-36 所示。

（1）在 Models 项选择 Viscous-Laminar（默认为层流）；

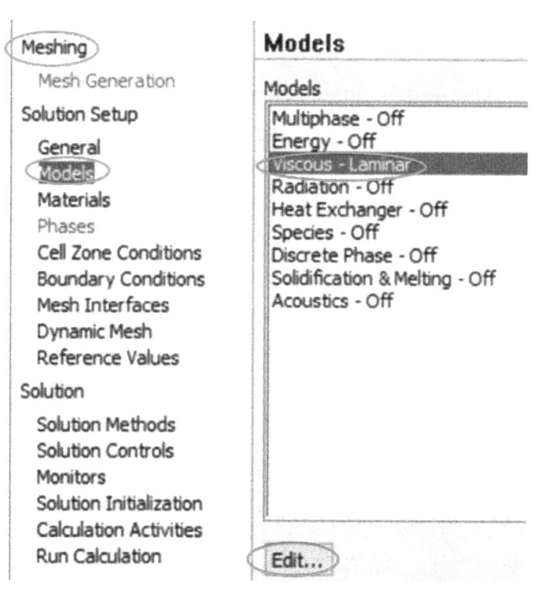

图 2-1-36　模型设置对话框

（2）单击Edit...按钮，打开湍流模型设置对话框如图 2-1-37 所示。

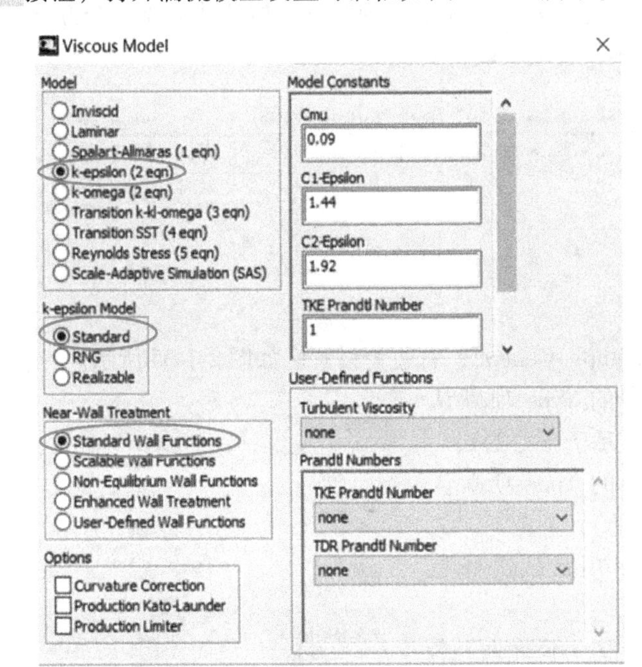

图 2-1-37　湍流模型设置对话框

① 在 Model 项选择 k-epsilon（2 eqn）紊流模型。

② 在 k-epsilon Model 项选择 Standard（标准的 k-ε 紊流模型）。

③ 在 Near-Wall Treatment（壁面附近处理方法）选择 Standard Wall Functions（标准的壁面函数）。

④ 保留 Model Constants 项各常数的默认数值。

⑤ 保留其他默认设置，单击OK按钮。

4. 设置流体的物性

操作：Solution Setup→Materials，如图 2-1-38 所示。

在 Materials 项选择 Fluid，单击 Create/Edit...按钮，打开材料设置对话框，如图 2-1-39 所示。

（1）在 Name 项输入流体的名称：water。

（2）在 Density（kg/m^3）项输入水的密度：1000。

（3）在 Viscosity [(kg/m · s)] 项输入水的动力黏度 0.001。

（4）单击Change/Create按钮。

（5）在弹出的询问对话框（见图 2-1-40）中选择 Yes，然后单击 Close 按钮，关闭对话框。

注意：系统原有的材料为 air（空气），选择 Yes 意味着用 water 覆盖了 air，这样系统内就只有 water 这一种材料了。如果选择 No，则系统内就有 air 和 water 两种材料。

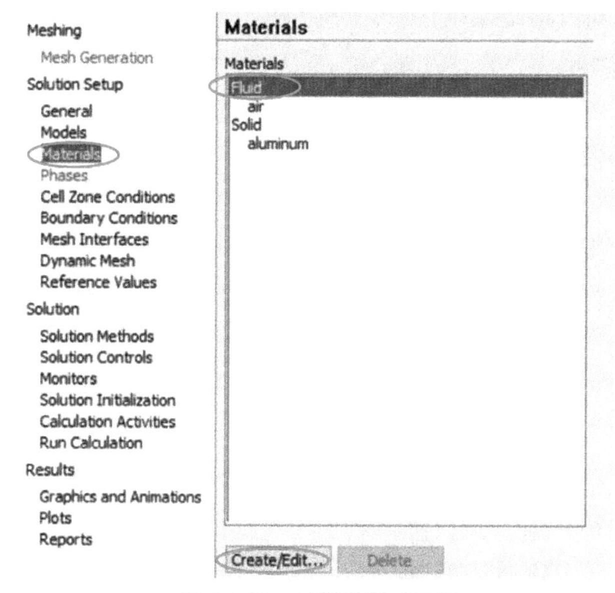

图 2-1-38　材料设置对话框

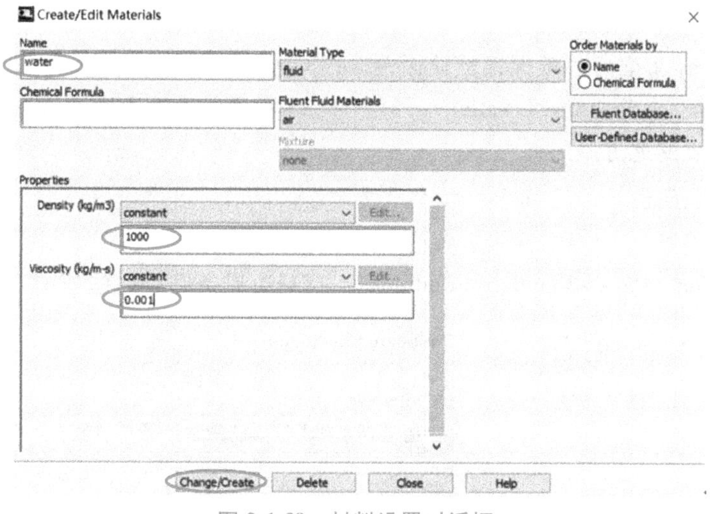

图 2-1-39　材料设置对话框

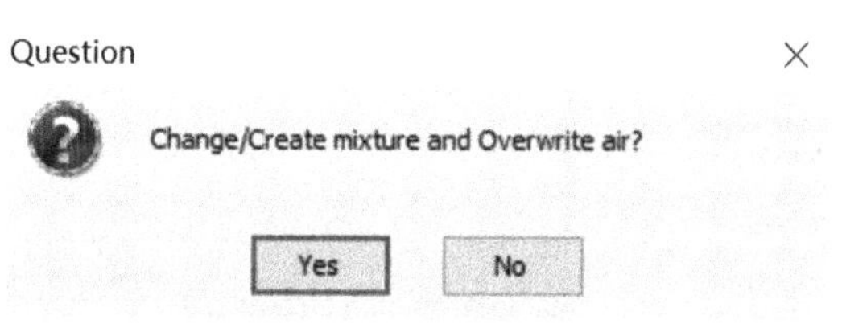

图 2-1-40　询问对话框

5. 设置操作环境

操作：Solution Setup→Cell Zone Conditions，如图 2-1-41 所示。

单击 Operating Conditions... 按钮，打开操作环境设置对话框如图 2-1-42 所示。

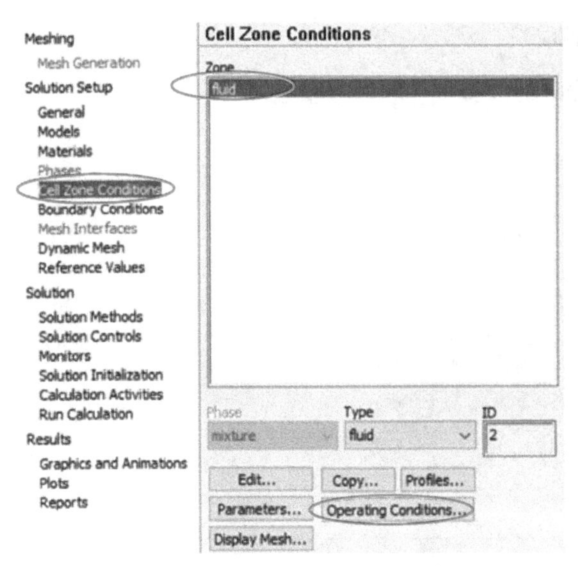

图 2-1-41　操作环境设置对话框

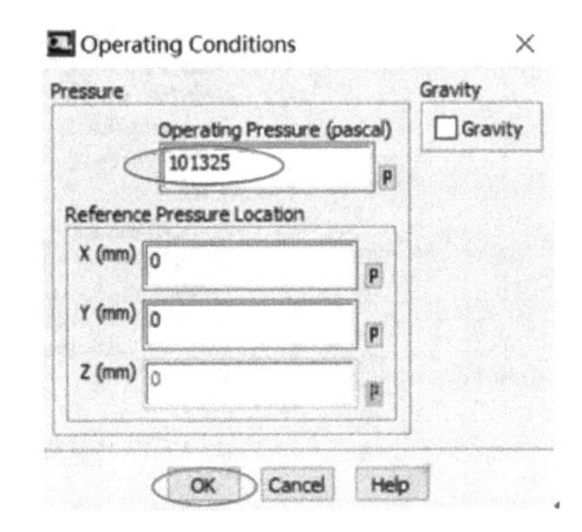

图 2-1-42　操作环境设置对话框

（1）在 Operating Pressure（pascal）（操作压强，单位默认 Pa）项，保留默认设置。（操作压强为标准大气压 101325Pa。）

（2）在 Gravity（重力）项保留默认设置。（本题不考虑重力对流动的影响。）

（3）在 Reference Pressure Location（压强的参考位置）保留默认设置。（一般来说，应选择压强变化不大的地方。）

（4）单击OK按钮。

6. 设置边界条件

操作：Solution Setup→Boundary Conditions，打开边界条件对话框如图 2-1-43 所示。

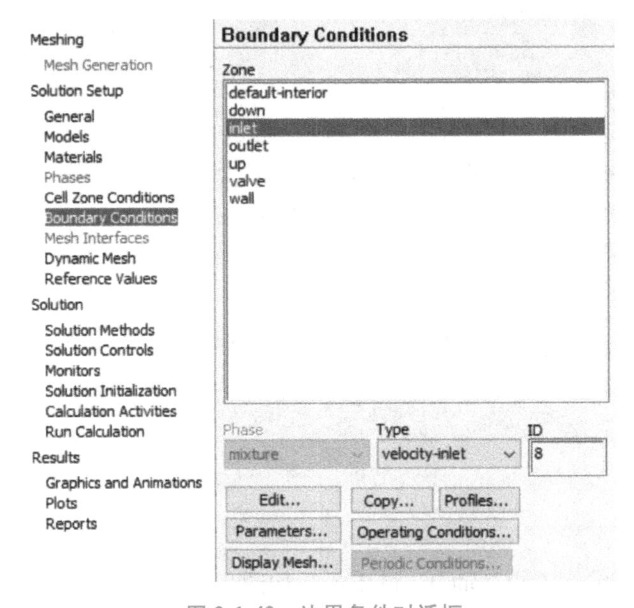

图 2-1-43　边界条件对话框

（1）设置速度入口边界 inlet

① 在 Zone Name 框中选择 inlet。

② 将 Type 项确认为 velocity-inlet 类型。

③ 单击Edit...按钮；弹出速度边界设置对话框，如图 2-1-44 所示。

④ 选择 Momentum 选项卡。

⑤ 在 Velocity Specification Method（速度定义方法）框中选择 Magnitude, Normal to Boundary（给定速度大小，方向垂直于边界）。

⑥ 在 Velocity Magnitude（m/s）框中输入速度 2。

⑦ 在 Turbulence（紊流）选项区的 Specification Method（定义方式）项选取 Intensity and Hydraulic Diameter（紊流强度与水力直径）。

⑧ 在 Turbulent Intensity（%）框中输入 5。

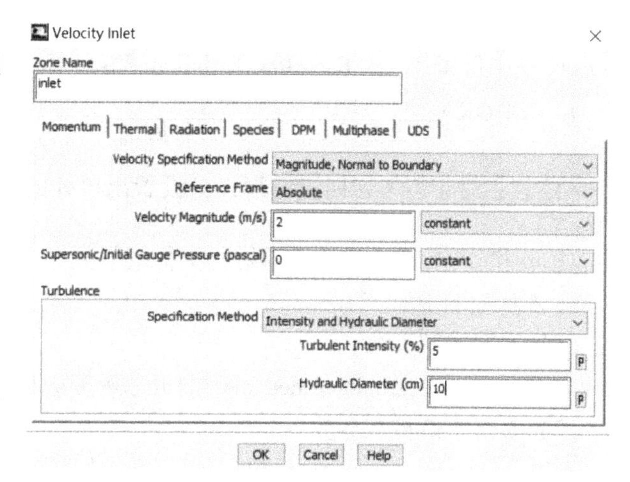

图 2-1-44　速度边界设置对话框

⑨ 在 Hydraulic Diameter（cm）框中输入 10。

⑩ 单击 OK 按钮。

（2）设置压力出口边界 outlet

① 在 Zone Name 框中选择 outlet。

② 在 Type 项确认为 pressure-outlet。

③ 单击Edit...按钮，打开压力出流边界对话框，如图 2-1-45 所示。

④ 选择 Momentum 选项卡。

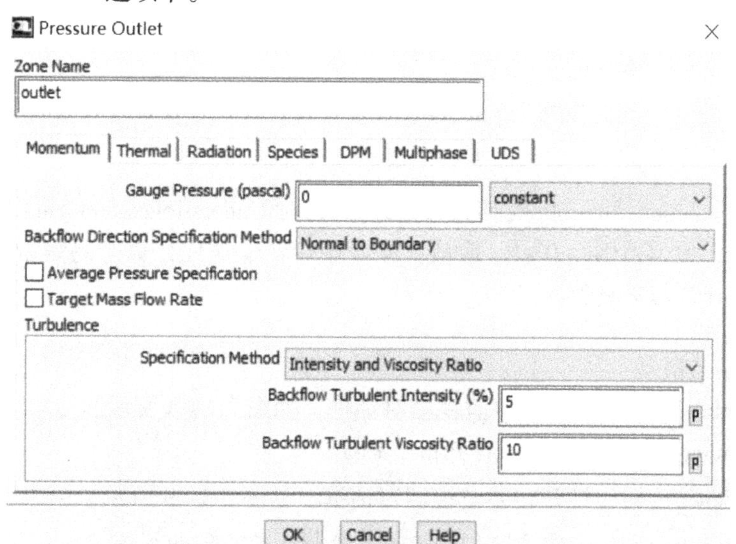

图 2-1-45　压力出流边界对话框

⑤ 在 Gauge Pressure（pascal）（相对压强）框中保留默认设置 0。

⑥ 在 Backflow Direction Specification Method（回流流动方向定义方式）框中保留默认的 Normal to Boundary（垂直于边界）。

⑦ 在有回流的情况下，对 Turbulence（紊流）选项区的 Specification Method（定义方式）框中选 Intensity and Hydraulic Diameter（紊流强度和水力直径）；在 Backflow Turbulent Intensity 框中保留 5；在 Backflow Turbulent Viscosity Ratio 框中输入 10。

⑧ 单击OK按钮。

注意： 对于不考虑回流情形，只设置出口处的压强即可。

对 up 和 down 压力出流边界进行类似的设置，只是在 Hydraulic Diameter 框中输入 1。

7. 求解控制设置

（1）设置求解算法

操作：Solution→Solution Methods，打开求解算法对话框，如图 2-1-46 所示，保留默认设置。

（2）设置求解控制参数

操作：Solution→Solution Controls，打开求解控制对话框，如图 2-1-47 所示，保留默认设置，单击 OK 按钮。

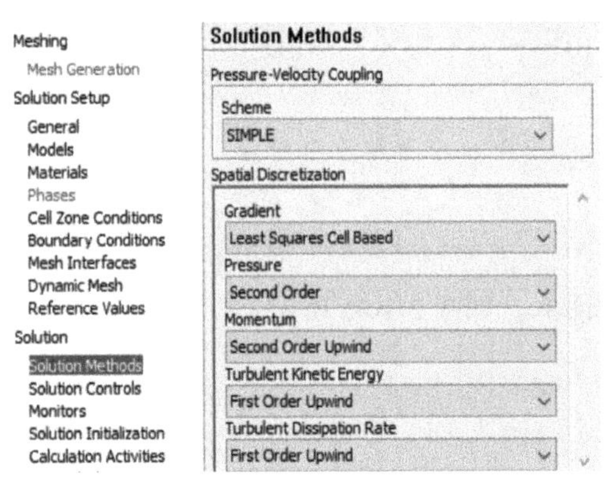

图 2-1-46　求解算法对话框

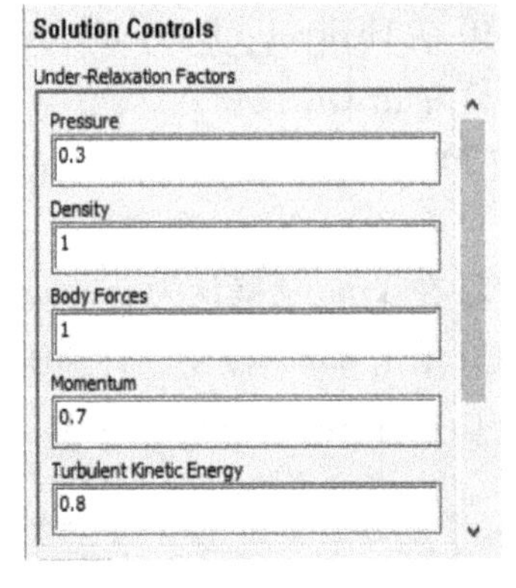

图 2-1-47　求解控制对话框

注意： 在 Solution Controls 对话框中，主要是对 Under-Relaxation Factors（欠松弛因子）进行设置，取值范围在 0~1，取值大则收敛快，但迭代计算容易发散；取值小则收敛慢，但迭代计算容易收敛。

8. 设置残差监视器

操作：Solution→Monitors，打开监视器对话框，如图 2-1-48 所示。

（1）在 Monitors 项选择 Residuals-Print，Plot。

（2）单击Edit...按钮，打开残差监视器对话框，如图 2-1-49 所示。

（3）在左上角的 Options 选项区勾选 Plot，绘制残差收敛曲线图。

（4）其他保持默认设置，单击OK按钮。

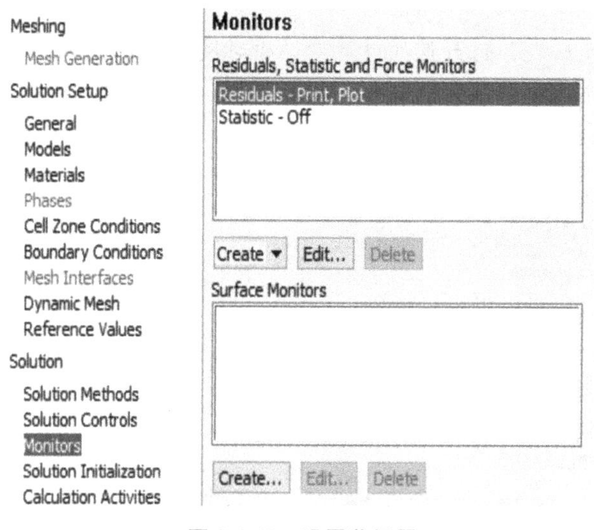

图 2-1-48 设置监视器

注意：

（1）在 Residual 项，可以看到监测的方程有连续性方程、运动方程和湍流模型方程。

（2）在 Monitor Check Convergence Absolute Criteria（残差收敛限）项，可以看到各个方程的收敛限默认均为 0.001，此值可以改变。

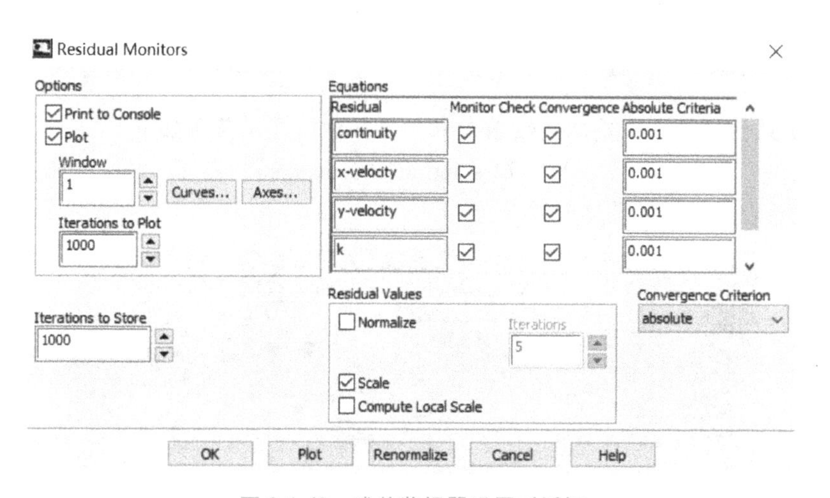

图 2-1-49 残差监视器设置对话框

9. 流场初始化

操作：Solution→Solution Initialization，打开流场初始化设置对话框，如图 2-1-50 所示。

（1）在 Initialization Methods 项选择 Standard Initialization。

（2）在 Compute from 项选择 inlet，表示以速度入口边界 inlet 的数值初始化流场（此时在 Initial Values 选项区可看到相应的数值）。

（3）保留其他默认设置，单击 Initialize 按钮，完成流场初始化。

10. 迭代计算

操作：Solve→Iterate...，打开迭代计算对话框如图 2-1-51 所示。

（1）在 Run Calculation 选项区的 Number of Iterations（最大迭代次数）框中输入 100。

（2）单击 Calculate 按钮，开始计算。

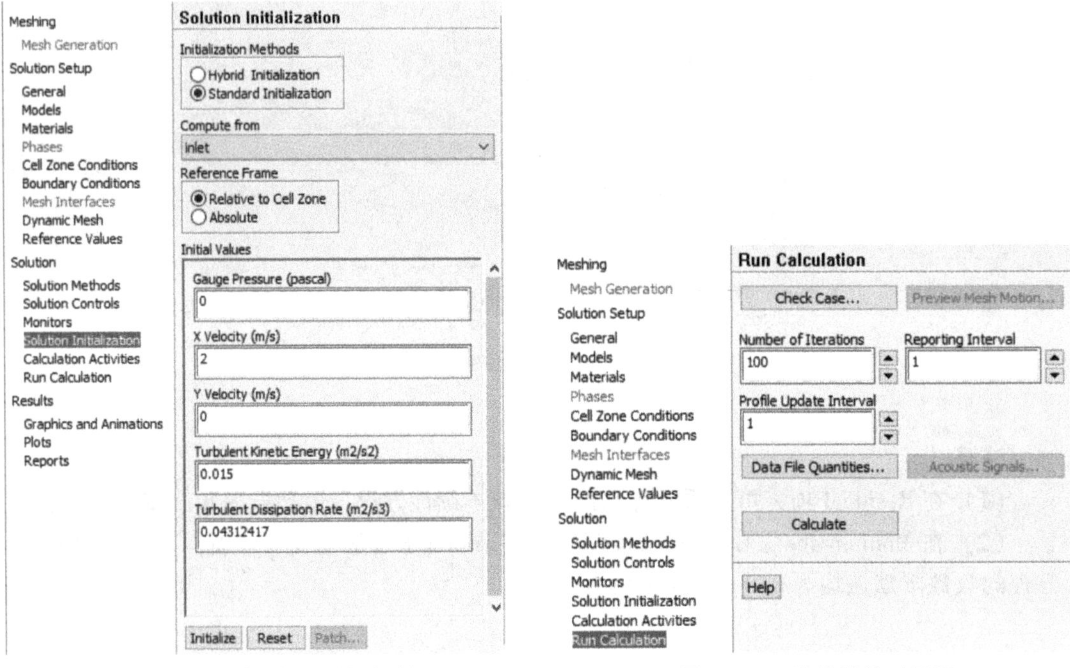

图 2-1-50　流场初始化设置对话框　　　　图 2-1-51　迭代计算对话框

经过 74 次迭代计算，残差达到收敛要求，工作窗口显示信息如下：

!　　74 solution is converged

相应的残差收敛曲线如图 2-1-52 所示。

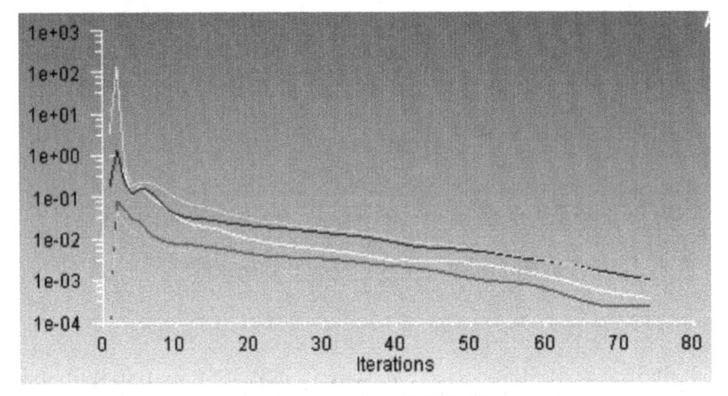

图 2-1-52　残差收敛曲线

11. 保存计算结果

操作：File→Write→Case & Date...，打开文件保存对话框。如果不改变文件名，则单击OK按钮即可。

第5节 计算结果后处理

CFD的后处理就是对计算结果进行展示和分析，其中展示结果方面有绘制分布曲线、分布云图、速度矢量图、流线图以及计算结果报告等。

1. 压强、速度分布图

操作：Results→Graphics and Animations，如图2-1-53所示。

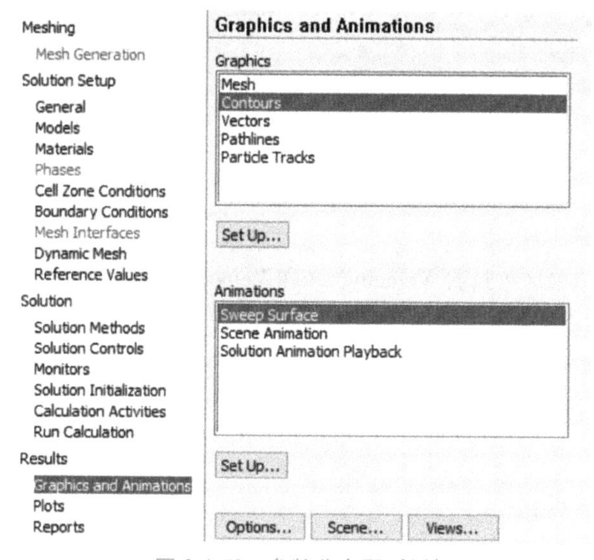

图2-1-53 参数分布图对话框

（1）压力分布图

操作：在Graphics项选择Contours，单击Set Up...按钮，打开绘制分布图设置对话框如图2-1-54所示。

① 在Contours of选项区中选择Pressure... 和Static Pressure（静压强）。

② 在中间左侧的Levels项为20（均分20份）。

③ 保留其他默认设置，单击Display按钮，得到静压强分布曲线如图2-1-55所示。

④ 在Options选项区中勾选Filled，单击Display按钮，得到流场压强分布云图如图2-1-56所示。

注意：图中显示，流场最低压强为−5515.74Pa，最高压强为6809.671Pa。

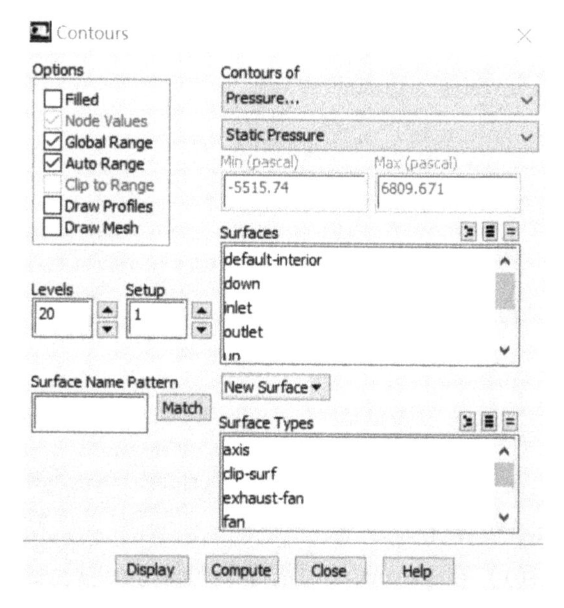

图2-1-54 压力分布图对话框

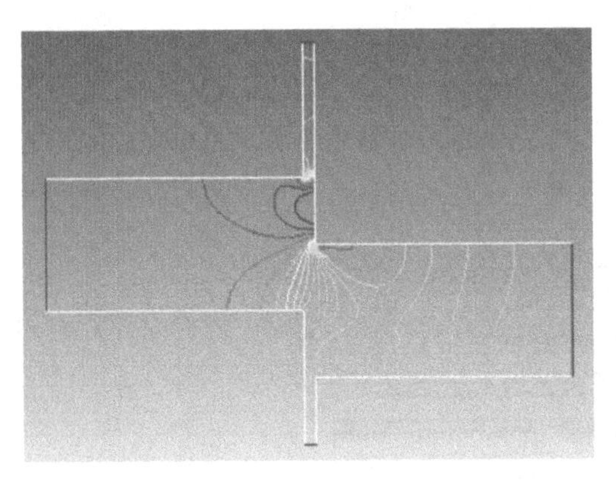

图 2-1-55　压力分布曲线

图 2-1-56　压力分布云图

（2）速度分布云图

① 在 Contours of 选项区中选择 Velocity... 和 Velocity Magnitude（速度大小），如图 2-1-57 所示。

② 在 Options 选项区中选择 Filled，单击 Display 按钮，流场速度分布云图如图 2-1-58 所示。

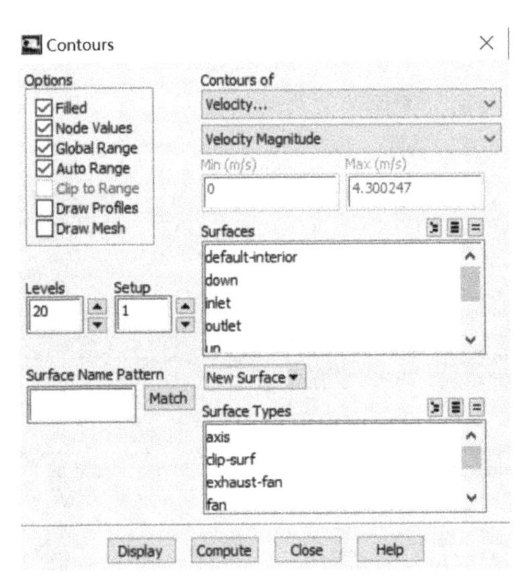

图 2-1-57　速度分布对话框

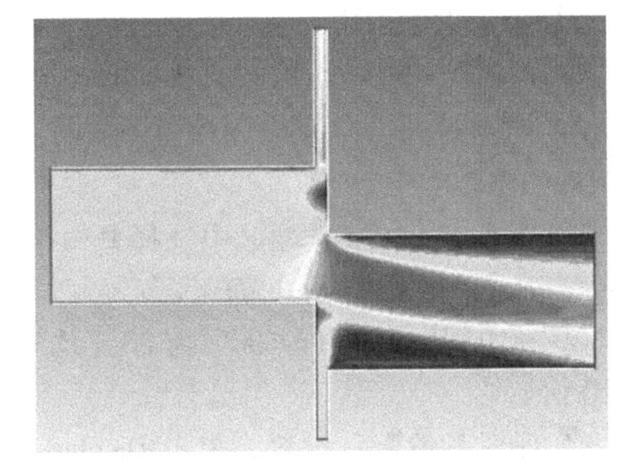

图 2-1-58　速度分布云图

2. 速度矢量图

操作：在 Graphics 项选择 Vectors，单击 Set Up...按钮，打开绘制速度矢量分布对话框如图 2-1-59 所示。

（1）在 Vectors of 项选择 Velocity。

（2）在 Color by 选项区中选择 Velocity... 和 Velocity Magnitude。

（3）保留其他默认设置，单击 Display 按钮，得到速度矢量图如图 2-1-60 所示。

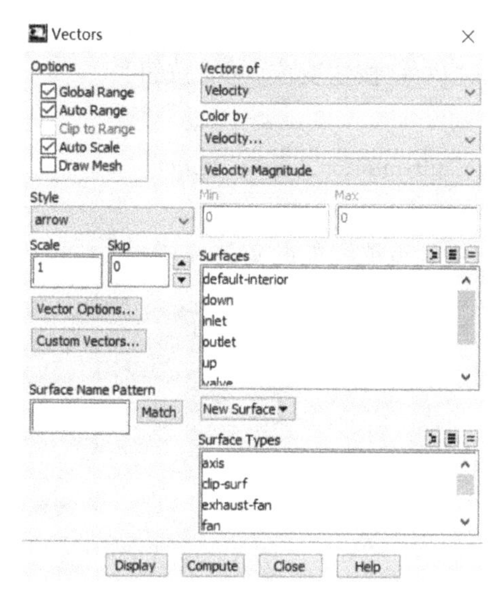

图 2-1-59　速度矢量分布对话框

图 2-1-60　速度矢量分布图

按住鼠标中键，自左上到右下拉出一个矩形框，将下部出口附近流域放大，得到放大了的速度矢量分布如图 2-1-61 所示。

仔细观察发现，下面在 down 边界的流动方向是自外向内流入的！为什么？

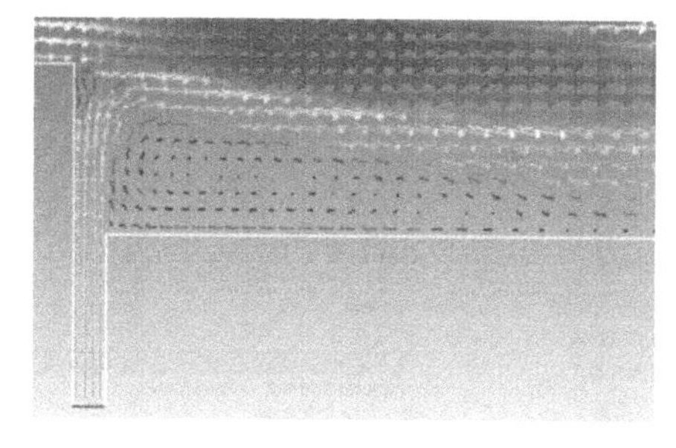

图 2-1-61　放大后的速度矢量分布图

3. 流线图

操作：在 Graphics 项选择 Pathlines，单击Set Up...按钮，打开流线设置对话框如图 2-1-62 所示。

（1）在 Release from Surfaces 选项区中选择 down 和 inlet。

（2）保留其他默认设置，单击 Display 按钮，得到流线图如图 2-1-63 所示。

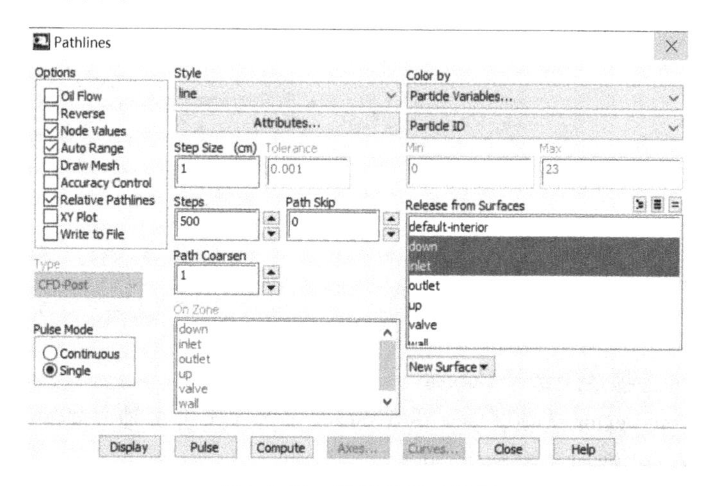

图 2-1-62　流线设置对话框

（3）在左下方 Pulse Mode 选项区中选择 Continuous。

（4）单击 Pulse 按钮，得到流动动画图。（此时 Pulse 按钮变成 Stop! 按钮）

（5）单击 Stop! 按钮，停止动画演示。

（6）在 Release From Surfaces 选项区中选择 default-interior、down、inlet。

（7）在 Path Skip（间隔）框中输入 20。

（8）保留其他默认设置，单击 Display 按钮，得到流线图如图 2-1-64 所示。

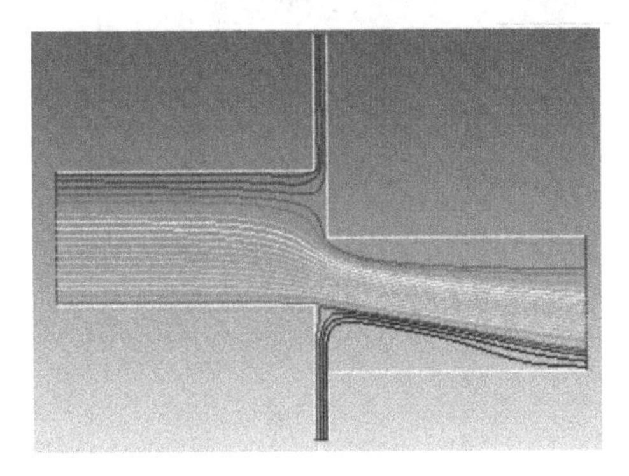

图 2-1-63　流线图

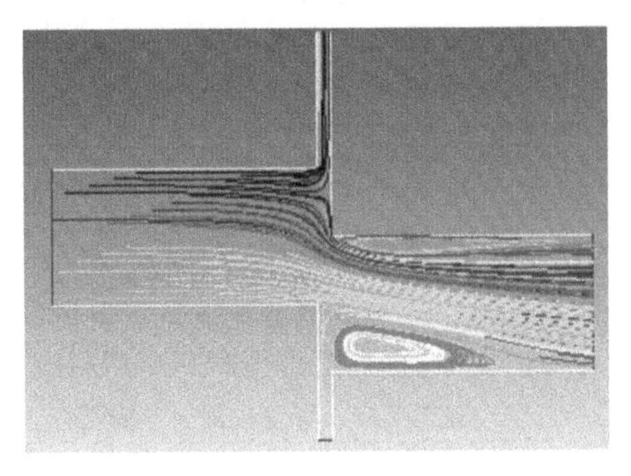

图 2-1-64　流线图

4. 右侧阀门的受力

操作：Results→Reports，打开报告设置对话框如图 2-1-65 所示。

（1）在 Reports 选项区中选择 Forces，单击 Set Up... 按钮，打开受力报告设置对话框如图 2-1-66 所示。

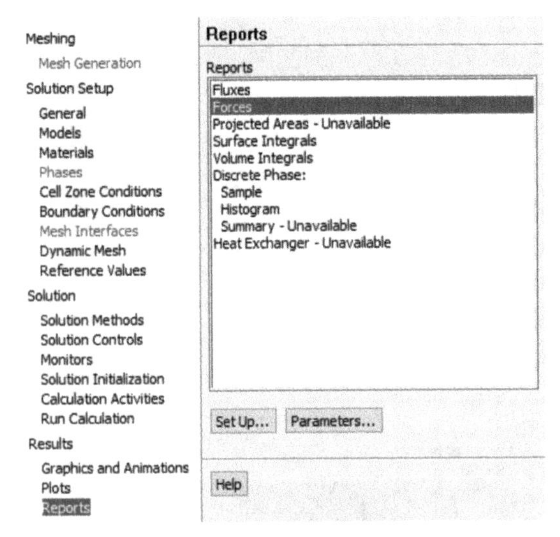

图 2-1-65　报告设置对话框

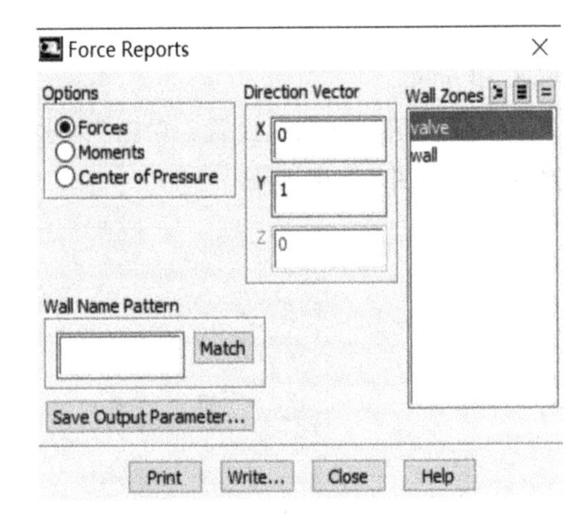

图 2-1-66　受力设置对话框

（2）在 Options 选项区中选择 Forces。

（3）在 Direction Vector 选项区中，设 X 为 0，Y 为 1（沿 Y 轴方向的受力）。

（4）在 Wall Zones 选项区中选择 valve。

（5）单击 Print 按钮，信息窗口显示右侧下游阀门的受力报告如图 2-1-67 所示。

```
Forces - Direction Vector (0 1 0)
                              Forces (n)
Zone                          Pressure          Viscous           Total
valve                         -163.61494        4.1655993         -159.44935
----------------------------  ----------------  ----------------  ----------
Net                           -163.61494        4.1655993         -159.44935
```

图 2-1-67　下游阀门受力报告

图中可以看出，下游阀门的受力为-159.45N，负号表示力的方向沿 y 轴反方向，是一个向下的力。

5. 设置参考值

为了得到阻力系数或升力系数，还必须进行参考值设置。

操作：Solution Setup→Reference Values，参考值设置对话框如图 2-1-68 所示。

（1）在 Compute from 项选择入口边界 inlet（以入口边界的值为参考值）。

（2）在 Reference Values 选项区的 Area（参考面积）框中填入 0.1（入口面积）。

（3）保留其他默认设置，单击OK按钮。

Meshing
Mesh Generation
Solution Setup
General
Models
Materials
Phases
Cell Zone Conditions
Boundary Conditions
Mesh Interfaces
Dynamic Mesh
Reference Values
Solution
Solution Methods
Solution Controls
Monitors
Solution Initialization
Calculation Activities
Run Calculation
Results
Graphics and Animations
Plots
Reports

Reference Values

Compute from: inlet

Reference Values

Area (m2)	0.1
Density (kg/m3)	999.9998
Depth (m)	1
Enthalpy (j/kg)	0
Length (cm)	100
Pressure (pascal)	0
Temperature (k)	288.16
Velocity (m/s)	2
Viscosity (kg/m-s)	0.001
Ratio of Specific Heats	1.4

图 2-1-68　参考值设置对话框

此时，右侧阀门受力报告如图 2-1-69 所示。

```
Coefficients
Pressure          Viscous           Total
-0.81807486       0.020828          -0.79724686
----------------  ----------------  ------------
-0.81807486       0.020828          -0.79724686
```

图 2-1-69　受力报告

注意：右侧阀门受力的无量纲化问题

对于产品研究报告，只给出受力大小就可以了，但对于科研报告，则需要进行无量纲化。对于物体受力来说，其无量纲化的结果是系数，力（升力或阻力）系数 $C_{\rm f}$ 的定义为

$$C_{\rm f}=\frac{F_{\rm d}}{\frac{1}{2}\rho V^2 A}$$

式中，$F_{\rm d}$ 为物体所受到的力；ρ 为流体密度；V 为参考速度；A 为参考面积。其中流体密度、参考速度和参考面积就需要在 Reference Values 对话框里给予确认。

第 6 节　若干问题讨论

前面只是进行了初步计算，对于一个 CFD 工作者来说，始终要问自己“算得对不对”，尽可能要经得起推敲。为此，下面就计算过程进行一些初步的讨论。

讨论 1：计算是否收敛

计算过程是否收敛，计算结果与实际情况是否比较吻合，这是从事 CFD 仿真计算工作必须面对的问题。

前面的计算收敛，仅仅是指残差（Residual）的收敛，而且各项的计算过程残差收敛限（Monitor Check Convergence Absolute Criteria）都是 0.001，如图 2-1-70 所示。

Equations

Residual	Monitor	Check Convergence	Absolute Criteria
continuity	☑	☑	0.001
x-velocity	☑	☑	0.001
y-velocity	☑	☑	0.001
k	☑	☑	0.001

图 2-1-70　残差收敛限

问题是如果提高残差收敛限的精度，比如变为 0.0001，则残差就没达到收敛标准。那么该怎样设置残差收敛限呢？可以证明，残差收敛并不能代表物理量的收敛，这更能说明收敛限精度的设置依据应该是确保物理量达到稳定状态。为此，我们可以提高残差收敛限，并对流场的某个物理量进行监测。

1. 提高残差收敛限

操作：Solution→Monitors→Residuals，单击 Edit... 按钮，打开残差监视器设置对话框如图 2-1-71 所示。

（1）在 Monitor Check Convergence Absolute Criteria 下面的白色栏里，将所有默认的 0.001 都改为 0.0001。

（2）其他保持默认设置，单击 OK按钮。

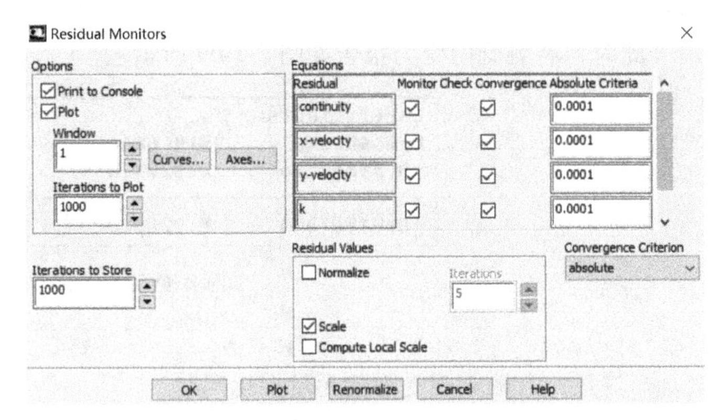

图 2-1-71　残差监视器设置对话框

2. 设置出口速度监测

操作：Solution→Monitors，在 Surface Monitors 项单击Create...按钮，打开面监测设置对话框如图 2-1-72 所示。

（1）Name 框中输入 velocity。

（2）在 Options 选项区中勾选 Plot（绘制实时变化曲线）。

（3）Report Type 框中选择 Area-Weighted Average（面积加权平均）。

（4）Field Variable（流场变量）选项区中选择 Velocity... 和 Velocity Magnitude（速度和速度大小）。

（5）Surfaces 选项区选择 outlet（监测出口边界的值）。

（6）保留其他默认设置，单击OK按钮。

3. 继续计算

操作：Solution→Run Calculation，计算设置对话框如图 2-1-73 所示。在 Number of Iterations 框中输入 100，单击 Calculate 按钮，开始计算。

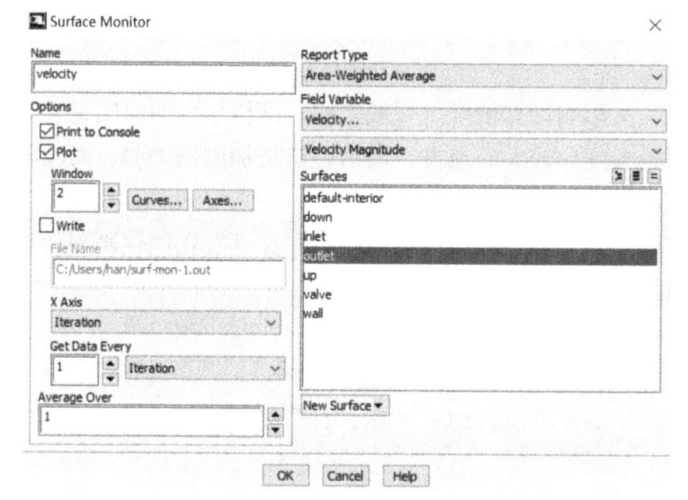

图 2-1-72　面监测设置对话框

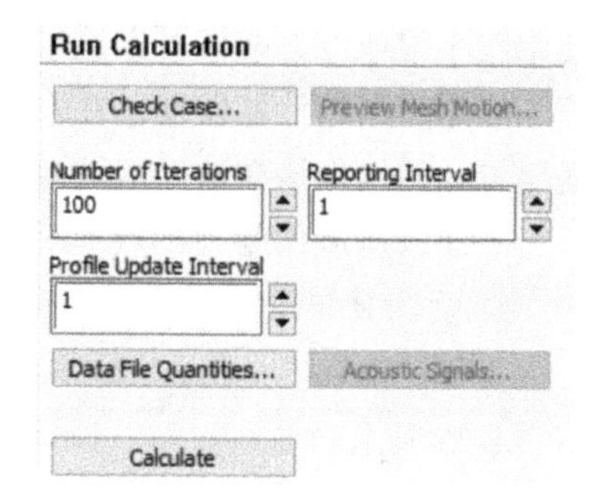

图 2-1-73　计算设置对话框

经过 128 次迭代计算后残差收敛，收敛变化曲线如图 2-1-74 所示。

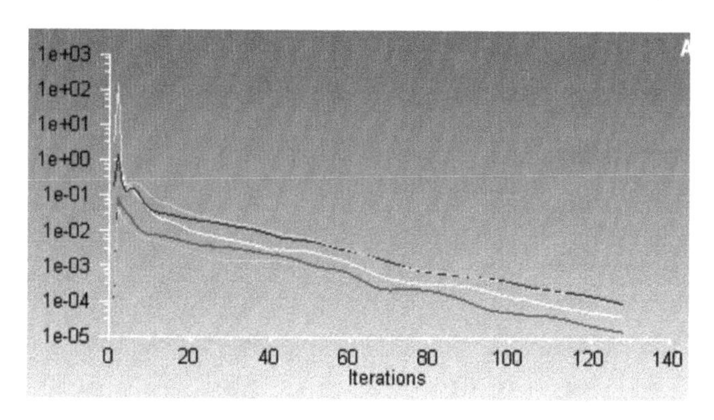

图 2-1-74　残差收敛曲线

出口边界 outlet 平均速度变化如图 2-1-75 所示。

由图 2-1-75 可明显看出，出口平均速度趋于一个稳定值。此时右侧阀门沿 y 轴所受到的合力为 149N，力系数为 0.745。相比于前面的计算，还是有差别的。

讨论 2：网格加密问题

网格的质量关系到计算结果的精确度，而网格的细密程度是其中一个非常重要的因素。

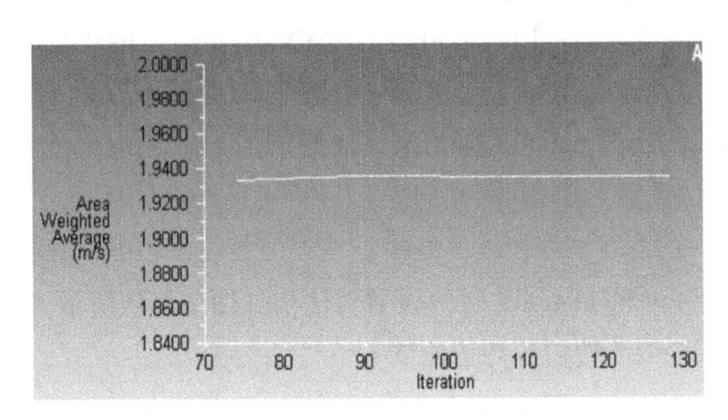

图 2-1-75　平均速度变化曲线

网格太密，计算不经济；网格太稀疏，又影响计算精度。一般来说，网格划分的原则是在物理量变化剧烈的地方，或者说在物理量梯度比较大的地方，网格应该更加细密一些；而在梯度比较小的地方，网格可以适当稀疏一些。

根据前面的计算发现，在左、右阀门交界的地方，流场的压强和速度变化比较剧烈，梯度比较大，故应该在这一区域对网格进一步做加密处理。

下面以速度梯度为基点，对网格进行加密改善。

1. 显示基于单元的速度分布

操作：Results→Graphics and Animations，单击 Set Up 按钮，打开绘制云图设置对话框如图 2-1-76 所示。

（1）在 Options 选项区中不选 Node Values。

（2）在 Contours of 选项区中选择 Velocity 和 Velocity Magnitude。

（3）单击 Display 按钮，得到速度分布云图如图 2-1-77 所示。

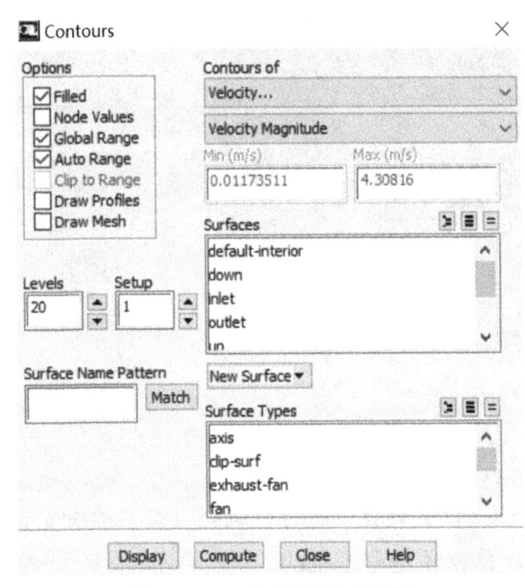

图 2-1-76　绘制云图对话框

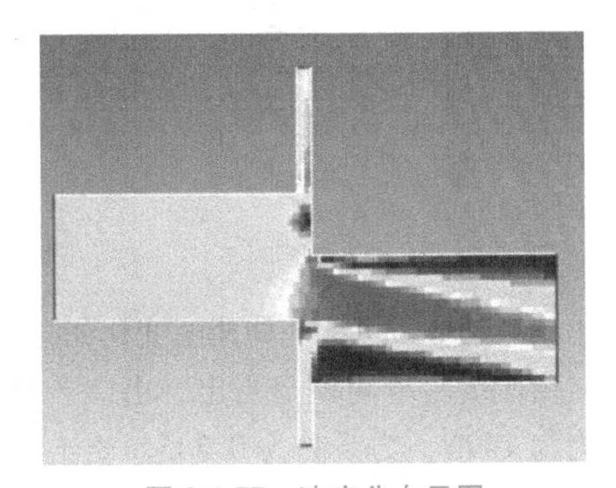

图 2-1-77　速度分布云图

明显看出，各个单元的速度不是光滑分布了。单元的速度值通过对该单元速度值进行平均而得到，每个单元内的值相同，并以此绘制图 2-1-77。

2. 绘制速度梯度图

（1）在 Contours of 选项区选择 Adaption... 和 Adaption Function，打开云图设置对话框如图 2-1-78 所示。

（2）单击 Display 按钮，得到速度梯度分布图如图 2-1-79 所示。

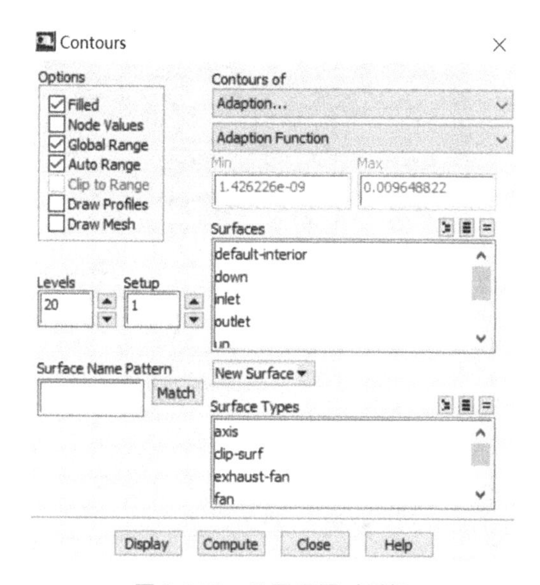

图 2-1-78　云图设置对话框

图 2-1-79　速度梯度分布图

注意： Adaption Function 为默认变量的梯度。

3. 在一定范围内绘制速度梯度图，标出需改进的单元

（1）在 Options 选项区中不选 Auto Range。

（2）把 Min 项的值改为 0.001，如图 2-1-80 所示。

（3）单击 Display 按钮，得到速度梯度的数值在 0.001～0.00965 之间的分布图如图 2-1-81 所示。

这一区域的速度梯度比较大，相应的网格应该进行加密处理。

4. 对速度梯度大的地方进行网格加密

操作：Adapt→Gradient...，打开梯度自适应设置对话框如图 2-1-82 所示。

（1）Gradients of 选项区中选择 Velocity... 和 Velocity Magnitude。

（2）Options 选项区中不选 Coarsen，仅执行网格的修改功能。

（3）单击 Compute 按钮，显示速度梯度范围。

（4）在 Refine Threshold 框中填入 0.001。

（5）单击 Mark 按钮，在信息反馈窗口显示出将要改进的单元数量为 220 个。

（6）单击左侧中间的 Manage... 按钮，打开单元注册对话框如图 2-1-83 所示。

（7）单击 Display 按钮，显示已标识并要进行改进的单元，如图 2-1-84 所示。

（8）单击 Adapt 按钮，在弹出的确认对话框中单击 Yes 按钮确认。

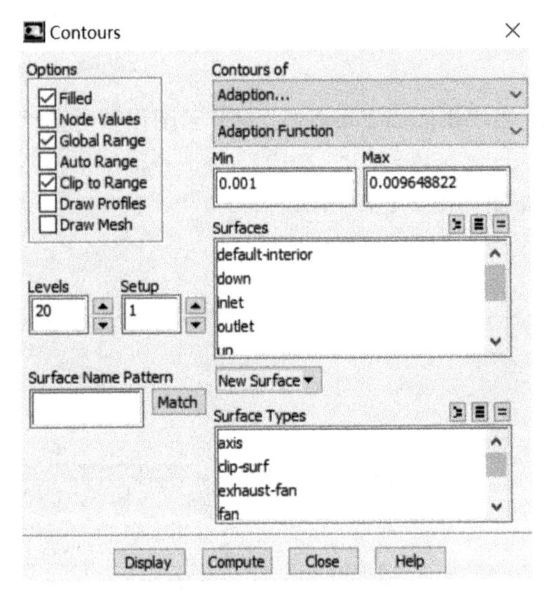

图 2-1-80　云图设置对话框

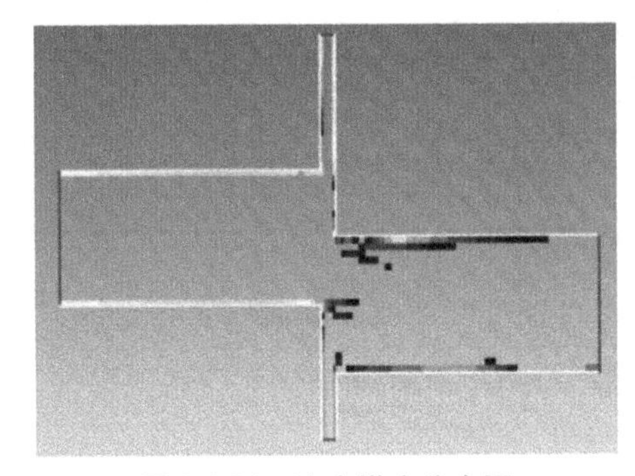

图 2-1-81　速度梯度分布图

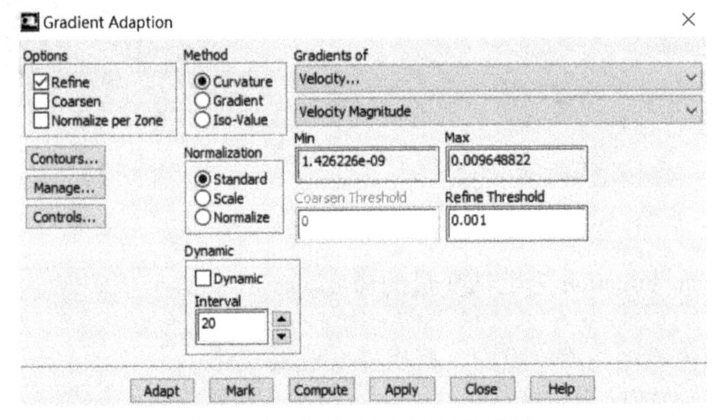

图 2-1-82　梯度自适应设置对话框

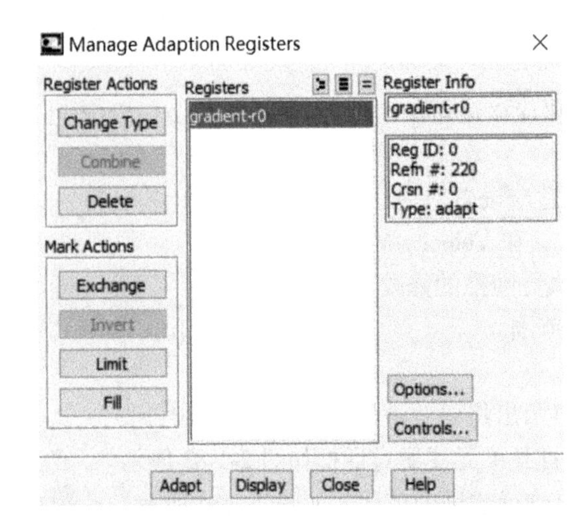

图 2-1-83　单元注册对话框

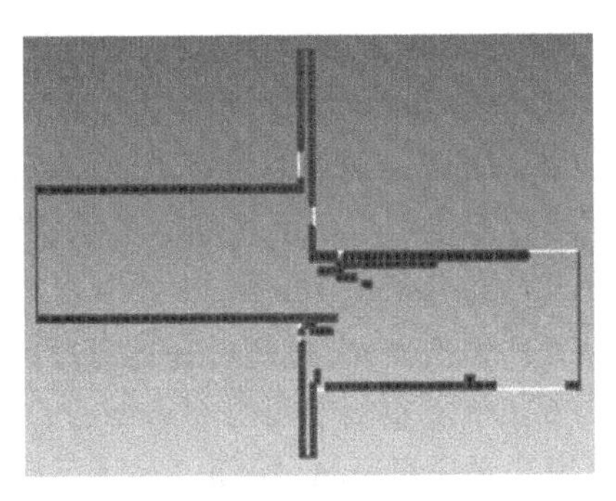

图 2-1-84　已标识单元图

5. 显示改进后的网格

操作：Solution Setup→General，在 Mesh 项单击 Display...，打开绘制网格设置对话框。保留默认设置，单击 Display 按钮，得到改进后的网格如图 2-1-85 所示。

对比改进前的网格（图 2-1-33）会发现，对速度梯度较大处的网格进行了加密处理。

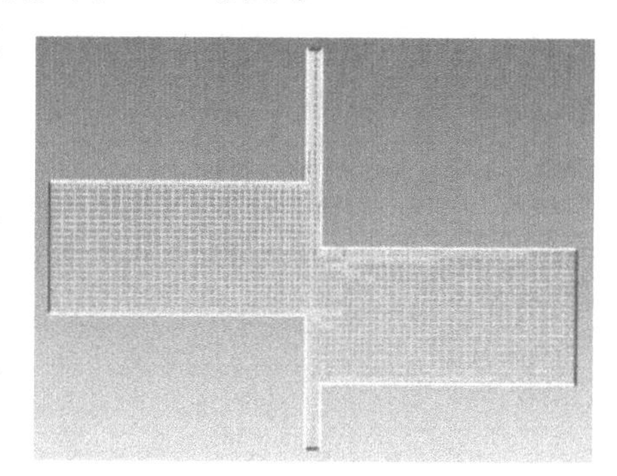

图 2-1-85　改善后网格图

6. 继续进行迭代计算并保存 .cas 和 .dat 文件

讨论 3：创建自定义函数，显示流场中某物理量的分布

有时需要研究流域内某物理量的分布情况，比如，若要显示流场的速度头分布，此时就需要创建一个自定义函数。

1. 创建自定义函数

操作：Define→Custom Field Functions...，打开创建自定义函数对话框如图 2-1-86 所示。

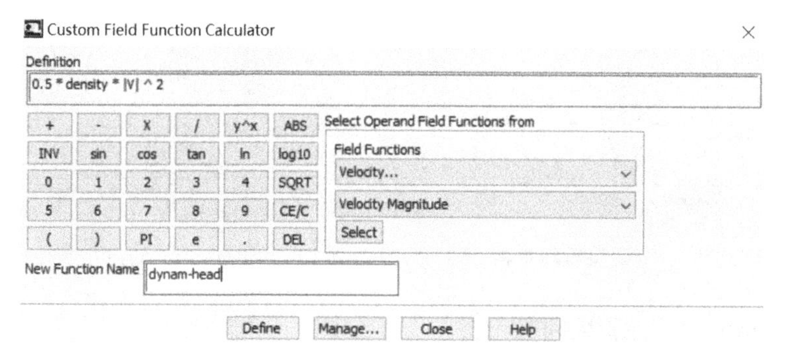

图 2-1-86　创建自定义函数对话框

（1）单击自定义函数对话框上的“0”“.”“5”“×”（乘号）。

（2）在 Select Operand Field Functions from 选项区中的 Field Functions 下拉菜单中选择 Density...（密度）和 Density，并单击 Select 按钮。

（3）单击“×”（乘号）。

（4）在 Field Functions 下拉菜单中选择 Velocity...（速度）和 Velocity Magnitude（速度大小），并单击 Select 按钮。

（5）单击“y^x”，然后单击“2”。

（6）在 New Function Name 框中输入自定义函数的名字“dynam-head”。

（7）单击 Define 按钮，单击 Close 按钮关闭对话框。

注意：除函数名外，建立自定义函数的操作完全用鼠标进行，不能使用键盘。

2. 显示自定义函数值的分布

操作：Results→Graphics and Animations，在 Graphics and Animations 项选择 Contours，单击 Set Up... 按钮，打开分布图设置对话框，如图 2-1-87 所示。

（1）在 Options 选项区中不选 Filled（绘制等值线）。

（2）在 Contours of 选项区中选择 Custom Field Functions... 和 dynam-head。

（3）保留其他默认设置，单击 Display 按钮。

自定义函数（速度水头）的等值线分布曲线如图 2-1-88 所示。

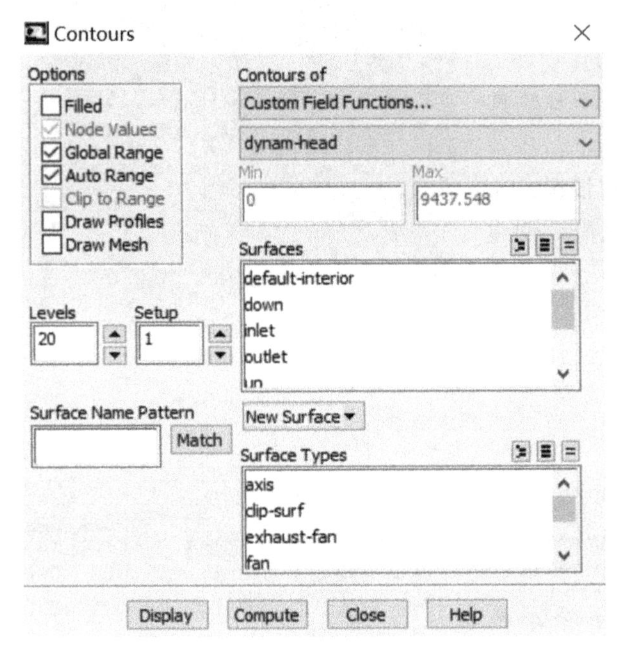

图 2-1-87 分布图设置对话框

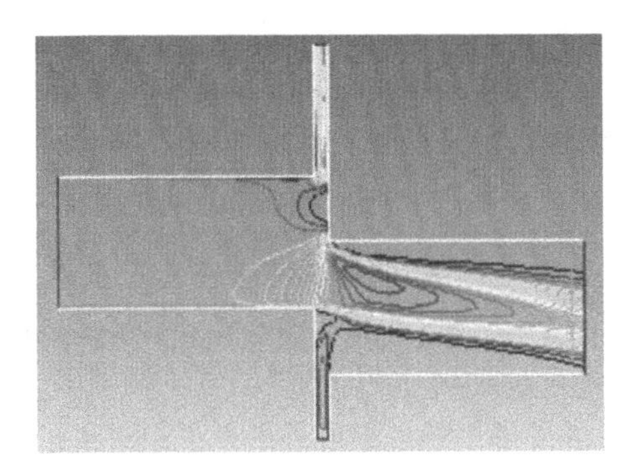

图 2-1-88 速度水头等值线分布曲线图

讨论 4：网格的无关性验证问题

网格质量对计算结果的准确与否至关重要。物理现象是客观存在的，与网格的划分无关。但是，不同的网格划分，可能会引起计算结果的不同。这就需要讨论网格的无关性问题。

一般说来，需要对不同的网格，以及不同数量的网格分别进行计算，直到计算结果与网格数量无关，或误差不大时，才能说明计算结果与网格关系不大，这就是网格无关性验证。

这个问题，在此仅简单说明，不再进行更深入讨论了。

讨论 5：内部发生相变的问题

对于计算结果，应该有比较详细的分析。下面再看一种情况。

1. 在左侧入口 inlet 处设置入口速度为 20m/s。

2. 其他设置保持不变，进行迭代计算。

经过 261 次迭代计算后，残差收敛，残差收敛曲线如图 2-1-89 所示。

压力分布云图设置对话框如图 2-1-90 所示，流域内的压力分布云图如图 2-1-91 所示。

那么，请分析一下这个计算结果是否正确。

单击图 2-1-90 中的 Compute 按钮，发

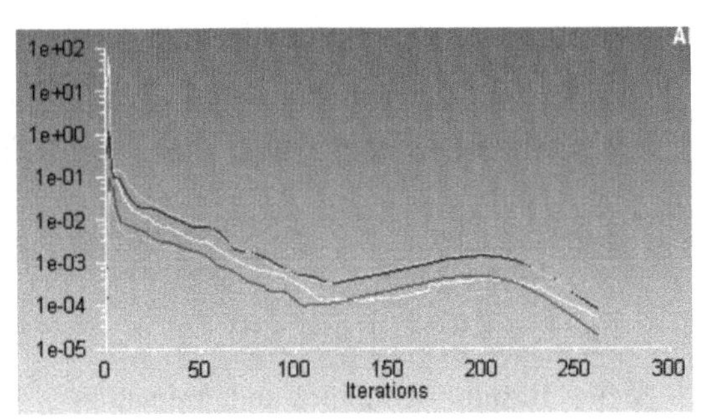

图 2-1-89 残差收敛曲线图

现流域内的最低压强是-6.1962×10^5Pa，相当于最低压强处的绝对压强为

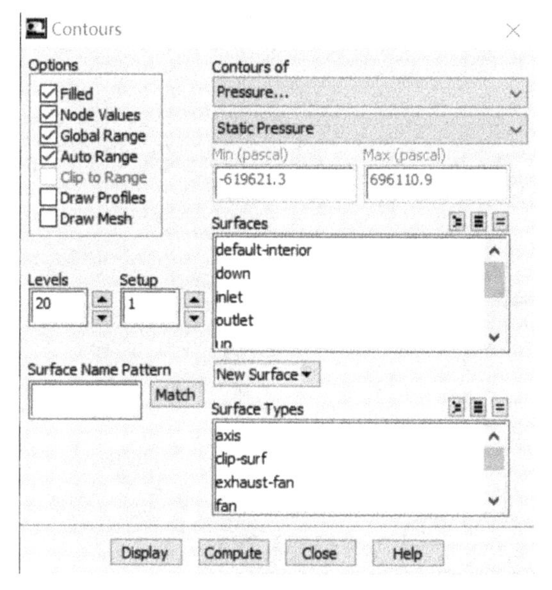

图 2-1-90　压力分布云图设置对话框

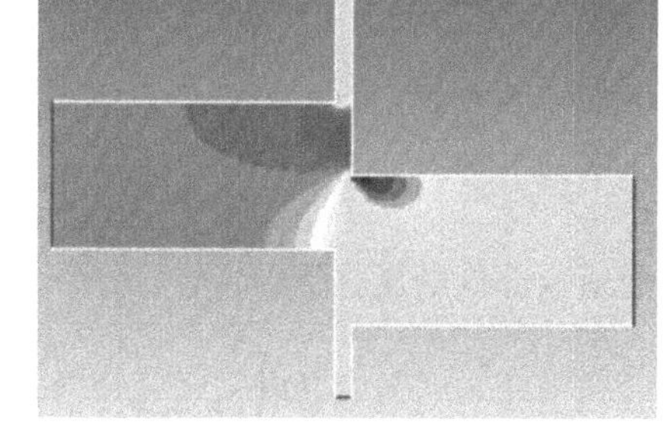

图 2-1-91　压力分布云图

$$p_a=(-619621+101325)\text{Pa}=-518296\text{Pa}$$

流域内最低压强处的绝对压强为负值，这个结果是无法接受的，说明计算结果是错误的。其原因是当压强低于水的汽化压强时，水就变成了水蒸气，也就是说水汽化了，此时流场内已变为水和水蒸气的两相流动，再用单相流动计算方法进行计算，其结果必然是错误的。此时必须选用多相流模型进行计算。

讨论 6：边界处的流动方向问题

在左、右阀门的交界处，受通道结构突然缩小的影响，这一区域的流速加快，按照伯努利方程，速度快的地方压力小，必然在左右阀门交界处产生低压区。下部缝隙边界 down 处为大气压，在阀门处真空度的作用下把下部的水吸上来，从而导致下面间隙入口 down 边界处的流动方向是向内流动的。

讨论 7：右侧阀门受力方向问题

从前面右侧阀门受力分布图可明显看出，阀门上部有一个明显的低压区，而阀门下部受水流的冲击作用，上、下阀门所受到的合力方向是向下的。

下面采用流体力学中的动量定理进行计算。

对于无限宽的水闸闸门如图 2-1-92 所示，设水以速度 $V=2$m/s 自左侧流入，并从右侧流出到大气中，假设流体为理想流体，并且不考虑缝隙进出口处流动的影响，试确定单位宽度上水流对右侧阀门的作用力 F_y。

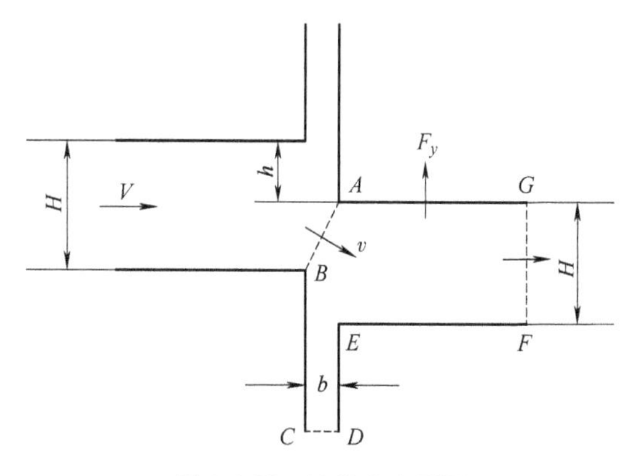

图 2-1-92　计算参考用图

已知：$H=10\text{cm}$，$b=1\text{cm}$，$h=5\text{cm}$。

解：左边流体经过 AB 面后流入右侧通道，并对右侧通道有作用力。

取控制体为 $ABCDEFGA$，如图 2-1-92 所示。

（1）AB 面上的速度及压强求解

设 AB 长为 L，有

$$L=\sqrt{(H-h)^2+b^2}=5.1\text{cm}$$

由连续性方程，有

$$v=\frac{H}{L}V=3.92\text{m/s}$$

由伯努利方程，有

$$\frac{p}{\rho g}+\frac{v^2}{2g}=\frac{V^2}{2g}$$

得到通道喉部处的压强为

$$p=\rho g\left(\frac{V^2}{2g}-\frac{v^2}{2g}\right)=1000\times\left(\frac{2^2}{2}-\frac{3.92^2}{2}\right)\text{Pa}=-5683.2\text{Pa}$$

可见，在喉部的压强为负值，说明此处有真空度，将会把 CD 处的流体吸入通道中。

（2）取坐标 y 的方向为向上，F_y 为流体对壁面的作用力，不考虑 CD 边流入的影响，并设流体沿 AB 面法线方向流入控制体，对所取控制体内的流体列出动量方程，有

$$-F_y-pL\sin\alpha=\rho Q(0+v\sin\alpha)$$

由于 $\tan\alpha=\dfrac{b}{H-h}=0.2\Rightarrow\alpha=11.31°\Rightarrow\sin\alpha=0.1961$

得到

$$\begin{aligned}F_y&=-\rho Qv\sin\alpha-pL\sin\alpha=-(\rho VHv+pL)\sin\alpha\\&=-(1000\times2\times0.1\times3.92-5683.2\times0.051)\times0.1961\text{N}\approx-96.9\text{N}\end{aligned}$$

最后解得水流对阀门沿 y 方向的作用力大小为 96.9N，方向向下。此力将促使阀门关闭。

思考：此值与模拟计算结果 149N 有较大的误差！试分析产生误差的原因。

讨论 8：改变阀门开度的重新建模问题——JOU 文件的修改与使用

前面的阀门开度为 5，整个通道的宽度是 10。如果让右侧阀门开度为 2，可以有一个简单的方法进行重新建模。

首先来看一下 valve.jou 文件的内容，用记事本软件将 valve.jou 这个文件打开，其内容如下：

```
/Journal File for GAMBIT 2.2.30,ntx86 BH04110220
vertex create coordinates 0 0 0
vertex create coordinates 0 10 0
vertex create coordinates 20 10 0
```

```
vertex create coordinates 20 20 0
vertex create coordinates 21 20 0
vertex create coordinates 21 10 0
vertex create coordinates 41 10 0
vertex create coordinates 41 0 0
vertex create coordinates 21 0 0
vertex create coordinates 21 -10 0
vertex create coordinates 20 -10 0
vertex create coordinates 20 0 0
/ ******************************************************
vertex move "vertex. 6" "vertex. 9" "vertex. 7" "vertex. 8" offset 0-5 0
/ ******************************************************
edge create straight"vertex. 1" "vertex. 2" "vertex. 3" "vertex. 4"
"vertex. 5" \
  "vertex. 6" "vertex. 7" "vertex. 8" "vertex. 9" "vertex. 10" "vertex. 11" \
  "vertex. 12"
edge create straight "vertex. 1" "vertex. 12"
edge create straight "vertex. 3" "vertex. 12"
edge create straight "vertex. 6" "vertex. 9"
face create wireframe "edge. 12" "edge. 1" "edge. 2" "edge. 13" real
face create wireframe "edge. 3" "edge. 4" "edge. 5" "edge. 14" "edge. 9"
"edge. 10" \
  "edge. 11" "edge. 13" real
face create wireframe "edge. 6" "edge. 14" "edge. 8" "edge. 7" real
undo begingroup
edge picklink "edge. 10"
edge mesh "edge. 10" successive ratio1 1 intervals 4
undo endgroup
face mesh "face. 2" map size 0. 5
undo begingroup
edge modify "edge. 8" "edge. 12" "edge. 2" backward
edge picklink "edge. 8" "edge. 12" "edge. 2" "edge. 6"
edge mesh "edge. 6" "edge. 8" "edge. 12" "edge. 2" successive ratio1 1. 03 \
  intervals 30
undo endgroup
face mesh "face. 3" "face. 1" map size 1
physics create "inlet" btype "VELOCITY_INLET" edge "edge. 1"
physics create "outlet" btype "PRESSURE_OUTLET" edge "edge. 7"
```

```
    physics create "up" btype "PRESSURE_OUTLET" edge "edge.4"
    physics create "down" btype "PRESSURE_OUTLET" edge "edge.10"
    physics create "valve" btype "WALL" edge "edge.5" "edge.6" "edge.8"
"edge.9"
    export fluent5 "valve.msh" nozval
    /File closed at,0.92 cpu second(s),3263608 maximum memory.
```

明显看出，这是一个记录 Gambit 建模操作过程的程序文件。下面将有关的命令按照新的设计进行改动。

1. 改动 valve. jou 文件的内容

操作：用记事本将 valve. jou 文件打开

（1）把第一行和最后的两行内容删除。

注意：第一行是文件创建的日期等说明性内容，用“/”开头；最后两行是输出网格文件的命令和文件保存日期等内容，对新模型的建模没有用处，故删除之。

（2）把用 * 号括起来的那一行中的-5 改为-2。

（3）将文件保存为 valve-2. jou。

2. 打开 Gambit 重新建模

操作：File→Run Journal...，如图 2-1-93 所示，打开 Journal 文件读入对话框如图 2-1-94 所示。

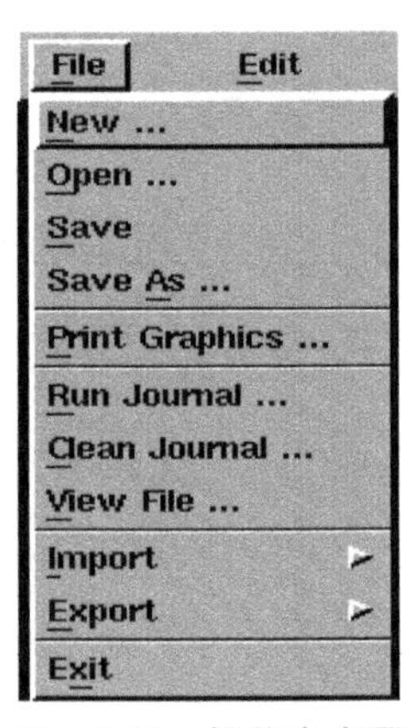

图 2-1-93　操作参考图

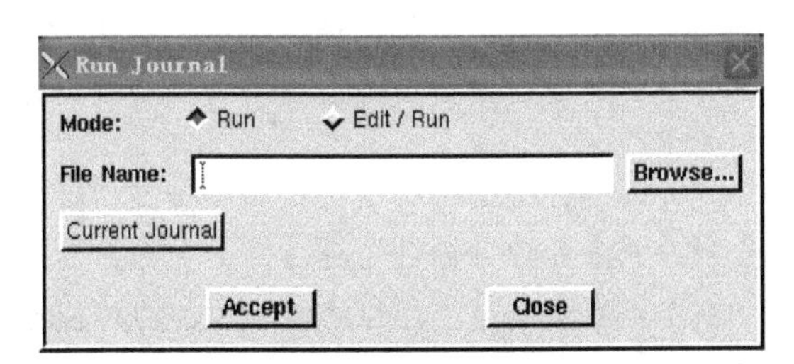

图 2-1-94　文件选择对话框

（1）单击 Browse 按钮，打开文件选择对话框如图 2-1-95 所示。

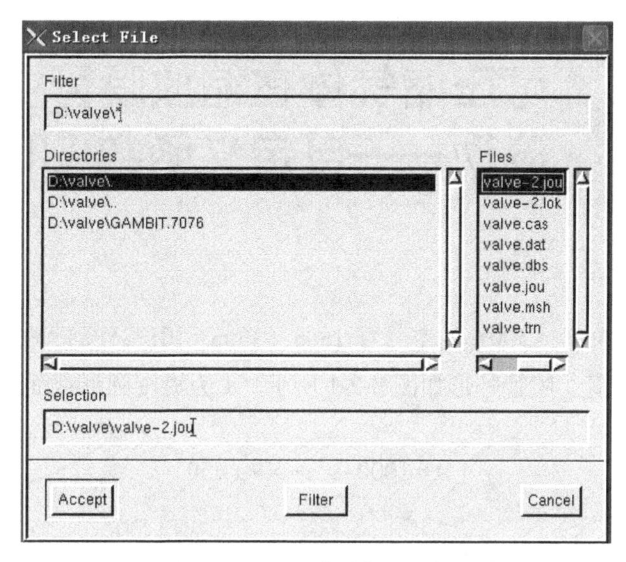

图 2-1-95　文件选择对话框

（2）在 Files 项选择 valve-2. jou 文件。
（3）单击 Accept 按钮；工作窗口显示出新建的流域网格如图 2-1-96 所示。

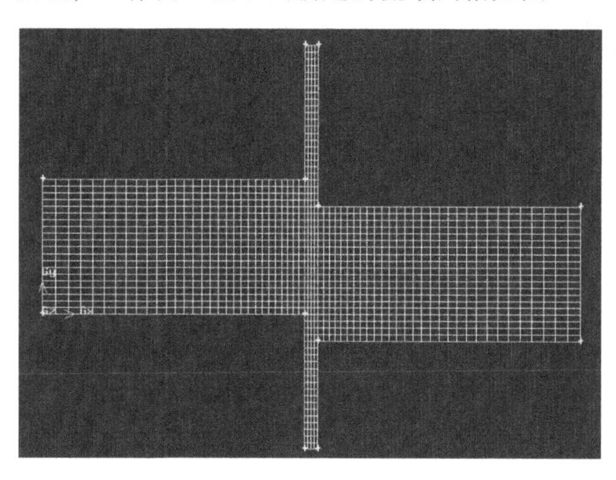

图 2-1-96　流域网格图

3. 输出网格文件，退出 Gambit

课后练习

（1）改变入口速度，探讨入口速度对下游阀门作用力大小的影响。
（2）改变阀门开度，探讨阀门开度对下游阀门作用力大小的影响。

第 2 章 可压缩气体在缩放喷管中的非定常流动——自定义函数 UDF 的应用

问题描述：总温为 T_{in} = 300K 的空气在 1atm（1atm = 101325Pa）的作用下通过平均背压 $\bar{p}_{out}$ = 0.9atm 的缩放喷管，喷管外形如图 2-2-1 所示。A 为沿轴圆形截面的面积，长度单位为 cm，满足

$$A = 1000 + x^2, -50 < x < 50$$

背压是以正弦波

$$p_{out}(t) = B(\sin\omega t) + \bar{p}_{out}$$

规律变化的，其中 B 为波幅，ω 为圆频率。

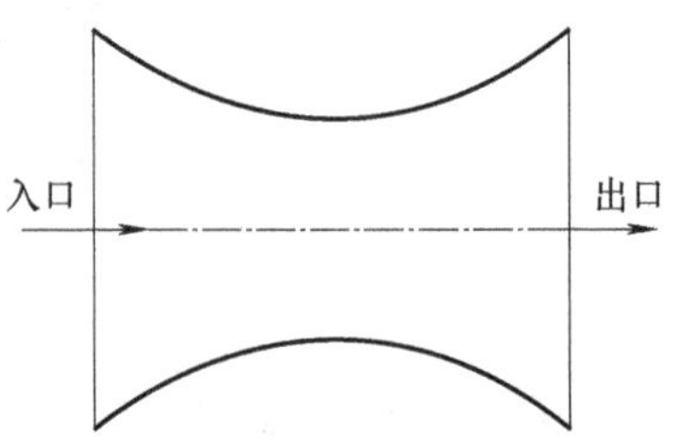

图 2-2-1　缩放喷管结构示意图

在本例中，将利用 ANSYS Fluent 针对在二维轴对称喷管内的不定常流动进行求解。在求解过程中，定常的解将作为非定常解的初始值。

说明：本章利用 Ansys ICEM 进行前处理，用 Ansys Fluent 15 进行计算和后处理。对应光盘上的文件夹为：Fluent 篇\nozzle，读者也可直接用光盘中的网格文件进行仿真计算。

第 1 节　利用 ICEM 创建几何模型

根据喷管的结构，问题可简化为二维轴对称问题，故可仅针对一个对称面建模。

1. 启动 ICEM，设定工作目录

双击 ICEM 图标后，ICEM 的启动画面如图 2-2-2 所示。

在 D 盘创建一个名为 nozzle 的文件夹，并以此文件夹作为存放文件的路径。

操作：File→Change Working Dir，选择文件存储路径。

2. 创建关键点 Point

创建点属于几何构图的内容，相关的操作都在标签栏的几何建模（Geometry）内。对应的标签工具栏中，从左到右排列可看出，主要包括创建点、创建线、创建面和创建体等，如图 2-2-3 所示。

本问题所需创建的关键点如图 2-2-4 所示。

（1）通过输入坐标的方法创建 1 点和 2 点。

操作：单击图 2-2-3 中 Geometry 标签工具栏的 CreatePoint 图标，左下方数据输入区弹

出创建点对话框如图 2-2-5 所示。

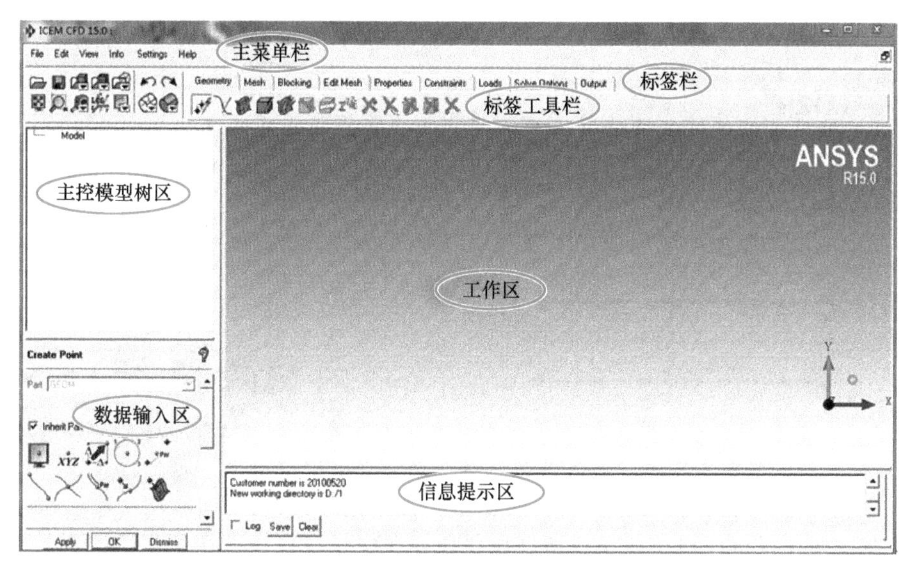

图 2-2-2 ICEM 启动窗口图

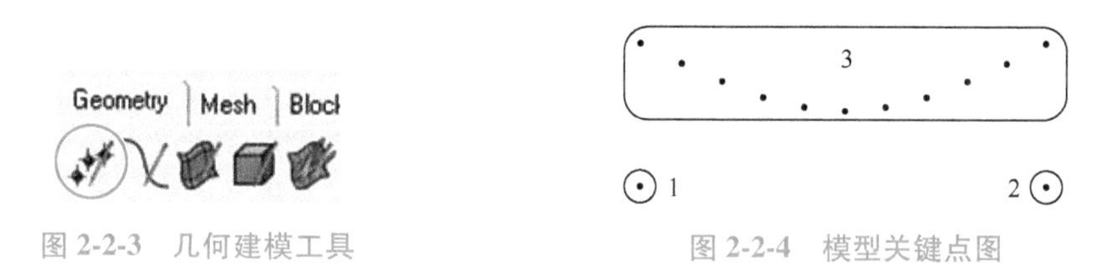

图 2-2-3 几何建模工具　　图 2-2-4 模型关键点图

① 在 Create Point 对话框中单击 Explicit Coordinate 图标xyz，选择输入点的 X、Y、Z 坐标来创建点。

② 在 Method 项选择 Create 1 point。

③ 在 X、Y、Z 项分别输入−50，0，0，单击 Apply 按钮。

操作结果就是在（−50，0，0）位置创建了 1 点。用相同的方法，在（50，0，0）位置创建 2 点。

注意：可以单击左上方工具栏（见图 2-2-6）中的 Fit Window 图标全屏显示。

注意：按住鼠标右键向上拖动，放大图形；向下拖动，缩小图形；按住鼠标中键移动鼠标可拖动图形；滑动鼠标滚轮也可缩放图形。

（2）创建缩放喷管壁面的点集

因为横截面面积 $A=1000+x^2$，则沿 X 轴的半径为 $R(x)=\sqrt{(1000+x^2)/\pi}$。

操作：在 Method 框中选择 Create multiple points，如图 2-2-7 所示。

① 在 Coords as a function f（m，...）选项区的第一项输入−50，50，10（首项，末项，间隔）

② 在第二项 F（m）→X，输入 m。

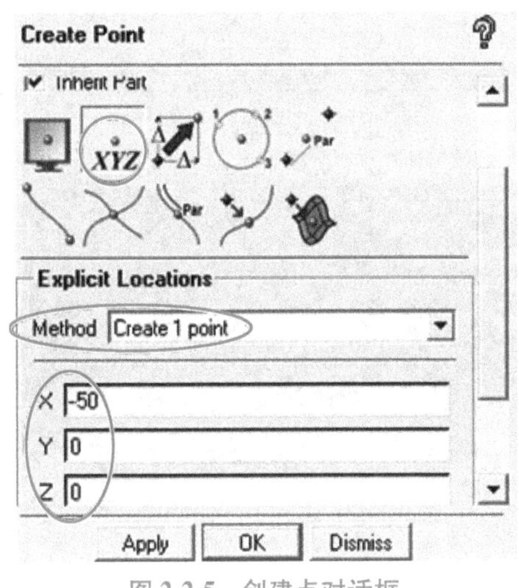

图 2-2-5　创建点对话框

图 2-2-6　工具栏

③ 在第三项 F（m）→Y，输入 sqrt（(1000+m^2)/3. 14)。

④ 在第四项 F（m）→Z，输入 0。

⑤ 单击 Apply 按钮，创建点的操作结果如图 2-2-8 所示。

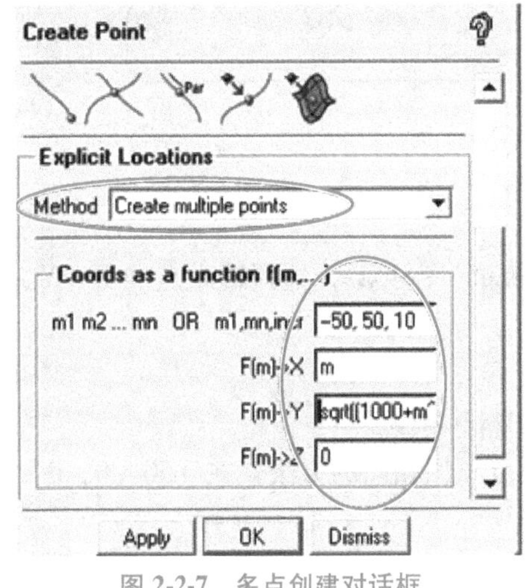

图 2-2-7　多点创建对话框

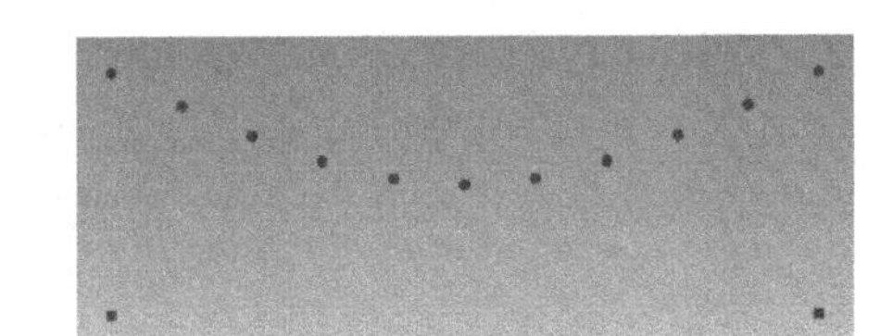
图 2-2-8　创建点

3. 创建线 Curve

（1）创建缩放管壁

操作：单击 Geometry 标签工具栏的 Create Curve 图标，左下方数据输入区出现创建线对话框，如图 2-2-9 所示。

① 单击 From Points 图标，弹出提示如图 2-2-11 所示。

提示内容：左键选择，中键确认，右键放弃。

② 依次单击缩放喷管壁面上的各点，连成曲线，中键确认。这样就创建了 C_4 曲线，如图 2-2-10 所示。

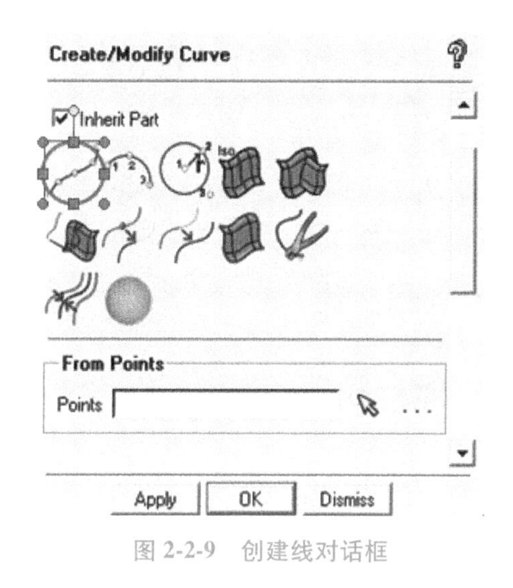

图 2-2-9 创建线对话框

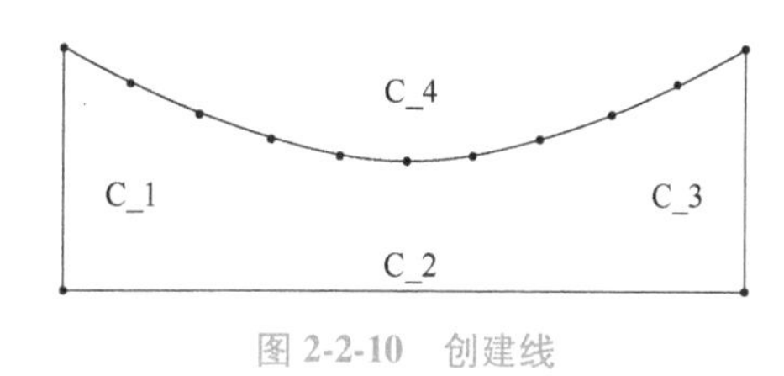

图 2-2-10 创建线

Select locations with left button, middle=done, right=cancel

图 2-2-11 操作提示

（2）创建其他直线

方法类似，只不过每连接两个点都需要用中键确认一下，即一条一条地创建直线。最后单击 OK 按钮。

4. 定义 Part

ICEM 中定义 Part 的名称就是导出网格后边界的名称。Part 中的元素可以是 Point、Curve、Surface，也可以是 Block 或网格。但任意一个元素只能存在于一个 Part 中，不能同时存在于两个不同的 Part 中。

注意：Part 名只能是大写，若输入小写字母，则会自动变为大写字母。

（1）定义入口边界

操作：在主控模型树 Model 中，右击 Parts，选择 Create Part，如图 2-2-12 所示。

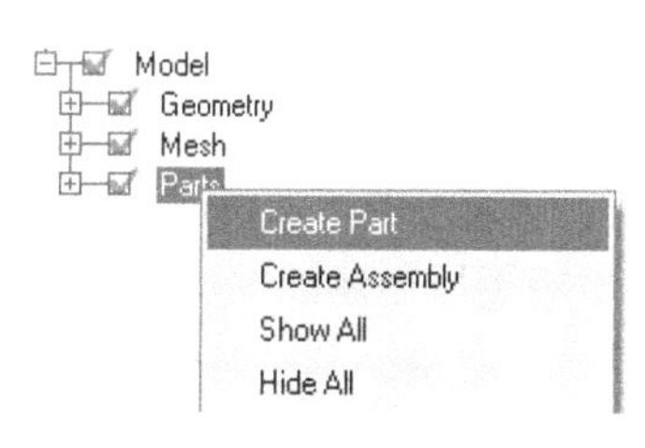

图 2-2-12 创建 Part

左下方数据输入区出现创建 Part 对话框，如图 2-2-13 所示。

（a）在 Part 框中输入边界名称 inlet。

（b）单击 Create Part by Selection 图标，注意弹出的操作提示（类似图 2-2-11）。

提示内容：左键选择，中键确认，右键撤销，<Shift>+左键取消选定。

（c）单击入口边线 C_1，中键确认。

（2）定义其他边界的名称

（a）定义对称轴 Part 名为 Axis，选择 C_2，中键确认，线段 C_2 的颜色会自动变色。

（b）定义出口 Part 名为 outlet，选择 C_3，中键确认。

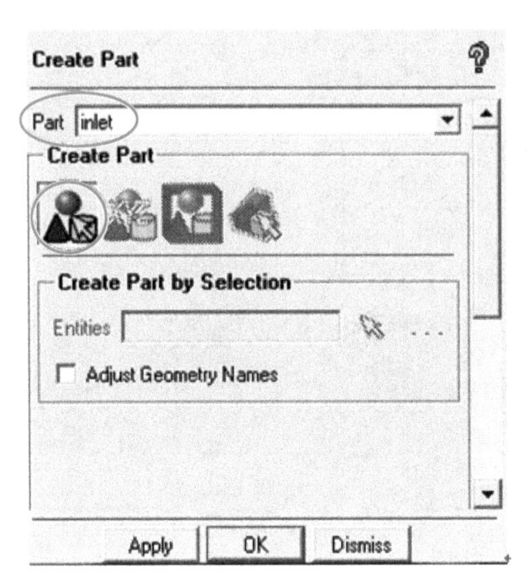

图 2-2-13　创建 Part 对话框

（c）定义壁面 Part 名为 Wall，选择 C_4，中键确认。

（d）定义 Point 的 Part 名为 Point，选择所有的 Point，中键确认。

注意：在选择 Point 的过程中，可通过单击图 2-2-14 所示的浮动选择工具栏中右侧按钮，依次是点、线、面、体，默认都选，单击取消线、面和体的选取，仅保留选点的项。然后按住鼠标左键拖出一个包围所有 Point 的矩形，选择所有的点，然后按鼠标中键确认。

图 2-2-14　选择工具栏

（3）观察创建 Part 是否正确

创建 Part 后，创建好的区域如图 2-2-15 所示，树模型如图 2-2-16 所示，Parts 目录下新增添了所创建的 Part。

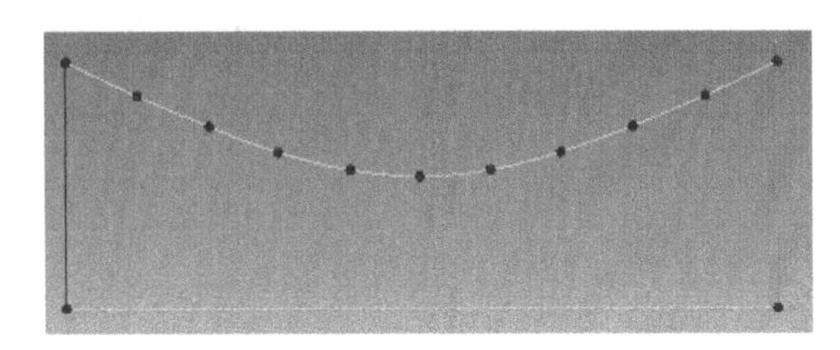

图 2-2-15　创建的区域

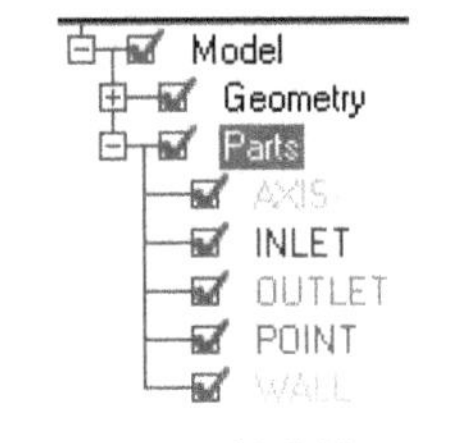

图 2-2-16　创建的 Parts

① 取消 INLET 的勾选，查看几何模型上 C_1 是否消失。

② 若某个 Part 创建时漏选了线，右击模型树 Model 下 Parts 下的该项，选择 Add to Part，

如图 2-2-17 所示。在弹出的增加 Part 对话框中添加线，如图 2-2-18 所示。

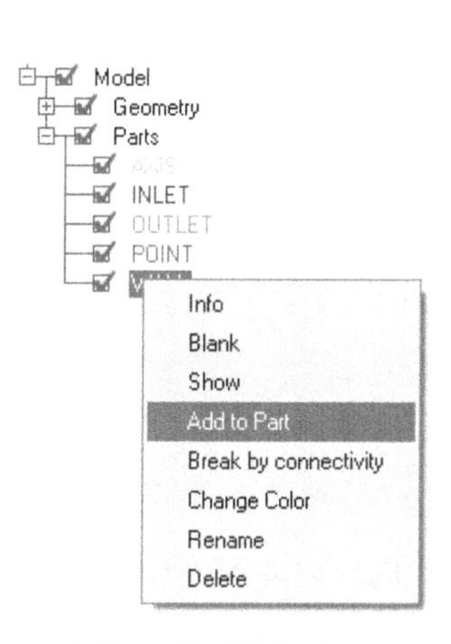

图 2-2-17 修改 Parts

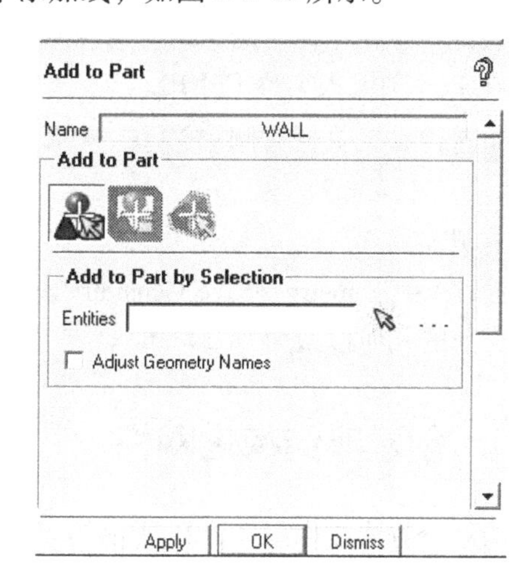

图 2-2-18 增加 Part 对话框

5. 创建面 Surface

ICEM 提供有多种生成 Surface 的方法，按图标依次为：根据 Curve 创建；拉伸 Curve 创建；延伸创建；旋转 Curve 创建；根据多条 Curve 创建等。本例采用根据 Curve 创建的方法来创建面。

（1）在 Geometry 标签工具栏中单击 Create Surface 图标，左下方数据输入区出现创建 Surface 工具栏，如图 2-2-19 所示。

（2）单击，在 Method 下拉菜单中选择 From 2-4 Curves。

（3）依次单击四条边，鼠标中键确认，结果如图 2-2-20 所示。

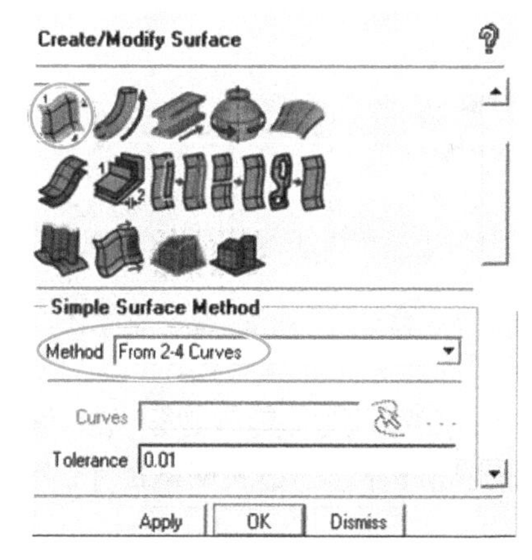

图 2-2-19 创建面对话框

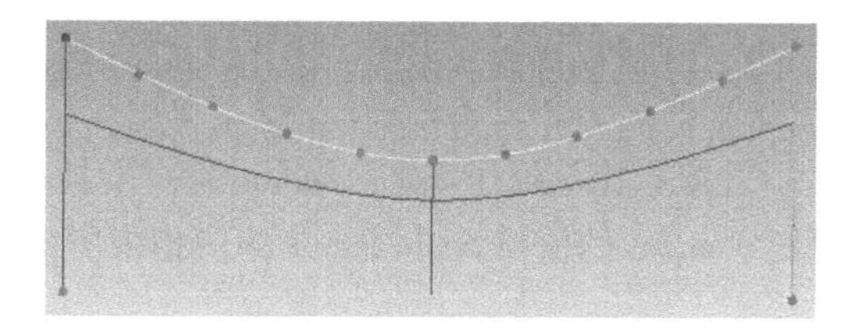

图 2-2-20 创建面

注意：选择过程必须按照一定的方向依次选择，否则创建的 Surface 会失败。图中面的显示方式是 Wire Frame。

6. 定义面的 Part，名为 FLUID

(a) 右键单击模型树中的 Part，选择 Create Part。

(b) 在 Part 项输入名称 FLUID。

(c) 单选浮动工具栏右侧中的 Surface 选择按钮，单击所选的面，中键确认。

7. 保存几何模型

操作：File→Geometry→Save Geometry As。

保存当前的几何模型为 Nozzle. tin。

第 2 节 创建非结构化网格

网格的划分方法在如图 2-2-21 所示的 Mesh 标签工具栏内，自左至右依次是设置全局网格参数、设置 Part 网格、设置 Surface 网格、设置 Curve 网格、创建网格密度等。

图 2-2-21 网格划分工具栏

1. 定义全局网格参数（Global Mesh Size）

主要是定义网格的全局尺寸，它们将影响面网格、体网格边界层网格的大小。

操作：选择标签栏的 Mesh 选项卡，单击 Mesh 标签工具栏的 Global Mesh Setup 图标，左下方数据输入区出现全局网格设置对话框如图 2-2-22 所示。

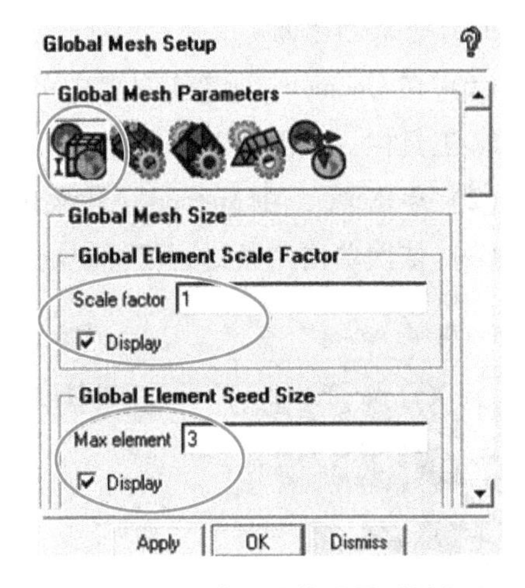

图 2-2-22 全局网格设置对话框

(1) 定义比例因子 Scale factor 为 1，选中 Display 复选项。

(2) 定义 Max element 为 3，选中 Display 复选项。

(3) 其他保持默认设置，单击 Apply 按钮。

注意：比例因子 Scale factor 是一个控制全局网格尺寸的系数，其值必须为正值。Max element 的值与 Scale factor 的值相乘所得结果即为全局允许存在的最大网格尺寸。

选中 Display 复选项后，可以旋转几何模型尺寸观察 Scale factor 和 Max element 的大小，并将其调整为合理值。

2. 定义全局壳网格参数（Shell Meshing Parameters）

操作：单击 Global Mesh Setup 工具栏中的 Shell Meshing Parameters 图标，打开壳网设置对话框，如图 2-2-23 所示。

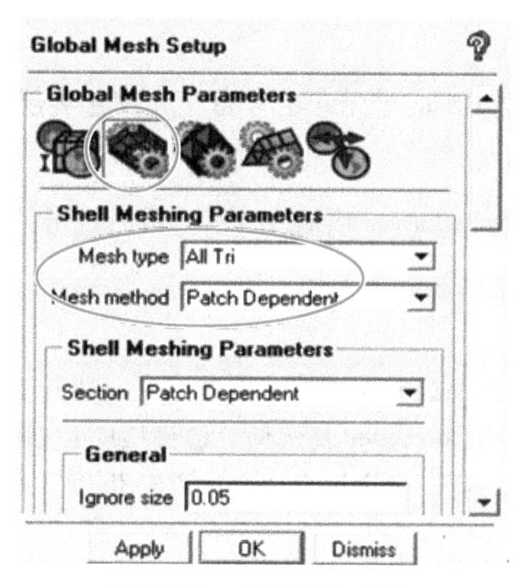

图 2-2-23　壳网设置对话框

（1）在 Mesh type 项，选择网格类型为 All Tri（三角形网格）。

（2）在 Mesh method 项，选择网格生成方法为 Patch Dependent。

（3）保留其他默认设置，单击 Apply 按钮。

注意：对于壳/面网格，只有 Patch Dependent 方法才能生成边界层网格。

3. 定义 Part 的网格尺寸（Part Mesh Setup）

在不同的 Part 上定义不同的网格尺寸，既可保证计算精度，又可减小网格规模，提高计算效率。

操作：在 Mesh 标签工具栏中，单击 Part Mesh Setup 图标，打开网格设置列表如图 2-2-24 所示。

Part Mesh Setup

Part	Prism	Hexa-core	Maximum size	Height	Height ratio	Num layers
AXIS	☐		0	0	0	0
FLUID	☐		2	0	0	0
INLET	☐		0	0	0	0
OUTLET	☐		0	0	0	0
POINT						
WALL	☑		2	0.5	1.2	5

☑ Show size params using scale factor
☑ Apply inflation parameters to curves
☐ Remove inflation parameters from curves
Highlighted parts have at least one blank field because not all entities in that part have identical parameters
Apply　Dismiss

图 2-2-24　网格设置列表

（1）选中 Apply inflation parameters to curves 复选项，允许生成二维边界层网格。

（2）在 FLUID 项的 Maximum size，设置为 2。

（3）在 WALL 项，点选 Prism，设置 Maximum size 为 2，Height 为 0.5，Height ratio 为 1.2，Num layers 为 5。

（4）单击 Apply 按钮。

注意： 在 WALL 处点选 Prism 是允许在 Wall 上定义边界层网格。

小经验： 在 WALL 的 Num Layers 项输入 5 后，最后点击另外一个数据，使 5 变为白色，否则可能不成功。

注意： ICEM 默认生成三维边界层网格，因此定义二维边界层网格生成参数时应首先选中 Apply inflation parameters to curves 复选项。边界层中各参数的含义如下：

Height 为第一层网格高度；Height Ratio 为网格长度比例；Num Layers 为边界层层数。

4. 生成网格

操作：在 Mesh 标签工具栏中，单击 Compute Mesh 图标，数据输入区出现网格计算对话框，如图 2-2-25 所示。

（1）单击 Surface Mesh Only 图标。

（2）保留其他默认设置，单击 Compute 按钮生成网格。

取消模型树 Model 中 Geometry 的勾选，观察生成的网格，发现在两个角点处生成的网格不理想，如图 2-2-26 所示。下面将调整两条 Curve 上的节点分布。

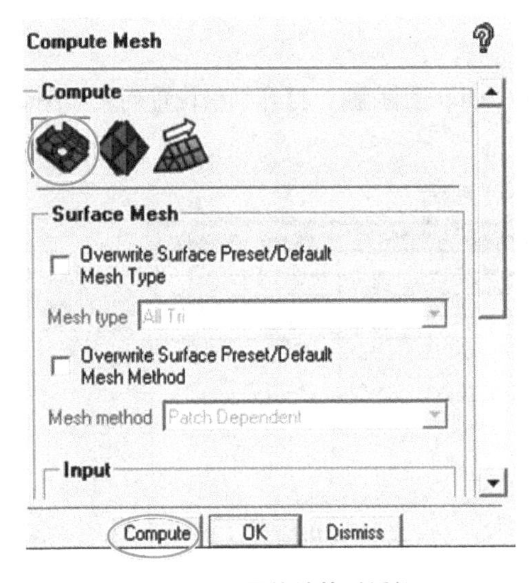

图 2-2-25　网格计算对话框

图 2-2-26　网格显示图

5. 调整网格

（1）取消模型树 Model 中 Mesh 的勾选，隐藏 Mesh，勾选 Geometry。

（2）取消 Parts 中 POINT、FLUID 的勾选，隐藏 Point、Surface，仅显示 Curve，以便于观察和选取对线。

此时模型树如图 2-2-27 所示，区域边线如图 2-2-28 所示。

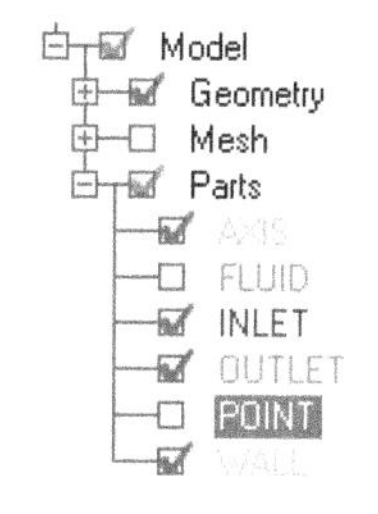

图 2-2-27 模型树

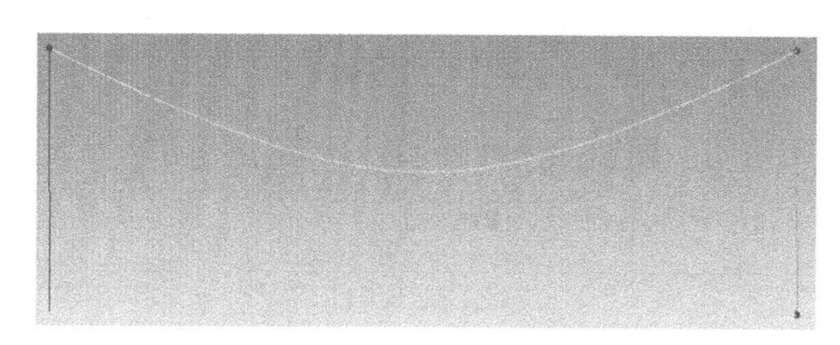

图 2-2-28 区域边线图

（3）显示 Curve 上的节点数和分布情况

操作：在模型树 Model 中的 Geometry 项的子项中，右键单击 Curve，在弹出的菜单中选择 Curve Node Spacing 和 Curve Element Count，如图 2-2-29 所示。

显示 Curve 上的节点数和节点分布情况，如图 2-2-30 所示。

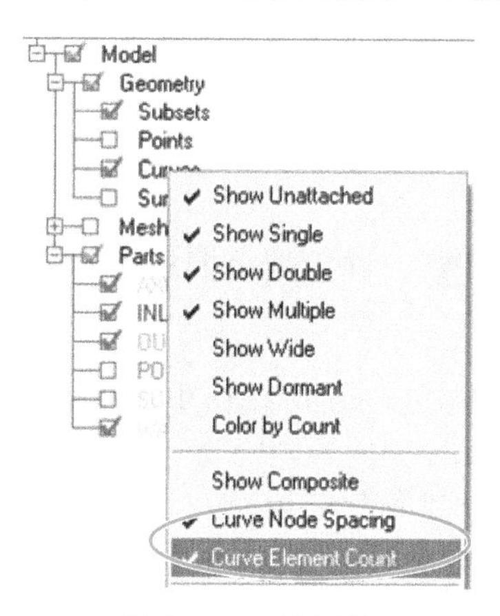

图 2-2-29 模型树

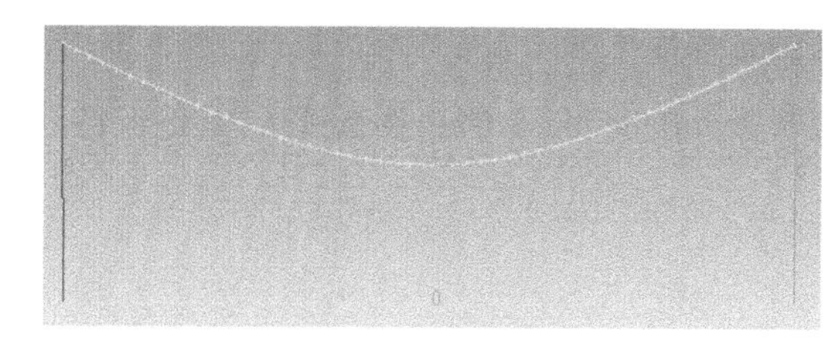

图 2-2-30 区域边线节点图

观察图 2-2-30，发现 C_4 有明确的网格节点数和分布情况，而其他的 Curve 不明确，是按照 Surface 的网格尺寸自由分布的。这就导致了 C_1 和 C_3 上节点分布不合理。

（4）定义线网格尺寸

操作：在 Mesh 标签工具栏，单击 Curve Mesh Setup 图标，左下方数据输入区出现 Curve Mesh Setup 设置对话框如图 2-2-31 所示。

① 在 Method 项选择 General。

② 在 Select Curve（s）项，单击，选择入口边界 crv. 01，中键确认。

③ 在 Number of nodes 项输入 34（节点数为 34，分成 33 段）。

④ 单击 Apply 按钮，查看节点分布情况（节点是均匀分布的）。

⑤ 下拉滑块，在 Advanced Bunching 选项区的 Bunching law 项选择 BiGeometric，如图 2-2-32 所示。

⑥ 在 Spacing 1 项输入 0. 5。

⑦ 在 Ratio 1 项输入 1. 4。

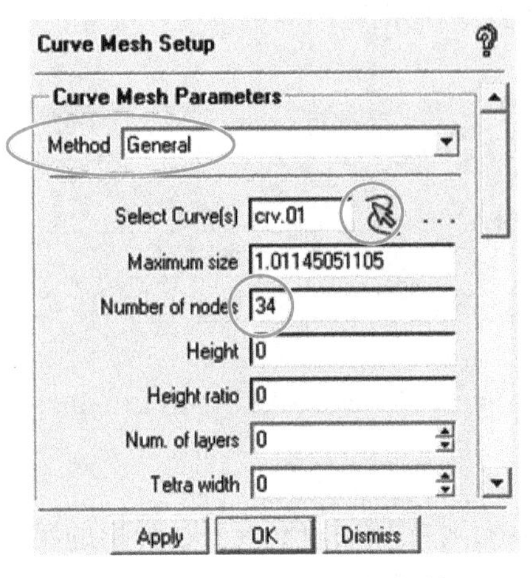

图 2-2-31　边线节点设置对话框

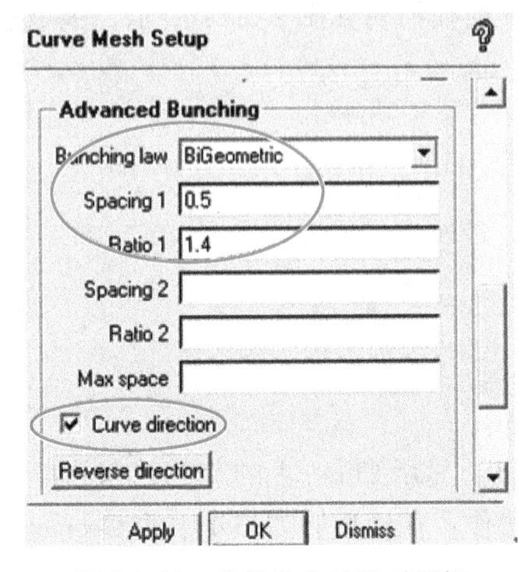

图 2-2-32　边线节点设置对话框

⑧ 选中 Curve direction 复选项，确认线段方向，用 Reverse direction 调整方向。

⑨ 单击 Apply 按钮确认。

对出口边界 C_3 进行相同的设置。设置后的网格节点如图 2-2-33 所示。

（5）生成面网格

操作：在 Mesh 标签工具栏中，单击 Compute Mesh 图标，弹出划分网格对话框，如图 2-2-34 所示。

单击 Surface Mesh Only 图标，其他保持默认设置，单击 Compute 按钮生成网格。

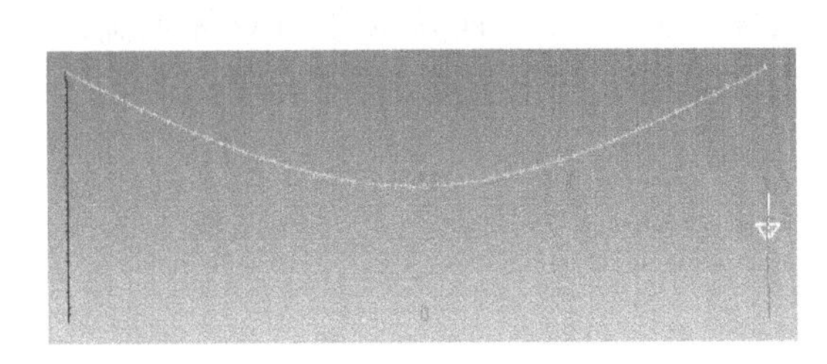

图 2-2-33　边线节点设置图

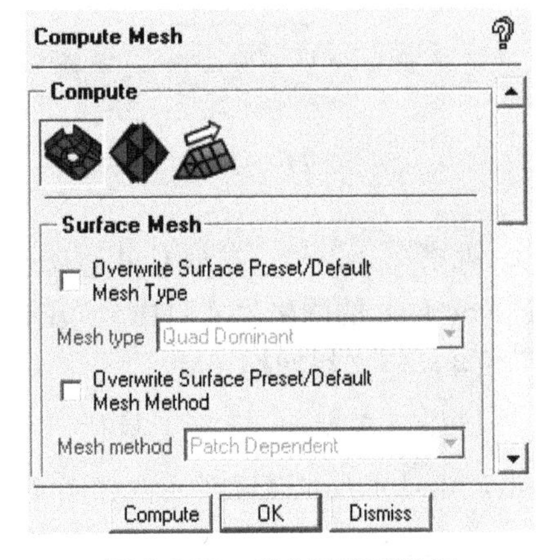

图 2-2-34　划分网格对话框

在图 2-2-35 所示目录树的 Parts 项，勾选 FLUID，取消 Geometry 的勾选，得到网格划分如图 2-2-36 所示。

（6）检查网格质量

操作：在标签栏的 Edit Mesh 标签工具栏中，单击 Display Mesh Quality ，如图 2-2-37 所示。

在左下方数据输入区出现网格质量检查对话框如图 2-2-38 所示。

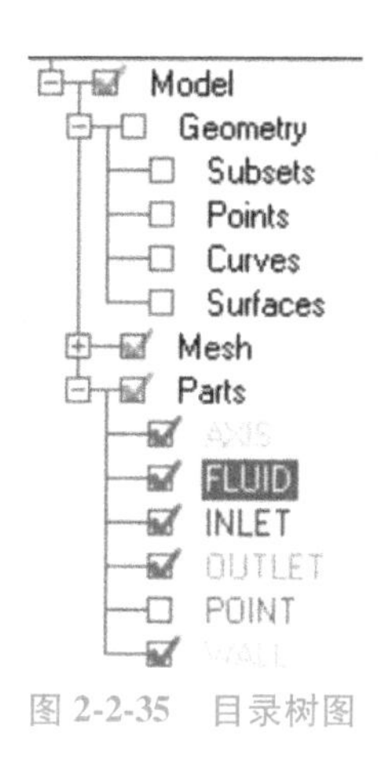

图 2-2-35 目录树图

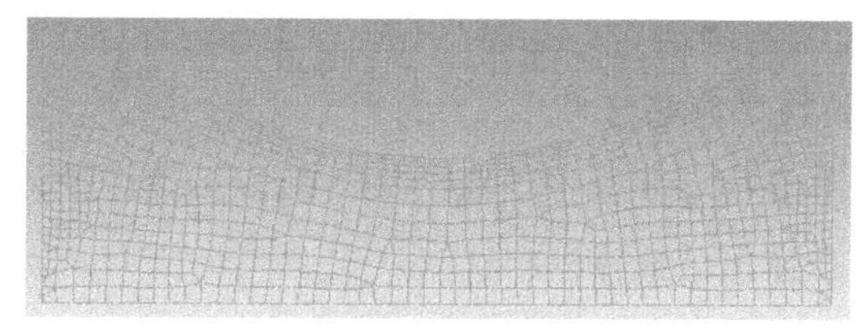

图 2-2-36 网格划分图

图 2-2-37 编辑网格工具栏

在 Method types to check 选项区中的 TRI_3 和 QUAD_4 项选择 Yes，检查三角形和四边形网格单元。

在 Elements to check 单选项区中选择 All，检查所有的网格单元。

在 Criterion 下拉菜单中选择 Quality 作为质量评判标准。

单击 Apply 按钮确定，右下方的网格质量检查结果如图 2-2-39 所示。

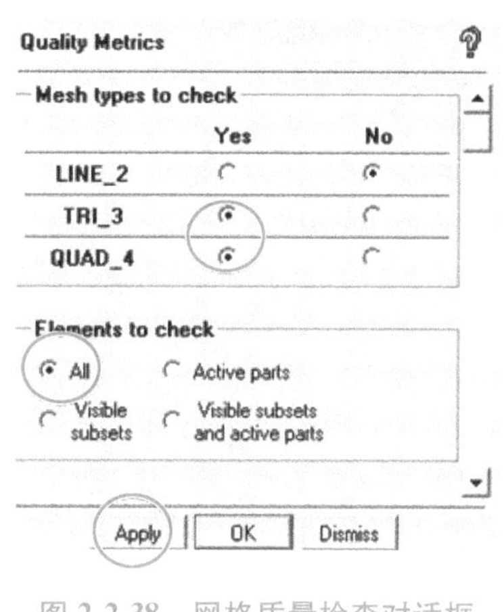

图 2-2-38 网格质量检查对话框

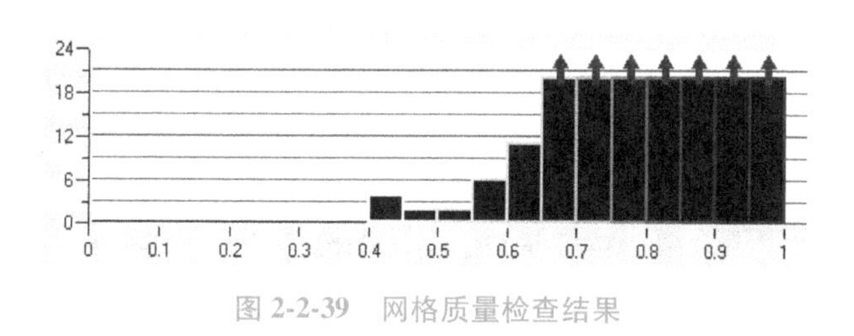

图 2-2-39 网格质量检查结果

注意：横轴表示网格质量，纵轴为相应网格质量区间内对应的网格单元数。网格质量应该介于 0~1，值越大表明网格质量越好，不允许出现负值。

6. 导出网格文件

（1）保存网格

操作：File→Mesh→Save Mesh As，在文件夹中保存文件，文件名 nozzle. uns。

（2）选择求解器

操作：在标签栏的 Output 标签工具栏 中，单击 Select Solver ，选择求解器，如图 2-2-40 所示。

在左下方数据输入区的 Solver Setup 对话框中的 Output Solver 项选择 ANSYS Fluent，单击 Apply 按钮确认。

（3）输出网格文件

① 单击 Output 标签工具栏中的 Write input 图标 ，在弹出的对话框中输入文件名 nozzle。

② 在弹出的选择框中选 No。

③ 给出网格文件的路径和文件名 nozzle. uns，单击确定，弹出网格输出对话框如图 2-2-41 所示。

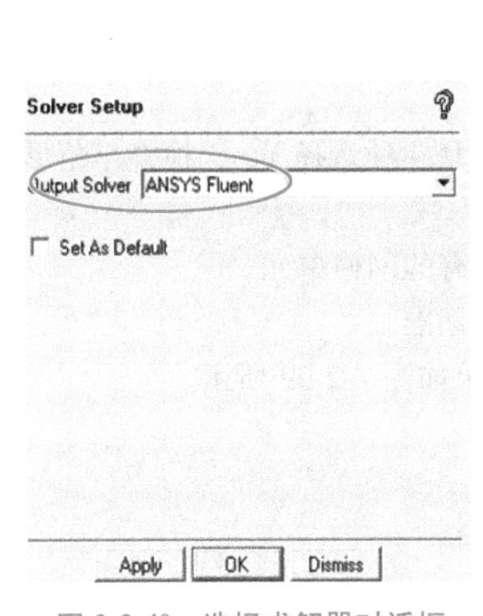

图 2-2-40　选择求解器对话框

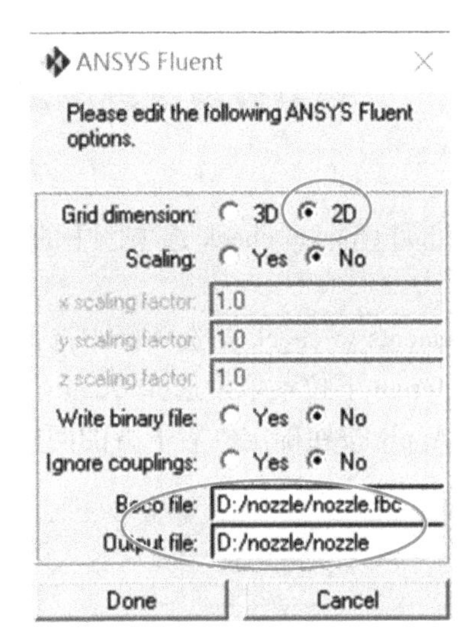

图 2-2-41　网格输出对话框

④ 在 Grid dimension 项选择 2D（二维网格）。

⑤ 在 Output file 项输入文件的路径和名称 D:/nozzle/nozzle。

⑥ 单击 Done 按钮，输出网格文件，文件名为 nozzle. msh。

第 3 节　启动 Fluent 进行定常流动计算

ANSYS Fluent 启动界面如图 2-2-42 所示，在 Dimension 项选择 2D 求解器；在 Options 项不选择双精度（Double Precision）求解器；在 Processing Options 项选择串行运算（Parallel 为并行计算），其他保持默认设置，单击 OK 按钮，启动 Fluent。

首先是读入网格文件，进行总体设置。

操作：File→Read→Mesh. . .

打开文件读入对话框，选择网格文件的路径和文件名，双击文件名，读入网格文件。此时，Fluent 窗口如图 2-2-43 所示。

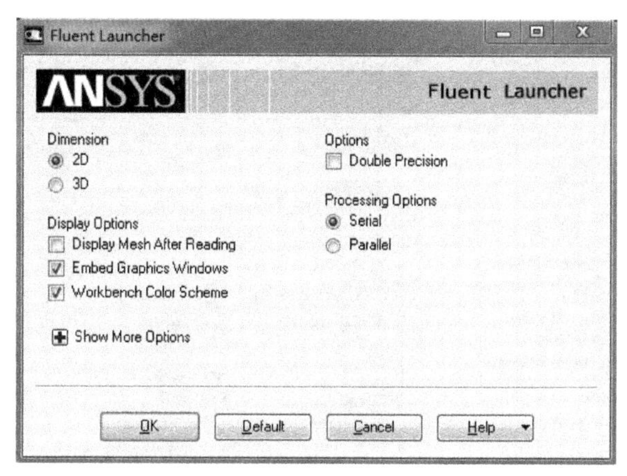

图 2-2-42　Fluent 启动界面

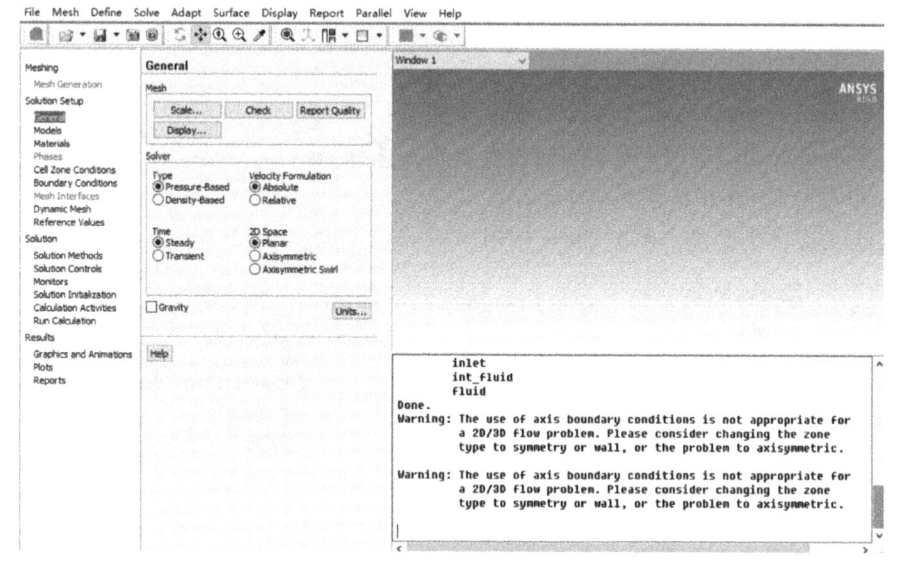

图 2-2-43　Fluent 窗口

窗口下方的信息提示区内显示：

```
Warning:The use of axis boundary conditions is not appropriate for
        a 2D/3D flow problem. Please consider changing the zone
        type to symmetry or wall,or the problem to axisymmetric.
```

提示模型为轴对称模型，不符合默认设置，需要修改为轴对称（axisymmetric）模型。

在窗口的最左侧，有如图 2-2-44 所示目录树，包含 Solution Setup、Solution 等，在读入网格后，Fluent 的工作流程基本就是按照这个目录树中的次序进行的。

首先是 Solution Setup 中的 General 项，可对求解进行总体设置。

1. 设置网格（Mesh）

（1）区域范围与网格单位（Scale）

操作：单击 Mesh 项的 Scale... 按钮，弹出网格设置对话框，如图 2-2-45 所示。

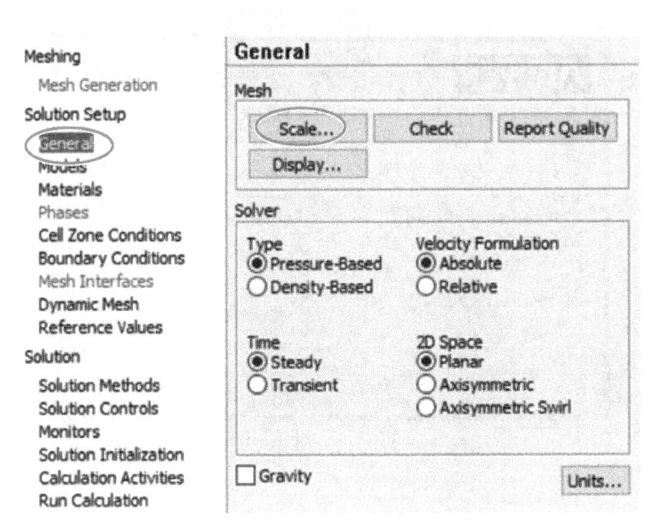

图 2-2-44　综合设置对话框

① 在 Doman Extents 选项区显示区域的范围。

② 在 View Length Unit In 显示网格长度单位，选择 cm。

③ Mesh Was Created In 项选择 cm。

④ 其他保持默认设置，单击 Close 按钮。

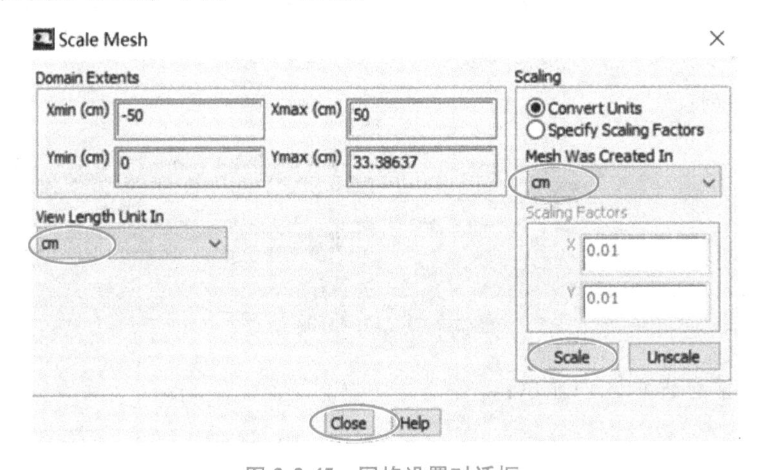

图 2-2-45　网格设置对话框

（2）网格检查（Check）

操作：单击 Mesh 项的 Check 按钮，对网格进行检查。

在下边的信息显示区，最后一行为 Done，表示通过网格检查。

（3）网格质量报告（Report Quality）

操作：单击 Mesh 项的 Report Quality 按钮，对网格进行质量检查。在信息提示区显示的质量报告如下：

Minimum Orthogonal Quality = 6.74738e-01

Maximum Aspect Ratio = 5.00934e+00

注意：

（1）Minimum Orthogonal Quality（最小正交质量）的变化范围为 0～1，越大越好，一般要求大于 0.2。本例为 0.675，说明网格正交质量很高。

（2）Maximum Aspect Ratio（最大纵横比），一般要求小于 6，本例为 5，符合要求。

（4）显示网格（Display）

操作：单击 Mesh 项的 Display... 按钮，弹出网格显示对话框，如图 2-2-46 所示。

保留默认设置，单击 Display 按钮，网格如图 2-2-47 所示。

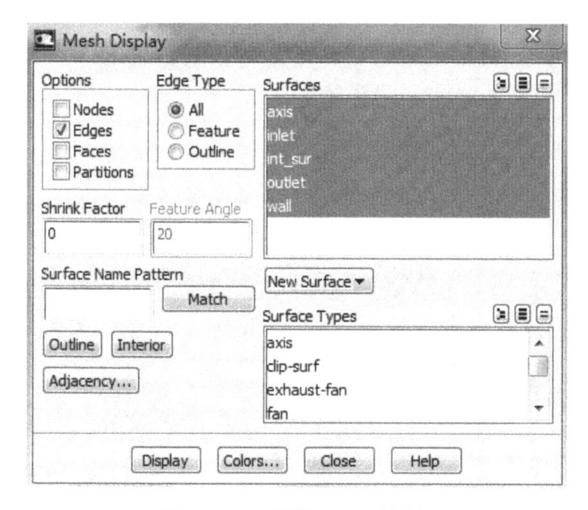

图 2-2-46　网格显示对话框

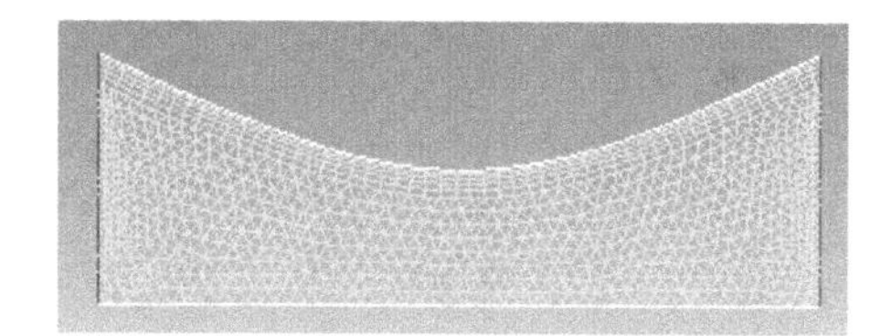

图 2-2-47　区域网格图

注意： 单击工具栏中的 Fit to Window 图标，可改善显示效果。

2. 设置求解器（Solver）

（1）在 Solver 中的 Type 单选项中，勾选 Pressure-Based，选择基于压力的求解器，如图 2-2-48 所示。

（2）在 Time 单选项中选择 Steady，即定常流动。

（3）在 2D Space 单选项中选择 Axisymmetric，选取轴对称模型。

3. 设置物理量的单位

Solver 中不勾选 Gravity 复选项，流动与重力无关。

单击 Units... 按钮，弹出单位设置对话框，如图 2-2-49 所示，可对物理量的单位进行设置。

系统默认的压强单位是 Pa，而本例入口与出口给出的单位是标准大气压，故将压强单位选择 atm。其他物理量单位保持为默认设置，单击 Close 按钮。

4. 设置求解计算模型（Models）

操作：Solution Setup→Models，弹出计算模型选择菜单如图 2-2-50 所示。

（1）Multiphase-Off，多相流模型，默认关闭。

（2）Energy-Off，能量方程，默认关闭。

（3）Viscous-Laminar，设置流态，默认为层流。单选此项，单击 Edit... 按钮，弹出设置对话框如图 2-2-51 所示。

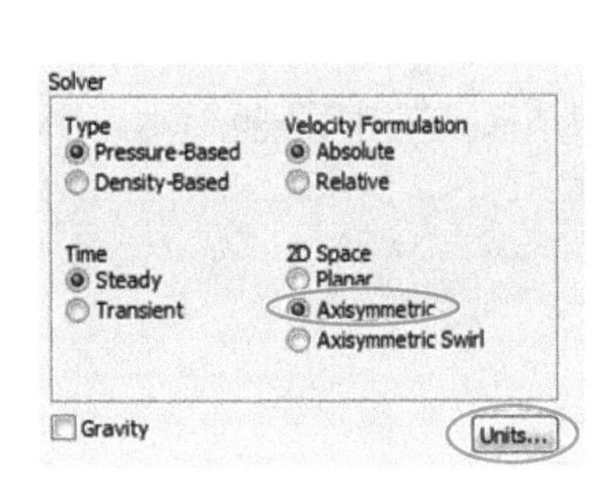

图 2-2-48　求解器设置对话框

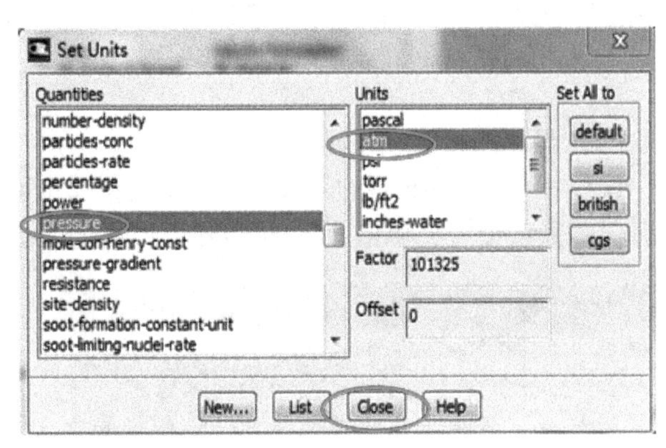

图 2-2-49　单位设置对话框

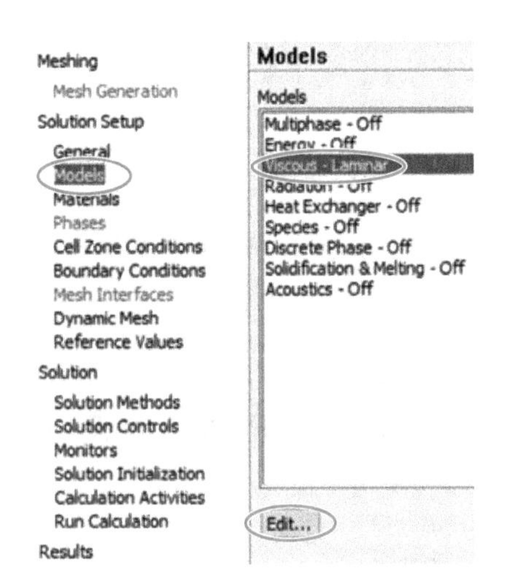

图 2-2-50　求解模型目录树

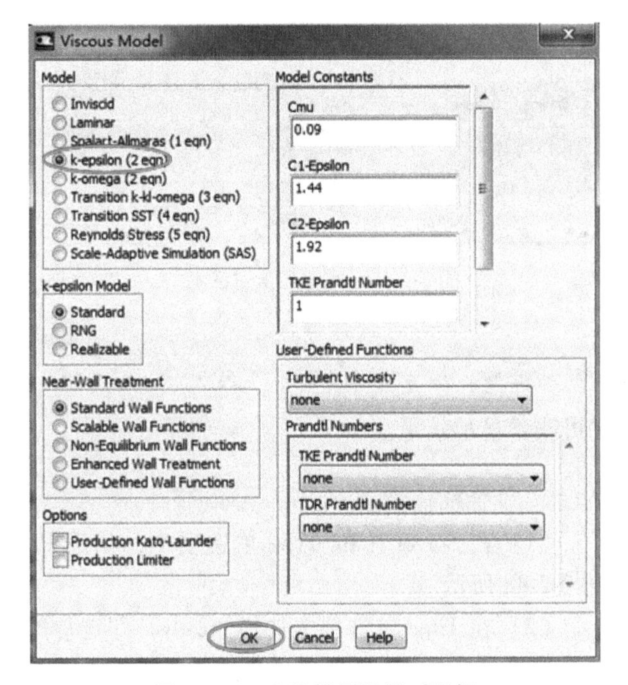

图 2-2-51　紊流模型设置对话框

单击 k-epsilon（2 eqn），选择 k-ε 紊流模型，其他保持默认设置，单击 OK 按钮。

5. 设置流体材料（Materials）

操作：Solution Setup→Materials，出现材料设置栏如图 2-2-52 所示。

（1）在 Materials 项选择 air，单击下边的 Create/Edit... 按钮，弹出材料设置对话框如图 2-2-53 所示。

（2）在 Density 项选择 idea-gas，选用理想气体为工作介质。

（3）保留其他默认设置，单击 Change/Create 按钮，单击 Close 关闭对话框。

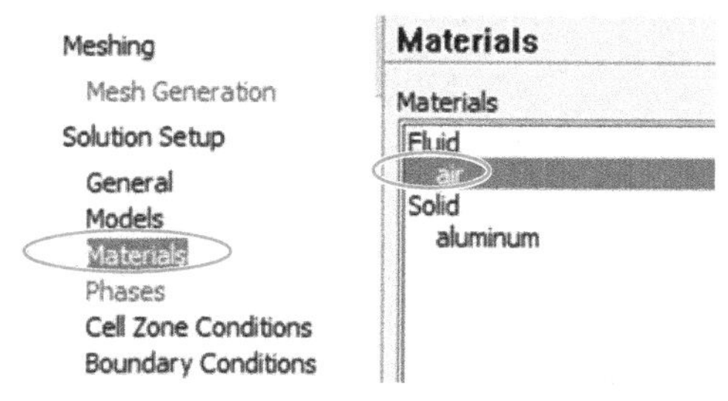

图 2-2-52　材料设置目录树

注意：

（1）此时，在信息提示出口显示信息“Note：Enabling energy equation as required by material density method.”，意思是已经启动能量方程进行求解。如果单击 Models 项，可以看到 Energy 项处于 ON 状态。

（2）如果需要其他材料，可以单击 Fluent Database... 按钮进行选择。

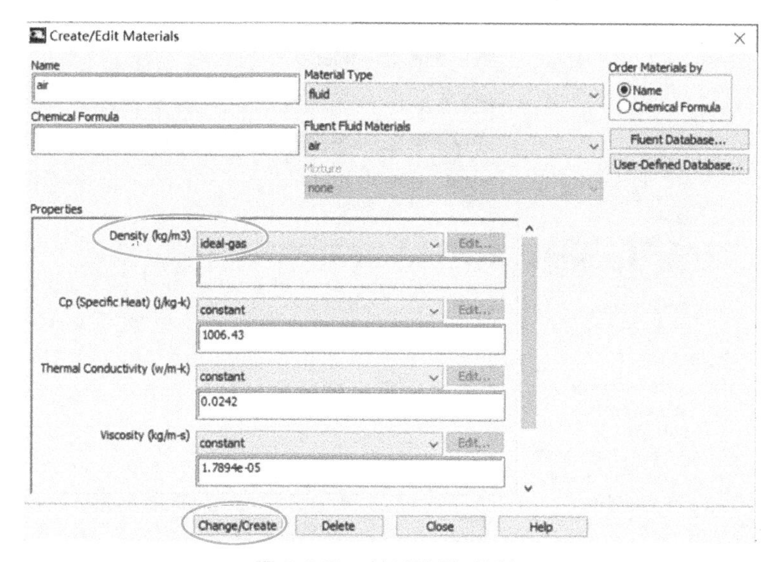

图 2-2-53　材料设置对话框

（4）设置流域内部（Cell Zone Conditions）

操作：Solution Setup→Cell Zone Conditions，右侧出现区域设置对话框如图 2-2-54 所示。

① 点选 Zone 中的 fluid，在 Type 项为 fluid，单击 Edit...按钮，弹出流域设置对话框，如图 2-2-55 所示。

② 在 Material Name 下拉表中，选择流体材料为 air。

③ 其他保持默认设置，单击 OK 按钮。

注意：对话框中可对区域是否为运动域（Mesh Motion）、是否为层流域（Laminar Zone）、是否为源项（Source Terms）、是否为多孔介质（Porous Zone）等选择所需复选项，并在相关的选项卡中进行相关的设置。

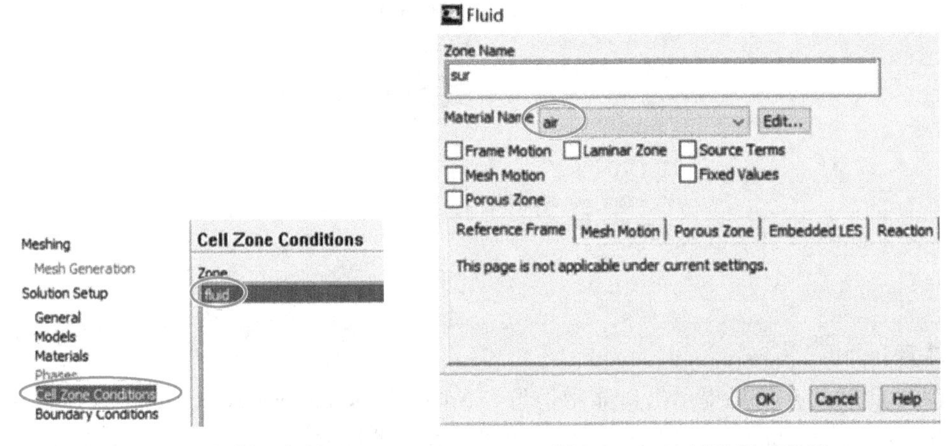

图 2-2-54　流域选择对话框　　　　图 2-2-55　流域设置对话框

6. 设置边界条件（Boundary Conditions）及操作环境（Operating Conditions）

操作：Solution Setup→Boundary Conditions，边界条件设置如图 2-2-56 所示。

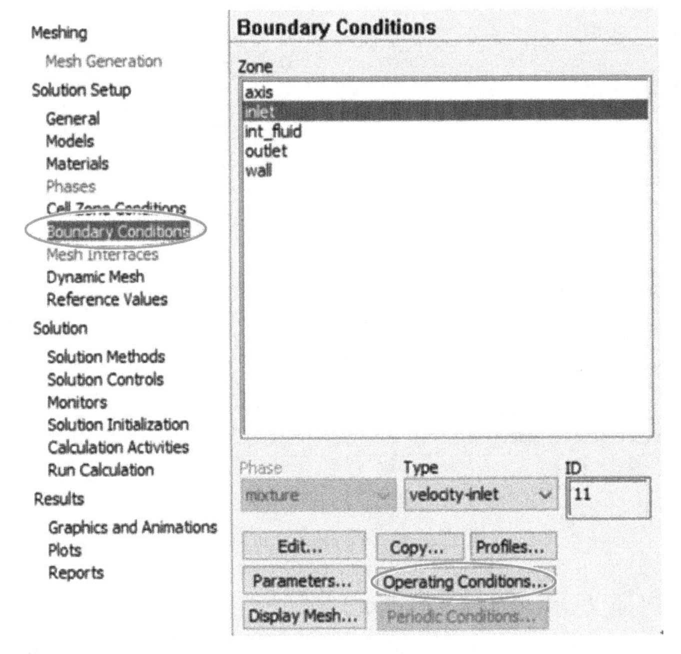

图 2-2-56　边界条件设置对话框

（1）设置操作环境

操作：单击下方的 Operating Conditions... 按钮，打开操作环境设置对话框如图 2-2-57 所示。

针对题目所给条件，需要用绝对压强，故将 Operating Pressure（atm）项设为 0。

保留其他默认设置，单击 OK 按钮。

（2）设置入口边界 inlet 为压力入口边界

点选 Zone 项的边界 inlet，在下面的 Type 下拉菜单中选择 pressure-inlet，如图 2-2-58 所

示，弹出压力入流边界设置对话框如图 2-2-59 所示。

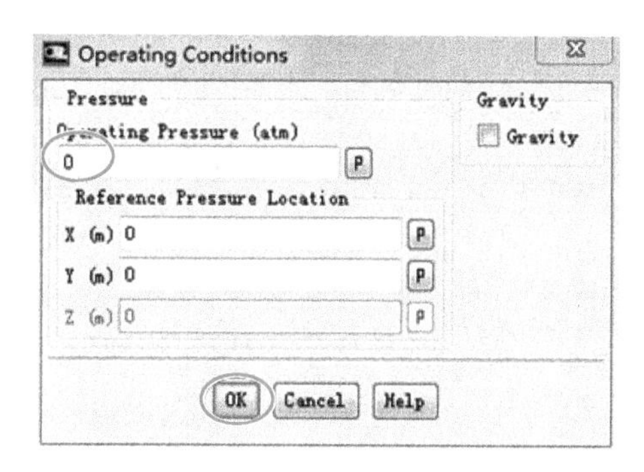

图 2-2-57　操作环境设置对话框

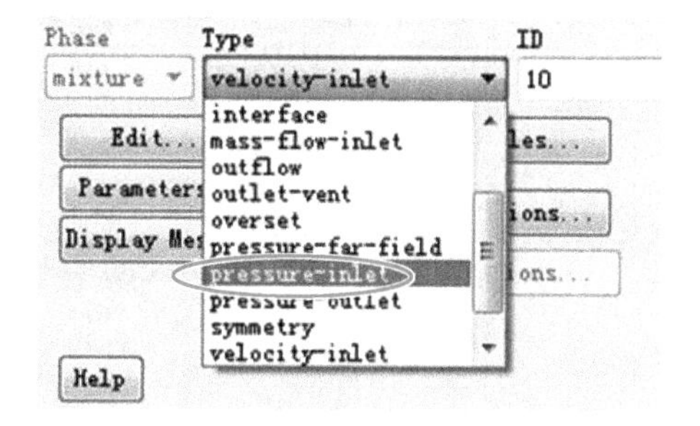

图 2-2-58　入口边界设置对话框

① 在 Momentum 选项卡的 Gauge Total Pressure（atm）框中输入 1。

② 在 Supersonic/Initial Gauge Pressure（atm）框中输入 0.9。

③ 在 Turbulence 选项区的 Specification Method 框中选择 Intensity and Hydraulic Diameter。

④ 设置 Turbulent Intensity（%）项为 5；设置 Hydraulic Diameter（cm）为 66.8。

⑤ 在 Thermal 选项卡中设来流温度为 300K，单击 OK 按钮。

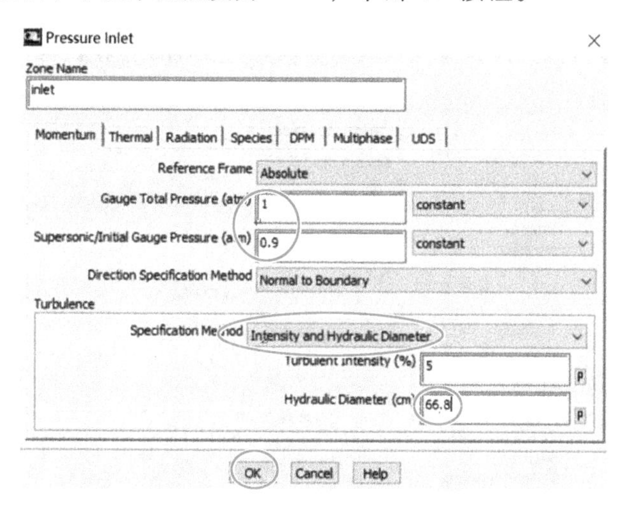

图 2-2-59　压力入口边界设置对话框

（3）设置出口边界为压力出流边界

操作：点选 Zone 中的 outlet，在边界类型下拉菜单中选择 pressure-outlet，弹出压力出口边界设置对话框如图 2-2-60 所示。

在 Gauge Pressure（atm）项中输入出口压强 0.9，保留其他默认设置，点击 OK 按钮。

7. 设置参考值

操作：Solution Setup→Reference Values，打开参考值设置对话框如图 2-2-61 所示。

（1）在 Compute from 框中选择 inlet。

（2）保留其他默认设置，单击 OK 按钮。

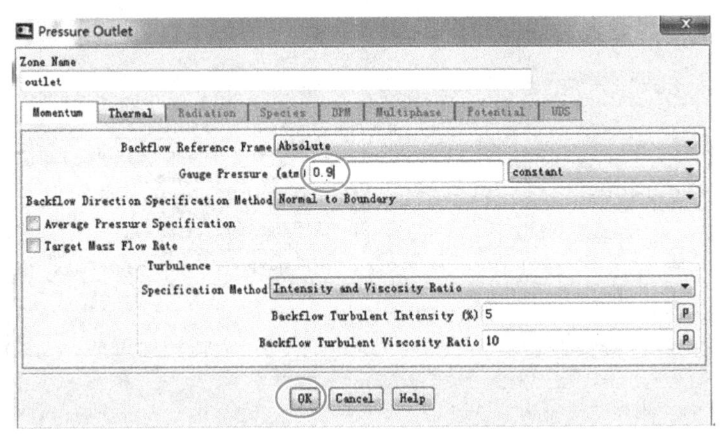

图 2-2-60　压力出口边界设置对话框

注意：物理量无量纲化的结果是系数，例如力（升力或阻力）系数可定义为

$$C_{\mathrm{f}}=\frac{F_{\mathrm{d}}}{\frac{1}{2}\rho V^{2}A}$$

式中，F_{d} 为物体所受到的力；ρ 为流体密度；V 为参考速度；A 为参考面积。其中流体密度、参考速度、参考面积需要在 Reference Values 对话框里给予确认。

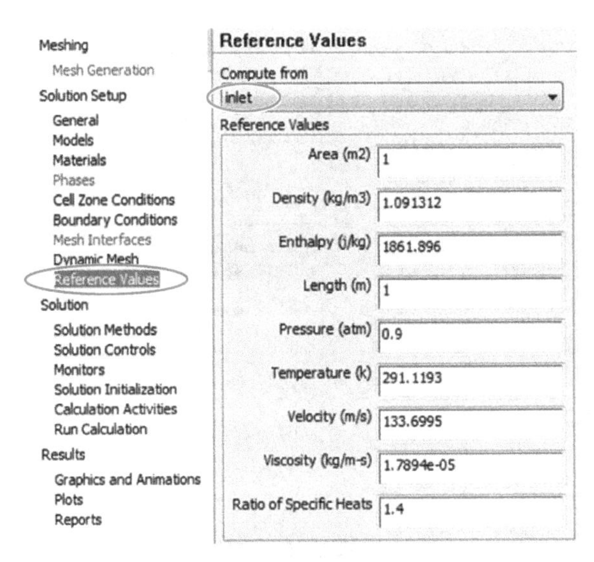

图 2-2-61　参考值设置对话框

8. 迭代求解计算（Solution）

根据工作目录树的次序，下面进行求解（Solution）部分的设置。

（1）设置求解方法

操作：Solution→Solution Methods，弹出设置对话框如图 2-2-62 所示。

注意到在 Pressure-Velocity Coupling 中选择 SIMPLE 算法，保留其他默认设置。

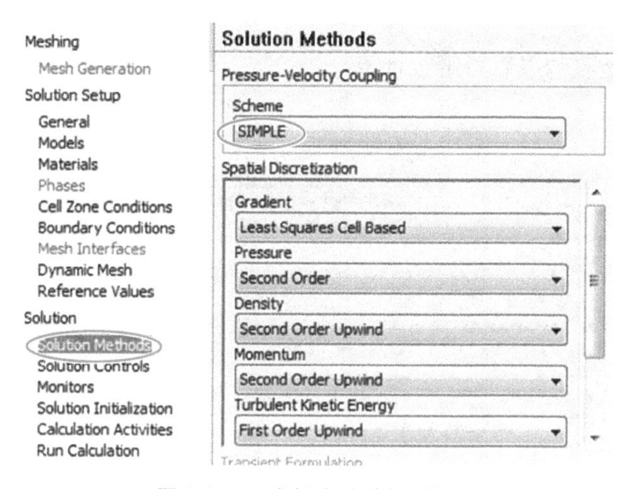

图 2-2-62 求解方法选择对话框

（2）设置求解控制

操作：Solution→Solution Controls，保留如图 2-2-63 所示的默认设置。

注意：如果计算不收敛，可以把各项的欠松弛因子（Under-Relaxation Factors）改小一点。

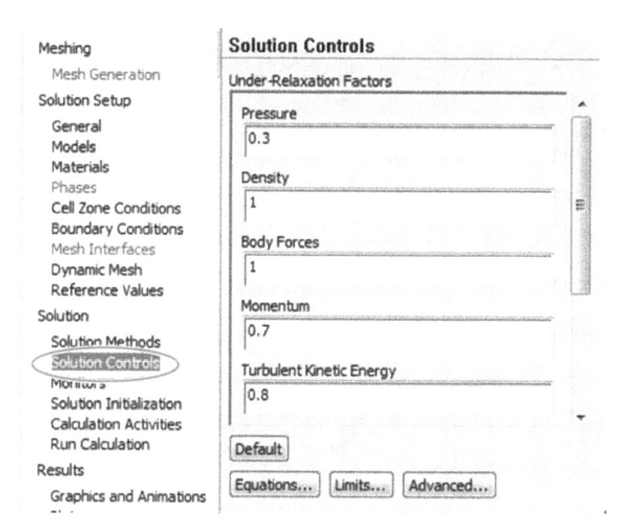

图 2-2-63 求解控制设置对话框

（3）设置残差监视器

操作：Solution→Monitors，Monitors 项选择 Residuals-Print，Plot，如图 2-2-64 所示。

单击 Residuals 窗口下的 Edit...，打开残差监视器设置对话框如图 2-2-65 所示。

① 在 Options 选项区中选择了 Print to Console（输出到窗口）和 Plot（绘制曲线图）。

② 在 Equations 选项区中选择了所有的复选项。

③ 在 Monitor Check Convergence Absolute Criteria（残差收敛限）选项区中，连续性（continuity）方程设置为 0.001，其他保留不变，单击 OK 确认。

注意：改变残差收敛限后可继续计算。

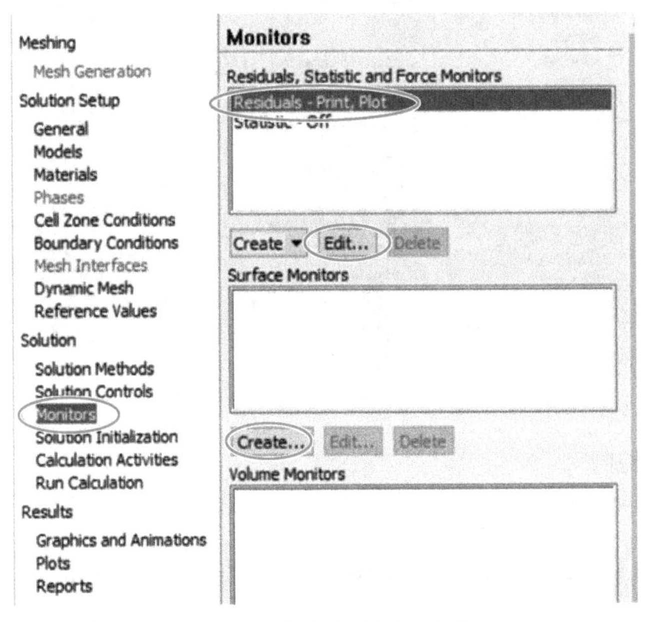

图 2-2-64　残差监测选择对话框

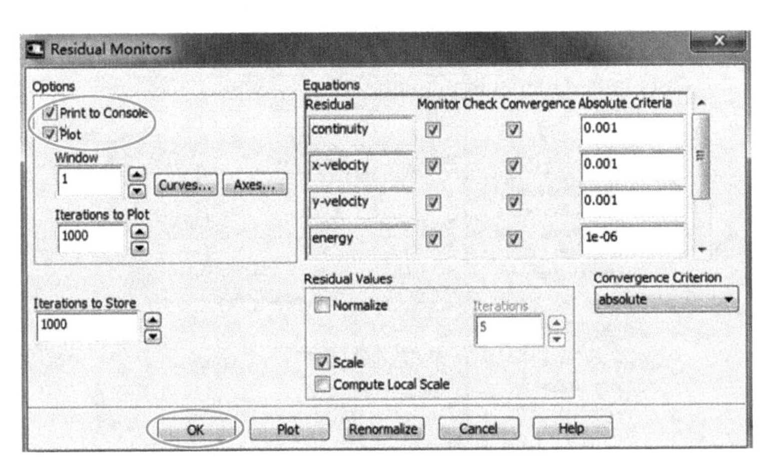

图 2-2-65　残差监测设置对话框

（4）开启质量流量监测窗口

操作：在 Surface Monitors 项，单击下面的 Create…按钮，打开面参数监视器设置对话框如图 2-2-66 所示。

① 在 Name 框输入 mass，在 Options 选项区中勾选 Plot。

② 在 Report Type 项下拉列表中选择 Mass Flow Rate。

③ 在 Surfaces 列表中选择 outlet，单击 OK 按钮。

（5）流场初始化

操作：Solution→Solution Initialization，左侧出现初始化设置对话框如图 2-2-67 所示。

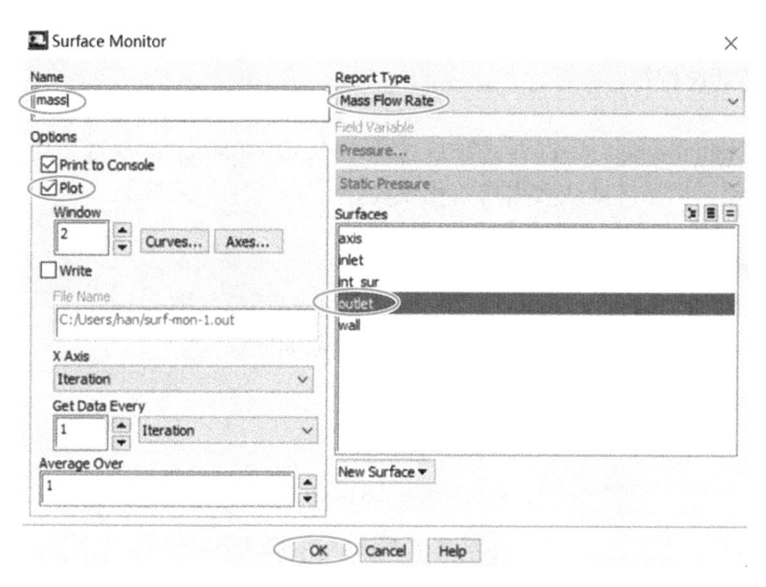

图 2-2-66　质量流量监测对话框

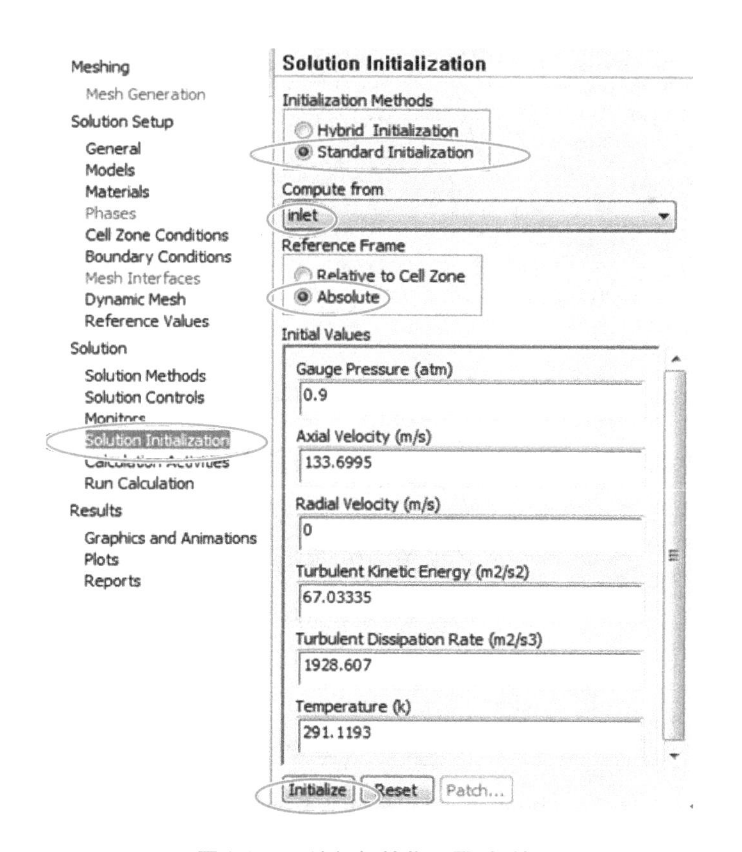

图 2-2-67　流场初始化设置对话框

① 在 Initialization Methods 选项区中选择 Standard Initialization（标准初始化）单选项；
② Compute from 选择入口 inlet。

③ 在 Reference Frame 选项区中选择 Absolute 单选项。

④ 单击 Initialize 按钮。

注意：在 Initialization Methods 选项区选择 Hybrid Initialization 单选项后，则可直接单击 Initialize 按钮，用系统默认数据初始化流场。

(6) 迭代求解计算

① 点选目录树的 Run Calculation，弹出计算设置对话框如图 2-2-68 所示。

② 在 Number of Iterations 框中输入最大迭代次数 500。

③ 单击 Calculate 按钮，开始计算。

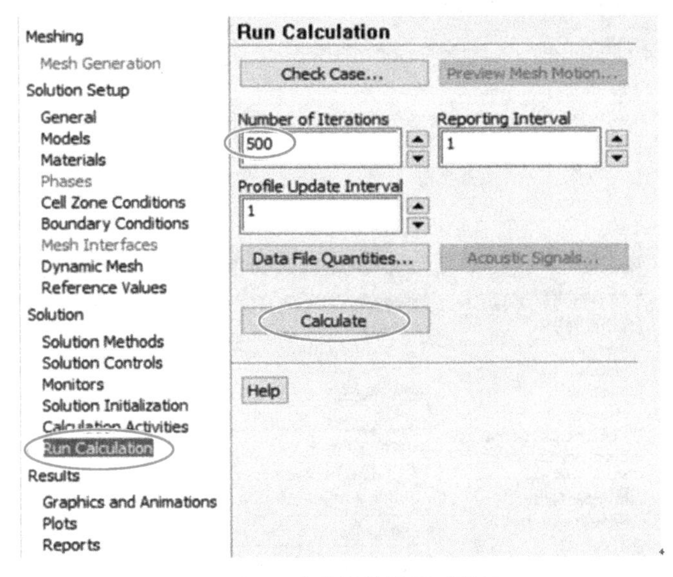

图 2-2-68　迭代计算设置对话框

经过 245 次迭代计算后，残差收敛。出口处的质量流量变化曲线如图 2-2-69 所示。

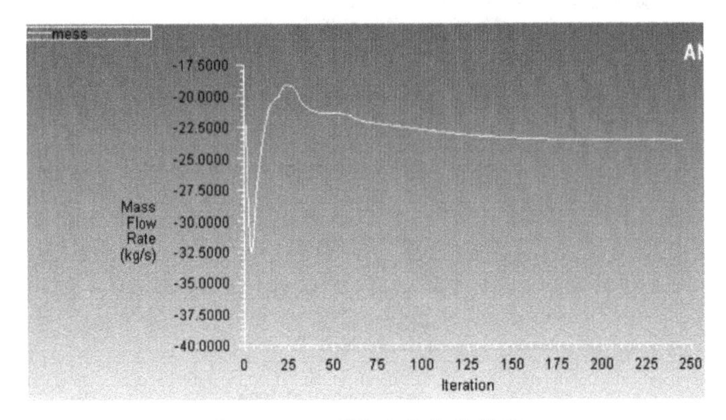

图 2-2-69　质量流量变化曲线

(7) 保存文件

操作：File→Write→Case&Date...。

第 4 节 定常流动计算结果的后处理

在工作流程目录树的 Results 中，点选 Graphics and Animations，计算结果后处理操作如图 2-2-70 所示。

1. 绘制分布云图

操作：在 Graphics 列表中选择 Contours，单击 Set Up...按钮，打开压力分布云图对话框，如图 2-2-71 所示。

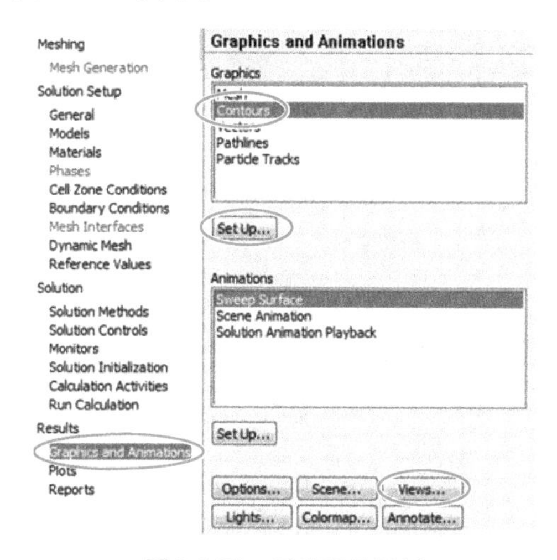

图 2-2-70 后处理目录树

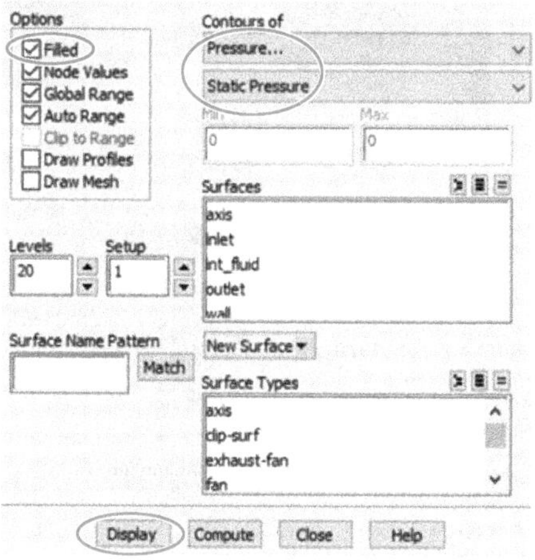

图 2-2-71 压力分布云图对话框

（1）在 Options 选项区中选择 Filled（否则就是绘制等值线）。

（2）在 Contours of 选项区中选择 Pressure... 和 Static Pressure。

（3）单击 Display 按钮，得到压力分布云图。

（4）单击图 2-2-70 中的 Views...按钮，打开视图对话框，如图 2-2-72 所示。

（5）在 Mirror Planes 选项区选择 Axis，单击 Apply 按钮，则压力分布云图如图 2-2-73 所示。

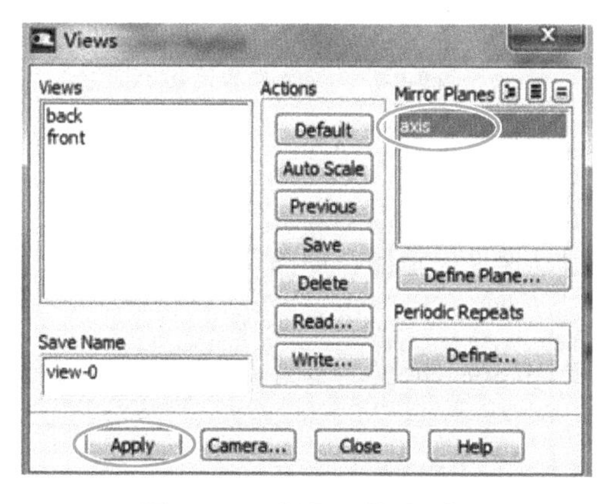

图 2-2-72 视图设置对话框

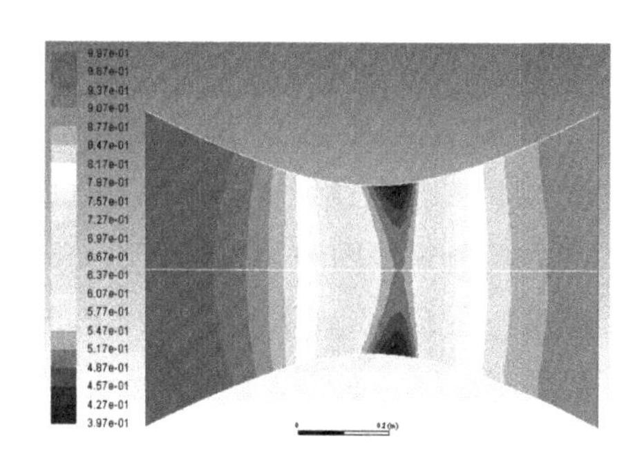

图 2-2-73 压力分布云图

（6）在 Contours of 选项区选择 Temperature... 和 Static Temperature，温度分布云图如图 2-2-74 所示。

（7）在 Contours of 选项区选择 Velocity... 和 Mach Number，马赫数分布云图如图 2-2-75 所示。

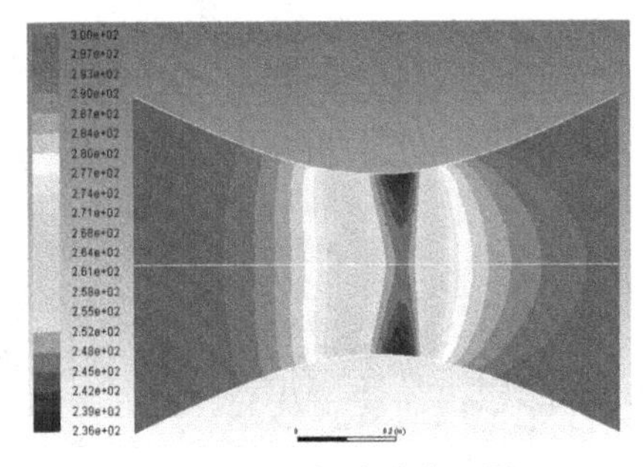

图 2-2-74　温度分布云图

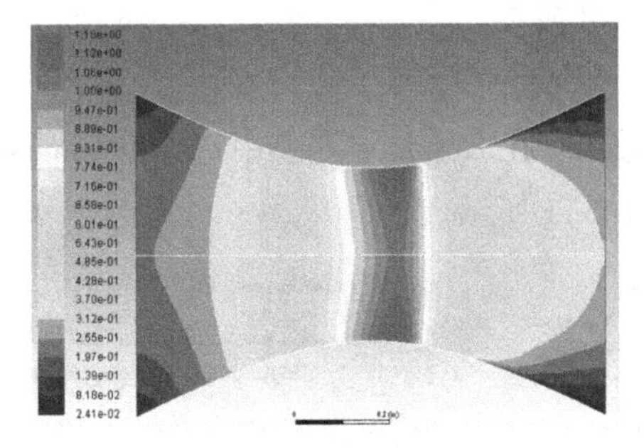

图 2-2-75　马赫数分布云图

2. 绘制速度矢量图及流线图

（1）绘制速度矢量图

操作：在 Graphics 列表中选择 Vectors，单击Set Up...按钮，如图 2-2-76 所示；打开矢量图设置对话框如图 2-2-77 所示。

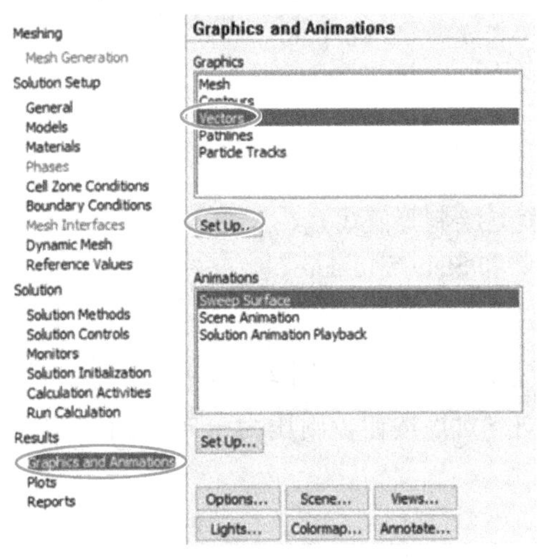

图 2-2-76　后处理目录树

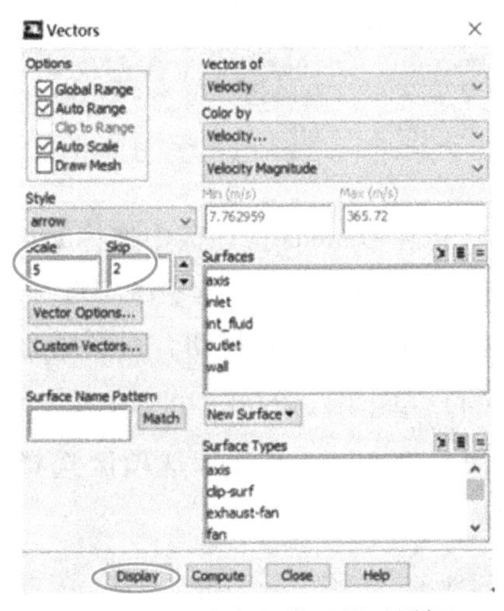

图 2-2-77　速度矢量设置对话框

① Vectors of 框中选择 Velocity，矢量颜色由速度大小决定。

② 在 Scale 项改为 5，Skip 项改为 2。

③ 保留其他默认设置，单击 Display 按钮，得到速度矢量图，如图 2-2-78 所示。

（2）绘制流线图和动态演示图

操作：在 Graphics 列表中选择 Pathlines，单击 Set Up...按钮，如图 2-2-79 所示；打开流线图设置对话框，如图 2-2-80 所示。

① 在 Release from Surfaces 列表中选择 inlet。

② 在 Path Skip 框中输入 3。

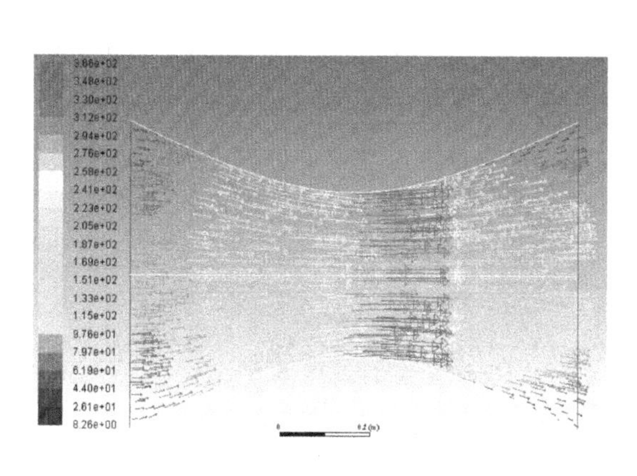

图 2-2-78　速度矢量

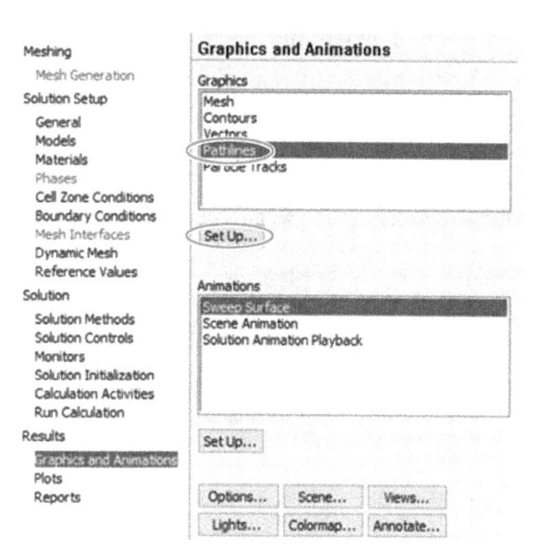

图 2-2-79　后处理目录树

③ 在 Pulse Mode 单选项区中选择 Continuous。

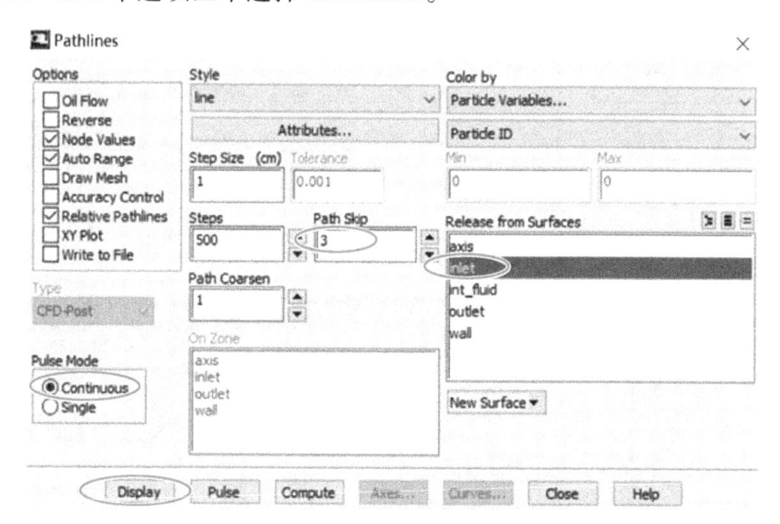

图 2-2-80　流线设置对话框

④ 其他保持默认设置，单击 Display 按钮，流线如图 2-2-81 所示。

⑤ 单击 Pulse 按钮，动画如图 2-2-82 所示。

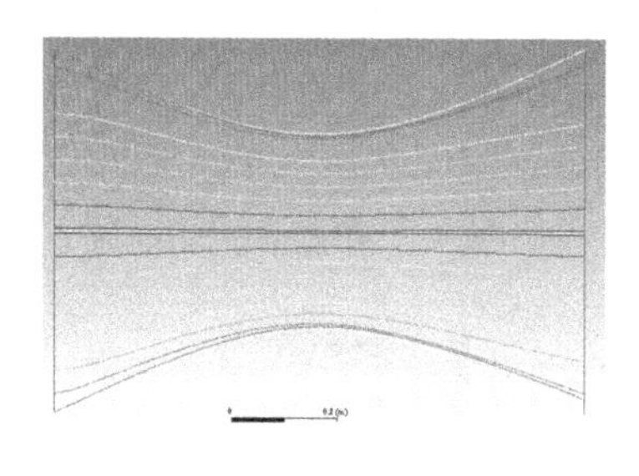

图 2-2-81　流线图

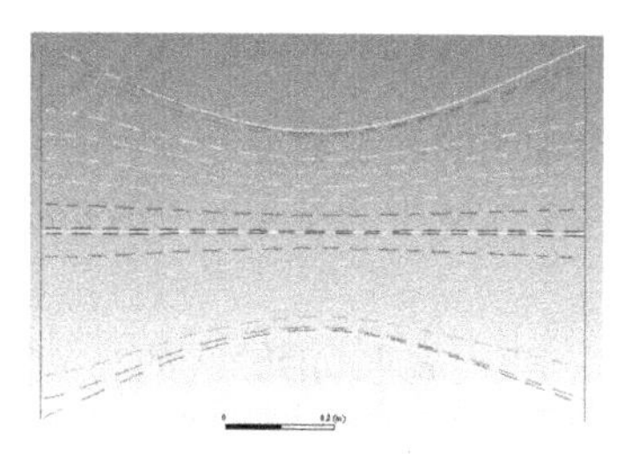

图 2-2-82　动画图

⑥ 单击Stop按钮，停止动态演示。

3. 绘制沿轴线的压强及马赫数分布曲线

(1) 轴线上的压力分布

操作：在图 2-2-83 中目录树的 Results 项选择 Plots，在 Plots 列表中选择 XY Plot，单击Set Up...按钮，打开绘制 XY 曲线设置对话框，如图 2-2-84 所示。

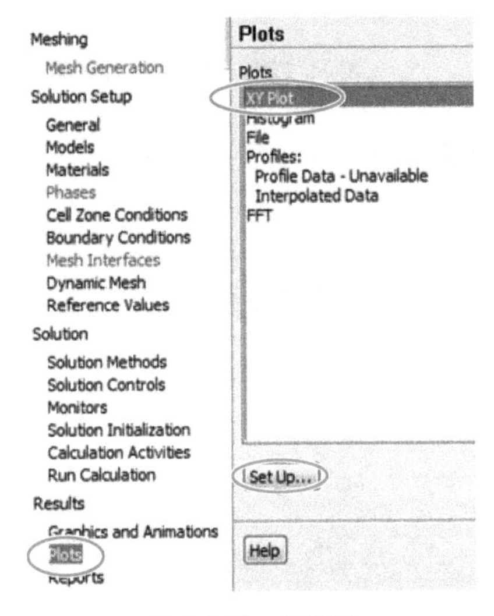

图 2-2-83　目录树

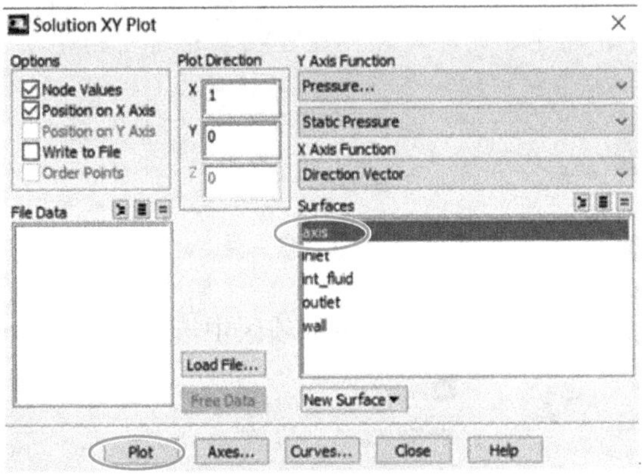

图 2-2-84　XY 曲线设置对话框

① 在 Surfaces 列表中选择 axis。

② 单击 Plot 按钮，得到沿轴线的压力分布如图 2-2-85 所示。

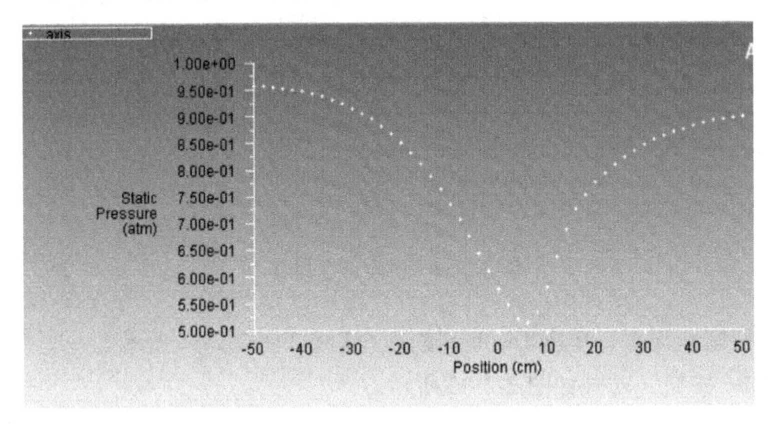

图 2-2-85　轴线上的压力分布

(2) 沿轴线的马赫数分布

① 在图 2-2-84 中的 Y Axis Function 选项区中选择 Velocity... 和 Mach Number，如图 2-2-86 所示。

② 单击 Plot 按钮，沿轴线的马赫数分布如图 2-2-87 所示。

4. 出口处的质量流量

操作：在图 2-2-88 的目录树中，在 Results 目录下选择 Reports，在 Reports 表单中选择

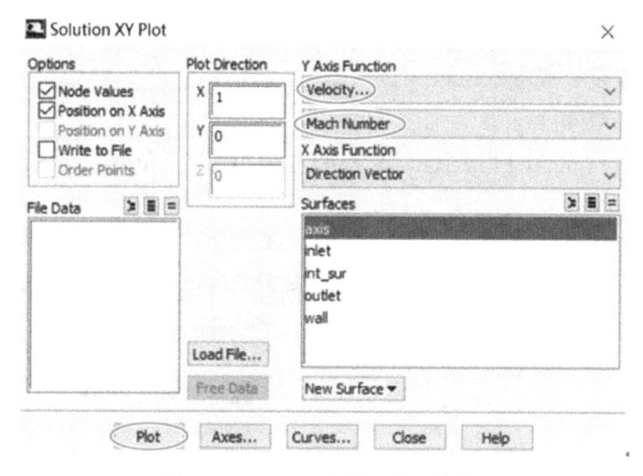

图 2-2-86　XY 曲线设置对话框

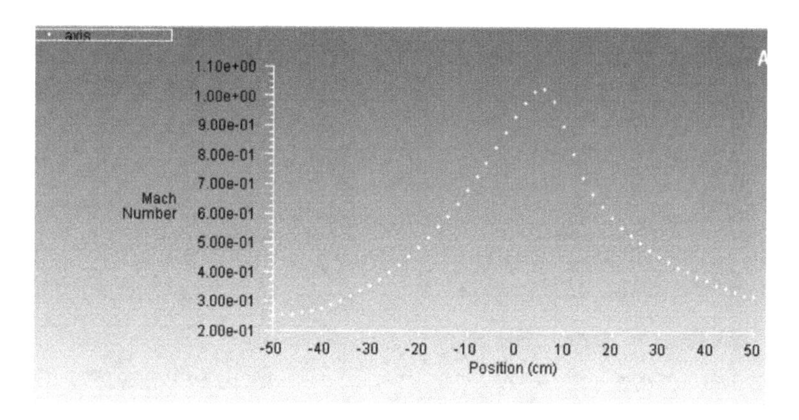

图 2-2-87　轴线上的马赫数分布

Surface Integrals，单击 Set Up…按钮，打开面积分设置对话框如图 2-2-89 所示。

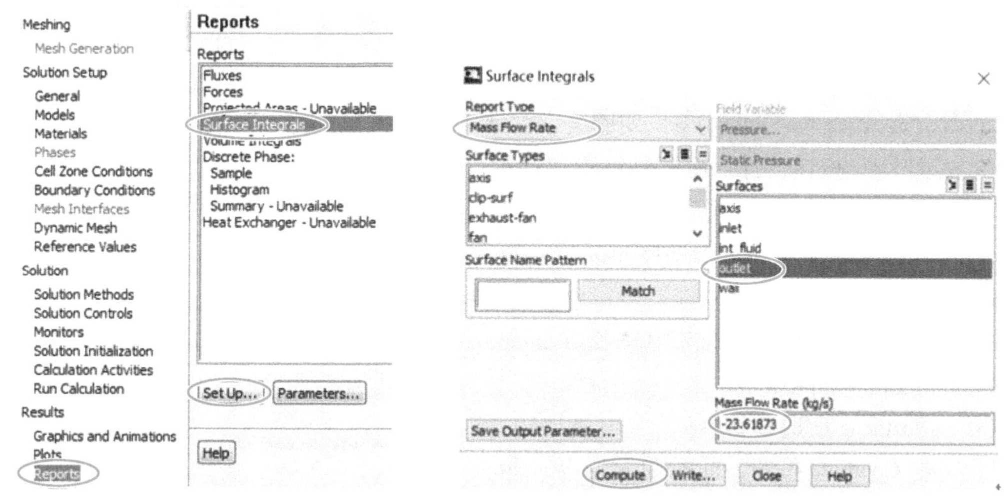

图 2-2-88　目录树　　　　图 2-2-89　面积分设置对话框

（1）在 Report Type 下拉框中选择 Mass Flow Rate。

（2）在 Surfaces 表单中选择 outlet。

（3）单击 Compute 按钮。

得到出流质量流量（Mass Flow Rate）为-23.618kg/s，负号表示流出。

5. 喉部的平均温度

（1）创建一条喉部的线段

操作：Surface→Line/Rake...，如图 2-2-90 所示，打开创建线段设置对话框如图 2-2-91 所示。

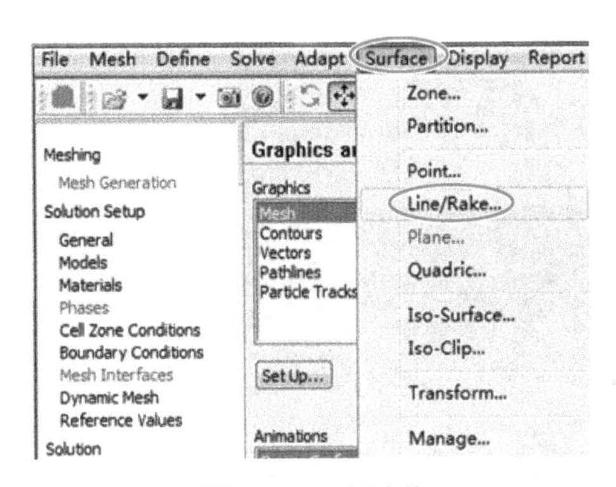

图 2-2-90　创建线

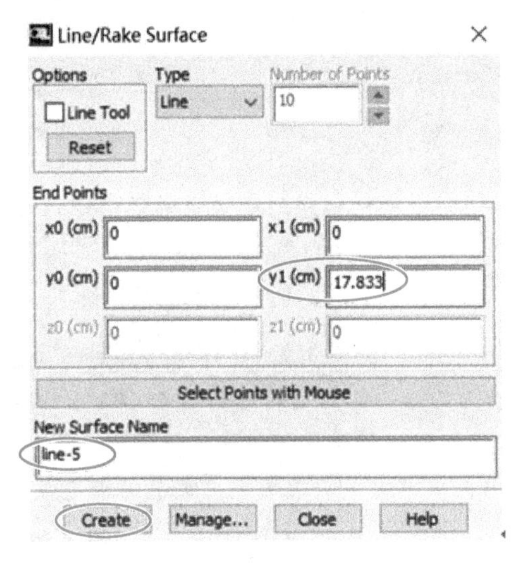

图 2-2-91　创建线段设置对话框

① 在 End Points 选项区，x0、x1 均为 0；y0 为 0，y1 为喉部半径，输入 17.833。

② 在 New Surface Name 框中默认线段名为 line-5。

③ 单击Create 按钮，单击Close按钮。

（2）查看喉部的平均温度

操作：在 Results 目录下选择 Reports，在 Reports 列表中选择 Surface Integrals，如图 2-2-92 所示，单击 Set Up...按钮，打开面积分设置对话框，如图 2-2-93 所示。

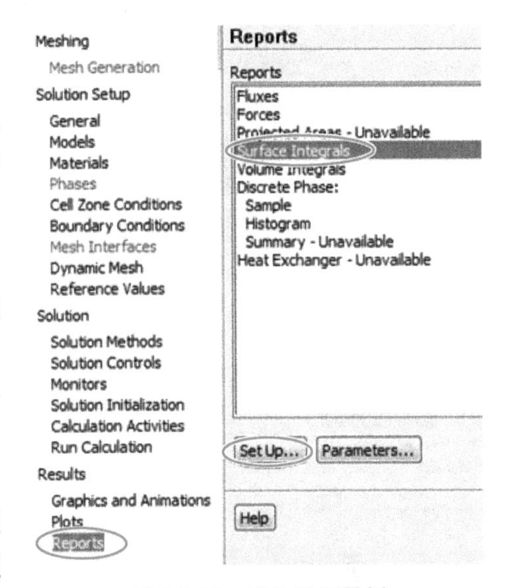

图 2-2-92　后处理目录树

① 在 Report Type 下拉框中选择 Area-Weighted Average（面积加权平均）。

② 在 Field Variable 选项区中选择 Temperature... 和 Static Temperature。

③ 在 Surfaces 项选择 line-5。

④ 单击 Compute 按钮，此时在 Area-Weighted Average 项出现数据，即为所选面（线）的面积加权平均值。

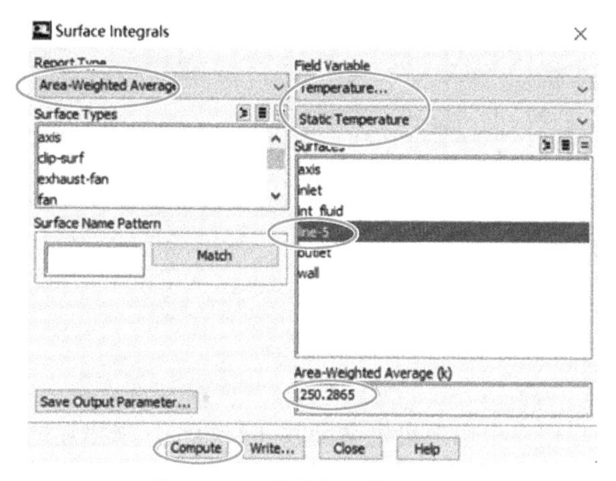

图 2-2-93 面积分设置对话框

类似的方法可以得到其他的值。

第 5 节 非定常边界条件的设置及计算

本节介绍出口截面上的压强是一个随时间变动的变量，即整个喷管内的流动为不定常的流动。压力波动的程序名为 pexit. c，将其自光盘中复制到当前目录下。

1. 设置非定常流动求解器

操作：Solution Setup→General，在 Solver 选项区中的 Time 单选项中，选择 Transient，如图 2-2-94 所示。

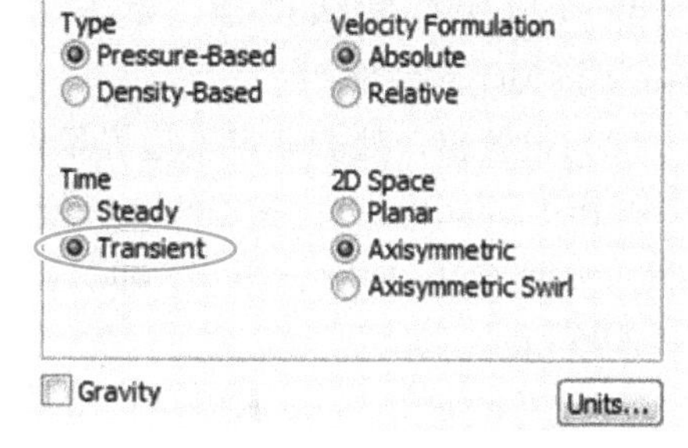

图 2-2-94 设置为非定常流动

2. 为喷管出口定义非定常边界条件

定义出口截面上的压力变化曲线为一条波形曲线，其控制方程为

$$p(t)=\bar{p}+A\sin(\omega t)$$

式中，A 为压力波的波幅（atm）；ω 为非定常压强的角频率（rad/s）；$\bar{p}$ 为平均出口压强（atm）。并设 $A=0.08\text{atm}$，$\omega=2n\pi=400\pi=1256.6\text{rad/s}$，$\bar{p}=0.9\text{atm}$。

pexit. c 的源程序参考代码如下：

```
/ ***************************************************** /
/*pexit.c*/
/ ************************************************************** /
#include"udf.h"
DEFINE_PROFILE(unsteady_pressure,thread,position)
{
face_t f;
begin_f_loop(f,thread)
```

```
{
real t=RP_Get_Real("flow-time");
F_PROFILE(f,thread,position)=101325*(0.9+0.08*sin(1256.6*t));
}
end_f_loop(f,thread)
}
```

注意：

（1）此控制方程是用一个用户自定义函数（pexit. c）来描述的。

（2）在用此方程时，要注意单位问题，函数 pexit. c 的值要用一个因数 101325 去乘，将所选单位（atm）转换为 Fluent 所要求的 SI 单位（Pa）。

（3）自定义函数的程序应存放在当前目录下。

（1）读入并编译自定义函数

操作：Define→User-Defined→Functions→Interpreted. . . ，打开 Interpreted UDFs 设置对话框，如图 2-2-95 所示。

① 单击 Browse... 按钮，找到当前目录下的程序文件 pexit. c。

② 其他保持默认设置，单击 Interpret 按钮，单击 Close 按钮关闭对话框。

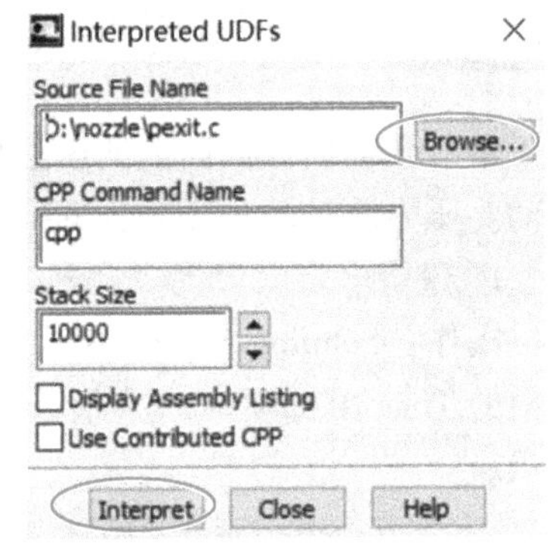

图 2-2-95　Interpreted UDFs 设置对话框

（2）设置出口处的非定常边界条件

操作：SolutionSetup→Boundary Conditions，在 Boundary Conditions 项选择 Outlet，单击 Edit... 按钮，弹出对话框如图 2-2-96 所示。

① 在 Gauge Pressure 右侧下拉菜单中选择 udfunsteady_pressure。

② 保留其他默认设置，单击OK按钮。

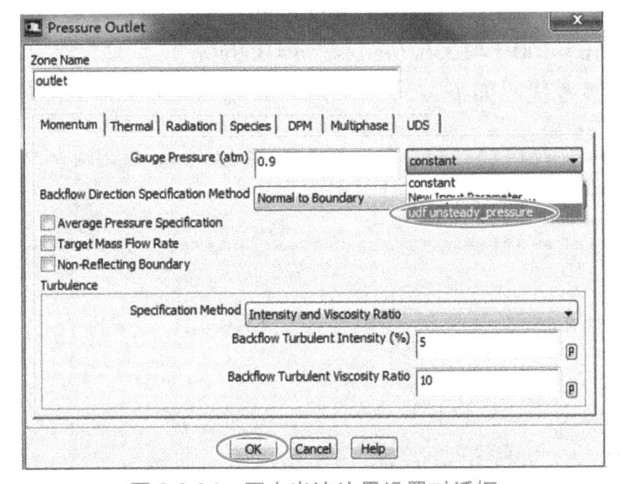

图 2-2-96　压力出流边界设置对话框

3. 设置求解方法

操作：Solution→Solution Methods，如图 2-2-97 所示。

在 Spatial Discretization 中的 Pressure 下拉框中，选择 PRESTO！算法（对于不定常流动，建议在 Pressure 下拉框中选择 PRESTO！算法）。

4. 修改出口质量监测器设置

对于定常流动，出口质量流量是每迭代计算一次就更新数据。对于非定常流动，应该改为每个时间间隔更新一次数据。

操作：Solution→Monitors，如图 2-2-98 所示。

在 Surface Monitors 项双击 mass-Mass Flow Rate vs. Time Step，Print，Plot，弹出面监视器设置对话框如图 2-2-99 所示。

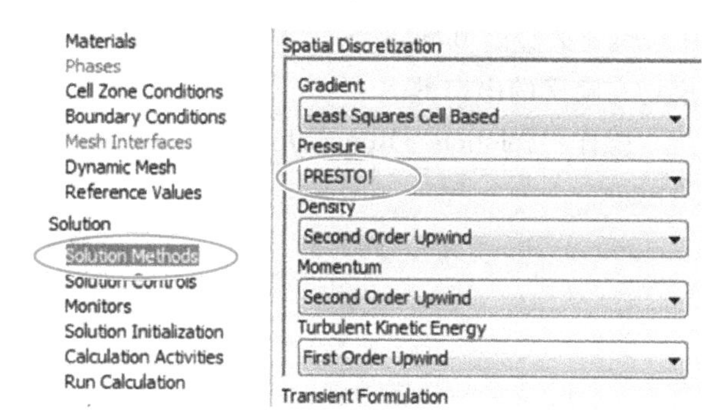

图 2-2-97 求解方法设置对话框

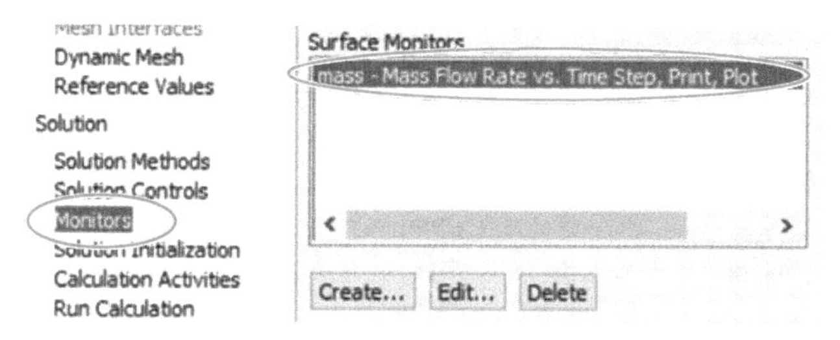

图 2-2-98 面监视器设置对话框

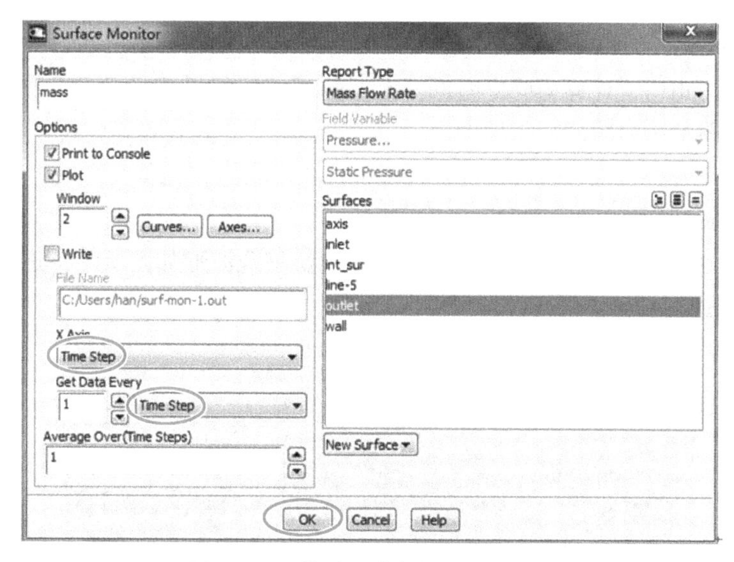

图 2-2-99 修改面监视器设置对话框

（1）在 X Axis 下拉表中选择 Time Step。

（2）在 Get Data Every 选项区中选择 1 和 Time Step。

（3）Report Type 下拉表中选择 Mass Flow Rate。

（4）在 Surfaces 列表中选择 outlet，单击OK按钮。

5. 设置时间间隔的有关参数

设置时间间隔是进行非定常流动计算的关键一步。压力波的一个周期为 1/200s = 0.005s，若设时间间隔为 1e-04，则压力波的一个周期需要 50 个时间间隔。压力波开始和结束均在喷管的出口处。

操作：Solution→Run Calculation，弹出非定常流动求解计算设置对话框如图 2-2-100 所示。

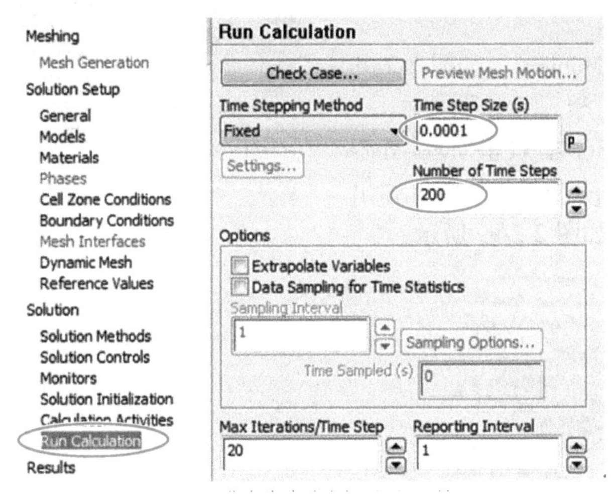

图 2-2-100　非定常流动求解计算设置对话框

（1）在 Time Step Size（s）框中输入时间间隔 0.0001。

（2）在 Number of Time Steps 框中输入 200。

这样设置后，相当于计算 200 个时间步长，即 0.02s 时间内的流动，每 50 个时间间隔为一个周期，共四个压力波的波动周期。

6. 进行非定常流动计算

单击Calculation按钮，进行计算。

经过四个压力波周期的计算，出口处的质量流量呈现波形如图所示，正好是四个压力波周期的波形，如图 2-2-101 所示。

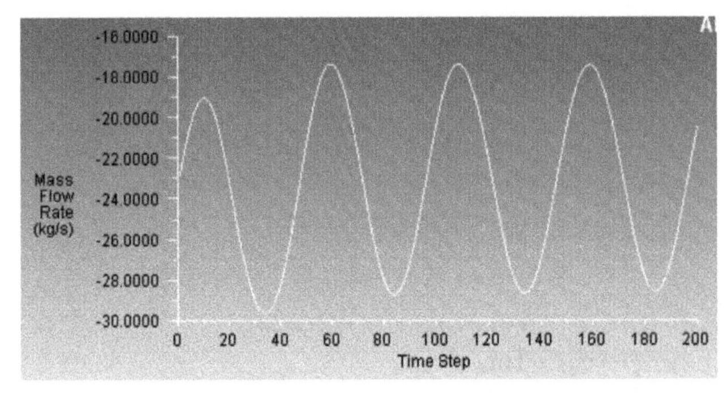

图 2-2-101　出口处质量流量波形图

保存文件操作：File→Write→Case&Data...，保存的文件名为 nozzle-uns. cas。

7. 设置自动保存文件

从出口质量流量波形图可看出，求解结果达到了对时间的周期状态。为研究在一个压力周期内的流动变化规律，下面再进行 50 次（一个压力波周期）的迭代计算。

利用自动保存功能来保存每隔 10 个时间间隔的数据文件。

操作：Solution→Calculation Activities，如图 2-2-102 所示。

（1）单击 Autosave Every 项的Edit...按钮，打开自动保存文件对话框如图 2-2-103 所示。

图 2-2-102　自动保存文件对话框

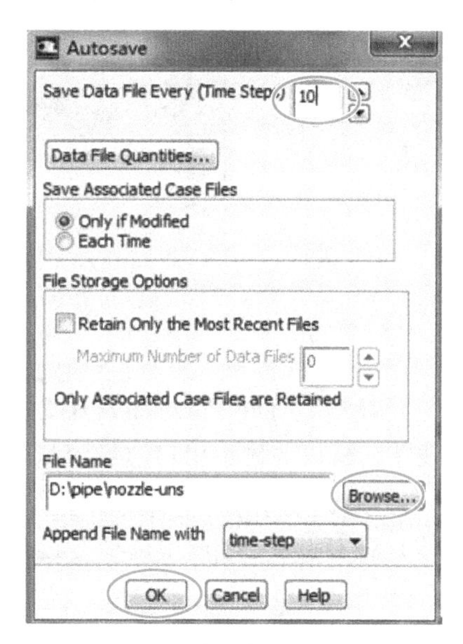

图 2-2-103　自动保存文件设置对话框

（2）在 Save Data File Every（Time Steps）框输入 10（每 10 个时间间隔保存一个文件）。

（3）在 File Name 项确认文件名及路径。

（4）在 Append File Name with 项为 time-step，这样 FLUENT 在保存文件时，会在文件名后面加上显示时间值。

（5）其他保持默认设置，单击 OK 按钮。

8. 设置管内压强的动画播放

利用 FLUENT 的动画功能来显示在每一个时间段内的压力变化，在计算完成之后，可利用动画播放功能来观察在此时间内的压力变化过程。

操作：Solution→Calculation Activities

（1）单击 Solution Animations 下的 Create/Edit... 按钮，打开动画设置对话框，如图 2-2-104 所示。

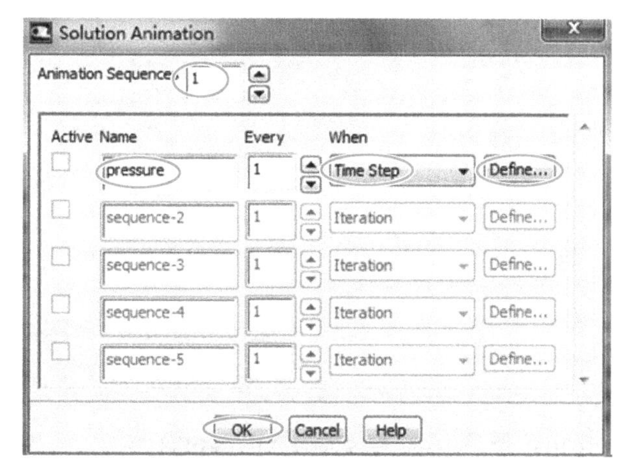

图 2-2-104　动画设置对话框 1

（2）单击 Animation Sequences 项右侧向上的箭头，变为 1。
（3）在 Active Name 框中输入名称 pressure。
（4）在 Every 项保留 1。
（5）在 When 项选择 Time Step。
（6）单击右边的 Define... 按钮，打开动画设置对话框，如图 2-2-105 所示。

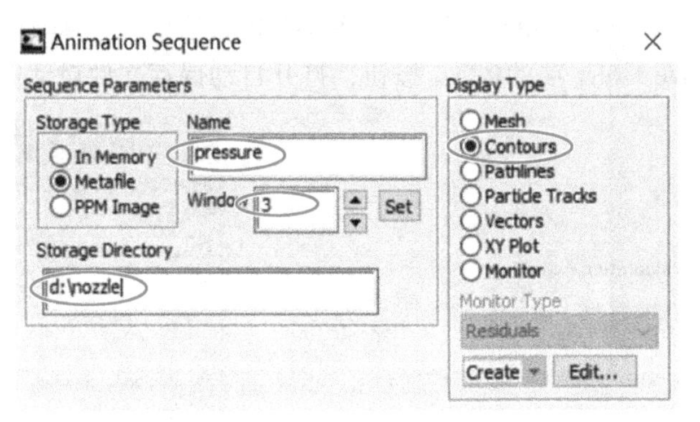

图 2-2-105　动画设置对话框 2

（7）在 Sequence Parameters 中，单击 Window 项右侧向上的箭头，使之变为 3（窗口 1 显示残差，窗口 2 显示出口质量流量变化，故选择窗口 3 显示动画）。
（8）单击 Set 按钮，弹出窗口 3。
（9）在 Display Type 单选项区选择 Contours，弹出对话框如图 2-2-106 所示。

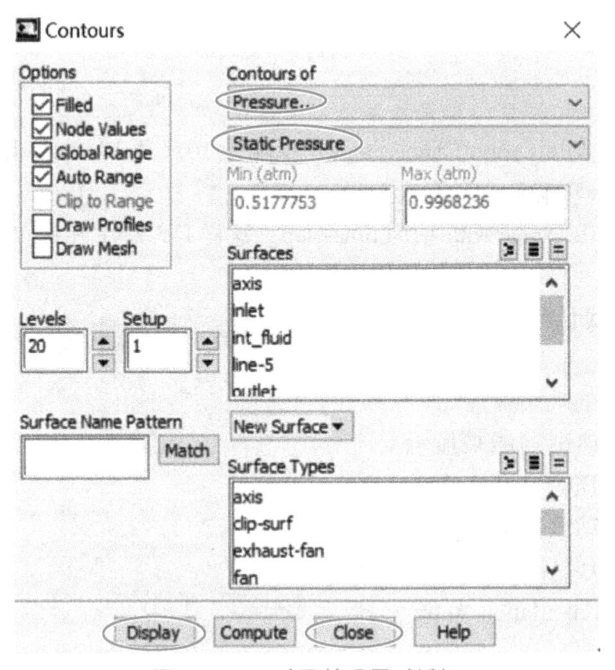

图 2-2-106　动画帧设置对话框

（10）在 Options 复选项区勾选 Filled。
（11）在 Contours of 选项区选择 Pressure... 和 Static Pressure。

（12）单击 Display 按钮，查看显示情况，单击 Close 按钮关闭对话框。

（13）在图 2-2-105 中的 Storage Directory 框中输入文件存放路径，单击OK按钮，再单击OK按钮。

注意：此时可调整窗口 3 中压力分布云图的大小和位置。

9. 继续进行一个波动周期的计算

继续进行 50 个时间间隔的计算，计算完成后，有如下两个结果。

（1）产生了动画文件

操作：Results→Graphics and Animations，如图 2-2-107 所示。

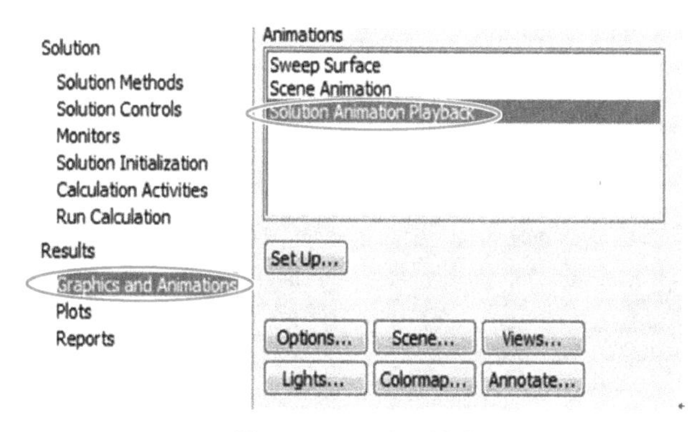

图 2-2-107　动画播放

① 在 Animations 列表中，双击 Solution Animation Playback，打开播放动画设置对话框，如图 2-2-108 所示。

② 单击播放按钮▶，即可在窗口 3 内播放压力波的传播过程。

③ 在 Write/Record Format 项选择 MPEG。

④ 单击 Write 按钮，即可生成动画文件 pressure. mpeg。

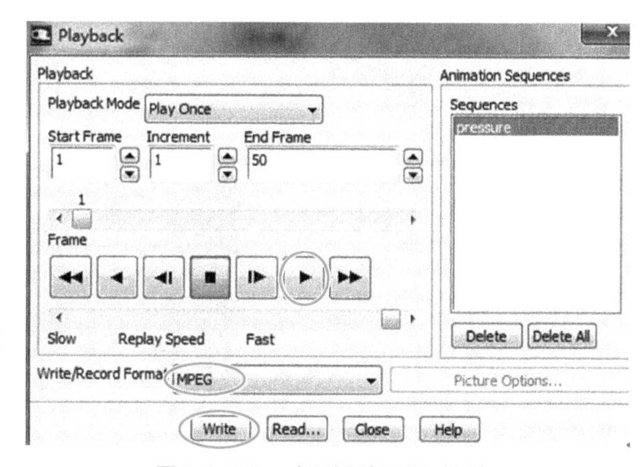

图 2-2-108　动画播放设置对话框

（2）自动保存了 5 个数据文件

查看当前工作文件夹，发现在计算过程中，系统自动保存了一个 Case 文件和 5 个数据文件，数据文件名为 nozzle-uns-1-00210. dat，nozzle-uns-1-00220. . . ，nozzle-uns-1-00250. dat，其中 00210 意为时间是 0. 021s 时刻，00220 意为时间是 0. 022s 时刻，以此类推，一个压力波的波动周期为 0. 005s。

（3）得出出口处的质量流量变化

出口处的质量流量变化如图 2-2-109 所示。

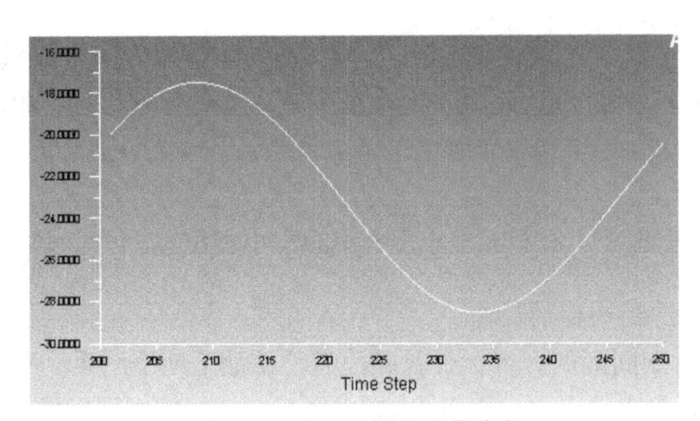

图 2-2-109　出口处质量流量变化图

10. 管道内不同时刻的压力分布

操作：File→Read→Data...，依次选择不同时刻的数据文件，可以得到不同时刻的压力分布云图，如图 2-2-110 所示。

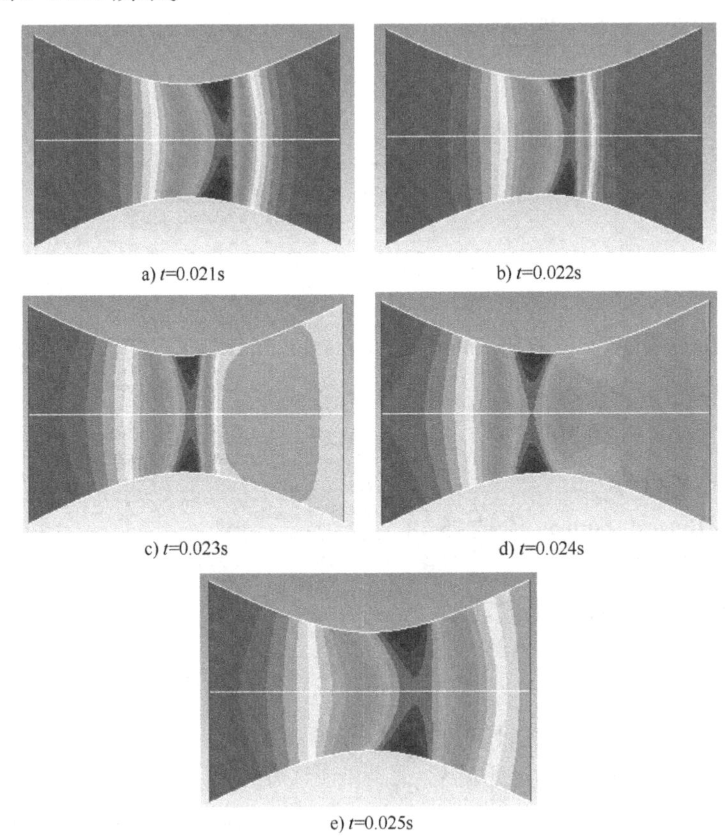

a) t=0.021s　b) t=0.022s

c) t=0.023s　d) t=0.024s

e) t=0.025s

图 2-2-110　不同时刻压力分布变化图

课后练习

（1）设置不同的出口背压，进行定常流动计算。

（2）设置不同的背压，改变出口背压的波动规律，进行非定常流动计算。

第 3 章　二维机翼的可压缩气体绕流

问题：翼型通常理解为二维机翼，翼型的典型外形如图 2-3-1 所示，它前端圆滑，后端成尖角形；后尖点称为后缘；翼型上距后缘最远的点称为前缘；连接前后缘的直线称为翼弦，其长度称为弦长。当翼型相对于空气运动时，翼型表面会受到气流的作用力，其合力在翼型运动方向或来流方向上的分力称为翼型所受到的阻力，而在垂直于来流方向上的分力就是翼型所受到的升力。

现取某标准翼型为研究对象（见图 2-3-1），设来流马赫数为 0.8、攻角为 10°，并设空气为可压缩气体，试研究气流绕流此翼型所形成的流场及翼型所受到的升力。

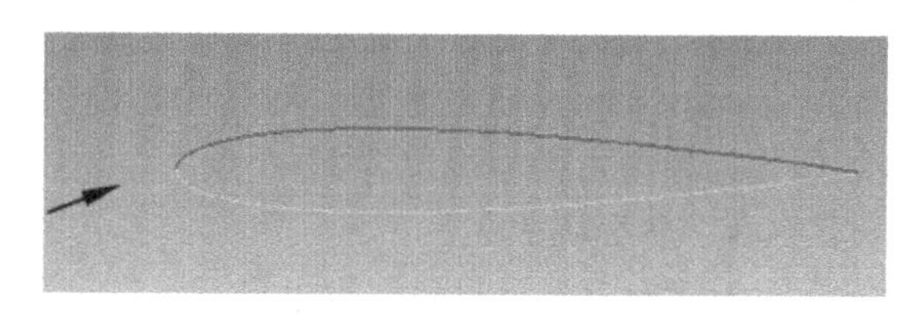

图 2-3-1　标准翼型示意图

本章是关于空气高速绕流翼型的外流场问题。首先建立关于翼型表面的坐标数据文件，在 ICEM 中读入此数据文件并进行网格划分等前处理工作，然后利用 Ansys Fluent 进行仿真计算及后处理。

说明：本章利用 Ansys ICEM 进行前处理，用 Ansys Fluent 15 进行计算和后处理。对应光盘上的文件夹为：Fluent 篇\wing，读者也可直接用光盘中的网格文件进行仿真计算。

第 1 节　利用 ICEM 创建几何模型

1. 设定工作目录及创建翼型数据文件

（1）选择工作目录

在 D 盘上创建名为 wing 的文件夹，并设此文件夹为工作目录，将所创建的数据文件保存在此文件夹内。

操作：File→Change Working Dir，选择文件存储路径。

（2）创建翼型数据文件

翼型数据文件保存在光盘中名为 wing 的文件夹内，将其复制到当前工作目录中。用记事本打开数据文件 wing. txt，可见翼型文件的内容如下：

```
11          2
1.000       0.001    0
0.957       0.007    0
0.835       0.022    0
0.655       0.041    0
0.448       0.056    0
0.250       0.059    0
0.165       0.055    0
0.096       0.046    0
0.043       0.033    0
0.011       0.018    0
0.000       0.000    0
0.000       0.000    0
0.011      -0.018    0
…………………
```

翼型文件是符合 Formatted point data 格式的数据，对其内容说明如下：

① 第 1 行的 11，表示该几何模型每条型线包含 11 个点。

② 第 1 行的 2，表示翼型由 2 条线构成。

③ 第 2 行及以下各行分别为翼型上各个点的三维坐标。

2. 创建翼型

（1）导入翼型数据

操作：File→Import Geometry→Formatted point data，如图 2-3-2 所示。

① 在 Input File 框选择 wing. txt 文件，如图 2-3-3 所示。

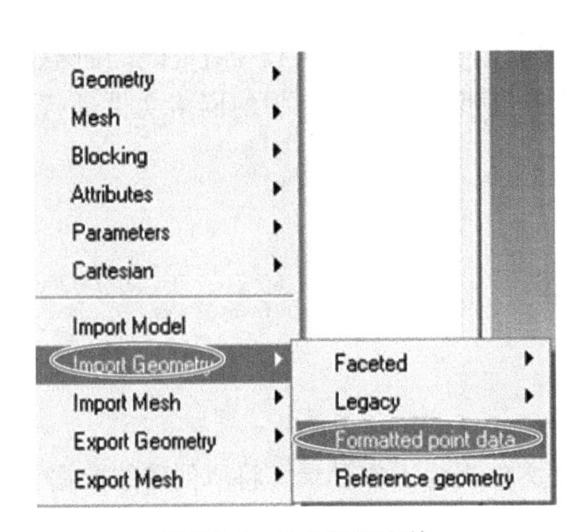

图 2-3-2　导入数据文件

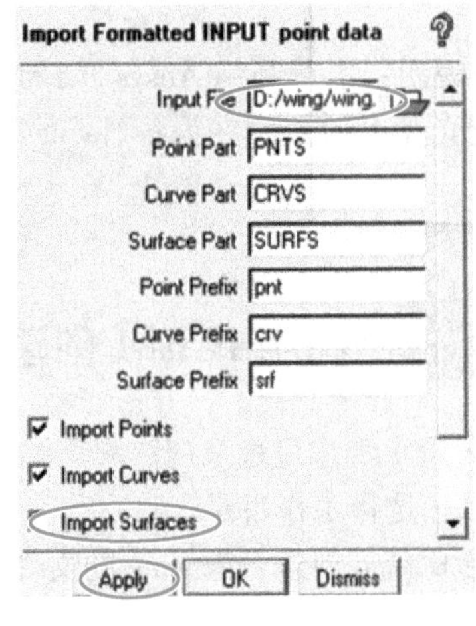

图 2-3-3　导入文件设置对话框

② 勾选 Imports Points 和 Import Curves 复选项。

③ 取消对复选项 Import Surfaces 的勾选。

④ 其他保持默认设置，单击 Apply 按钮，导入翼型数据，结果如图 2-3-4 所示。

因为导入的翼型只包含翼型曲线数据，因此取消对 Import Surface 的勾选。

（2）补全翼型

观察翼型尾部，发现在翼型尾缘处模型不封闭，如图 2-3-5 所示。

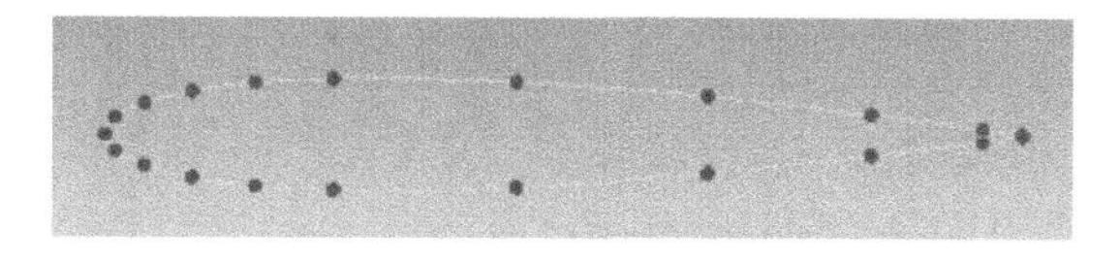

图 2-3-4　翼型轮廓图

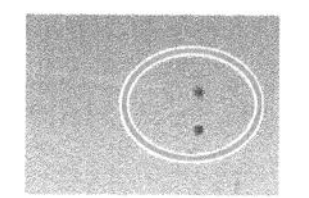

图 2-3-5　翼型尾缘

操作：在 Geometry 标签工具栏中，单击 Create/Modify Curve 图标，弹出创建线对话框，如图 2-3-6 所示。

单击 From Point 图标，注意弹出的操作提示，依次选择尾部两点，中键确定，结果如图 2-3-7 所示。

3. 创建远场边界（如图 2-3-8 所示）

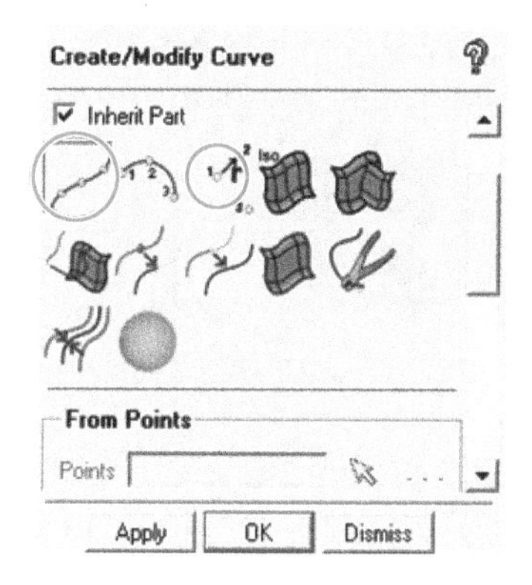

图 2-3-6　创建线对话框

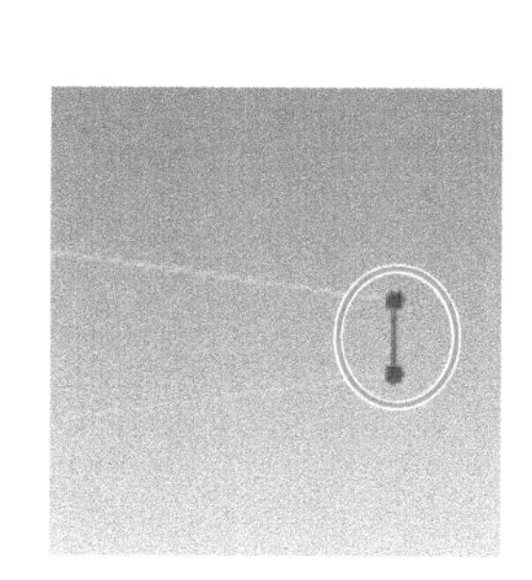

图 2-3-7　尾缘连线

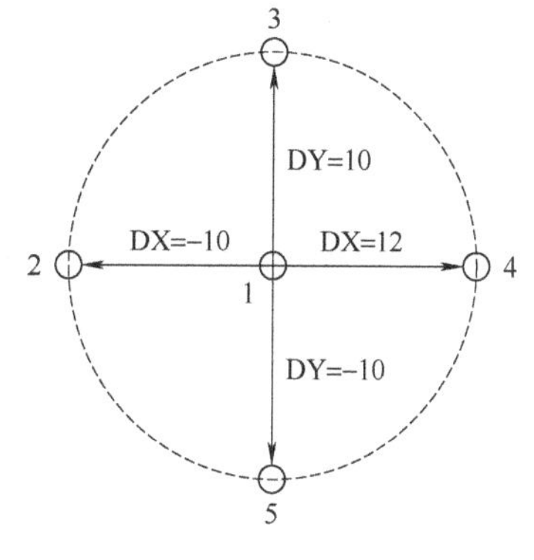

图 2-3-8　远场边界示意图

（1）创建 P2 点

操作：在 Geometry 标签工具栏中，单击 Create Point 图标，弹出创建点对话框，如图 2-3-9 所示。

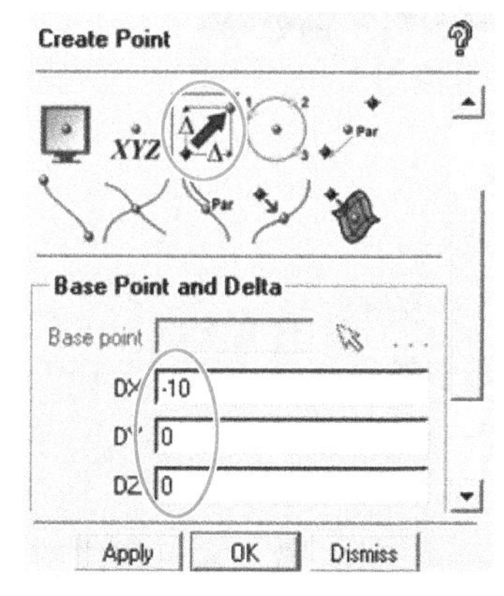

图 2-3-9　创建点对话框

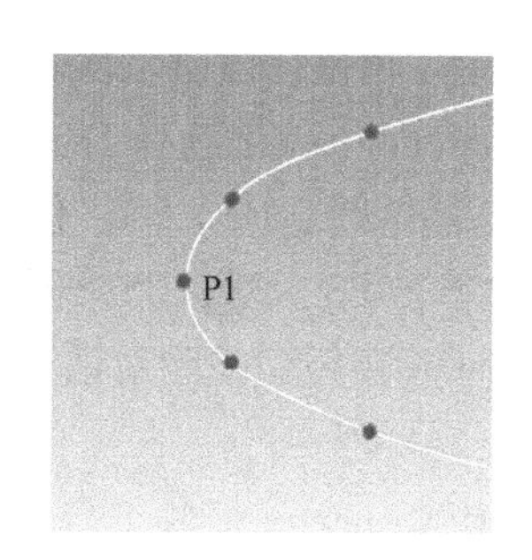

图 2-3-10　翼型前缘点 P1

① 单击 Base Point and Delta 图标，弹出操作提示如图 2-3-11 所示。

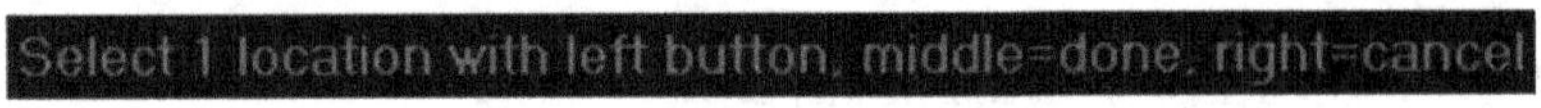

Select 1 location with left button, middle=done, right=cancel

图 2-3-11　创建点操作提示

操作提示：用鼠标左键选中 1 点，中键确认，右键放弃。

② 在 DX、DY、DZ 框分别输入相对于基点的偏移量-10、0、0。

③ 单击 P1 点（翼型前缘点）作为基点，中键确定（见图 2-3-10）。

按此方法，创建 P3（DX = 0，DY = 10，DZ = 0）、P4（DX = 12，DY = 0，DZ = 0）、P5（DX=0，DY=-10，DZ=0）点。

单击左上方 Fit Window 图标，创建结果如图 2-3-12 所示。

（2）创建由 P5、P2、P3 连成的圆弧（见图 2-3-8）

操作：在 Geometry 标签工具栏中，单击 Create Curve 图标，弹出创建线对话框，如图 2-3-13 所示。

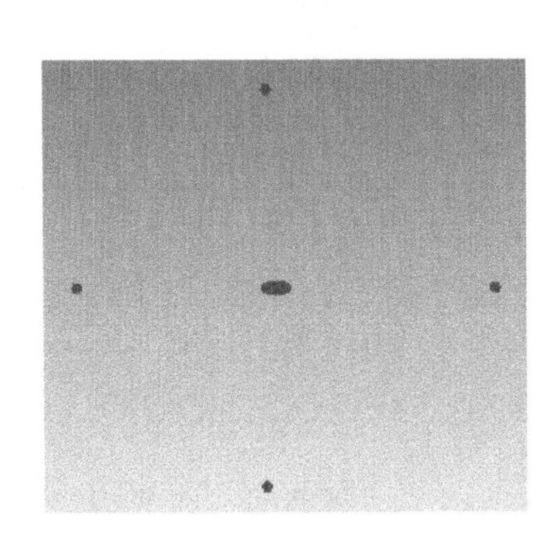

图 2-3-12　创建的点

Create/Modify Curve
Inherit Part
Create Arc
Method
From 3 Points
Apply
OK
Dismiss

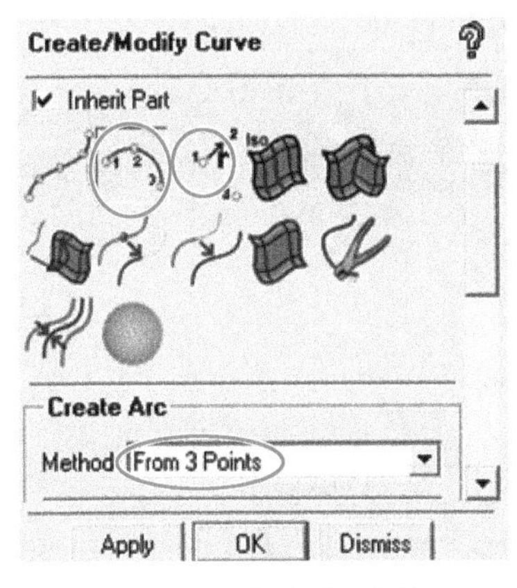

图 2-3-13　创建线对话框

① 单击 Arc 图标，弹出操作提示如图 2-3-14 所示。

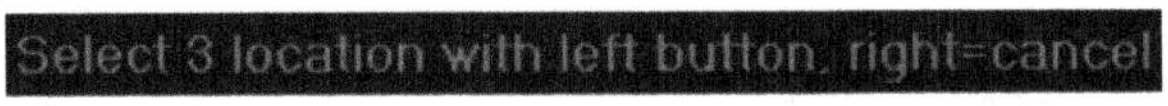

Select 3 location with left button, right=cancel

图 2-3-14　创建圆弧线操作提示

操作提示：用鼠标左键依次选择 3 个点，右键放弃。

② 在 Method 下拉框选择 From 3 Points

③ 依次单击 P5、P2、P3，创建圆弧，如图 2-3-15 中的 C_1。

④ 依次单击 P3、P4、P5，创建圆弧，如图 2-3-15 中的 C_2。

⑤ 单击 OK 按钮，关闭对话框，最后结果如图 2-3-15 所示。

4. 创建 Surface

操作：在 Geometry 标签工具栏中，单击 Create Surface 图标，弹出创建面对话框，如图 2-3-16 所示。

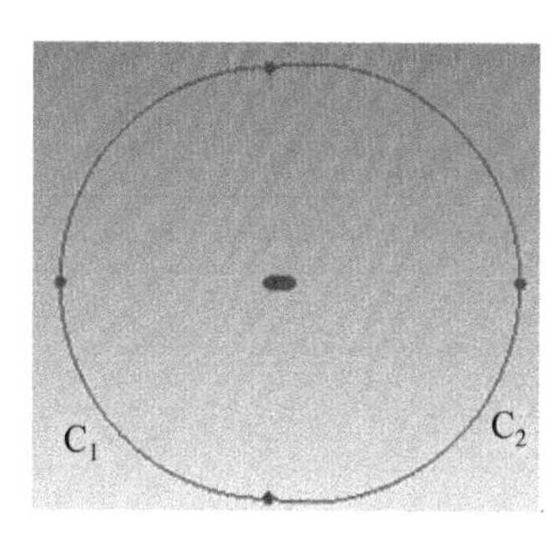

C_1
C_2

图 2-3-15　压力远场边界

Create/Modify Surface
Inherit Part
Simple Surface Method
Method From 2-4 Curves
Apply
OK
Dismiss

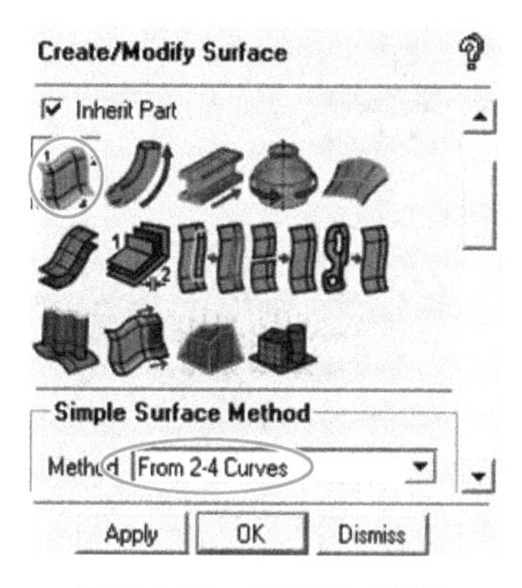

图 2-3-16　创建面对话框

（1）单击 Simple Surface 图标，弹出操作提示如图 2-3-17 所示。

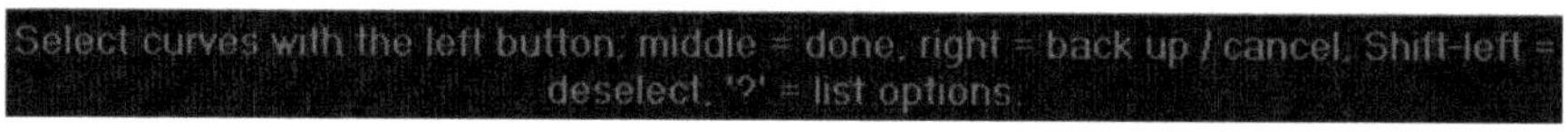

Select curves with the left button, middle = done, right = back up / cancel, Shift-left = deselect, '?' = list options.

图 2-3-17　创建面操作提示

操作提示：鼠标左键选择线段，中键确认，右键返回或放弃。

（2）在 Method 下拉框中选择 From 2-4 Curves。

（3）依次单击 C_1、C_2 曲线，中键确定。

（4）单击 OK 按钮，关闭对话框，结果如图 2-3-18 所示。

（5）在目录树 Geometry 项，取消 Surface 的勾选。

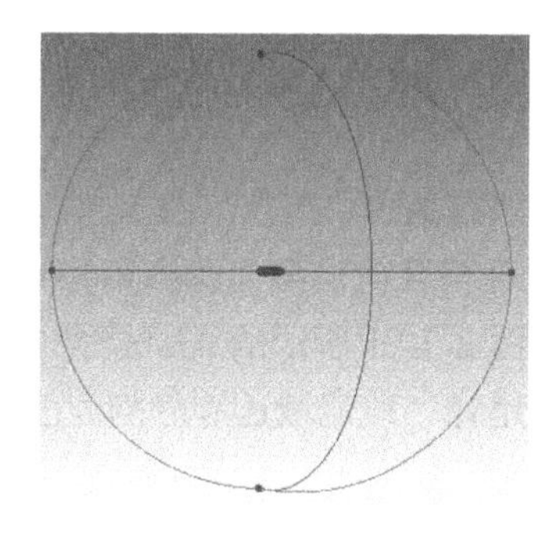

图 2-3-18　创建的面

注意： 在二维问题中，Surface 是必须的，在三维问题中，用 Surface 生成体要求必须保证模型的封闭性。

ICEM 提供多种生成 Surface 的方法，如根据 Point 或 Curve 创建、拉伸 Curve 创建、旋转 Curve 创建、根据多条 Curve 创建型面、偏置面创建、创建两个面的中面、根据 Curve 分割 Surface、合并 Surface 等。

5. 创建 Part

操作：右键单击模型树 Model→Part，选择 Create Part，如图 2-3-19 所示，弹出创建 Part 对话框，如图 2-3-20 所示。

（1）创建外场边界的 Part。

① 在 Part 框输入 FAR-FIELD。

② 单击 Create Part 中图标。

③ 单击外边界线 C_1 和 C_2，中键确定。

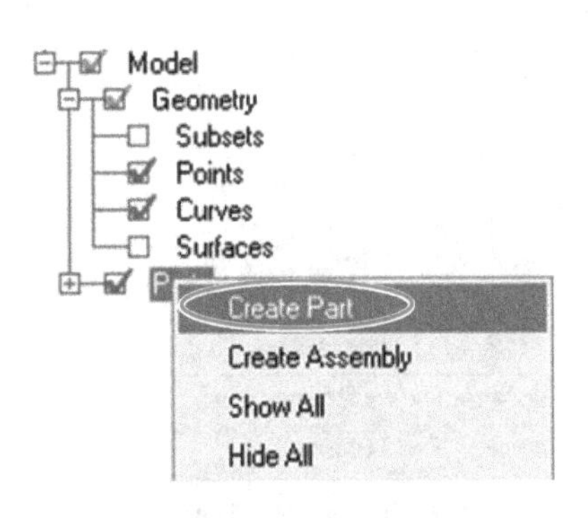

图 2-3-19　创建 Part

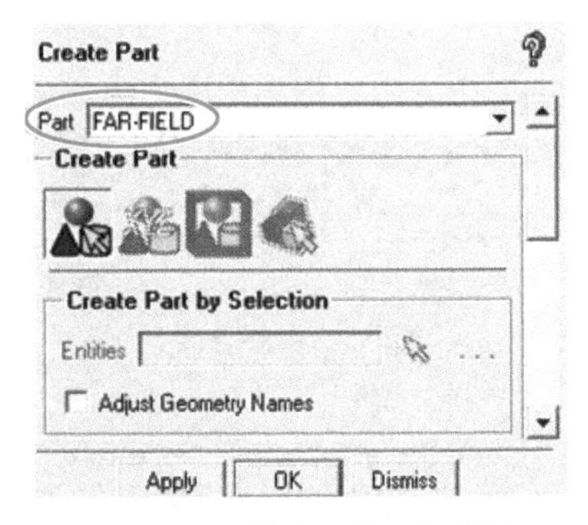

图 2-3-20　创建压力远场边界

（2）定义机翼上表面 Curve 的 Part 为 AIRFOIL-UP。

（3）定义机翼下表面 Curve 的 Part 为 AIRFOIL-DOWN。

（4）定义机翼尾缘处的 Curve 为 AIRFOIL-RIG。

6. 保存几何文件

操作：File→Geometry→Save Geometry As，保存当前的几何文件为 wing. tin。

第 2 节　划分结构化网格

1. 创建 Block

（1）分析几何模型，得到拓扑结构

参见图 2-3-21 所示的几何模型，翼型有上下表面，故流域应分为上下两部分；又翼型分前缘和尾缘，故流域还应分割为前后两部分；得到的流域基本拓扑结构如图 2-3-22 所示。

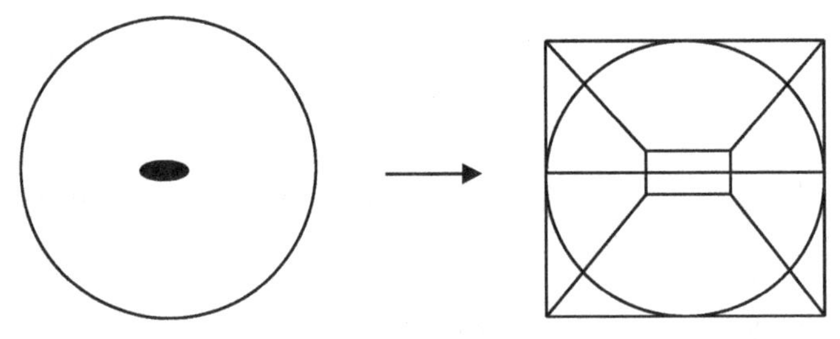

图 2-3-21　流域几何模型　　图 2-3-22　流域基本拓扑结构

图 2-3-21 为流域图，即几何模型，图 2-3-22 为几何模型对应的拓扑结构，现需要建立远场和机翼之间的网格。首先生成 Block，流程如下：

① 流域图的基本拓扑结构，是外部方框与外圆边界，如图 2-3-23 所示。

② 做网格时需要分别体现机翼的上表面和下表面，故上下表面应分别对应不同的 Edge，需要分割块为上下两部分，如图 2-3-24 所示。

③ 为能在机翼表面附近生成高质量的边界层网格，同时也为成功划分出图示的拓扑，需要采用 O-Block 的方法生成网格。

下面根据几何模型的拓扑结构，按照上述的流程逐步生成 Block。

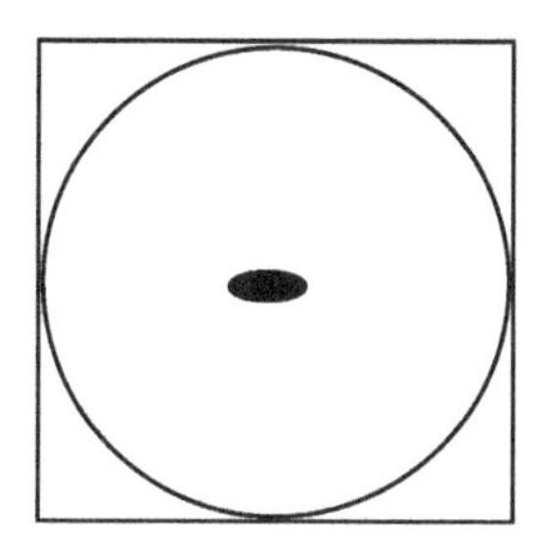

图 2-3-23 流域外边界与拓扑结构

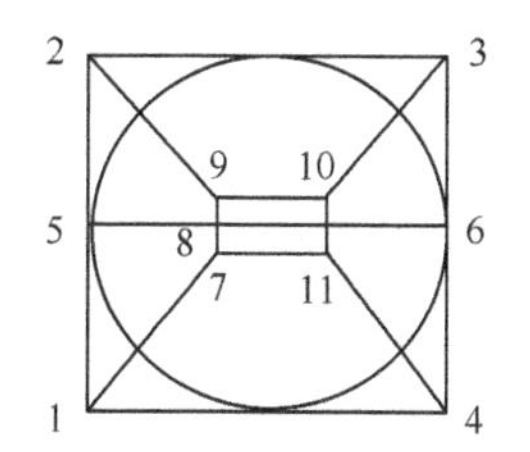

图 2-3-24 流域拓扑结构

（2）创建整体 Block

操作：在 Blocking 标签工具栏中，单击 Create Block 图标，弹出 Create Block 对话框，如图 2-3-25 所示。

① 定义 Part 名为 FLUID。

② 在 Type 下拉列表中选择 2D Planar（创建二维平面的 Block）。

③ 单击 Apply 按钮，创建结果如图 2-3-26 所示。

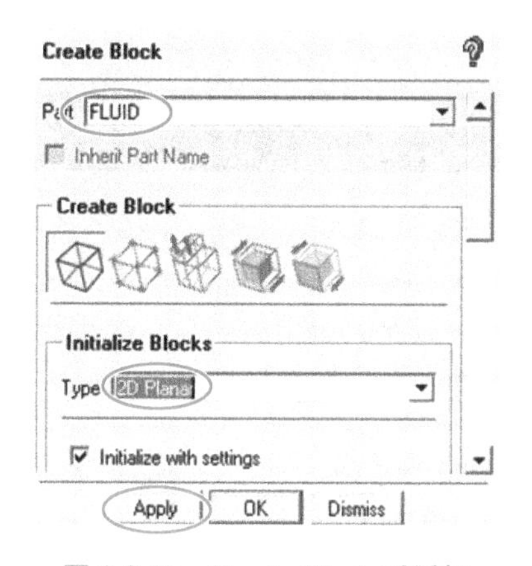

图 2-3-25 Create Block 对话框

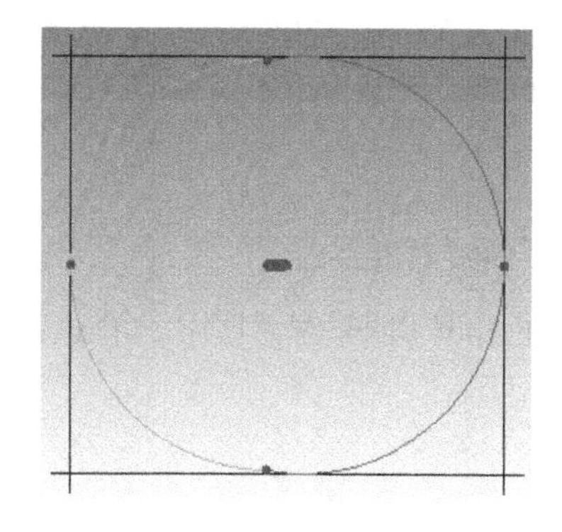

图 2-3-26 外边界的 Block

注意：模型的边线为 Curve，生成 Block 的边线为 Edge。

（3）分割 Block

操作：在 Blocking 标签工具栏中，单击 Split Block 图标，弹出切割 Block 对话框，如图 2-3-27、图 2-3-28 所示。

① 单击 Split Block 图标，弹出操作提示如图 2-3-29 所示。

操作提示：鼠标左键选择 Edge，右键放弃。

② 选择待分割的线段 E_1-2（见图 2-3-24）。

③ 下拉滑块，在对话框如图 2-3-28 中，在 Split Method 下拉列表中选择 Prescribed Point，弹出操作提示如图 2-3-30 所示。

操作提示：鼠标左键选择一个点，中键确认，右键放弃。

④ 选择 P5 点，中键确认，结果如图 2-3-31 所示。

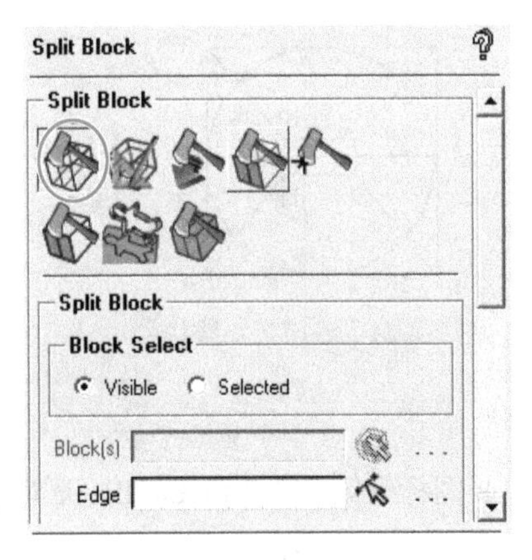

图 2-3-27　Split Block 对话框 1

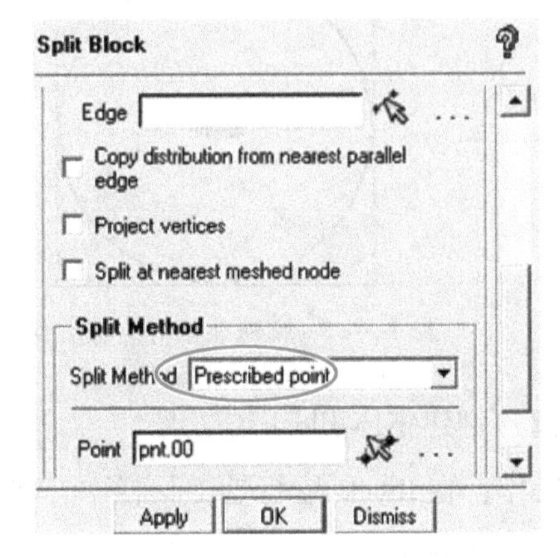

图 2-3-28　Split Block 对话框 2

Select the Edge to split with the left button, right = cancel, '?' = list options

图 2-3-29　选择线操作提示

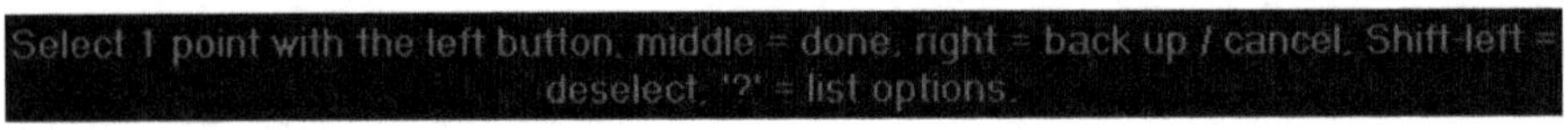

Select 1 point with the left button, middle = done, right = back up / cancel, Shift-left = deselect, '?' = list options.

图 2-3-30　选择点操作提示

(4) 创建 O-Block

① 在 Split Block 对话框中，单击 Ogrid Block 图标（见图 2-3-32）。

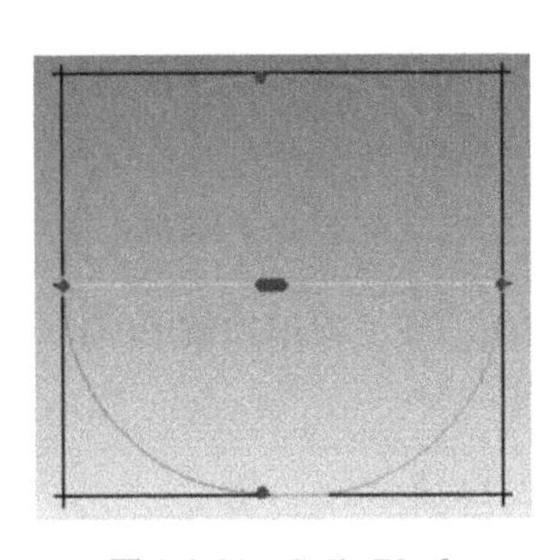
图 2-3-31　Split Block

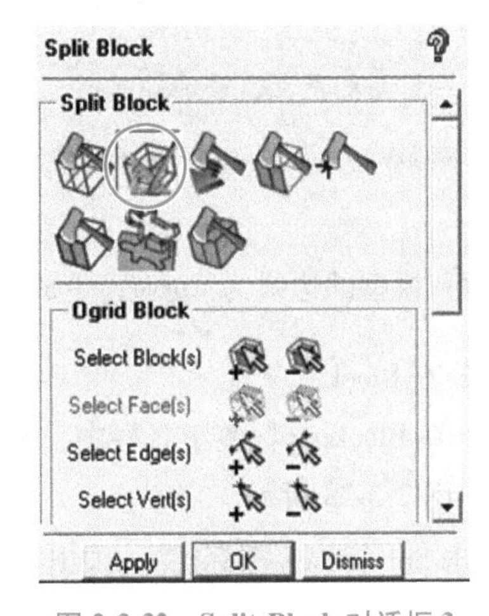

图 2-3-32　Split Block 对话框 3

② 在 Ogrid Block 项，点选 Select Block 图标（见图 2-3-33），弹出操作提示如图 2-3-34 所示。

操作提示：左键选择块，中键确认，右键放弃。

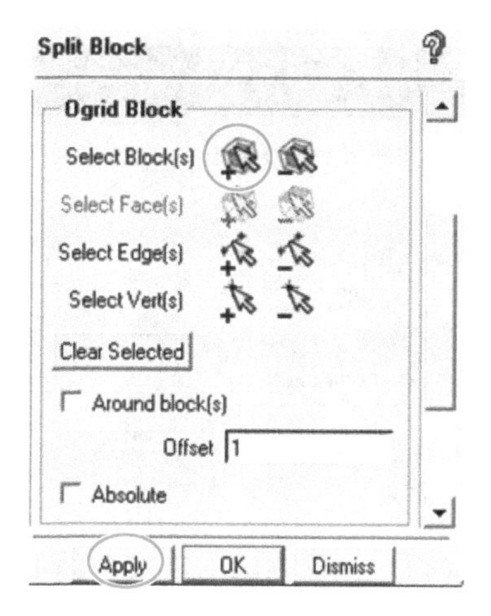

图 2-3-33　Split Block 对话框 4

Select blocks for OGrid with the left button: middle = done, right = back up / cancel. '?' = list options

图 2-3-34　选择块操作提示

③ 选择当前所有的 Block（2 个块，10 和 4），如图 2-3-35 所示，中键确定。

④ 下拉滑块，确认没有勾选 Around blocks 复选项。

⑤ 其他保持默认设置，单击 Apply 按钮确定，结果如图 2-3-36 所示。

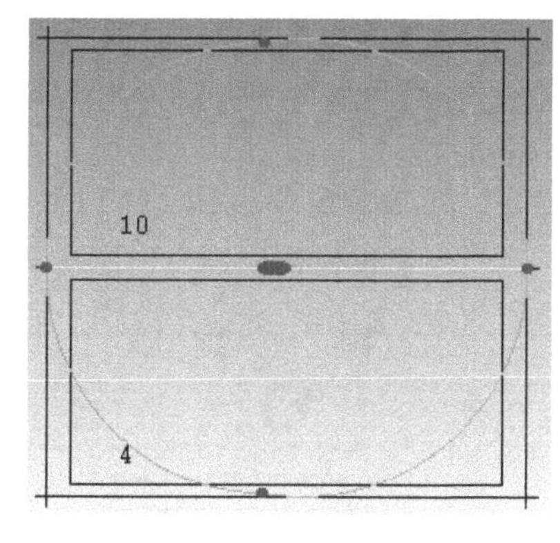

图 2-3-35　流域 Block 图 1

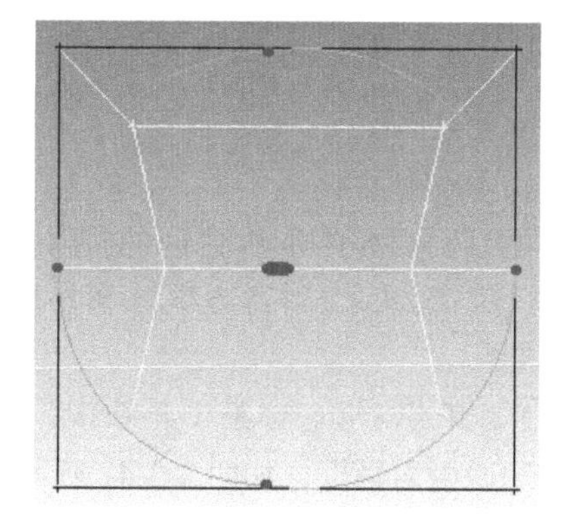
图 2-3-36　流域 Block 图 2

（5）删除无用的 Block

机翼内部不需要生成网格，因此可以删除与之对应的 Block。

操作：在 Blocking 标签工具栏中，单击 Delete Block 图标，弹出操作提示如图 2-3-37 所示，同时左下方弹出删除 Block 对话框如图 2-3-38 所示。

操作提示：左键选择块，中键确认，右键放弃。

① 勾选 Delete permanently 复选项。

② 单击 Block 右侧的 Select 图标 Block 。

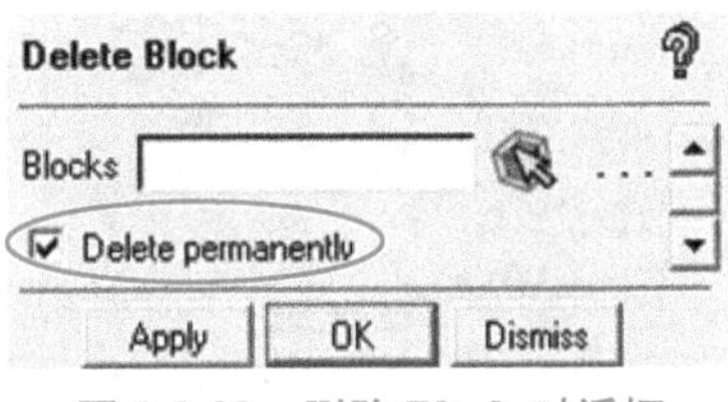

图 2-3-37 选择块操作提示

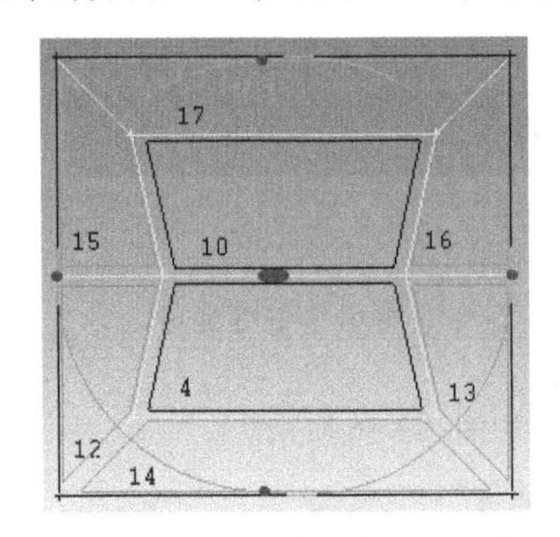

图 2-3-38 删除 Block 对话框

③ 选择图 2-3-39 中 Block4（对应机翼内部下半部分的 Block）和 Block10（对应机翼内部上半部分的 Block）两个 Block，中键确定，结果如图 2-3-40 所示。

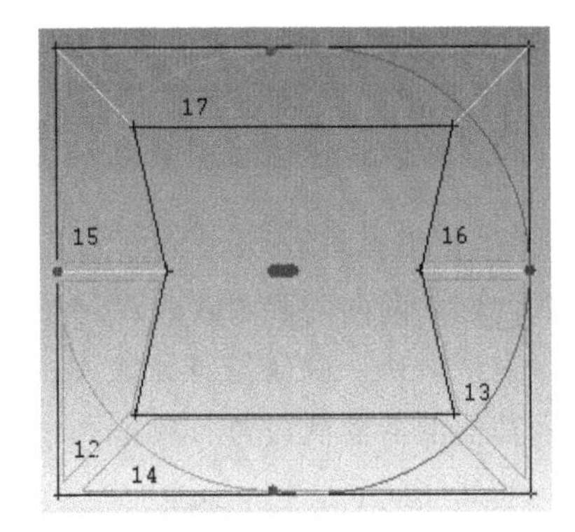

图 2-3-39 流域 Block 图中选中 Block4 和 Block10

图 2-3-40 删除 Block4、Block10 后的流域 Block 图

2. 建立映射关系

建立几何模型和 Block 之间的映射关系。

（1）建立 Edge（外部方框）和外场（外部圆弧边界）的映射关系。

操作：在 Blocking 标签工具栏中，单击 Associate 图标，弹出映射对话框，如图 2-3-41 所示。

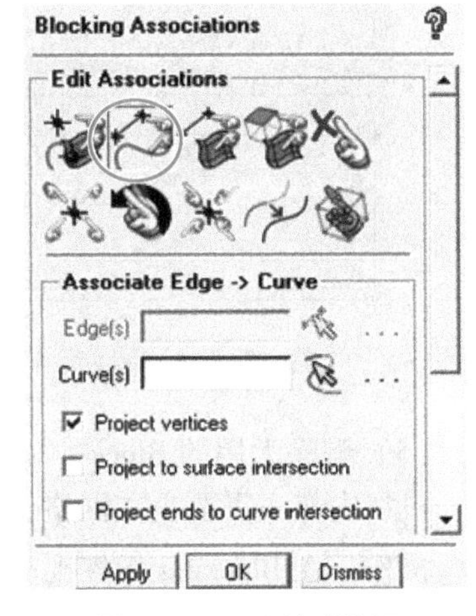

图 2-3-41 映射对话框

① 单击 Associate Edge to Curve 图标，建立 Edge 和 Curve 的映射关系。

② 勾选 Project vertices 复选项。

③ 依次选择外部方框的各条边线 E_1-5、E_5-2、E_2-3、E_2-3-6、E_6-4、E_4-1，如图 2-3-42 所示，选中后会变色，中键确定。

④ 单击机翼远场的 Curve C1 和 C2，中键确认，建立映射关系如图 2-3-43 所示。

（2）建立 E_8-9 和 E_9-10 与机翼上表面 Curve 的映射关系。

（3）建立 E_8-7 和 E_7-11 与机翼下表面 Curve 的映射关系。

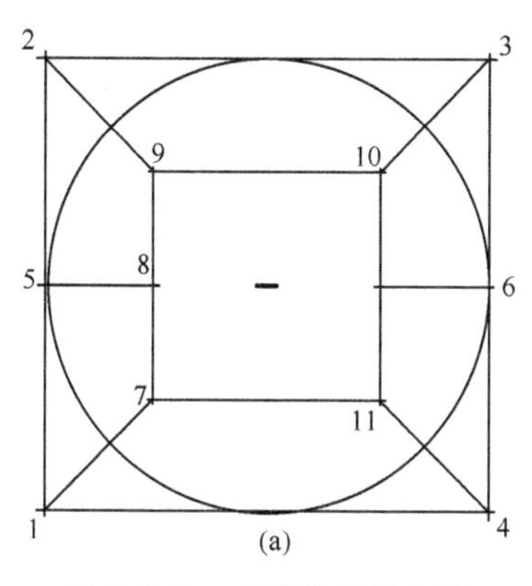

图 2-3-42 映射关系示意图

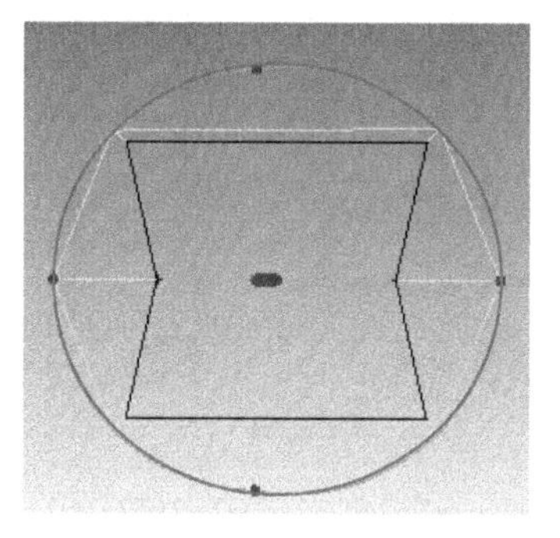

图 2-3-43 映射关系示意图

（4）建立 E_10-11 到机翼尾缘 Curve 的映射关系。

结果如图 2-3-45 所示。

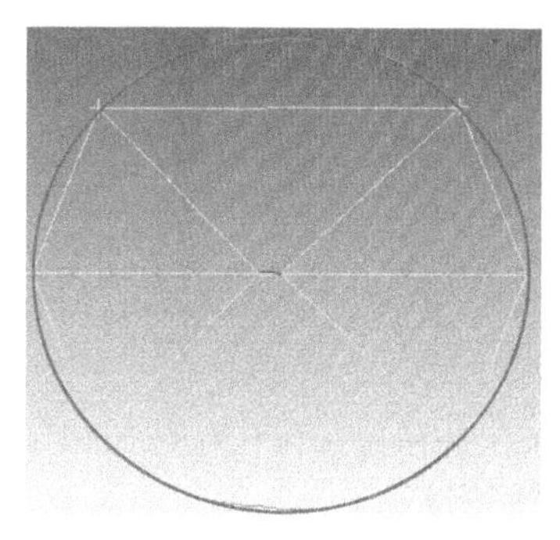

图 2-3-44 映射关系示意图

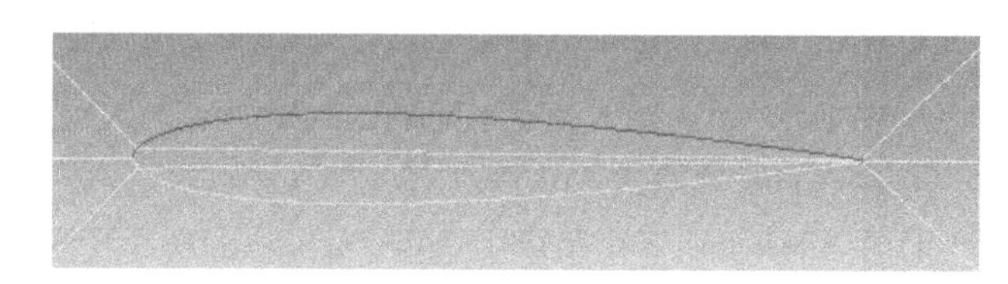

图 2-3-45 机翼边界映射关系

3. 检查映射关系

（1）首先检查 Edge 到 Curve 的映射关系是否完整。

① 取消对模型树 Model→Geometry 的勾选，仅显示 Block 的 Edge。

② 检查边界处的 Edge 是否全部变为绿色，如图 2-3-46 所示。

③ 若全部变为绿色，则表明映射关系完整，否则需要将没有变色的 Edge 建立到 Curve 的映射关系。

（2）检查某些 Vertex 的位置是否准确，如点是否在机翼上表面和机翼尾缘的交点处，如图 2-3-47 所示。

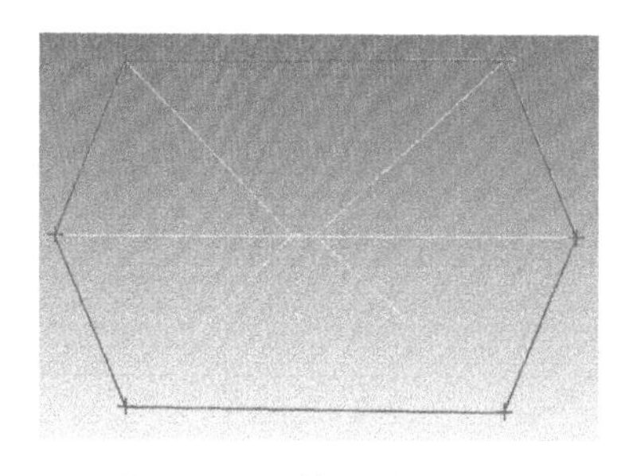

图 2-3-46 检查映射关系

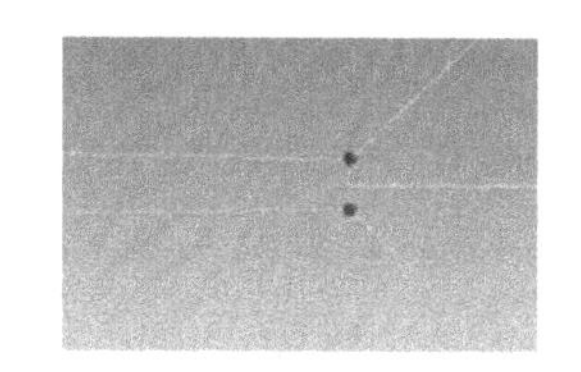

图 2-3-47 尾缘处映射关系

4. 定义网格节点数

（1）在 Blocking 标签工具栏中，单击 Pre-Mesh Params 图标，左下方弹出节点数设置对话框如图 2-3-48 所示。

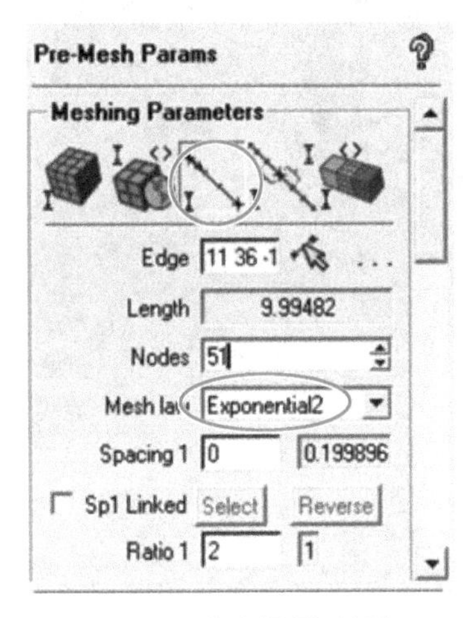

图 2-3-48　节点设置对话框 1

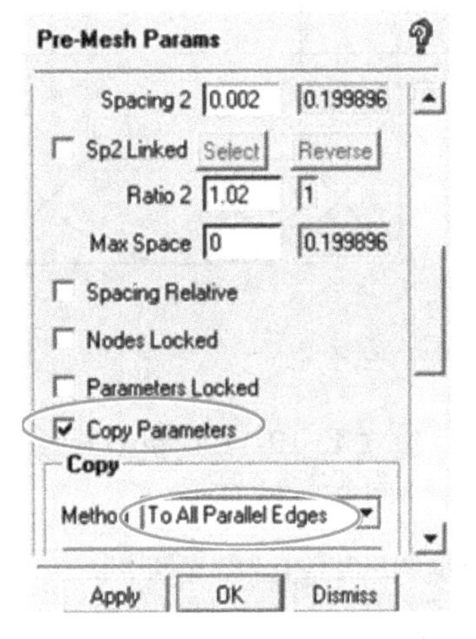

图 2-3-49　节点设置对话框 2

① 单击 Edge Params 图标，定义 Edge 的节点数。

② 在 Edge 项选择 E_1-7（见图 2-3-42）。

③ 在 Nodes 项输入 51。

④ 在 Mesh low 下拉菜单中选择 Exponential2（线段箭头指向内）。

⑤ 确认 Spacing 1=0，定义 Spacing 2=0.002，Ratio 2=1.02。

⑥ 勾选 Copy Parameters，如图 2-3-49 所示。

⑦ 在 Method 下拉列表中选择 To All Parallel Edges。

⑧ 单击 Apply 按钮，结果如图 2-3-50 所示。

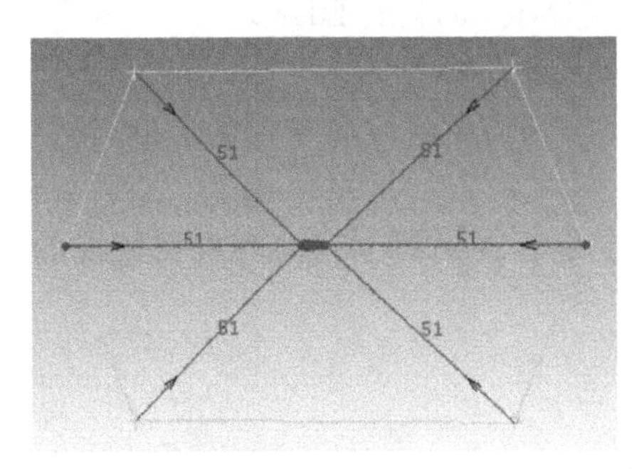

图 2-3-50　节点图

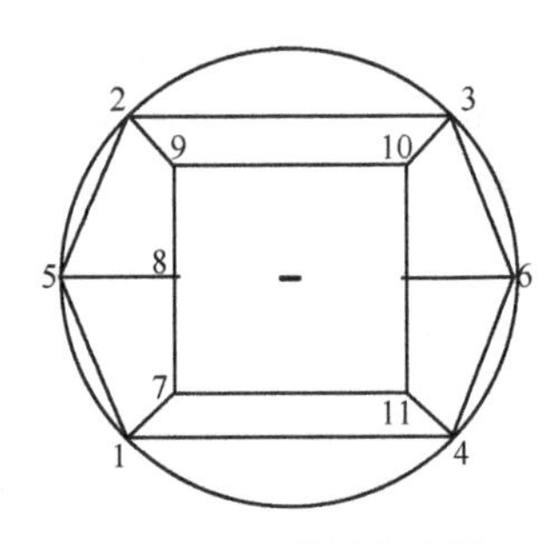

图 2-3-51　结构参考图

（2）创建 E_5-1 线段的节点。

① 单击 Edge 右侧的 Select 按钮。

② 单击 E_5-1 线段。

③ 在 Nodes 框输入 21。

④ 在 Mesh low 下拉菜单中选择 BiGeometric。

⑤ 确认 Spacing 1=0，Spacing 2=0。

⑥ 取消勾选 Copy Parameters 复选项。

⑦ 单击 Apply 按钮。

采用同样方法设置 E_5-2、E_2-3-6、E_6-4，注意在对 E_2-3-6、E_6-4 划分网格时，在 Nodes 项输入 11。

注意： Spacing 1=0，Spacing 2=0，表明在 Edge 上没有做加密处理。

（3）创建 E_2-3 线段的节点。

线段 E_2-3 对应的是翼型上表面线段，如图 2-3-52 所示。现对翼型上表面线段定义节点数。

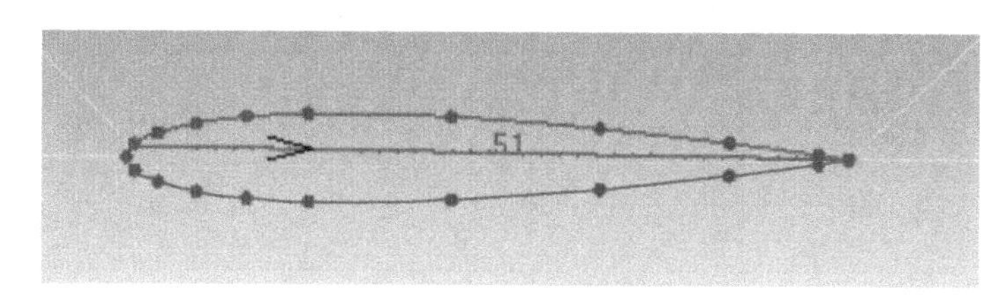

图 2-3-52　翼型表面结构图

① 在图 2-3-48 中，单击 Edge 右侧的 Select 按钮。

② 单击翼型上表面线段。

③ 在 Nodes 框输入 51。

④ 在 Mesh low 下拉菜单中选择 Biexponential。

⑤ 确认 Spacing 1= 0.002，Radio 1=1.5，Spacing 2= 0.001，Ratio 2=1.5。

⑥ 取消勾选 Copy Parameters 复选项。

⑦ 单击 Apply 按钮。

采用同样的方法定义 E_4-1 对应的翼型下表面线段的节点数。

注意： 这样设置后，E_4-1 与对应的翼型下表面线段的节点数相对应，间隔均分。

5. 保存 Block 文件

操作：File→Blocking→Save Blocking As，保存当前文件为 wing. blk。

6. 导出网格

（1）生成网格

操作：选择模型树 Model→Blocking→Pre-Mesh，如图 2-3-53 所示，弹出对话框，如图 2-3-54 所示，单击 Yes 按钮，生成网格如图 2-3-55~图 2-3-57 所示。

（2）检查网格质量

操作：在 Blocking 标签工具栏中，单击 Pre-Mesh Quality 图标，弹出网格质量对话框如图 2-3-58 所示。

① 在 Criterion 下拉列表中选择 Determinant 2×2×2。

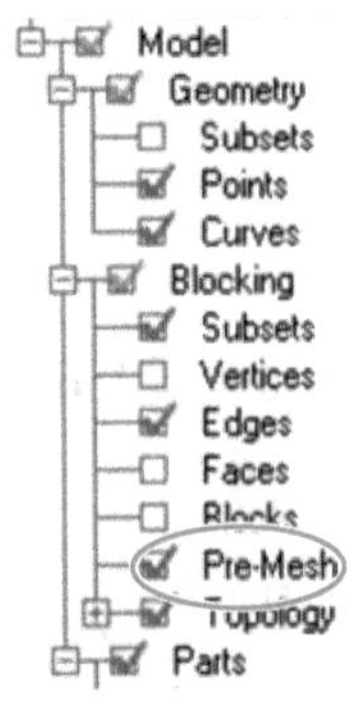

图 2-3-53　目录树

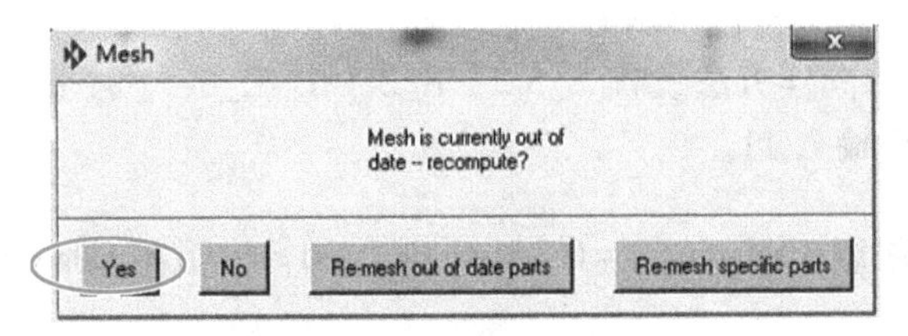

图 2-3-54　重新生成网格

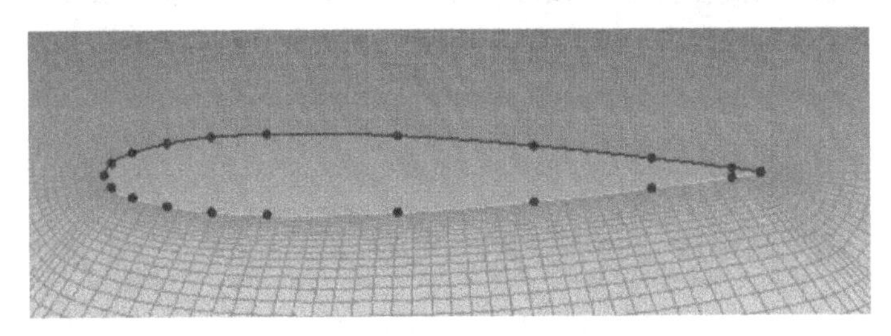

图 2-3-55　机翼附近的网格

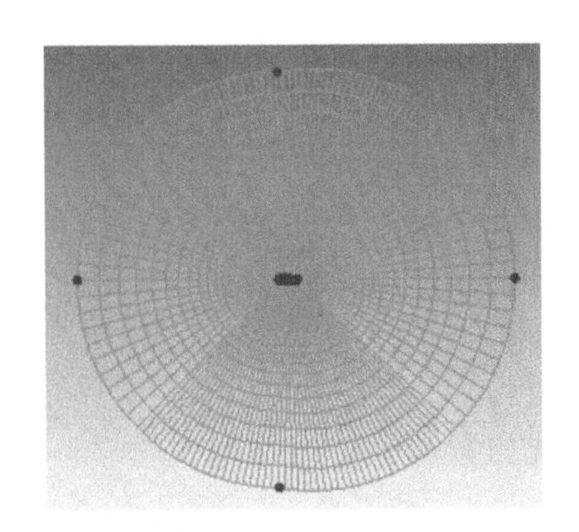

图 2-3-56　流域的网格划分

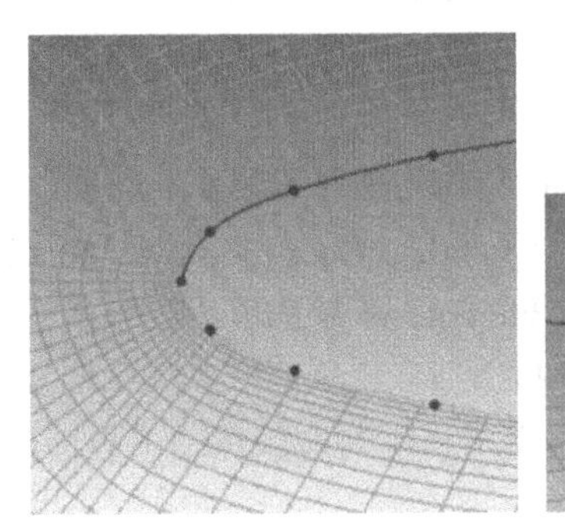

图 2-3-57　前缘与尾缘附近的网格

② 保留其他默认设置，单击 Apply 按钮，网格质量检查结果如图 2-3-59 所示。

③ 在 Criterion 下拉列表中选择 Angle，如图 2-3-60 所示，保留其他默认设置，单击 Apply 按钮，网格质量检查结果如图 2-3-61 所示。

（3）保存网格

① 右击模型树 Model→Blocking→Pre-Mesh，选择 Convert to Unstruct Mesh，如图 2-3-62 所示。

② File→Mesh→Save Mesh As，保存当前网格文件为 wing. uns。

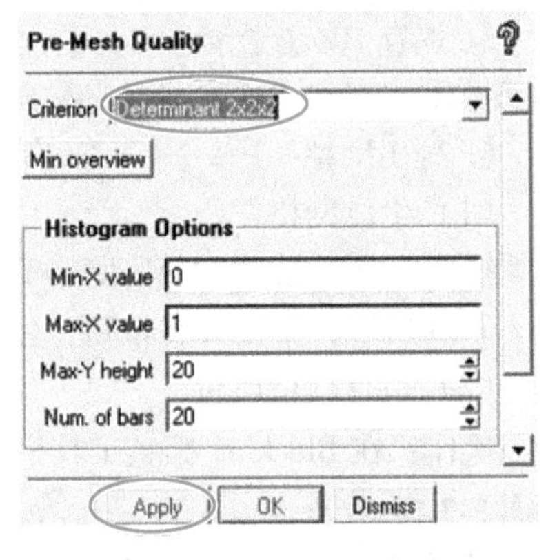

图 2-3-58　网格质量对话框

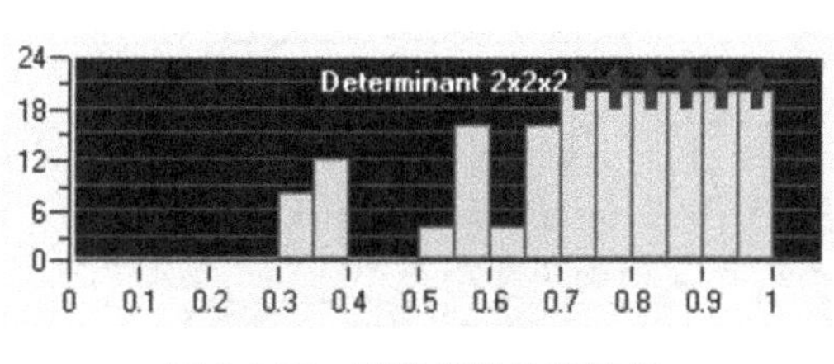

图 2-3-59 网格质量检查结果

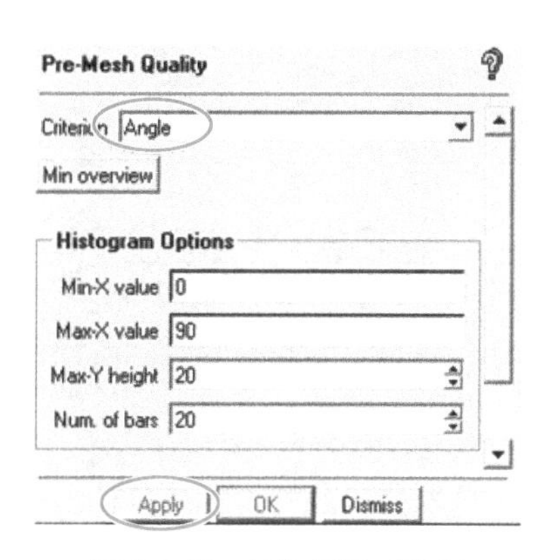

图 2-3-60 网格质量对话框

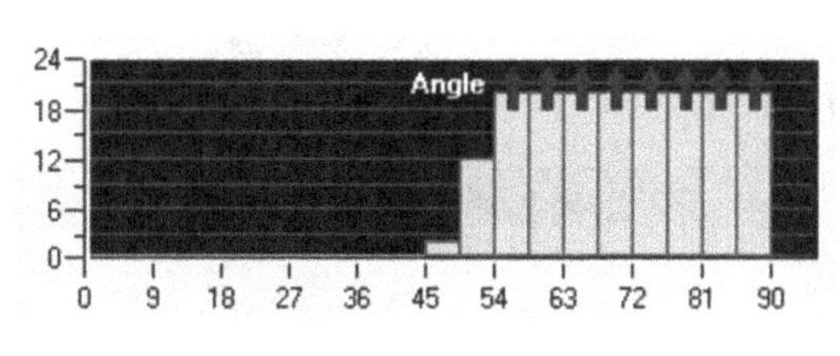

图 2-3-61 网格质量检查结果

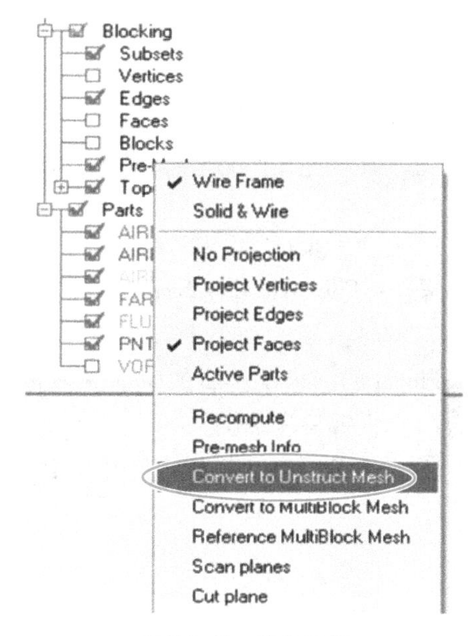

图 2-3-62 转换网格

（4）选择求解器

操作：在 Output 标签工具栏中，单击 Select Solver 图标，在弹出的对话框中，保留默认设置，单击 Apply 按钮，如图 2-3-63 所示。

（5）导出网格文件

在 Output 标签工具栏中，单击 Write Input 图标。

① 在弹出的对话框中，单击 No 按钮，不保存当前项目文件。

② 保存 fbc 和 atr 文件为默认名。

③ 选择 wing. uns。

④ 在随后弹出的输出网格对话框中（见图 2-3-64），Grid dimension 选择 2D 单选项。

⑤ 在 Output file 框内将文件名改为 wing。

⑥ 单击 Done 按钮，输出网格文件。

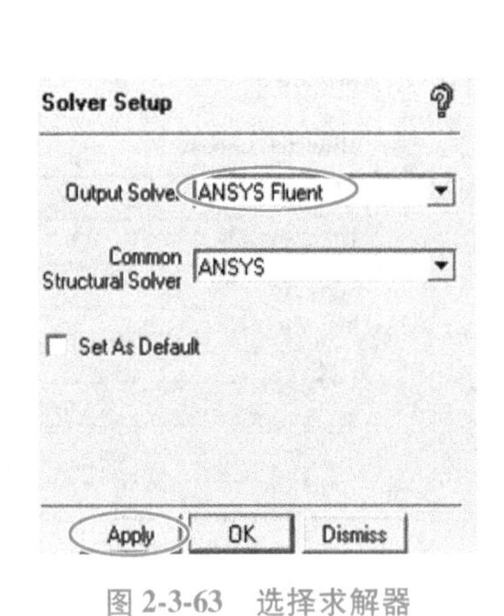

图 2-3-63　选择求解器

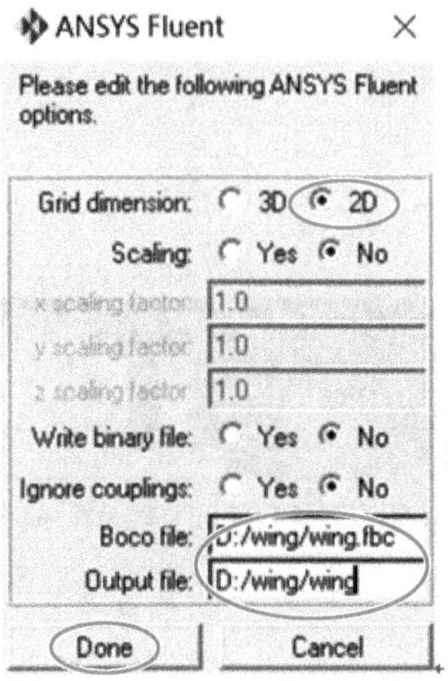

图 2-3-64　输出网格对话框

第 3 节　启动 ANSYS Fluent 进行求解计算

1. 启动 Fluent 2D 求解器，读入网格文件

操作：File→Read→Mesh...，选择 D 盘 wing 文件夹中的 wing. msh 文件。

2. 网格设置

Fluent 的网格设置都在 General 项的 Mesh 中，如图 2-3-65 所示。

（1）设置长度单位。

① 单击 Scale... 按钮，打开长度单位设置对话框如图 2-3-66 所示。

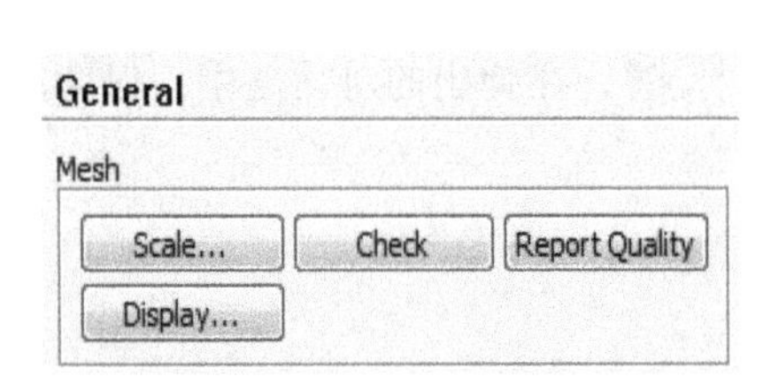

图 2-3-65　网格设置

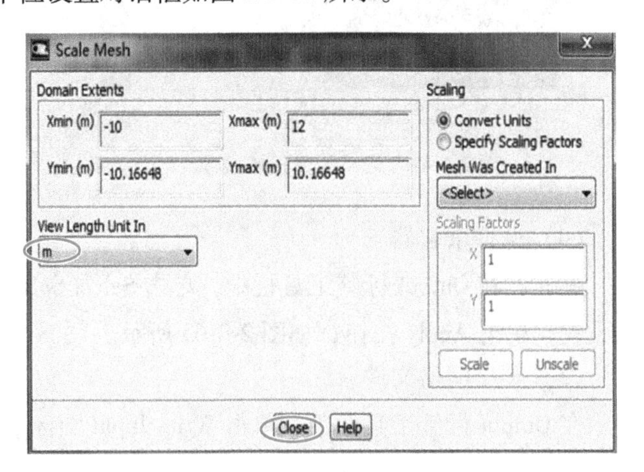

图 2-3-66　网格长度单位设置对话框

② Fluent 默认的长度单位是 m，可在 Mesh Was Created In 项改变长度单位。

③ 本例网格单位为 m，不用设置，单击 Close 按钮。

（2）单击 Check 按钮进行网格检查，注意信息提示区最后应该是 Done，表示检查通过。

（3）单击 Report Quality 按钮，进行网格质量检查，检查报告在信息提示区。

（4）单击 Display... 按钮，显示网格。

3. 设置求解器

求解器设置对话框如图 2-3-67 所示，保持默认设置。

4. 设置求解模型

在 Solution Setup 项，选择 Models 项，如图 2-3-68 所示。

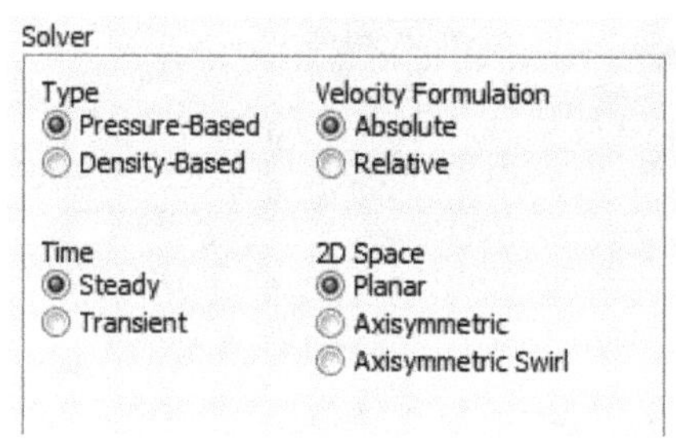

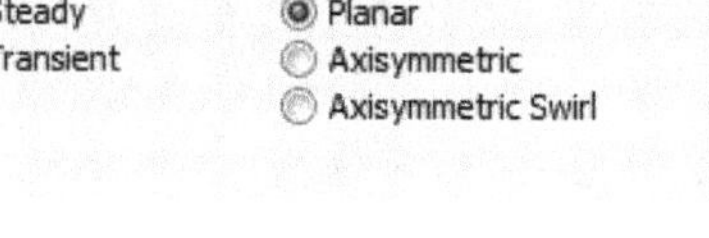

图 2-3-67 求解器设置对话框

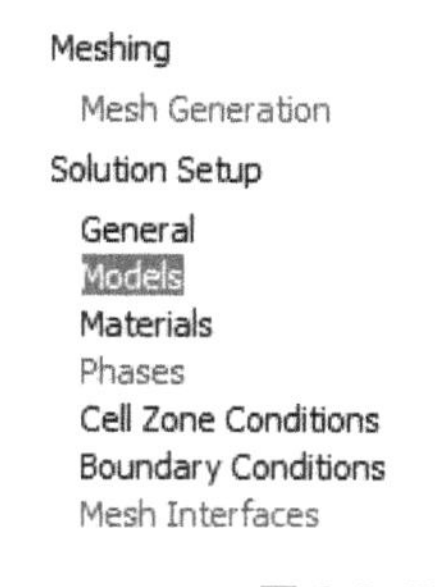

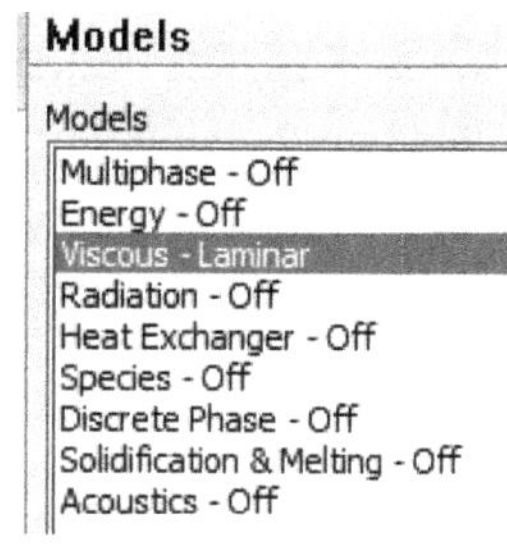

图 2-3-68 设置求解模型

双击 Models 列表中的 Viscous-Laminar，弹出湍流模型设置对话框，如图 2-3-69 所示。选择 k-epsilon（2 eqn）紊流模型，保留默认设置，单击 OK 按钮。

5. 定义流体材料

操作：在图 2-3-70 所示的目录树中选择 Materials，双击 Materials 列表中的 air，弹出材料设置对话框，如图 2-3-71 所示。

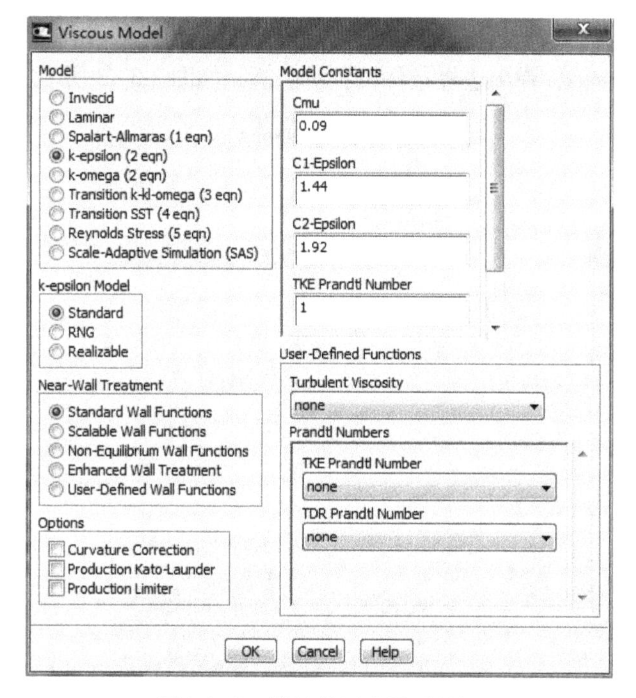

图 2-3-69 湍流模型设置对话框

图 2-3-70 定义流体材料

（1）Density 项选择 ideal-gas。

（2）保留其他默认设置，单击 Change/Create 按钮。

注意：此时由于选择理想气体材料，则在 Models 项的 Energy 自动开启。

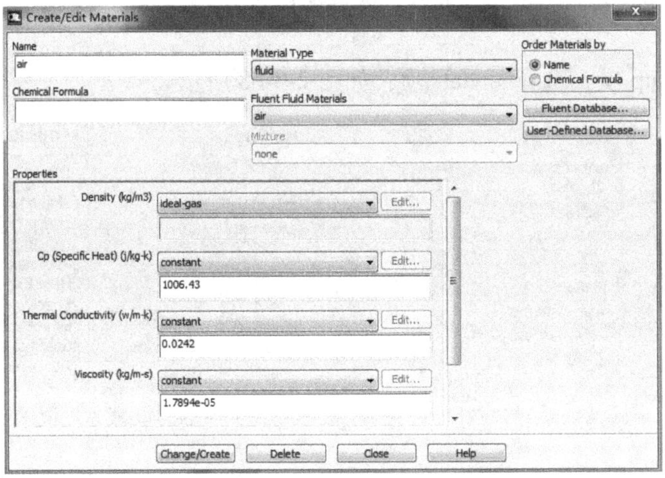

图 2-3-71　材料设置对话框

6. 设置操作环境

操作：Define→Operating Conditions...，弹出操作环境设置对话框，如图 2-3-72 所示。保留默认设置，单击 OK 按钮。

7. 设置边界条件

操作：Solution Setup→Boundary Conditions，弹出边界条件设置对话框，如图 2-3-73 所示。

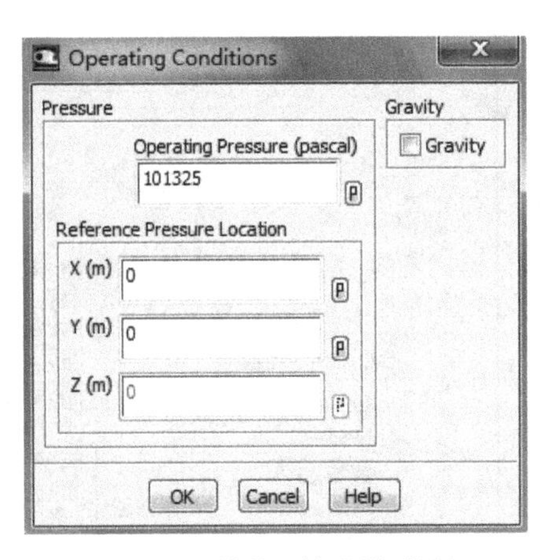

图 2-3-72　操作环境设置对话框

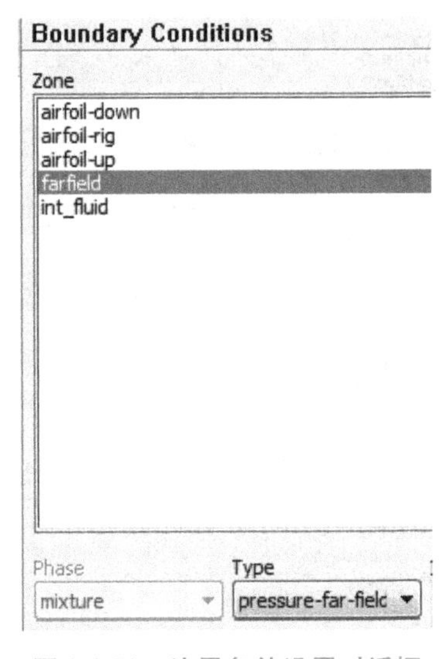

图 2-3-73　边界条件设置对话框

（1）在 Zone 列表中选择 farfield。

（2）在 Type 下拉列表中，选择 pressure-far-field，弹出压力远场边界设置对话框，如图 2-3-74 所示。

（3）在 Mach Number 项输入 0.8，其他保持默认设置，单击 OK 按钮。
（4）在 X-Component of Flow Direction 项输入 0.9848，cos10°。
（5）在 Y-Component of Flow Direction 项输入 0.1736，sin10°。
（6）其他保持默认设置，单击 OK 按钮。

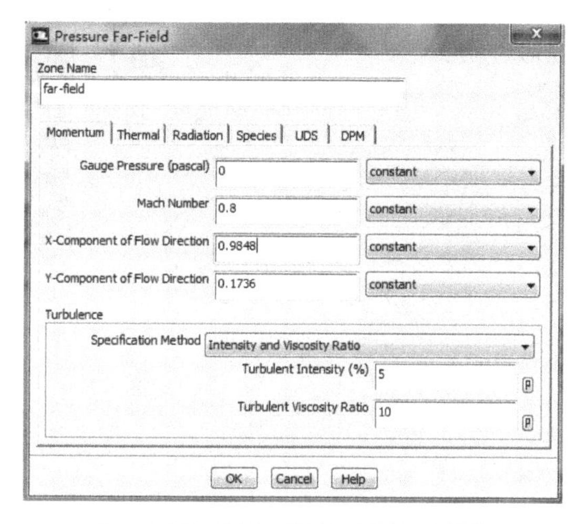

图 2-3-74　压力远场边界设置对话框

8. 设置压力远场流动参数为参考值

操作：SolutionSetup→Reference Values，弹出参考值设置对话框，如图 2-3-75 所示。在 Compute from 下拉表中选择 far-field。

9. 设置升力监视器

操作：Solution→Monitors...，弹出升力监视器设置对话框如图 2-3-76 所示。

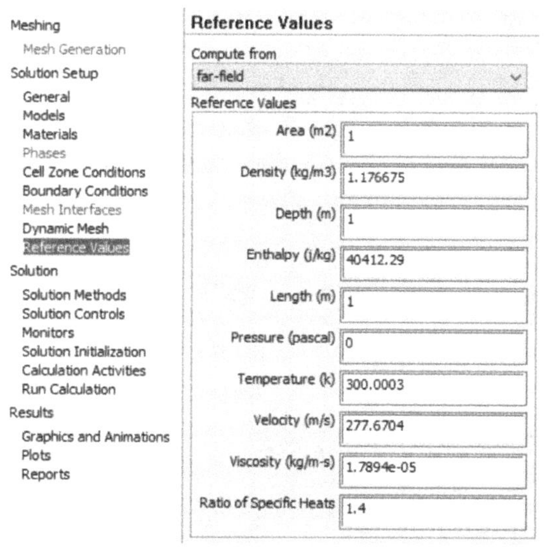

图 2-3-75　参考值设置对话框

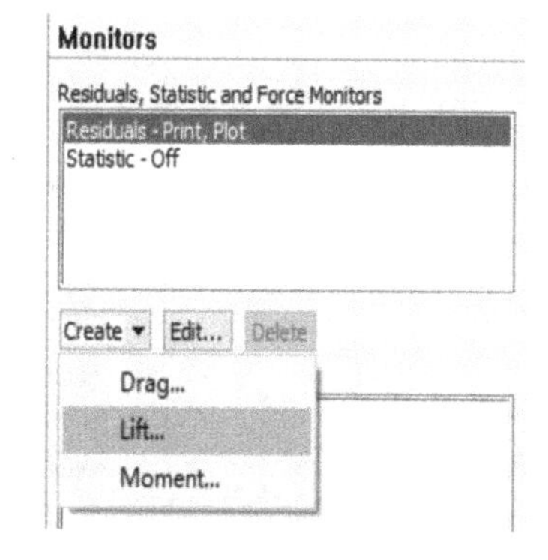

图 2-3-76　升力监视器设置对话框

（1）单击 Create 按钮，选择 Lift...，弹出升力监视器设置对话框，如图 2-3-77 所示。
（2）在 Options 选项区中勾选 Plot 复选项。

（3）在 Wall Zones 选项区中选择机翼上下表面及尾缘（airfoil-down、airfoil-rig、airfoil-up）。
（4）其他保持默认设置，单击 OK 按钮。

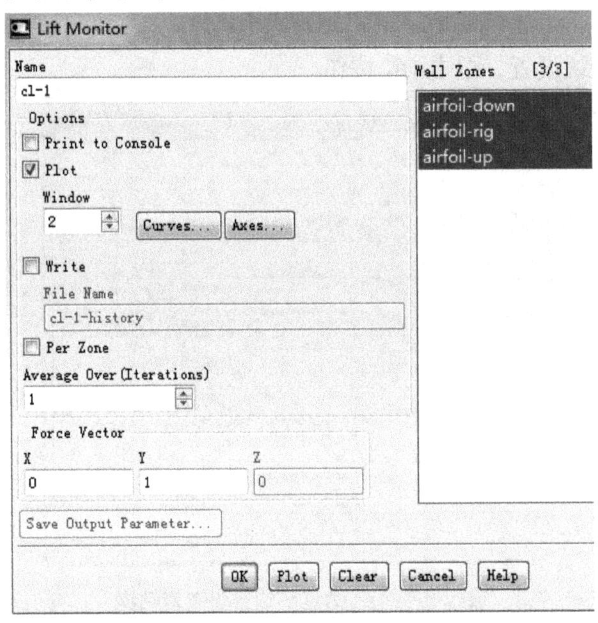

图 2-3-77　升力监视器设置对话框

10. 流场初始化

操作：选择 Solution→Solution Initialization，弹出流场初始化设置对话框如图 2-3-78 所示。

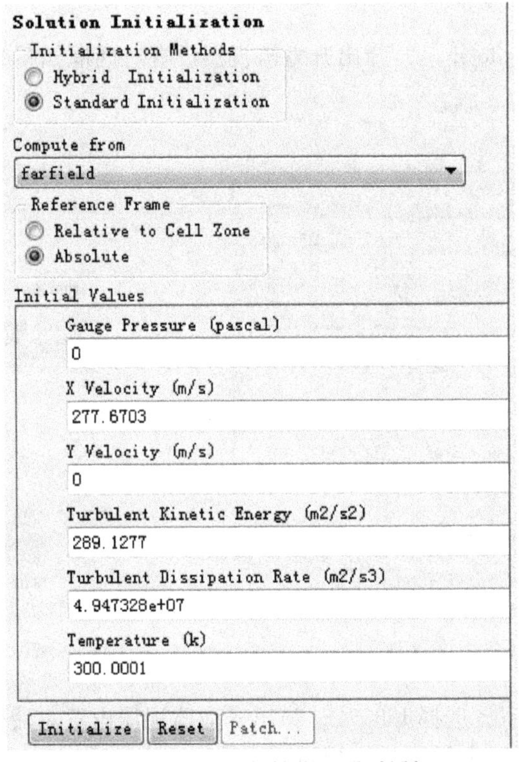

图 2-3-78　流场初始化设置对话框

（1）Solution Initialization 选择 Standard Initialization。

（2）Compute from 选择 farfield。

（3）Reference Frame 选择 Absolute。

（4）单击 Initialize 按钮，完成流场初始化。

11. 迭代计算

操作：选择 Solution→Run Calculation，弹出迭代计算设置对话框如图 2-3-79 所示。

（1）在 Number of Iterations 框中输入 1000。

（2）单击 Calculate 按钮，开始计算。

经过 912 次迭代计算，残差收敛，残差收敛曲线如图 2-3-80 所示。

机翼升力变化曲线如图 2-3-81 所示。

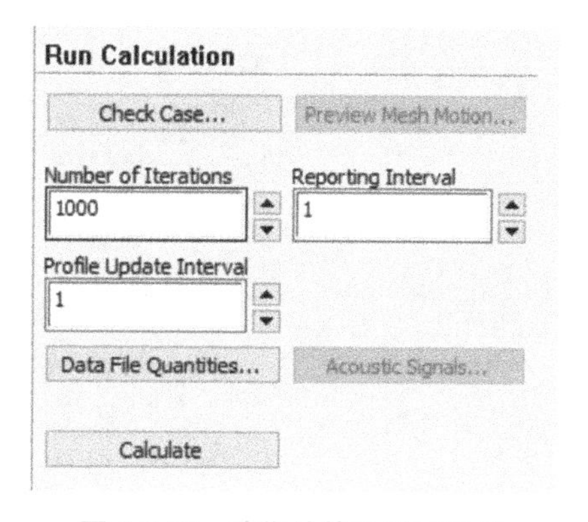

图 2-3-79 迭代计算设置对话框

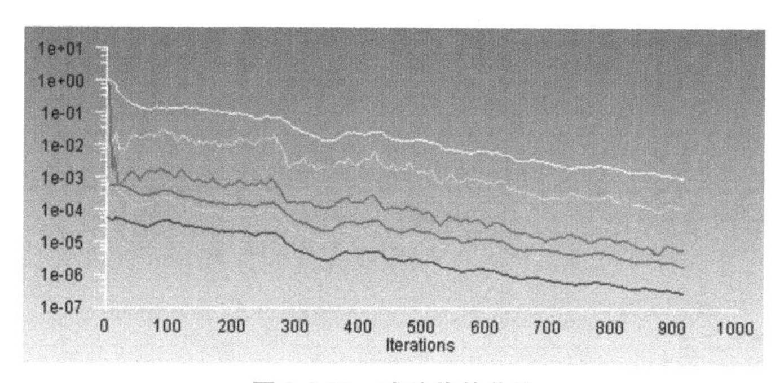

图 2-3-80 残差收敛曲线

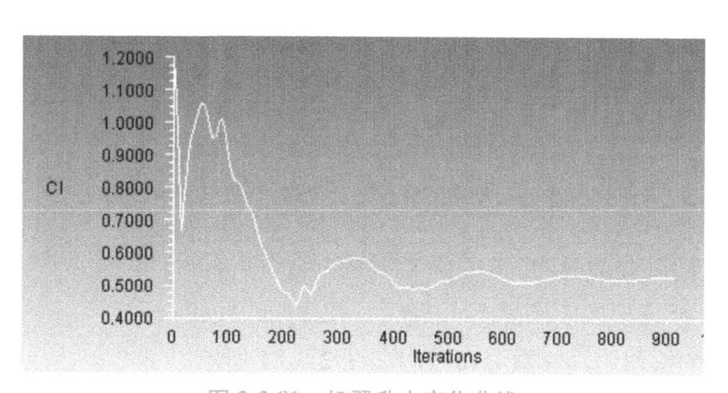

图 2-3-81 机翼升力变化曲线

第4节 计算结果后处理

1. 流动参数分布云图

操作：Results→Graphics & Animations→Contours，单击 Setup 按钮，打开流动参数分布云图对话框，如图 2-3-82 所示。

（1）压力分布

① 在 Options 中勾选 Filled 复选项。

② 在 Contours of 选项区中选择 Pressure... 和 Static Pressure。

③ 单击 Display 按钮。压力分布云图如图 2-3-83 所示。

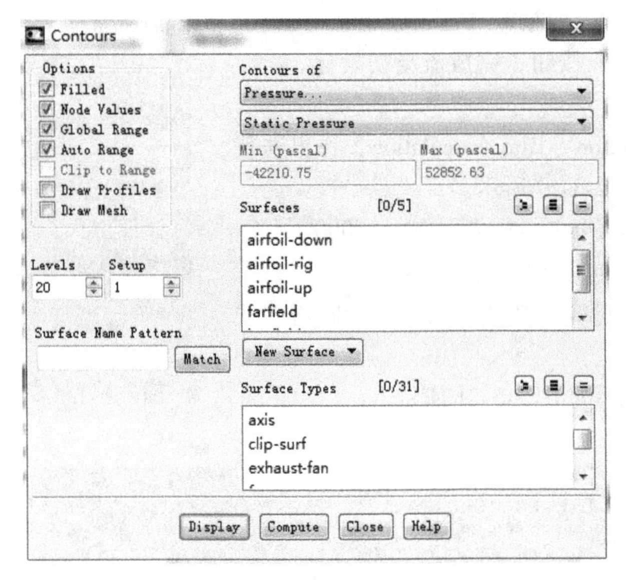

图 2-3-82　流动参数分布云图对话框

图 2-3-83　压力分布云图

（2）机翼附近的马赫数分布

① 在 Contours of 选项区中选择 Velocity... 和 Mach Number。

② 单击 Display 按钮。马赫数分布云图如图 2-3-84 所示。

（3）机翼附近的温度分布

① 在 Contours of 选项区中选择 Temperature... 和 Static Temperature。

② 单击 Display 按钮，温度分布云图如图 2-3-85 所示。

2. 机翼升力报告

操作：Results→Reports，在 Report 项选择 Forces，单击Set Up...按钮，弹出升力报告设置对话框如图 2-3-86 所示。

（1）在 Wall Zones 列表中选择机翼的边线。

（2）Direction Vector 项，X、Y 分别输入-0.1736、0.9848。

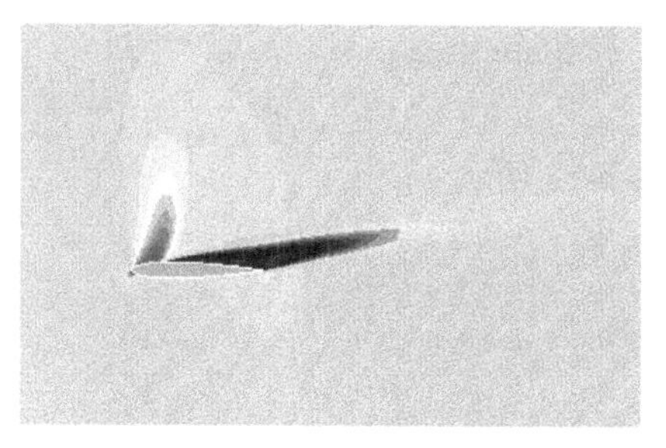

图 2-3-84 马赫数分布云图

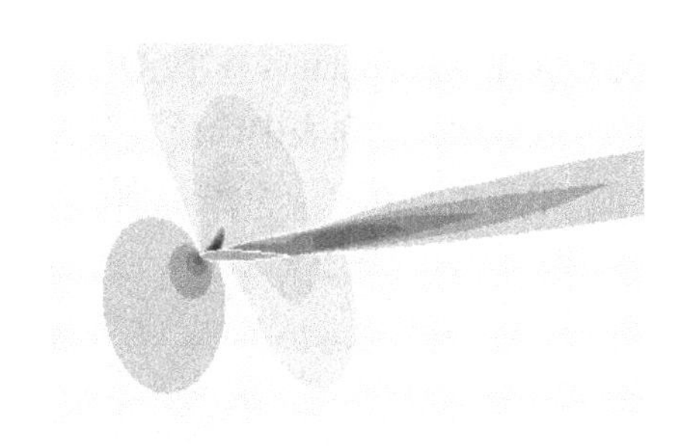

图 2-3-85 温度分布云图

（3）单击 Print 按钮。

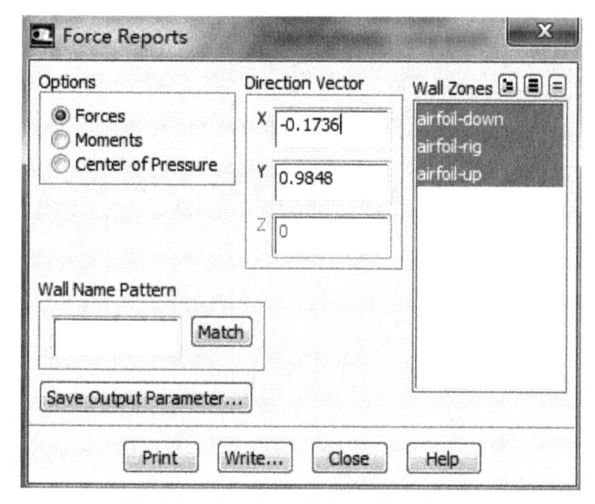

图 2-3-86 升力报告设置对话框

在信息窗口显示机翼获得的升力为 24741N，升力系数为 0. 545。

注意：升力是指与来流方向垂直的力。

3. 机翼表面压力分布

操作：Plot→XY Plot，打开 XY Plot 设置对话框如图 2-3-87 所示。

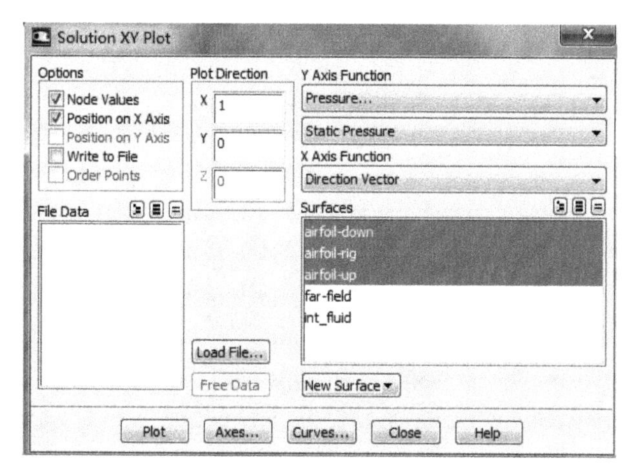

图 2-3-87 XY Plot 设置对话框

（1）在 Y AxisFunction 选项区中选择 Pressure... 和 StaticPressure。

（2）在 Surfaces 列表中选择翼型表面的三条线。

（3）单击 Plot 按钮，翼型表面的压力分布如图 2-3-88 所示。

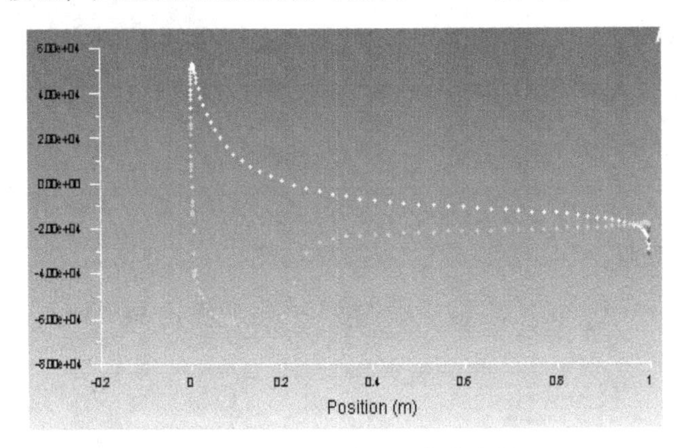

图 2-3-88 翼型表面压力分布图

课后练习

改变攻角，绘制升力与攻角的关系，找出失速点。

第 4 章 离心泵内的流动——移动区域的应用

问题：离心式水泵是一种在流体机械及工程中得到广泛应用的水泵，其特点是依靠叶轮的高速旋转来使流体获得较大的动能，并依靠流道出口的蜗壳断面变化使流体的动能转化为压力能。离心泵由旋转的叶轮和固定的蜗壳两部分组成，如图 2-4-1 所示。

现设叶轮有 5 个叶片，叶轮的转速为 1500r/min，入口半径为 70mm，出口半径为 110mm。水流以 2m/s 的速度沿垂直于内圆的方向流入叶轮，再经过蜗壳，从出口流出。试分析叶轮内的流动情况，以及叶片上的压力分布。

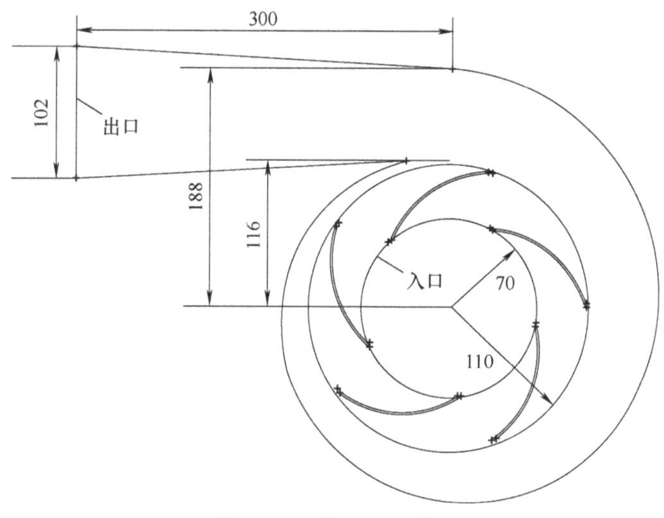

图 2-4-1　离心泵示意图

说明：这一部分内容涉及移动区域的设置与计算，计算方法分定常流动计算方法和移动区域的非定常方法。本章采用 Gambit 进行前处理，用 ANSYS Fluent 15 进行仿真计算和后处理，对应光盘上的文件夹为：Fluent 篇\pump，读者也可直接用光盘中的网格文件 pump. msh，从第 4 节开始进行仿真计算。

第 1 节　利用 Gambit 建立几何模型

一、创建叶轮流动区域

1. 启动 Gambit

在 D 盘创建名为 pump 的文件夹，并启动 Gambit，如图 2-4-2 所示。

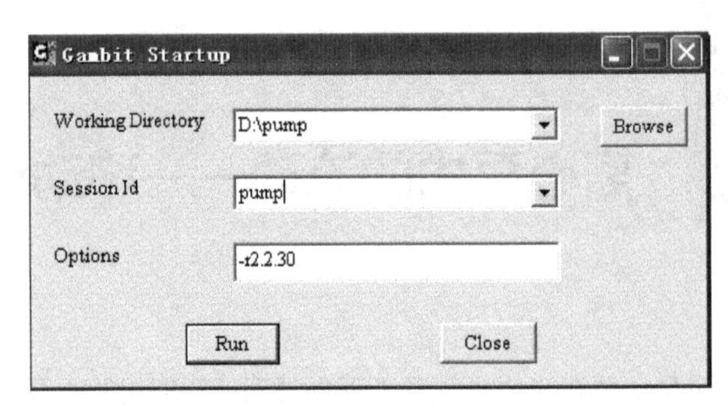

图 2-4-2　启动 Gambit

2. 创建叶轮流动区域

（1）创建半径分别为 70 和 110 的两个同心圆

操作：→→，打开创建圆设置对话框如图 2-4-3、图 2-4-4 所示。

① 在 Radius 右侧输入半径 70，单击 Apply 按钮，创建半径为 70 的圆。

② 在 Radius 右侧输入半径 110，单击 Apply 按钮，创建半径为 110 的圆。

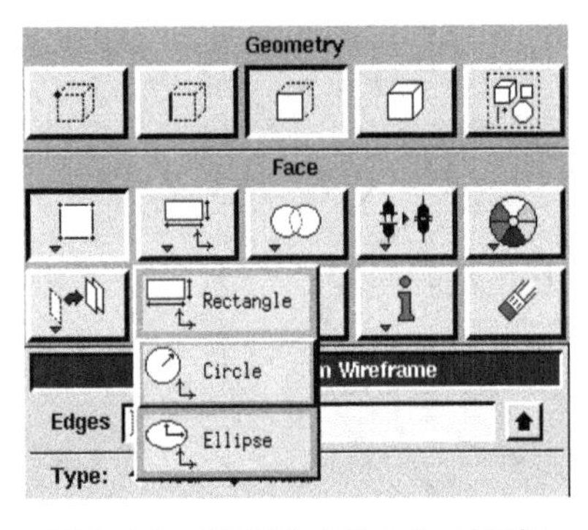

图 2-4-3　创建圆（Circle）对话框

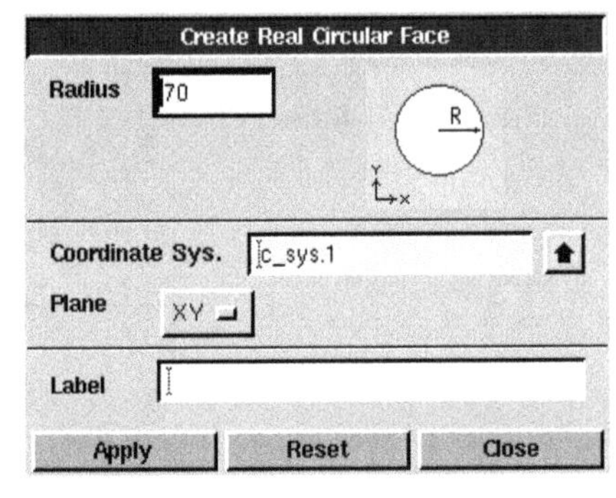

图 2-4-4　创建圆设置对话框

（2）创建叶片上的节点

① 创建位于（90，0，0）的节点（vertex. 3）。

操作：→→，打开创建点设置对话框如图 2-4-5 所示。

输入坐标（90，0，0），单击 Apply 按钮。

② 将此点沿圆周旋转移动 30°。

操作：→→，打开点移动/复制对话框，如图 2-4-6 所示。

③ 将位于半径 70 圆周上的点（vertex. 1）沿圆周 60°复制（vertex. 4），对话框如图 2-4-7 所示。

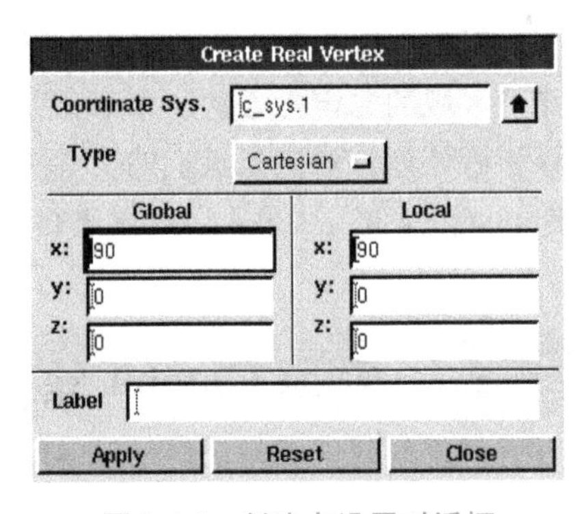

图 2-4-5　创建点设置对话框

（3）创建叶片轮廓线

连接节点 vertex. 4、vertex. 3、vertex. 2（位于半径为 110 的圆盘上）形成圆弧。

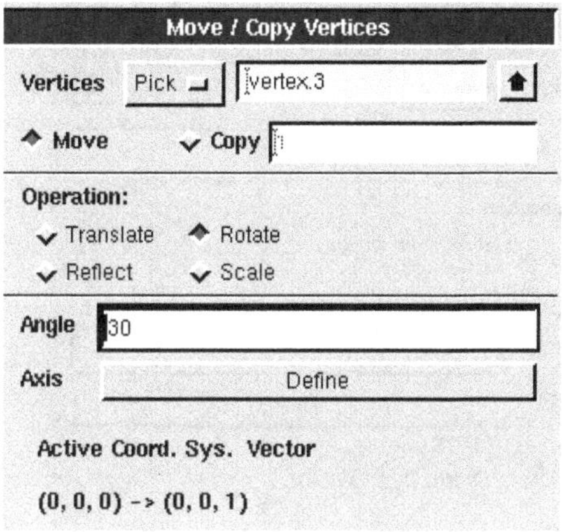

图 2-4-6 点移动/复制对话框

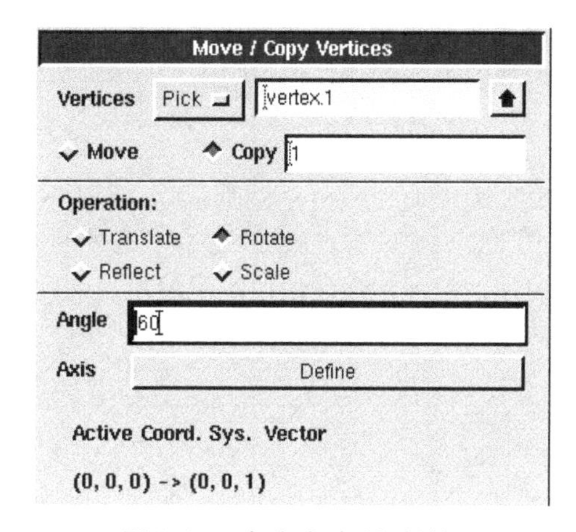

图 2-4-7 点移动/复制对话框

操作：→→，打开创建圆弧对话框如图 2-4-8 所示，圆弧设置对话框如图 2-4-9 所示。

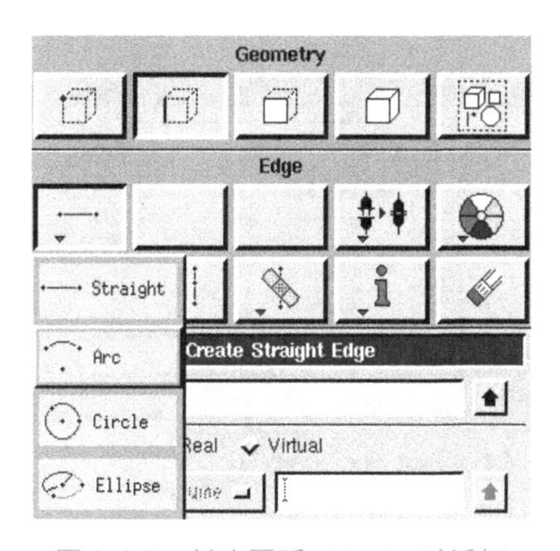

图 2-4-8 创建圆弧（Arc）对话框

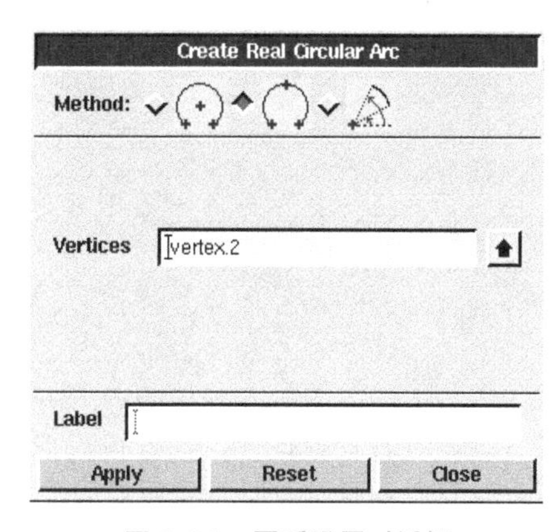

图 2-4-9 圆弧设置对话框

① 在 Method 项选择。

② 在 Vertices 右侧，顺序选择将要连成弧线的三个节点。

③ 单击 Apply 按钮，结果如图 2-4-10 所示。

（4）形成叶片截面

操作：→→，打开线段移动/复制对话框，如图 2-4-11 所示。

① 将此叶片弧线逆时针 2°旋转复制。

② 将此叶片弧线逆时针 1°旋转复制。

③ 将此中间的线删除，但保留节点。

④ 连接叶片端部的三个点，形成叶尖圆弧。

⑤ 将叶片周线围成的面形成叶片截面。

结果如图 2-4-12 所示。

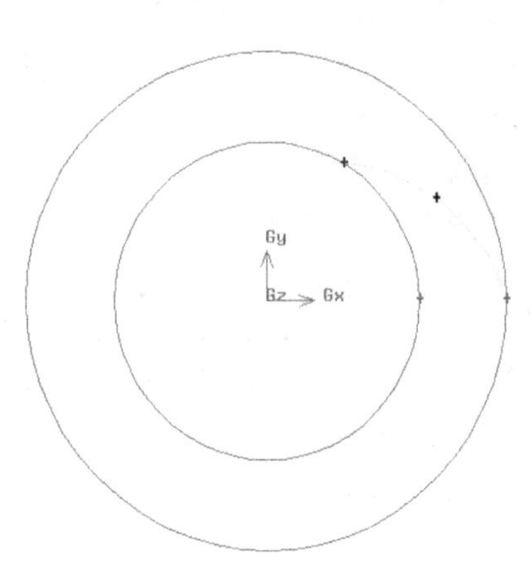

Gy
Gz
Gx

图 2-4-10　创建圆弧结果图

Move / Copy Edges
Edges
Pick
edge.3
Move
Copy
1
Operation:
Translate
Rotate
Reflect
Scale
Angle
2
Axis
Define
Active Coord. Sys. Vector
(0, 0, 0) -> (0, 0, 1)

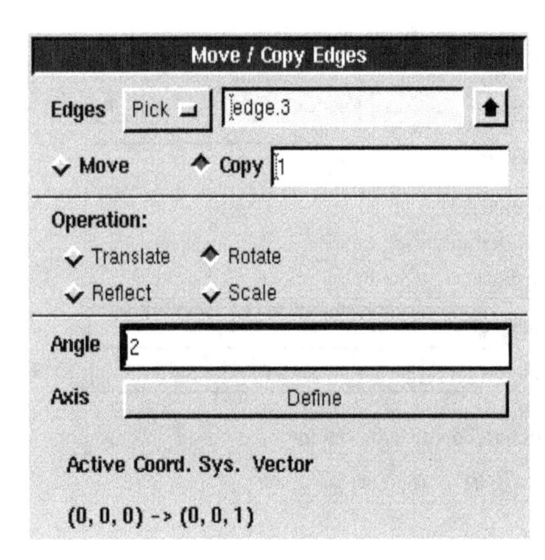

图 2-4-11　线段移动/复制对话框

（5）旋转复制叶片截面

操作：→→，打开面移动/复制对话框，如图 2-4-13 所示。

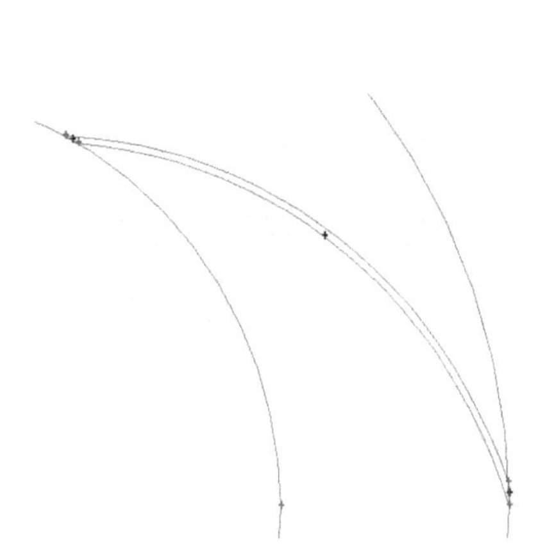

图 2-4-12　创建圆弧结果图

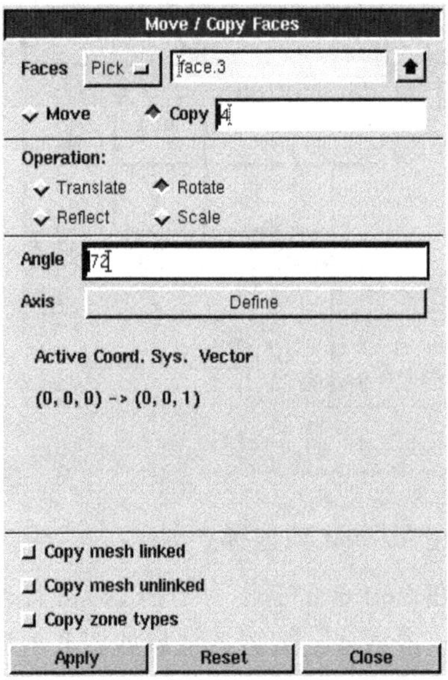

Move / Copy Faces
Faces
Pick
face.3
Move
Copy
4
Operation:
Translate
Rotate
Reflect
Scale
Angle
72
Axis
Define
Active Coord. Sys. Vector
(0, 0, 0) -> (0, 0, 1)
Copy mesh linked
Copy mesh unlinked
Copy zone types
Apply
Reset
Close

图 2-4-13　面复制设置对话框

① 在 Faces 框中，选择所要复制的面；
② 选择 Copy 操作。
③ 在 Operation 项中选择 Rotate。
④ 在 Angle 框中填入 72（360°的 1/5）。
⑤ 单击 Apply 按钮。
结果如图 2-4-14 所示。
（6）删除半径为 110 的面。

（7）合并剩余的面，形成叶轮。

操作：→→，打开面布尔加运算对话框，如图 2-4-15 所示。

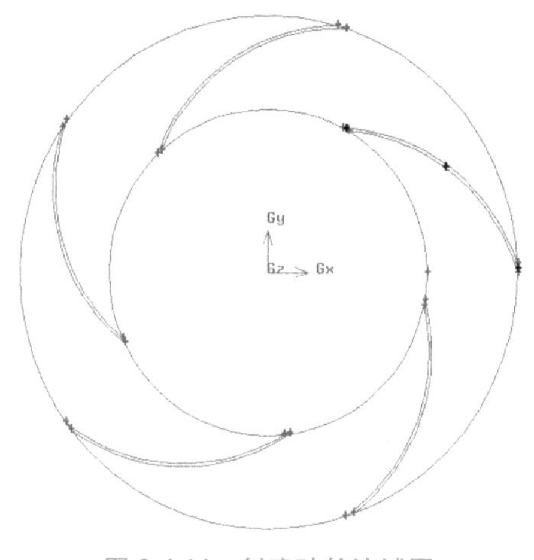

图 2-4-14　创建叶轮流域图

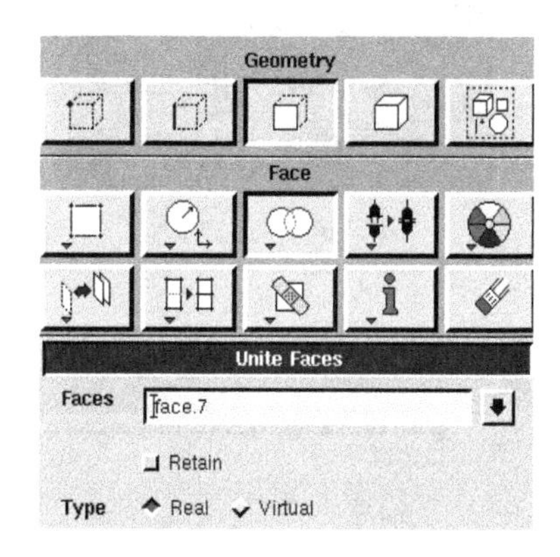

图 2-4-15　面布尔加运算对话框

单击图 2-4-16 中 Faces 框右边向上的箭头，在图 2-4-17 中单击 All→按钮，选择所有的面，单击 Close 按钮，单击 Apply 按钮。

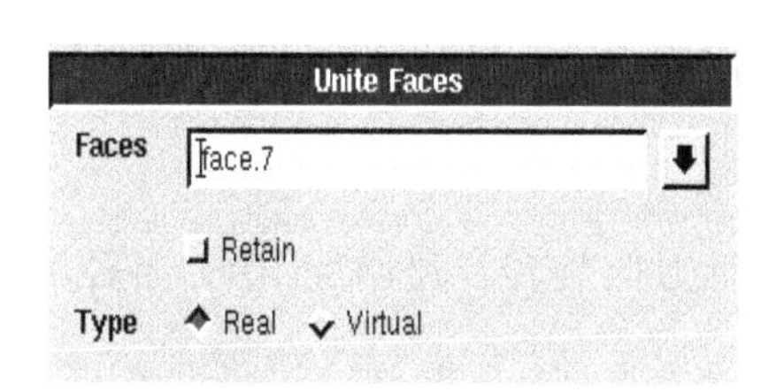

图 2-4-16　选择面对话框

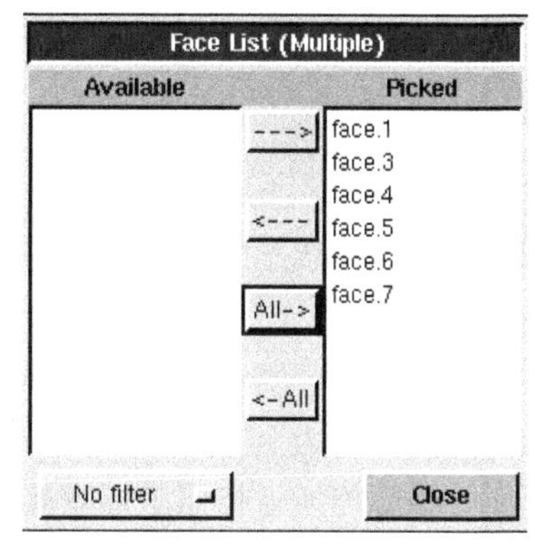

图 2-4-17　选择面对话框

操作结果如图 2-4-18 所示。

（8）创建半径为 112 的面。

（9）用半径为 112 的面减去叶轮截面，得到叶轮流域。

操作：→→ Subtract （见图 2-4-19），打开面布尔减运算对话框，如图 2-4-20 所示。

① 在 Face 项选择半径为 112 的面。

② 在 Faces 项选择叶轮面。

③ 单击 Apply 按钮。

最后得到叶轮流域如图 2-4-21 所示。

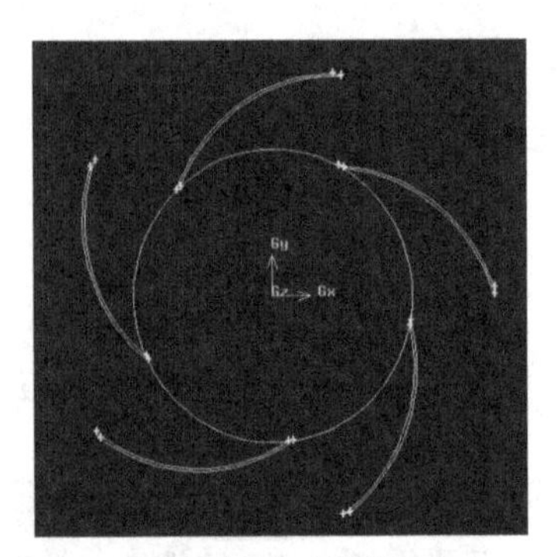

图 2-4-18　叶轮图

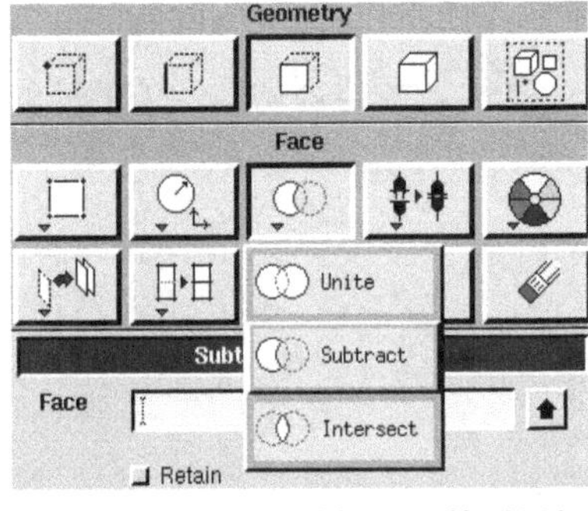

图 2-4-19　面布尔减操作运算对话框

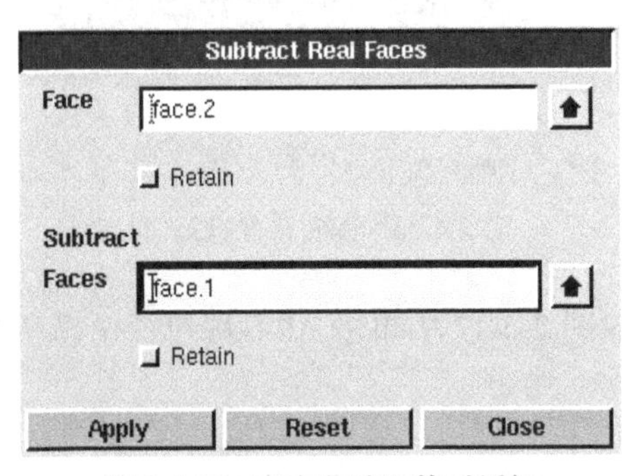

图 2-4-20　面布尔减运算对话框

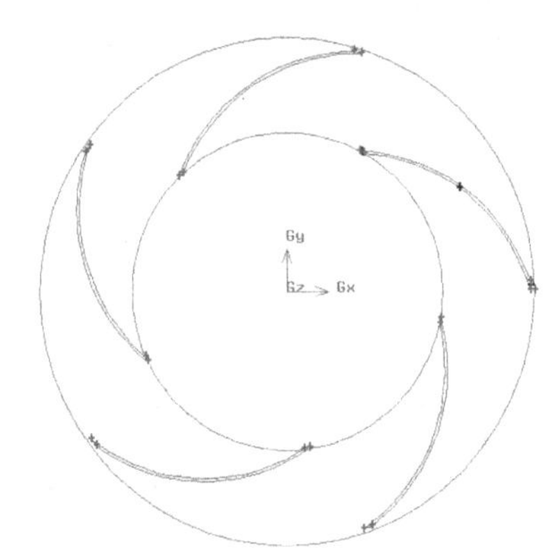

图 2-4-21　叶轮流域图

二、创建蜗壳流域

蜗壳的外缘曲线是螺旋线，其理论曲线方程为 $r=r_0e^{(q/\Gamma)\theta}$，现在用一个简单的方法所形成的曲线来代替。

1. 利用 Excel 计算蜗壳外缘坐标数据

假设基圆半径为 116，以 y 轴为起始线，沿逆时针方向旋转，每增加 10°，半径增加 2，由此形成一条螺旋线。按照坐标变换公式，有

$$\begin{cases}x=r\cos\theta\\y=r\sin\theta\end{cases}$$

利用 Excel 计算相应的坐标位置，部分数据见表 2-4-1。

表 2-4-1　利用 Excel 计算的部分坐标数据

角度/(°)	弧度/rad	半径	x 坐标	y 坐标	z 坐标
0	0	116	0	116	0
10	0.174533	118	-20.4905	116.2073	0
20	0.349066	120	-41.0424	112.7631	0
30	0.523599	122	-61	105.6551	0
40	0.698132	124	-79.7057	94.98951	0
50	0.872665	126	-96.5216	80.99124	0
60	1.047198	128	-110.851	64	0

（续）

角度/(°)	弧度/rad	半径	x 坐标	y 坐标	z 坐标
70	1.22173	130	-122.16	44.46262	0
80	1.396263	132	-129.995	22.92156	0
90	1.570796	134	-134	8.21E-15	0
100	1.745329	136	-133.934	-23.6162	0
110	1.919862	138	-129.678	-47.1988	0
120	2.094395	140	-121.244	-70	0
130	2.268928	142	-108.778	-91.2758	0
140	2.443461	144	-92.5614	-110.31	0
150	2.617994	146	-73	-126.44	0
160	2.792527	148	-50.619	-139.075	0
170	2.96706	150	-26.0472	-147.721	0
180	3.141593	152	-1.9E-14	-152	0

2. 建立数据文件

在 pump 文件夹中建立名为 wk.dat 的文件，将表 2-4-1 中的 x、y、z 坐标复制到文件中，并在文件中将数据进行适当的整理。文件中的部分内容如图 2-4-22 所示。

注意：

（1）文件中第 1 行的 37 和 1，表示用 37 个点形成 1 条线。

（2）读者也可以从光盘的 pump 文件夹中读取数据文件。

3. 利用 wk.dat 中的坐标数据形成蜗壳曲线

操作：File→Import→ICEM Input...，如图 2-4-23 所示。打开输入文件设置对话框，如图 2-4-24 所示。

wk - 记事本

文件(F) 编辑(E) 格式(O) 查看(V) 帮助(H)

```
37 1
  0            116             0
-20.49048496   116.2073149     0
-41.0424172    112.7631145     0
-61            105.6550993     0
-79.7056636    94.98951095     0
-96.52159983   80.99123882     0
-110.8512517   64              0
-122.1600407   44.46261863     0
-129.9946234   22.92155945     0
-134            0              0
-133.9338544   -23.61615216    0
-129.6775817   -47.19877978    0
-121.2435565   -70             0
-108.7783109   -91.27584058    0
-92.56141579   -110.3103998    0
-73            -126.439709     0
-50.61898121   -139.0745079    0
-26.04722665   -147.721163     0
  0            -152            0
```

图 2-4-22 蜗壳外形数据

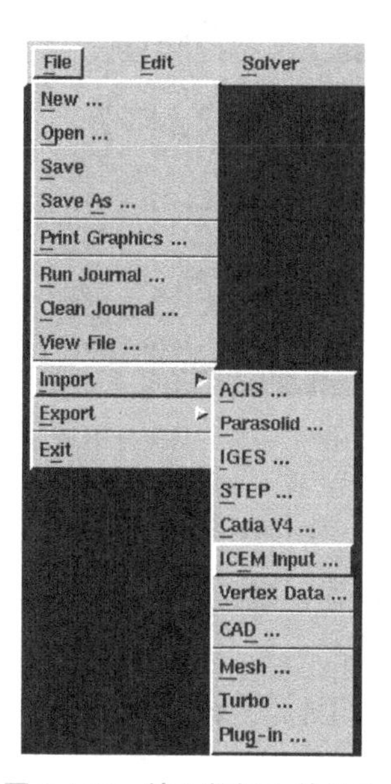

图 2-4-23 输入数据文件操作

① 单击 Browse... 按钮，打开文件选择对话框，如图 2-4-25 所示。

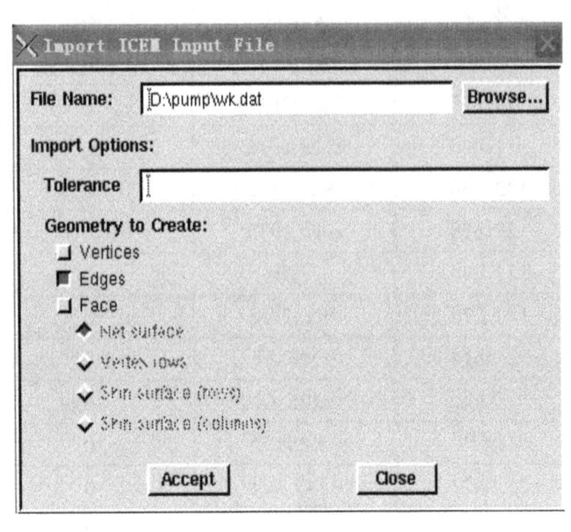

图 2-4-24　输入文件设置对话框

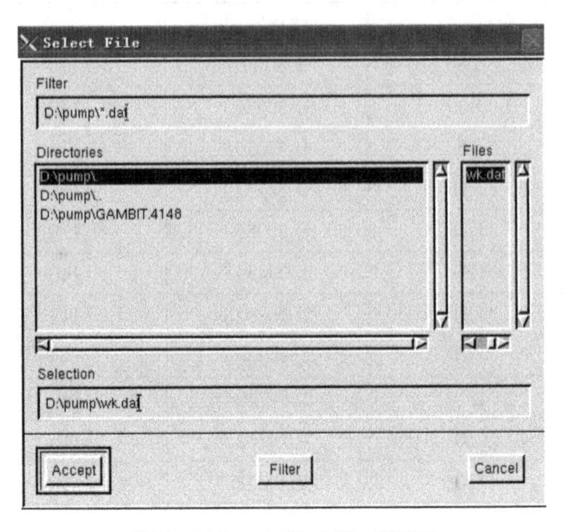

图 2-4-25　文件选择对话框

② 在 Files 项选择 wk. dat，单击 Accept 按钮。

③ 不选 Face，选择 Edges，单击 Accept 按钮。

形成蜗壳外形曲线图如图 2-4-26 所示。

4. 创建出口通道

将位于（0，188，0）的节点复制，偏移量为（-300，15，0）。

将位于（0，116，0）的节点复制，偏移量为（-300，-15，0）。

将上述 4 个节点连成线，结果如图 2-4-27 所示。

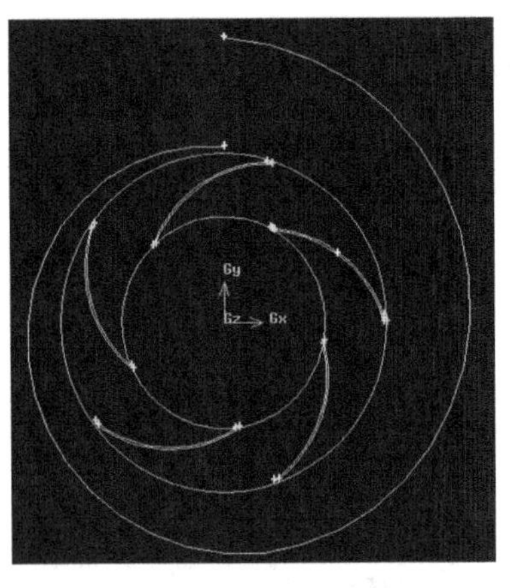

图 2-4-26　蜗壳外形曲线图

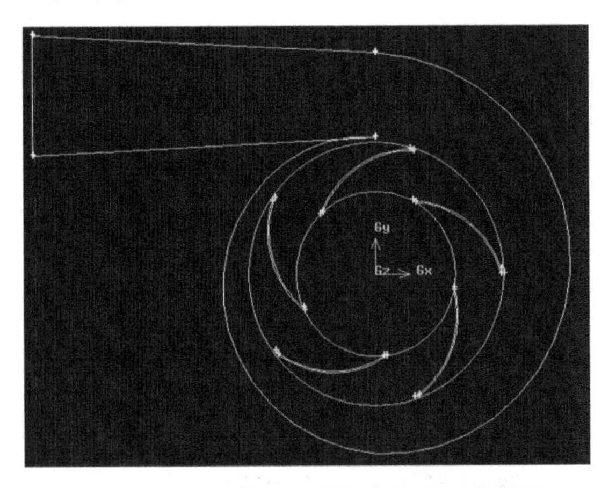

图 2-4-27　创建出口通道的蜗壳外形曲线图

5. 创建通道边界与蜗壳边界的交点

操作：→→ At Intersections，如图 2-4-28 所示，打开创建交点对话框，如图 2-4-29 所示。

在 Edge 1 框中选择蜗壳外形线；在 Edge 2 框中选择直线，如图 2-4-30 所示。单击 Apply 按钮，创建两条线的交叉点。

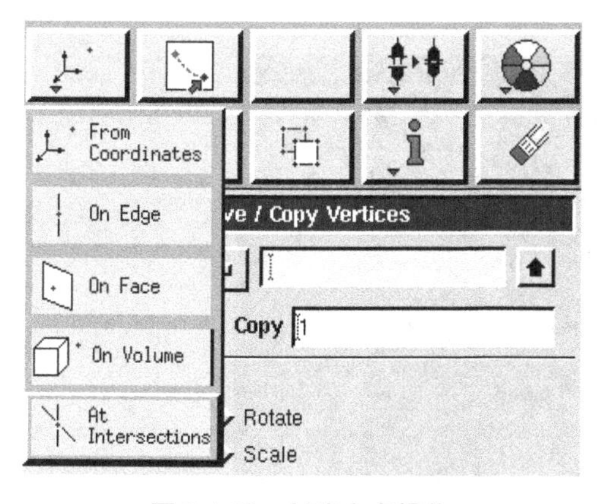

图 2-4-28 创建交点操作

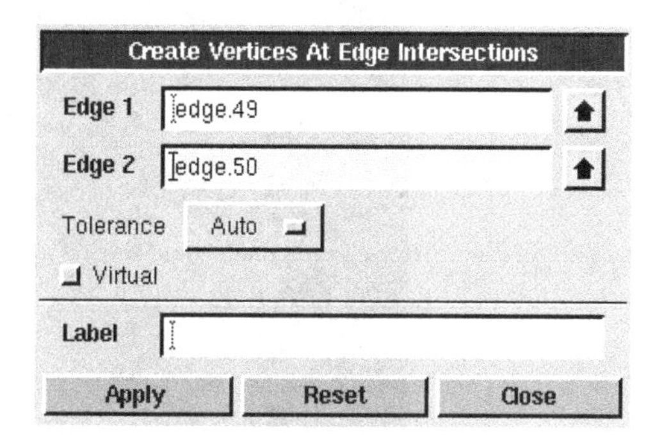

图 2-4-29 创建交点对话框

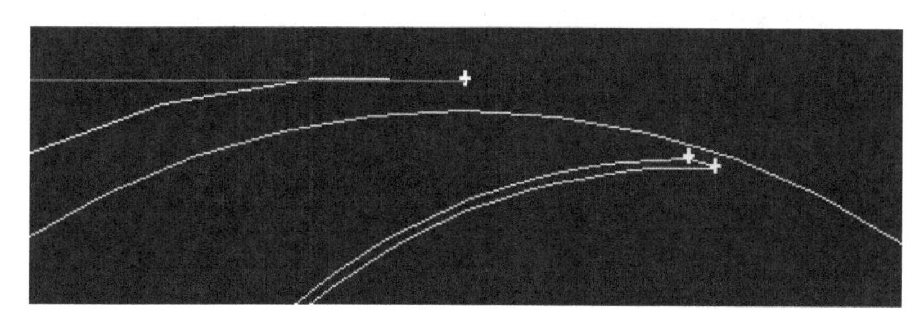

图 2-4-30 所选的两条线

6. 用这个点将与此点相关的直线和圆弧分割，并删除多余的线段

操作：→→，打开线段切割对话框，如图 2-4-31 所示。

① 在 Edge 框中，选择被切割的线段。

② Split With 项选择 Vertex。

③ 在 Vertex 右侧选择选择新创建的点。

④ 选择结果见图 2-4-32，单击对话框中 Apply 按钮。

⑤ 删除不需要的两条短线，结果如图 2-4-33 所示。

7. 用蜗壳的轮廓线（4 条）生成面（face. 3），结果如图 2-4-34 所示

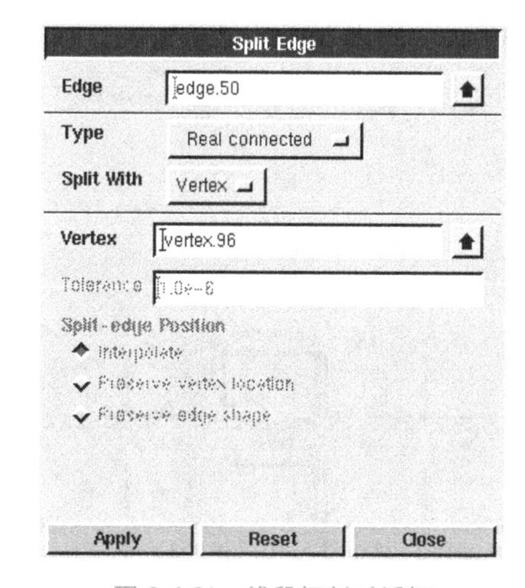

图 2-4-31 线段切割对话框

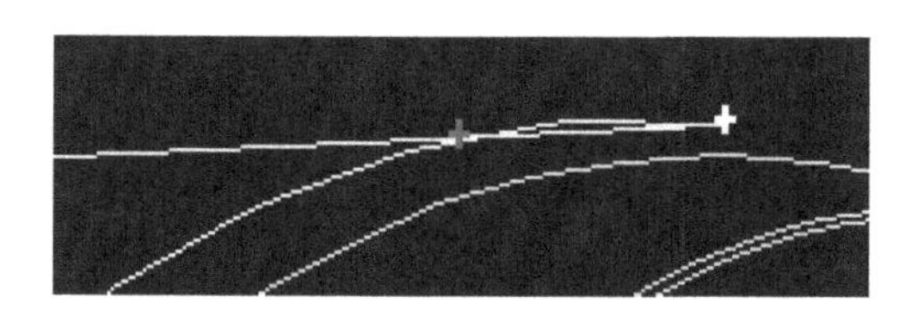

图 2-4-32 线段与点选择图

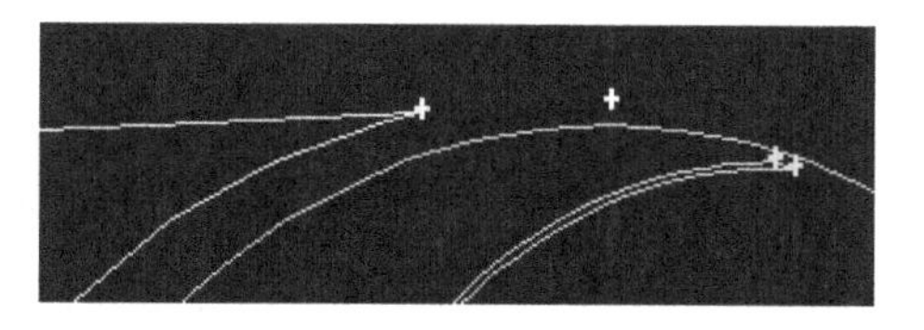

图 2-4-33 操作结果

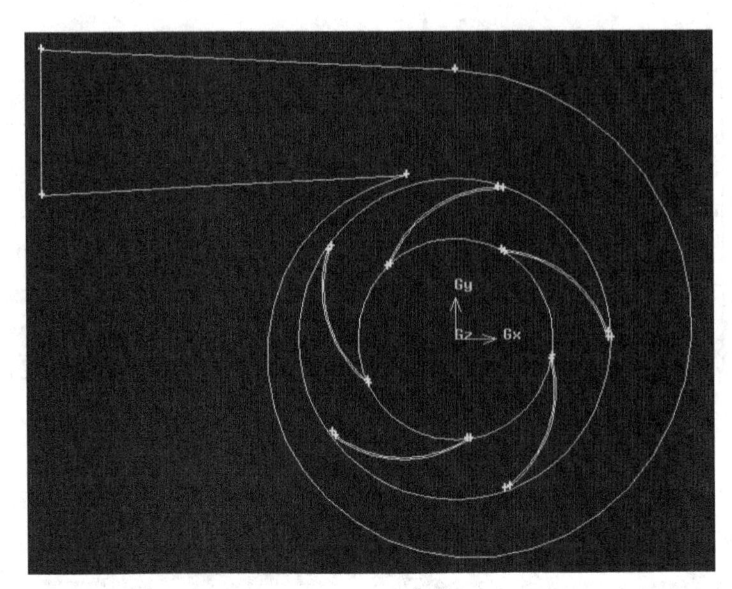

图 2-4-34　流域轮廓图

三、创建流域

1. 用蜗壳面 face. 3 减去叶轮流域面 face. 4

这样操作后得到三个面，一个是半径为 112 以外的蜗壳流域（face. 5）；一个是半径为 112 以内与叶轮轮廓线所形成的叶轮流域（face. 2）；还有一个就是叶轮轮廓线所围成的面（face. 3），注意到这个面（face. 3）不是流域，需要删除。

操作：→→ Subtract ，如图 2-4-35 所示，打开面布尔减运算对话框，如图 2-4-36 所示。

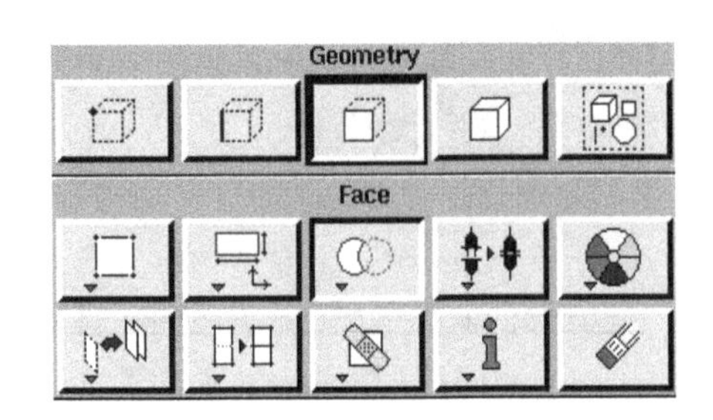

图 2-4-35　布尔减操作

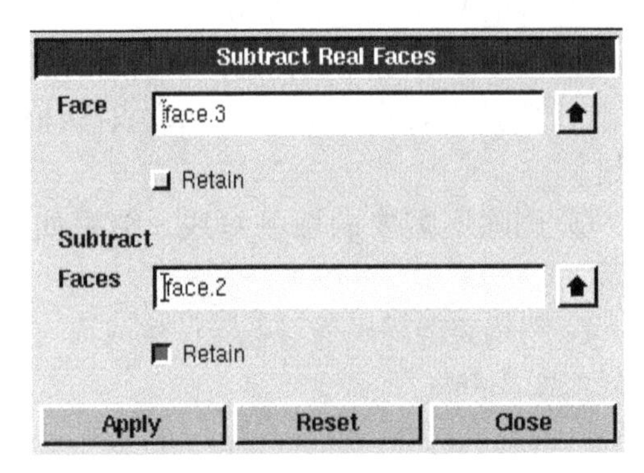

图 2-4-36　布尔减运算对话框

① 在 Face 框选择蜗壳流域面（face. 3）。
② 在 Subtract Faces 项选择叶轮流域面（face. 2）。
③ 选择 Retain 选项，保留叶轮流域面。
④ 单击 Apply 按钮。

2. 删除叶轮周线所形成的面。

叶轮边界所围成的面是固体区域，不是流域，故必须删除。删除面对话框如图 2-4-37 所示。

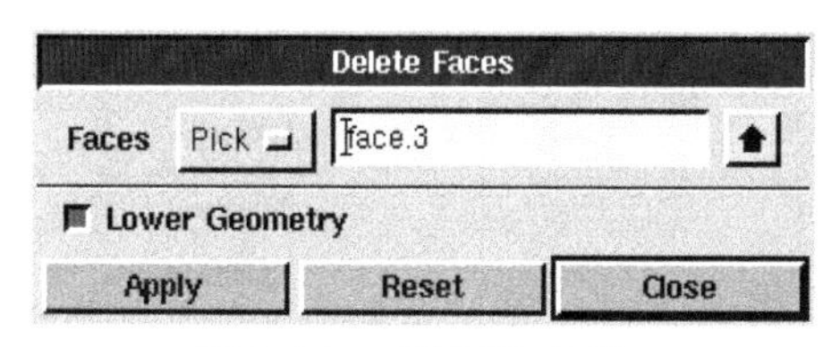

图 2-4-37　删除面对话框

第 2 节　网格划分

1. 将叶片端部边界线均分为 3 个单元

操作：→→，打开线段网格划分对话框，如图 2-4-38 所示。

（1）在 Edges 框中选择叶片端部线段（5 条线段都选）。

（2）在 Interval count 框中输入 3。

（3）单击 Apply 按钮，网格划分结果如图 2-4-39 所示。

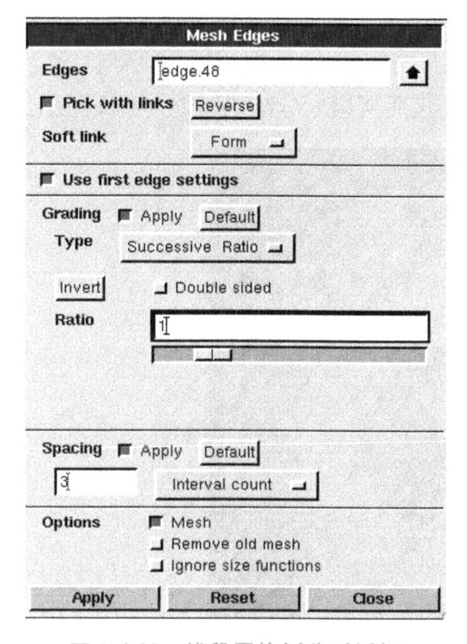

图 2-4-38　线段网格划分对话框

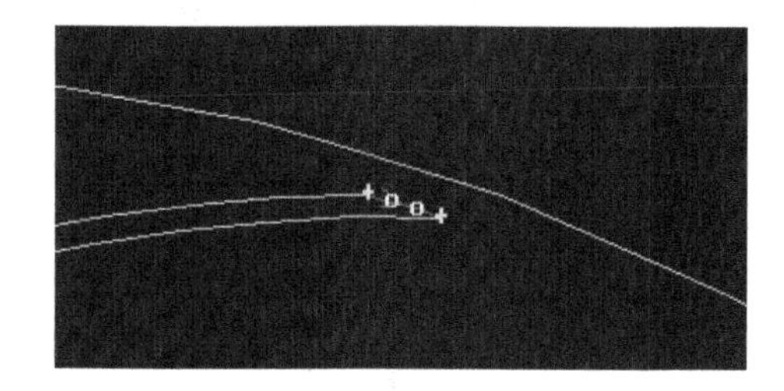

图 2-4-39　叶片端部线段网格划分

2. 对叶轮流域划分网格

操作：→→，打开面网格划分设置对话框，对叶轮流域的设置如图 2-4-40 所示。

（1）在 Faces 框中，选择叶轮流域 face. 2。

（2）在 Elements 框中选择 Quad（四边形网格）。

（3）在 Type 框中选择 Pave（非结构化网格）。

（4）在 Spacing 项选择 Interval，并输入网格间距 2。

（5）保留其他默认设置，单击 Apply 按钮。

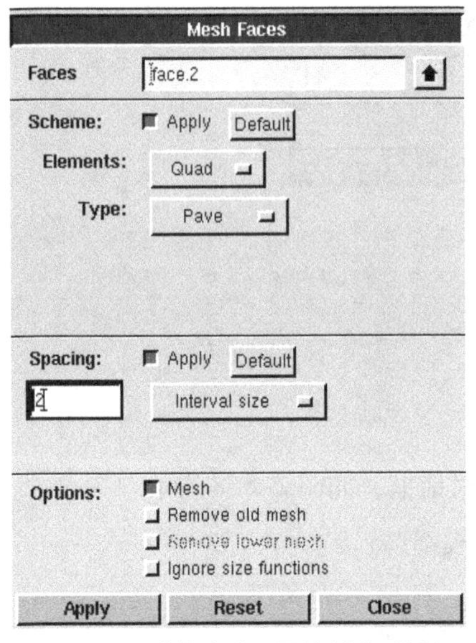

图 2-4-40　叶轮流域面网格划分对话框

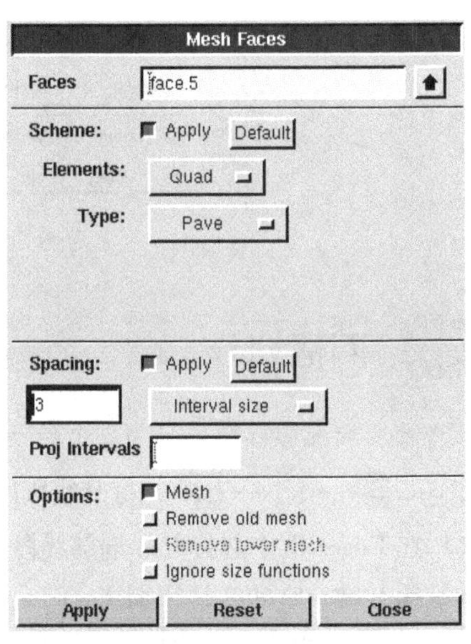

图 2-4-41　蜗壳流域面网格划分对话框

3. 对蜗壳流域划分网格

操作类似，设置如图 2-4-41 所示，单击 Apply 按钮，最后网格划分结果如图 2-4-42 所示。

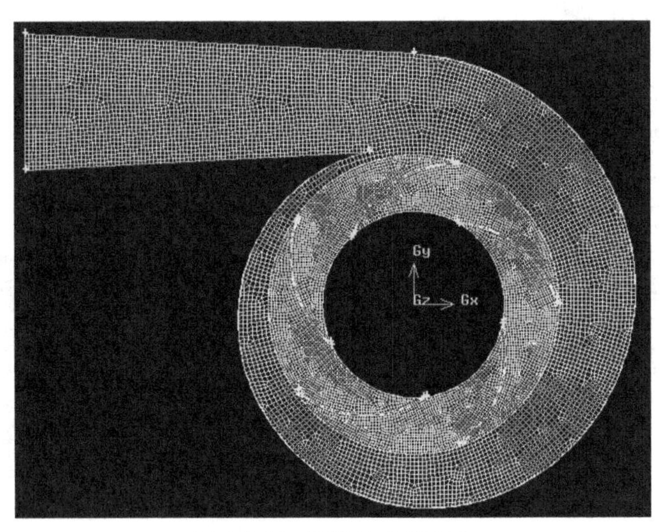

图 2-4-42　网格划分结果图

第 3 节　边界类型设置

1. 定义两个流域

操作：在右上方工具栏中选择 → ，打开流域设置对话框。

(1) 叶轮流域——fluid-in

① 如图 2-4-43 所示，在 Name 框中输入流域的名字 fluid-in。

② 在 Faces 框中，选择叶轮流域 face. 2。

③ 单击 Apply 按钮。

(2) 蜗壳流域——fluid-out

操作如上所述，对话框如图 2-4-44 所示。

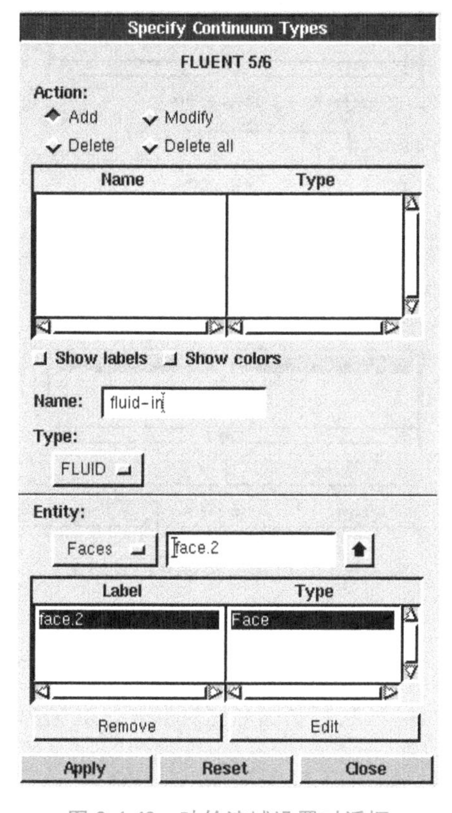

图 2-4-43 叶轮流域设置对话框

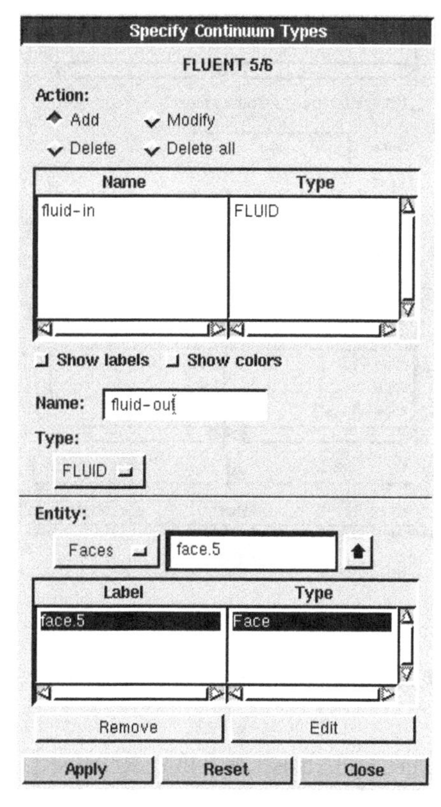

图 2-4-44 蜗壳流域设置对话框

2. 定义速度入口边界

速度入口边界为半径为 70 的内圆边界（由 5 条线组成）。

操作：→，打开速度入口边界设置对话框。

① 如图 2-4-45 所示，在 Name 框中输入边界的名称：inlet。

② 在 Type 框中选择速度入口边界类型：VELOCITY_INLET。

③ 在 Edges 框中选择半径为 70 的 5 条圆弧边界。

④ 单击 Apply 按钮。

至此完成了速度入口边界的设置。

3. 定义压力出口边界

确定蜗壳出口处的边界线为压力出流边界，类型为 PRESSURE_OUTLET，命名为 outlet，压力出口边界设置对话框如图 2-4-46 所示。

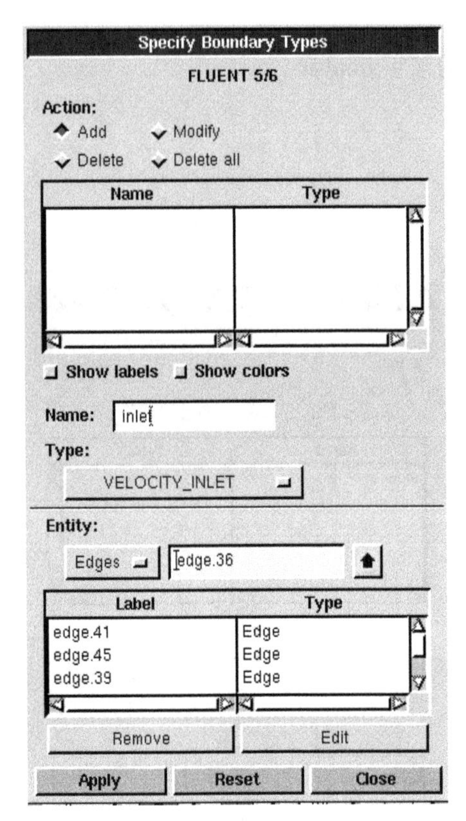

图 2-4-45　速度入口边界设置对话框

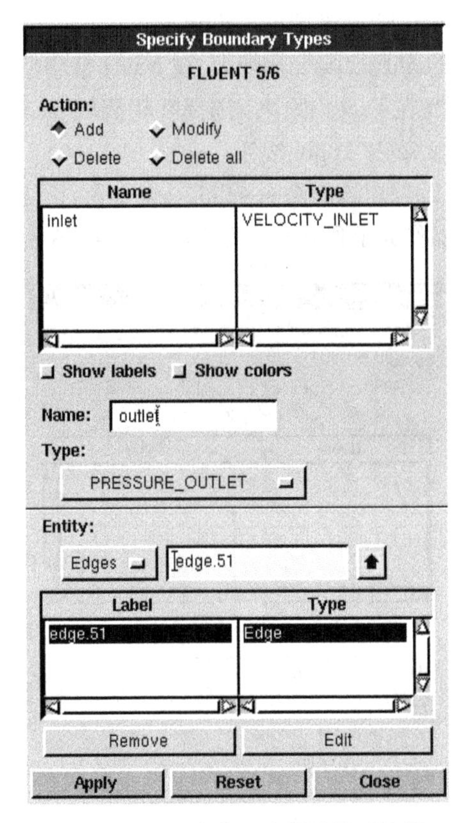

图 2-4-46　压力出口边界设置对话框

4. 定义叶轮壁面为固壁类型

选取 5 个叶片的所有边界（每个叶片有 3 条边），类型为 WALL，命名为 impeller。

5. 定义叶轮流域与蜗壳流域交界线（2 条半径为 112 的圆）为内部边界类型 INTERFACE

inter-in——edge. 28，INTERFACE。

inter-out——edge. 84，INTERFACE。

最后，所设边界名称及类型如图 2-4-47 所示。

6. 输出网格，退出 Gambit

操作：File→Export→Mesh，选择 Export 2-D（X-Y）Mesh，单击 Accept 按钮，如图 2-4-48 所示。

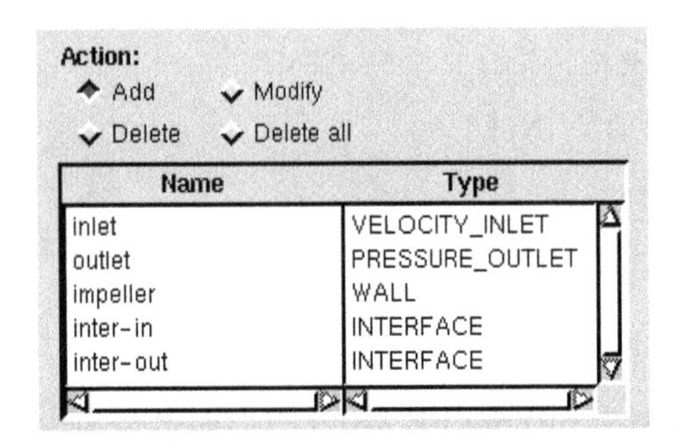

图 2-4-47　边界名称及类型

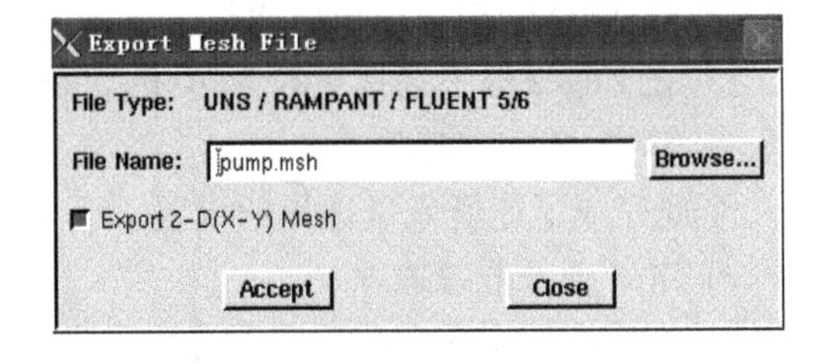

图 2-4-48　输出网格对话框

第4节 启动 ANSYS Fluent，采用 MRF 方法进行模拟计算

首先采用定常流动的方法对此问题进行计算。

1. 启动 Fluent-2D 求解器，读入网格文件，进行网格操作

（1）启动 Fluent-2D 求解器

ANSYS Fluent 的启动对话框如图 2-4-49 所示，保留默认选项，单击OK按钮，启动 2D 求解器。

（2）读入网格文件

操作：File→Read→Mesh...，如图 2-4-50 所示，选择 pump 文件夹中的 pump. mesh 文件。

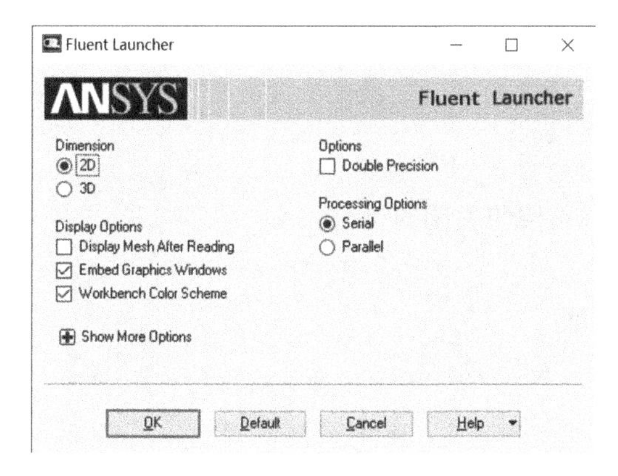

图 2-4-49 启动 Fluent 对话框

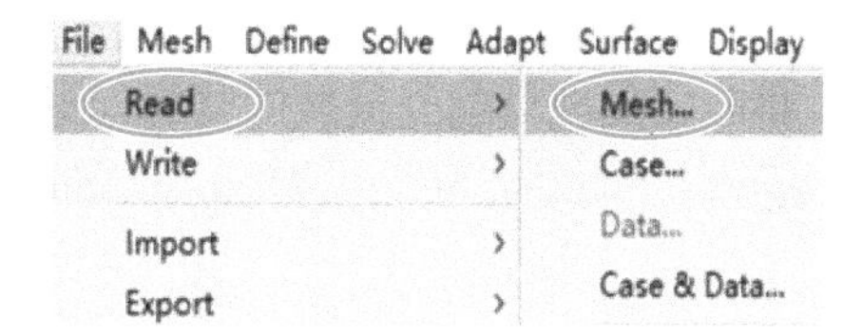

图 2-4-50 读入网格文件对话框

（3）确定长度单位为 mm

操作：Solution Setup→General，如图 2-4-51 所示。

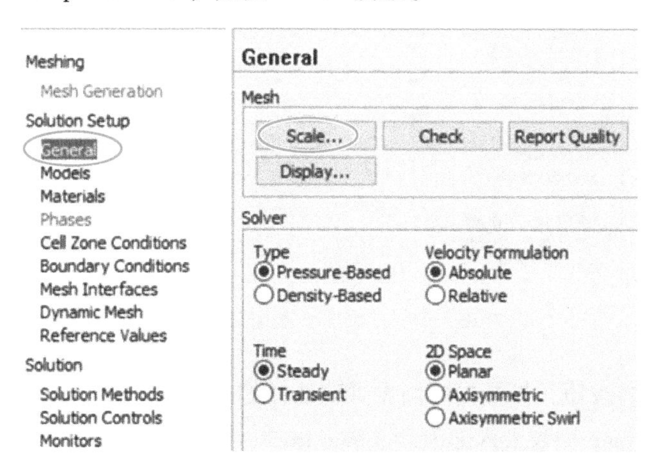

图 2-4-51 总体设置对话框

单击Scale...，打开长度单位设置对话框，如图 2-4-52 所示。

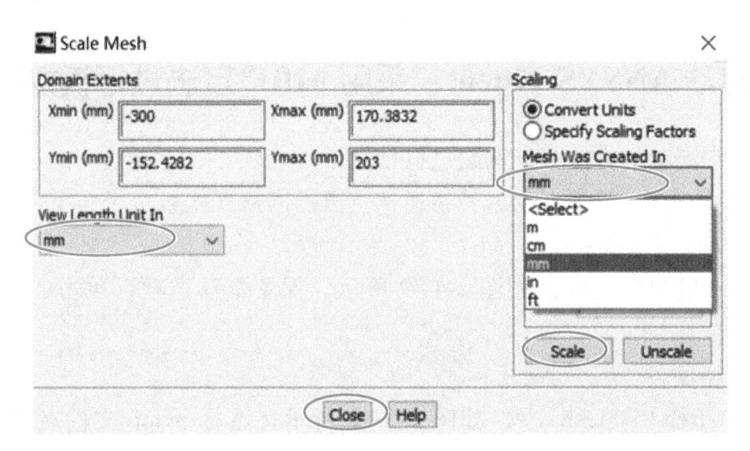

图 2-4-52　长度单位设置对话框

① 在 View Length Unit In 框中选择 mm。

② 在 Scaling 选项区选择 Convert Units 单选项。

③ 在 Mesh Was Created In 列表中选择 mm。

④ 单击选项区的 Scale 按钮，单击对话框 Close 按钮关闭对话框。

（4）设置网格交界面

将叶轮流域与蜗壳流域的交界面设置为内部面。

操作：Solution Setup→Mesh Interfaces，如图 2-4-53 所示。

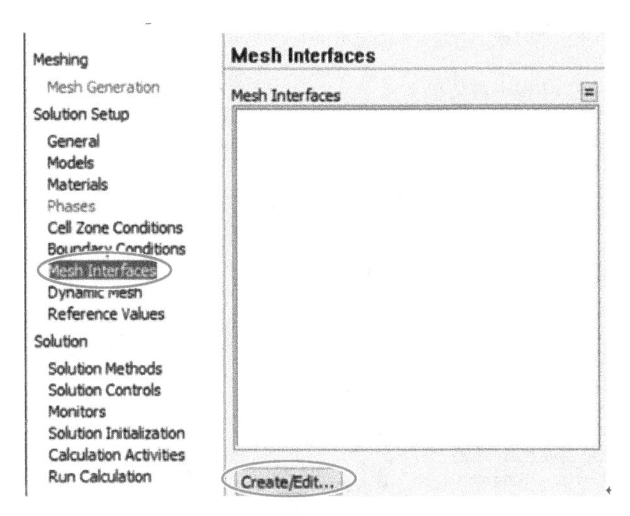

图 2-4-53　树目录选择对话框

单击 Create/Edit...按钮，打开内部面设置对话框如图 2-4-54 所示。

① 在 Mesh Interface 框输入内部面的名称：inn。

② 在 Interface Zone 1 框选取 inter-in。

③ 在 Interface Zone 2 框选取 inter-out。

④ 单击 Create 按钮，单击 Close 按钮关闭对话框。

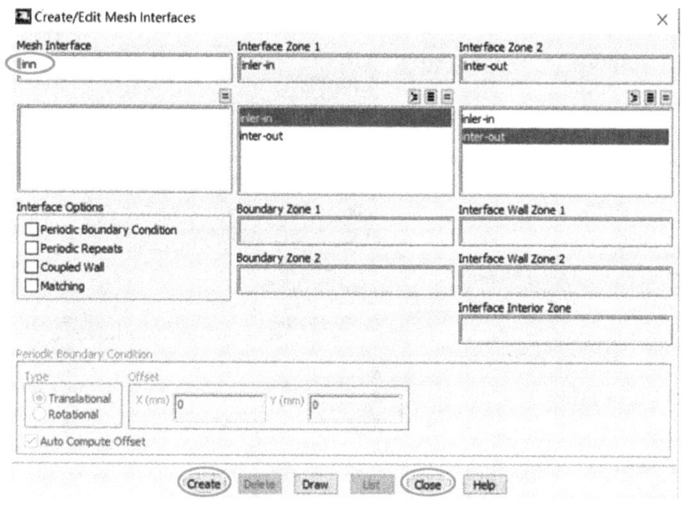

图 2-4-54　内部面设置对话框

（5）网格检查

操作：Solution Setup→General，打开网格检查对话框，如图 2-4-55 所示，单击Check按钮进行网格检查。

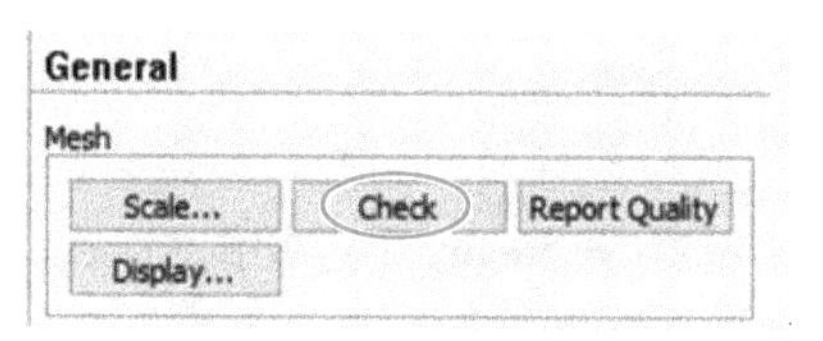

图 2-4-55　网格检查对话框

在右下方的窗口内显示 Done，表示通过了网格检查。

（6）网格质量报告

单击Report Quality按钮，查看网格质量报告。

在右下方的窗口内显示

Minimum Orthogonal Quality = 6. 35243e-01

Maximum Aspect Ratio = 4. 50827e+00

注意：

（1）Minimum Orthogonal Quality（最小正交质量）的变化范围为 0 ~ 1，越大越好，一般要求大于 0. 2。本例为 0. 635，说明网格正交质量符合要求。

（2）Maximum Aspect Ratio（最大纵横比），一般要求小于 6。本例为 4. 5，符合要求。

（7）显示网格

单击Display...按钮，打开网格显示对话框，如图 2-4-56 所示。

保留默认选项，单击 Display 按钮，单击Close按钮关闭对话框。

注意：如果图形显示不理想，可以在菜单工具栏中单击 Fit to Window 按钮，如图 2-4-57 所示。

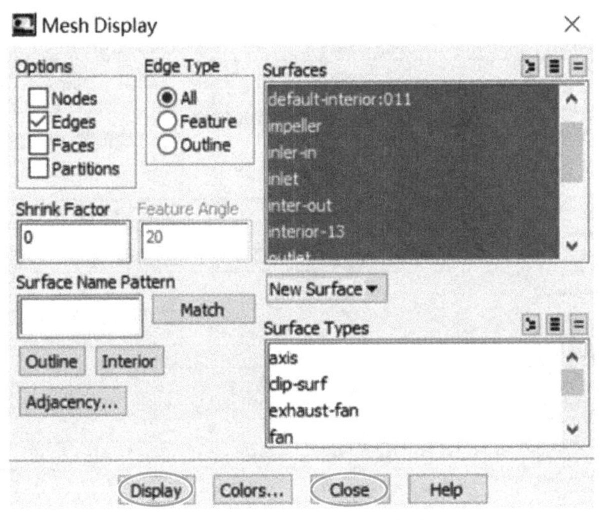

图 2-4-56 网格显示对话框

2. 设置求解器参数

(1) 设置求解器类型

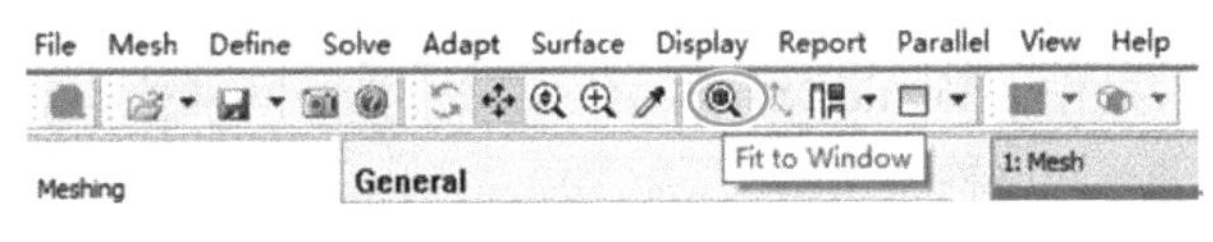

图 2-4-57 菜单工具栏

选择 Solution Setup→General，在打开的求解器设置对话框的 Solver 选项区中 Type 项默认选择 Pressure-Based（基于压力的），在 Time 项默认选择是 Steady（定常的），在 2D Space 项默认选择是 Planar（平面的），如图 2-4-58 所示。

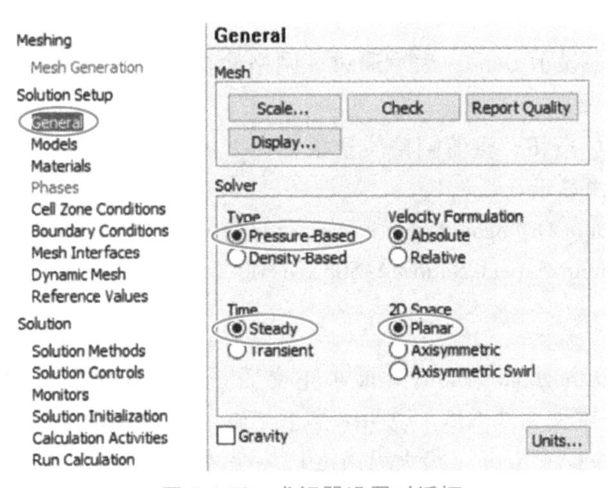

图 2-4-58 求解器设置对话框

注意： 对于叶轮机械的流动问题，是定常流动还是非定常流动，与坐标系的选取有关，如果把坐标固定在匀角速旋转的叶轮上，则流动为定常流动；如果把坐标固定在地面上，则流动就是非定常流动了。由此也引出了两种方法，一个是采用定常流动的旋转坐标系（MRF）方法，还有一个就是采用非定常流动的滑移网格（Moving Mesh）方法。

(2) 设置湍流模型

操作：Solution Setup→Models→Viscous-Laminar，如图 2-4-59 所示，单击Edit...按钮，打开湍流模型对话框，如图 2-4-60 所示。

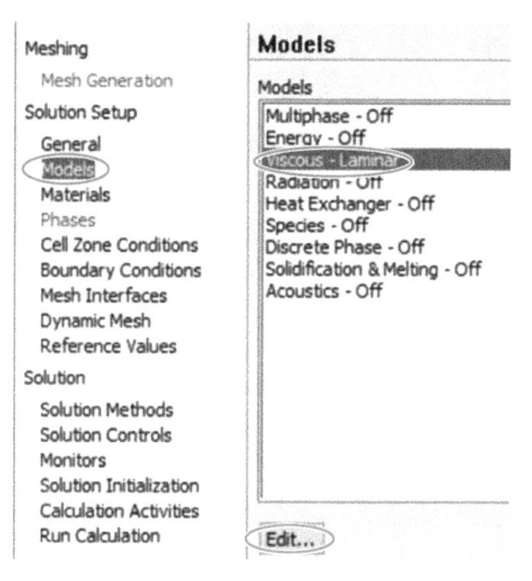

图 2-4-59　求解模型设置对话框

① 在 Model 单选项中选择 k-epsilon（2eqn）。

② 其他保持默认设置，单击OK按钮。

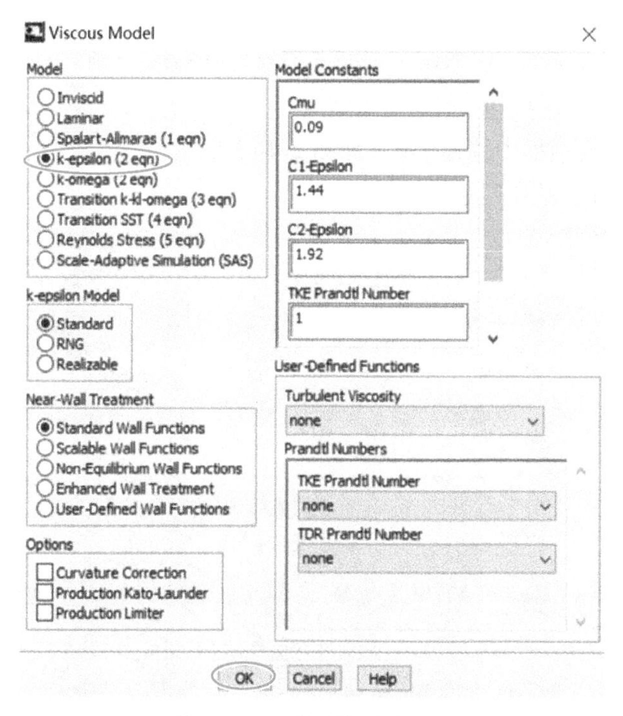

图 2-4-60　湍流模型对话框

3. 设置流体的物性

操作：Solution Setup→Materials→Fluid，如图 2-4-61 所示。

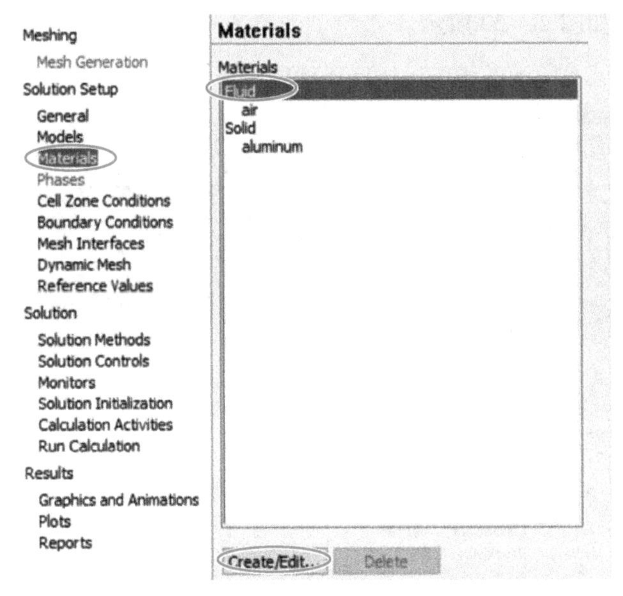

图 2-4-61　流体物性设置对话框

单击 Create/Edit...按钮，打开物性设置对话框如图 2-4-62 所示。

① 在 Name 框中输入流体的名称：water。

② 在 Density（kg/m3）框中输入水的密度：1000。

③ 在 Viscosity（kg/m-s）框中输入水的动力黏度 0. 001。

④ 单击 Change/Create 按钮。

⑤ 在弹出的询问对话框中选择 Yes，如图 2-4-63 所示。

⑥ 单击 Close 按钮，关闭对话框。

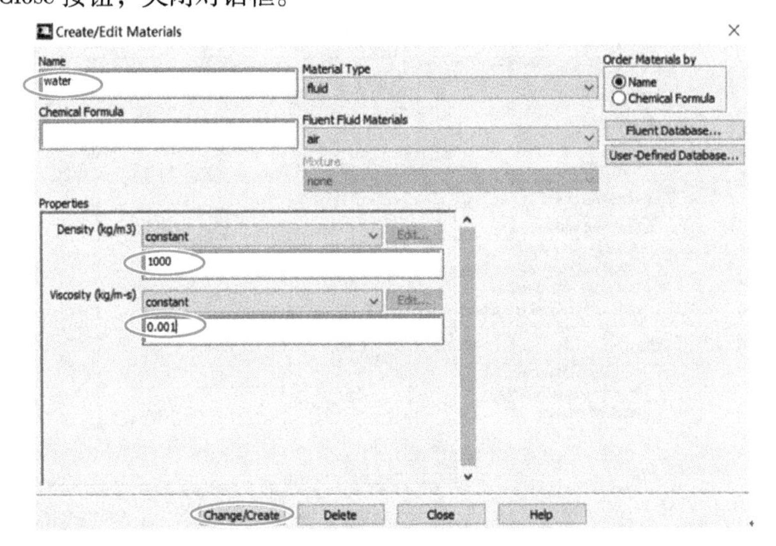

图 2-4-62　流体物性设置对话框

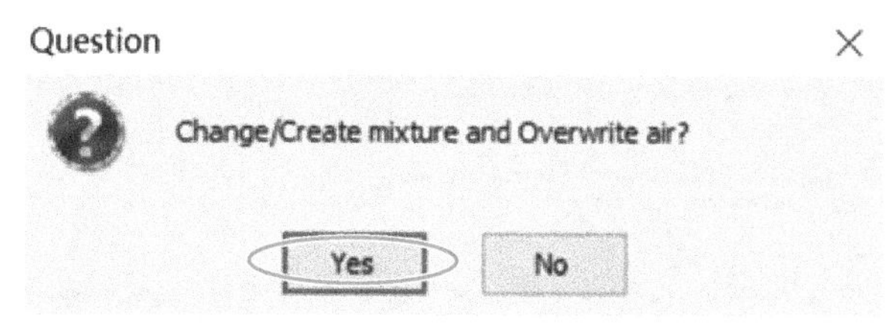

图 2-4-63 询问对话框

说明：选择 Yes 表示用新材料（水）覆盖默认的材料（空气），此时系统中只有水。如果选 No，则系统中既有水也有空气。

4. 设置操作环境

操作：Solution Setup→Cell Zone Conditions，如图 2-4-64 所示。

单击 Operating Conditions... 按钮，打开操作环境设置对话框，如图 2-4-65 所示，选取默认设置，单击 OK 按钮。

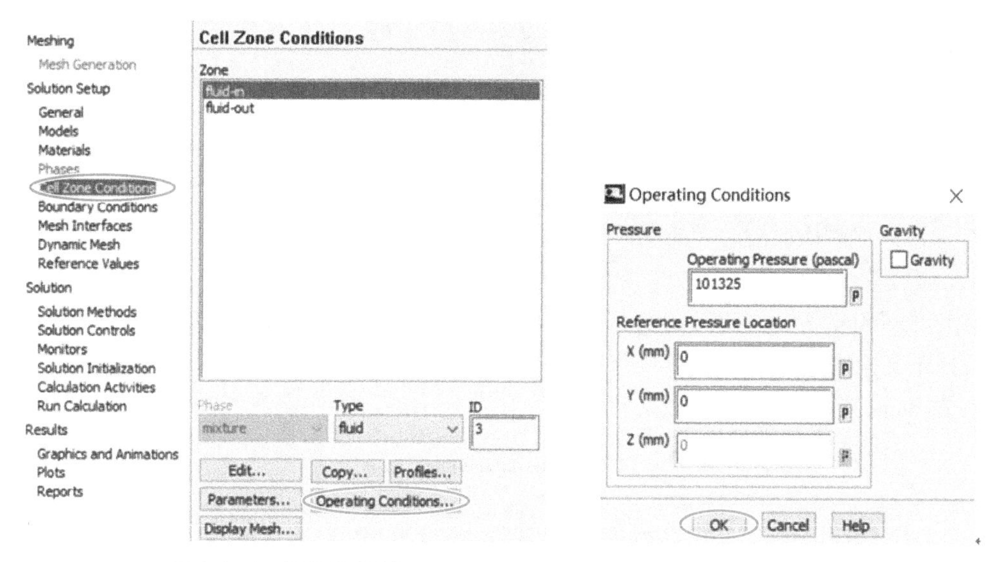

图 2-4-64 操作目录树

图 2-4-65 操作环境对话框

5. 设置流域

操作：Solution Setup→Operating Conditions，打开操作环境对话框，如图 2-4-64 所示。

对于 MRF 方法，需要定义一个动流域（叶轮流域）和一个静流域（蜗壳流域）。

（1）设置叶轮流域，转速为 60rad/s

① 在 Zone Name 框中选取 fluid-in，Type 框中设为 fluid。

② 单击 Edit...按钮，弹出流域设置对话框，如图 2-4-66 所示。

③ 确认 Material Name 项为 water。

④ 选取 Frame Motion（运动参考系）复选项。

⑤ 在 Reference Frame 选项卡中，在 Rotational Velocity 中的 Speed（rad/s）框中填入旋转角速度 60（逆时针旋转为正）。

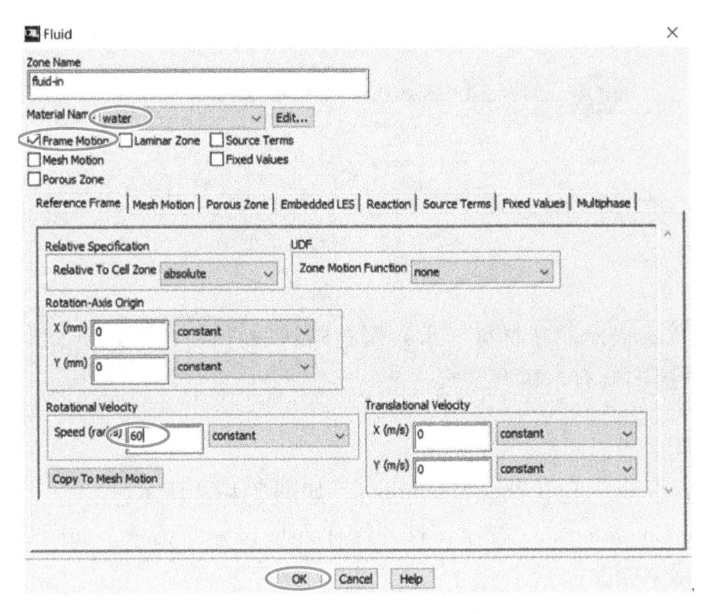

图 2-4-66　流域设置对话框

⑥ 保留其他默认设置，单击 OK 按钮。

（2）设置蜗壳流域为静止流域

① 在 Material Name 框中确认为 water。

② 保留其他默认设置，单击 OK 按钮。

6. 设置边界条件

操作：Solution Setup→Boundary Conditions，打开边界条件对话框，如图 2-4-67 所示。

（1）定义速度入口 inlet

① 在 Zone 列表中选择 inlet。

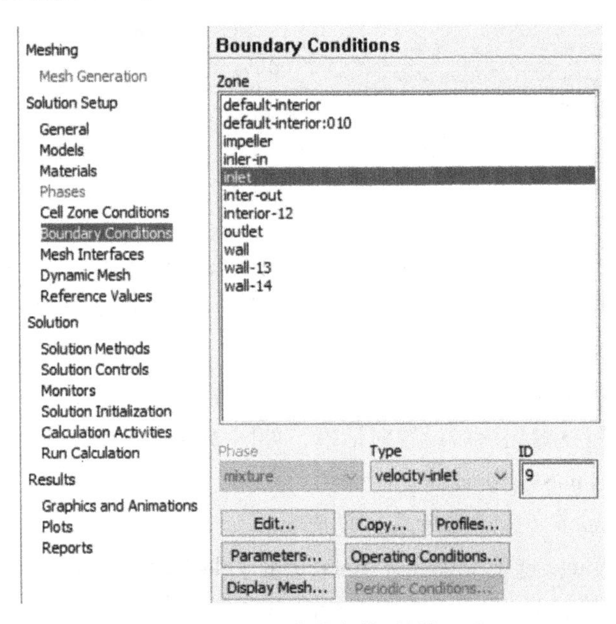

图 2-4-67　边界条件对话框

② 在 Type 框中确认为 velocity-inlet 类型。

③ 单击Edit...按钮；弹出速度入口对话框，如图 2-4-68 所示。

④ 打开 Momentum 选项卡。

⑤ 在 Velocity Specification Method（速度定义方法）框中确认为 Magnitude，Normal to Boundary（给定速度大小，方向垂直于边界）。

⑥ 在 Velocity Magnitude（m/s）框中输入速度 2。

⑦ 在 Turbulence 选项区的 Specification Method 框中选取 Intensity and Hydraulic Diameter（湍流强度与水力直径）。

⑧ 在 Turbulent Intensity（%）框中输入 5。

⑨ 在 Hydraulic Diameter（mm）框中输入 140。

⑩ 单击 OK 按钮。

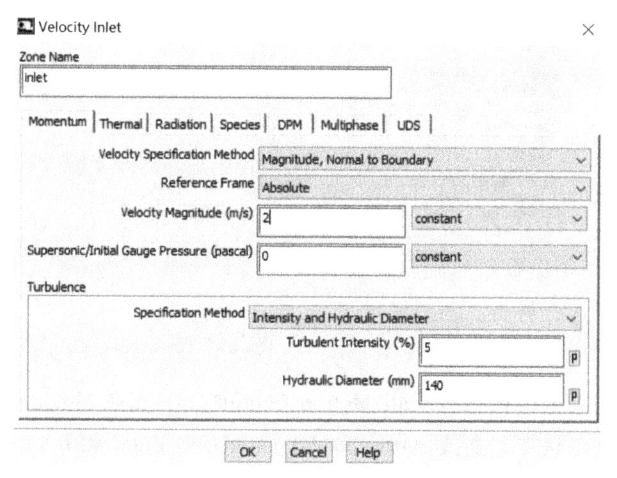

图 2-4-68　速度入口对话框

（2）定义压力出口 outlet

在 Zone Name 框中输入 outlet，单击 Edit... 按钮，打开压力出口对话框如图 2-4-69 所示，保留默认设置，单击 OK 按钮。

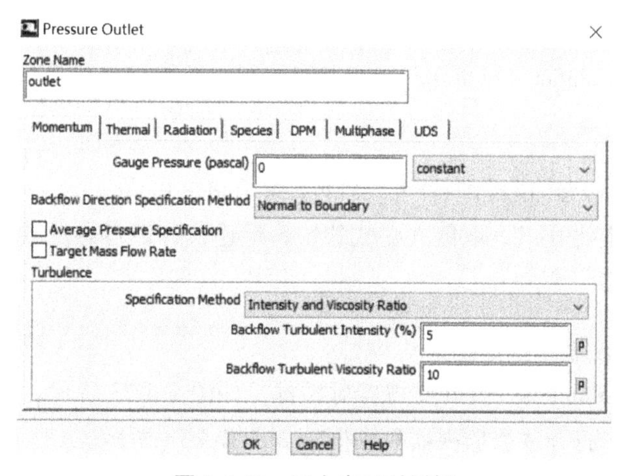

图 2-4-69　压力出口对话框

（3）设置叶片与叶轮流域以相同的角速度转动（相对转速为 0）

① 在 Zone Name 框中输入 impeller。

② 确认在 Type 项为 Wall，单击Edit...按钮，打开壁面设置对话框，如图 2-4-70 所示。

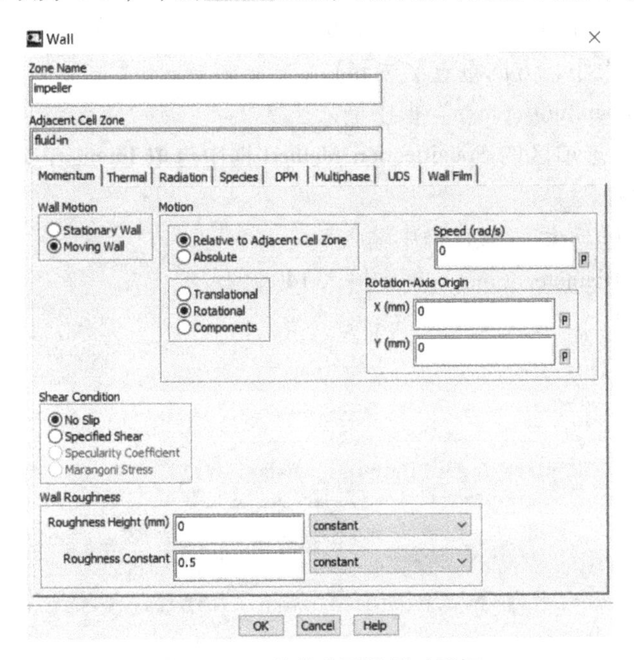

图 2-4-70　旋转壁面设置对话框

③ 在 Momentum 选项卡中，在 Wall Motion 单选项区中选择 Moving Wall。

④ 在 Motion 单选项区中选择 Relative to Adjacent Cell Zone 和 Rotational。

⑤ 在 Speed（rad/s）框中输入 0。

⑥ 保留其他默认设置，单击 OK 按钮。

7. 设置求解控制

（1）设置求解算法

操作：Solution→Solution Methods，打开求解算法对话框，如图 2-4-71 所示，保留默认设置。

（2）设置求解控制参数

操作：Solution→Solution Controls，打开求解控制对话框，如图 2-4-72 所示，保留默认设置，单击 OK 按钮。

注意： 在 Solution Controls 项目中，主要是对 Under Relaxation Factors（欠松弛因子）的设置，其取值范围为 0~1，取值大则收敛快，但迭代计算容易发散；取值小则收敛慢，但迭代计算容易收敛。

（3）设置残差监测器

操作：Solution→Monitors，打开监视器对话框，如图 2-4-73 所示。

单击Edit...按钮，打开残差监视器对话框，如图 2-4-74 所示。

① 在 Options 选项区中选取 Plot 复选项。

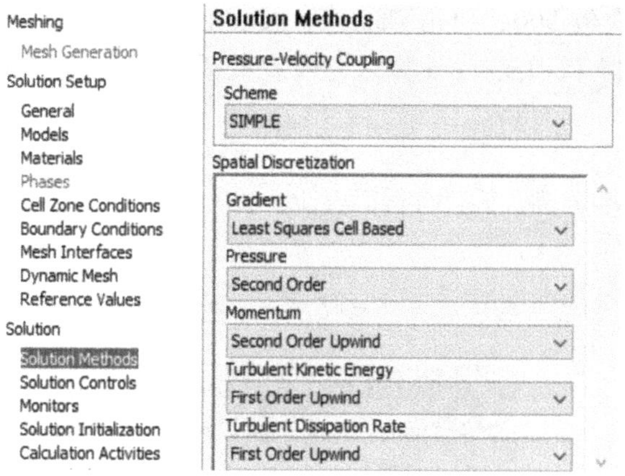

图 2-4-71　求解算法对话框

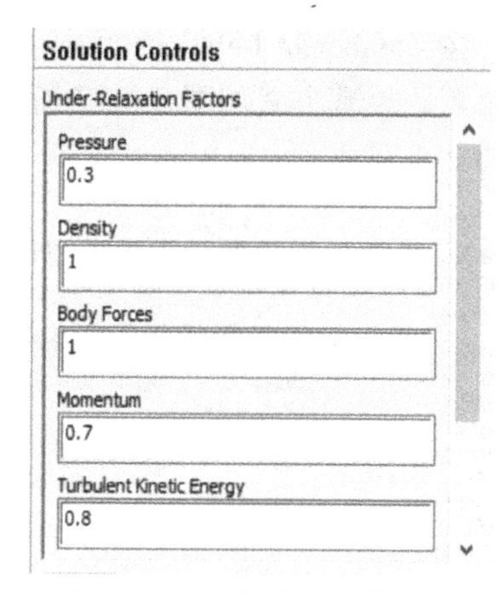

图 2-4-72　求解控制对话框

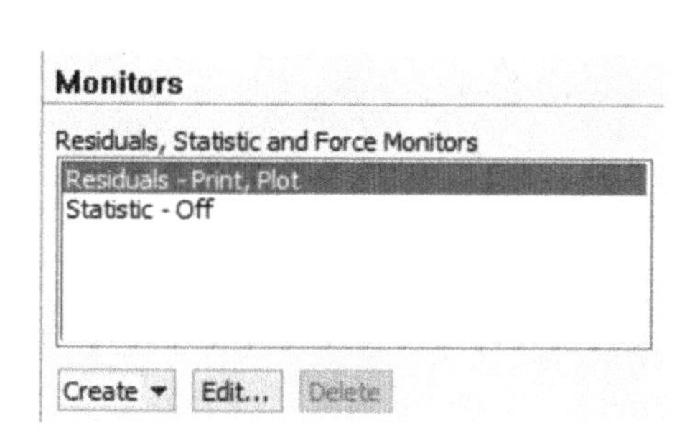

图 2-4-73　监视器对话框

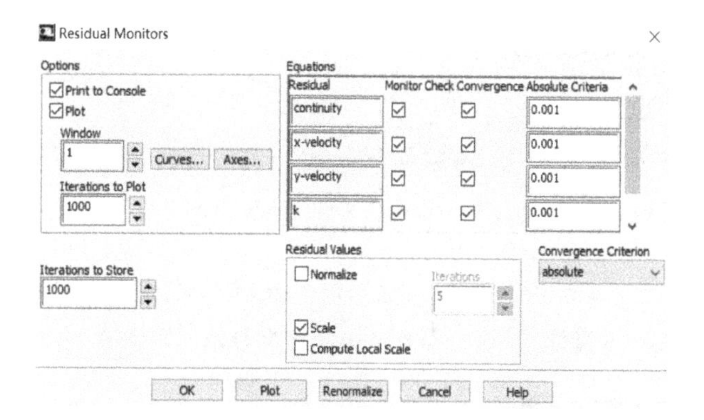

图 2-4-74　残差监视器对话框

② 其他保持默认设置，单击 OK 按钮。

8. 进行流场初始化

操作：Solution→Solution Initialization，打开流场初始化对话框，如图 2-4-75 所示。保留默认选项，单击 Initialize 按钮。

9. 进行迭代计算

操作：Solution→Run Calculation，打开迭代计算对话框，如图 2-4-76 所示。

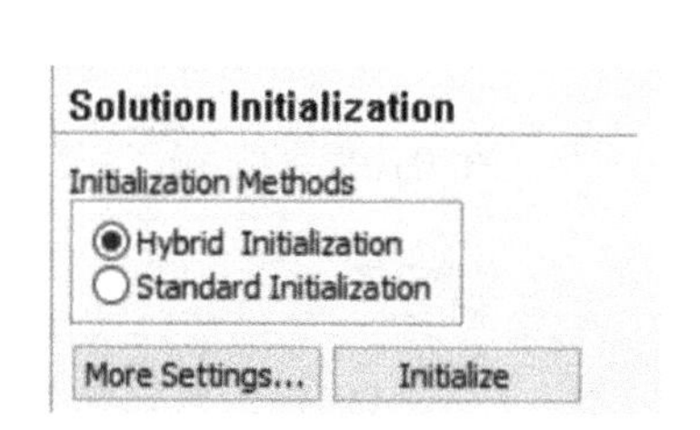

图 2-4-75　流场初始化对话框

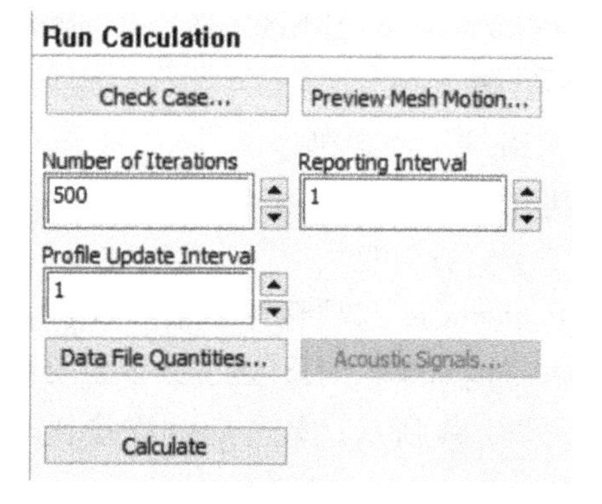

图 2-4-76　迭代计算设置对话框

在 Number of Iterations 框中填入迭代次数 500，单击 Calculate 按钮，开始计算，计算结果后，处理方式如图 2-4-77 所示。经过 272 次迭代计算后，残差收敛，残差收敛曲线如图 2-4-78 所示。

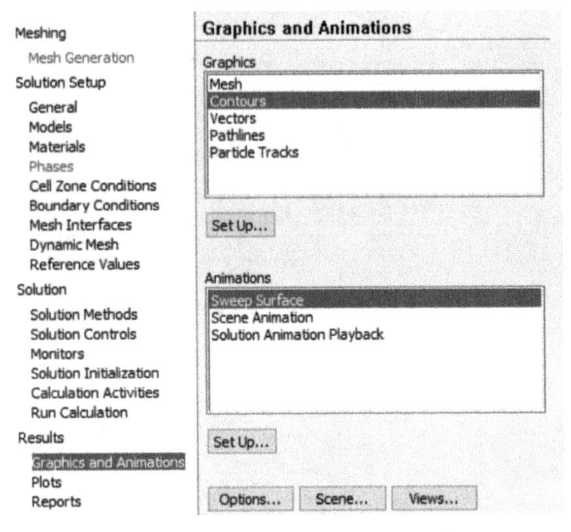

图 2-4-77　计算结果后处理对话框

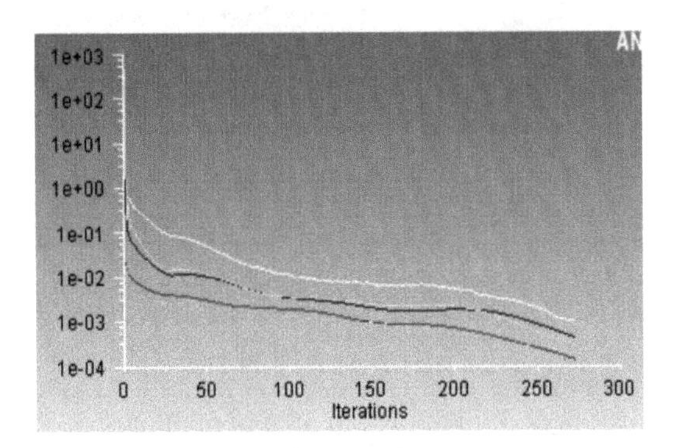

图 2-4-78　残差收敛曲线

10. 保存文件，文件名为 pump-MRF. cas 和 pump-MRF-dat

操作：File→Write→Case & Date...

第 5 节　计算结果后处理

1. 压力分布云图

操作：Results→Graphics and Animations，计算结果后处理对话框如图 2-4-78 所示。

在 Graphics 列表中选择 Contours，单击 Set Up...按钮，打开云图设置对话框如图 2-4-79 所示。

① 在 Options 选项区中选择 Filled；（云图）复选项。

② 在 Contours of 选项区中选择 Pressure... 和 Static Pressure。

③ 单击 Display 按钮。

得到流场静压分布云图如图 2-4-80 所示。

2. 速度分布云图

在 Contours of 选项区中选择 Velocity... 和 Velocity Magnitude，打开速度分布云图对话框，如图 2-4-81 所示；单击 Display 按钮。得到流场速度分布云图如图 2-4-82 所示。

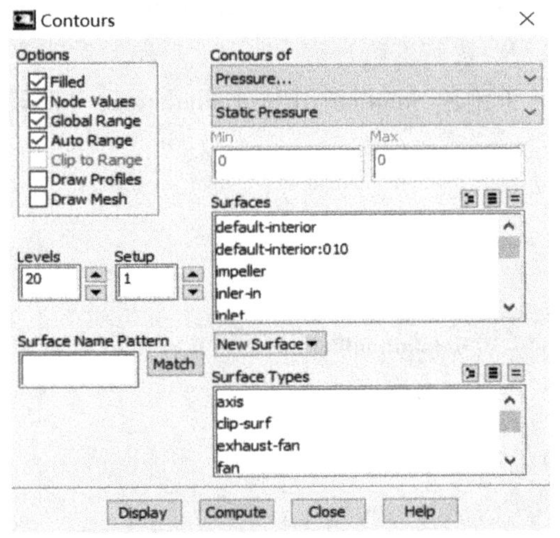

图 2-4-79　压力分布云图设置对话框

图 2-4-80　压力分布云图

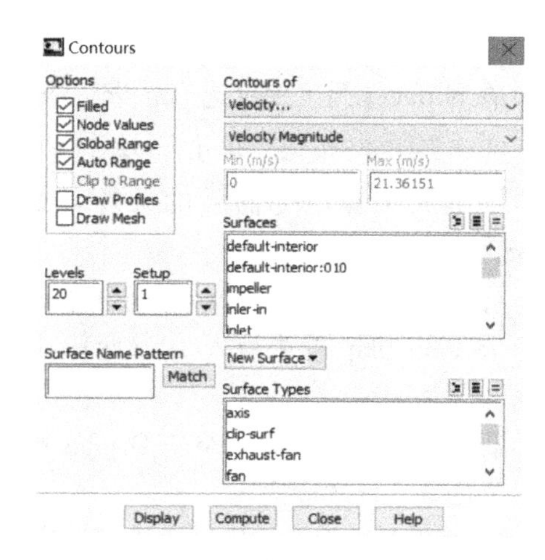

图 2-4-81　速度分布云图对话框

3. 流线图

在 Graphics 项选择 Pathlines...，单击Set Up...按钮，打开流线图设置对话框，如图 2-4-83 所示。

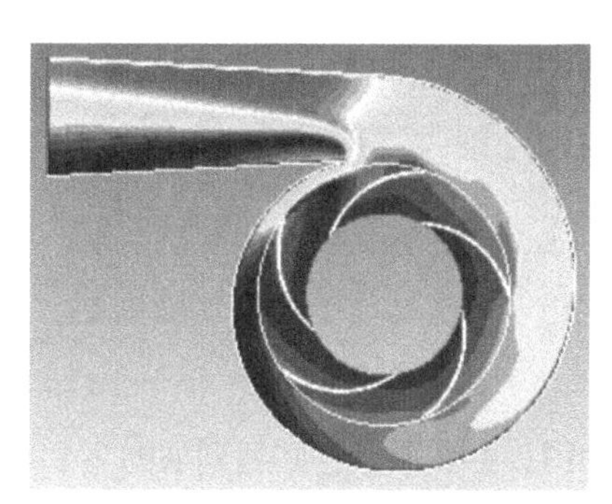

图 2-4-82　速度分布云图

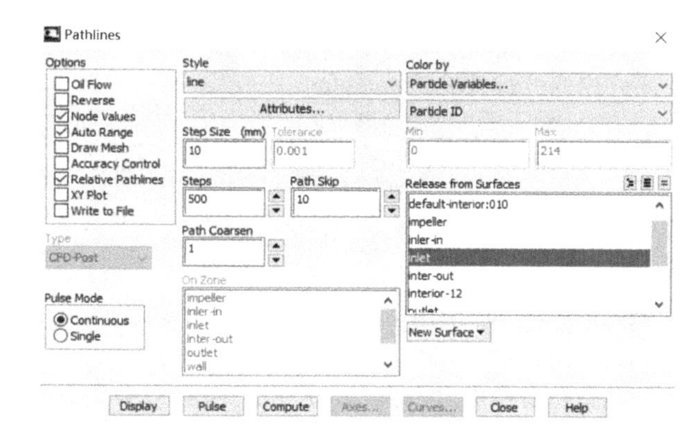

图 2-4-83　流线图设置对话框

① 在 Options 选项区中选择 Draw Mesh 复选项；打开网格显示对话框如图 2-4-84 所示。

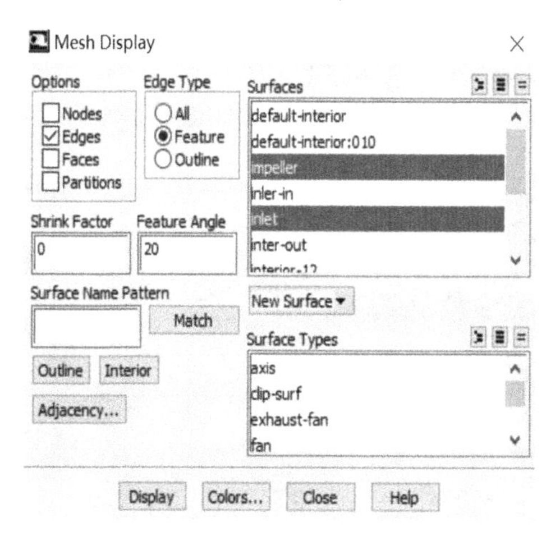

图 2-4-84　网格显示对话框

② 在 Edge Type 单选项区中选择 Feature。

③ 在 Surfaces 列表中仅选 impeller、intet、outlet、wall。

④ 单击 Display 按钮，单击 Close 按钮关闭对话框，此时显示的图形为去掉内部面后的叶轮与蜗壳的轮廓线，如图 2-4-85 所示。

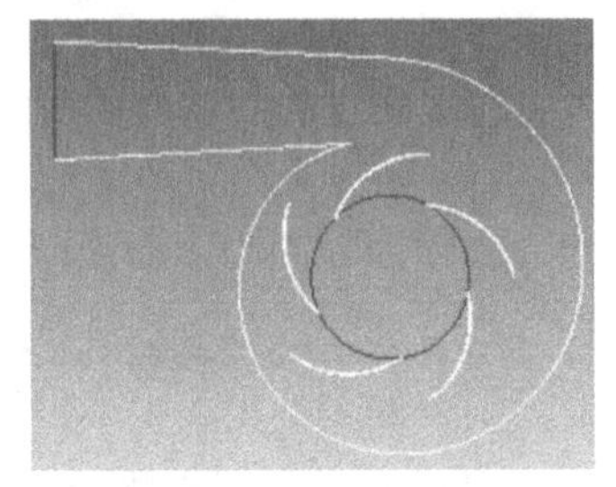

图 2-4-85　流域轮廓图

⑤ 在图 2-4-83 中的 Release from Surfaces 列表中选择 inlet。

⑥ 在 Path Skip 框中填入 10（每隔 10 个单元显示一条流线）。

⑦ 保留其他默认设置，单击 Display 按钮，得到流线图如图 2-4-86 所示。

4. 动画显示流动状态

① 在左下方的 Pulse Mode 单选项区中选择 Continuous。

② 单击 Pulse 按钮，流线动态显示如图 2-4-87 所示。

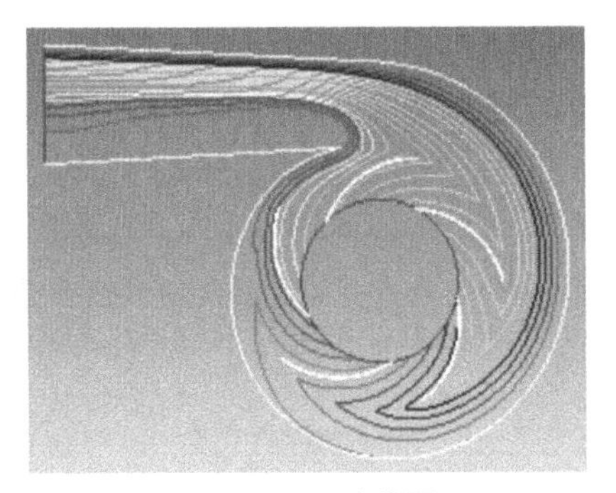

图 2-4-86　流线图

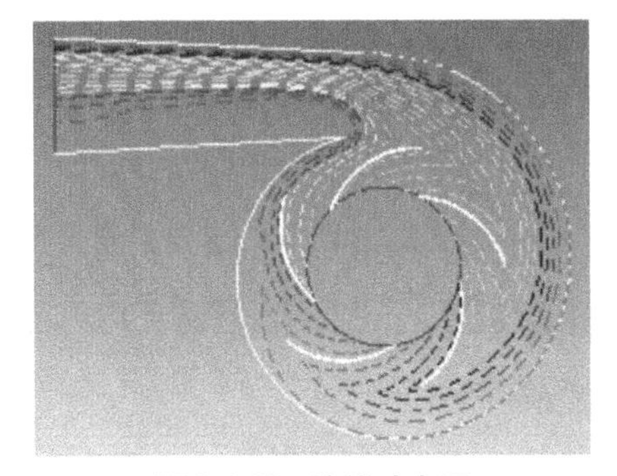

图 2-4-87　流线动态图

③ 单击 Stop！按钮停止动态显示。

注意： 如果在 Release from Surfaces 列表中的选择为如图 2-4-88 所示，则得到如图 2-4-89 所示流线图。

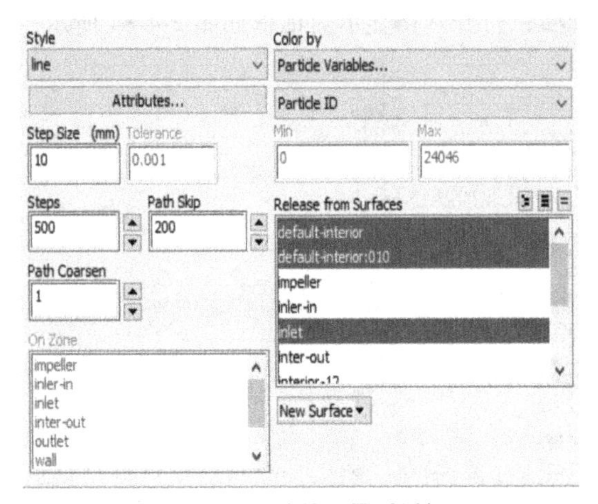

图 2-4-88　流线设置对话框

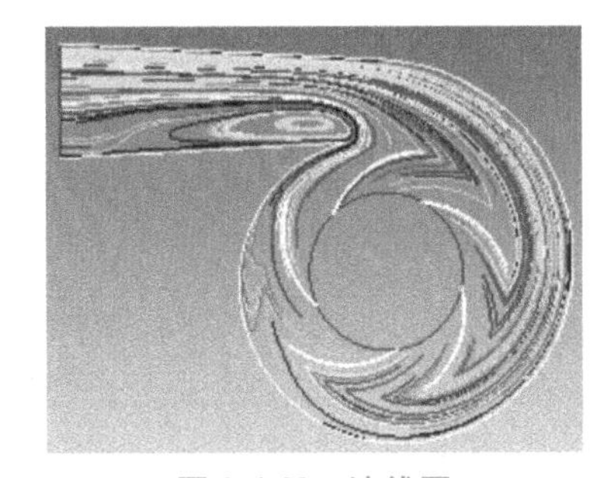

图 2-4-89　流线图

5. 进、出口总压

操作：Results → Reports → Surface Integrals...，打开报告设置对话框，如图 2-4-90 所示。

单击Set Up...按钮，打开报告设置对话框如图 2-4-91 所示。

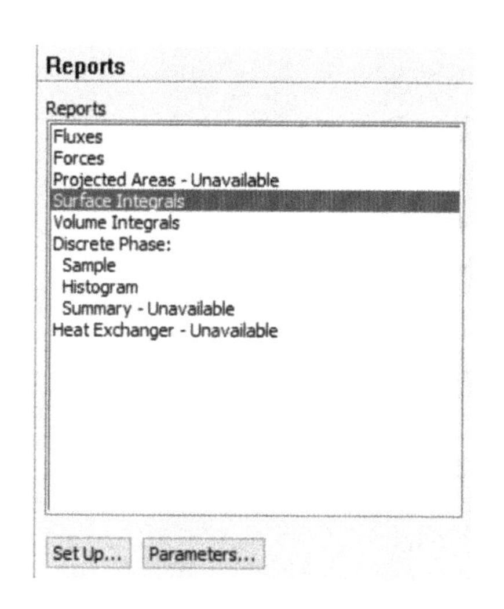

图 2-4-90 报告设置对话框

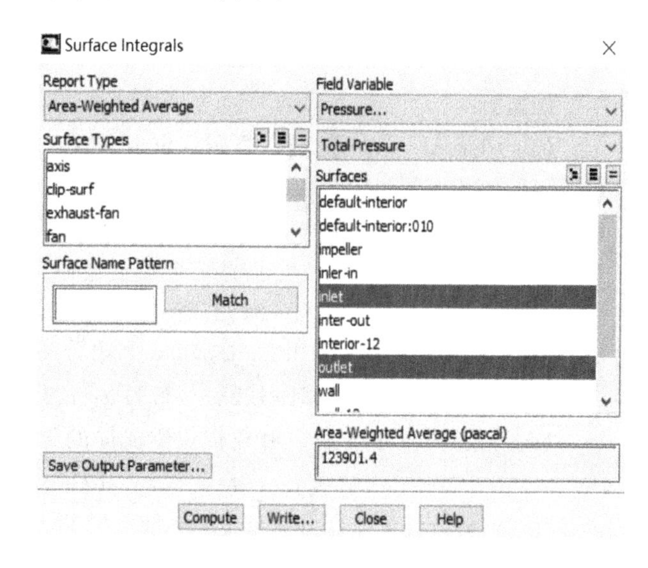

图 2-4-91 压强报告设置对话框

① 在 Report Type 框中选择 Area-Weighted-Average（面积加权平均）。

② 在 Field Variable 框中选择 Pressure... 和 Total Pressure。(总压)

③ 在 Surfaces 列表中选择 inlet 和 outlet。

④ 单击 Compute 按钮。

得到进出口面积加权平均总压（Area-Weighted-Average Total Pressure）结果如下。

总压报告：

```
          Area-Weighted Average
                 Total Pressure               (pascal)
       ----------------------- --------------------
                          inlet              140262.09
                         outlet              55315.953
       ----------------------- --------------------
                            Net              123901.35
```

如果在 Field Variable 列表中分别选择 Static Pressure（静压）和 Dynamic Pressure（动压)，其结果分别如下。

静压报告：

```
          Area-Weighted Average
                Static Pressure               (pascal)
       ----------------------- --------------------
                          inlet              138311.22
                         outlet             -18.049461
       ----------------------- --------------------
                            Net              111668.81
```

动压报告：

```
   Area-Weighted Average
        Dynamic Pressure                  (pascal)
---------------------- ---------------------
                   inlet              1950.877
                  outlet             55587.879
      ---------------- ---------------------
                     Net             12281.437
```

注意：

（1）在入口（inlet）处，静压（Static Pressure）与动压（Dynamic Pressure）之和为总压（Total Pressure）

$$(138311.22+1950.88)\text{Pa}=140262.1\text{Pa}\approx 140262.09\text{Pa}$$

（2）在出口（outlet）处，静压与动压之和为出口处的总压

$$(-18.05+55587.88)\text{Pa}=55569.83\text{Pa}\approx 55315.95\text{Pa}$$

（3）入口与出口的静压差与动压差之和为入口与出口的总压之差

$$(111668.81+12281.437)\text{Pa}=123950.25\text{Pa}\approx 123901.35\text{Pa}$$

（4）根据伯努利方程，叶轮提供给流体的压能（液柱高）为

$$H_{叶轮}=\frac{p_{叶轮}}{\rho g}=\frac{\Delta p_0}{\rho g}=\frac{123901.35}{9810}\text{m}=12.63\text{m}$$

6. 进出口的流量

操作：Results→Report→Fluxes...，打开流量报告对话框，如图 2-4-92 所示。

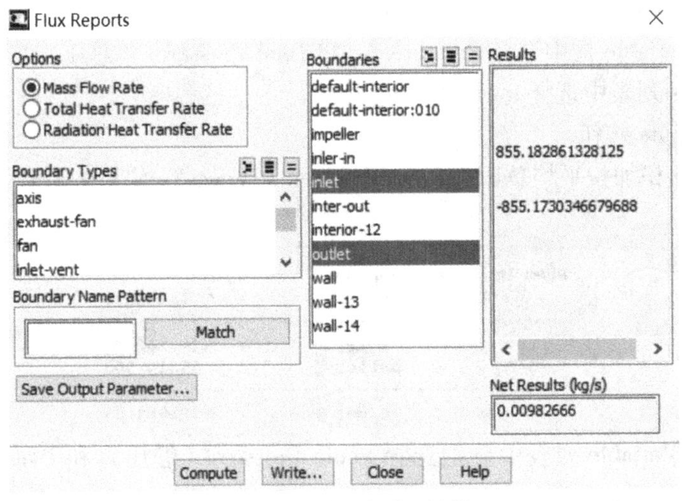

图 2-4-92　流量报告对话框

① 在 Option 单选项区选择 Mass Flow Rate。

② 在 Boundaries 列表中选择 inlet 和 outlet。

③ 单击Compute 按钮。

得到叶轮通道的质量流量为 855.183kg/s，得到叶轮的有效功率为

$$P=\rho gQH=\rho g\frac{Q_m}{\rho}H=(9.81\times 855.183\times 12.63)\text{W}=106\text{kW}$$

第6节 采用非定常的移动网格模型进行计算

采用移动网格模型是较为精确的方法，这是一种选用非定常流动的计算方法，相应的计算工作量也比较大。

利用 Fluent 仿真计算平台，在前面采用 MRF 方法计算的设置基础上，进行如下重新设置。

1. 选用非定常流动的求解器

操作：Solution Setup→General，如图 2-4-93 所示。

在 General 中 Solver 单选项区中的 Time 选择 Transient。

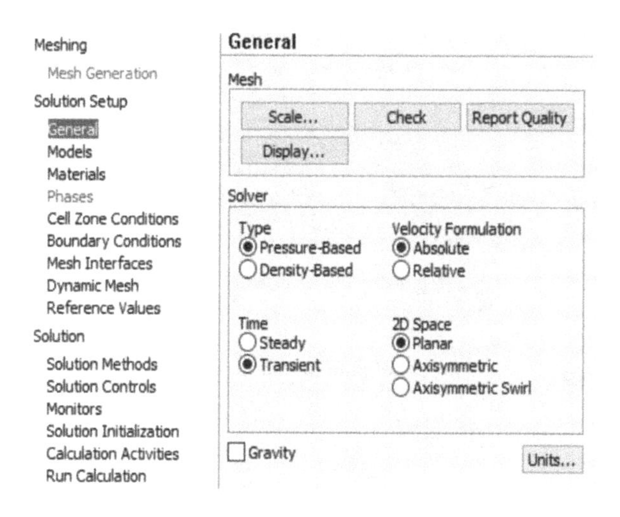

图 2-4-93 选择非定常求解器

2. 选用移动网格方法

操作：Solution Setup→Cell Zone Conditions。

① 在 Zone Name 框中选取 fluid-in，Type 项为 fluid，单击 Edit... 按钮，打开流域设置对话框，如图 2-4-94 所示。

② 确认 Material Name 框中为 water。

③ 选取 Mesh Motion（移动网格）复选项。

④ 在 Mesh Motion 选项卡中，在 Rotational Velocity 项的 Speed（rad/s）框中输入旋转角速度 60（逆时针旋转为正）。

⑤ 保留其他默认设置，单击 OK 按钮。

3. 设置求解器

操作：Solution→Solution Methods，打开求解器对话框，如图 2-4-95 所示。

在 Spatial Discretization 选项区的 Pressure 框中 PRESTO！算法。

4. 对流域重新初始化

操作：Solution→Solution Initialization，打开求解初始化对话框，如图 2-4-96 所示。

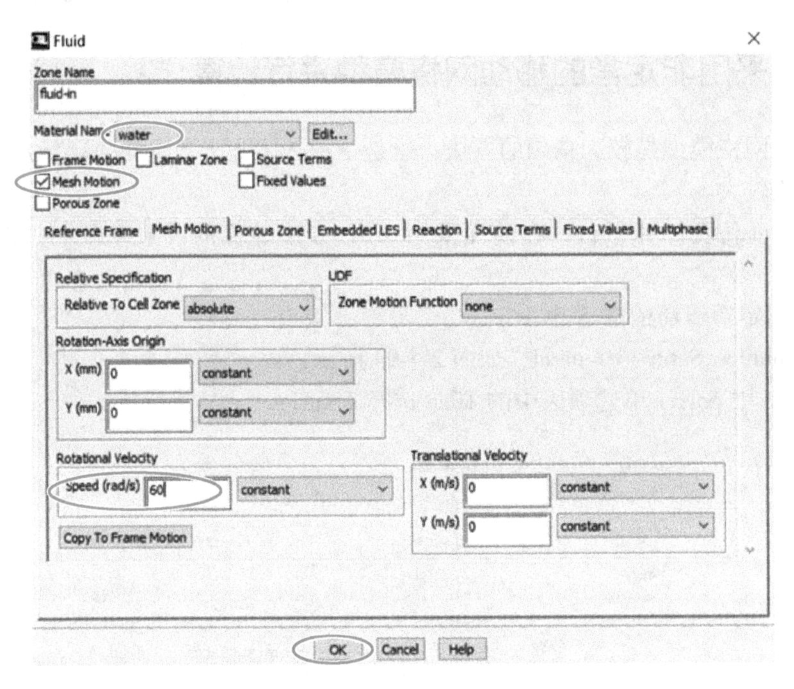

图 2-4-94　流域设置对话框

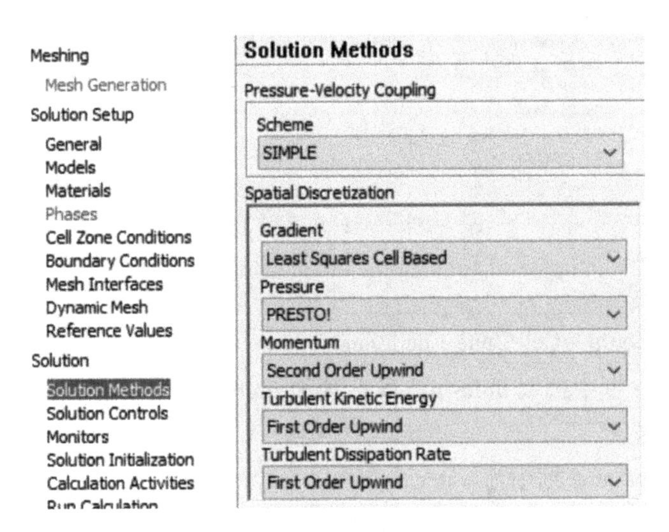

图 2-4-95　求解器对话框

（1）在 Initialization Methods 中选择 Standard Initialization 单选项。

（2）Compute from 项选择 inlet。

（3）其他保持默认选项，单击 Initialize 按钮。

5. 进行动画设置

操作：Solution→Calculation Activaties，如图 2-4-97 所示。

单击 Create/Edit... 按钮，打开动画设置对话框，如图 2-4-98 所示。

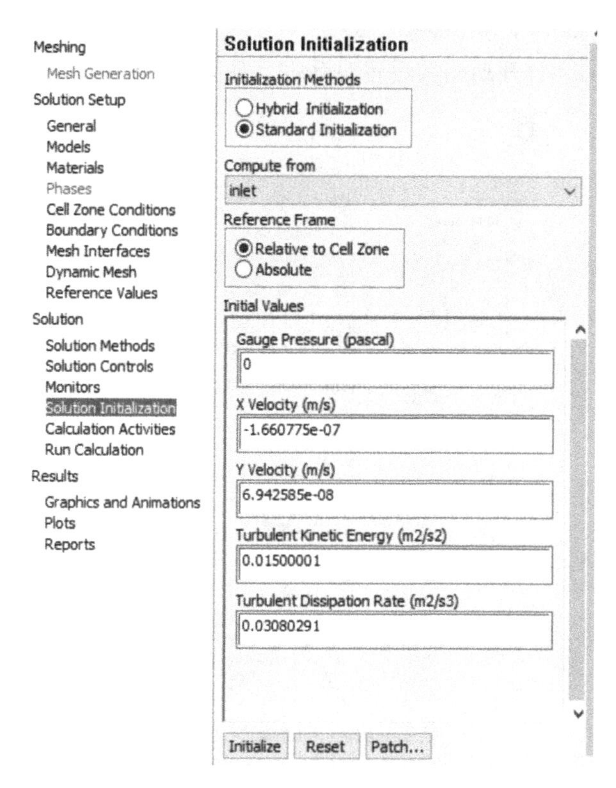

图 2-4-96 求解初始化对话框

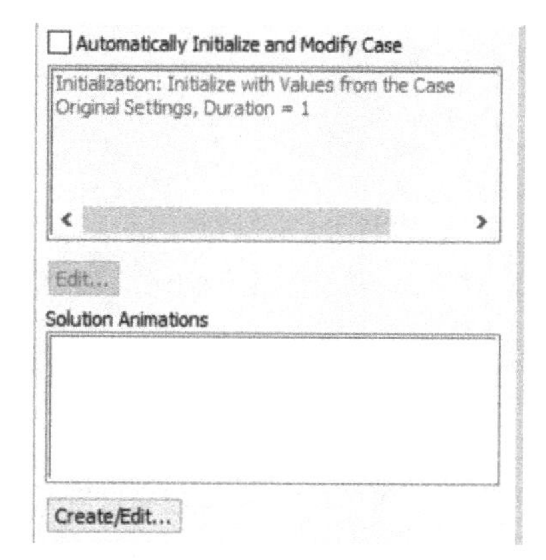

图 2-4-97 创建动画

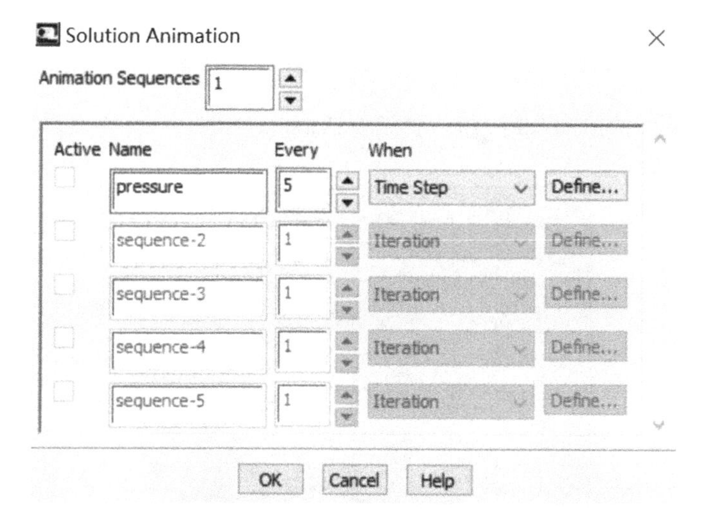

图 2-4-98 动画设置对话框

① 单击 Animation Sequences 右侧向上的箭头。

② 在 Name 项输入动画文件名：pressure。

③ 在 Every 项输入 5（每 5 个时间间隔取 1 帧）。

④ 在 When 项选取 Time Step，单击Define...按钮，打开动画设置对话框，如图 2-4-99 所示。

⑤ 单击 Window 右侧向上的箭头，将其设为 2，单击Set按钮。

⑥ 在 Display Type 单选项区选择 Contours，打开动画帧设置对话框，如图 2-4-100 所示。

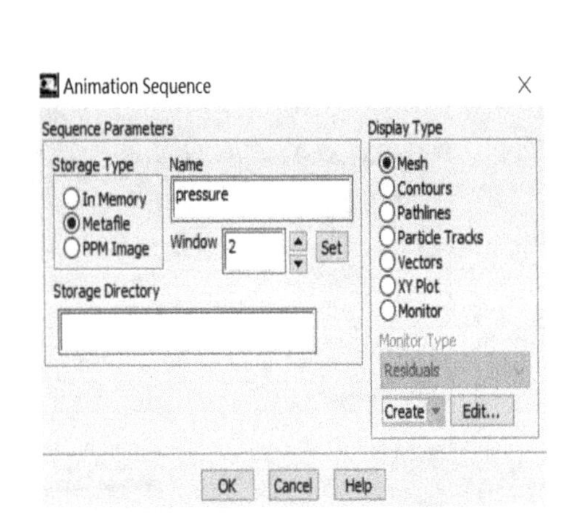

图 2-4-99　动画设置对话框

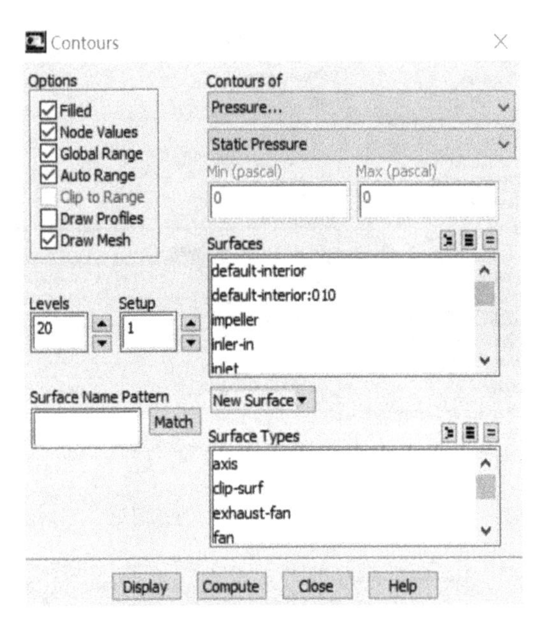

图 2-4-100　动画帧设置对话框

⑦ 在 Options 复选项区选择 Draw Mesh，单击 Display 按钮，单击 Close 按钮。

⑧ 在 Contours of 选项区选择 Pressure... 和 Static Pressure。

⑨ 单击 Display 按钮。此时画面为初始状态流域内的静压强分布云图，如图 2-4-101 所示。

⑩ 依次单击 Close 按钮和 OK 按钮，关闭对话框。

图 2-4-101　流场压强初始状态

6. 保存文件

保存文件，命名为 pump-MM。

操作：File→Write→Case & Date...

7. 进行迭代计算

操作：Solution→Run Calculation，打开计算设置对话框，如图 2-4-102 所示。

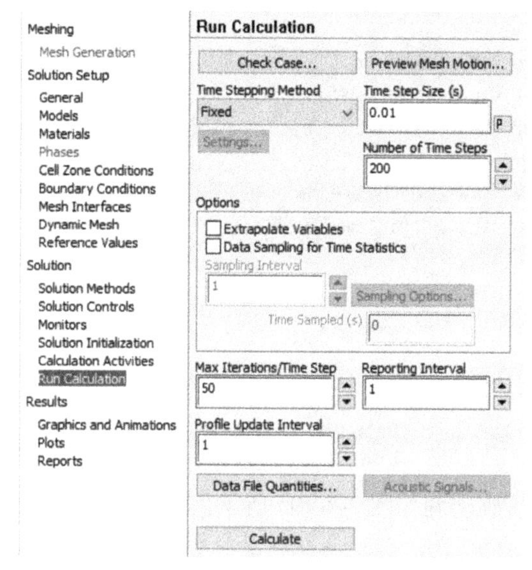

图 2-4-102 计算设置对话框

（1）在 Time Step Size（s）框中输入时间间隔 0.01。

（2）在 Number of Time Steps 框中输入时间步数 200。

（3）将 Max Iterations/Time Step（每时间间隔最大迭代计算次数）改为 50。

（4）单击 Calculate 按钮，开始迭代计算

注意：每个时间步长为 0.01s，200 个时间步长就是

$$200\times0.01s=2s$$

整个计算结果为自初始状态到 2s 内的流动过程。

在计算过程中，可以从窗口中展示计算结果的动态过程。

8. 播放动画

操作：Results→Graphics and Animations，打开播放动画如图 2-4-103 所示。

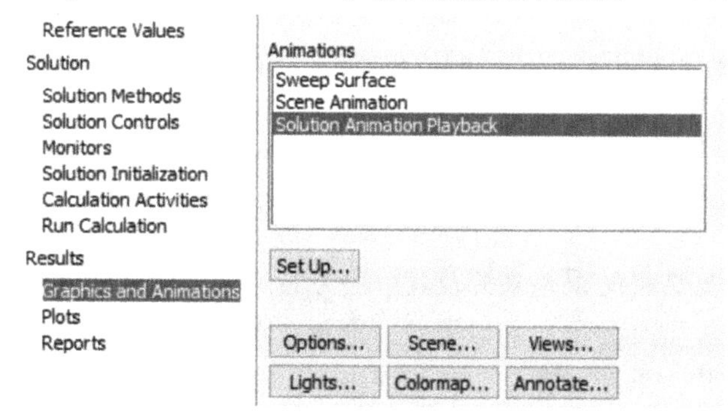

图 2-4-103 播放动画对话框

在 Animations 列表中选择 Solution Animation Playback，单击Set Up...按钮，打开动画回放对话框，如图 2-4-104 所示。

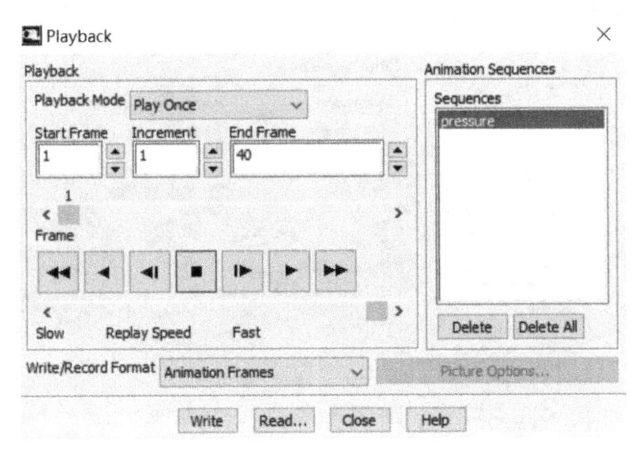

图 2-4-104　动画回放对话框

单击播放按钮 ▸，播放动画如图 2-4-105 所示。

9. 制作动画文件

① 在 Write/Record Format 下拉框中选择 MPEG，如图 2-4-106 所示。

图 2-4-105　压力分布动画

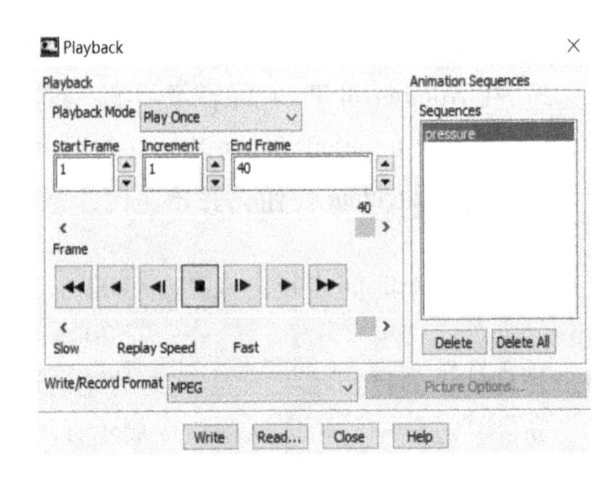

图 2-4-106　制作动画文件对话框

② 单击 Write 按钮。

此时，在当前工作目录下生成一个独立的动画文件，可用其他播放器进行播放。

10. 保存文件

课后练习

（1）分析前面计算结果的误差来源及其解决方案。

（2）把入口边界类型改为压力入口类型，重新计算。

（3）改变叶片形状，重新计算。

第 5 章 喷泉喷射过程数值模型——VOF 模型的应用

问题描述：喷泉是指由地下喷射出地面的泉水。现设地面有一直径为 2cm 的喷口，如图 2-5-1 所示。水自喷口以 5m/s 的速度垂直向上喷出。设侧面气流风速为 2m/s，用 Fluent 对水流喷出后的流动过程进行模拟计算。

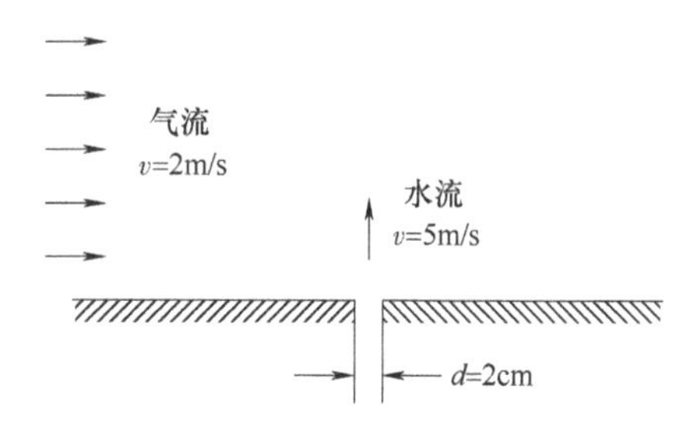

图 2-5-1　喷泉喷水过程示意图

分析：水自喷口喷出后，在重力的作用下速度逐渐减小，到达最高处时，上升速度为 0，若不计气体对水流的阻力，则水流最高点 H 与水流初速度 v 的关系为

$$H=\frac{v^2}{2g}=\frac{5^2}{2\times9.81}\text{m}=1.2742\text{m}$$

从喷口到达最高点的时间为

$$t=\frac{v}{g}=0.51\text{s}$$

另外，由于侧面气流的影响，水流还会有沿风向的漂移运动，这个运动涉及气体与液体的相互作用问题，故是一个两相流动问题。

由分析可知，流域的高度应不小于 1.3m，考虑到边界的影响，设流域高度为 3m。另外考虑到喷流的特点以及侧面风的影响，流域宽度至少为 $2vt=2.04\text{m}$，考虑到边界的影响，流域宽度定为 3m，因此，计算流域简化为 3m×3m 的二维正方形，底部中心设有 2cm 的喷口，侧面为空气入口，简化后模型如图 2-5-2 所示。

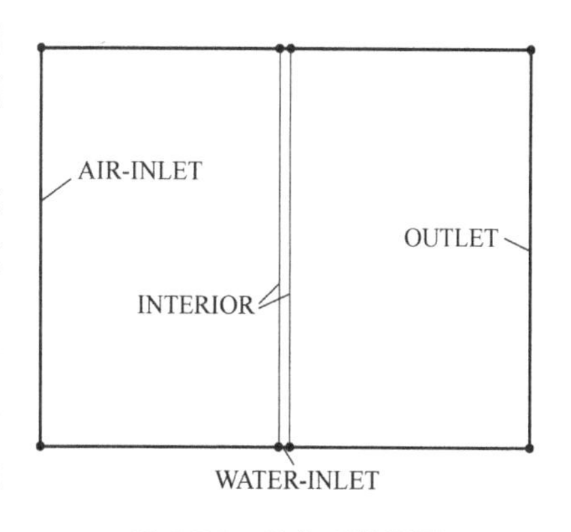

图 2-5-2　简化后模型图

说明：本章利用 ANSYS ICEM 进行前处理，用 ANSYS Fluent 18 进行计算和后处理。对应光盘上的文件夹为：Fluent 篇\spring，读者也可直接用光盘中的网格文件进行仿真计算。

第 1 节 建立模型

直接在 ICEM 中构建模型，具体步骤如下：

（1）单击 ICEM CFD 快捷方式，启动软件。

（2）单击 File→Change Working Directory，将 D:\spring 作为当前工作目录。

（3）单击 Geometry→Create Point →Explicit Coordinates，建立各坐标点。

（4）单击 Create/Modify Curve →From Points ，依次连接各点。

（5）单击 Create/Modify Surface →Simple Surfaces ，选中外围 8 条边，组合成面。单击 Segment/Trim Surface ，依次选中刚建立的面和中间 2 条线，将面分割为 3 个面。

（6）单击 Create Body ，选中面上 2 点，单击Apply按钮。

第 2 节 定义边界条件

对模型的边界条件定义，操作如下：

（1）右键单击 Parts→Create Part，打开创建边界对话框如图 2-5-3 所示。

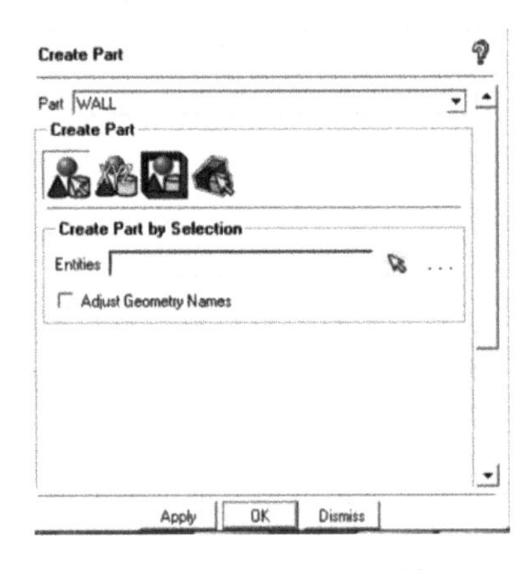

图 2-5-3　创建边界对话框

（2）Part 文本框输入 WATER-INLET，Entities 后箭头选中底部中心入口，单击Apply按钮。

（3）Part 文本框输入 AIR-INLET，Entities 后箭头选中左侧入口，单击Apply按钮。

（4）Part 文本框输入 OUTLET，Entities 后箭头选中右侧出口，单击Apply按钮。

（5）Part 文本框输入 INTERIOR，Entities 后箭头选中 WATER-INLET 上方对应的，单击

Apply 按钮。

（6）Part 文本框输入 WALL，Entities 后箭头选中其余边界，单击 Apply 按钮。

第 3 节 网格划分

网格划分具体操作如下：

（1）单击 Geometry→Repair Geometry，单击 Apply 按钮。

（2）单击 Blocking→Create Block→Initialize Blocks，在 Type 处选择 2D planar，单击 Apply 按钮。

（3）单击 Split Block（key=s）→Split Block，分别选中 Block 的上侧边和下侧边，将 Block 分割成 3 块，结果如图 2-5-4 所示。

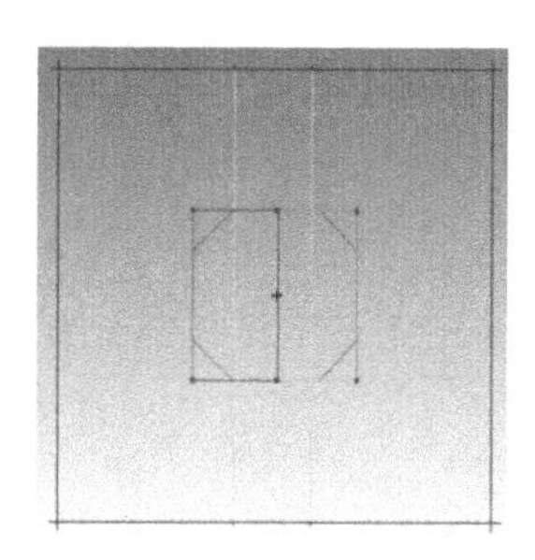

图 2-5-4 Block 分割图

（4）单击 Associate→Associate Edge to Curve，将 Block 上的线与模型上的线一一关联。具体操作为：单击 1 条 Block 上的线，再单击 1 条模型上的对应的线。

（5）单击 Mesh→Curve Mesh Setup，选中 WATER-INLET，Number of nodes 设为 5，单击 Apply 按钮。选中 WATER-INLET 右侧边，Number of nodes 设为 50，Heightratio 设为 1.06，Bunching law 选中 Exponential 1，Ratio 1 设为 1.06，勾选 Curve direction（方向向右，如果方向向左，单击下方的 Reverse direction），单击 Apply 按钮。其余各边类似，其中竖直的 4 条边 Number of nodes 设为 90。

（6）单击 Blocking→Pre-Mesh Params→Update Sizes，单击 Apply 按钮。

（7）在树状菜单中单击 Blocking，勾选 Pre-Mesh。

（8）单击 Edit Mesh→Display Mesh Quality，单击 Apply 按钮，结果如图 2-5-5 所示。

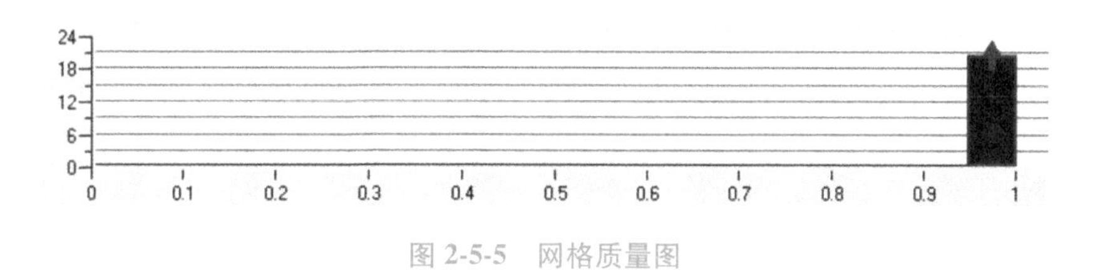

图 2-5-5 网格质量图

（9）单击 OutputMesh→Select Solver，在对话框中 Output Solver 处选择 Ansys Fluent，单击 Apply 按钮。

（10）单击 Boundary conditions，对边界条件和计算域进行设置，打开边界条件对话框，如图 2-5-6 所示。

（11）单击 Write input，在弹出的对话框中，单击 yes 按钮，保存当前项目文件，保存 fbc 和 atr 文件为默认名。选择 project1. uns，在 Output file 栏内，Griddimension 选择 2D，将文件名改为 spring，单击 Done 按钮，输出网格文件。

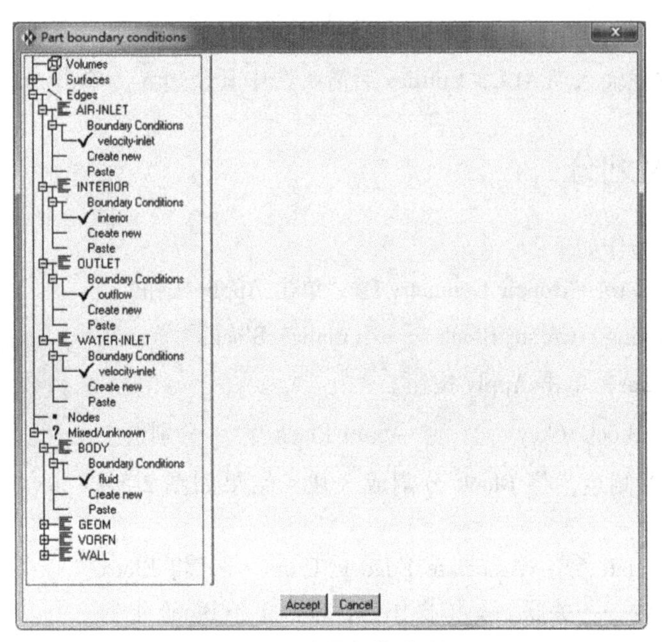

图 2-5-6　边界条件对话框

第4节　启动 ANSYS Fluent 计算

1. 读入网格文件

单击 File→Read→Case...，读入网格文件：d:\spring\spring. msh。

2. 网格检查

单击 Grid→Check。保证网格的正确性，不能有任何警告信息。

3. 确定长度单位

单击 Grid→Scale...，打开长度单位设置对话框。

① 在 View length Unit In 下拉列表中选择 cm。

② 在 Mesh Was Created In 下拉列表中选择 cm。

③ 单击 Scale 按钮，单击 Close 按钮。

4. 计算模型及边界条件设置

（1）选择 VOF 多相流模型

单击 Models→Multiphase...，打开多相流模型对话框，如图 2-5-7 所示。

注意：

（1）Courant Number 数大则计算收敛快，但容易出现不收敛问题；把此数改小一点有利于计算的收敛。

（2）本例只涉及气体和液体的两相流动，故 Number of Phases 项为 2。

（3）对于涉及体积力的 VOF 和 mixture 计算，Fluent 建议在 Body Force Formulation 项选择 Implicit Body Force，通过解决压力梯度和动量方程中体积力的平衡可提高解的收敛性，读者可进行验证。

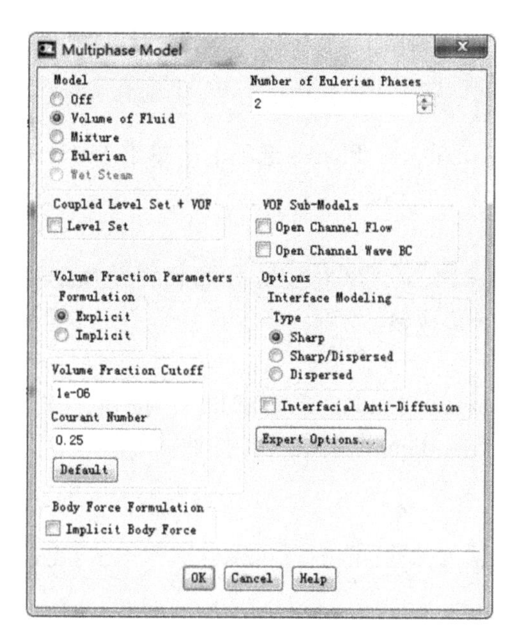

图 2-5-7 VOF 模型对话框

（2）选择紊流模型

单击 Models→Viscous...，打开紊流模型对话框。在 Model 项选择 k-epsilon（2eqn），保留其他默认设置，单击 OK 按钮。

注意：对于类似于射流这类流动，实验证明选择标准的 k-ε 紊流模型是比较适当的。

5. 选取材料

单击 Define→Materials...，打开材料选择对话框，如图 2-5-8 所示。点击右侧 Fluent Database... 按钮，打开材料库，选择 water-liquid，单击 copy 按钮；将 Properties 选项区中的 Density 项改为 1000；将 Viscosity 项改为 0.001；单击 Change/Create 按钮，单击 Close 按钮。

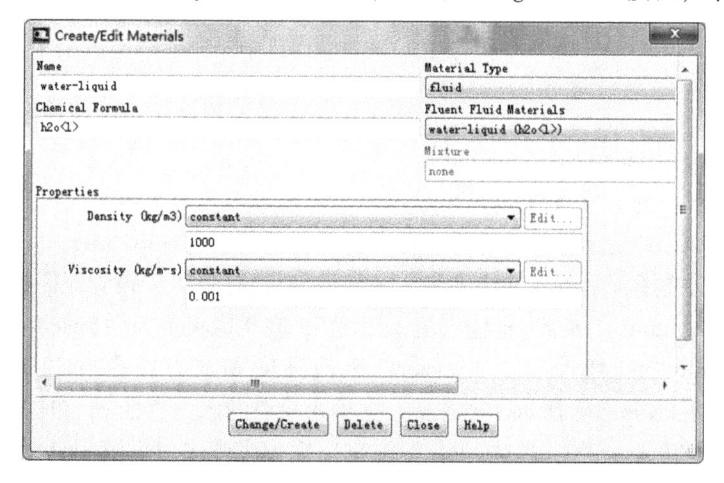

图 2-5-8 材料选择对话框

此时选择了两种流体材料，一种是系统默认的空气（air），另一种是新选择的流体液态水（water-liquid）。

6. 设置基本项和第二相

单击 Setting Up Physics 菜单，在 Phases 选项卡中单击 List/ Show All...，打开相设置对话框。

（1）设置基本相

在 Phases 中选中 Primary Phase，单击 Edit... 按钮，在 Name 框中输入 air，在 Phase Material 列表中选中 air，单击 OK 按钮。

（2）设置第二相

在 Phases 中选中 Secondary Phase，单击 Edit... 按钮，在 Name 框中输入 water，在 Phase Material 列表中选中 water-liquid，单击 OK 按钮。

设置结果如图 2-5-9 所示。

图 2-5-9　相设置对话框

7. 边界条件

双击树状菜单中 Boundary Conditions。

（1）设置喷水口的边界条件

① 在 Zone Name 框选择 water-inlet；确认在 Type 项为 Velocity-inlet。

② 在 Phase 框选择 mixture；单击 Edit... 按钮，打开速度入口设置对话框，如图 2-5-10 所示。在 Velocity Magnitude（m/s）框输入流入速度 5；在 Turbulence 栏 Specification Method 下拉列表中选择 Intensity and Hydraulic Diameter（紊流强度和水力直径）；在 Turbulent Intensity（%）框输入 8；在 Hydraulic Diameter（cm）框输入喷口的水力直径 2；单击 OK 按钮。

③ 在 Phase 框输入 water；单击 Set... 按钮，打开速度入口设置对话框，如图 2-5-11 所示。在 Volume Fraction 框输入 1，表示流入的流体完全是水；单击 OK 按钮。

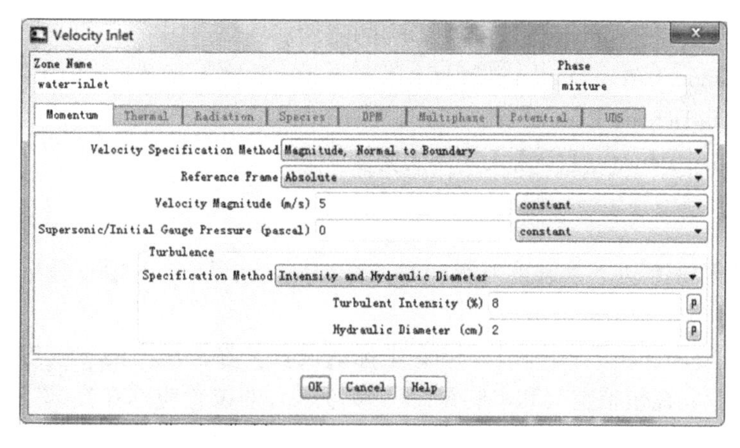

图 2-5-10　速度入口设置对话框

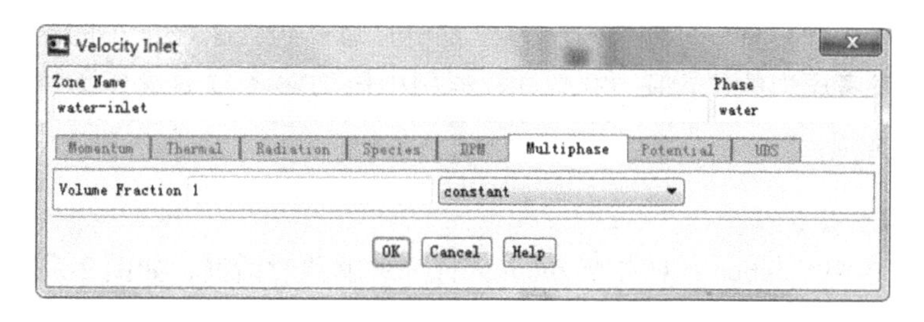

图 2-5-11　速度入口水气比设置对话框

（2）设置侧面风的边界条件

① 在 Zone Name 框选择 air-inlet；确认 Type 项为 Velocity-inlet。

② 在 Phase 框输入 mixture；单击 Set... 按钮，打开速度入口设置对话框，在 Velocity Magnitude 项输入侧面风速 2；单击 OK 按钮。

③ 在 Phase 框输入 water；单击 Set... 按钮，打开速度入口设置对话框。在 Volume Fraction 项默认为 0，表示流入的流体完全是空气；单击 OK 按钮。

8. 操作环境

单击 Operating Conditions... 按钮，打开操作环境对话框，如图 2-5-12 所示。

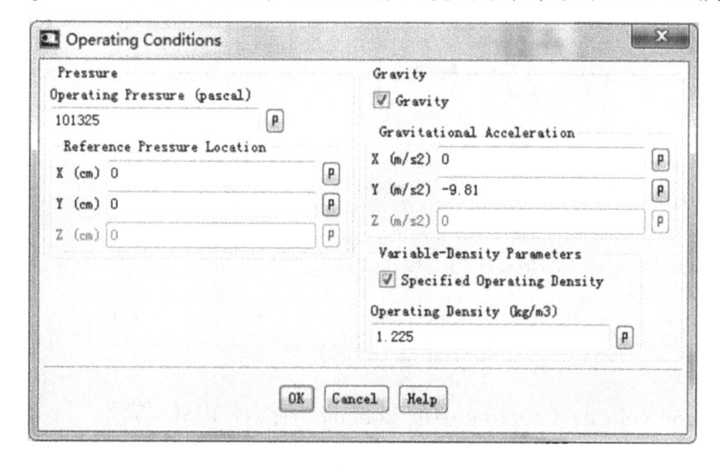

图 2-5-12　操作环境对话框

① 在 Gravity 项勾选 Gravity，有重力影响的流动。

② 在 Gravitational Acceleration 选项区，X 输入 0，Y 输入-9.81；重力沿 y 轴的负方向。

③ 在 Variable-Density Parameters 项勾选 Specified Operation Density。

④ 在 Operating Density 框中输入气体的密度。

注意：

（1）对于多相流动，考虑重力影响时，在 Operating Density 项总是选择密度较小的流体密度。

（2）关于 Reference Pressure Location 坐标的设置，参考压力的位置应该选择能减小压力计算的位置。在包括空气和水的系统，参考压力的位置应选在充满空气的区域而不选在充满水的区域，因为当给定相同的速度分布时，高密度流体的静压变化大于低密度流体。如果相对压力为零的区域出现在压力变化小的区域，将比压力变化出现在大的非零值的区域带来的计算量少，即参考压力位置应在总是包含密度最小的流体区域中。默认的情况下，参考压力的位置在（0，0）。本例中压力参考位置选择了默认设置，读者可做适当的改变。

9. 求解器控制参数设置

单击树状菜单中 Solution→双击 Methods，打开求解器对话框，如图 2-5-13 所示。

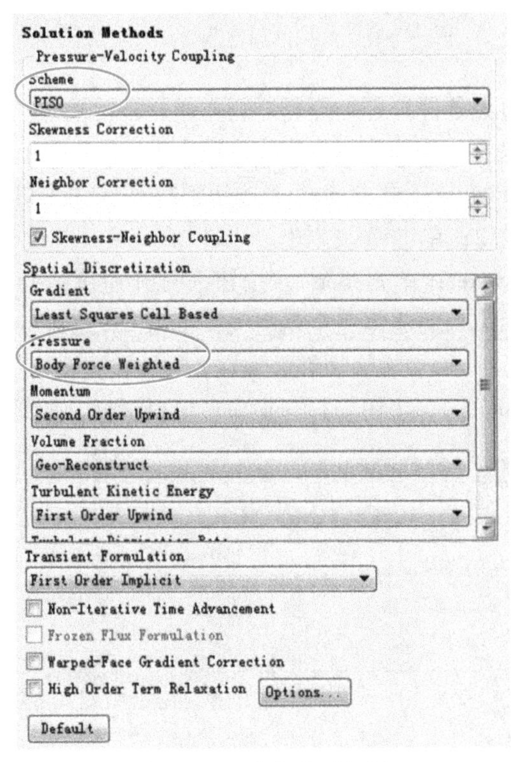

图 2-5-13　求解器对话框

（1）在 Pressure-Velocity Coupling 中的 Scheme 项选择 PISO 算法。

（2）在 Spatial Discretization 选项区中的 Pressure 项，选择 Body Force Weighted。

注意：

（1）对于迭代计算不收敛情况，可适当改小 Under-Relaxation Factors 项的松弛因子。

（2）对于非定常流动，建议在 Pressure-Velocity Coupling 项选择 PISO 算法，收敛性很好。

（3）对于 VOF 模型，在 Spatial Discretization 项的 Pressure 下拉列表项，应选择 Body Force Weighted 或 PRESTO！算法。

（3）双击 Controls，保留各项默认设置。

10. 残差监测器设置

单击 Monitors→双击 Residual，勾选 Plot，Absolute Criteria 处各项设置为 0.00001，单击 OK 按钮。

11. 流场初始化

双击 Initialization，Compute from 处选择 water-inlet，单击 Initialize 按钮。

12. 求解计算

双击 Run calculation，打开迭代计算对话框。

① 在 Time Step Size 框中输入时间间隔 0.01。

② 在 Number of Time Steps 框中输入时间间隔数 10（相当于流动时间为 10×0.001s=0.01s）。

③ 其他保持默认设置，单击 Iterate 按钮，开始迭代计算。

13. 保存 case 和 data 文件

计算 2000 步后，单击 File→Write→Case&Data...，保存文件，名为 spring。

第 5 节 后处理

1. 速度云图

单击 Postprocessing 菜单，单击图标 Contours ，选中 Edit...，打开速度云图对话框，如图 2-5-14 所示，单击 Display 按钮，速度云图如图 2-5-15 所示。

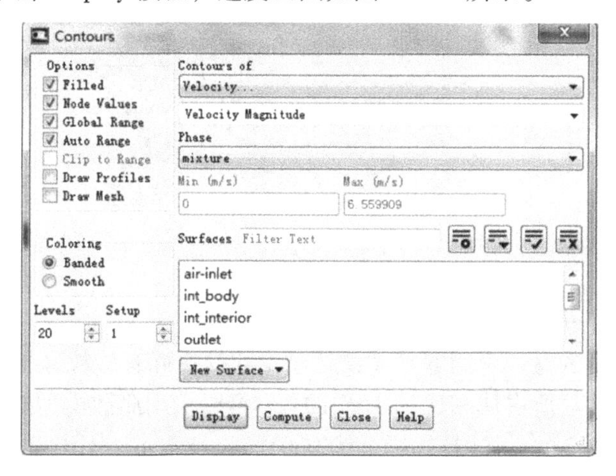

图 2-5-14 速度云图对话框

图 2-5-15　速度云图

2. 水相组分图

单击 Postprocessing 菜单，单击图标 Contours ，选中 Edit...，打开水相组分云图对话框，如图 2-5-16 所示，单击 Display 按钮，水相组分云图如图 2-5-17 所示。

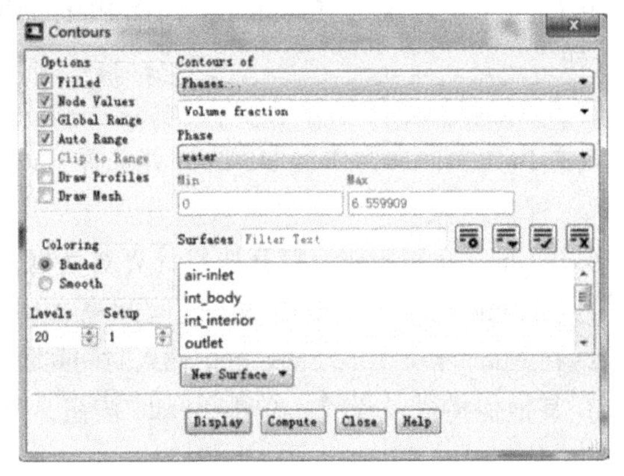

图 2-5-16　水相组分云图对话框

3. 绘制流线

单击 Postprocessing 菜单，单击 Pathlines Pathlines ，选中 Edit...，打开流线显示对话框，如图 2-5-18 所示。在 Release from Surfaces 列表框中选择 water-inlet，Phase 框中选择 water。单击 Display 按钮，水相流线如图 2-5-19 所示。

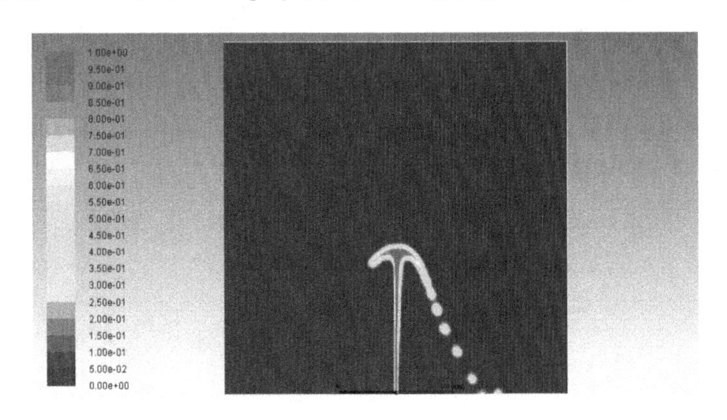

图 2-5-17　水相组分云图

讨论 1：喷砂问题——DPM 模型的应用

作为一个较为典型的另一个问题是喷口处喷出的气流混有沙粒，要研究沙粒喷出后的运动轨迹。这个问题在沙粒所占体积比例小于 10%时可以采用离散模型进行分析和计算。

已知侧面风速仍为 2m/s；沙粒直径 d 为 0.01cm，密度 ρ_s 为 2650kg/m^3；沙粒喷出的速度 v 为 20m/s，质量流量 M_s 为 0.1kg/s。

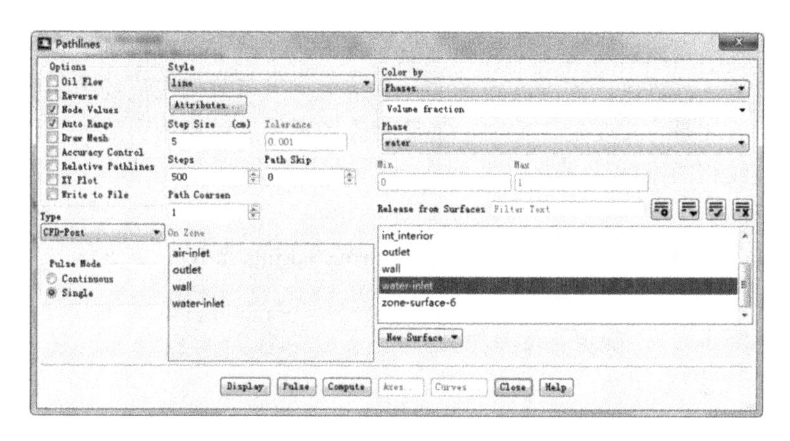

图 2-5-18 流线显示对话框

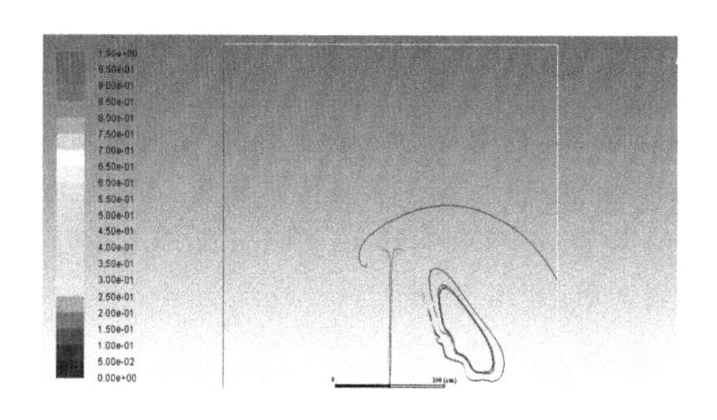

图 2-5-19 水相流线

分析 1：沙粒所占的体积比例

喷口直径 d 为 0. 02m，喷出速度 v 为 20m/s，则喷出的流量为

$$Q_0=\frac{\pi d^2}{4}v=\left(\frac{\pi}{4}\times 0.02^2\times 20\right)\text{m}^3/\text{s}=0.00628\text{m}^3/\text{s}$$

喷出沙粒所占体积为

$$Q_s=\frac{M_s}{\rho_s}=\frac{0.1}{2650}\text{m}^3/\text{s}=0.0000378\text{m}^3/\text{s}$$

沙粒所占体积比例为 $Q_s/Q_0=0.006=0.6\%<10\%$

沙粒的体积比例小于 10%，可采用离散模型进行计算。

分析 2：沙粒喷射高度

沙粒喷出后，由于受到的空气阻力较大，不再是不计空气阻力的自由落体运动，其喷射高度也不会达到

$$H=\frac{V^2}{2g}=\frac{20^2}{2\times 9.81}\text{m}=20.39\text{m}$$

根据以上分析，利用前面的计算区域和网格进行计算。

讨论 1 采用非耦合计算，求解步骤如下：

第 1 步：计算连续相流场。

第 2 步：显示从喷射源开始的颗粒轨道。

对于非耦合计算方法，完成了上述两个步骤后，就可显示颗粒轨迹了。颗粒轨迹在其显示的时候开始计算，计算基于连续相流场的计算结果。当离散相在流场中的质量及动量承载率很低时，这种方法是可接受的。此时，连续相流场不受离散相的影响。

第 1 步：连续相的流动计算

（1）启动 Fluent

启动 Fluent-2d 求解器，读入网格文件 F:/spring/spring.msh。

（2）确定长度单位

单击 Grid→Scale...，确定长度单位为 cm。

（3）选取紊流模型

双击 Models→Viscous...，选取标准的 k-epsilon（2eqn）紊流模型。

（4）默认材料

默认流体材料为空气。

（5）确定边界条件

① 双击 Boundary Conditions，选中 water-inlet，Type 设置为 velocity-inlet，单击 Edit...，在 Velocity Magnitude（m/s）框中输入 20，默认其他设置，单击 OK 按钮。

② 选中 air-inlet，Type 设置为 velocity-inlet，单击 Edit...，在 Velocity Magnitude（m/s）框中输入 2，默认其他设置，单击 OK 按钮。

（6）操作条件设置

单击 Operating Conditions...，勾选 Gravity，在 Y 方向填入 -9.81，勾选 Specified Operating Density，在 Operating Density 填入 1.225。

（7）设置求解控制参数

① 单击 Solution→双击 Methods，保留各项默认设置。

② 双击 Controls，保留各项默认设置。

（8）打开残差监视器

单击 Monitors→双击 Residual，勾选 Plot，保留其他默认设置，单击 OK 按钮。

（9）流场初始化

双击 Initialization，Compute from 处选择 water-inlet，单击 Initialize 按钮。

（10）开始计算

双击 Run calculation，在 Number of Iterations 中输入 1000，单击 Calculate 按钮。

（11）保存文件

计算收敛后，单击 File→Write→Case&Data...，保存文件，名为 spring。

第 2 步：进行喷沙流动的计算

（1）设置离散相

双击 Models→DiscreatePhase→Edit...，打开离散相模型对话框，如图 2-5-20 所示。

（2）设置颗粒射流

单击 Injections... 后，单击 Create 按钮，设置 injection-0 各项参数的对话框如图 2-5-21 所示。

单击树状菜单 Materials→Insert Particle，双击 anthracite，在 Density 输入 2650，单击 Change/Create 按钮。

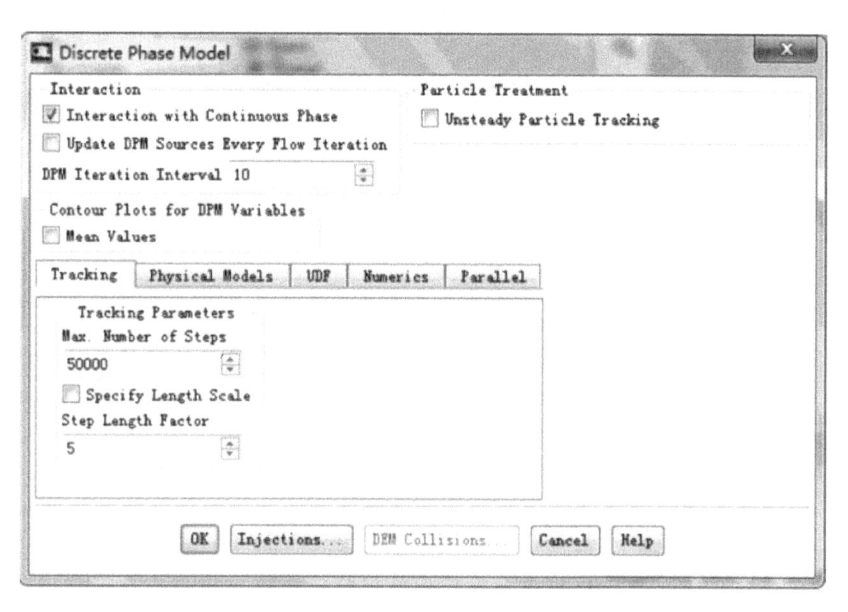

图 2-5-20 离散相模型对话框

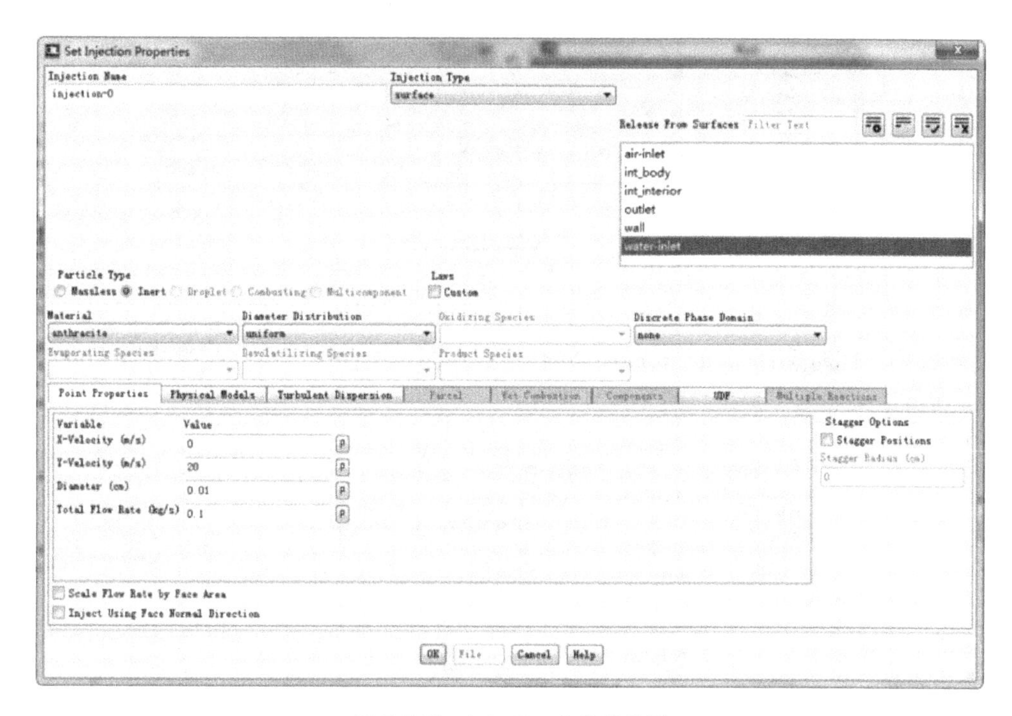

图 2-5-21 injection-0 参数设置

（3）颗粒轨迹显示

单击 Results→Graphics，双击 Particle Tracks，在 Release from Injections 选中 injection-0，单击 Save/Display 按钮，所得结果如图 2-5-22 和图 2-5-23 所示。

（4）单颗粒轨迹数据

勾选 Options 中 XY Plot，同时勾选 Track Single Particle Stream，显示编号为 1 号颗粒的

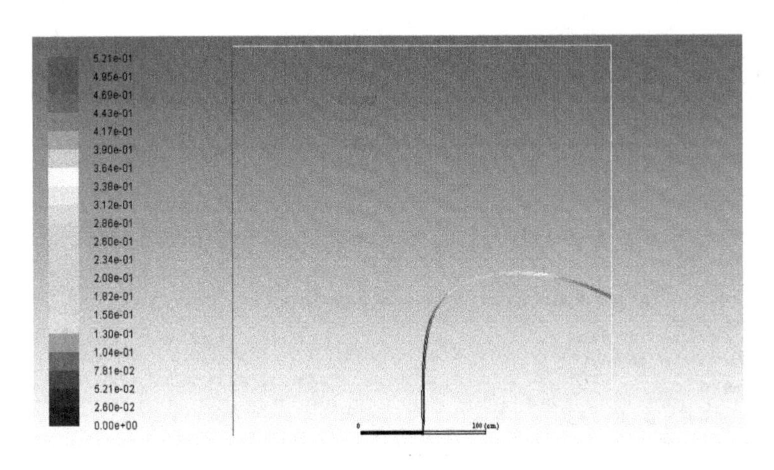

图 2-5-22　颗粒轨迹图

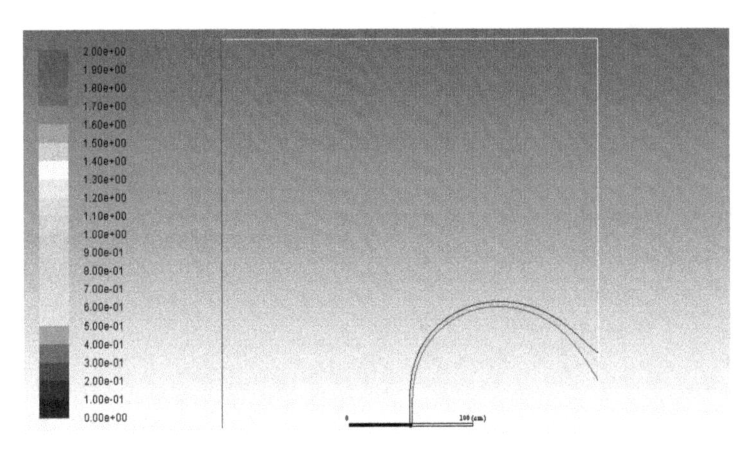

图 2-5-23　喷射空气轨迹图

喷射高度数据（同时选择 Write to File，将会把数据存入文件中，可用记事本或 word 等软件查看），所得结果如图 2-5-24、图 2-5-25 所示。

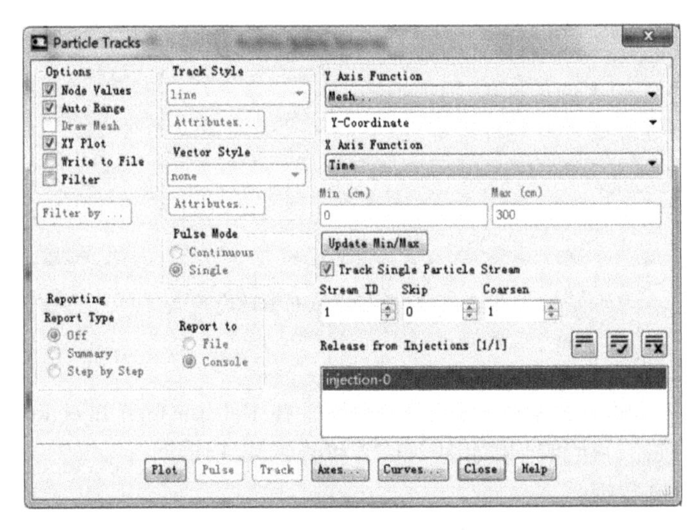

图 2-5-24　单颗粒轨迹数据输出

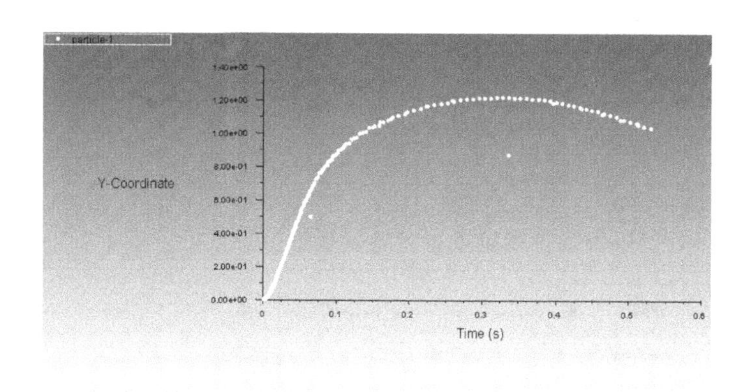

图 2-5-25 单颗喷射高度与时间曲线

分析：前面的计算没有考虑颗粒与空气的相互作用，这在颗粒尺度很小时是可以的。对于有较大尺度的颗粒而言，计算结果误差会较大。从沙粒的运动轨迹来看，沙粒喷出后，由于颗粒密度比空气大得多，惯性大使得喷射得较高；受空气阻力和重力的作用，在上升到一定高度后开始下落；在侧面风的作用下，沙粒会沿着 x 轴正方向的运动；将喷口喷出的空气的运动轨迹与沙粒的轨迹进行对比，明显看出了喷射高度不同且运动轨迹也不同等区别。但由于没有考虑沙粒与空气的相互作用，故计算结果还有待进一步讨论。

讨论 2：离散相模型的耦合计算

当问题包含较高的质量/动量承载率时，为了考虑离散相对连续相的影响，必须使用耦合的方法，耦合两相计算过程如下：

（1）计算得到收敛或连续的相流场。

（2）创建喷射源进行耦合计算。

（3）使用已经得到的颗粒计算结果中的相间动量、热量、质量交换项重新计算连续相流场。

（4）计算修正后的连续相流场中的颗粒轨迹。

（5）重复上述计算，直到获得收敛解。

在每一轮离散相的计算中都要计算颗粒轨迹并且更新每一个流体计算单元内的相间动量、热量及质量的交换。然后，这些交换项就会作用到随后的连续相的计算。耦合计算时，Fluent 在连续相迭代计算的过程中，按照一定的迭代步数间隔来计算离散相迭代。直到连续相的流场计算结果不再随着迭代步数加大而发生变化（即达到了所有的收敛标准）后，耦合计算才会停止。当达到收敛时，离散相的轨迹也不再发生变化（若离散相轨迹发生变化将会导致连续相流场的变化）。

（1）读入 spring. cas 和 spring. dat 文件

单击 File→Read→Case&Data。

（2）将求解器改为耦合求解器

双击 Methods，在 Scheme 中选择 Coupled。

（3）设置离散相模型

双击 Models，在 Models 中选择 Discrete Phase，单击 Edit... 按钮，打开离散相模型对话框，如图 2-5-26 所示。

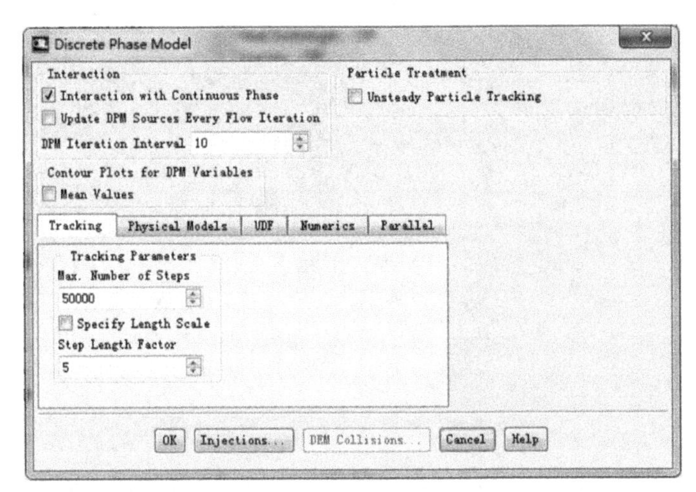

图 2-5-26　离散相模型对话框

① 在 Interation 项中勾选 Interaction with Continuous Phase 复选项。

② 其他保持默认设置，单击 OK 按钮。

在 DPM Iteration Interval 文本框中设定颗粒轨迹的计算频率（即连续相迭代多少步，就进行一轮离散相的计算），若此参数为 10，即意味着在连续相进行了 10 步迭代后，就开始离散相的迭代计算。两个离散相计算中间应该间隔多少连续相的迭代步数视问题的物理意义而定。若此参数设定为 0，那么 Fluent 将不进行离散相的耦合计算。

（4）材料参数

单击树状菜单 Materials→Insert Particle，双击 anthracite，在 Density 框中输入 2650，单击 Change/Create 按钮。

（5）进行迭代计算

双击 Run Calculation，打开求解计算对话框。在 Number of Iterations 框输入 2000，单击 Calculate 按钮，计算收敛后，保存 case 和 data 文件，文件名为 spring-DPM。

（6）计算结果的后处理

① 颗粒流的轨迹。

计算结果的后处理方法前面已有叙述，此时颗粒流的轨迹如图 2-5-27 所示。与前面非耦合计算结果相比，沙粒轨迹有了较大的改变，说明气体与固体颗粒之间的相互作用是不能忽略的。

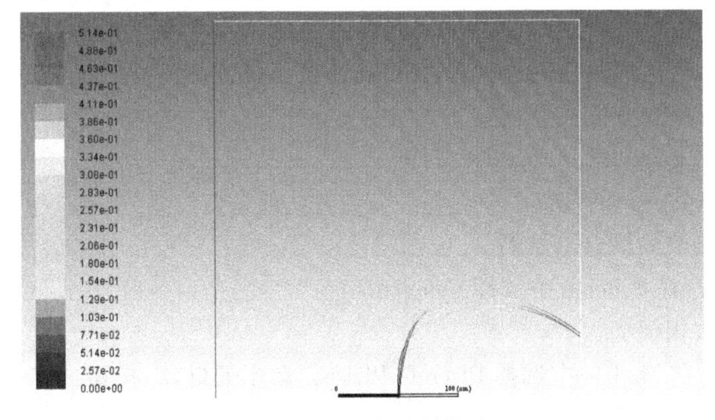

图 2-5-27　颗粒流的轨迹

② 单颗粒轨迹数据。

选取编号为 1 的颗粒，其轨迹如图 2-5-28 所示，其喷射高度与时间的关系曲线如图 2-5-28 所示，其喷射高度约为 0. 84m，较非耦合的 1. 20m 小了 0. 36m。

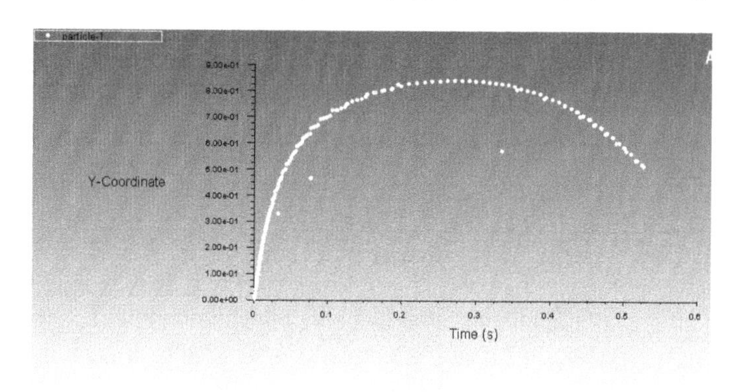

图 2-5-28　单颗喷射高度与时间曲线

③ 气体喷射后的轨迹。

气体经喷口喷出后，由于与颗粒的相互作用，其流动轨迹也发生了变化，喷射气流轨迹如图 2-5-29 所示。

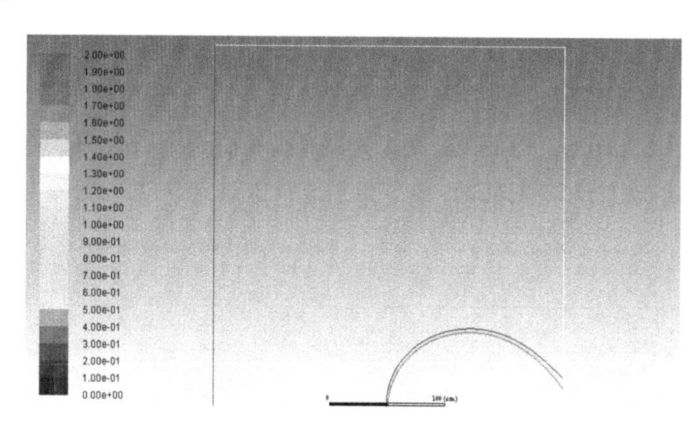

图 2-5-29　喷射气流轨迹

由上面的计算可明显看出，气体与固体之间的相互作用以及颗粒与颗粒之间的相互作用是非常明显的，颗粒的运动轨迹不但与喷射速度、气固相互作用有关，并且与射流源的流量也有着密切的关系。

讨论 3：单个颗粒源的点属性设置

前面用的是单射流源的面（Surface）属性设置，为了进一步讨论离散相与连续相的相互作用，现采用耦合的方法计算在（0，0）点处喷射一个颗粒源后的流动，研究此点颗粒源喷射后的运动。

（1）读入 case 和 data 文件

读取采用 coupled 求解器求解得到的 case 和 data 文件。

（2）设置单射流源的点属性

打开射流源点属性设置对话框，如图 2-5-30 所示。

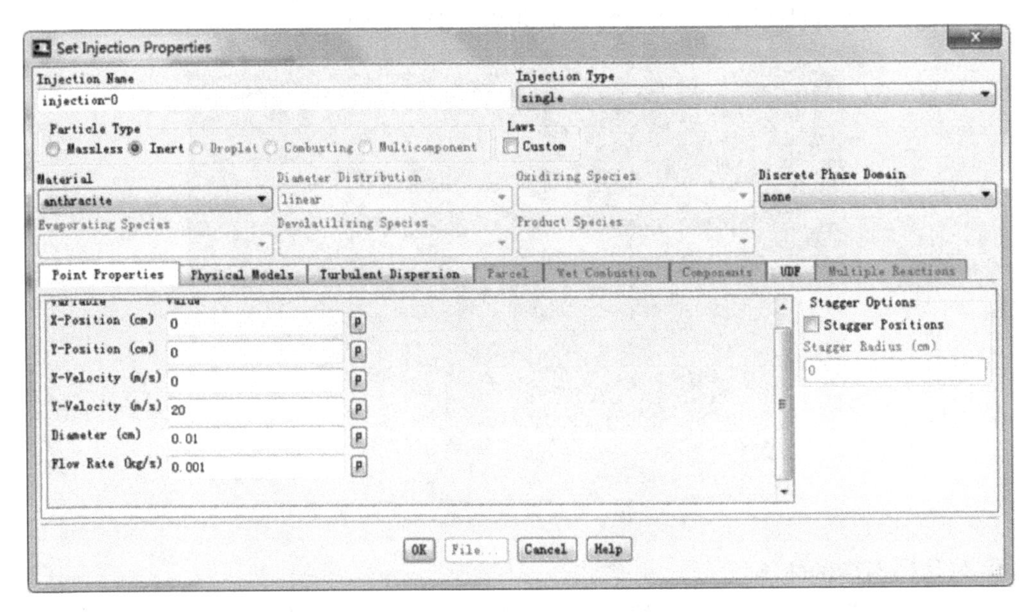

图 2-5-30　射流源点属性设置对话框

（3）进行耦合计算

根据上面的设置进行迭代计算，计算收敛后，保存文件。

（4）计算结果的后处理

按照前面的操作，可得到自（0，0，0）点喷射出的颗粒轨迹如图 2-5-31 所示，其喷射高度与时间关系曲线如图 2-5-32 所示。

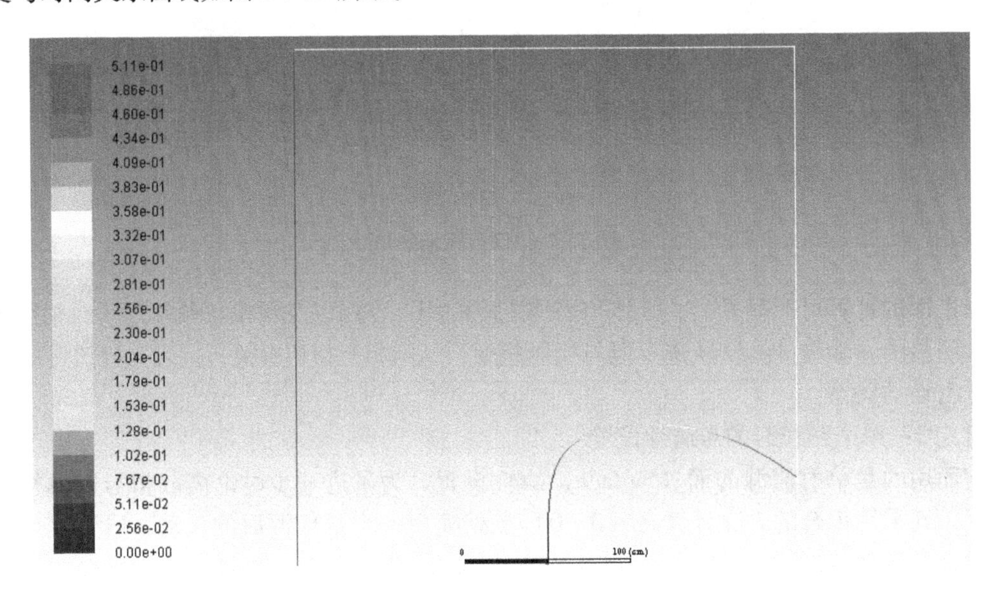

图 2-5-31　点射流轨迹

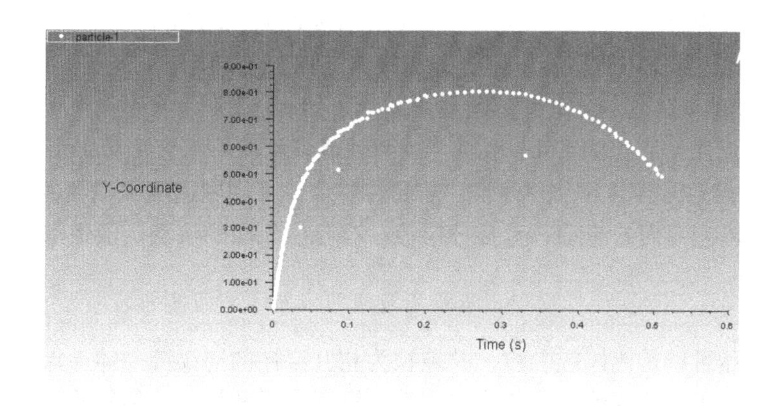

图 2-5-32 喷射高度与时间关系曲线

结论：对于类似于灰尘、烟灰等尺度在微米级的颗粒来说，当其所占体积比例较小时，由于灰尘的随动性较好，仅采用离散相的非耦合计算，结果是可接受的。但对于较大的颗粒，必须要考虑气体与固体之间的相互作用，采用气固耦合算法进行计算。另外，颗粒喷射后的轨迹与喷射量有密切的关系，这一点读者可自行验证。另外，多相流问题在理论上目前仍然是很不完善的，从而数值模拟也不可能很理想，这方面还有待进一步研究与提高。

课后练习

改变水喷口出流速度，改变风速，重新计算。

阅读内容：本章涉及气液、气固的流动问题，属于多相流体力学范畴。多相流是一门研究气态、液态、固态物质混合流动的学科。“相”是指不同物态或同一物态的不同物理性质或力学状态。在能源、水利、化工、冶金等工业部门，以及气象、生物、航天等领域都有多相流动的问题。

多相流常见于各种形态的两相流，例如：

（1）气-液两相流，如泄水建筑中的掺气水流等。

（2）气-固两相流，如气流输送（喷吹）粉料，含尘埃的大气流动等。

（3）液-固两相流，如天然河道中的含沙水流等。

多相流体力学是研究具有两种以上不同相态或不同组分的物质共存的多相流体动力学、热力学、传热传质学、燃烧学、化学和生物反应以及相关工业过程中的共性科学问题，是能源、动力、核反应堆、化工、石油、制冷、低温、可再生能源开发利用、航空航天、环境保护、生命科学等许多领域的重要理论和关键技术的基础。

在自然界及宇宙空间、人体及其他生物过程也广泛存在多种复杂的多相流，如：地球表面及大气中常见的风云际会、风沙尘暴、雪雨纷飞，泥石流、气蚀瀑幕；地质、矿藏的形成与运移演变；生命的起源与人类健康发展；生态与环境的变迁、保护、可持续开发利用等，均普遍遵循多相流科学的基本理论与规律。

ANSYS Fluent 提供有三种多相流模型：VOF（Volume of Fluid）模型、混合（Mixture）模型和 Euler 模型。另外还有一种模型，即离散相（DPM）模型。

（1）VOF 模型

VOF 模型是应用于固定的 Euler 网格上的两种或多种互不相容流体的界面追踪技术。在 VOF 模型中，各相流体共享一个方程组，需要在整个计算域内追踪每一相的体积分数。VOF 模型适用于有清晰相界面的流动，包括分层流、有自由表面的流动、液体灌注、容器内液体振荡等。

（2）混合模型

混合模型的相可以是流体或颗粒，并被视为相互穿插的连续统一体。混合模型求解混合物动量方程，适用于带粉气流、含气泡的流动、沉降过程和旋风分离器等。混合模型还可以用于模拟无相对速度的均质弥散多相流。

（3）Euler 模型

Euler 模型对每一相都求解动量方程和连续性方程。通过压力和相间交换系数实现耦合。处理耦合的方式取决于相的类型。对于流-固颗粒流，采用统计运动学理论获得系统的特性。相间的动量交换取决于混合物的类型。适用 Euler 模型的情况包括气泡柱、颗粒悬浮和流化床等。

（4）DPM 模型

DPM 模型又称离散相模型，当弥散相的体积分数小于 10%时，则应采用 DPM 模型进行仿真模拟计算。对于各相相互混合且弥散相的体积分数超过 10%的情况，应采用混合模型或 Euler 模型进行计算。

第6章 引射式冷热水混合器内的流动过程——能量方程的应用

问题描述：引射器是利用一股高速流（液流、气流或其他物质流）引射另一股低速流的装置。射流流经收缩形喷管并形成真空度，对低速流产生抽吸作用，同时将能量传递给被引射流。引射流与被引射流掺混形成的混合区逐渐扩大，再经过一段混合过程后，流动几乎成为均匀流。

冷热水混合装置属于引射器类型，是日常生活和工程中经常遇到的装置。现将此问题简化为图2-6-1所示模型，左侧为冷水入口，下方为热水入口，右侧为冷、热水混合后的出口，图中尺寸单位为cm。试对装置内冷热水流动与混合过程进行仿真计算与分析。

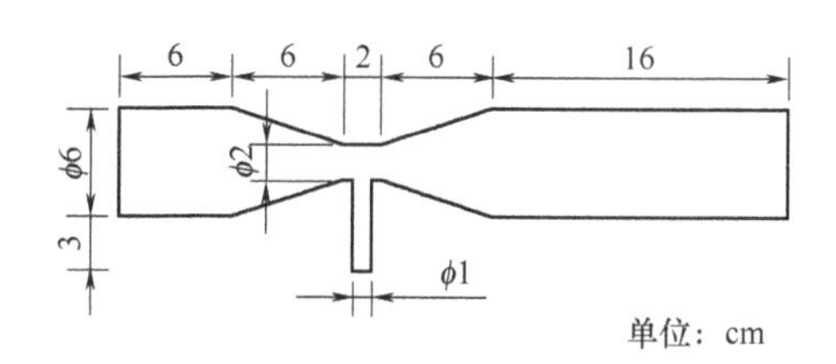

图2-6-1　冷热水混合模型

说明：本章利用ANSYS ICEM进行前处理，用ANSYS Fluent 18进行计算和后处理。对应光盘上的文件夹为：Fluent篇\water-mix，读者也可直接用光盘中的网格文件进行仿真计算。

第1节 导入几何模型

1. 启动Workbench 18.0，设定工作目录

双击Workbench 18.0快捷方式，启动软件。

2. 导入几何模型文件

单击File→Import...，选择创建好的三维几何模型文件，格式为igs。

注意：读者可在Auto CAD或者Gambit等软件中创建三维几何模型，保存为igs格式。也可从附带的光盘中直接复制到工作目录。

第 2 节 划分网格

1. 将模型导入 ICEM

（1）在图 2-6-2 中 2 Geometry 上右击，选中 Transfer Data To New→ICEM CFD，将模型导入 ICEM，如图 2-6-3 所示。

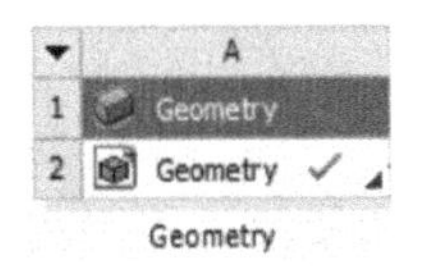

图 2-6-2 导入几何模型

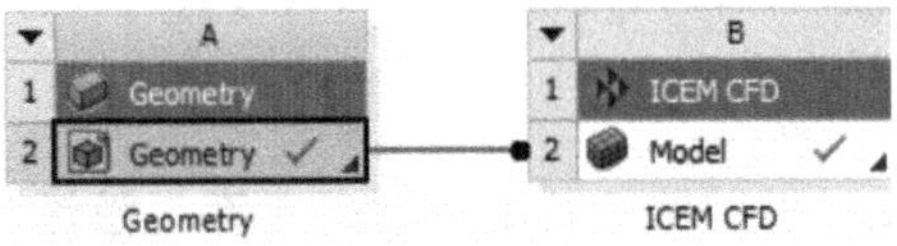

图 2-6-3 几何模型导入 ICEM

（2）双击 2 Model，在 ICEM 中打开模型。

（3）单击 Repair Geometry ，勾选 Join edge curves，单击 Apply 按钮。

2. 建立 Block

（1）单击 Blocking 中的 Create Block ，确认 Type 处为 3D Bounding Box，单击 Apply 按钮，结果如图 2-6-4 所示。

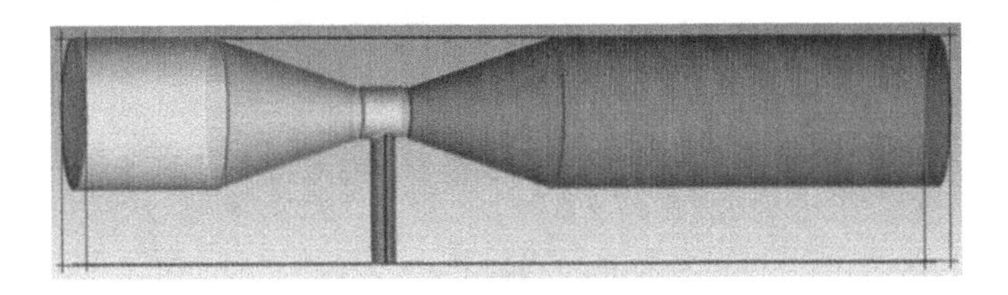

图 2-6-4 建立模型 Block

（2）单击 Split Block ，分别在 Block 的竖直和水平方向进行 2 次切割，结果如图 2-6-5所示。

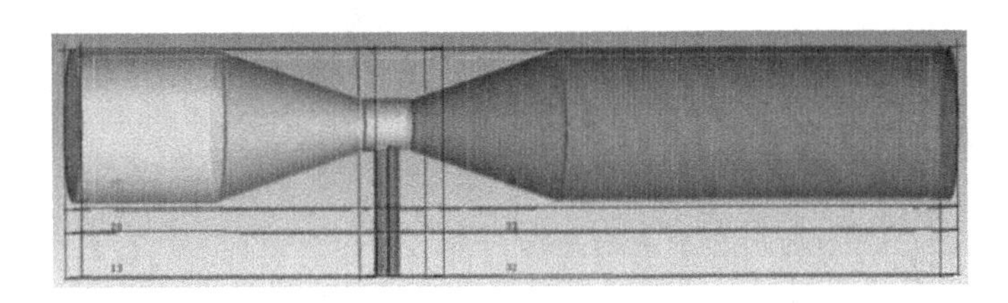

图 2-6-5 Block 切割图

（3）单击 Delete Block ，删除图 2-6-5 中下方标号为 28、33、32、13 的 4 个块。

（4）单击 Associate →Associate Edge to Curve ，依次完成几何模型各条线与 Block 的对应，如图 2-6-6 所示。对应后结果如图 2-6-7 所示。

（5）单击 Split Block，在 Split Method 框中选择 Prescribed point，依次单击水平方向黑色

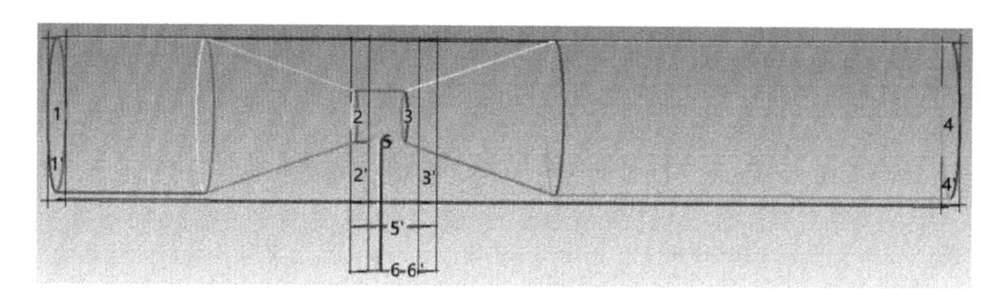

图 2-6-6　线对应

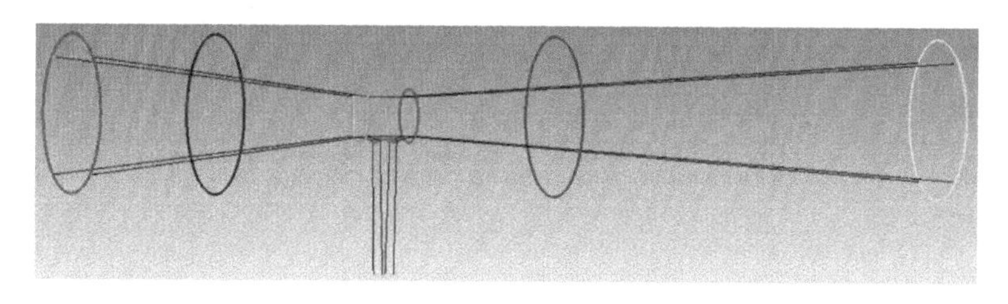

图 2-6-7　线对应结果

横线和图 2-6-7 中蓝色圆上的点，将线对应映射到蓝色圆上。对图 2-6-7 中紫色圆进行相同操作，结果如图 2-6-8 所示。

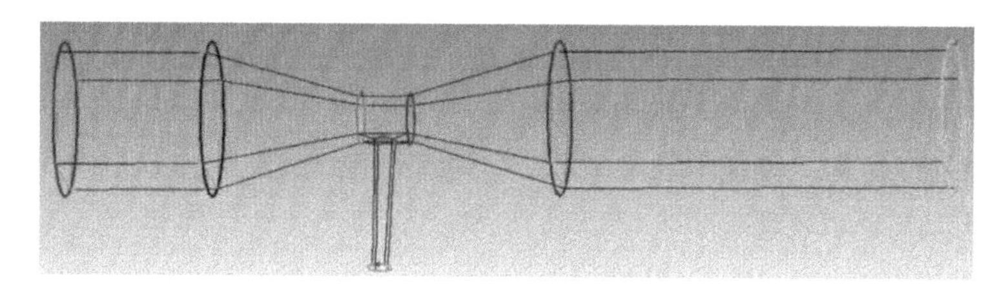

图 2-6-8　线对应效果

3. O 型网格

（1）单击 Split Block →O grid Block ，单击 Select Face 按钮，选择冷水入口、热水入口和混合出口，单击 Apply 按钮确认。

（2）单击 Pre-Mesh Params →Edge Params ，选择需要设置网格节点数的线段，在 Nodes 框输入节点数，单击 Apply 按钮。

（3）在树状菜单 Blocking 中勾选 Pre-Mesh，可查看网格划分情况，结果如图 2-6-9 所示。

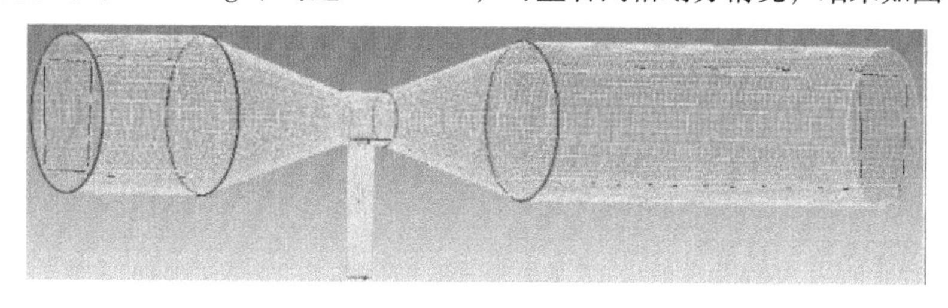

图 2-6-9　网格划分效果

第 3 节 边界类型设置

右键单击 Parts→Create Part，打开创建边界对话框，如图 2-6-10 所示。

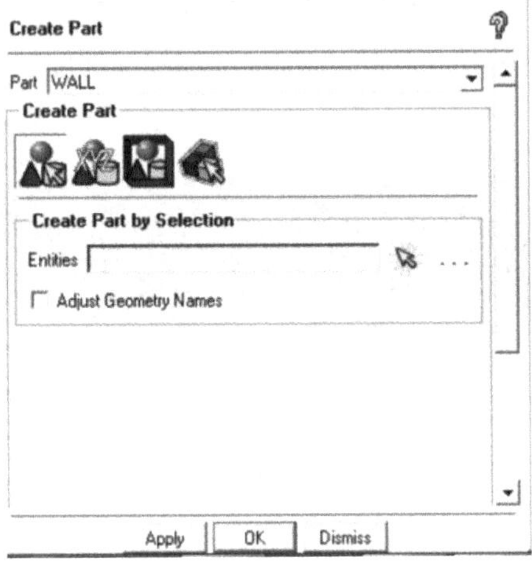

图 2-6-10 创建边界对话框

1. 设置冷水入口边界类型

（1）在 Part 文本框输入 COOL-INLET。

（2）单击 Entities 框后箭头，选中模型左侧入口。

（3）单击 Apply 按钮，确认。

2. 设置热水入口边界类型

（1）在 Part 文本框输入 HOT-INLET。

（2）单击 Entities 框后箭头，选中模型下侧入口。

（3）单击 Apply 按钮确认。

3. 设置混合出口边界类型

（1）在 Part 文本框输入 OUTLET。

（2）单击 Entities 框后箭头，选中模型右侧出口。

（3）单击 Apply 按钮确认。

4. 设置其余边界类型

（1）在 Part 文本框输入 WALL。

（2）单击 Entities 框后箭头，选中模型其余面。

（3）单击 Apply 按钮确认。

第 4 节 导入 ANSYS Fluent 计算

1. 导入模型网格

（1）在 Workbench 中，右键单击 Model，选择 Transfer Data To New→Fluent，双击 Setup 打开 Fluent 18.0，启动 Fluent 3D 求解器。

（2）在树形菜单中双击 General，单击 Check 按钮。检查网格的正确性，不能有任何警告信息。

（3）单击 Scale...，打开网格单位对话框，如图 2-6-11 所示。

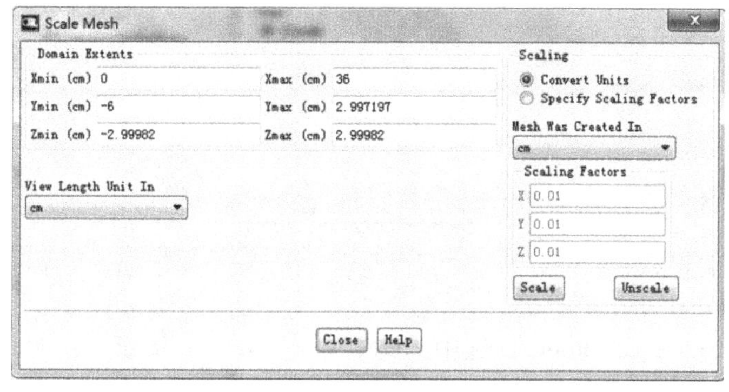

图 2-6-11　网格单位对话框

2. 边界条件设置

（1）双击 Models，选中 Energy 模型，勾选 Energy Equation，如图 2-6-12 所示。

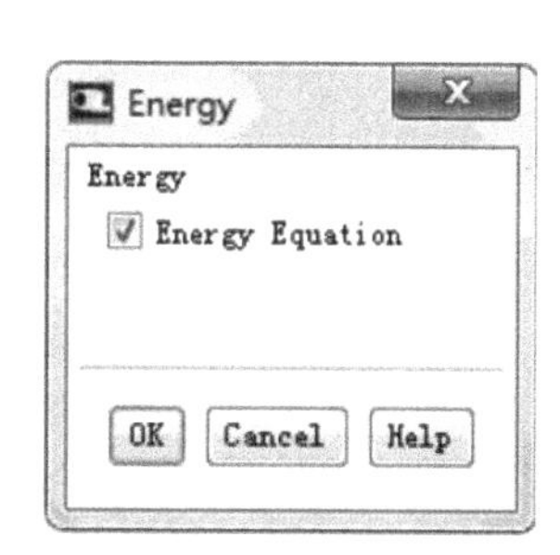

图 2-6-12　能量方程

（2）选中 Viscous，单击 Edit... 按钮，打开求解模型对话框，如图 2-6-13 所示。

（3）双击 Materials，单击 Create/Edit... 按钮，打开材料对话框，如图 2-6-14 所示。单击 Fluent Database... 按钮，从材料库中选择 water-liquid（h2o<l>），单击 copy 按钮。单击 Change/Create 按钮，单击 Close 按钮。

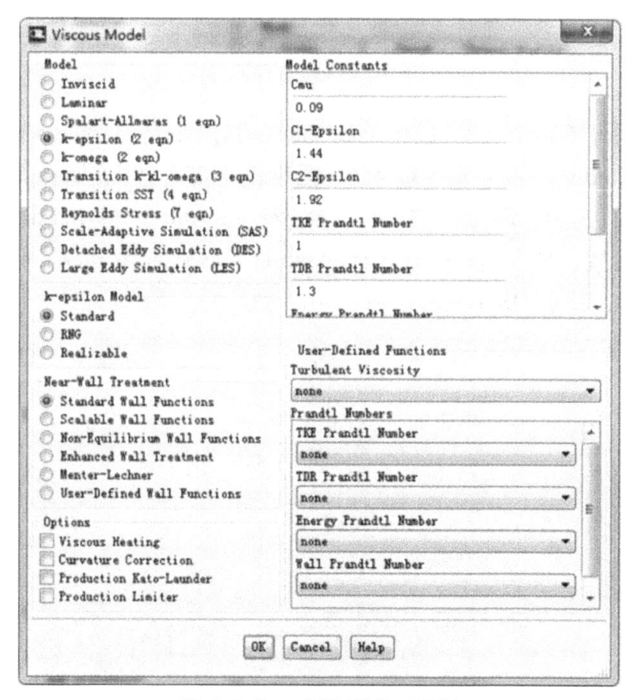

图 2-6-13　求解模型对话框

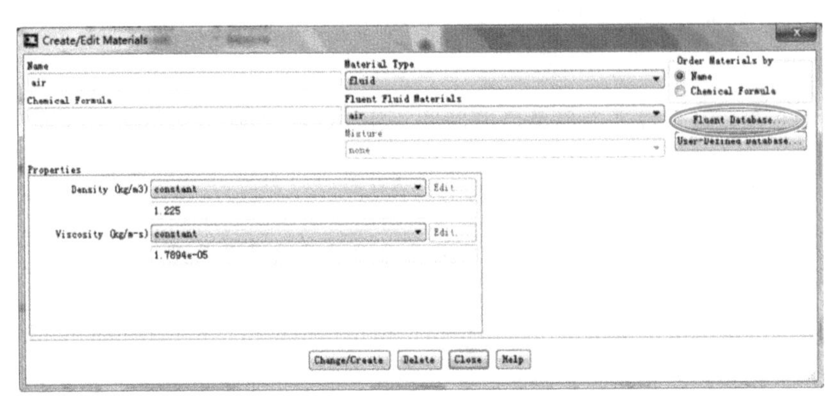

图 2-6-14　材料对话框

（4）双击 Cell Zone Conditions，选中 body，单击 Edit... 按钮，在 Material Name 框选择 water-liquid，单击 OK 按钮确认。单击 Operating Conditions...，打开操作条件对话框，如图 2-6-15 所示。

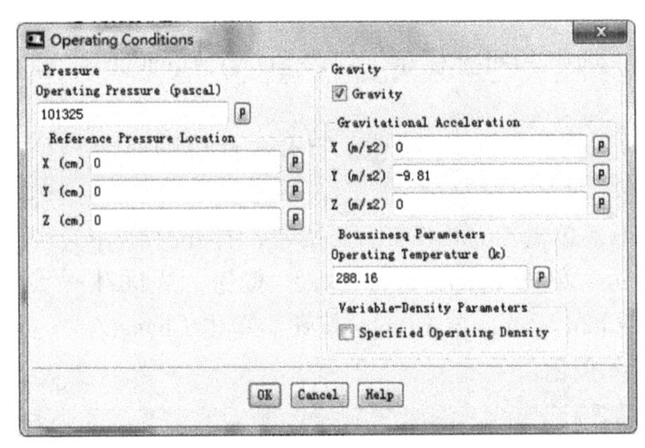

图 2-6-15　操作条件对话框

（5）双击 Boundary Conditions，选中 cool-inlet，Type 设为 velocity-inlet，单击 Edit... 按钮，在 Velocity Magnitude（m/s）框中输入 6，温度设为 273.15K，默认其他设置，如图 2-6-16 所示，单击 OK 按钮。选中 hot-inlet，Type 设为 pressure-inlet，单击 Edit... 按钮，温度设为 373.15K，默认其他设置，单击 OK 按钮。选中 outlet，Type 设为 pressure-outlet，单击 Edit... 按钮，默认其他设置，单击 OK 按钮。

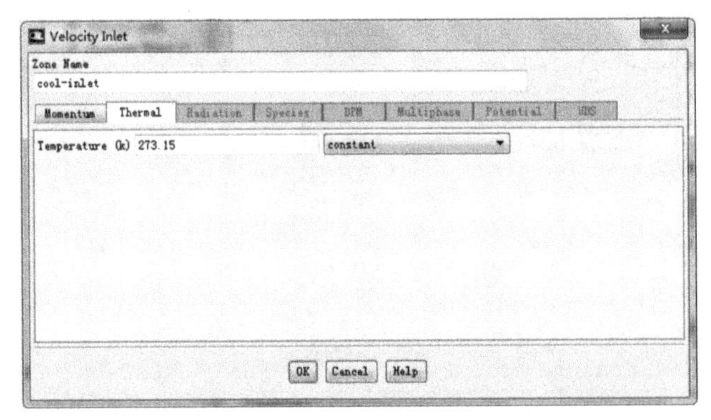

图 2-6-16　冷水入口参数设置

3. 求解器控制参数设置与计算

（1）点击 Solution→双击 Methods，各项保持默认设置。

（2）双击 Controls，保留各项默认设置。

（3）单击 Monitors→双击 Residual，勾选 Plot，保留其他默认设置，单击 OK 按钮。

（4）双击 Initialization，compute from 选择 cool-inlet，单击 Initialize 按钮。

（5）双击 Run calculation，在 Number of Iterations 框输入 100，单击 Calculate 按钮。

（6）计算到 94 步时，提示结果收敛，单击 File→Write→Case&Data...，保存文件，名为 cool-hot-water。

第 5 节 计算结果后处理

1. 温度云图显示

（1）在 Surface 菜单栏中 Create 处选择 Iso-Surface，打开等值面对话框，如图 2-6-17 所示。

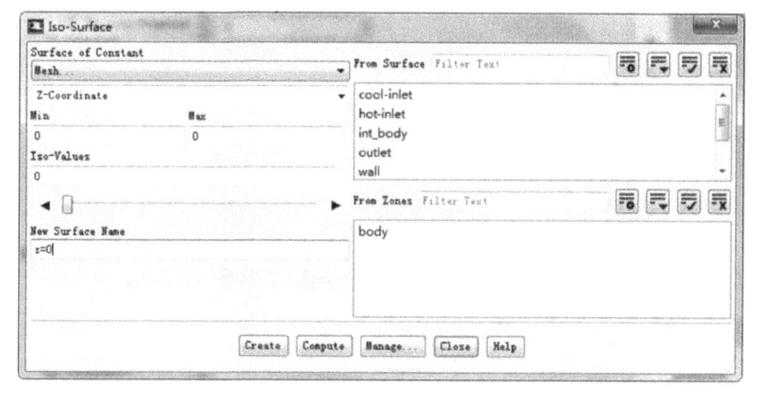

图 2-6-17　等值面对话框

（2）单击 Postprocessing，选中 Contours，打开温度云图对话框，如图 2-6-18 所示。

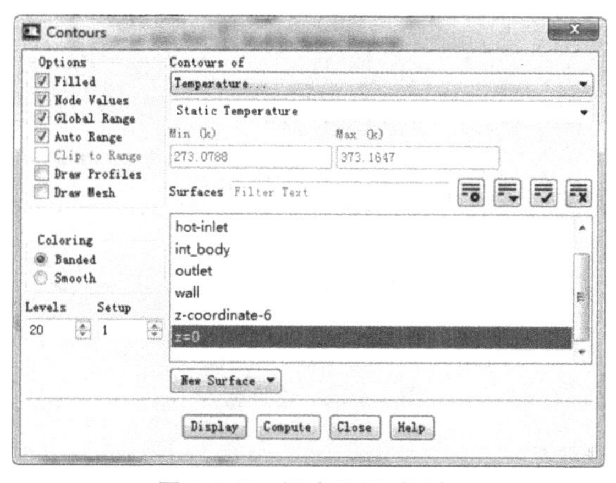

图 2-6-18　温度云图对话框

温度云图如图 2-6-19 所示。

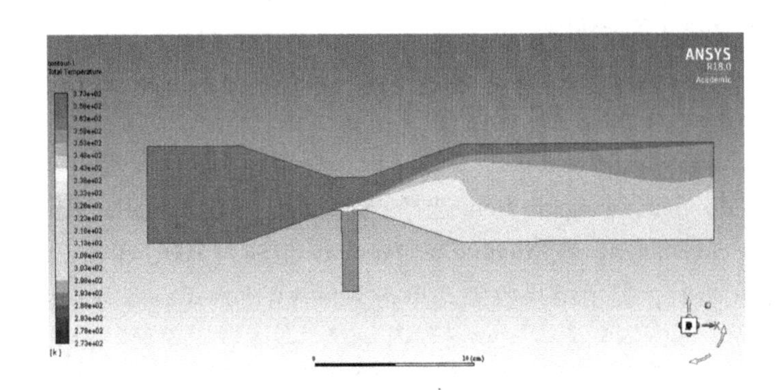

图 2-6-19　温度云图

2. 速度云图显示

打开速度云图对话框，如图 2-6-20 所示，速度云图如图 2-6-21 所示。

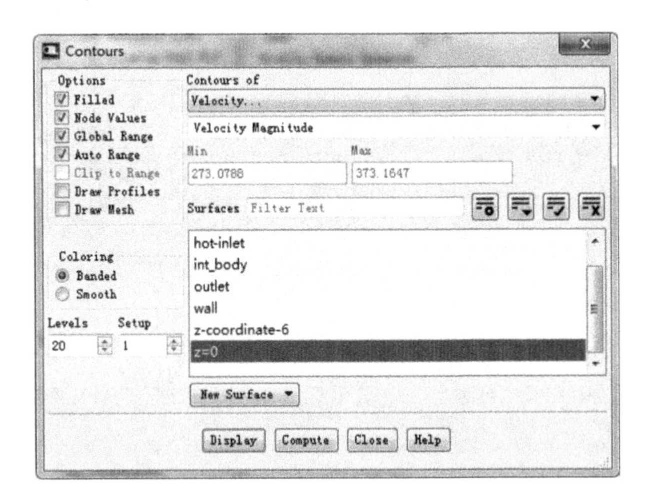

图 2-6-20　速度云图对话框

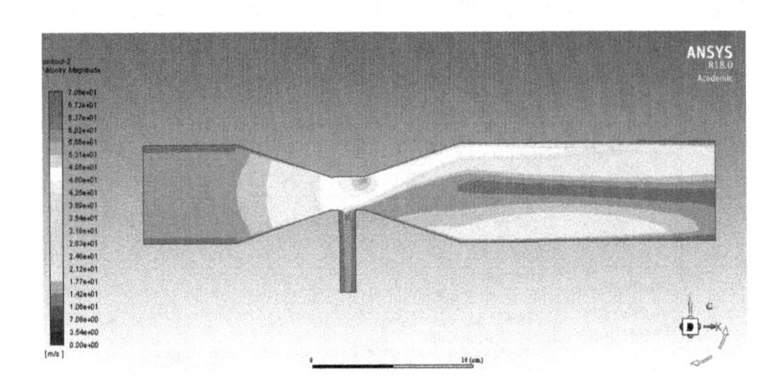

图 2-6-21　速度云图

3. 平均温度统计与入口静压强

（1）平均温度统计

双击 Reports 菜单中的 Surface Integrals，打开面积分对话框，选中冷、热水入口和混合水出口，如图 2-6-22 所示，单击 Compute 按钮，平均温度计算结果如图 2-6-23 所示，出口平均温度为 289. 84377K。

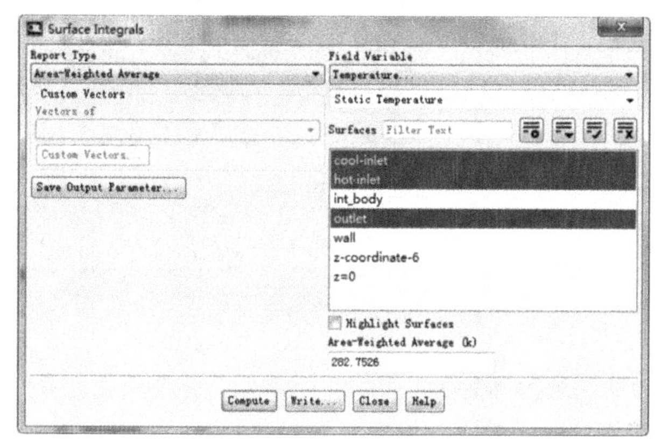

图 2-6-22　面积分对话框

```
    Area-Weighted Average
       Static Temperature                      (k)
-------------------------------- --------------------
                    cool-inlet            273.14999
                     hot-inlet            373.14999
                        outlet            289.84377
                ---------------- --------------------
                           Net            282.75256
```

图 2-6-23　平均温度统计

（2）入口压强

在 Field Variable 项选择 Pressure 和 Static Pressure，在 Surfaces 列表中选择 cool-inlet，单击 Compute 按钮，显示冷水入口平均压强为 1291173. 2Pa。同样，在 Surfaces 列表中选择 hot-inlet，单击 Compute 按钮，显示热水入口平均压强为−7123. 3621Pa。在 Surfaces 列表中选择 outlet，单击 Compute 按钮，显示出水口平均压强为−4067. 5086Pa。

4. 流线显示

单击 Graphics，双击 Pathlines，打开流线对话框，如图 2-6-24 所示。

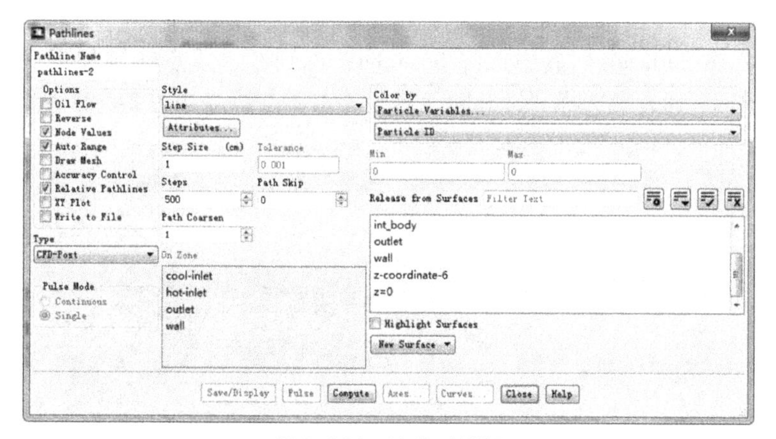

图 2-6-24　流线对话框

（1）在 Options 复选项区勾选 Draw Grid，打开网格显示对话框，如图 2-6-25 所示。

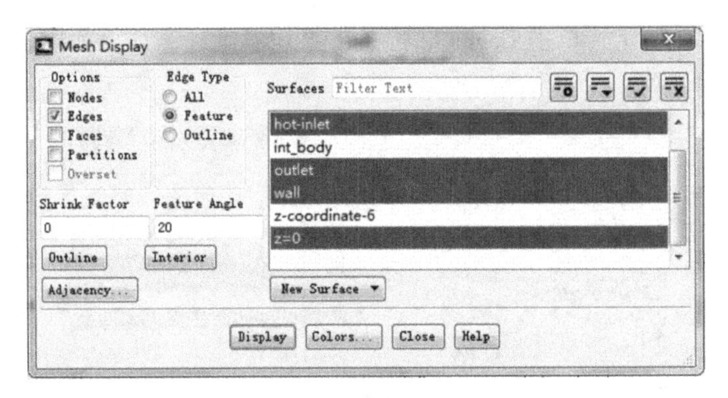

图 2-6-25　网格显示对话框

① 在 Options 复选项区选择 Edges。
② 在 Edge Type 单选项区选择 Feature。
③ 在 Surfaces 列表中选择 hot-inlet、cool-inlet、outlet 和 z=0。
④ 单击 Display 按钮，单击 Close 按钮关闭对话框。
(2) 在 Release from Surfaces 列表中选择 hot-inlet 和 cool-inlet。
(3) 单击 Display 按钮，显示冷水和热水质点流线，如图 2-6-26 所示。

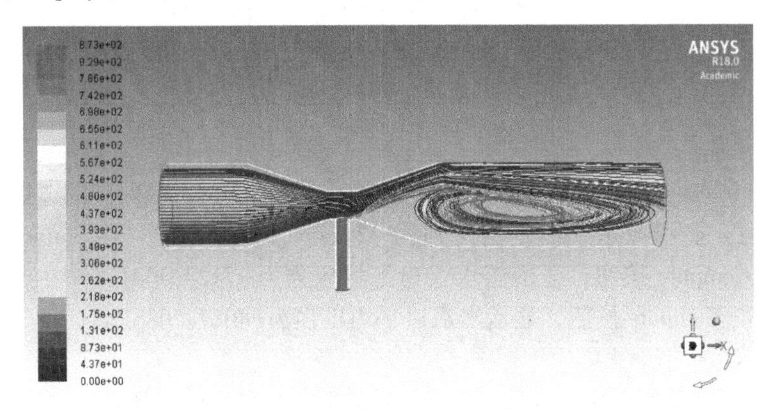

图 2-6-26　冷、热水流动情况

在 Release from Surfaces 列表中选择 hot-inlet，得到冷水质点轨迹如图 2-6-27 所示，在 Release from Surfaces 列表中选择 cool-inlet，得到热水质点轨迹如图 2-6-28 所示。

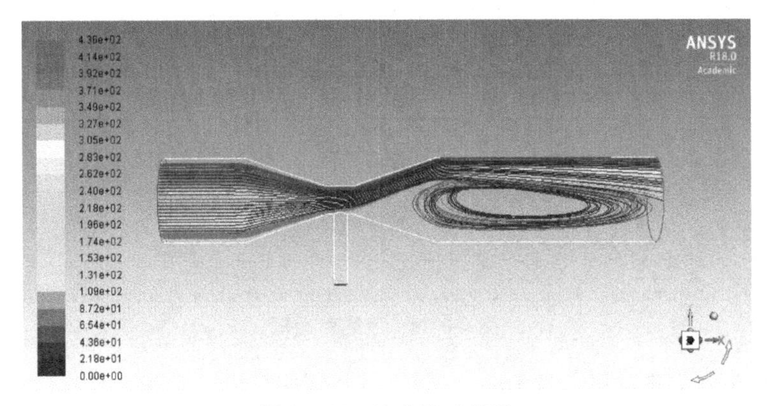

图 2-6-27　冷水流动情况

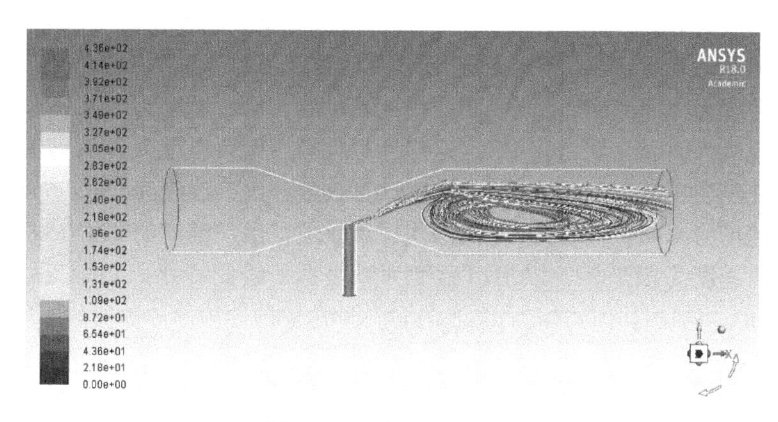

图 2-6-28 热水流动情况

（4）在 PulseMode 项选择 Single 或 Continuous，单击 Pulse 按钮，可显示流动的动态过程。

5. 冷、热水流量和质量守恒检查

单击 Report 按钮，双击 Fluxes 按钮，打开流动报告对话框，如图 2-6-29 所示。

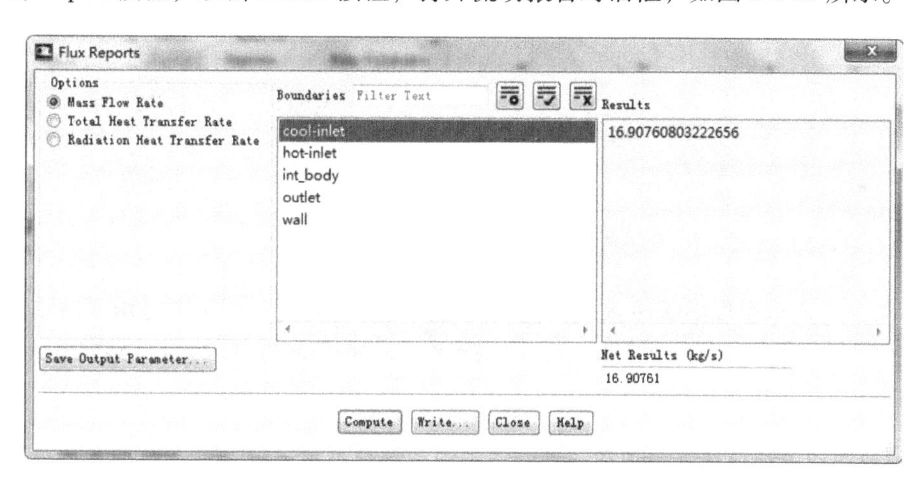

图 2-6-29 流动报告对话框

（1）在 Options 单选项区选择 Mass Flow Rate。

（2）在 Boundaries 列表中选择 cool-inlet，单击 Compute 按钮，在右侧 Results 框中显示流入质量。

（3）在 Boundaries 列表中选择 hot-inlet，得到热水流入质量。

（4）在 Boundaries 列表中选择 outlet，得到混合后水的流出量为负值，这是因为默认流入为正。

（5）若在 Boundaries 列表中同时选中 cool-inlet、hot-inlet、outlet，则 Net Results 处显示为 0，即冷水流入量+热水流入量=流出量。

讨论：影响出流温度的因素

对于当前的冷热水混流器来说，不考虑几何尺寸的改变，影响混合后出水温度的因素主要为冷水入口速度和热水入口压力。下面就冷水入口速度改变这一因素进行讨论。

冷水入口速度为 2m/s 时，经 96 次迭代计算收敛，出口温度为 289.70454K。

冷水入口速度为 6m/s 时，经 93 次迭代计算收敛，出口温度为 289.84377K。

冷水入口速度为 10m/s 时，经 92 次迭代计算收敛，出口温度为 289.8966K。

冷水入口速度为 20m/s 时，经 95 次迭代计算收敛，出口温度为 289.9707K。

冷水入口速度为 30m/s 时，经 86 次迭代计算收敛，出口温度为 290.36647K。

冷水入口速度为 40m/s 时，经 82 次迭代计算收敛，出口温度为 291.15974K。

以冷水入口速度为横坐标，以出口温度为纵坐标，绘制冷水入口速度-出口温度曲线，如图 2-6-30 所示。

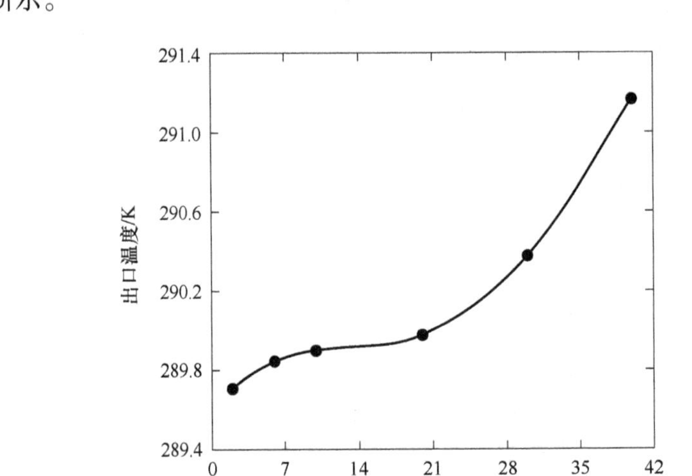

图 2-6-30　冷水入口速度-出口温度曲线

由图可见，出口温度随着冷水入口速度的增大而逐渐升高，这可能是由于冷水流速增大后，热水吸入量也随之增大，因此，对不同冷水入口速度时的热水入口压强进行分析，如图 2-6-31 所示。

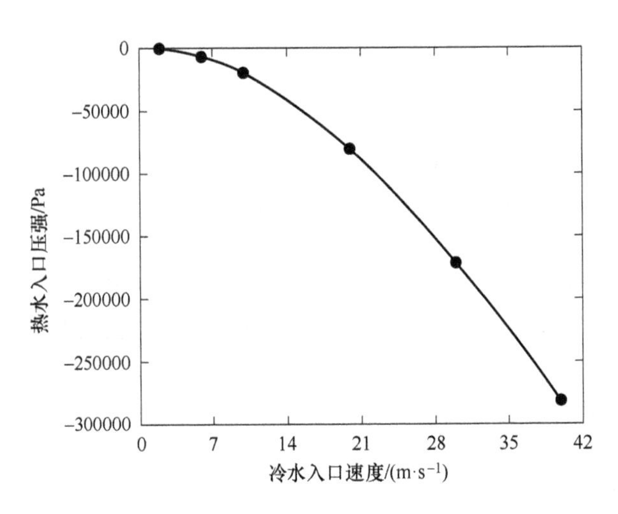

图 2-6-31　冷水入口速度-热水入口压强曲线

由图 2-6-31 所示，随着冷水入口速度的增大，热水入口的负压增大，导致热水吸入量增大。

课后练习

（1）按照本章节给出的模型和方法，继续讨论改变热水入口压力，混合出水口温度变化曲线。

（2）改变喉部直径与主流管道的直径比，研究混合出水口温度的变化。

第7章 电路板芯片散热数值模拟——流固耦合散热问题

问题：在长100mm、高20mm、宽为40mm的箱体内，下部装有厚为3mm的电路板(board)，在电路板距入口30mm的地方放置一长、宽、高分别为10mm×10mm×5mm的芯片(chip)，如图2-7-1所示。电路板以上流动区域命名为Fluid，空气自箱体入口（inlet）处以1m/s的速度流入，并从箱体出口（outlet）处流出。

1. 若芯片与电路板之间无隔热材料，试分析芯片附近的散热情况。
2. 若芯片与电路板之间有隔热材料，试分析芯片附近的散热情况。

分析：这是一个有对称面的热固耦合流动问题。由于对称的关系，可取其中的一个由对称面所形成的一半的区域进行研究即可，如图2-7-1所示。

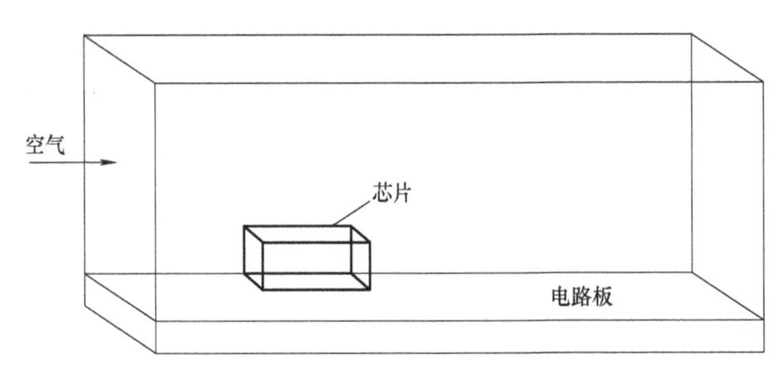

图2-7-1 结构简图

说明：本章采用ANSYS Fluent 15进行仿真计算和后处理，对应光盘上的文件夹为：Fluent篇\chip，现直接用光盘中的网格文件进行仿真计算。

第1节 启动ANSYS Fluent，设置网格和模型

1. 启动Fluent 3D求解器，读入网格文件

网格文件名为chip. mesh，放置在光盘的chip文件夹中，将其复制到当前工作目录中。

（1）启动ANSYS Fluent 3D求解器，如图2-7-2所示。

（2）读入网格文件

操作：File→Read→Mesh...，读入网格文件chip. msh

读入网格文件后，左侧操作窗口如图2-7-3所示。

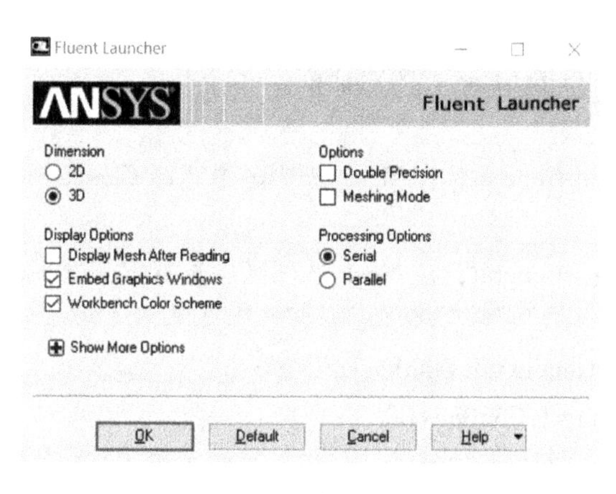

图 2-7-2　启动 3D 求解器

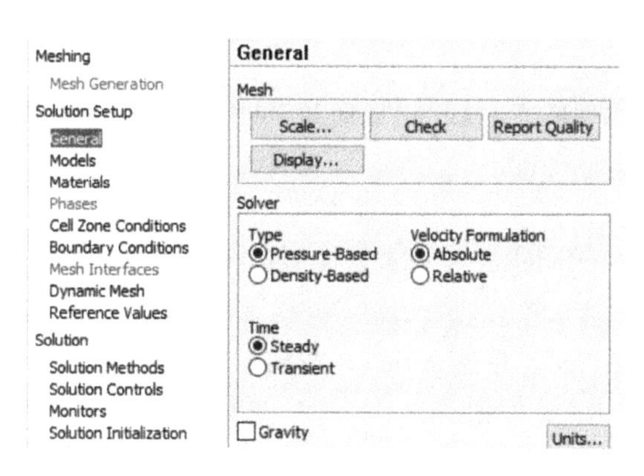

图 2-7-3　总体设置对话框

2. 设置网格

（1）确定长度单位 mm

操作：Solution Setup→General，在 Mesh 选项区中选择 Scale...，打开长度单位设置对话框如图 2-7-4 所示。

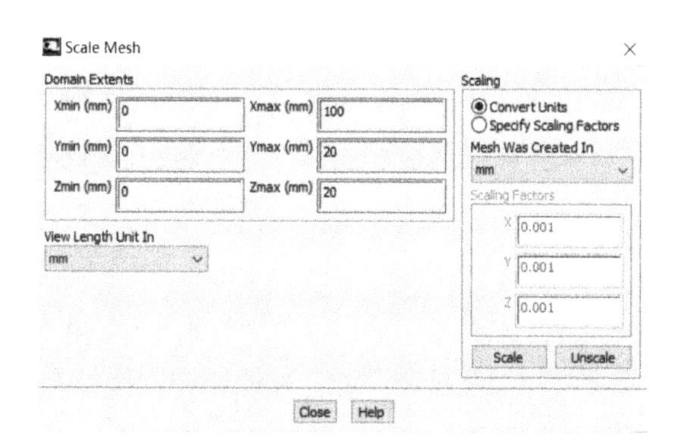

图 2-7-4　长度单位设置对话框

① 在 View Length Unit In 框中选择 mm。

② 在 Mesh Was Created In 框中选择 mm。

③ 单击 Scale 按钮，单击 Close 关闭对话框。

（2）网格检查

操作：Solution Setup→General，在 Mesh 选项区中选择 Check。

（3）网格质量报告

操作：Solution Setup→General，在 Mesh 选项区中选择 ReportQuality。

网格质量报告如下：

Minimum Orthogonal Quality = 1.00000e+00

Maximum Aspect Ratio = 1.73208e+00

即网格正交质量为 1，网格长宽比为 1.732，网格质量很高。

（4）显示网格

操作：Solution Setup→General，在 Mesh 选项区中选择 Display。

3. 求解器设置

在 Solver 的 Type 单选项区中，选择 Pressure Based（基于压力的），在 Time 单选项区中选择 Steady。

4. 求解模型设置

操作：Solution Setup→Models，显示求解模型选择对话框，如图 2-7-5 所示。

（1）启动能量方程

操作：Models→Energy-Off，单击 Edit... 按钮，打开能量方程对话框如图 2-7-6 所示，勾选 Energy Equation，单击 OK 按钮。

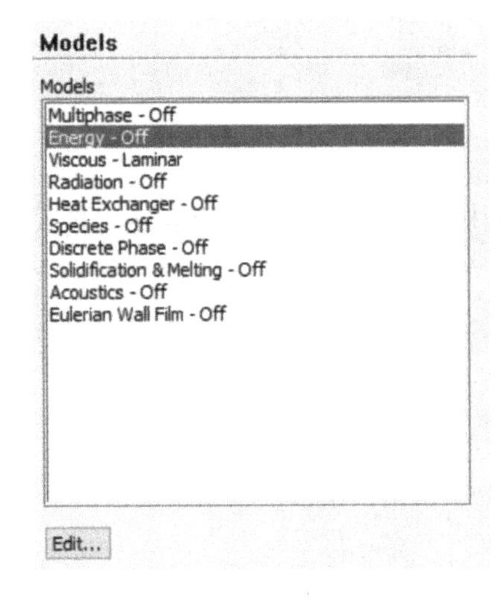

图 2-7-5　求解模型选择对话框

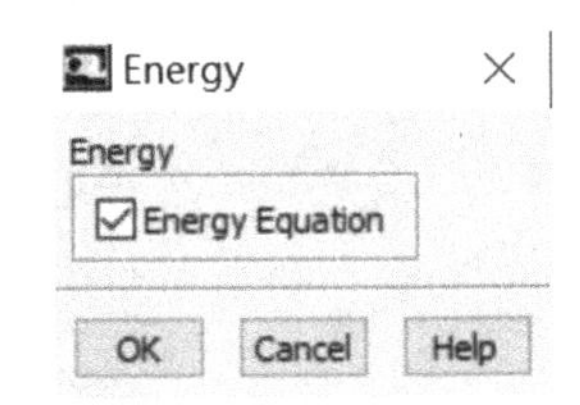

图 2-7-6　启动能量方程

（2）选取紊流模型

操作：Models→Viscous-Laminar，打开紊流模型选择对话框，如图 2-7-7 所示。

① 在 Model 单选项区中选择 k-epsilon（2eqn）紊流模型；

② 保留其他默认设置，单击 OK 按钮。

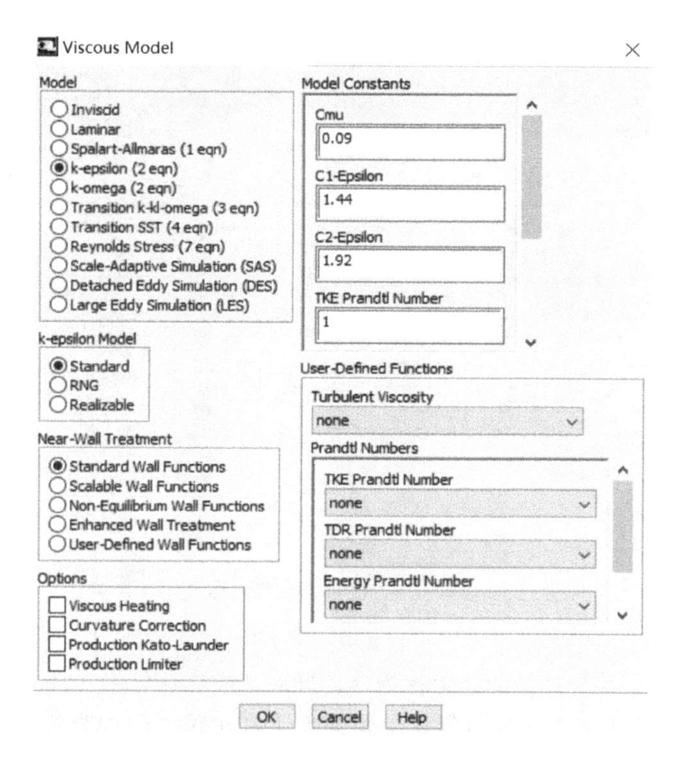

图 2-7-7　紊流模型选择对话框

第2节　定义固体材料及流域

操作：Solution Setup→Materials，打开材料选择对话框，如图 2-7-8 所示。

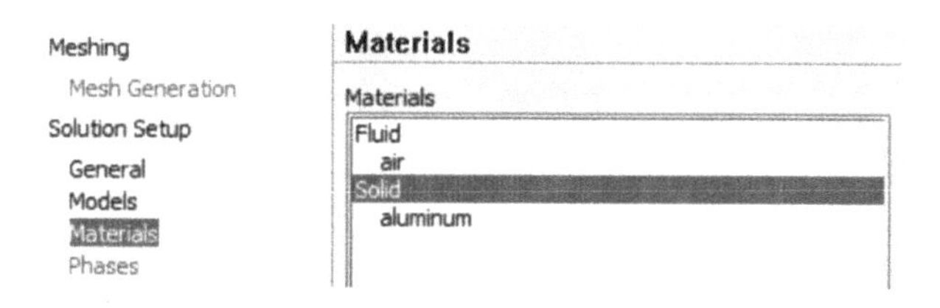

图 2-7-8　材料选择对话框

1. 定义芯片材料

操作：Materials→Solid，单击 Create/Edit... 按钮，打开材料设置对话框，如图 2-7-9 所示。

① 在 Name 文本框填入材料名称 chip。

② 在 Material Type 下拉框中选择 solid。

③ 清空 Chemical Formula 框中内容。

④ 在 Thermal Conductivity 项保持为 constant，并输入 1；

⑤ 单击 Change/Create 按钮，在弹出的对话框中选择 No。

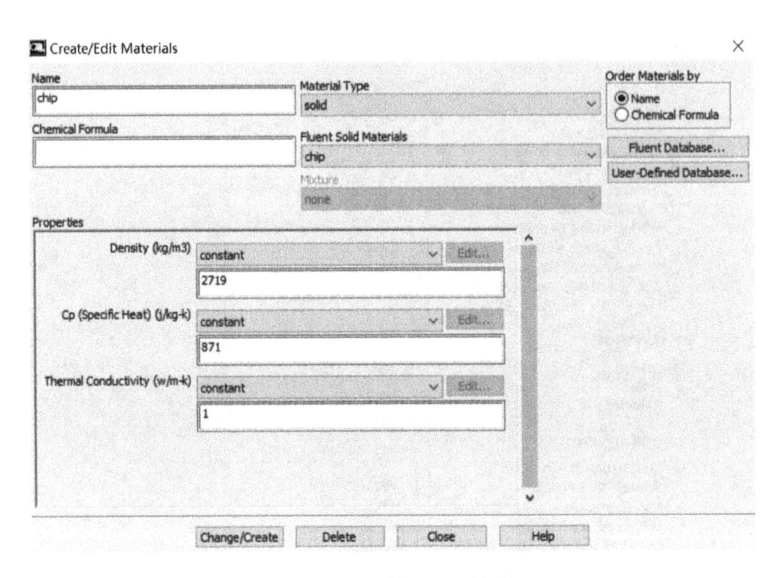

图 2-7-9　材料设置对话框

注意：材料直接传导热量的能力称为热传导率，或称热导率（Thermal Conductivity）。热导率定义为单位截面、长度的材料在单位温差下和单位时间内直接传导的热量。热导率的单位为 W/(m·K)。

一般常把导热系数小于 0.2W/(m·K) 的材料称为保温材料，例如石棉、珍珠岩等。而把导热系数在 0.05W/(m·K) 以下的材料称为高效保温材料。

2. 定义电路板材料

① 在 Name 文本框中输入材料名称 board，如图 2-7-10 所示。

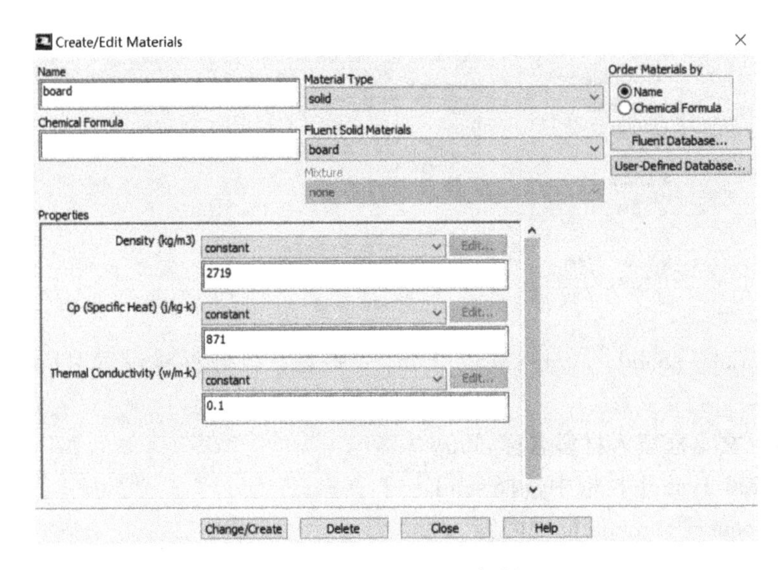

图 2-7-10　材料设置对话框

② 在 Material Type 下拉表中选择 solid。
③ 清空 Chemical Formula 框中内容。
④ 在 Thermal Conductivity [w/(m·k)] 项保持为 constant，并填入 0.1。
⑤ 单击 Change/Create 按钮，在弹出的对话框中选择 No。

3. 设置流域

操作：Solution Setup→Cell Zone Conditions，打开域设置对话框，如图 2-7-11 所示。

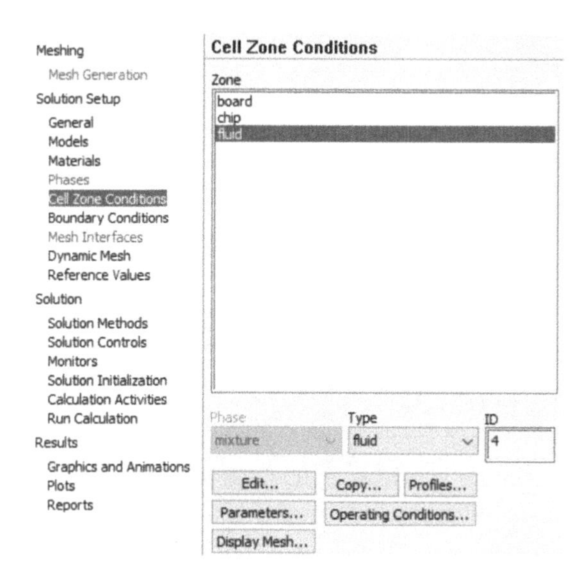

图 2-7-11　域设置对话框

(1) 设置流域 Fluid 内的材料为空气
① 在 Zone 列表框中选择流域 fluid。
② Type 下拉表中选择 Fluid，单击 Edit... 按钮，打开流域设置对话框。
③ 在 Material Name 下拉表中选择 air，保留其他默认设置，单击 OK 按钮。
(2) 设置电路板区域的材料为 board
① 在 Zone 列表中选择流域 board。
② 在 Type 下拉表中选择 solid，单击 Edit... 按钮，打开设置对话框。
③ 在 Material Name 下拉表中选择 board，保留其他默认设置，单击 OK 按钮。
(3) 设置芯片区域的材料为 chip
① 在 Zone 列表中选择流域 chip。
② 在 Type 列表中选择 solid，单击 Edit... 按钮，打开设置对话框。
③ 在 Material Name 下拉表选择 chip。
④ 勾选 Source Terms（热源）复选项，打开 Source Terms 选项卡，如图 2-7-12 所示。
⑤ 单击 Energy 框右侧的 Edit... 按钮，打开热源项设置对话框，如图 2-7-13 所示。
⑥ 单击 Number of Energy sources 右侧向上箭头。
⑦ 选择 constant，输入 200000，单击 OK 按钮，关闭对话框。
⑧ 此时芯片域的设置对话框如图 2-7-14 所示，单击 OK 按钮。

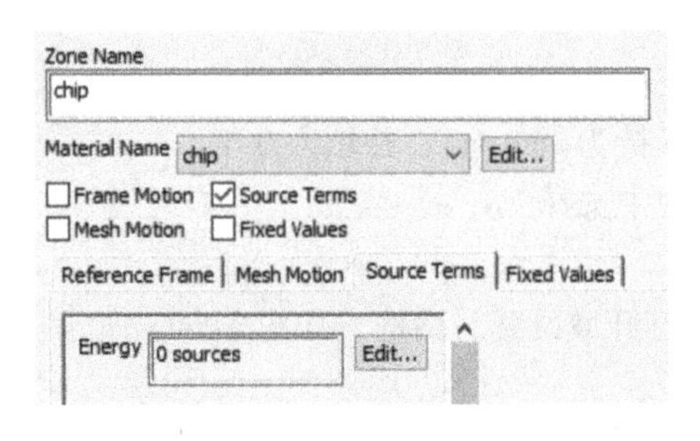

图 2-7-12　域设置对话框

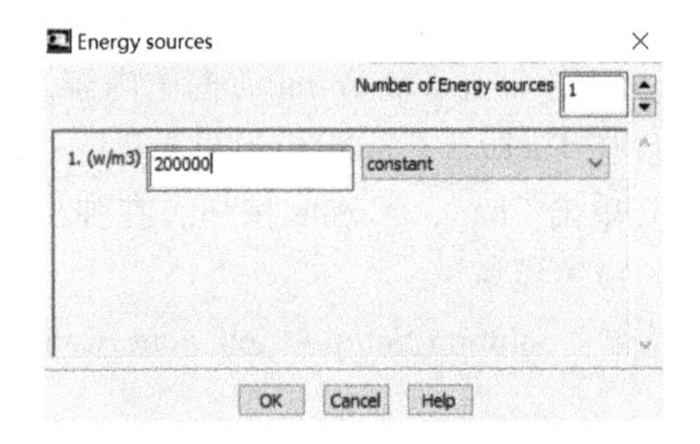

图 2-7-13　热源项设置对话框

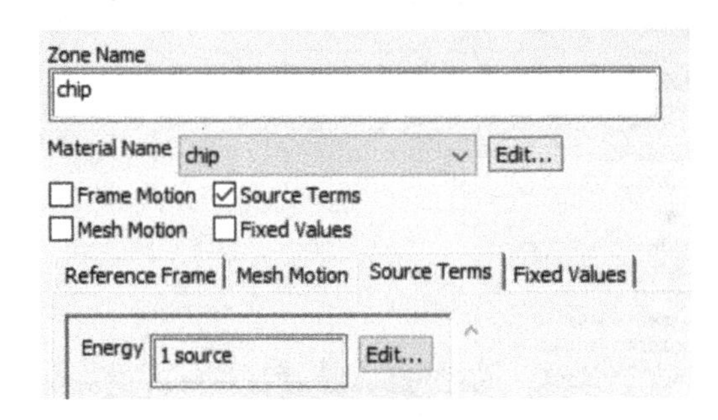

图 2-7-14　芯片域设置对话框

第 3 节　设置边界条件

操作：Solution Setup→Boundary Conditions，打开边界条件设置对话框，如图 2-7-15 所示。

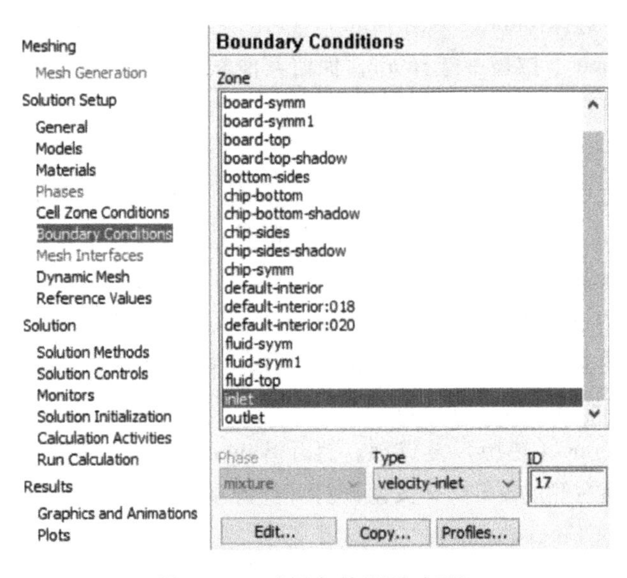

图 2-7-15　边界条件设置对话框

说明：在 Zone 列表中，可以看到所有的耦合边界（包括热固耦合和气固耦合边界）的名称都是成对出现的，比如 chip-bottom 和 chip-bottom-shadow 等。这是因为在建模时，只是对相交的公共面进行了创建和设置，而在计算过程中，耦合的两方都需要这个面，故系统自动为另一个区域生成了一个同样的面，命名为这个面的 shadow。比如 chip-bottom 是属于 chip 域的一个面，而完整的 board 域也需要这个面，系统就给 board 自动生成了一个面，命名为 chip-bottom-shadow。

1. 设置速度入口 inlet 边界条件

（1）在 Zone 列表中选择速度入口边界 inlet。

（2）在 Type 下拉表中选 velocity-inlet，单击 Edit... 按钮，打开速度边界设置对话框，如图 2-7-16 所示。

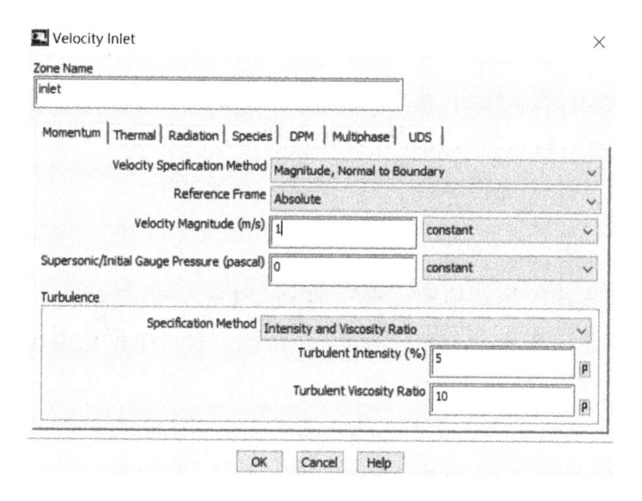

图 2-7-16　速度边界设置对话框

（3）在 Momentum 选项卡的 Velocity Magnitude 框中输入 1。

（4）在 Thermal 选项卡的 Temperature（K）框中输入温度为 300，如图 2-7-17 所示。

（5）单击 OK 按钮确认。

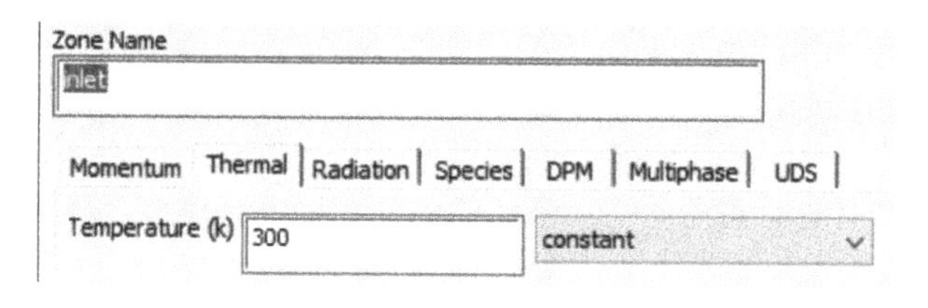

图 2-7-17　入口温度设置对话框

2. 设置出口压力边界

（1）在 Zone 列表中选择压力出流边界 outlet。

（2）在 Type 下拉表中选 pressure-outlet，单击 Edit... 按钮，打开压力出口边界设置对话框，如图 2-7-18 所示。

（3）在 Momentum 选项卡中的 Gauge Pressure（pascal）框中输入表压强 0。

（4）其他保持默认设置，单击 OK 按钮。

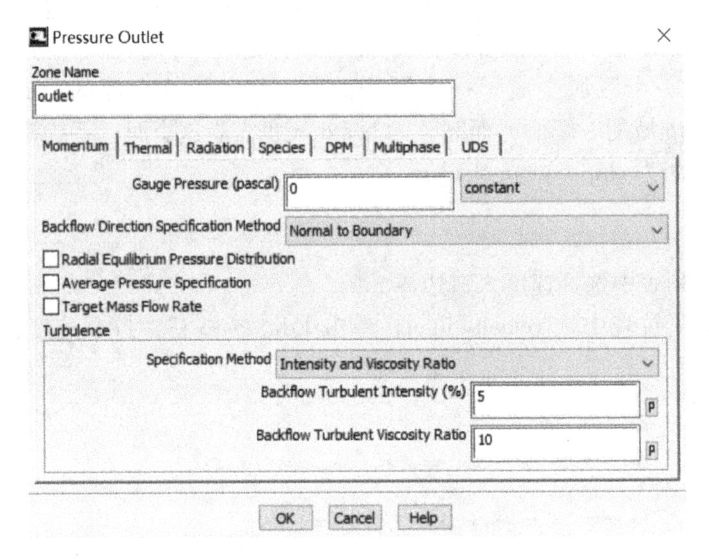

图 2-7-18　压力出口边界设置对话框

3. 流域顶部固壁边界（有导热）

（1）在 Zone 列表选择散热箱顶部固壁边界 fluid-top。

（2）在 Type 下拉表中选 wall，单击 Edit... 按钮，打开壁面边界设置对话框，如图 2-7-19 所示。

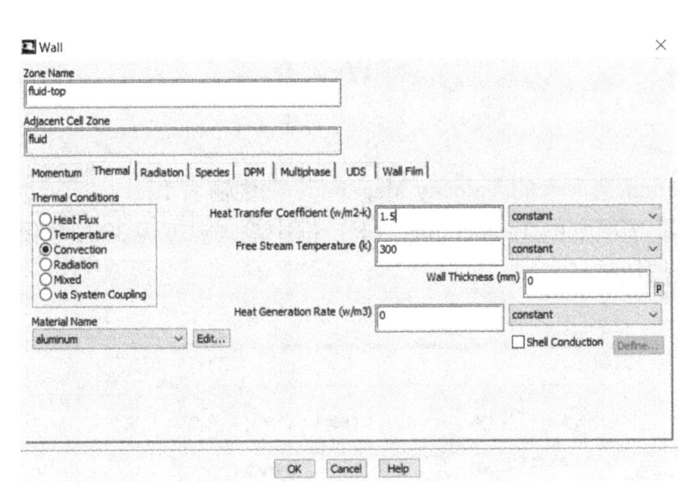

图 2-7-19　壁面边界设置对话框

（3）在 Thermal Conditions 单选项区选择 Convection。

（4）在 Heat Transfer Coefficient 框中输入热传导系数 1.5。

（5）保留其他默认设置，单击 OK 按钮。

4. 电路板底部固壁边界（有导热）

（1）在 Zone 列表中选择电路板底部固壁边界 board-bottom。

（2）在 Type 下拉表中选 wall，单击 Edit... 按钮，打开壁面边界设置对话框，如图 2-7-20 所示。

（3）在 Thermal Conditions 单选项区选择 Convection。

（4）在 Heat Transfer Coefficient 框中输入热传导系数 0.5。

（5）在 Material Name 项选择 board。

（6）其他保持默认设置，单击 OK 按钮。

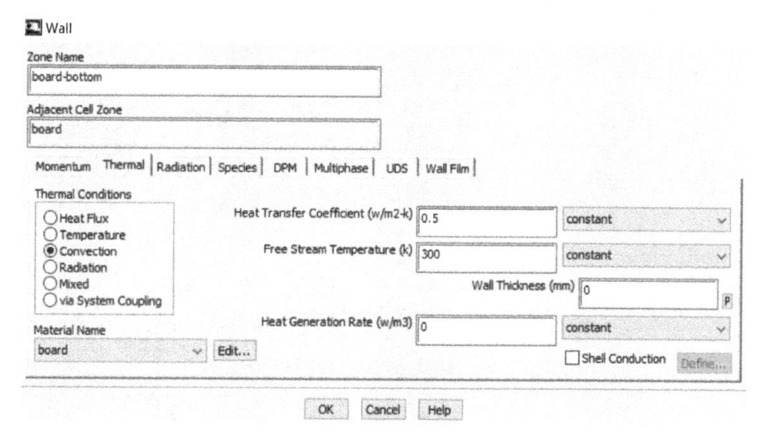

图 2-7-20　壁面边界设置对话框

5. 芯片底部边界（与电路板耦合的边界）

（1）在 Zone 列表中选择芯片底部固壁边界 chip-bottom。

（2）在 Type 下拉表中选 wall，单击 Edit... 按钮，打开底部耦合边界设置对话框，如图 2-7-21 所示。

（3）注意到在 Thermal Conditions 单选项选 Coupled（耦合），保持默认设置，单击 OK 按钮。

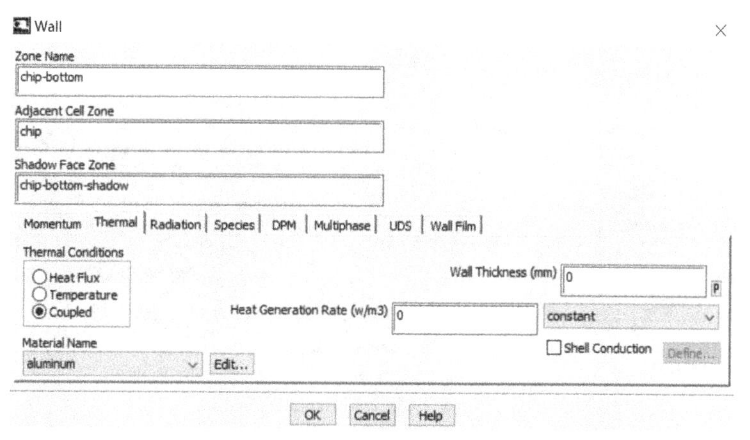

图 2-7-21　底部耦合边界设置对话框

6. 芯片侧表面边界（与空气的热固耦合边界）

（1）在 Zone 列表中选择芯片侧表面固壁边界 chip-sides。

（2）在 Type 下拉表中选 wall，单击 Edit... 按钮，打开侧面耦合边界设置对话框，如图 2-7-22 所示。

（3）在 Material Name 单选项区中选择 chip，其他保持默认设置，单击 OK 按钮。

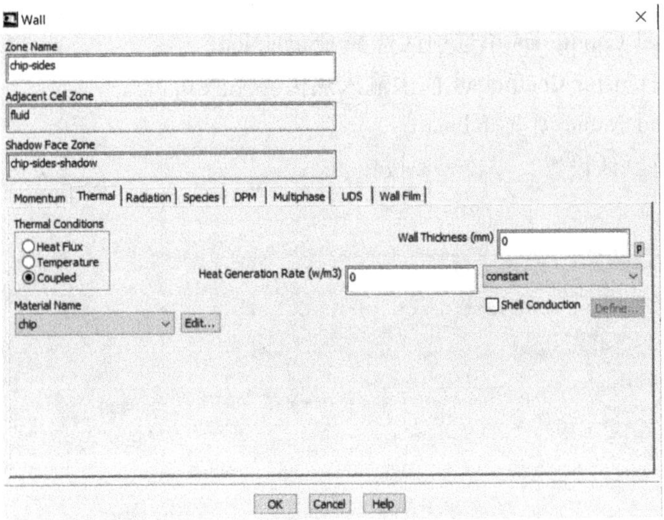

图 2-7-22　侧面耦合边界设置对话框

7. 电路板前后表面为绝热边界

（1）在 Zone 列表中选择电路板前后两个固壁边界 bottom-sides。

（2）在 Type 下拉表中选 wall，单击 Edit... 按钮，打开绝热边界设置对话框，如图 2-7-23 所示。

（3）在 Thermal Conditions 单选项区中选择 Heat Flux。

（4）在 Heat Flux 框输入 0（绝热），单击 OK 按钮。

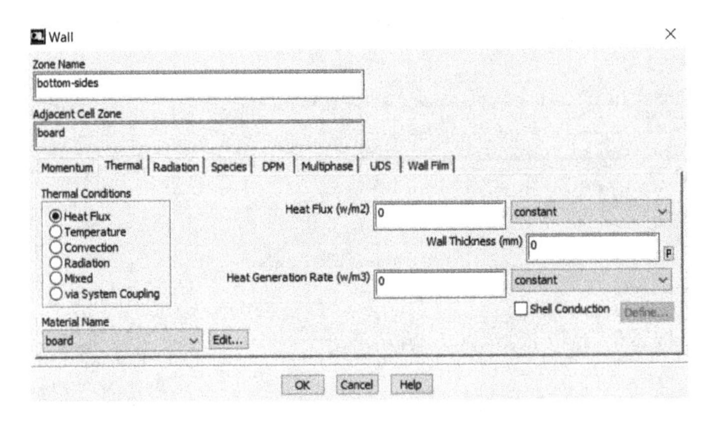

图 2-7-23　绝热边界设置对话框

8. 电路板上部与空气交界的边界为热固耦合边界

（1）在 Zone 列表中选择电路板上部表面的固壁边界 board-top。

（2）在 Type 下拉表中选 wall，单击 Edit...，打开上表面耦合边界设置对话框，如图 2-7-24所示。

（3）Thermal Conditions 单选项中选 Coupled（耦合），保持默认设置，单击 OK 按钮。

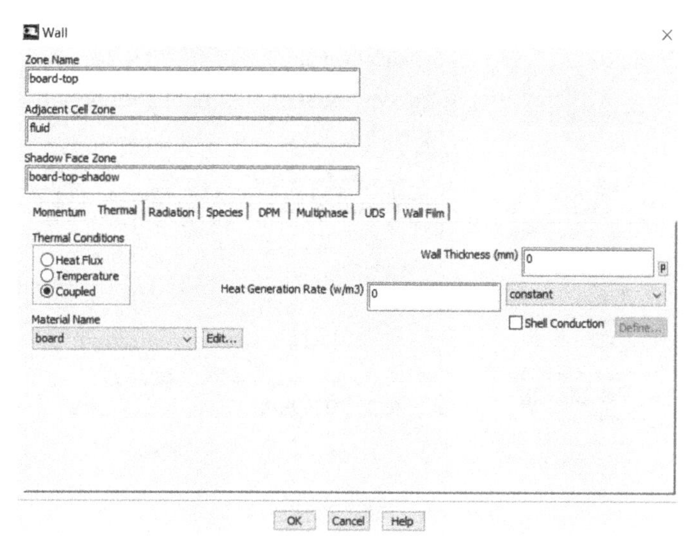

图 2-7-24 上表面耦合边界设置对话框

第4节 求解计算

1. 设置求解方法

操作：Solution→Solution Methods，打开求解方法设置对话框，如图 2-7-25 所示，保持默认设置。

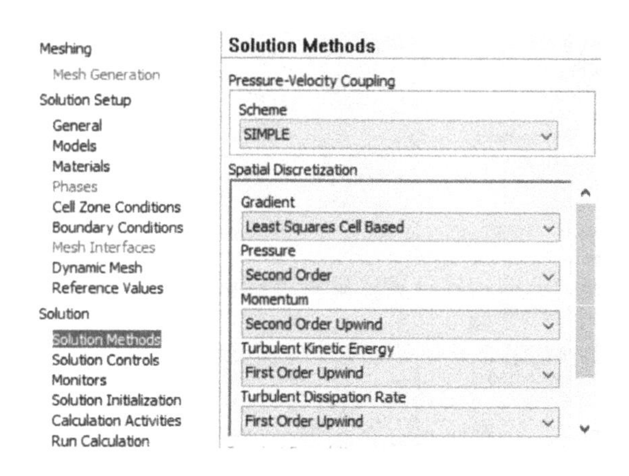

图 2-7-25 求解方法设置对话框

2. 求解控制设置

操作：Solution→Solution Controls，打开求解控制设置对话框，如图 2-7-26 所示。

注意：这里主要是对欠松弛因子（Under Relaxation Factors）的设置，值大则计算收敛快，值小则益于计算稳定。

保持默认设置，单击 OK 按钮。

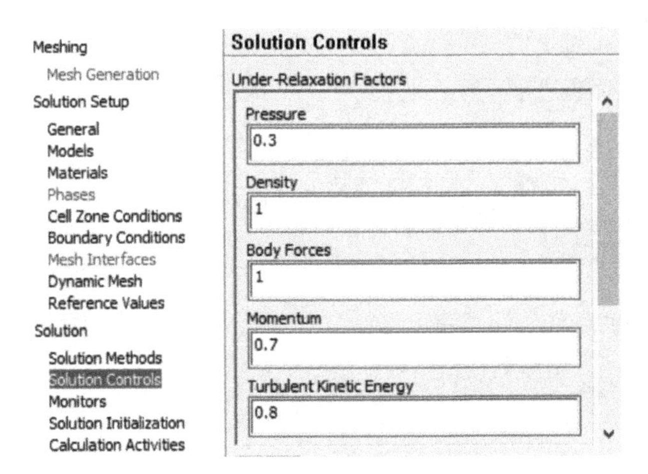

图 2-7-26　求解控制设置对话框

3. 用入口边界条件初始化流场

操作：Solution→Solution Initialization，打开初始化设置对话框，如图 2-7-27 所示。

（1）在 Initialization Methods 单选项区选择 Standard Initialization。

（2）在 Compute from 下拉表中选择 inlet。

（3）保留其他默认设置，单击 Initialize 按钮。

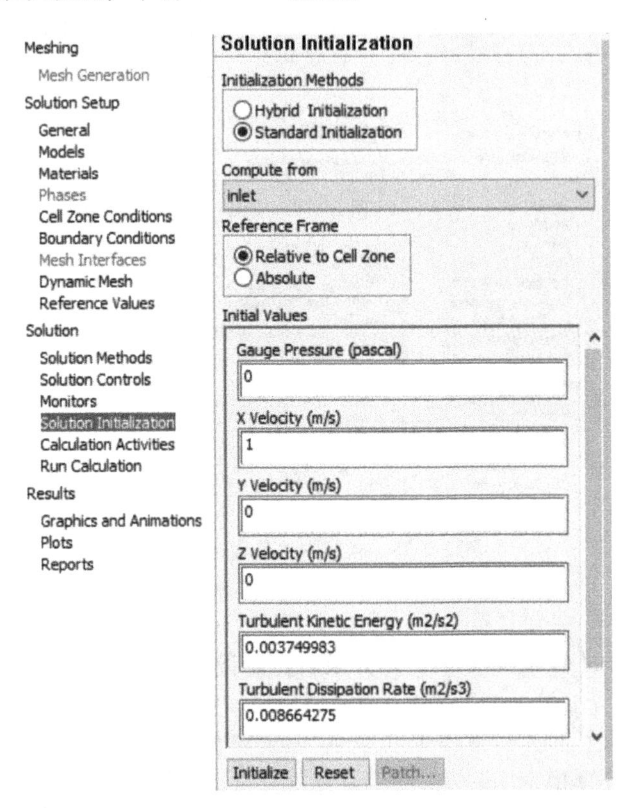

图 2-7-27　初始化设置对话框

4. 打开残差监视器

操作：Solution→SolutionMonitors，打开监视器设置对话框，如图 2-7-28 所示。

注意到在列表中选择的是 Residuals-Print，Plot，说明残差监视器默认设置是勾选 Print 和 Plot 的。

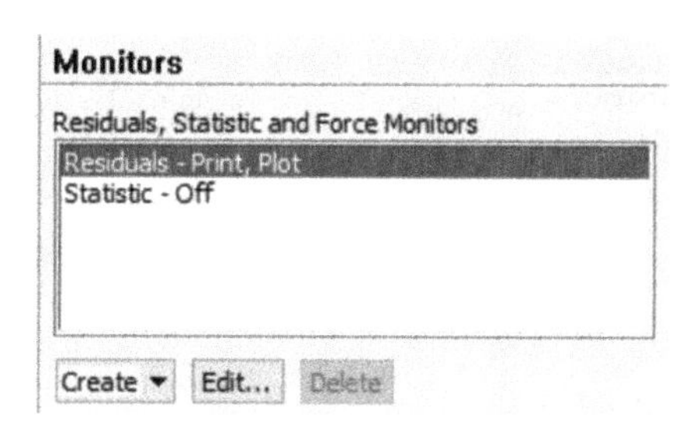

图 2-7-28　监视器设置对话框

5. 设置 200 次迭代计算

操作：Solution→RunCalculation，打开迭代计算设置对话框，如图 2-7-29 所示。

（1）在 Number of Iterations 框中输入最大迭代次数 200。

（2）其他保持默认设置，单击 Calculate 按钮，开始迭代计算。

计算过程中的残差收敛曲线如图 2-7-30 所示，经过 66 次迭代后，残差收敛。

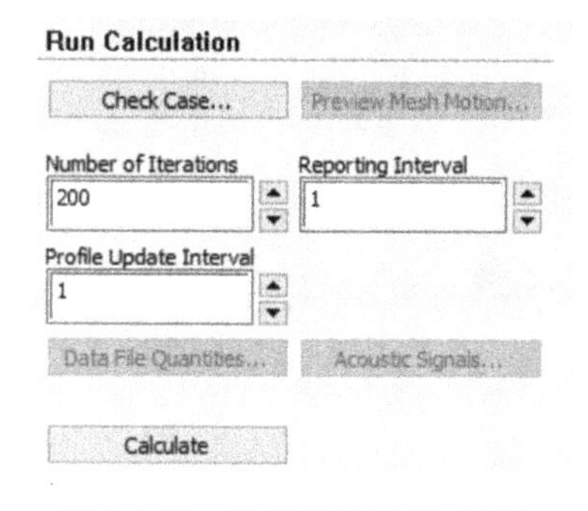

图 2-7-29　迭代计算设置对话框

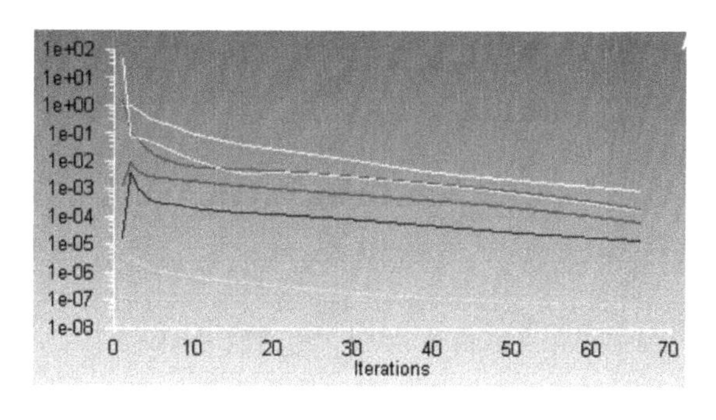

图 2-7-30　残差收敛曲线

6. 保存计算结果

操作：File→Write→Case & Date...

第 5 节　计算结果后处理

单击目录树中的 Results→Graphics and Animations，如图 2-7-31 所示。

在 Graphics and Animations 的 Graphics 列表中可以选择绘制网格、等值分布图、分布云图、速度矢量图，流线图等。

在 Animations 列表中，可进行动画设置、制作、回放等。

选择目录树中 Plots 项，可以绘制分布曲线。

选择目录树中 Report 项，可以对数据进行整理并形成报告。

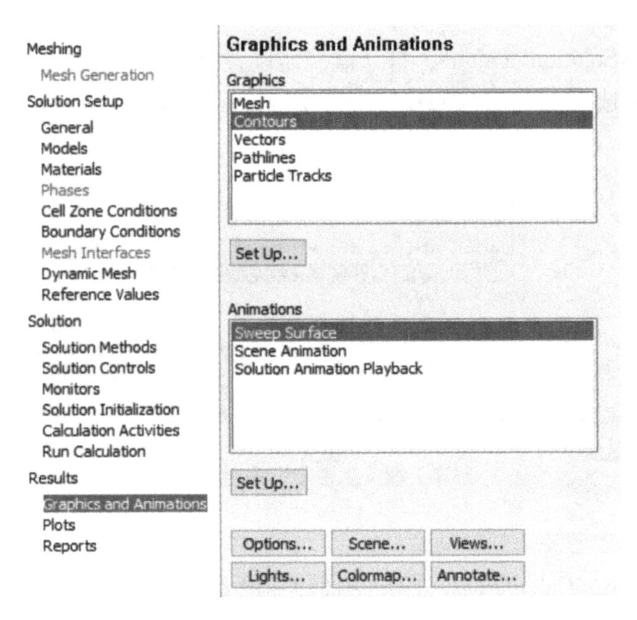

图 2-7-31 操作目录树

1. 绘制计算区域轮廓图

操作：Results→Graphics and Animations，在 Graphics 列表中选择 Contours，单击 Set Up... 按钮，打开绘制云图对话框，如图 2-7-32 所示。

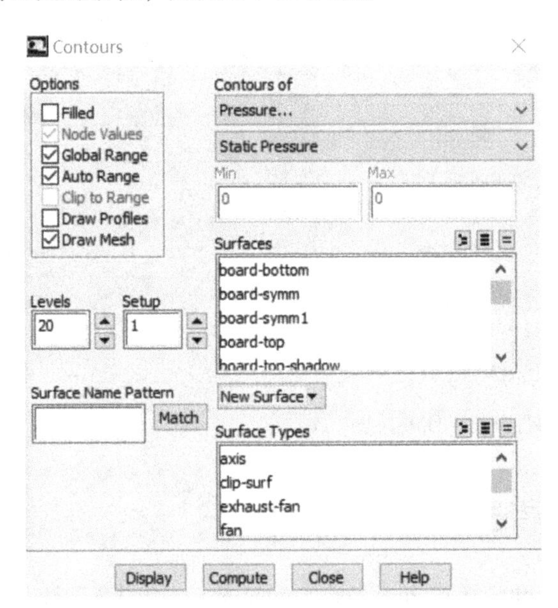

图 2-7-32 绘制云图对话框

（1）在 Options 复选区选择 Draw Mesh；打开网格显示对话框，如图 2-7-33 所示。

（2）在 Options 复选区选择 Edges。

（3）在 Edge Type 单选项区选择 Feature。

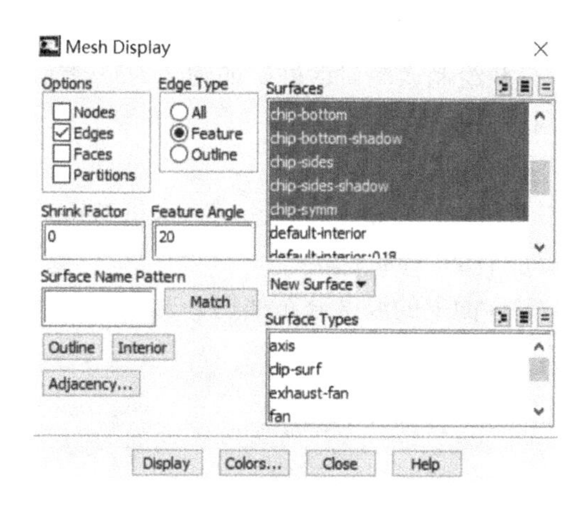

图 2-7-33　网格显示对话框

（4）其他保持默认设置，单击 Display 按钮，单击 Close 按钮。得到如图 2-7-34 所示流域轮廓。

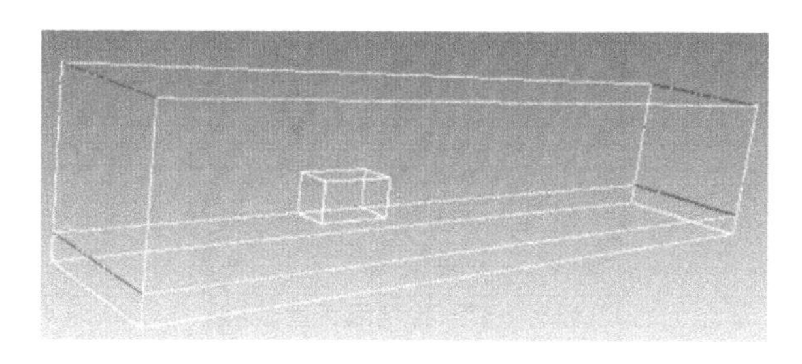

图 2-7-34　流域轮廓图

2. 显示完整图形

操作：单击 Views... 按钮，打开显示设置对话框，如图 2-7-35 所示。

（1）在 Mirror Planes 列表中选择所有的 Symm 边界。

（2）单击 Apply 按钮，得到如图 2-7-36 所示整体结构简图。

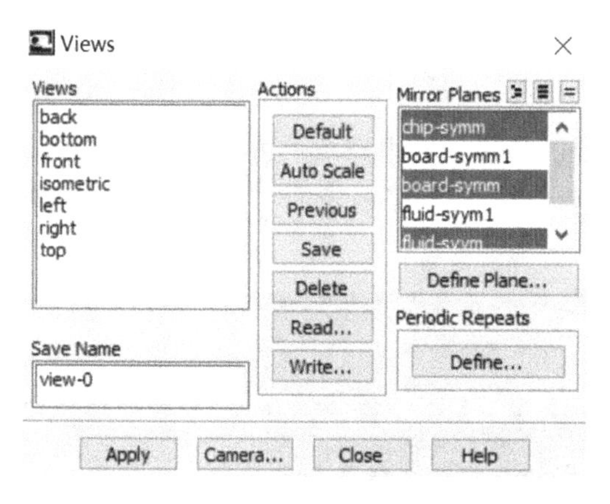

图 2-7-35　显示设置对话框

图 2-7-36　整体结构简图

3. 温度分布

操作：双击 Contours，打开绘制云图对话框，如图 2-7-37 所示。

(1) 显示对称面上的温度分布云图

① 在 Options 复选区选择 Filled。

② 在 Contours of 下拉表中选择 Temperature... 和 Static Temperature。

③ 在 Surfaces 列表选择所有的 symm 边界。

④ 单击 Display 按钮，对称面上的温度分布如图 2-7-38 所示。

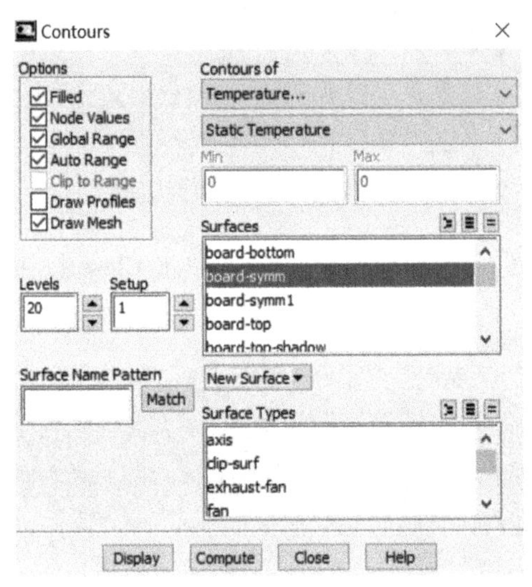

图 2-7-37　绘制云图对话框

对称面上芯片附近温度分布如图 2-7-39 所示。

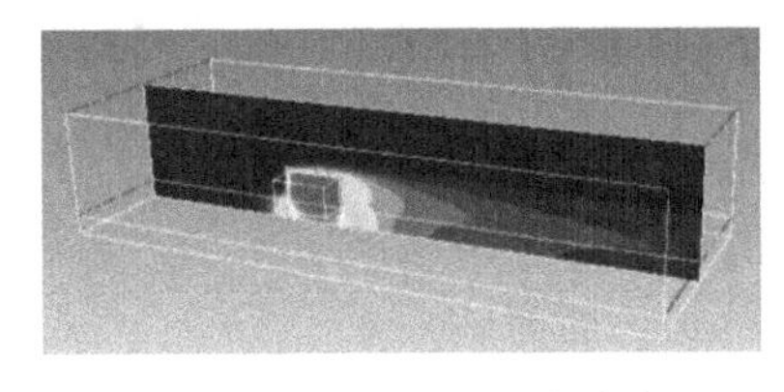

图 2-7-38　对称面上的温度分布云图

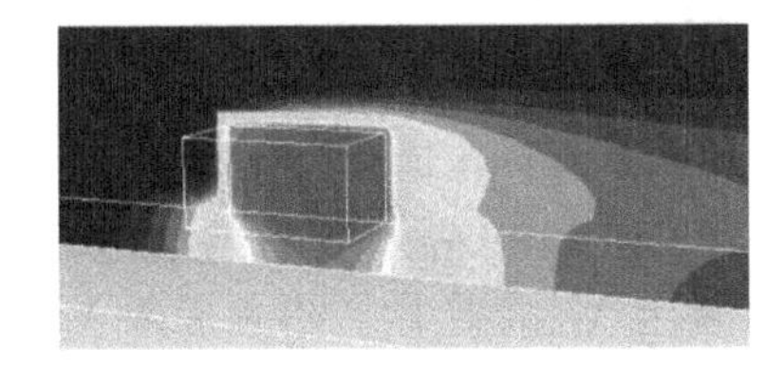

图 2-7-39　芯片附近温度分布云图

(2) 芯片表面与电路板表面的温度分布

① 在 Surfaces 列表中选择芯片表面边界（chip-sides）和电路板上边界（board-top）。

② 单击 Display 按钮。得到芯片表面（chipsides）与电路板表面（boardtop）的温度分布如图 2-7-40 所示。

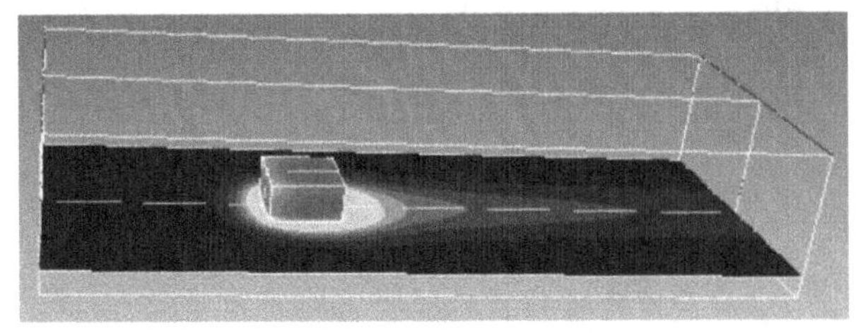

图 2-7-40　温度分布云图 1

注意：在对话框中可以看到，芯片表面的最高温度为 310K。如果将入口处气流速度改为 0. 1m/s，重新计算，则芯片表面及电路板表面的温度分布云图见图 2-7-41，芯片的最高温度为 314K。可见，空气流速对芯片的散热以及表面温度具有重要作用，是芯片散热的主要因素。

图 2-7-41　温度分布云图 2

4. 不同高度平面上的温度与流速分布

（1）创建距电路板（board）顶部高度为 5mm 的平面

操作：Surface→Iso-Surface. . . ，弹出等值面设置对话框，如图 2-7-42 所示。

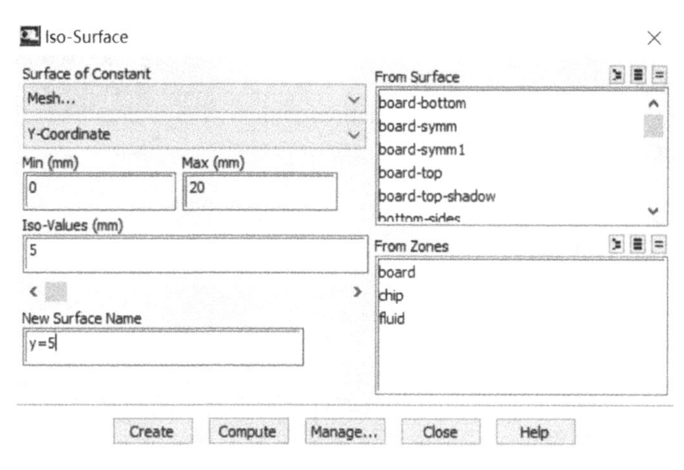

图 2-7-42　等值面设置对话框

① 在 Surface of Constant 下拉表中选择 Mesh. . . 和 Y-Coordinate。

② 单击 Compute 按钮，显示 Y 值的范围最小为 0，最大为 20。

③ 在 ISO-Values 框中输入高度 5。

④ 在 New Surface Name 框中输入平面的名称 y=5。

⑤ 单击 Create 按钮，创建完毕。

（2）显示此平面上的温度分布

操作：Results→Graphics and Animations，在 Graphics 列表中选择 Contours，单击 Set Up. . . 按钮，打开云图设置对话框，如图 2-7-43 所示。

① 在 Contours of 下拉表中选择 Temperature. . . 和 Static Temperature。

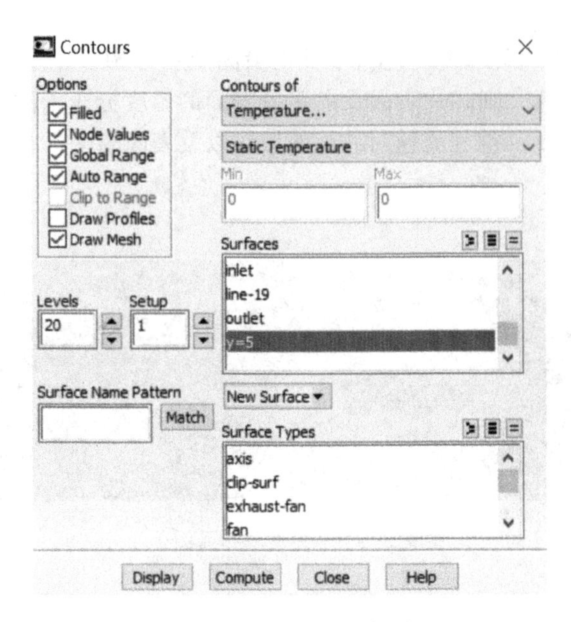

图 2-7-43　云图设置对话框

② 在 Surfaces 列表中选择 chip-sides 和 y=5 平面。

③ 单击 Display 按钮，温度分布如图 2-7-44 所示。

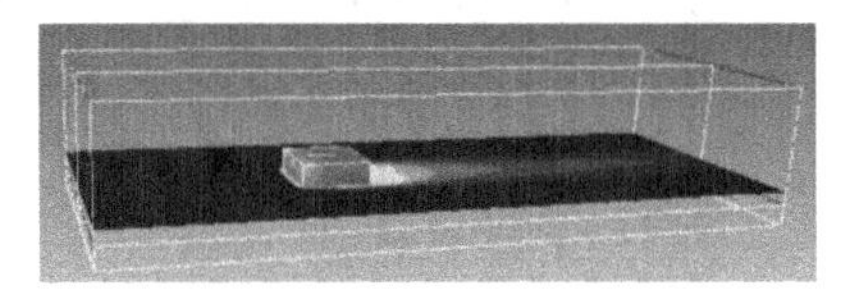

图 2-7-44　温度分布云图

(3) y=5 平面上的速度矢量图

操 作：Results → Graphics and Animations，在 Graphics 列表中选择 Vectors，单击 Set Up... 按钮，打开速度矢量对话框，如图 2-7-45 所示。

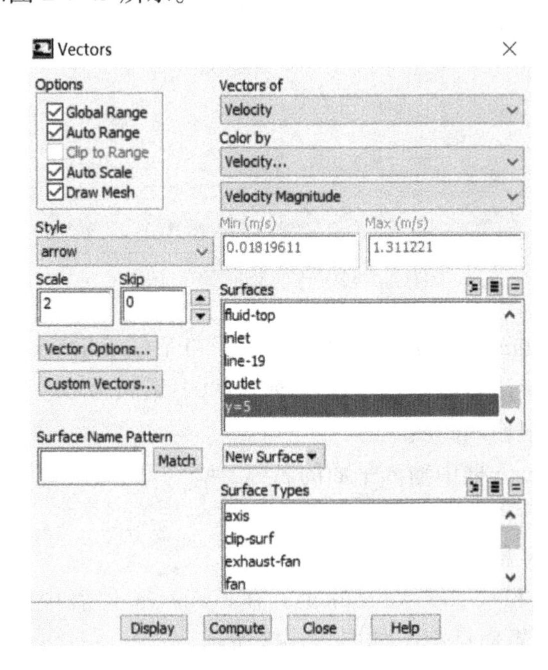

图 2-7-45　速度矢量对话框

① 在 Surfaces 列表中选择 y=5。

② 在 Scale 项设置为 2。

③ 其他保持默认设置，单击 Display 按钮，得到速度矢量图如图 2-7-46 所示。

5. 绘制流线

（1）制作一条过（0，5，0）和（0，5，20）的直线段

操作：Surface→Line/Rake...，打开线段设置对话框如图 2-7-47 所示。

① 在 x0(mm)、y0(mm)、z0(mm) 项分别输入 0、5、0；

② 在 x1(mm)、y1(mm)、z1(mm) 项分别输入 0、5、20；

③ 注意到 New Surface Name 为 line-19；

④ 单击 Create 按钮，创建了一条直线。

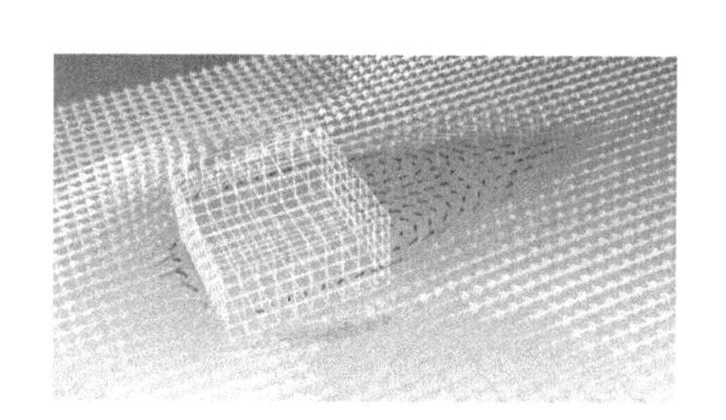

图 2-7-46　速度矢量图

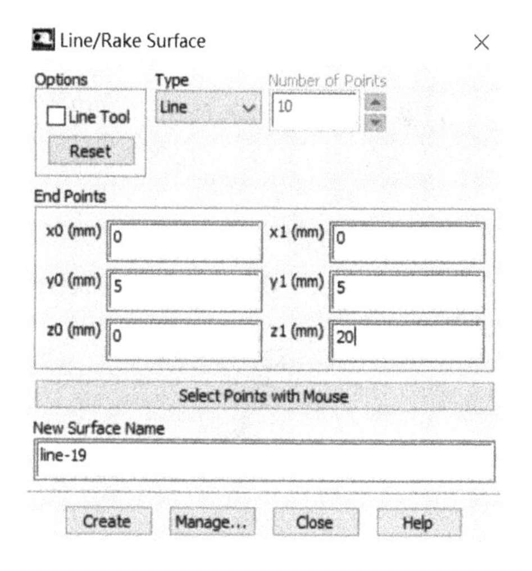

图 2-7-47　线段设置对话框

（2）绘制流线

操作：在 Graphics 列表中选择 Pathlines，打开流线对话框，如图 2-7-48 所示。

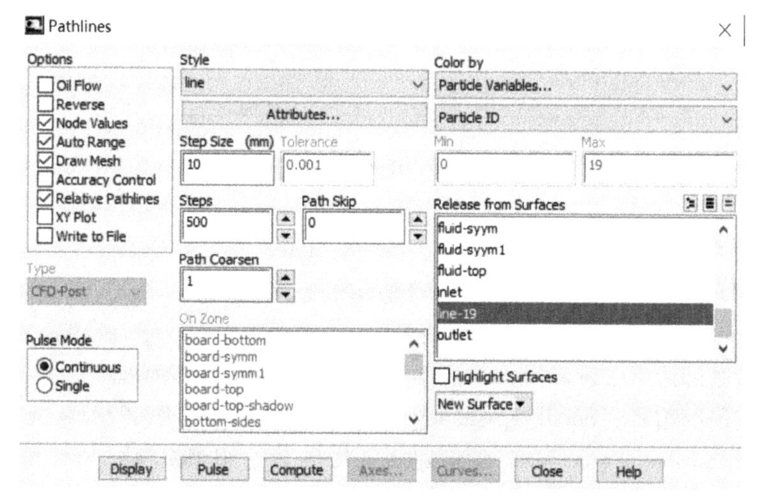

图 2-7-48　流线对话框

① 在 Release from Surfaces 列表中选择 line-19；

② 其他保持默认设置，单击 Display 按钮，得到流线如图 2-7-49 所示。

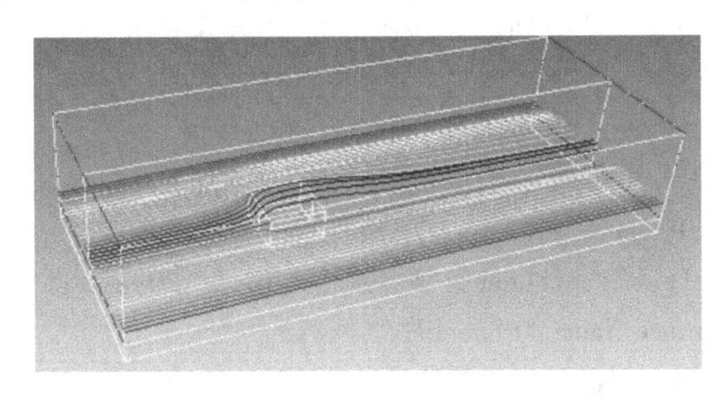

图 2-7-49　流线图

注意：单击 Pulse 按钮，可以显示动态流动情况。单击 Stop 按钮，停止动画演示。

6. 散热及热平衡分析

(1) 电路板的热平衡

操作：Report→Fluxes，单击 SetUp... 按钮，打开数据报告对话框，如图 2-7-50 所示。

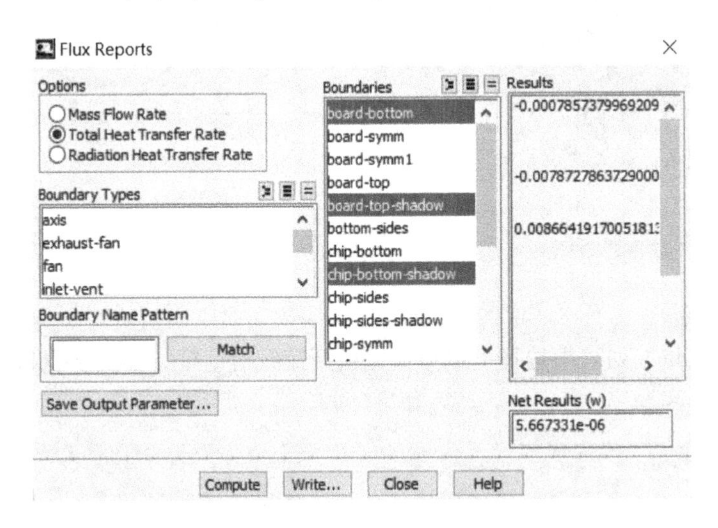

图 2-7-50　数据报告对话框

① 在 Options 单选项区选择 Total Heat Transfer Rate。

② 在 Boundaries 列表中选择如图 2-7-50 所示的三个边界。

③ 单击 Compute 按钮，得到如下结果：

电路板通过底部边界（board-bottom）对外散热率：-0. 00079W。

电路板通过顶部边界（board-top-shadow）对空气散热率：-0. 00787W。

芯片通过（chip-bottom-shadow）给电路板的加热率：+0. 0087W。

电路板的加热率与散热率之差为 5.6×10^{-6}W，电路板基本达到热平衡状态。

（2）将残差监视器中的收敛限进一步缩小，重新计算。

① 打开残差监视器对话框如图 2-7-51 所示。

② 在 Monitor Check Convergence Absolute Criteria 项中将除 energy 以外的所有项都改为 0. 0001。

③ 单击 OK 按钮。

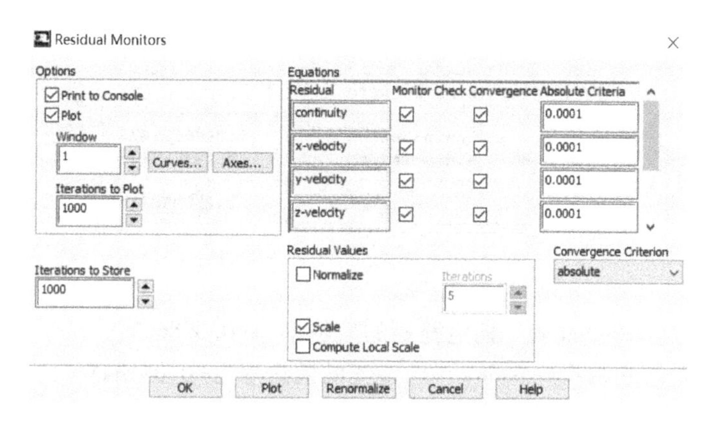

图 2-7-51　残差监视器对话框

④ 重新进行迭代计算，直到收敛。

经过 97 次迭代计算后，残差收敛。重新进行电路板的热平衡统计，得到热平衡统计结果如图 2-7-52 所示：

Total Heat Transfer Rate	(w)
board-bottom	-0.00078646443
board-top-shadow	-0.007871612
chip-bottom-shadow	0.008664065
Net	5.988637e-06

图 2-7-52　热平衡统计结果

电路板通过底部（board-bottom）对外散热率：-0. 000786W。

电路板通过顶部（board-top-shadow）对空气的散热率：-0. 00787W。

芯片通过交界面 chip-bottom-shadow 对电路板的加热率：+0. 0087W。

由于电路板的加热率与散热率之差为 6×10^{-6}W，电路板基本达到热平衡状态。

（3）空气的散热率

计算结果如图 2-7-53 所示。

Total Heat Transfer Rate	(w)
fluid-top	-2.8320244e-08
inlet	0.77548182
outlet	-0.82469594
Net	-0.049214153

图 2-7-53　空气散热率统计结果

空气通过箱子顶部（Fluid-top）散热率：-2.8×10^{-8}W。
空气通过入口（inlet）被加热率：+0.7755W。
空气通过出口（outlet）散热率：-0.8247W。
空气的纯散热率为 0.04921W。
（4）芯片的散热率
计算结果如图 2-7-54 所示。

```
Total Heat Transfer Rate                          (w)
--------------------------- --------------------
            chip-bottom          -0.0086635025
      chip-sides-shadow          -0.041338831
      ----------------- --------------------
                    Net          -0.050002334
```

图 2-7-54　芯片散热率统计结果

芯片通过底部（chip-bottom）向电路板的散热率为-0.00866W。
芯片通过侧面（chip-sides-shadow）向空气的散热率为-0.04134W。
芯片（chip）纯散热率为-0.05W。

注意：在对芯片区域进行的设置中，定义芯片区域为一个热源，发热率（单位体积的发热量）为 $q=200000\text{W/m}^3$。由于芯片的体积为 $V=5\text{mm}\times5\text{mm}\times10\text{mm}=250\text{mm}^3=2.5\times10^{-7}\text{m}^3$，可算得芯片的发热率为

$$Q=qV=2\times10^5\text{W/m}^3\times2.5\times10^{-7}\text{m}^3=0.05\text{W}$$

计算结果与设置相符。
（5）空气的热平衡分析
芯片对空气加热率+0.04186W。电路板对空气的加热率+0.0076W。空气流动的散热率-0.04973W。空气散热的计算误差 0.00027W，相对误差 0.5%。

第 6 节　考虑芯片与电路板之间的热阻

假设芯片底部与电路板之间有一层热阻材料。

1. 定义热阻材料

操作：Solution Setup→Materials...，选择 solid，单击 Create/Edit... 按钮，打开材料设置对话框如图 2-7-55 所示。
（1）在 Name 框中输入材料名称 th-res。
（2）在 Material Type 下拉表中选择 solid。
（3）在 Thermal Conductivity 项保持为常数（constant），并输入导热系数 0.005。
（4）其他保持默认设置，单击 Change/Create 按钮。
（5）在弹出的对话框中选择 No。

2. 定义 chip-bottom 边界

操作：Solution Setup→Boundary Conditions。

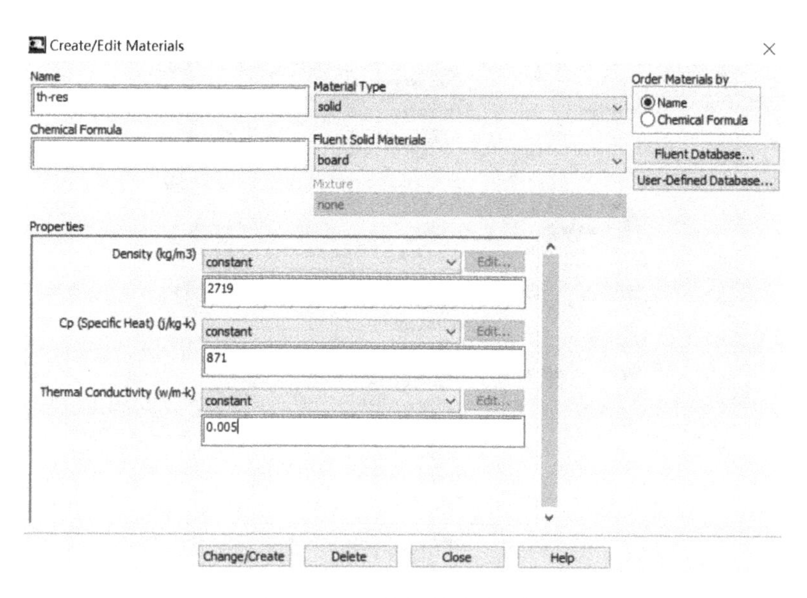

图 2-7-55 材料设置对话框

（1）在 Zone Name 框中选择边界 chip-bottom，单击 Edit... 按钮，打开边界设置对话框，如图 2-7-56 所示。

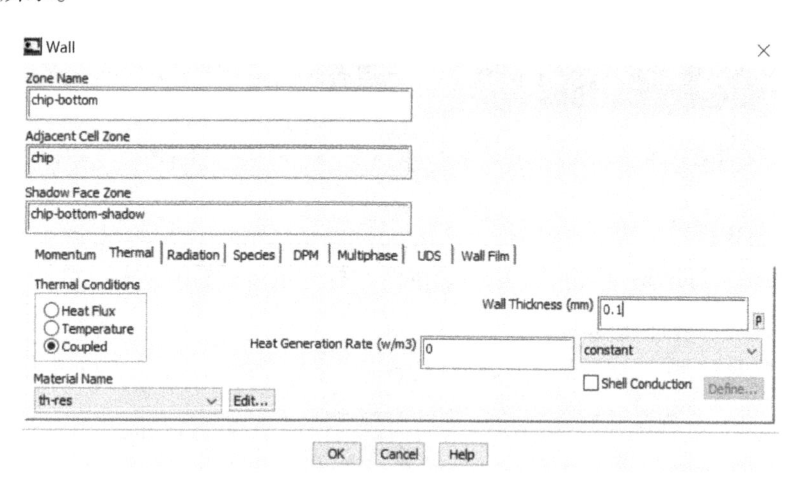

图 2-7-56 边界设置对话框

（2）在 Material Name 下拉表中选择 th-res。

（3）保留 Wall Thickness 项的 0. 1mm。

（4）其他保持默认设置，单击 OK 按钮。

3. 重新初始化，并设置 200 次迭代计算

经过 97 次迭代计算，残差收敛。保存计算文件，文件名为 chip-res。

4. 绘制温度分布云图

绘制云图对话框如图 2-7-57 所示。电路板与芯片表面的温度分布如图 2-7-58 所示。对称面上的温度分布如图 2-7-59 所示。

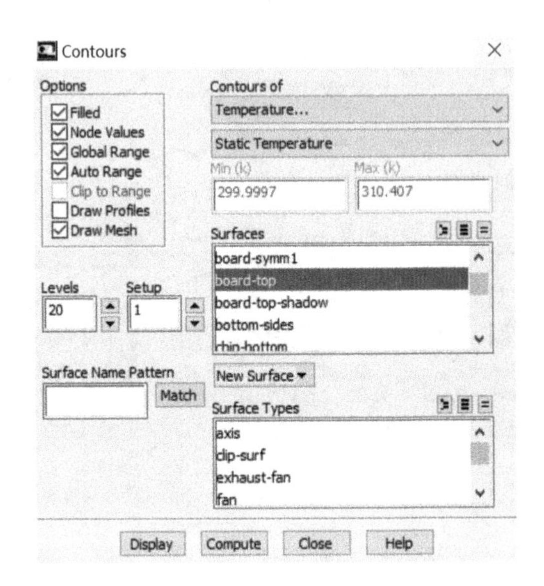

图 2-7-57　绘制云图对话框

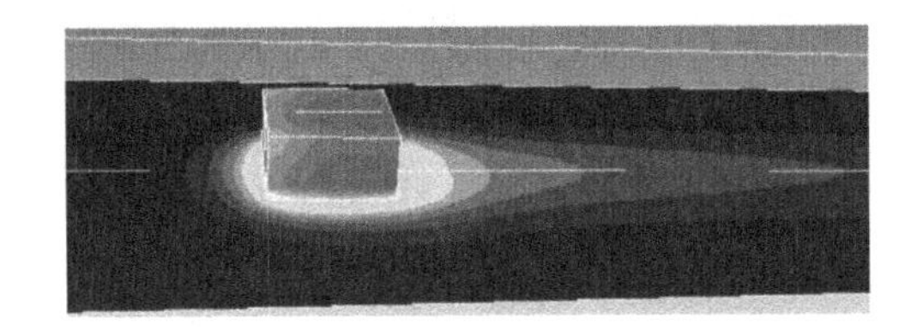

图 2-7-58　电路板与芯片表面的温度分布云图

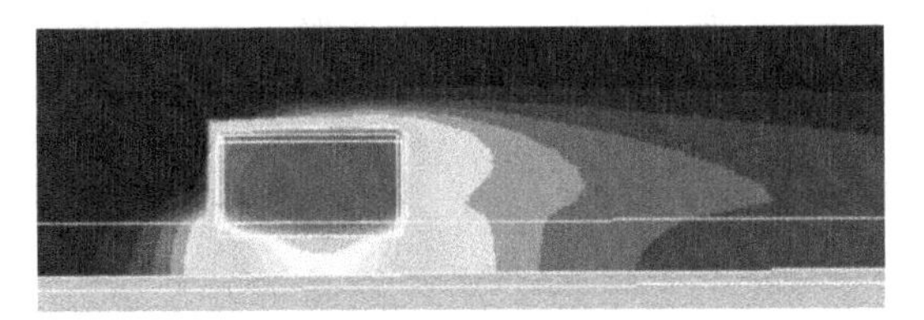

图 2-7-59　对称面上的温度分布云图

5. 芯片散热分析

操作：Report→Fluxes，单击 Set Up... 按钮，打开报告设置对话框，如图 2-7-60 所示。

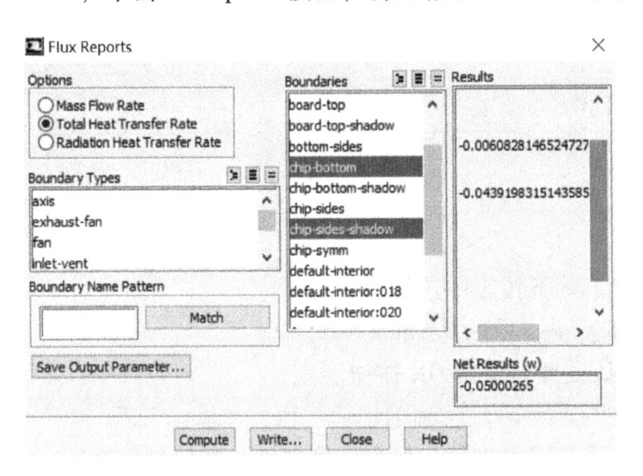

图 2-7-60　报告设置对话框

在 Flux Reports 对话框中进行如图 2-7-60 所示的设置，单击 Compute 按钮，得到芯片散热的计算结果如下：

```
Total Heat Transfer Rate                       (w)
-------------------------    --------------------
              chip-bottom          -0.0060828147
        chip-sides-shadow          -0.043919832
         ----------------    --------------------
                      Net          -0.050002646
```

芯片通过底部（chip-bottom）散热到电路板的散热率为0.00608W。

芯片通过侧面（chip-sides-shadow）散热到空气中的散热率为0.04392W。

芯片总散热率为0.05W。

芯片底部增加隔热材料前，通过底部散热率为0.00866W；增加隔热材料后为0.00608W。明显看出，通过对芯片底部增加隔热材料后，芯片通过电路板的散热率有明显的降低，热阻层起到明显的隔热作用。

改变空气的入口速度，研究气流流速对芯片散热的影响。

第 8 章　煤粉燃烧数值模拟——非预混燃烧模型的应用

本章使用非预混燃烧模型对一个简化的燃煤炉体内的化学反应进行数值模拟计算。非预混燃烧模型（Non-Premixed Combustion Model）需要求解一个或两个守恒方程以及混合分数的传输方程，其中湍流和化学反应的相互作用可通过使用概率密度函数（Probability Density Function，PDF）来进行模拟。

问题：煤粉燃烧系统是一个简单的二维管道，管道直径为 100cm，管道长为 1000cm，结构如图 2-8-1 所示。由于管道为轴对称结构，图中只显示了一个对称面。

该二维管道的入口分成两股来流：

（1）靠近管道中心，半径为 12.5cm 的高速来流，速度为 50m/s。

（2）自半径为 12.5cm 至管壁，跨度为 37.5cm 的另一股来流，速度为 15m/s。两股来流都是温度为 1500K 的空气。

假设煤颗粒与中心高速气流一起进入管道，其质量流率为 0.1kg/s；管道的壁温为 1200K。

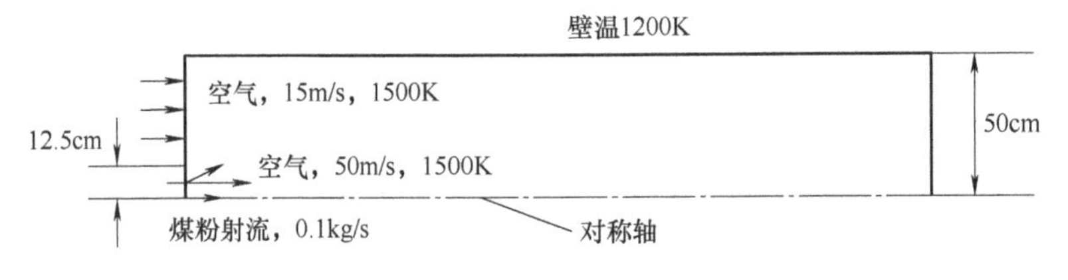

图 2-8-1　燃煤炉及来流示意

流态分析：根据入口尺寸和平均入口速度，雷诺数计算如下：

$$Q=\frac{\pi d^2}{4}v+\frac{\pi(D^2-d^2)}{4}V=\frac{\pi}{4}[(v-V)d^2+VD^2]$$

$$=\frac{\pi}{4}[(50-15)\times 0.25^2+15\times 1^2]\,\mathrm{m^3/s}=13.5\mathrm{m^3/s}$$

得到平均速度和雷诺数为

$$\bar{V}=\frac{Q}{A}=\frac{4Q}{\pi D^2}=\frac{4\times 13.5}{\pi\times 1^2}\mathrm{m/s}=17.19\mathrm{m/s}$$

$$Re=\frac{\bar{V}D}{\nu}=\frac{17.19\times 1}{2\times 10^{-5}}=8.6\times 10^5$$

雷诺数远远大于 2000，因此系统内的流动为湍流流动。

说明：本章采用 ANSYS ICEM 进行前处理，用 ANSYS Fluent 15 进行仿真计算和后处理，对应光盘上的文件夹为：Fluent 篇\Combustion，读者也可直接用光盘中的网格文件进行仿真计算。

第1节 启动 ICEM 创建几何模型

1. 启动 ICEM，设定工作目录

操作：File→Change Working Dir，选择文件存放路径。

（1）在 D 盘创建一个文件夹，命名为 Combustion。

（2）选择此文件夹作为工作目录。

2. 创建关键点 Point

根据燃煤炉的形状，所建区域及关键点如图 2-8-2 所示。

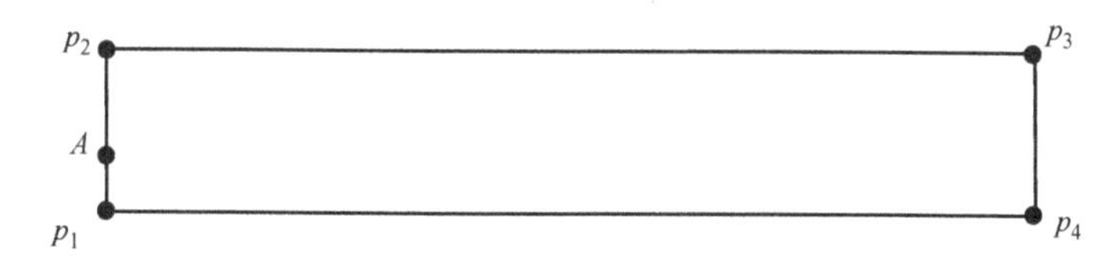

图 2-8-2 燃煤炉建模区域及关键点

在 ICEM 中，几何建模 Geometry 标签工具栏如图 2-8-3 所示，自左至右分别是创建点、创建线、创建面、创建体等。

图 2-8-3 ICEM 几何建模工具栏

操作：选择 Geometry 标签工具栏，单击 Create Point 图标，打开创建点对话框，如图 2-8-4所示。

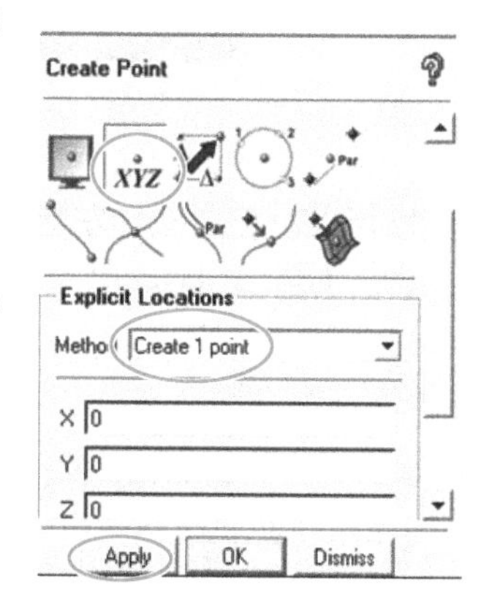

图 2-8-4 创建点对话框

（1）创建位于（0,0）的 p_1 点

单击 Explicit Coordinates 图标 XYZ。

① Explicit Locations 选项区的 Method 下拉表中选择 Create 1 point。

② X、Y、Z 框中分别输入 0、0、0。

③ 单击 Apply 按钮。

（2）创建位于（0，12.5，0）的 A 点。

① 在 X、Y、Z 项分别输入 0、12.5、0。

② 单击Apply按钮。

用同样方法创建 p_2（0,50,0）点、p_3（1000，50，0）、p_4（1000，0，0），单击左上方的 Fit Window 图标查看点的创建情况，结果如图 2-8-5 所示。

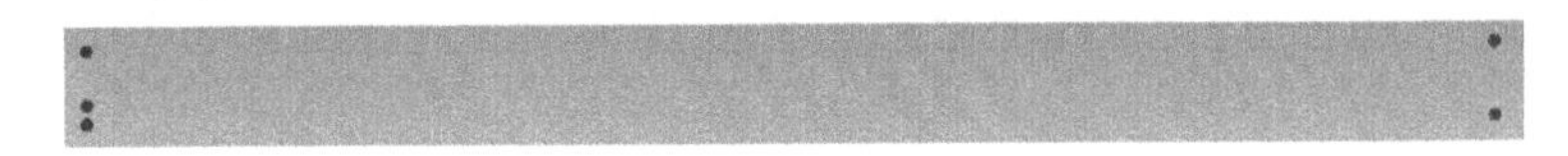

图 2-8-5　关键点图

注意：按住鼠标右键向上拖动，放大图形；向下拖动，缩小图形（滚动鼠标滑轮亦可缩放图形）；按住鼠标中键移动鼠标可拖动图形。

3. 创建 Curve

操作：选择 Geometry 标签工具栏，单击 Create Curve 图标，打开创建线对话框如图 2-8-6所示。

Create/Modify Curve
Part
GEOM
Inherit Part
From Points
Points
Apply
OK
Dismiss

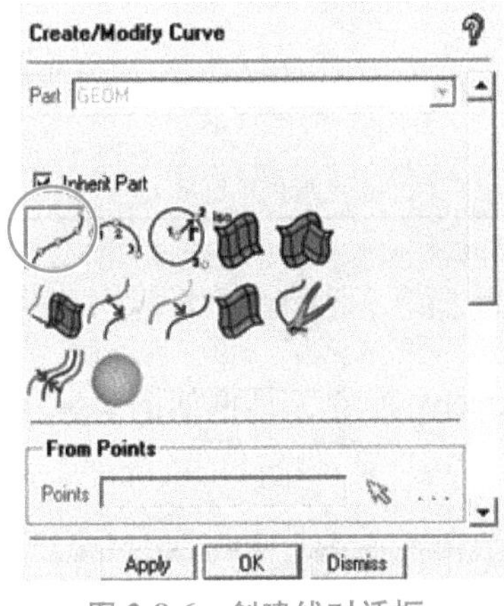

图 2-8-6　创建线对话框

（1）单击 From Points 图标，出现操作提示如图 2-8-7 所示。

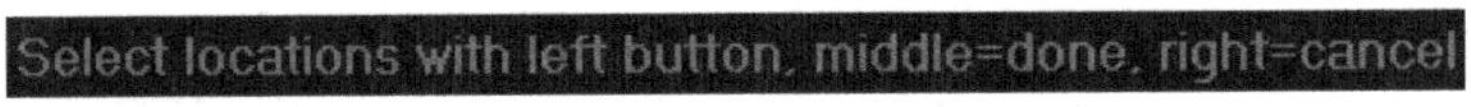

Select locations with left button, middle=done, right=cancel

图 2-8-7　操作提示

操作提示：用鼠标左键选中，中键确认，右键放弃。

（2）依次单击 p_1 和 A，中键确认。

以此方法分别创建 Ap_2 线段、p_2p_3 线段、p_3p_4 线段、p_1p_4 线段，创建线结果如图 2-8-8 所示。

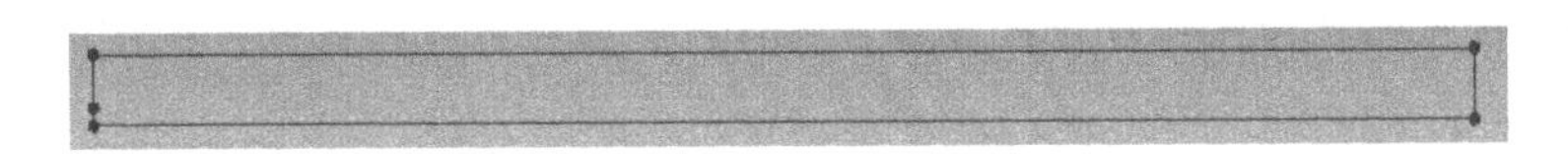

图 2-8-8　区域的边线

说明：如果是创建直线，只能一条一条地创建。

4. 创建 Surface

操作：选择 Geometry 标签工具栏，单击 Create Surface 图标，打开创建面对话框如图 2-8-9所示。

（1）单击创建面图标。

（2）在 Method 下拉表选择 From Curves。

（3）单击 Curves 框右侧的 Select 图标，出现操作提示如图 2-8-10 所示。

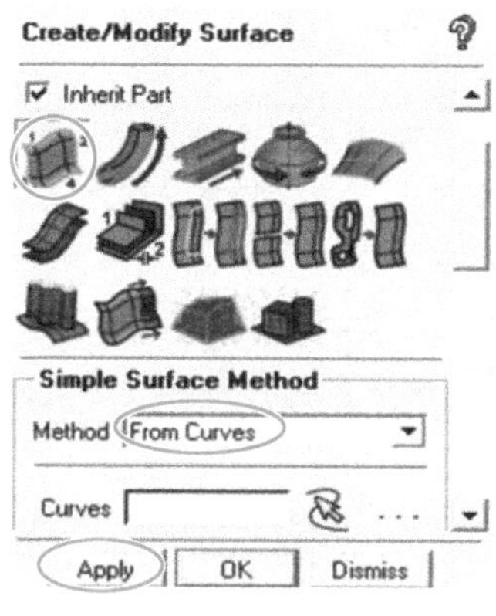

图 2-8-9　创建面对话框

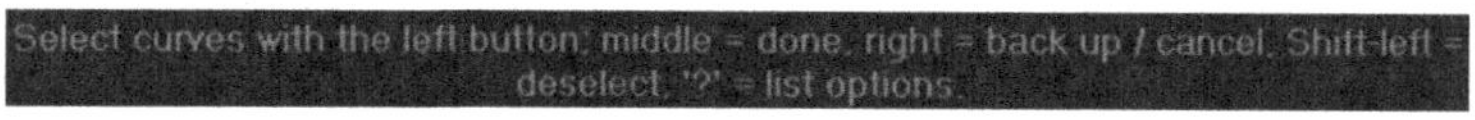

图 2-8-10　操作提示

操作提示：用鼠标左键选中曲线，中键确认，右键放弃。

（4）依次单击 p_1A、Ap_2、p_2p_3、p_3p_4 和 p_1p_4 共 5 条线，中键确认，创建面结果如图 2-8-11 所示。

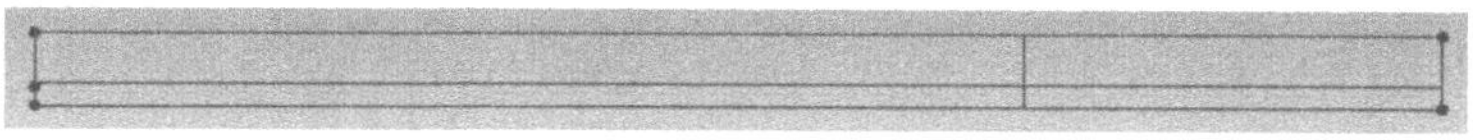

图 2-8-11　创建的面

5. 创建几何模型拓扑

操作：在 Geometry 标签工具栏中，单击 Repair Geometry 图标，打开修复几何模型对话框如图 2-8-12 所示。

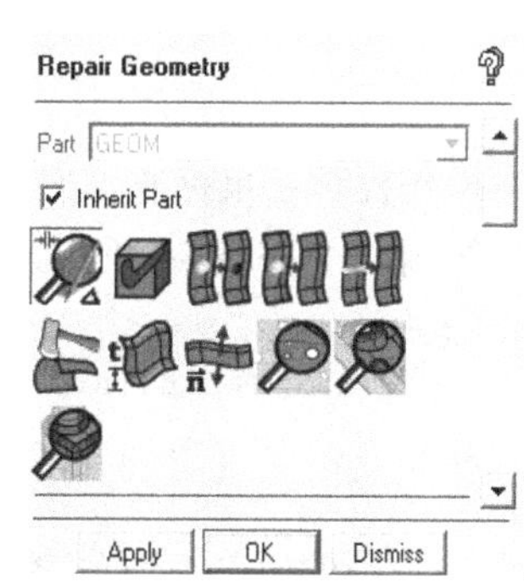

图 2-8-12　几何修复对话框

（1）单击对话框中的图标。

（2）其他保持默认设置。

（3）单击 Apply 按钮。

修复后的 Curve 和 Point 如图 2-8-13 所示。

图 2-8-13　修复后的点和线

注意：因为在创建 Surface 的过程中会产生重合的 Curve，会对生成网格有影响，因此需要再根据几何模型的拓扑结构重新生成曲线和点，而且生成的 Curve 和 Point 会被自动放进所在 Surface 的 Part。

6. 创建 Part

操作：右击模型树 Model 项的 Part，选择 Create Part，打开 Create Part 对话框，如图 2-8-14 所示。

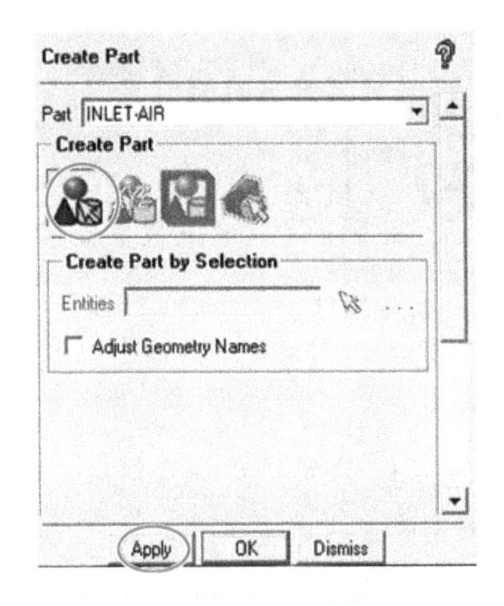

图 2-8-14 创建 Part 对话框

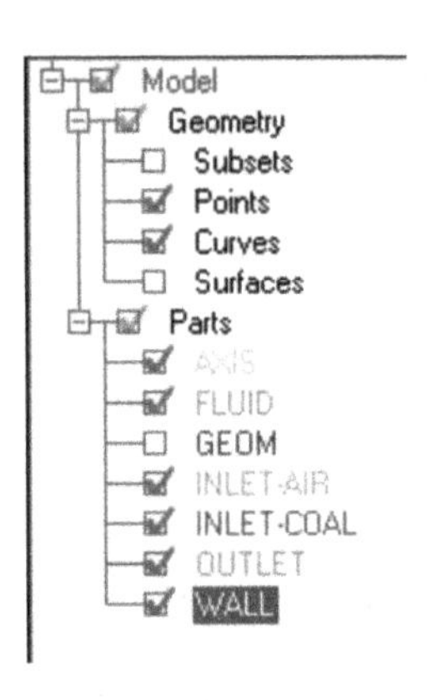

图 2-8-15 创建的 Part

（1）创建流域的 Part

① 在 Part 栏中输入名称 Fluid。

② 单击 Create Part 图标，出现操作提示如图 2-8-16 所示。

Select entities with the left button, middle = done, right = back up / cancel, Shift-left = deselect, '?' = list options

图 2-8-16 操作提示

操作提示：鼠标左键选择，中键确认，右键放弃。

③ 单击面 Surface 的标志线，中键确认。

注意：此时面的标志线变色，表示创建成功，同时在图 2-8-15 中的 Parts 项出现了 FLUID。

（2）创建空气入口的 Part

① 在 Part 框中输入名称 inlet-air。

② 单击最左侧的边线上部分边界（Ap_2，空气入口），中键确定。

注意：为选中线段，可以在 Geometry 项关闭 Surfaces 的显示，画面如图 2-8-17 所示。

图 2-8-17　关闭面的显示图

（3）创建煤粉入口的 Part

① 在 Part 框中输入名称 inlet-coal。

② 单击最左侧的边线下部分边界（p_1A，煤粉入口），中键确定。

采用同样的方法，定义最右边的边为 outlet，上边为 wall，下边为 axis，定义后的 Part 如图 2-8-15 所示，画面如图 2-8-18 所示。

图 2-8-18　定义 Part 后的画面

7. 保存几何模型

操作：File→Geometry→Save Geometry As，保存当前的几何模型为 burning. tin。

第 2 节　创建非结构化网格

网格标签工具栏如图 2-8-19 所示，自左至右分别为网格全局参数设置（Global Mesh Setup）、Part 网格参数设置（Part Mesh Setup）、面网格参数设置（Surface Mesh Setup）、线网格参数设置（Curve Mesh Setup）等。

1. 定义网格参数

（1）定义网格全局参数

操作：在 Mesh 标签工具栏中，单击 Global Mesh Setup 图标，打开网格全局参数对话框，如图 2-8-20 所示。

图 2-8-19　网格标签工具栏

① 在 Global Mesh Parameters 中点击图标。

② 在 Scale factor 框中输入 1，并勾选 Display 复选项。

③ 在 Max element 框中输入 10。

④ 保留其他默认设置，单击 Apply 按钮。

（2）定义壳网格全局参数

① 在 Global Mesh Parameters 项中单击 Shell Meshing Parameters 图标，打开壳网格全局参数对话框如图 2-8-21 所示。

② Mesh type 中选 Quad Dominant。

③ 在 Mesh method 选 Patch Dependent。

④ 其他保持默认设置，单击 Apply 按钮。

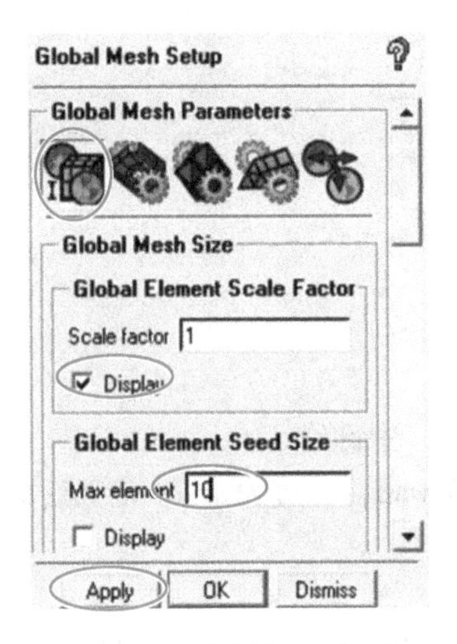

图 2-8-20　全局参数对话框

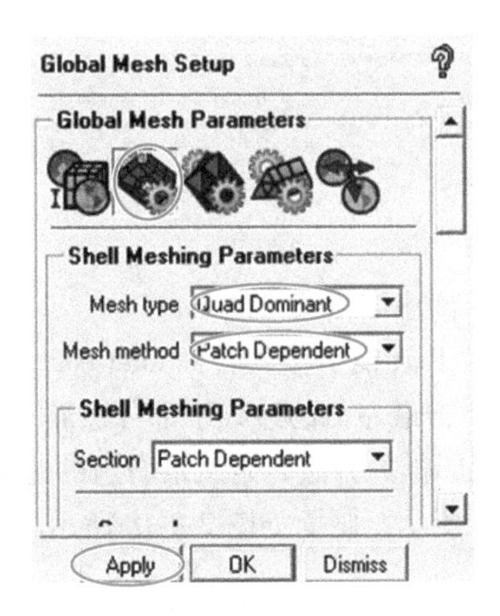

图 2-8-21　壳网格全局参数对话框

（3）定义不同 Part 的网格参数

操作：在 Mesh 标签工具栏中，单击 Part Mesh Setup 图标，弹出网格设置表，如图 2-8-22 所示。

Part Mesh Setup

Part	Prism	Hexa-core	Maximum size	Height	Height ratio	Num layers
AXIS			3			
FLUID			0	0	0	0
GEOM						
INLET-AIR			3			
INLET-COAL			3			
OUTLET			3			
WALL	✔		3	1	1.1	4

Show size params using scale factor
Apply inflation parameters to curves
Remove inflation parameters from curves
Highlighted parts have at least one blank field because not all entities in that part have identical parameters
Apply　Dismiss

图 2-8-22　网格设置表

① 定义 AXIS 的 Maximum size 为 3；INLET-AIR 的 Maximum size 为 3；INLET-COAL 的 Maximum size 为 3；OUTLET 的 Maximum size 为 3。

② 在 WALL 项勾选 Prism 复选项，允许生成边界层网格。

③ 在 WALL 项的 Height 为 1；Height ratio 为 1.1；Num layers 为 4。

④ 单击 Apply 按钮。

注意：

（1）在壁面附近流场变化剧烈，因此应适当将网格尺寸设小。

（2）在 WALL 项勾选 Prism 复选项，是允许在 WALL 附近生成边界层网格。

2. 生成网格

操作：选择 Mesh 标签工具栏，单击 Compute Mesh 图标，打开生成网格对话框如图 2-8-23 所示。

（1）单击图标。

（2）其他保持默认设置，单击 Compute 按钮，生成网格。

网格生成如图 2-8-24 所示。

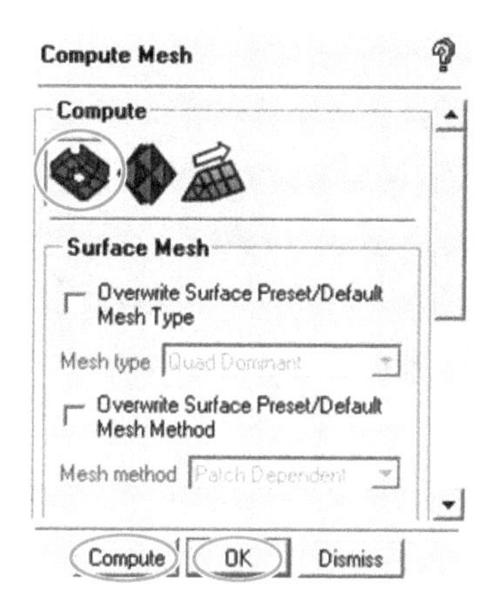

图 2-8-23 生成网格对话框

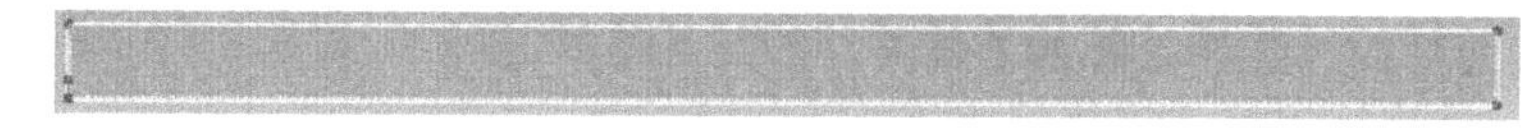

图 2-8-24 网格预览图

（3）去掉 Geometry 项的勾选。

（4）放大入口处的图形，得到入口附近的网格如图 2-8-25 所示。

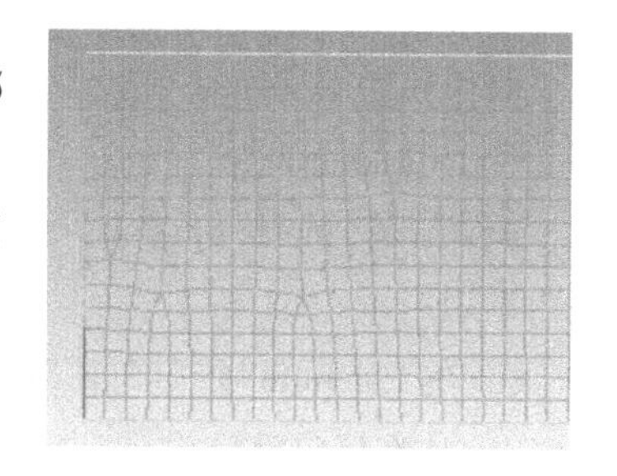

图 2-8-25 网格预览图

分析：在进口和出口边界与壁面交界附近区域，网格质量不理想，需要调整。

3. 调整网格

（1）勾选模型树 Model 中 Geometry 项，取消 Mesh 项的勾选，隐藏 Mesh。此时区域如图 2-8-26 所示。

（2）定义进、出口边界的网格尺寸。

图 2-8-26 区域图

操作：在 Mesh 标签工具栏，单击 Curve Mesh Setup 图标，打开 Curve Mesh Setup 对话框如图 2-8-27 所示。

① 在 Method 下拉表中选择 General。

② 在 Select Curve（s）项，单击，选择入口边界 inlet-air，中键确认。

③ 在 Number of nodes 框中输入 15（节点数为 15，分成 14 段）。

④ 下拉滑块，在 Advanced Bunching 选项区的 Bunching law 下拉表中选择 BiGeometric，

如图 2-8-28 所示。

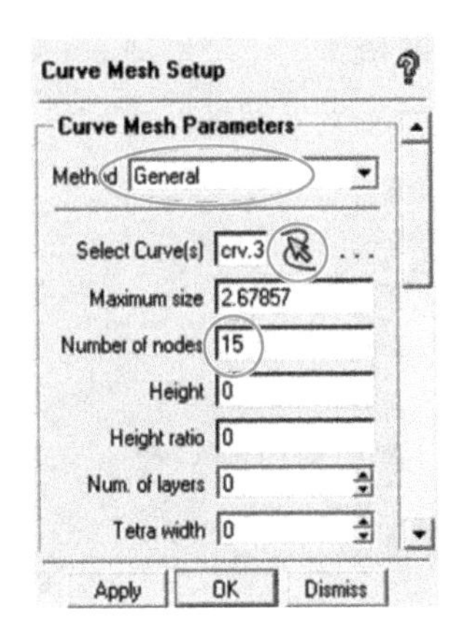

图 2-8-27　边线节点设置对话框

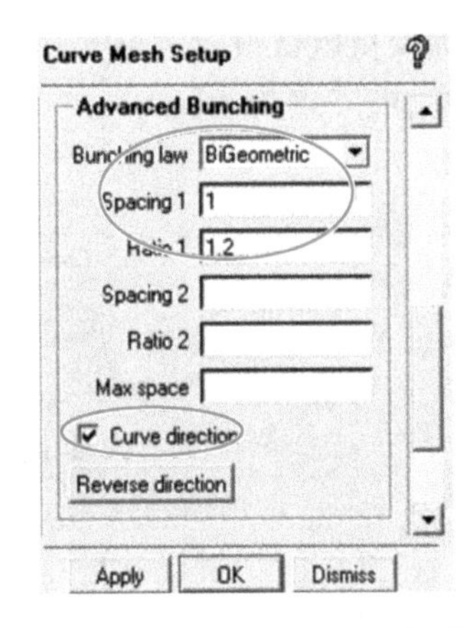

图 2-8-28　边线节点设置对话框

⑤ 在 Spacing 1 框中输入 1。

⑥ 在 Ratio 1 框中输入 1.2。

⑦ 选中 Curve direction 复选项，确认线段的方向，可用 Reverse direction 按钮改变线段方向，如图 2-8-29 所示。

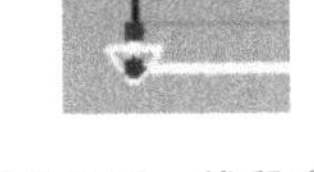

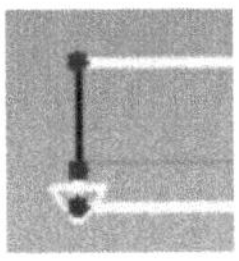

图 2-8-29　线段方向

⑧ 单击 Apply 按钮确认。

注意：若加密方向相反，则需要定义 Spacing 2 和 Ratio 2 的值。

对出口边界 outlet，设置节点数为 20，其他项设置与前面相同。

（3）生成面网格

操作：在 Mesh 标签工具栏中，单击 Compute Mesh 图标，打开面网格对话框如图 2-8-30 所示。

① 在 Compute 项，单击 Surface Mesh Only 图标。

② 保留其他默认设置，单击 Compute 按钮生成网格，网格放大如图 2-8-31 所示。

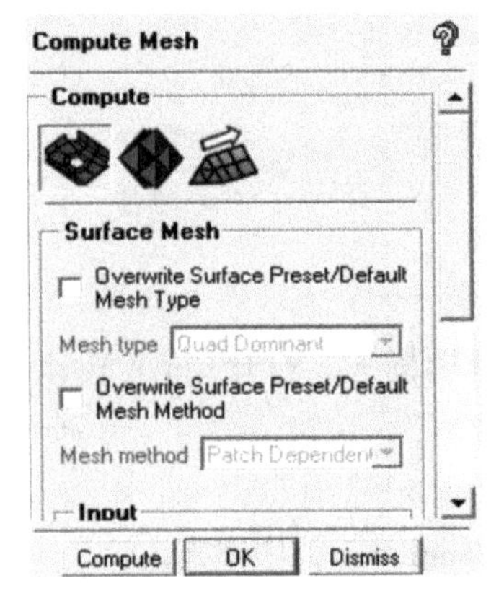

图 2-8-30　面网格对话框

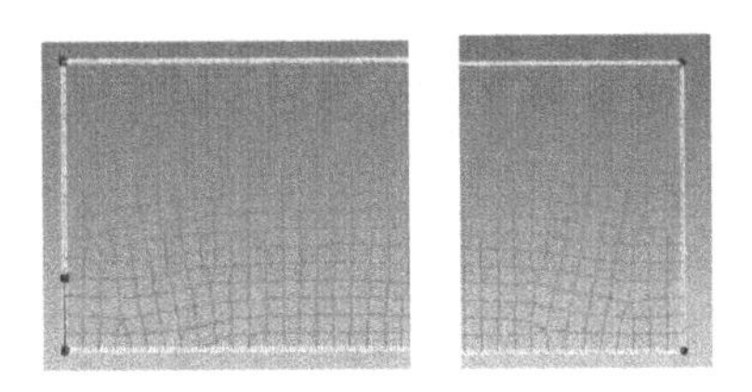

图 2-8-31　网格放大图

入口和出口处的网格如图 2-8-32 所示，显然改善了许多。

（4）检查网格质量

操作：在标签栏的 Edit Mesh 标签工具栏中，单击 Display Mesh Quality，如图 2-8-32 所示。

图 2-8-32　编辑网格工具栏

在左下方数据输入区出现网格检查对话框，如图 2-8-33 所示。

① 在 Mesh type to check 单选项区中的 TRI_3 和 QUAD_4 项选择 Yes，检查三角形和四边形网格单元。

② 在 Elements to check 单选项区中选择 All，检查所有的网格单元。

③ 在 Criterion 下拉表中选择 Quality 作为质量评判标准。

④ 单击 Apply 按钮，网格质量检查结果如图 2-8-34 所示。

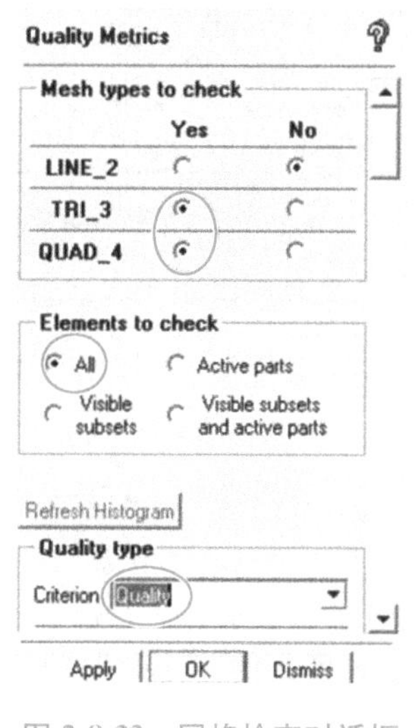

图 2-8-33　网格检查对话框

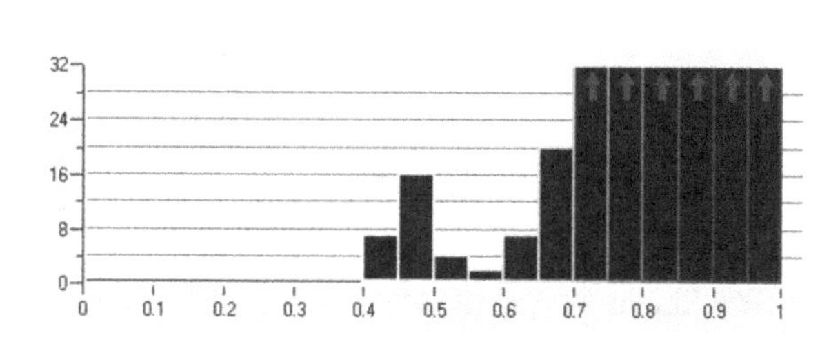

图 2-8-34　网格质量检查结果

注意：横轴表示网格质量，纵轴为相应网格质量区间内对应的网格单元数。网格质量应该在 0~1 之间，值越大表明网格质量越好，不允许出现负值。

4. 保存网格文件

操作：File→Mesh→Save Mesh As，选择路径，保存输出的网格文件为 burning. uns。

5. 导出网格

（1）选择求解器

操作：在 Output 标签工具栏中，单击 Select Solver，打开求解器选择对话框，如

图 2-8-35 所示。

在图所示的对话框内选择默认设置，单击 OK 按钮。

（2）导出网格

操作：在 Output 标签工具栏，单击 Write Input 图标。

① 在弹出的对话框中输入文件名 burning。

② 在弹出的对话框（见图 2-8-36）中单击 No 按钮，不保存当前项目文件。

③ 在弹出的对话框中选择文件 burning，单击打开按钮。

④ 在弹出的对话框中，按图 2-8-37 所示进行设置。

⑤ 单击 Done 按钮导出网格文件。

（3）退出 ICEM 系统

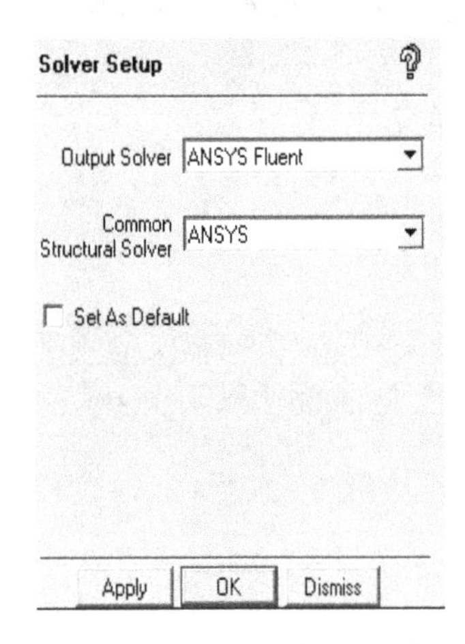

图 2-8-35　求解器选择对话框

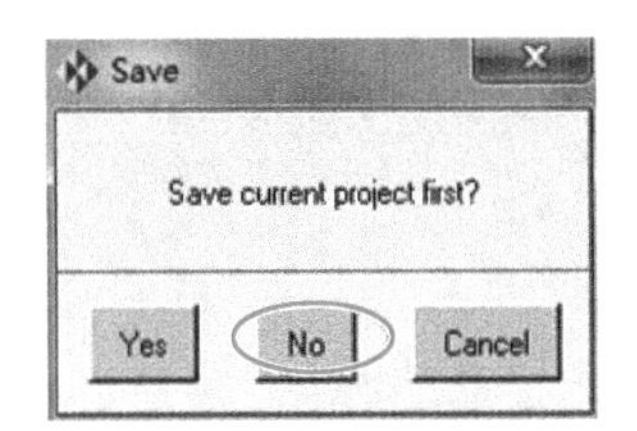

图 2-8-36　选择对话框

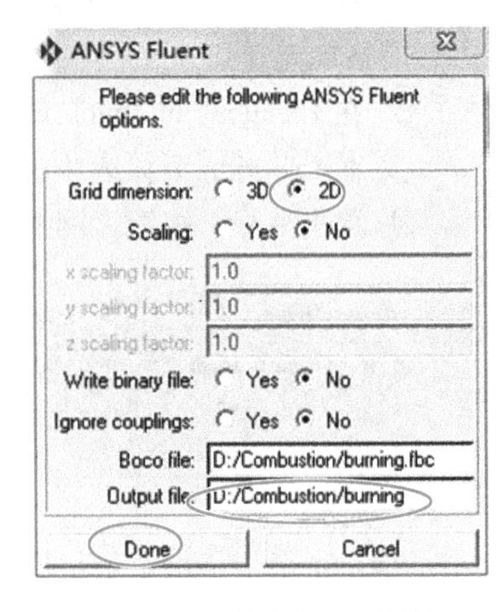

图 2-8-37　输出文件对话框

第 3 节　启动 ANSYS Fluent，进行初步设置

ANSYS Fluent 的启动窗口如图 2-8-38 所示，在 Dimension 项选择 2D，单击 OK 按钮。

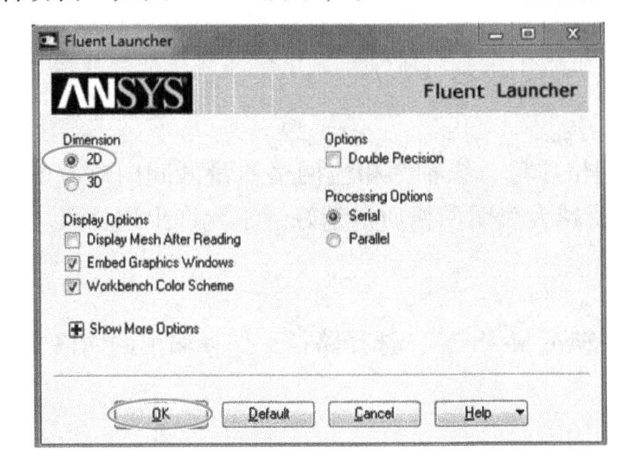

图 2-8-38　ANSYS Fluent 启动窗口

1. 读入网格文件，进行网格设置

操作：File→Read→Mesh...，读入 burning. msh 文件，同时左侧显示工作流程目录树和 General 设置对话框如图 2-8-39 所示。

注意：在信息窗口显示提示信息为

```
Warning: The use of axis boundary conditions is not appropriate for
         a 2D/3D flow problem. Please consider changing the zone
         type to symmetry or wall, or the problem to axisymmetric.
```

提示读入的网格应该是轴对称模型。

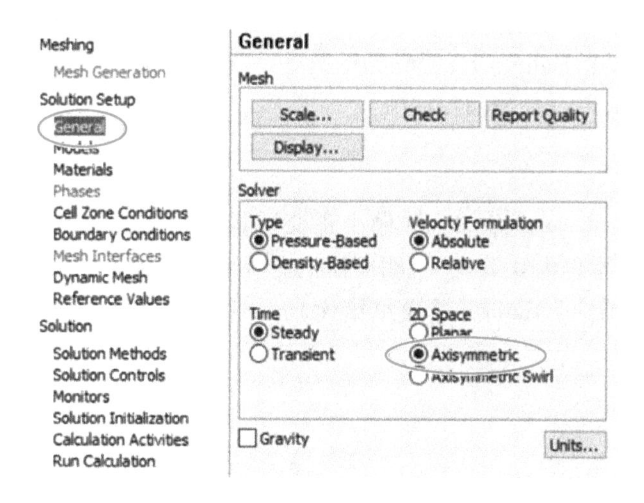

图 2-8-39 工作流程目录树

（1）选择求解器模型

① Solver 单选项区中的 Type，选择 Pressure-Based（基于压力的）。

② Solver 单选项区中的 Time，选择 Steady（定常流动）。

③ Solver 单选项区中的 2DSpace，选择 Axisymmetric（轴对称）。

（2）设置网格长度单位

操作：单击 Mesh 项中的Scale...按钮，打开网格长度对话框，如图 2-8-40 所示。

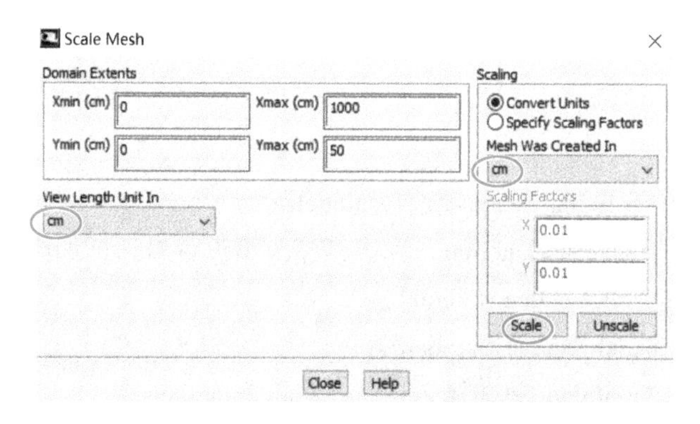

图 2-8-40 网格长度对话框

① 在 Domain Extents 项显示流域的范围。

② 在 View Length Unit In 项选择 cm。

③ 在 Scaling 项的 Mesh Was Created In 选择 cm。

④ 单击 Scale 按钮，确定长度单位，单击 Close 按钮。

（3）网格检查

操作：单击 Mesh 项的 Check 按钮，在信息窗口最后一行显示 Done，表示完成并通过网格检查。

（4）网格质量报告

单击 Mesh 项的 Report Quality 按钮，在信息提示区显示的质量报告如下：

Minimum Orthogonal Quality = 7.87263e-01

Maximum Aspect Ratio = 3.91643e+00

注意：

（1）Minimum Orthogonal Quality（最小正交质量）的变化范围为 0～1，越大越好，一般要求大于 0.2。本例为 0.787，说明网格正交质量比较高。

（2）Maximum Aspect Ratio（最大纵横比），一般要求小于 6。本例为 3.916，符合要求。

（5）网格显示

单击 Mesh 项的 Display... 按钮，在弹出的对话框中保留默认设置，单击 Display 按钮，网格如图 2-8-42 所示。

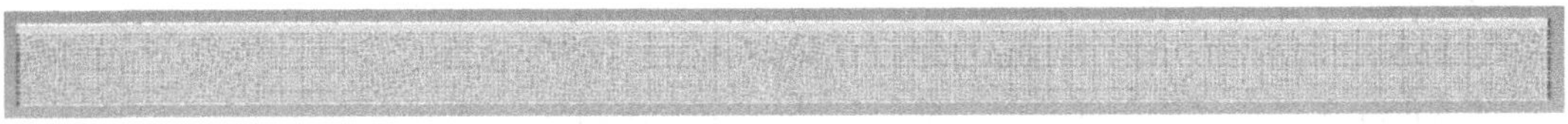

图 2-8-41　网格图

注意：单击工具栏中的 Fit to Window 图标，可改善显示效果。

2. 选择紊流模型

操作：在模型树中 Solution Setup 项选择 Models。

（1）在列表中选择 Viscous-Laminar，弹出紊流模型设置对话框如图 2-8-42 所示。

（2）在 Model 项选择 k-epsilon（2eqn）。

（3）在 k-epsilon Model 项选择 Standard。

（4）在 Near-Wall Treatment 项选择 Standard Wall Functions。

（5）保留其他默认设置，单击 OK 按钮。

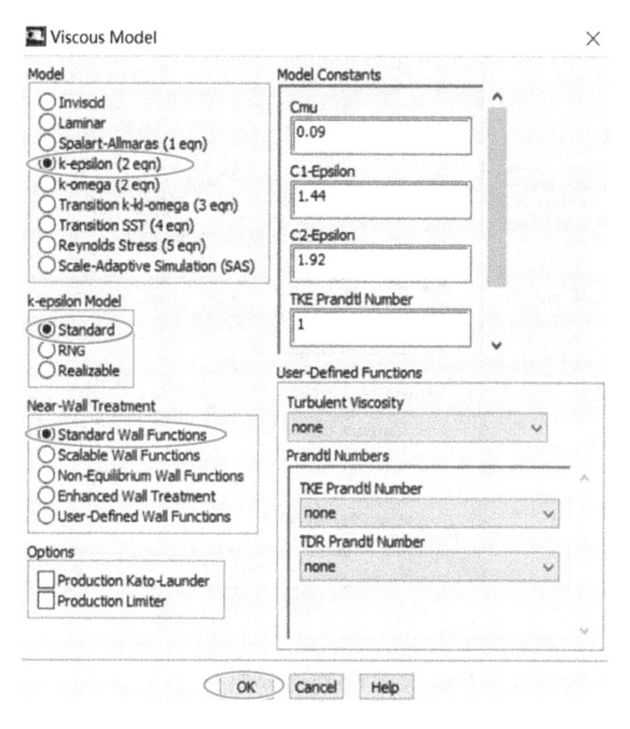

图 2-8-42　紊流模型设置对话框

第4节　建立 PDF 模型文件

PDF（Probability Density Function）模型又称为概率密度模型，是一种解决湍流燃烧的模型，其中设瞬时反应率为两个变量：温度和混合物分数或者温度和氧浓度的函数。通过求解概率密度函数输运方程的方法，直接以封闭的形式给出化学反应源项，因而在计算湍流燃烧问题方面得到广泛应用。

对于流动材料，可以定义单一的燃料流，也可以定义燃料流加上另一股流。如果加入第二股流，材料就有了两个混合分数。对于煤颗粒的燃烧，采用两股流的方法可以将挥发分流（第二股流）同焦炭流（燃料流）分开。在此，采用两股流的方法，并采用单一混合分数法。

1. 选择非预混燃烧模型

操作：Solution Setup→Models，在 Models 列表中选择 Species-Off，如图 2-8-43 所示。

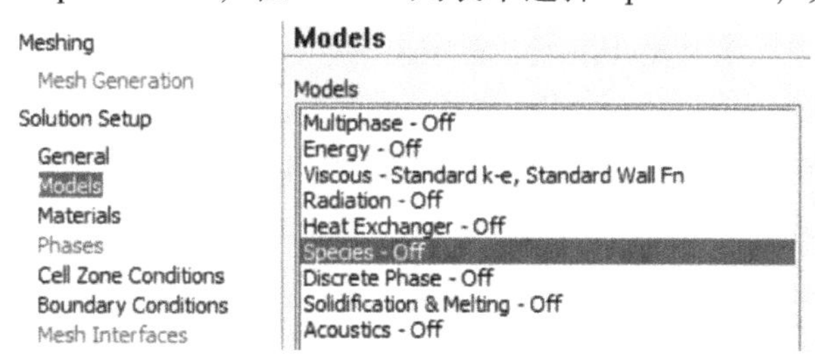

图 2-8-43　求解模型设置对话框

（1）单击Edit...按钮，打开组分模型设置对话框如图 2-8-44 所示。

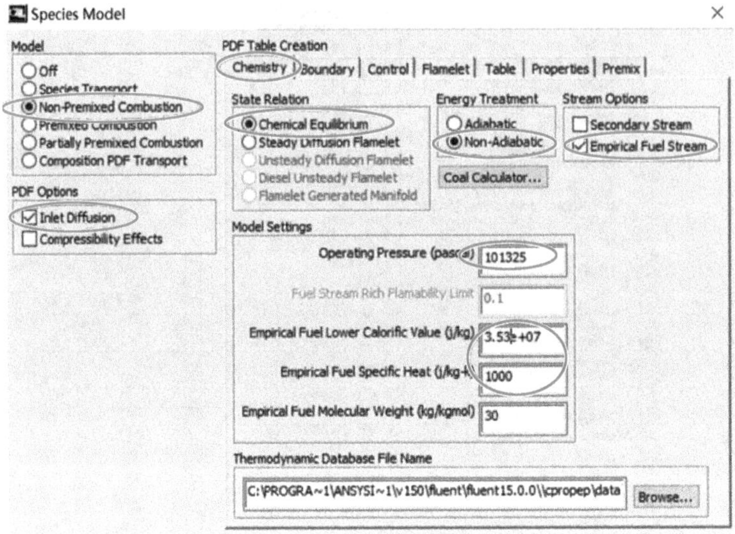

图 2-8-44　组分模型设置对话框

（2）Model 单选项选择 Non-Premixed Combustion。
（3）在 PDF Table Creation 中，打开 Chemistry 选项卡。
（4）State Relation 单选项选择 Chemical Equilibrium。
（5）Energy Treatment 单选项选择 Non-Adiabatic。
（6）在 Stream Options 复选项选择 Empirical Fuel Stream。
（7）在 Model Settings 选项区的 Operating Pressure（pascal）选择标准大气压 101325Pa。
（8）在 Empirical Fuel Lower Calorific Value（J/kg）中键入 3. 53e+07。
（9）在 Empirical Fuel Specific Heat（J・kg・K）中键入 1000。
（10）在 PDF Options 中勾选 Inlet Diffusion 复选项。

注意：

（1）对大多数基于 PDF 的数值模拟，推荐使用 Equilibrium Chemistry 选项。

（2）本例中讨论的煤粉燃烧器是一个非绝热系统，在气相与煤颗粒相之间，以及在燃烧器壁面上，都有热量的传递，因此必须考虑非绝热系统。

（3）由于非绝热系统较绝热系统在计算时要耗费更多的时间，因此也可先考虑系统为绝热系统。根据对绝热系统的 PDF/化学平衡的计算结果，确定大致的系统参数，再考虑在非绝热条件下的 PDF 计算。

（4）Empirical 输入选项允许指定燃料中 H，C，N 和 O 的元素组成（DAF）、低位发热量和比热。

（5）对于 empirically 定义的流股，富燃料限（Rich Flammability Limit）总被设为 0. 1，并且不能改变。

2. 定义燃料化学组分

系统中包含哪些组分，依赖于燃料类型和燃烧系统。假定该平衡系统中包含如下组分：

C、C（s）、CH_4、CO、CO_2、H、H_2、H_2O、N、N_2、O、O_2、OH，之所以包含C、H、O和N，是因为采用empirical输入方法对燃料进行定义时要用到这些元素组分。

操作：打开PDF Table Creation中的Boundary选项卡，如图2-8-45所示。

（1）Specify Species in单选项选择Mole Fraction。

（2）根据工业标准（见表2-8-1）填入参考数据。

表2-8-1　工业标准参考数据

Element	Wt%	Moles	Mole Fraction
C	89.3	7.44	0.581
H	5.0	5.00	0.390
O	3.4	0.21	0.016
N	2.3	0.16	0.013

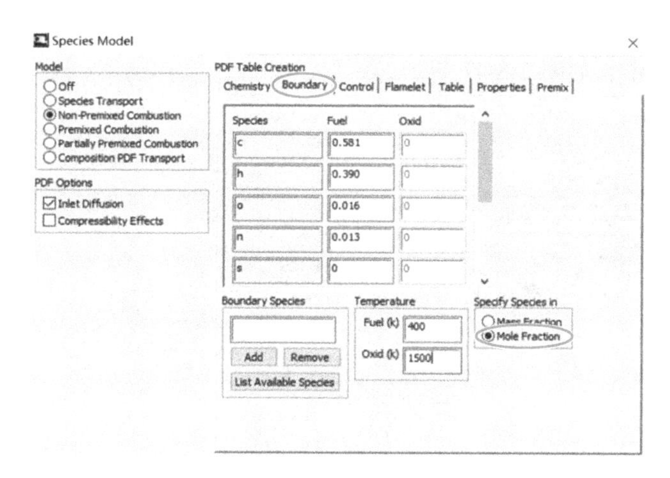

图2-8-45　创建PDF表对话框

（3）氧化剂（空气）的组成为21%的O_2和79%的N_2（如图2-8-46所示）。

（4）设置燃料入口温度和空气入口温度：在Temperature选项区中，设置Fuel项为400K，设置Oxid项为1500K，如图2-8-46所示。

注意：

（1）对于非绝热PDF的计算，首先从数据库中读取热力学数据，然后初始化焓的值域（enthalpy field），并调整焓的单位间隔（enthalpy grid）以适应入口条件及求解参数。然后计算离散的混合分数/混合分数方差处的点的时均温度、组分及密度值。其结果是一系列的数据表，包含了在离散点处的组分摩尔分数、密度和温度的时均值。

（2）在化学平衡计算中需要用到系统压力和入口的流入温度。煤燃烧的情况下，燃料流的入口温度应当是开始脱挥发分的温度。氧化剂流的入口温度应当对应于空气入口温度。

在本例中，煤脱挥发分的温度设置为400K，空气入口温度为1500K，系统压力为1atm。

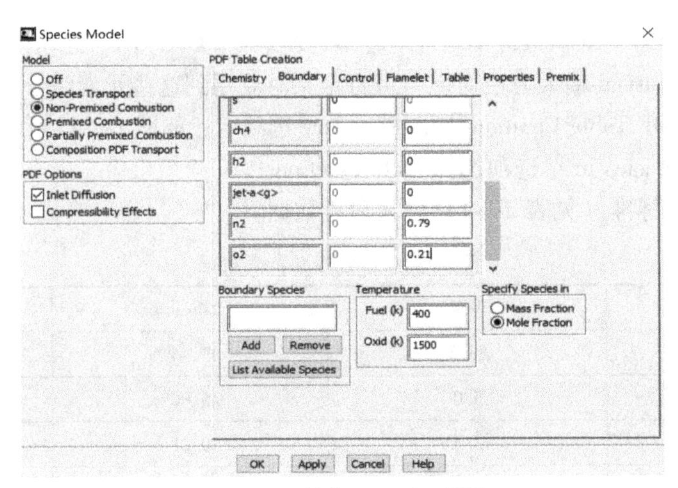

图 2-8-46　创建 PDF 表对话框

3. 计算并检查 PDF 表

打开 Table 选项卡，如图 2-8-47 所示。

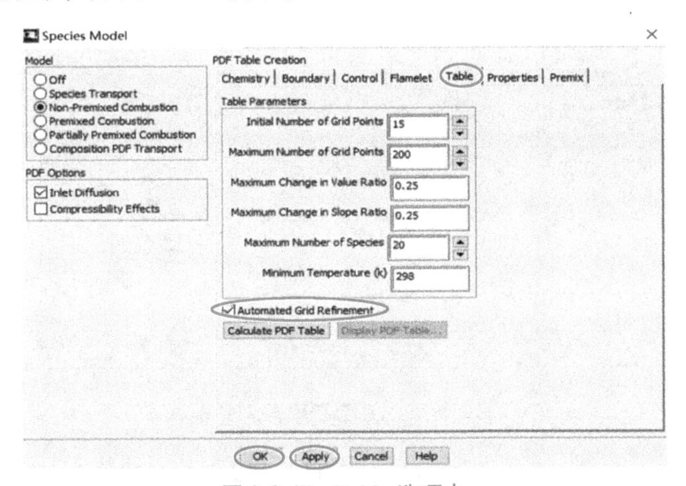

图 2-8-47　Table 选项卡

（1）单击 Calculate PDF Table，工作窗口中显示如下内容：

```
Generating PDF lookup table
Type of the PDF Table: Nonadiabatic Table (Two Streams)
Calculating table.....
     calculating temperature limits.....
     calculating enthalpy slices.....
Performing PDF integrations.....

46332  points calculated
20  species added
PDF Table successfully generated!
```

（2）单击 Apply 按钮，单击 OK 按钮关闭 PDF 设置对话框。

注意：计算 PDF 检索表时，会生成一个包含组分摩尔分数和温度值的数据表（即检索表），这两个数值与一系列离散的混合分数相对应。

4. 保存 PDF 文件

操作：File→Write→PDF...，打开保存文件对话框，保存文件名为 coal. pdf。

5. 检查温度/混合分数的关系

操作：Display→PDF Table...，打开 PDF 列表文件对话框，如图 2-8-48 所示。

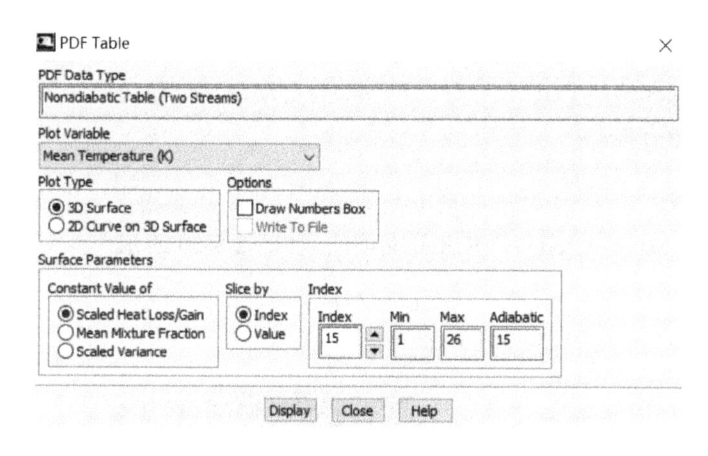

图 2-8-48　PDF 列表文件对话框

（1）三维温度分布图

在 Plot Type 中，选择 3D Surface 单选项，单击 Display 按钮，得到三维温度分布估计值。在信息窗口显示

```
Maximum of Mean Temperature(K) is 2.781313e+03 and occurs at  Mean Mixture Fraction = 9.865272e-02
Minimum of Mean Temperature(K) is 4.000000e+02 and occurs at  Mean Mixture Fraction = 1.000000e+00
```

即最大平均温度为 2781K，相应的平均混合分数为 0.09865；最小平均温度为 400K，相应的平均混合分数为 1。

（2）二维温度分布图

在 Plot Type 中选择 2D Curve on 3D Surface 单选项，单击 Display 按钮，得到温度随混合分数的二维分布曲线如图 2-8-49 所示。

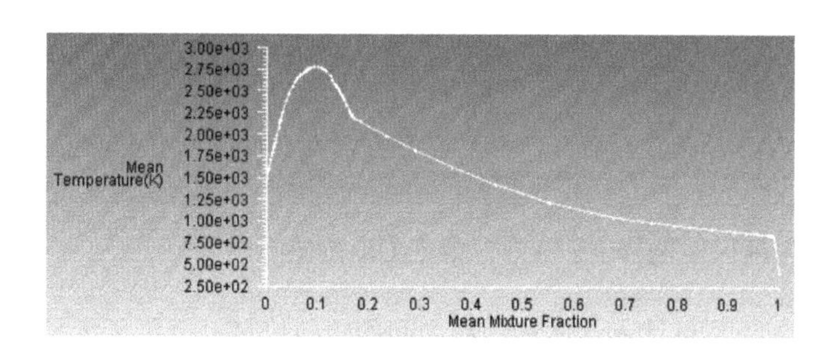

图 2-8-49　温度分布曲线

温度分布曲线显示出了系统时均温度随平均混合分数的变化情况。温度和混合分数之间的关系表明，峰值火焰温度约为 2781K，混合分数约为 0.1。

第 5 节 辐射模型及离散相设置

在已经建立非绝热 PDF 文件的前提下，ANSYS Fluent 系统会显示一种新物质，称为 pdf-mixture。该混合物的组分及其热力学参数包含在 PDF 文件中。

注意：在读入非绝热 PDF 文件时，Fluent 会自动激活能量方程，因此无须到 Energy 面板中去激活能量方程。

1. 设置辐射模型

操作：Solution Setup→Models→Radiation-Off，如图 2-8-50 所示。

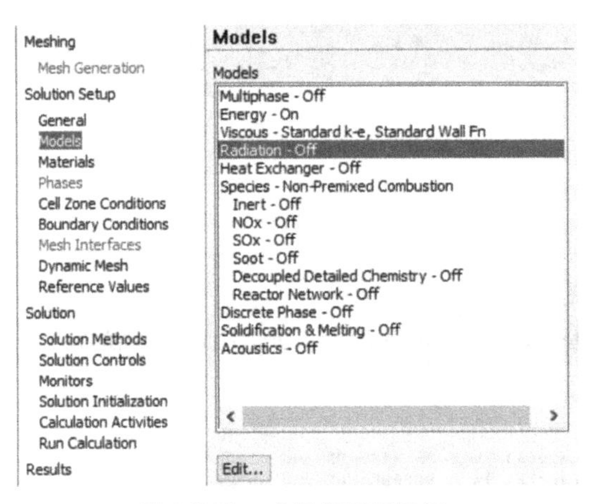

图 2-8-50 求解模型目录树

（1）单击 Edit...按钮，打开辐射模型对话框，如图 2-8-51 所示。

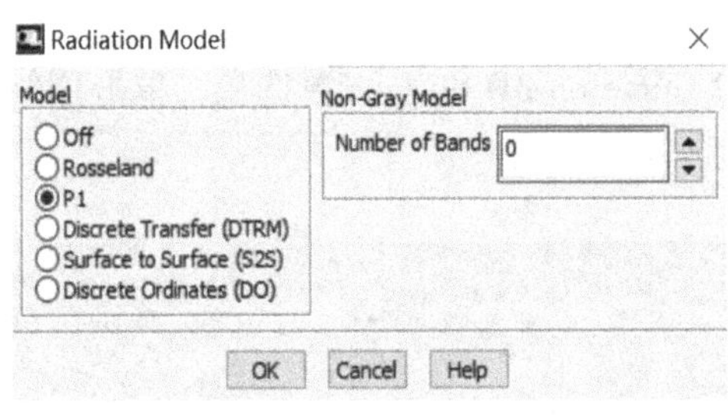

图 2-8-51 辐射模型对话框

（2）Model 单选项区中选择 P1 模型，单击 OK 按钮。

注意：P1 辐射模型可计入气体和颗粒之间的辐射传热，适用于大尺度空间。如果是针对实验模型等小尺度空间，则可选择 Discrete Ordinates（DO）辐射模型。

2. 设置离散项模型（DPM 模型）

用离散相模型模拟煤粉颗粒的运动，可预测单独煤颗粒的轨迹。通过离散相运动方程与气相连续方程的交替迭代计算，可得到煤颗粒和气体之间热量、动量及质量的交换。

操作：Solution Setup→Models→Discrete Phase-Off，单击 Edit...按钮，打开离散项模型设置对话框，如图 2-8-52 所示。

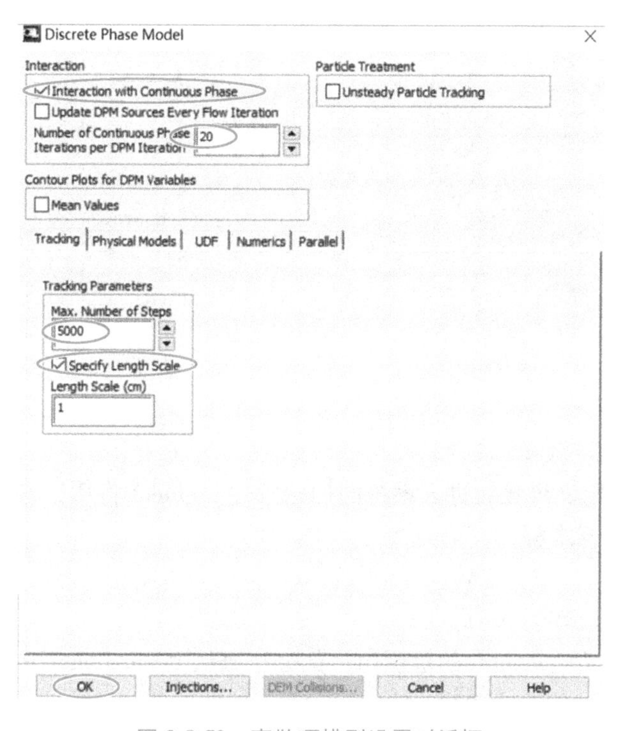

图 2-8-52 离散项模型设置对话框

（1）在 Interaction 选项区中，选中 Interaction with Continuous Phase。

选中该复选项表示考虑离散相轨道（连同颗粒的传热和传质）对气相方程的影响作用。如果不选中该选项，也可以计算颗粒轨道，但颗粒运动将不影响连续相流场。

（2）设置 Number of Continuous Phase Iterations per DPM Iteration 为 20。

将耦合参数设为 20，表示连续流场每计算 20 次，进行一次离散相（颗粒轨道）计算，并更新源项对气相流场的影响。

对于一个高浓度颗粒的流场或者大尺寸网格划分的流场，建议采用较高的耦合参数。因为这样能够在考虑离散相影响前，使气相方程的计算充分收敛，从而对计算这类问题是有益的。

（3）在 Tracking Parameters 选项区中，将 Max. Number of Steps 设为 5000。

（4）选中 Specify Length Scale 复选项，并保持默认的 Length Scale（cm）选项为 1。

Length Scale 表示每一个时间步颗粒沿轨道运行的距离，值为 1cm 表示在计算域中，每一个时间步内煤颗粒运行的距离为 1cm，则每 1000cm 长的距离大致计算 1000 个时间步。故这一选项控制着用于对离散相轨道积分的时间步数。

（5）在 Physical Models 选项卡中的 Options 单选项区中，选中 Particle Radiation Interaction，如图 2-8-53 所示。

（6）单击 OK 按钮。

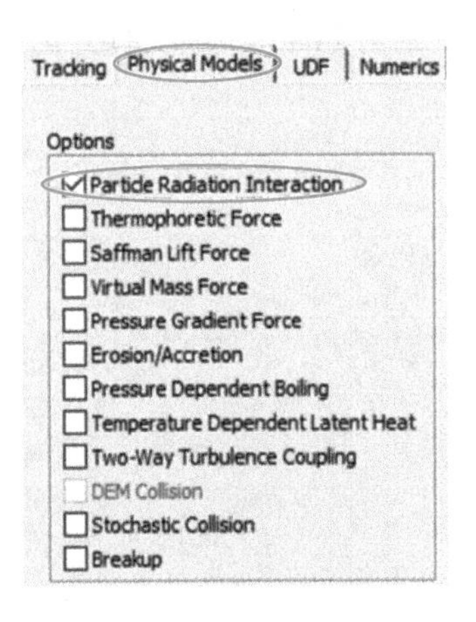

图 2-8-53　物理模型选项卡

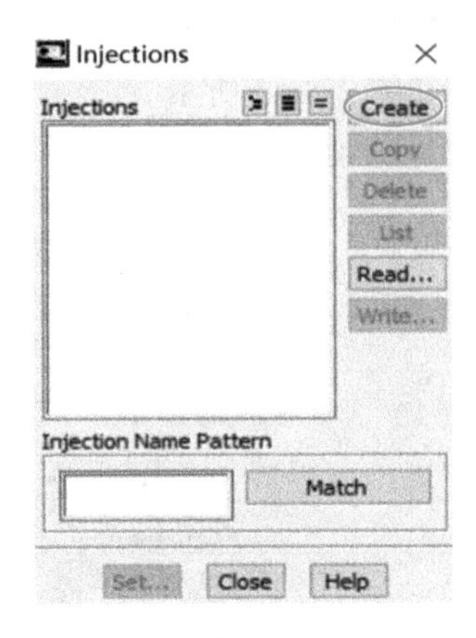

图 2-8-54　射流设置对话框

3. 创建离散相煤粉射流

煤粉的流动需要定义煤颗粒进入系统的初始条件。Fluent 将用这些初始条件对颗粒运动方程（轨道计算）进行求解。

现做如下假设：

（1）煤粉总质量流率为 0. 1kg/s。

（2）颗粒粒径在 70~200μm 的范围内，其分布服从 Rosin-Rammler 定律。

（3）给定其他初始条件（速度、温度、位置）。

操作：Define→Injections. . . ，打开射流设置对话框，如图 2-8-54 所示。

（1）在对话框中单击 Create 按钮，打开 Set Injection Properties（设置射流属性）对话框，如图 2-8-55 所示。

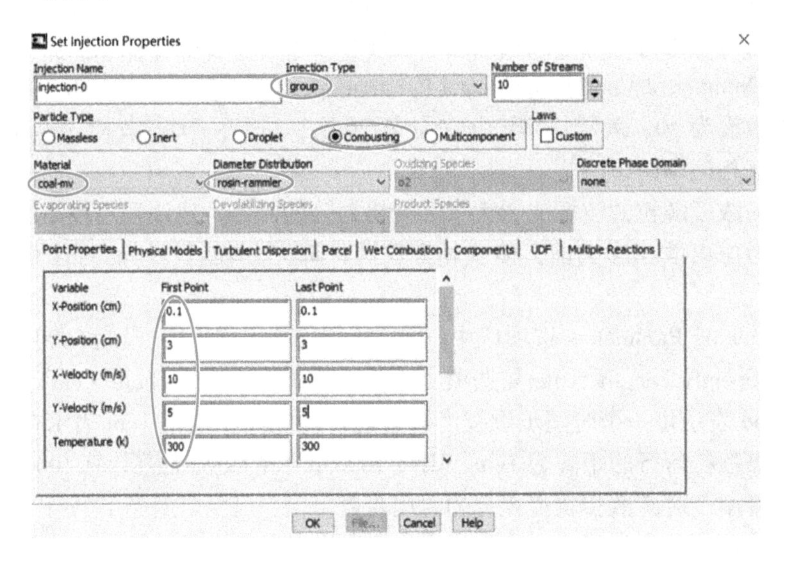

图 2-8-55　设置射流属性对话框

定义煤颗粒流的初始条件。将颗粒流定义为一组包含 10 个不同粒径大小颗粒的颗粒群。

粒径的分布服从 Rosin-Rammler 定律。

（2）Injection Type 选择 group。

（3）将 Number of Streams 设为 10。

（4）Particle Type 选择 Combusting 单选项。

选择了 Combusting 后，就激活了煤脱挥发分和焦炭燃烧子模型。类似地，如果选择 Droplet，就会激活液滴蒸发和沸腾子模型。

（5）在 Material 下拉表中选择 coal-mv。

（6）在 Diameter Distribution 下拉表中选择 rosin-rammler。

在颗粒粒径为 70～200μm 的范围内，煤颗粒粒径的分布是不均匀的，其粒径分布可用 Rosin-Rammler 方程表述，该方程中，平均粒径为 134μm，扩散系数为 4.52。

（7）在 Point Properties 选项卡中设置初始条件，对 First Point 输入以下参数：

X-Position：0.1cm

Y-Position：3.0cm

X-Velocity：10m/s

Y-Velocity：5m/s

Temperature = 300K

Total Flow Rate：0.1kg/s

Min. Diameter：0.007cm

Max. Diameter：0.02cm

Mean Diameter：0.0134cm

Spread Parameter：4.52

（8）在 Last Point，输入与 First Point 相同的位置、速度和温度参数。

4. 定义紊流扩散

（1）打开 Turbulent Dispersion 选项卡，如图 2-8-56 所示。

（2）在 Stochastic Tracking 选项区中，选中 Discrete Random Walk Model 复选项。

随机轨道模型能够模拟气相的湍流流动对颗粒轨道的影响。在煤粉燃烧模拟中，加入随机轨道模型可模拟实际的颗粒扩散过程。

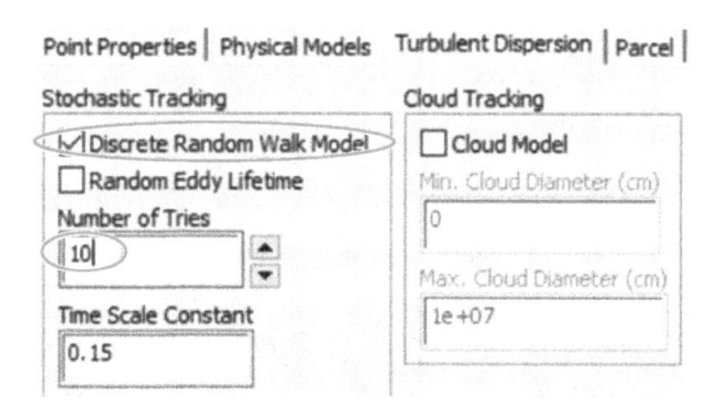

图 2-8-56 紊流扩散对话框

（3）将 Number of Tries 设为 10，单击OK按钮。

此时在 Injections 对话框中就会出现新的射流项（默认名称为 injection-0）。在此对话框中，即可对射流进行粘贴和删除操作，也可选择一个已有的射流，并在主窗口中列出为该颗粒流定义的初始条件。当显示 injection-0 组的信息时，主窗口将显示 10 个颗粒流组，每个流组都有自己特定的粒径（粒径服从 Rosin-Rammler 分布）和质量流率。

第 6 节 设置连续相和离散相的材料

当使用非预混燃烧模型时，所有的热力学数据，包括密度、比热和生成焓都将从 PDF 的化学性质数据库中读取。这些参数作为 pdf-mixture 的物性导入 FLUENT，故只需定义传输性质，例如速度和导热系数即可。

1. 定义连续项的材料

操作：Solution Setup→Materials，单击 Create/Edit... 按钮，打开材料设置对话框如图 2-8-57 所示，在 Propertie 选项区中：

（1）将 Thermal Conductivity（W/m·K）设为 0.025（constant）。

（2）将 Viscosity（kg/m·s）设为 2e-05（constant）。

（3）在 Absorption Coefficient 下拉菜单中选择 wsggm-domain-based。

该选项指定了一个依赖于组分的吸收系数，及使用 weighted-sum-of-gray-gases（加权的灰气体之和）模型。

（4）其他保持默认设置，单击 Change/Create 按钮。

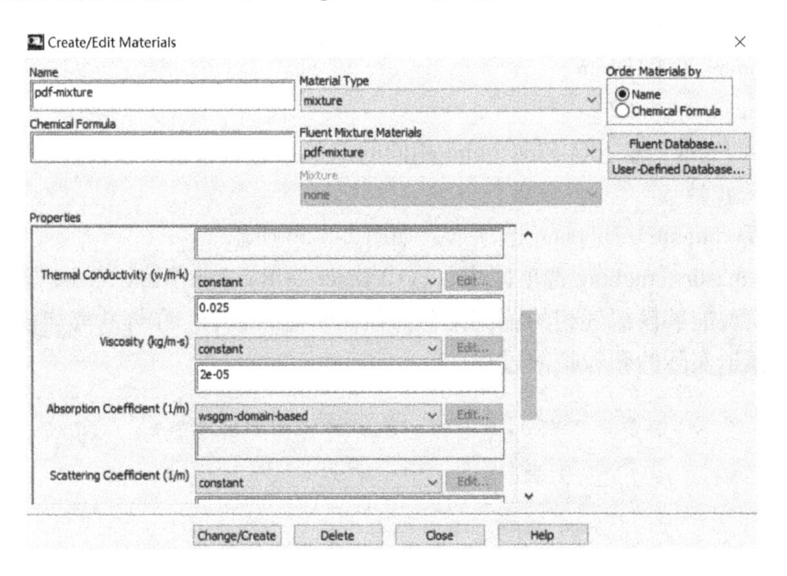

图 2-8-57 材料设置对话框

要注意 Density 和 Cp 定律不能改变，否则会导致与 PDF 创建的检索表不一致，因为这些性质存储于非预混燃烧的检索表里。PDF 使用理想气体定律来计算混合物密度，使用质量权重的混合定律来计算混合物的 Cp。

2. 离散相设置

（1）从 Material Type 下拉表中选择 combusting-particle

之所以出现 combusting-particle 物质类型（见图 2-8-58），是因为在使用 Set Injection

Properties 时已经激活了燃烧颗粒。

（2）在 Fluent Combusting Particle Materials 下拉表中保持默认选择（coal-mv）

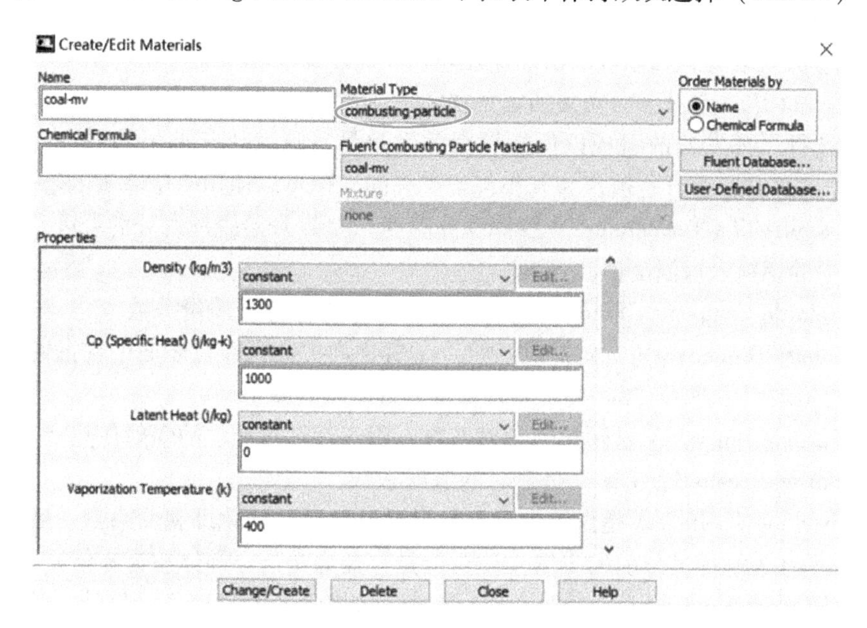

图 2-8-58　材料设置对话框

（3）对 coal-mv 的 Properties 值进行如表 2-8-2 所示的数值进行设置

表 2-8-2　Properties 值设置

Density（kg/m^3）	1300
Cp（Specific Heat）[J/(kg · K)]	1000
Thermal Conductivity [W/(m · K)]	0. 0454
Latent Heat	0
Vaporization Temperature（K）	400
Volatile Component Fraction（%）	28
Binary Diffusivity（m^2 · s）	5e-4
Particle Emissivity	0. 9
Particle Scattering Factor	0. 6
Swelling Coefficient	2
Burnout Stoichiometric Ratio	2. 67
Combustible Fraction（%）	64

注意：

（1）Density 影响颗粒惯性和体积力（当重力加速度非 0 时）。

（2）Cp 决定改变颗粒温度时所需的热量。

（3）Latent Heat 是挥发分蒸发所需的热量，当使用非预混燃烧模型时，该值常设为 0。如果已选择了挥发分的组成以保持燃料的发热量，则潜热已被包含进去（当然，如果在定义挥发分时，水分是被视为气相包含进去的，也可以使用一个非零的潜热值）。

（4）Vaporization Temperature（脱挥发分温度）是煤开始脱挥发分的温度。该值应当等于 PDF 中的燃料入口温度值。

（5）Volatile Component Fraction 为每个煤颗粒中挥发分的质量分数。

（6）Binary Diffusivity（二元扩散系数）是氧化剂扩散到颗粒表面的扩散系数，用于扩散控制的焦炭燃尽速率（the diffusion-limited char burnout rate）。

（7）Particle Emissivity 是颗粒的发射系数，用于计算对颗粒的辐射传热。

（8）Particle Scattering Factor 是颗粒的散射系数。

（9）Swelling Coefficient 是煤脱挥发分是煤颗粒粒径的变化即膨胀系数。膨胀系数为 2 表示颗粒尺寸为脱挥发分前的 2 倍（注意，是直径为 2 倍，即体积为 8 倍）。

（10）Burnout Stoichiometric Ratio 用于计算扩散控制的燃尽速率。另外，当使用非预混燃烧模型时，该参数没有影响；但当使用有限反应速率化学模型时，化学当量系数（the stoichiometric ratio）表示每燃烧 1 质量单位的焦炭所需的氧化剂的质量（注，氧化剂为氧气而非空气，因为空气已系统被视为氧气+氮气）。默认值为固定碳转化为 CO_2 所需的氧化剂质量（2. 67kg/kg）。

（11）Combustible Fraction 为煤颗粒中焦炭的质量分数，决定了根据焦炭燃尽子模型得出的每个煤颗粒所消耗的质量。

（4）在 Devolatilization Model 下拉表中选择 single-rate，如图 2-8-59 所示。

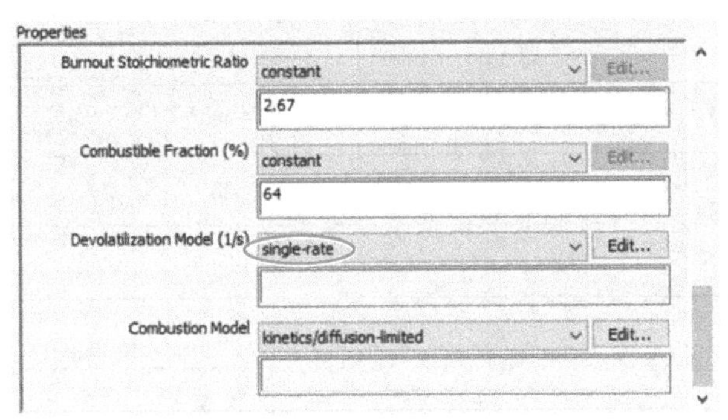

图 2-8-59　材料设置对话框

在弹出的对话框中接受默认的脱挥发分模型参数，如图 2-8-60 所示，单击 OK 按钮。

（5）将 Combustion Model 选择为 kinetics/diffusion-limited。

在弹出的对话框中接受默认值不变，单击 OK 按钮。

（6）点击 Change/Create 按钮，如图 2-8-61 所示，单击 Close 按钮，关闭 Materials 对话框。

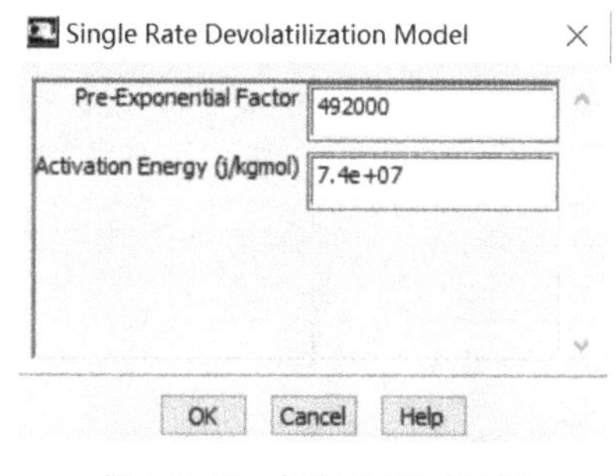

图 2-8-60　材料设置对话框

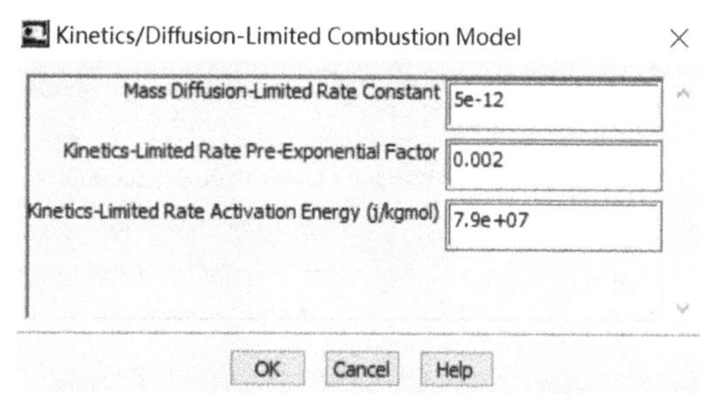

图 2-8-61　材料设置对话框

第7节 设置边界条件

下面对入口边界、出口边界、壁面边界进行设置。

操作：Solution Setup→Boundary Conditions，打开边界条件对话框，如图 2-8-62 所示。

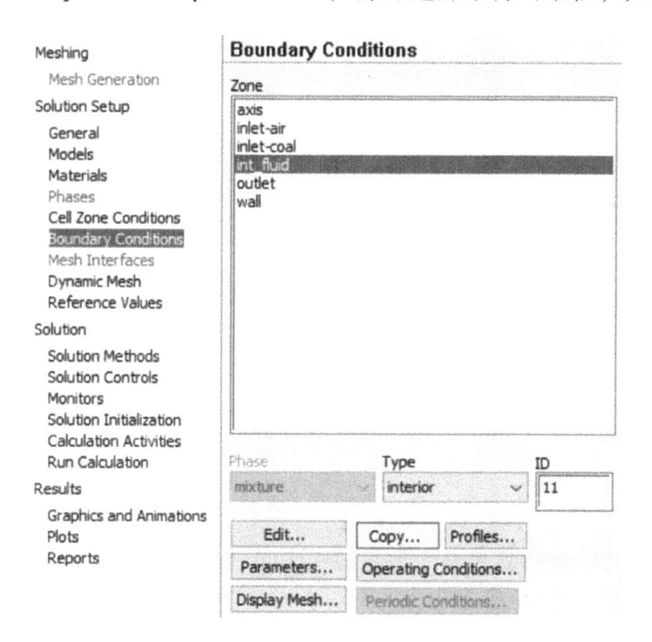

图 2-8-62　边界条件对话框

1. 对 inlet-air 边界进行设置（低速空气入口边界）

（1）在 Zone 列表中选择 inlet-air。

（2）在 Type 下拉表中选 velocity-inlet。

（3）单击 Edit...按钮，打开速度边界设置对话框，如图 2-8-63 所示。

（4）打开 Momentum 选项卡。

（5）设置 Velocity Magnitude 为 15m/s。

（6）在 Turbulence 选项区的 Specification Method 下拉表中选择 Intensity and Hydraulic Diameter。

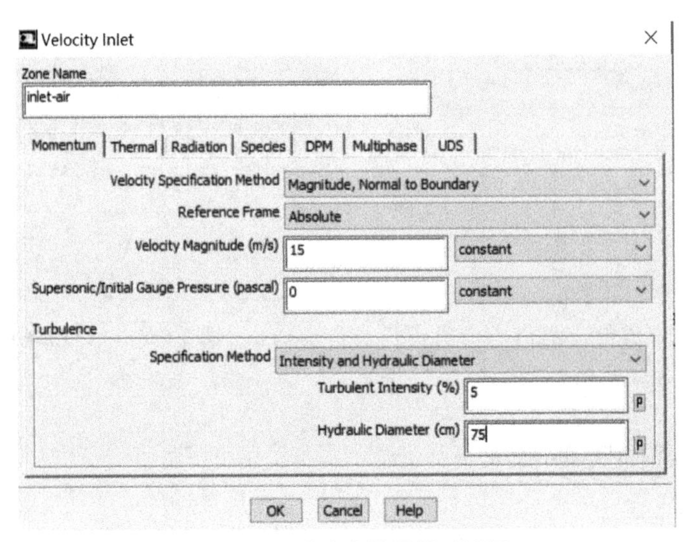

图 2-8-63　速度边界设置对话框

（7）在 Turbulent Intensity 框中输入 5。

（8）在 Hydraulic Diameter 框输入 75。

（9）打开 Thermal 选项卡。

（10）在 Temperature 框中输入 1500，如图 2-8-64 所示，单击 OK 按钮。

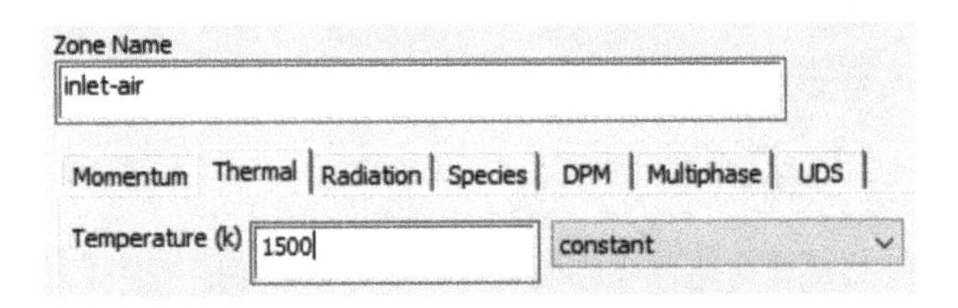

图 2-8-64　温度边界设置对话框

注意：

（1）这里定义的湍流参数是基于湍流强度和水力直径的。对燃烧空气的流动，应当取相对大的湍流强度（如 10%）。

（2）对于非预混燃烧计算，需要定义入口 Mean Mixture Fraction 和 Mixture Fraction Variance，进入 Species 选项卡即可进行设置。对于煤的燃烧，所有的燃料都来自于离散相，因此气相入口的混合分数为 0，所以只要接受默认的设置（0）即可。

2. 对 inlet-coal 边界进行边界条件设置（高速入口边界）

设置方法与上边所述相同，设置数据如图 2-8-65、图 2-8-66 所示。

3. 对 outlet 区域进行设置（出口边界）

设置方法与上边所述相同，按图 2-8-67、图 2-8-68 进行设置。

4. 对 Wall 区域（炉墙）进行边界条件设置

炉墙被处理为一个等温边界，温度为 1200K，壁面边界设置对话框如图 2-8-69 所示。

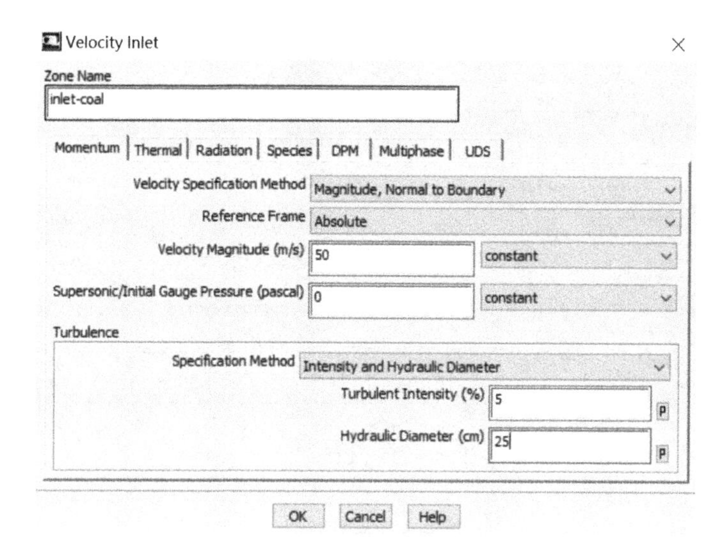

图 2-8-65 速度边界设置对话框

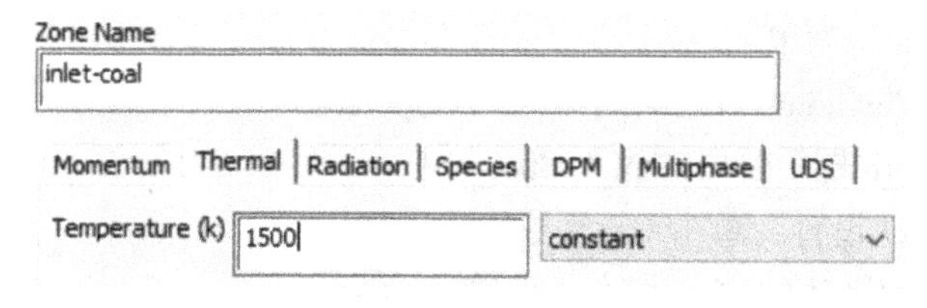

图 2-8-66 温度边界设置对话框

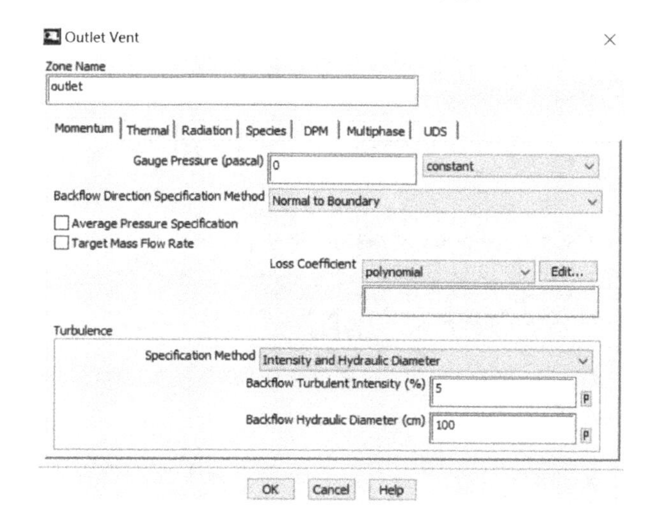

图 2-8-67 出口边界设置对话框

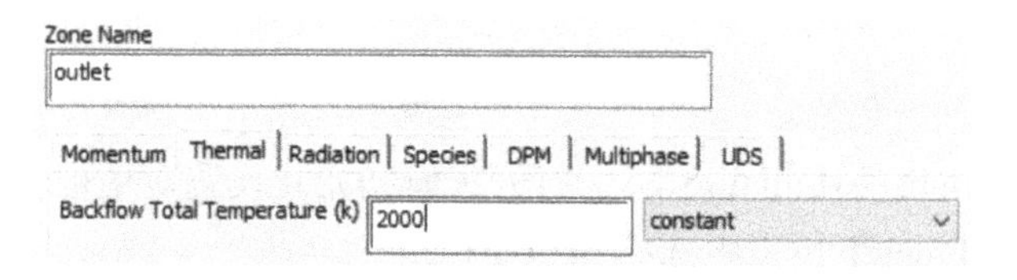

图 2-8-68 温度边界设置对话框

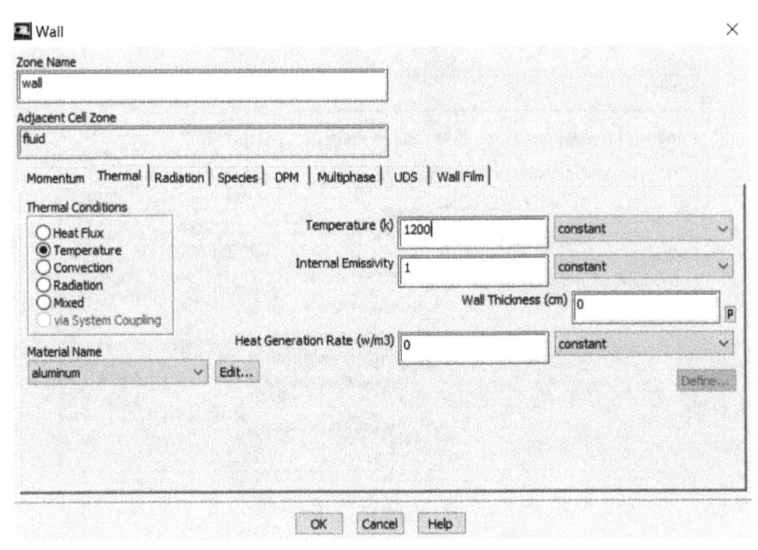

图 2-8-69　壁面边界设置对话框

（1）打开 Thermal 选项卡。

（2）在 Thermal Conditions 单选项中选择 Temperature。

（3）在 Temperature 框中输入壁温 1200K。

（4）保留其他默认设置，单击 OK 按钮。

对颗粒来说，壁面默认的边界条件是反弹（reflect），如图 2-8-70 所示。在 DPM 选项卡中 Discrete Phase Model Conditions 的 Boundary Cond. Type 项可以看到该选项。

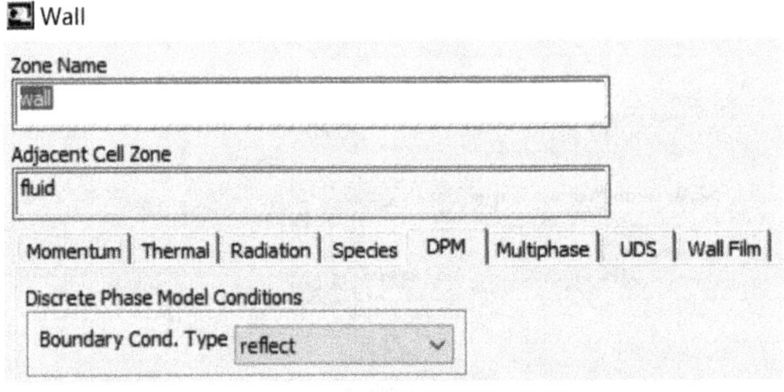

图 2-8-70　壁面边界设置对话框

第 8 节　求解计算

1. 设置求解器

2. 设置求解控制参数

3. 用 inlet-air 值初始化流场

操作：Solve→Initialize→Initialize...，打开求解初始化设置对话框，如图 2-8-71 所示。

（1）在 Compute From 下拉表中选择 inlet-air。

（2）保留其他默认设置，单击 Initialize 按钮。

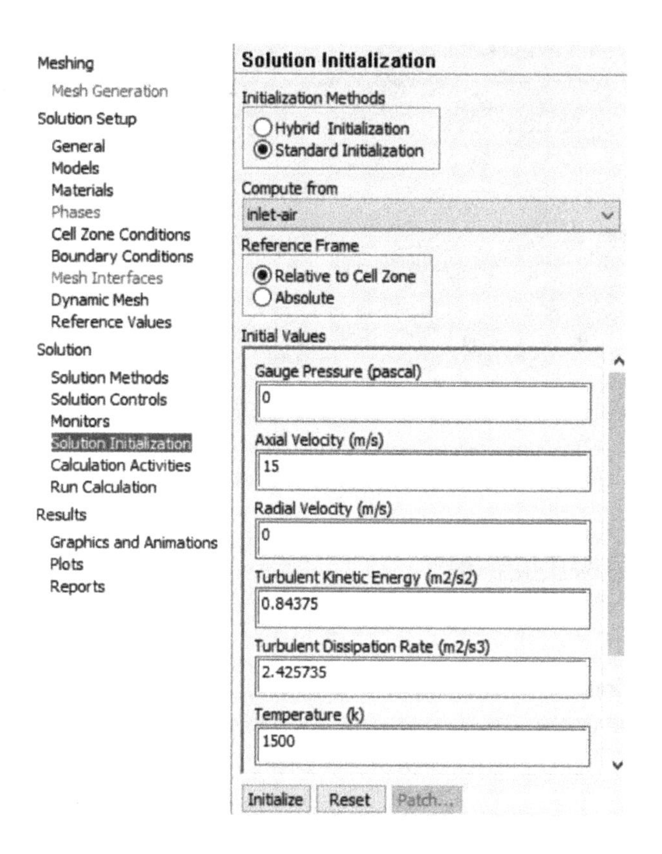

图 2-8-71 求解初始化设置对话框

4. 打开残差监视器

操作：Solve→Monitors→Residual...，打开残差监视器，在 Options 项选择 Plot，保留其他默认设置，单击 OK 按钮。

5. 进行迭代计算

操作：Solve→Iterate...，打开迭代计算设置对话框，如图 2-8-72 所示。

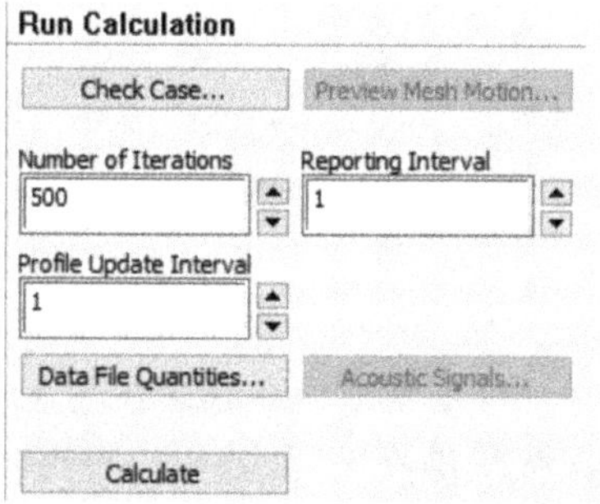

Run Calculation
Check Case...
Preview Mesh Motion...
Number of Iterations
500
Reporting Interval
1
Profile Update Interval
1
Data File Quantities...
Acoustic Signals...
Calculate

图 2-8-72 迭代计算设置对话框

设置最大迭代次数 500，单击 Iterate 按钮，开始迭代计算。经过 237 次迭代计算，计算收敛。残差收敛曲线如图 2-8-73 所示。

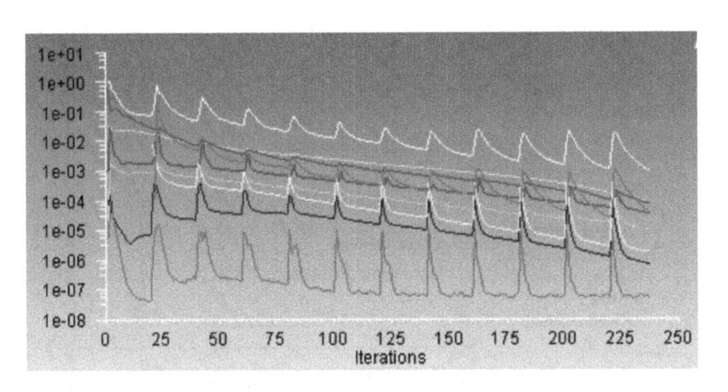

图 2-8-73　残差收敛曲线

6. 保存文件，文件名为 burning. cas 和 burning. dat

第 9 节　计算结果的后处理

1. 显示温度场

操作：Results→Graphics & Animations。

（1）在 Graphics 项选择 Contours，单击 Set Up... 按钮，打开云图设置对话框，如图 2-8-74 所示。

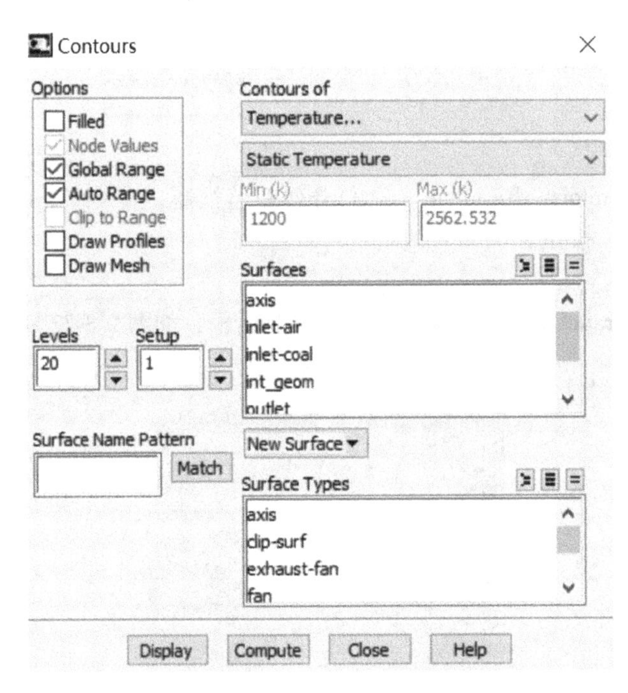

图 2-8-74　云图设置对话框

（2）在 Contours of 选项区中选择 Temperature... 和 Static Temperature。

（3）保留其他默认设置，单击 Display 按钮。

系统内的温度分布如图 2-8-75 所示。图中的线段是等温线，颜色相同的线上的温度也相同。系统内的最高温度约为 2562K。

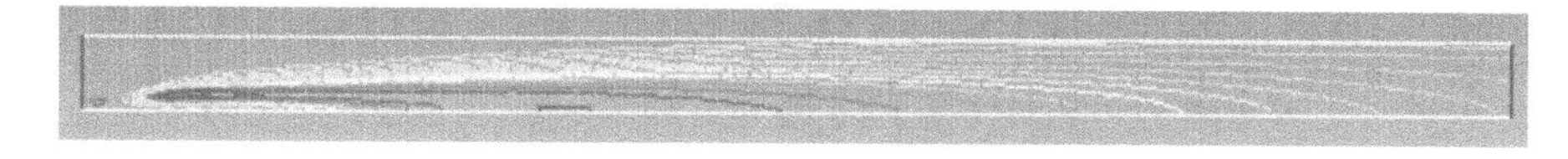

图 2-8-75　温度分布等值线图

注意：若要显示整个面的完整的温度分布，需要进行如下操作：单击 Views... 按钮，打开视图设置对话框如图 2-8-76 所示。在 Mirror Planes 列表中点选 axis，单击 Apply 按钮。此时得到完整显示的温度分布图如图 2-8-77 所示。

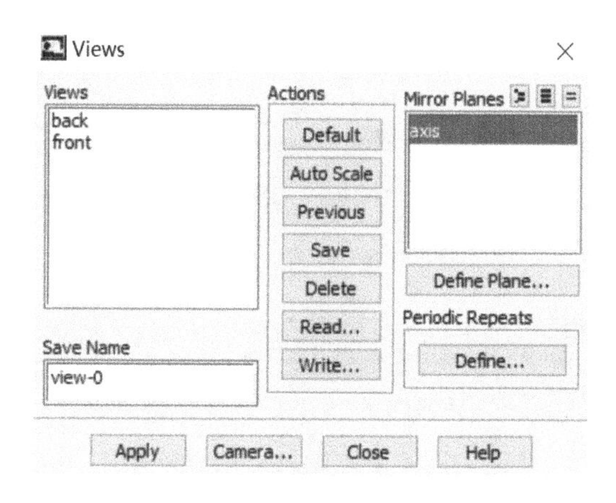

图 2-8-76　视图设置对话框

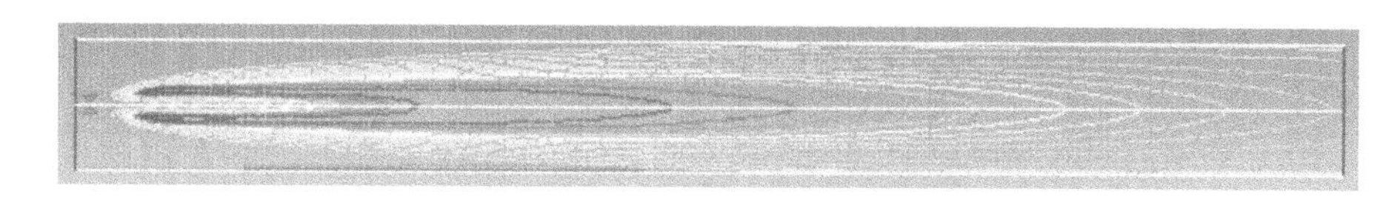

图 2-8-77　温度分布等值线图

2. 显示 Mean Mixture Fraction

混合比例分数分布（The mixture-fraction distribution）表明挥发分和焦炭从煤中释放的地点和分布情况。

（1）在 Contours of 选项区中选择 Pdf... 和 Mean Mixture Fraction，如图 2-8-78 所示。

（2）其他保持默认设置，单击 Display 按钮。平均混合比例分数的分布如图 2-8-79 所示。

3. 显示脱挥发分率

（1）在 Contours of 下拉表中选择 Discrete Phase Sources... 和 DPM Evaporation/Devolatilization，如图 2-8-80 所示。

（2）其他保持默认设置，单击 Display 按钮，脱挥发分率分布图如图 2-8-81 所示。

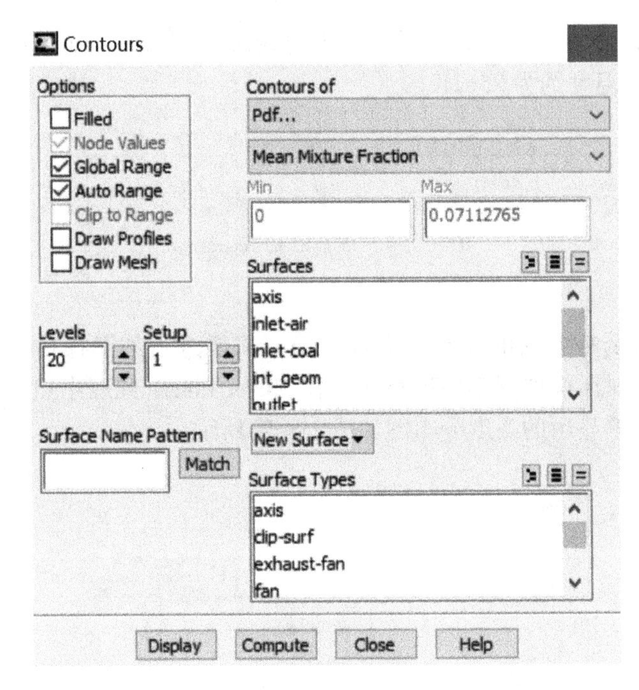

图 2-8-78　云图设置对话框

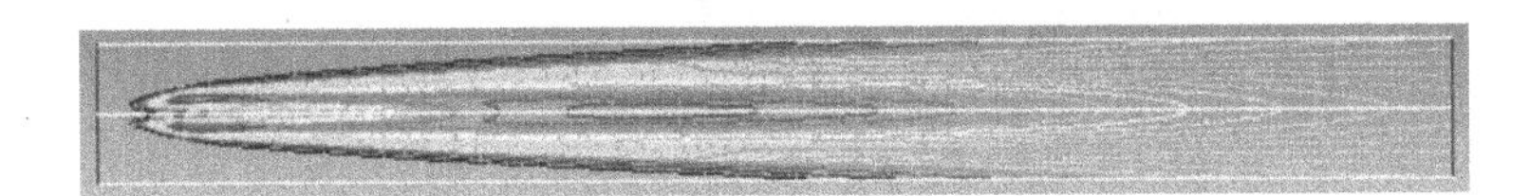

图 2-8-79　平均混合比例分数分布图

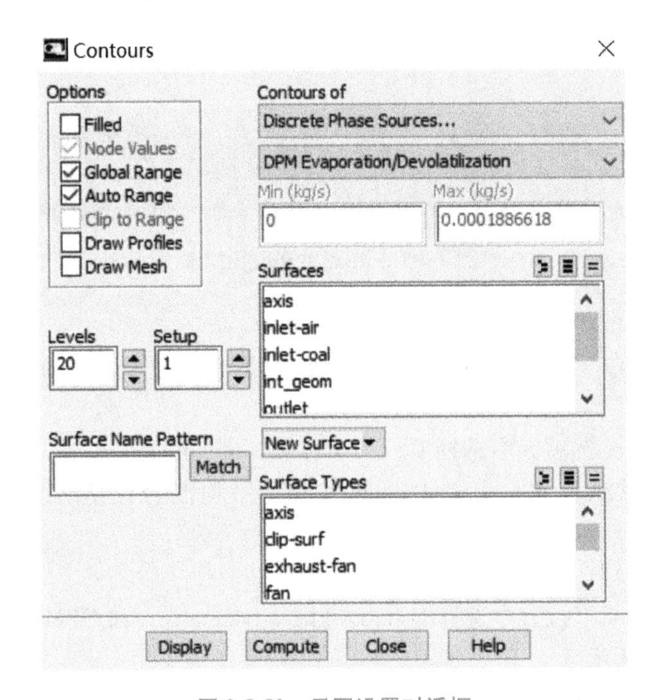

图 2-8-80　云图设置对话框

注：脱挥发分（devolatilization）——煤受热后脱除挥发物的过程。

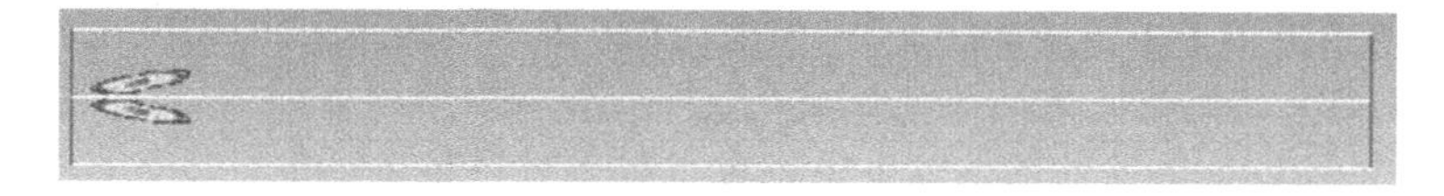

图 2-8-81　脱挥发分率分布图

脱挥发分率的分布图表明，挥发分自煤颗粒运动到约炉膛长度的 1/8 处开始析出（脱挥发分的起始温度点为 400K）。

4. 显示焦炭燃尽率

（1）在 Contours of 下拉表中选择 Discrete Phase Sources... 和 DPM Burnout，如图 2-8-82 所示；

（2）其他保持默认设置，单击 Display 按钮，焦炭燃尽率分布如图 2-8-83 所示。

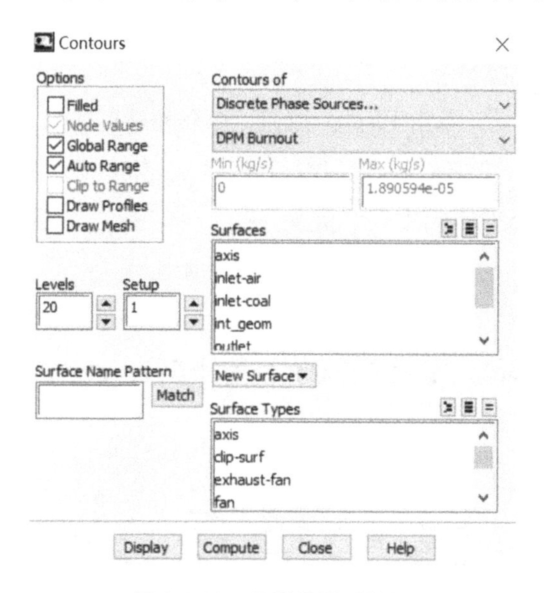

图 2-8-82　云图设置对话框

焦炭燃尽发生在脱挥发分过程完成之后，图中显示焦炭大概在炉膛的 3/4 长度处燃尽。

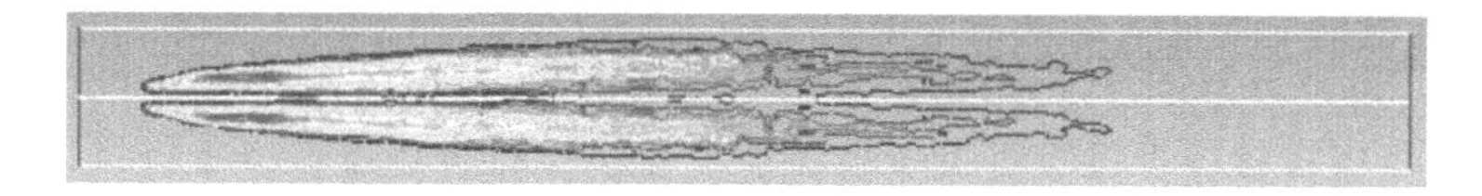

图 2-8-83　焦炭燃尽率分布

5. 显示煤粉颗粒流的颗粒运动轨道

操作：Display→Particle Tracks，如图 2-8-84 所示，打开颗粒轨迹设置对话框如图 2-8-85 所示。

（1）在 Color By 中选择 Particle Residence Time。

（2）在 Release from Injections 列表中选择 injection-0。

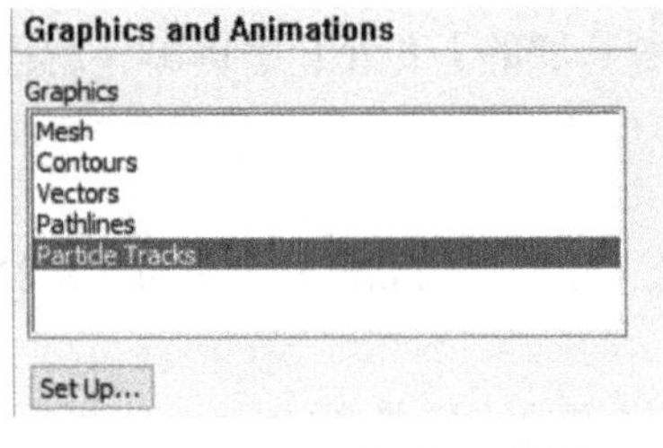

图 2-8-84　图形与动画对话框

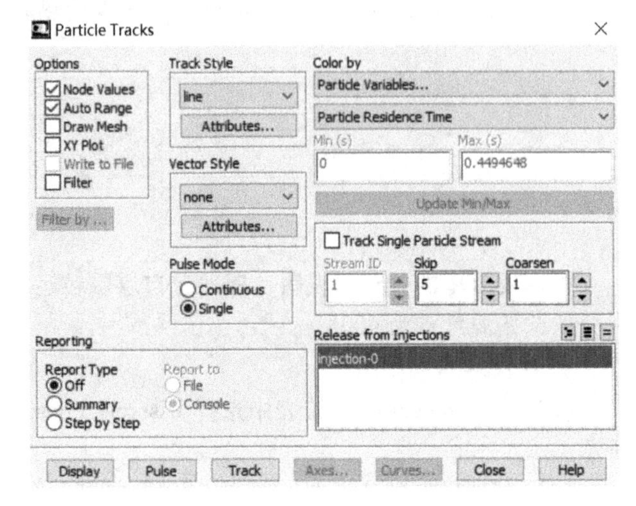

图 2-8-85　颗粒轨迹设置对话框

（3）在 Skip 项设置间隔数 5。

（4）保留其他默认设置，单击 Display 按钮，煤颗粒轨迹如图 2-8-86 所示。

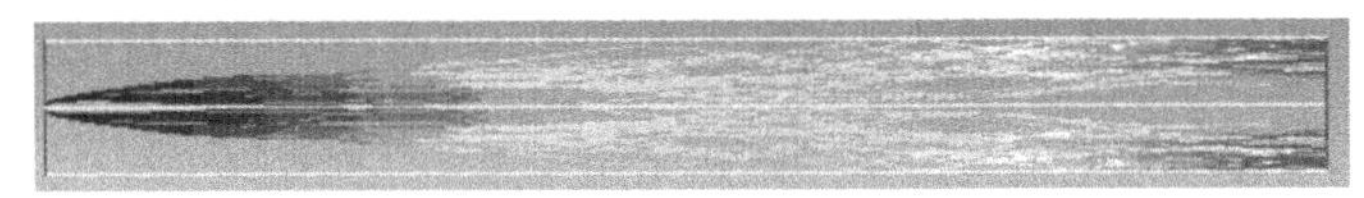

图 2-8-86　煤颗粒轨迹

6. 显示氧气分布

操作：Display→Contours...，打开分布图设置对话框，如图 2-8-87 所示。

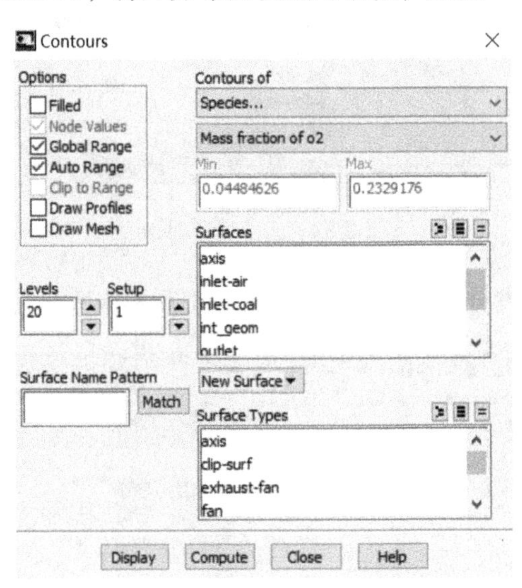

图 2-8-87　分布图设置对话框

（1）在 Contours of 选项区中选择 Species... 和 Mass fraction of o2。

（2）保留其他默认设置，单击 Display 按钮，氧气分布如图 2-8-88 所示。

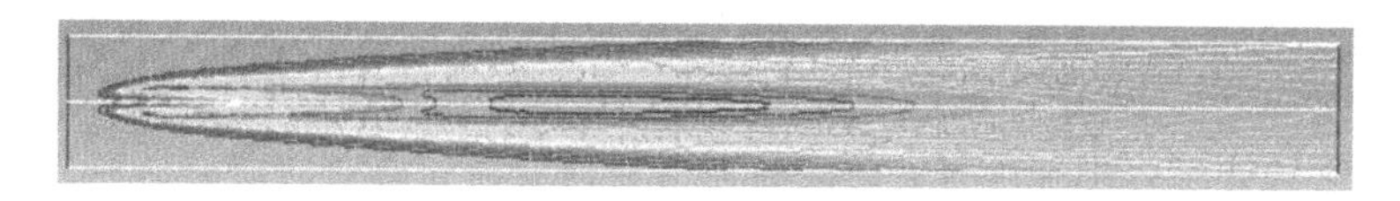

图 2-8-88 氧气分布图

第 10 节 能量平衡及颗粒状态报告

根据计算结果，Fluent 能够提供很多有用的统计报告，包括总能量统计和关于传热、传质（从颗粒相到气相）的统计信息。

1. 通过计算域边界的热流率

操作：Results→Reports→Fluxes...，如图 2-8-89 所示，单击 Set Up... 按钮，打开报告对话框如图 2-8-90 所示。

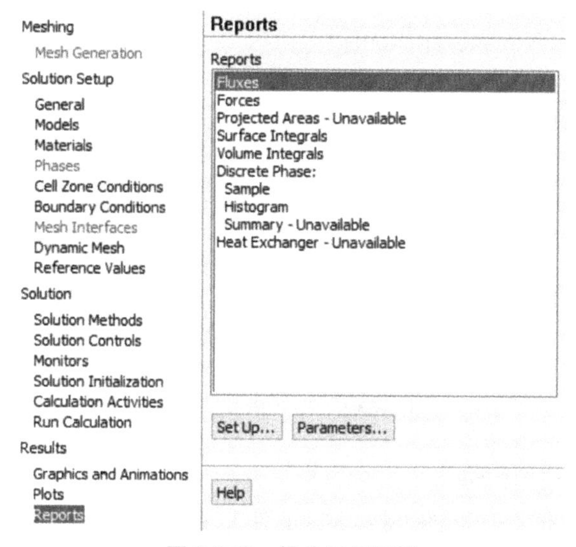

图 2-8-89 操作目录树图

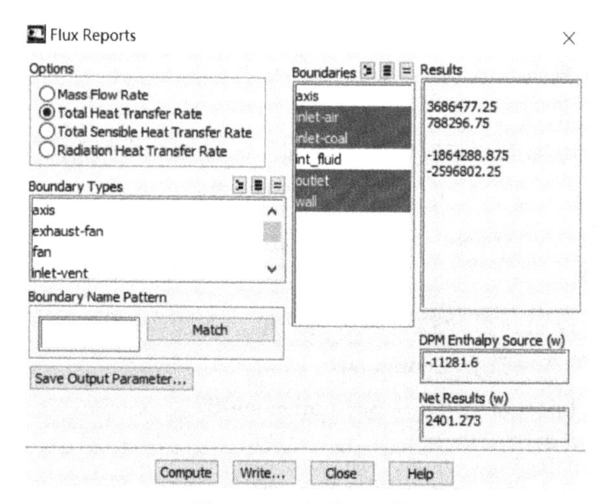

图 2-8-90 报告对话框

（1）在 Options 单选项中选择 Total Heat Transfer Rate。

（2）在 Boundaries 列表中，选择 outlet、inlet-air、inlet-coal，以及 wall 区域。

（3）单击 Compute 按钮。

计算结果如图中 Results 列表所示。其中正的热流率表明向计算域中带入的热量，负值表示带走的热量。具体显示如下：

```
Total Heat Transfer Rate                         (w)
-------------------------------- --------------------
                   inlet-air               3686477.3
                  inlet-coal               788296.75
                      outlet              -1864288.9
                        wall              -2596802.3
         DPM Enthalpy Source              -11281.602
         ----------------------- --------------------
                         Net               2401.2734
```

2. 计算气相和离散颗粒相之间传热的体积源

操作：Report→Volume Integrals，单击Set Up…按钮，打开体积积分对话框，如图 2-8-91 所示。

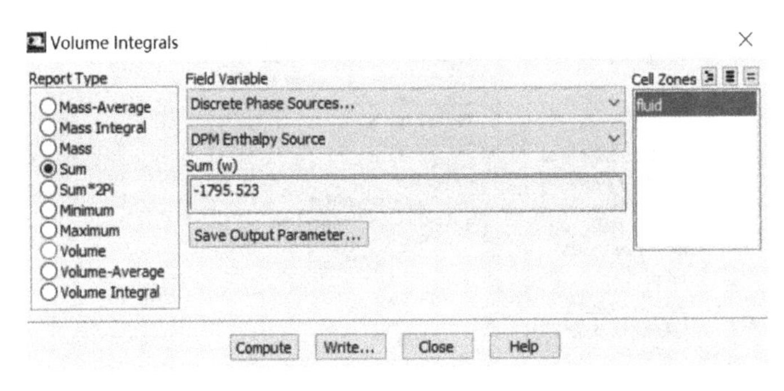

图 2-8-91　体积积分对话框

（1）在 Report Type 选择 Sum。

（2）在 Field Variable 选项区的下拉表中分别选择 Discrete Phase Sources... 和 DPM Enthalpy Source。

（3）在 Cell Zones 列表中选择 fluid。

（4）单击 Compute 按钮。

3. 关于颗粒轨迹的报告

离散相模型的报告提供了关于颗粒停留时间、连续相和离散相间传热传质等信息，以及（对于燃烧颗粒）焦炭转化率和挥发分析出的详细信息。

操作：Display→Particle Tracks，打开颗粒轨迹如图 2-8-92 所示。

（1）显示颗粒轨迹

① 单击 Set Up... 按钮，打开颗粒轨迹对话框，如图 2-8-93 所示。

② 在 Pulse Mode 单选项选择 Continuous。

③ 在 Release from Injections 列表中选择 injection-0。

④ 在 Skip 项设置为 5。

⑤ 单击 Display 按钮，显示流线如图 2-8-94 所示。

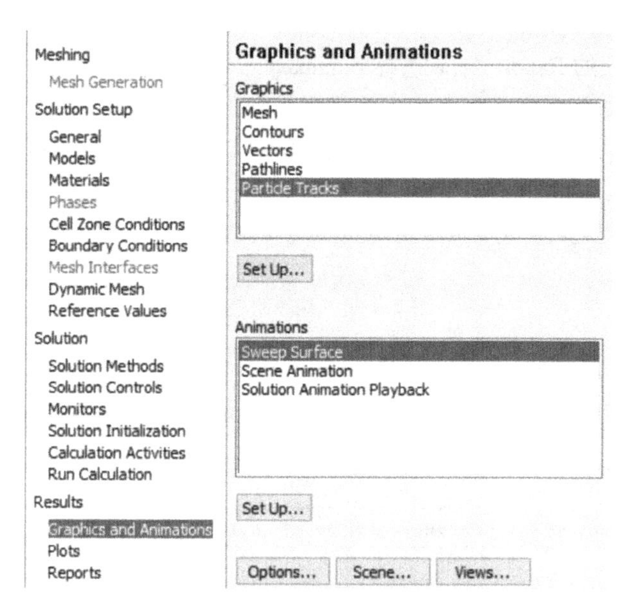

图 2-8-92 颗粒轨迹对话框

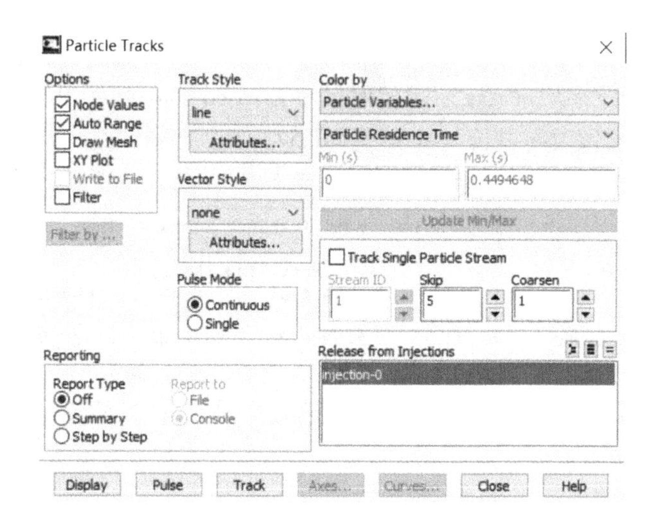

图 2-8-93 颗粒轨迹对话框

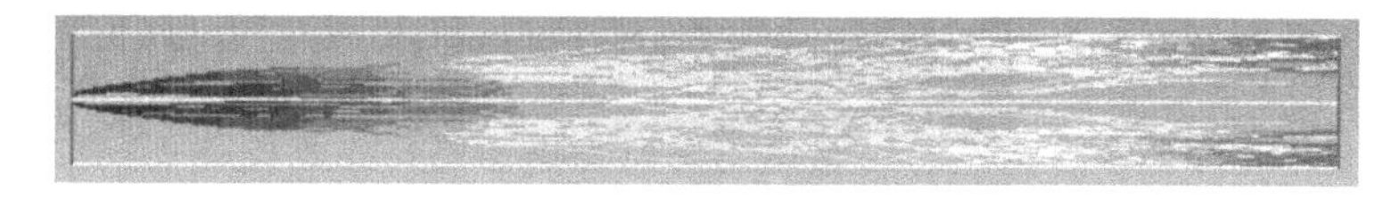

图 2-8-94 流线图

⑥ 单击 Pulse 按钮，显示颗粒的运动如图 2-8-95 所示。

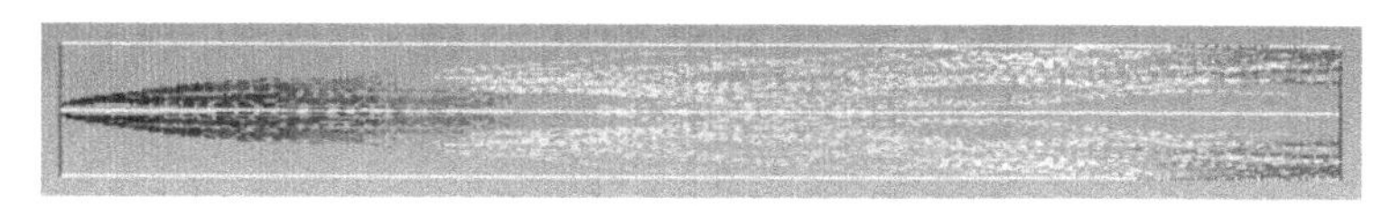

图 2-8-95 颗粒运动

（2）显示颗粒的其他信息

① 在 Reporting 项的 Report Type 选择 Summary。

② 在 Skip 项设置为 0。

③ 其他保持默认设置，单击 Display 按钮，颗粒轨迹如图 2-8-96 所示。

图 2-8-96　颗粒轨迹图

④ 单击 Track 按钮，系统主窗口中颗粒轨迹报告显示如下：

```
number tracked = 100, escaped = 100, aborted = 0, trapped = 0, evaporated = 0,

 Fate                    Number          Elapsed Time (s)
                                      Min        Max        Avg      Std Dev
 ----                    ------  ---------- ---------- ---------- ---------- --
 Escaped - Zone 16          100   3.153e-01  5.720e-01  3.993e-01  6.077e-02
```

注意：可以通过选择 Report to 下的 File 单选项将报告写入文件中。

说明：追踪颗粒数为 100（number tracked = 100），从出流边界流出的颗粒数为 100（escaped = 100）。颗粒平均（Avg）滞留时间（Elapsed Time）为 0. 40s；滞留时间最短（min）为 0. 315s；滞留时间最长（Max）为 0. 572s。

```
                    (*)- Mass Transfer Summary -(*)

Fate                        Mass Flow (kg/s)
                         Initial     Final      Change
----                   ---------- ---------- ----------
Escaped - Zone 16       1.000e-01  8.133e-03 -9.187e-02
```

说明：颗粒质量传递报告，初始流入质量为 0. 1kg/s；最后流出质量为 0. 008kg/s；系统转换质量为 0. 092kg/s。

```
                    (*)- Energy Transfer Summary -(*)

Fate                        Heat Rate (W)          Change of Heat (W)
                         Initial     Final      Sensible     Latent      Total
----                   ---------- ----------  ---------- ---------- ----------
Escaped - Zone 16       1.850e+02  1.004e+04   9.855e+03  0.000e+00  9.855e+03
```

说明：能量（焓）传递报告，初始焓为 185W，最终焓为 10004W，焓改变 9855W。

```
                    (*)- Combusting Particles -(*)

Fate                   Volatile Content (kg/s)          Char Content (kg/s)
                        Initial     Final    %Conv     Initial     Final    %Conv
----                  ---------- ---------- -------  ---------- ---------- -------
Escaped - Zone 16      2.800e-02  0.000e+00  100.00   6.400e-02  1.340e-04   99.79
```

说明： 颗粒燃烧报告

挥发分焦炭转化率

挥发分	焦炭
初始：0.028kg/s	初始：0.064kg/s
最后：0.000kg/s	最后：0.000kg/s
转换：100%	转换：99.79%

报告表明煤颗粒的平均停留时间（elapsed time）约为 0.40s。挥发分在计算域中完全释放，焦炭的转化率为 100%。

总结： 对煤燃烧的模拟包括了对挥发分析出、焦炭的燃烧以及对气相中化学反应的模拟。在本例中，介绍了如何使用非预混燃烧模型来模拟气相化学燃烧。利用该模型进行计算时，燃料的组成及其物理参数都包含在 PDF 文件中，并假定燃料的反应是符合平衡反应假定的。

在本例中，也介绍了如何创建一个包含离散相燃烧颗粒的系统，创建了离散相射流，考虑了颗粒同气相的耦合作用，并定义了离散相物质的性质。

附录 Fluent 中各种辐射模型的优点及局限性

1. DTRM 模型（适用于光学厚度小的情景）

DTRM 模型的优点有三个：

（1）是一个比较简单的模型。

（2）可以通过增加射线数量来提高计算精度。

（3）可以用于任何光学厚度。

DTRM 模型的局限性包括：

（1）假设所有表面都是漫射表面，即所有入射的辐射射线都没有固定的反射角，都是均匀地反射到各个方向。

（2）没有考虑辐射的散射效应。

（3）计算中假定辐射是灰体辐射。

（4）不能用于动网格情况。

（5）不能用于并行计算。

2. P1 模型（适用于光学厚度大的情景）

相对于 DTRM 模型，P1 模型的辐射换热方程是一个计算量相对较小的扩散方程，同时模型中包含了散射效应。在燃烧等光学厚度很大的计算问题中，P1 模型的计算效果都比较好。

P1 模型的局限性如下：

（1）假设所有表面都是漫射表面，即所有入射的辐射射线都没有固定的反射角，都是均匀地反射到各个方向。

（2）计算中假定辐射是灰体辐射。

（3）如果光学厚度比较小，则计算精度会受到几何形状复杂程度的影响。

（4）在计算局部热源/汇的问题时，P1 模型计算的辐射射流通常容易出现偏高的现象。

3. Rosseland 模型

同 P1 模型相比，Rosseland 模型的优点是不用计算额外的输运方程，故计算速度快，需要的内存少。

Rosseland 模型的缺点：

（1）仅能用于光学厚度大于 3 的问题。

（2）计算中只能采用压力基求解器进行计算。

4. DO 模型

DO 模型是使用范围最大的模型，可用于计算所有光学厚度的辐射问题，并且计算范围涵盖了从表面辐射、半透明介质辐射到燃烧问题中出现的参与性介质辐射在内的各种辐射问题。DO 模型采用灰带模型进行计算，因此既可以计算灰体辐射，也可以计算非灰体辐射。

所以 DO 模型是辐射计算中最经常使用的一个模型。

5. 表面辐射（S2S）模型（适用于光学厚度为 0 的情景）

表面辐射模型适用于计算在没有参与性介质的封闭空间内的辐射换热计算，比如散热系统、太阳能集热器、辐射式加热器和汽车机箱内的冷却过程等。

S2S 模型的局限性如下：

（1）假设所有表面都是漫射表面。

（2）采用灰体辐射模型进行计算。

（3）S2S 模型不能计算有参与性辐射介质的问题。

（4）S2S 模型不能用于带周期性边界条件或对称边界条件的计算，也不能用于二维轴对称问题的计算。

注：光学厚度是指在计算辐射传输时，单位截面积上吸收和散射物质产生的总衰弱，是无量纲量。

第 9 章　旋风分离器内的颗粒分离过程——DPM 模型的应用

问题描述：旋风分离器是一种常用的颗粒分级装置，常见的旋风分离器外形如图 2-9-1a 所示，其原理是利用颗粒在离心力场中径向速度差异实现颗粒与空气的分离，结构简图如图 2-9-1b 所示。当含固体颗粒的气体从进气口沿筒体切向进入筒体后，气流产生强烈旋转并沿筒体呈螺旋形向下进入旋风筒体，密度大的尘粒在离心力作用下被甩向器壁，并在重力作用下，沿筒壁下落流出旋风管排尘口至设备底部储尘区，从设备底部的排灰口排出。旋转的气流在筒体内向中心流动，向上形成二次涡流，并经导气管流至净化气室，再经设备顶部排气管流出。

a)

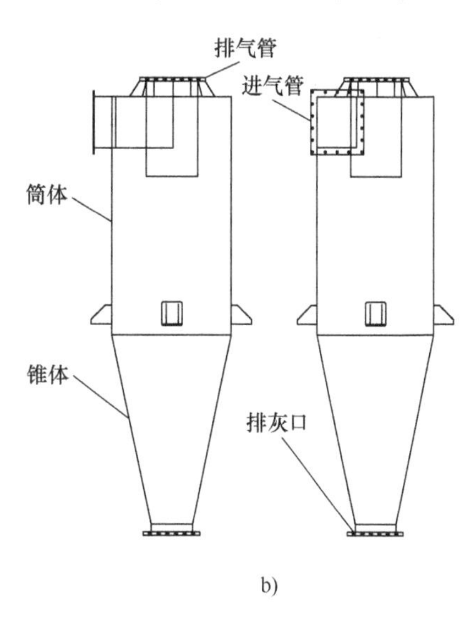

b)

图 2-9-1　旋风分离器

设旋风分离器的结构尺寸如图 2-9-2 所示，矩形入口截面尺寸为 5cm×4cm。设速度为 2. 5m/s 的含有固体颗粒的气体自入口流入筒体，计算气体及固体颗粒在分离筒内的流动情况以及此装置的分离效率。

分析：这是一个气固两相流动问题，当固体颗粒所占体积比小于 10%时，可以采用 DPM 模型进行仿真计算。

注意： Fluent 软件中 DPM 模型使用的是 Euler-Lagrange 方法，主要应用于离散相体积分数不高时，如颗粒分离与分级、喷雾干燥、煤粉燃烧等，对流体主相采用 Euler 方法，对离散相（颗粒或液滴）采用 Lagrange 方法独立计算其轨迹。

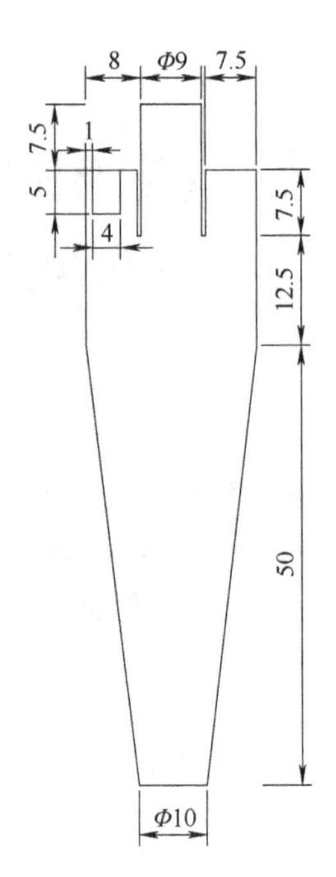

图 2-9-2　旋风分离器尺寸图（单位：cm）

说明：本章采用 ANSYS ICEM 进行网格划分，采用 ANSYS Fluent 18 进行仿真计算和后处理，对应光盘上的文件夹为：Fluent 篇\cyclone，可直接用光盘中的网格文件进行仿真计算。

第 1 节　划分网格

1. 建立旋风分离器几何模型

在 Auto CAD 三维模式中，按照旋风分离器几何尺寸建立好几何模型，并保存为 cyclone. igs 格式文件。

2. 启动 ANSYS Workbench，划分网格

（1）单击 ANSYS Workbench 快捷方式，启动软件。

（2）单击 File→Import...，选中刚刚保存的 cyclone. igs 文件。

（3）右击 Geometry，选择 Transfer Data To New→ICEM CFD，如图 2-9-3 所示，双击 Model 打开 ICEM CFD。

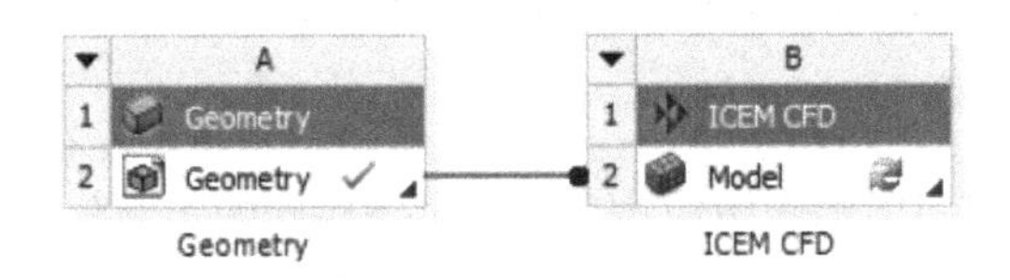

图 2-9-3　导入 ICEM

（4）单击 Geometry→Repair Geometry ，勾选 Join edge curves，单击 Apply 按钮。

（5）单击 Create point →Project Points to Curves ，在图 2-9-4 箭头所指线条上加一个点。

（6）单击 Center of 3 Points/Arc ，在旋风分离器筒体顶面依次选择 3 个点，找出圆心。在入口底面与筒体交接线上也做同样的操作，如图 2-9-5 所示。

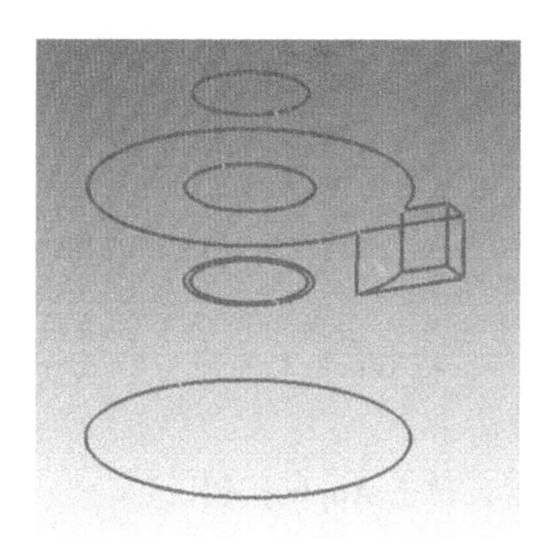

图 2-9-4　线条位置

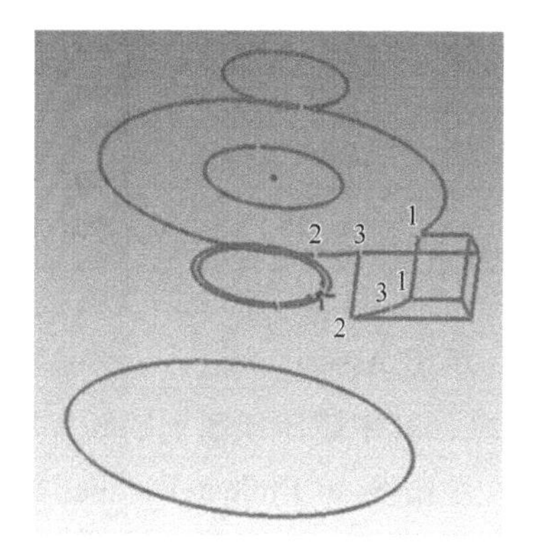

图 2-9-5　标记圆心

（7）单击 Create/Modify Curve →Circle or arc from Center point and 2 points on plane ，在两个截面上依次单击圆心和 1、2 号点，生成圆。

（8）单击 Delete point ，选中底流口上的点以及一些不需要的点，删除。

（9）单击 Parameter along a Curve ，在 Parameter（s）处输入 0.25，单击第（7）步中生成的圆，在 Parameter（s）处输入 0.5，单击第（7）步中生成的圆，在 Parameter（s）处输入 0.75，单击第（7）步中生成的圆，共新生成 3 个点，与 1 号点将圆均分为 4 段。在另一个生成的圆上做同样操作。

（10）单击 Project Point to Surface ，选中底流口面，再选中筒体顶面上均匀分布的 4 个点，将顶面上的 4 个点映射到底流口面上。

（11）单击 Blocking→Create Block ，单击 Apply 按钮，生成的 Block 如图 2-9-6 所示。在 Parts 中将 Solid 改名为 Fluid。

（12）单击 Associate →Associate Vertex ，将 Block 底面和顶面上的点与旋风分离器底面和顶面上的点一一关联，具体操作为：单击 1 个 Block 上的点，再单击 1 个圆上的点。

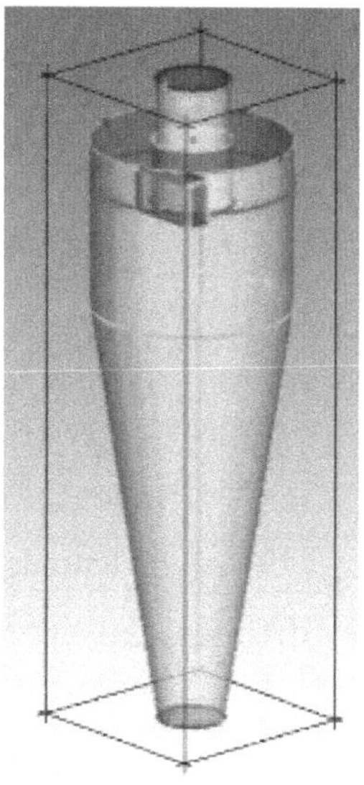

图 2-9-6　模型 Block 图

（13）单击 Split Block →O grid Block ，单击 Select Face，选择底流口面和顶面并单击 Apply 按钮确认，连续操作两次。

（14）单击 Split Block ，在 Split Method 中选择 Prescribed point，选择图示箭头所指的线和点，单击 Apply 按钮确认，如图 2-9-7 所示。在图 2-9-7 中红色大圆上进行相同操作。

（15）单击 Delete Block ，选中图 2-9-8 中黑色箭头所指梯形体，单击 Apply 按钮，将 Block 中溢流管与旋风分离器缝隙对应的 4 个块删除。

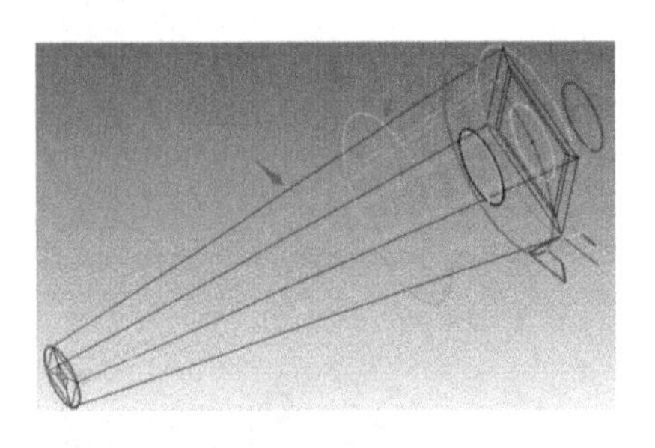

图 2-9-7　切割 Block

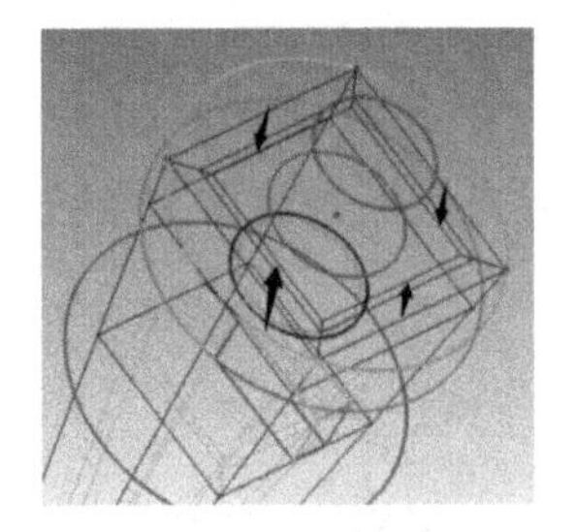

图 2-9-8　删除多余 Block

（16）单击 Associate →Associate Edge to Curve ，将 Block 上的线与旋风分离器上的线一一关联，其中筒体顶面上的线关联情况如图 2-9-9 所示。

（17）单击 Snap Project Vertices ，默认各项设置，单击 Apply 按钮。

（18）单击 Split Block ，在 Split Method 中选择 Prescribed point，在 Block 中选择 Selected，依次选中图 2-9-10 箭头所示块（1）、线（2）和点（3）。

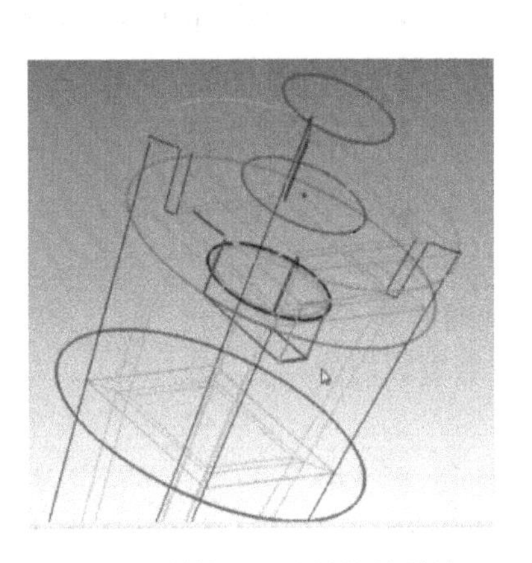

图 2-9-9　筒体顶面上的线关联情况

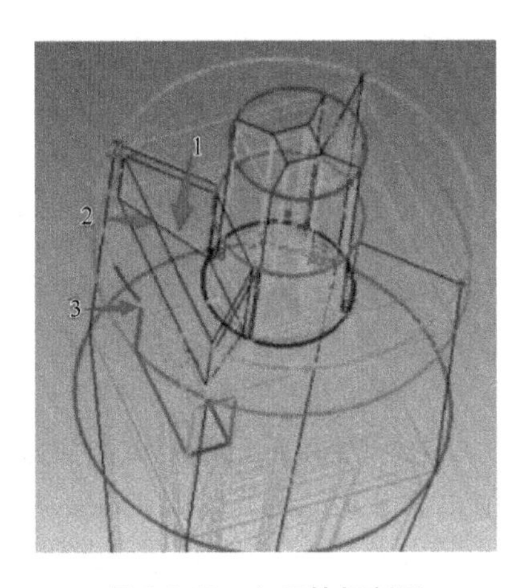

图 2-9-10　入口块切割图

（19）单击 Extrude Face ，Part 中选择 Fluid，Method 中选择 Fixed distance，Select Face 中选择入口正对的筒体上的曲面，如图 2-9-11 所示，Distance 中输入 0.1，单击 Apply 按钮。

（20）单击 Associate →Associate Vertex ，将新生成的块上的点一一关联到入口面上的点，关联好后的 Block 如图 2-9-12 所示。

（21）单击 Pre-Mesh Params →Edge Params ，依次选中图 2-9-13 所示各线段，将 Nodes 分别设置为 15、5、15、50。

（22）单击 Mesh→Global Mesh Setup →Global Mesh Size ，Scale factor 为 1，Max element 为 0.1，其他保持默认设置，单击 Apply 按钮。

（23）在树状菜单 Blocking 中勾选 Pre-Mesh，旋风分离器网格如图 2-9-14 所示。

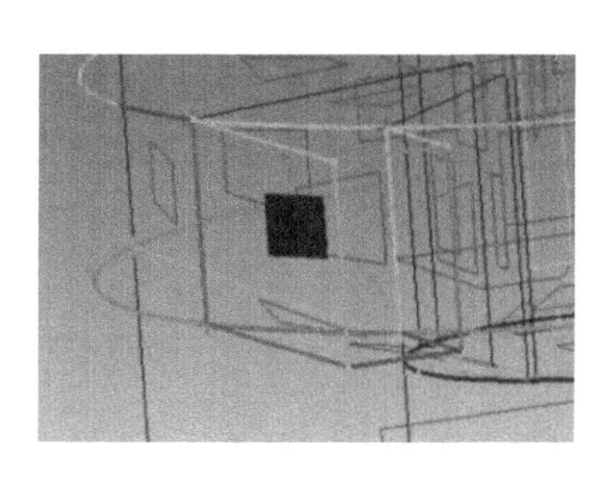

图 2-9-11　曲面选择

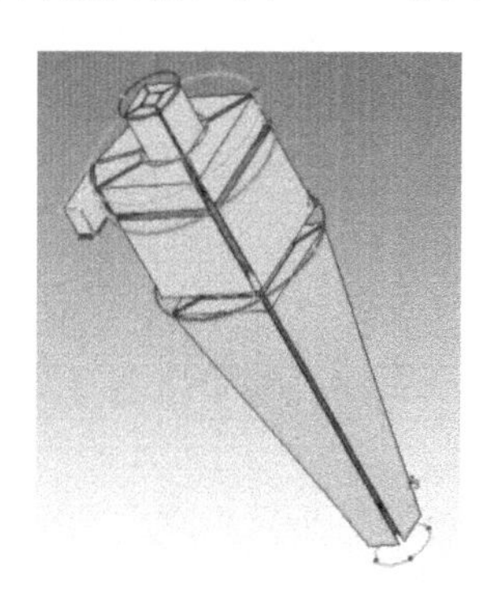

图 2-9-12　旋风分离器 Block 图

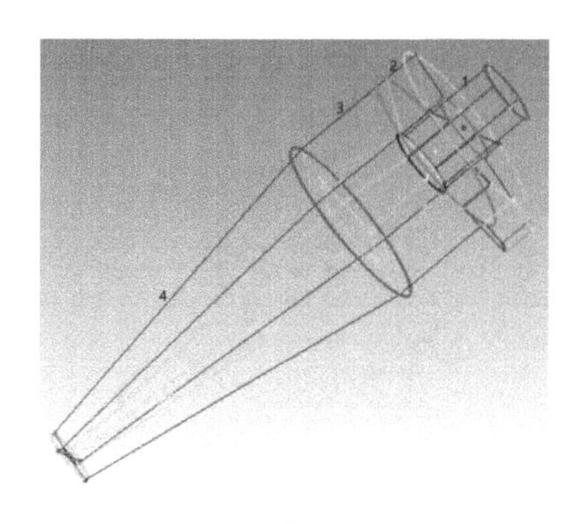

图 2-9-13　网格加密线段位置

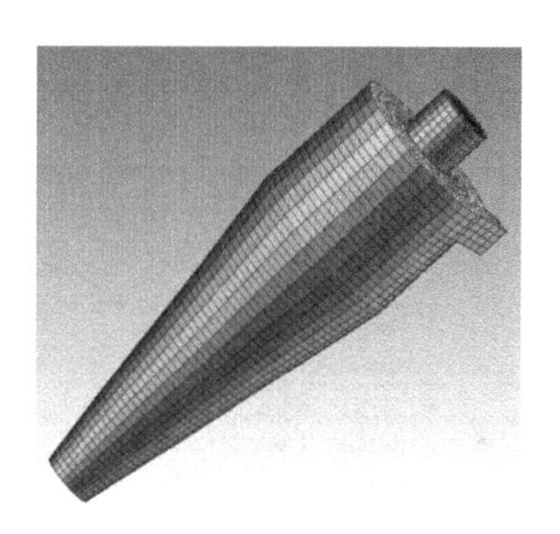

图 2-9-14　旋风分离器网格

第 2 节　边界类型设置

右击 Parts→Create Part，打开创建边界对话框如图 2-9-15 所示，对旋风分离器的入口、溢流口和底流口边界类型进行定义。

1. 设置入口边界类型

（1）在 Part 文本框输入 INLET。

（2）单击 Entities 框后箭头，选中模型的入口面。

（3）单击 Apply 按钮，确认。

2. 设置溢流口边界类型

（1）在 Part 文本框输入 OVERFLOW。

（2）单击 Entities 框后箭头，选中模型的溢流出口面。

（3）单击 Apply 按钮，确认。

3. 设置底流口边界类型

（1）在 Part 文本框输入 DOWNFLOW。

（2）单击 Entities 框后箭头，选中模型的底流出口面。

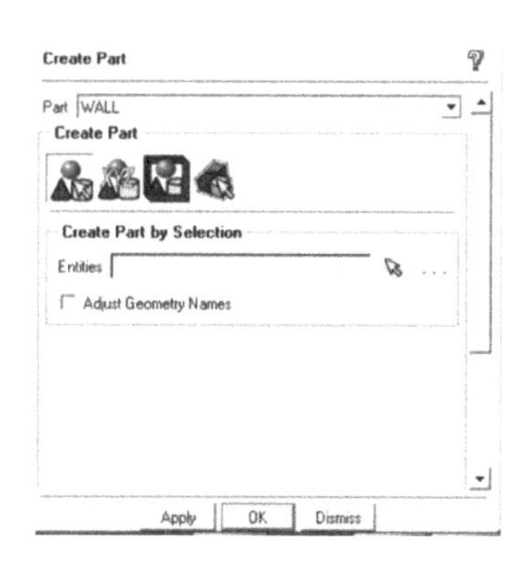

图 2-9-15　创建边界对话框

（3）单击 Apply 按钮，确认。

4. 设置其余边界类型

（1）在 Part 文本框输入 WALL。

（2）单击 Entities 框后箭头，选中模型其余面。

（3）单击 Apply 按钮，确认。

5. 关闭窗口

第 3 节 导入 ANSYS Fluent 计算

1. 网格检查和单位设置

（1）右击 Model，选择 Transfer Data To New→Fluent，双击 Setup 打开 Fluent，启动 Fluent 3D 求解器。

（2）在树形菜单中双击 General，单击 Check。检查网格的正确性，不能有任何警告信息。

（3）单击 Scale...，打开长度单位对话框，按图 2-9-16 所示进行设置。

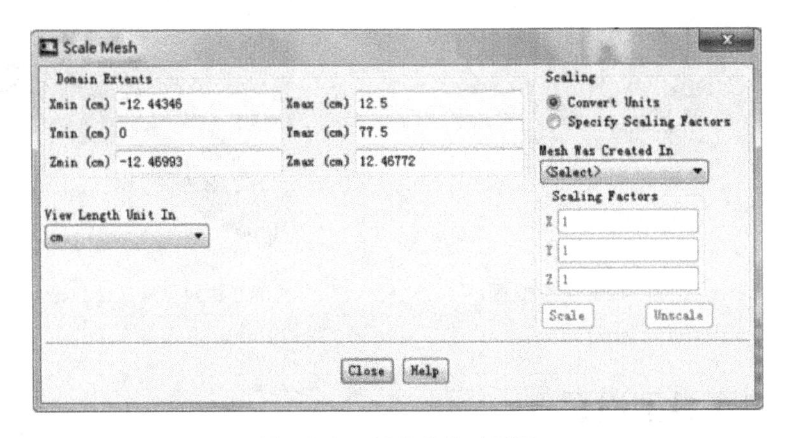

图 2-9-16 网格单位对话框

2. 计算模型及边界条件设置

（1）双击 Models，单击 Edit... 按钮，打开求解模型对话框，在 Model 单选项中选择 k-epsilon（2 eqn）模型，按图 2-9-17 所示进行设置。

（2）双击 Cell Zone Conditions，选中 body，单击 Edit... 按钮，在 Material Name 处选择 air，单击 OK 按钮确认。单击 Operating Conditions...，打开操作条件对话框，设置如图 2-9-18 所示。

（3）双击 Boundary Conditions，选中 inlet，Type 设为 velocity-inlet，单击 Edit... 按钮，在 Velocity Magnitude（m/s）框中输入 2.5，其他保持默认设置，单击 OK 按钮。选中 overflow，Type 设为 pressure-outlet，单击 Edit... 按钮，默认设置，单击 OK 按钮。选中 downflow，Type 设为 pressure-outlet，单击 Edit... 按钮，默认设置，单击 OK 按钮。

3. 求解器控制参数设置

（1）单击 Solution→双击 Methods，保留各项默认设置。

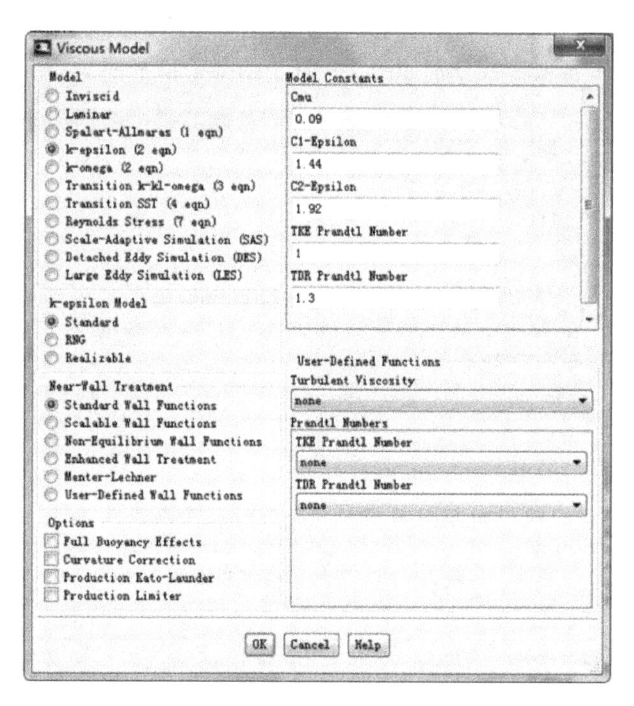

图 2-9-17　求解模型对话框

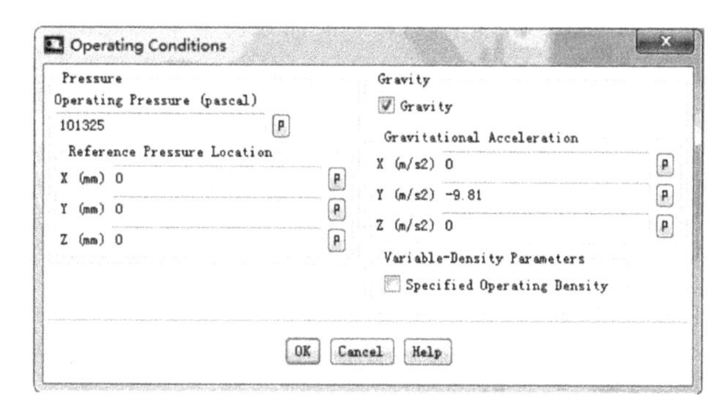

图 2-9-18　操作条件对话框

（2）双击 Controls，保留各项默认设置。

（3）单击 Monitors→双击 Residual，勾选 Plot，保留其他默认设置，单击 OK 按钮。

（4）双击 Initialization，Compute from 中选择 inlet，单击 Initialize 按钮。

（5）双击 Run calculation，在 Number of Iterations 框中输入 5000，单击 Calculate 按钮。

（6）计算收敛后，单击 File→Write→Case&Data...，保存文件，名为 project。

第 4 节　DPM 模型设置

要计算颗粒在旋风分离器中的运动轨迹，需要用到 DPM 模型，具体设置如下：

（1）双击 Models→Discreate Phase→Edit...，打开离散相模型对话框，如图 2-9-19 所

示。单击 Injections... 按钮后，弹出的对话框如图 2-9-20 所示，单击 Create 按钮。分别设置 injection-0 和 injection-1 各项参数分别如图 2-9-21、图 2-9-22 所示。

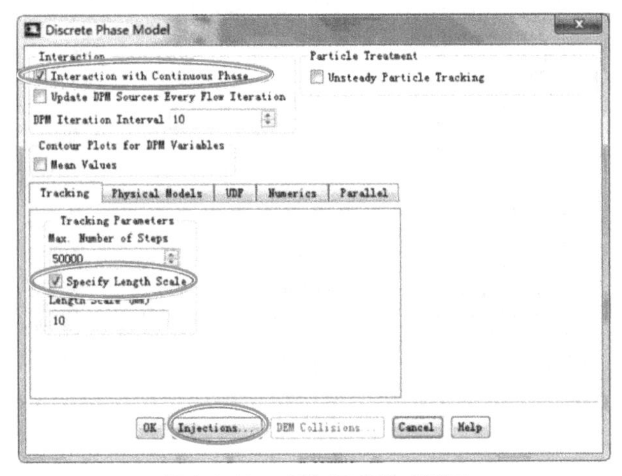

图 2-9-19　离散相模型对话框

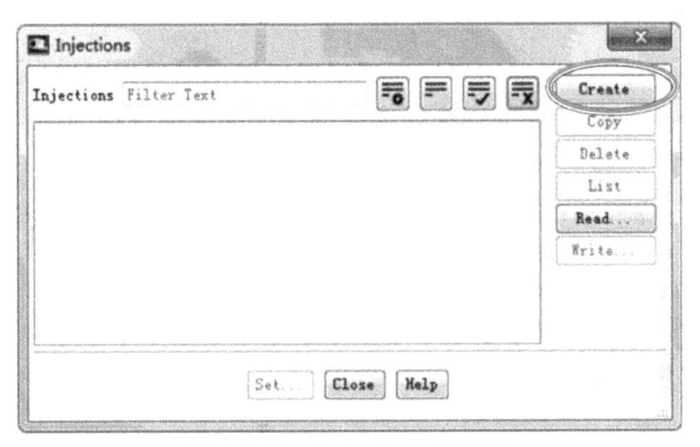

图 2-9-20　Injections 对话框

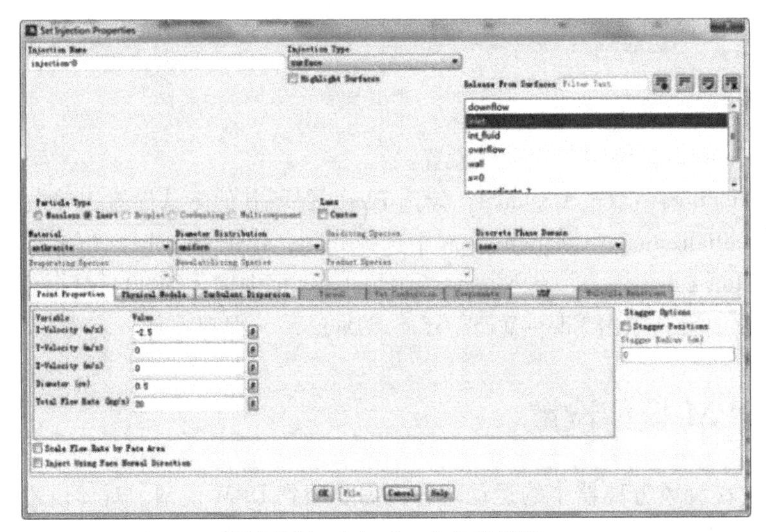

图 2-9-21　injection-0 参数设置

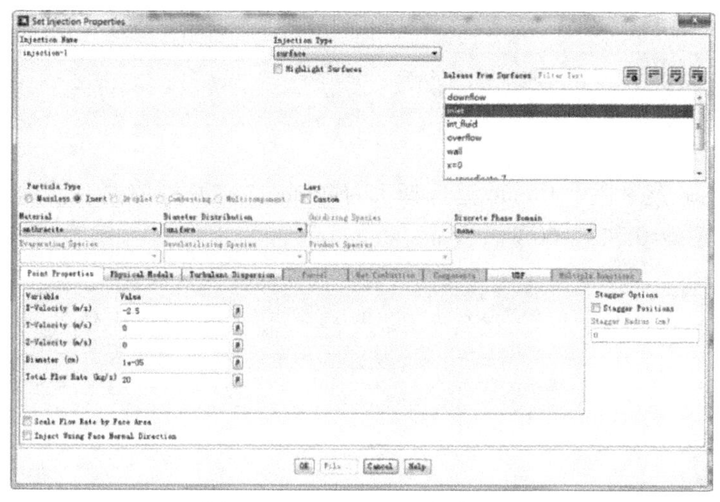

图 2-9-22 injection-1 参数设置

（2）双击 Materials，单击 Insert Particle，双击 anthracite，打开材料对话框，如图 2-9-23 所示。将 Density 项修改为 1.5。单击 Change/Create 按钮，单击 Close 按钮。

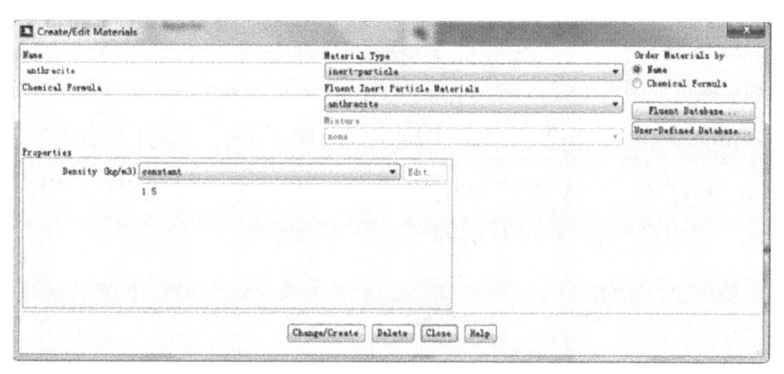

图 2-9-23 材料对话框

（3）单击 Boundary Conditions，双击 inlet（velocity-inlet），单击 DPM，在 Discreate Phase BC Type 下拉表中选 escape。同理，将 overflow（pressure-outlet）设为 escape，将 downflow（pressure-outlet）设为 trap，如图 2-9-24 所示。

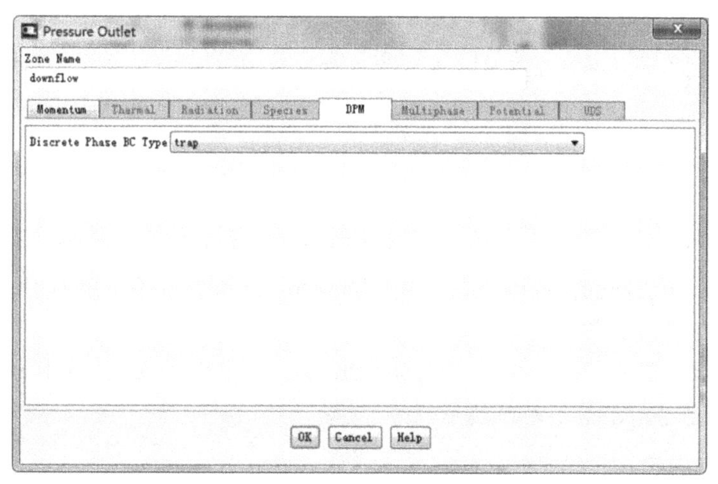

图 2-9-24 压力出口设置

第 5 节 后处理

1. 显示空气信息

（1）在 Surface 菜单栏中 Create 处选择 Iso-Surface，打开等值面对话框，如图 2-9-25 所示设置，分别创建 $z=0$ 和 $y=60$ 两个平面。

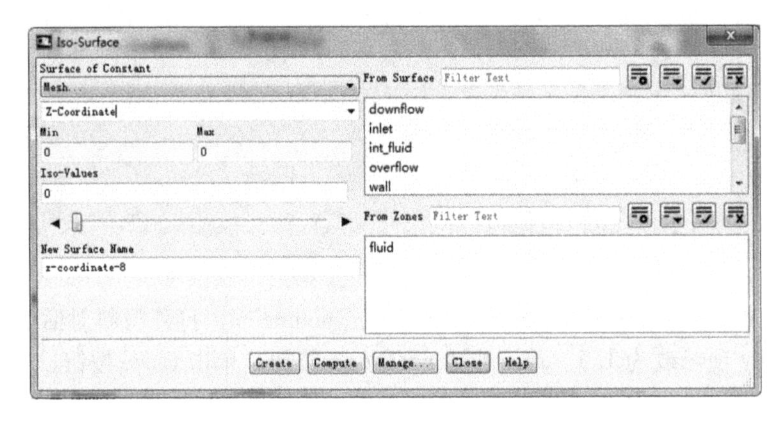

图 2-9-25 等值面对话框

（2）单击 Postprocessing 菜单栏中 Vectors，选中 Edit...，打开矢量对话框，在 Vectors of 处选中 Velocity，在 Color by 处选中 Velocity...，在 Surfaces 处选中 $z=0$，$z=0$ 平面速度矢量如图 2-9-26 所示，$y=60$ 平面速度矢量如图 2-9-27 所示。

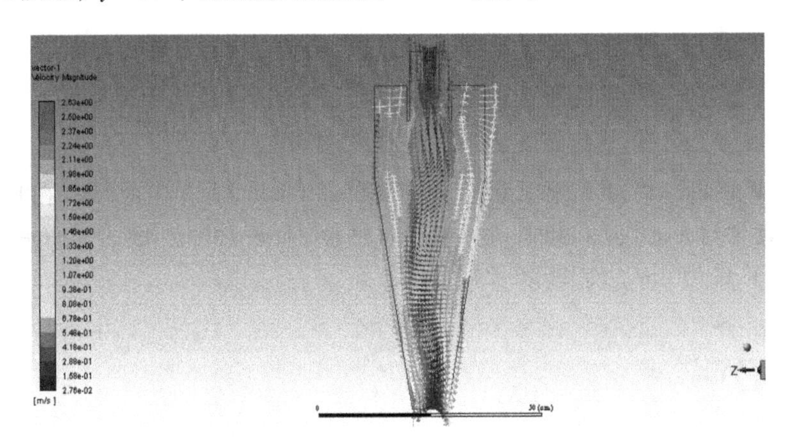

图 2-9-26 $z=0$ 平面速度矢量图

（3）单击 Contours... Contours，选中 Edit...，打开云图对话框，在 Options 处勾选 Filled，在 Contours of 处选择 Velocity...，在 Surfaces 处选中 $z=0$，单击 Display 按钮，显示速度云图，结果如图 2-9-28 所示。

在 Contours of 处选择 Pressure... 和 Total Pressure，在 Surfaces 处选中 $z=0$，单击 Display 按钮，显示压力云图，如图 2-9-29 所示。

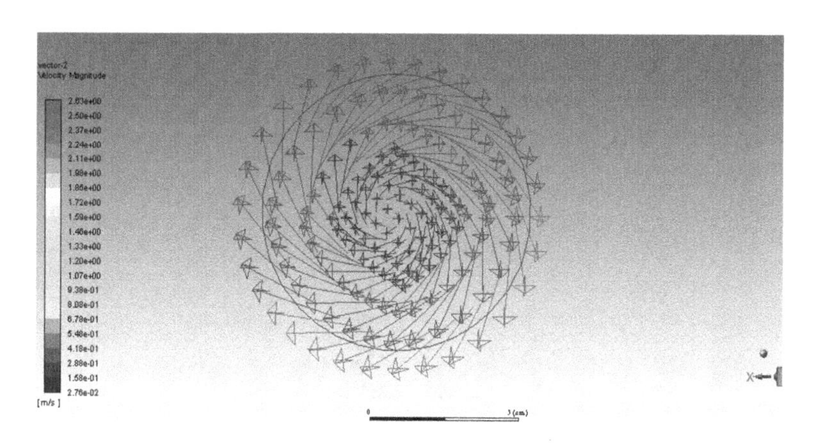

图 2-9-27　$y=60$ 平面速度矢量图

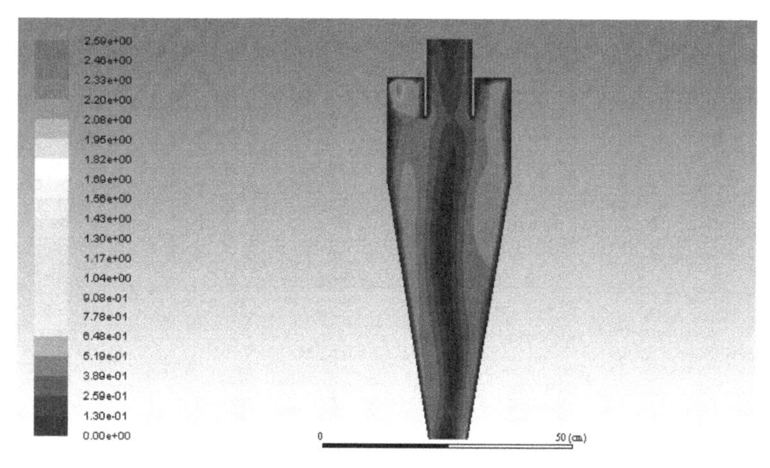

图 2-9-28　$z=0$ 平面速度云图

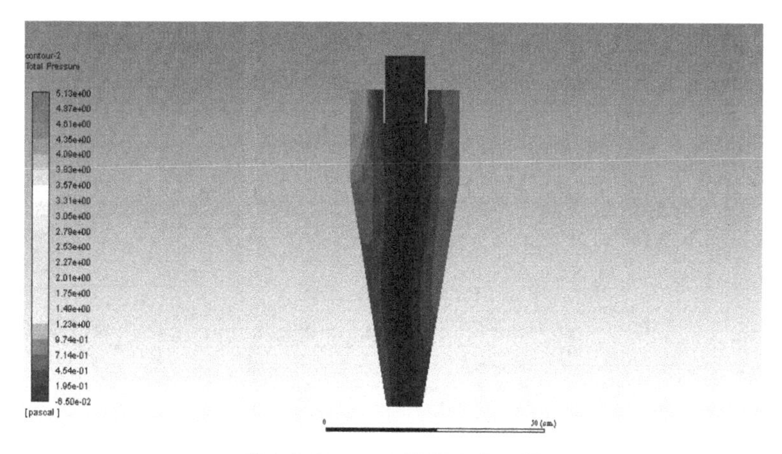

图 2-9-29　$z=0$ 平面压力云图

（4）单击 Postprocessing 菜单，单击 Pathlines Pathlines ，选中 Edit...，打开迹线对话框，在 Release from Surfaces 中选择 $z=0$，其余默认各项设置，单击 Display 按钮，结果如图 2-9-30 所示。

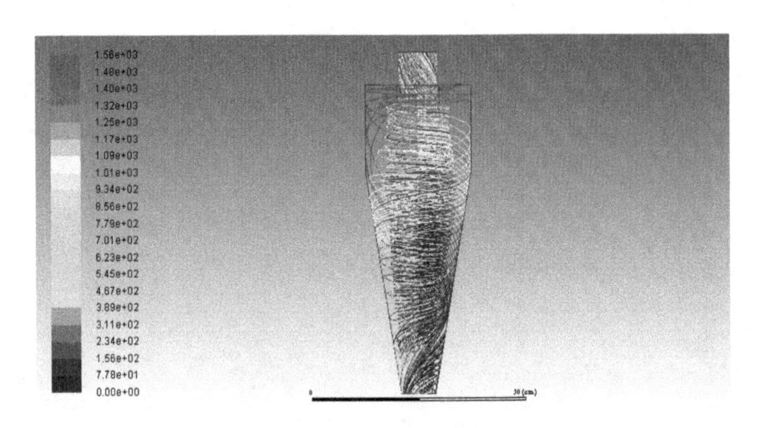

图 2-9-30　$z=0$ 平面空气迹线图

2. 显示颗粒信息

（1）双击 Particle Tracks ![Particle Tracks]，打开颗粒轨迹对话框，如图 2-9-31 所示。先后选中 injection-0 和 injection-1，单击 Display 按钮，颗粒的轨迹分别如图 2-9-32、图 2-9-33 所示。

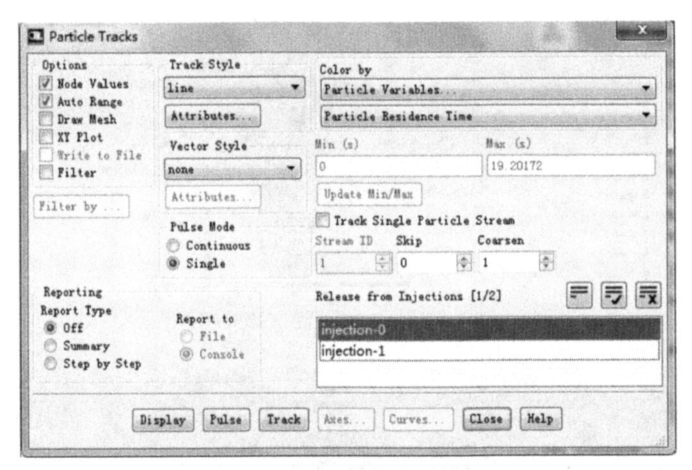

图 2-9-31　颗粒轨迹对话框

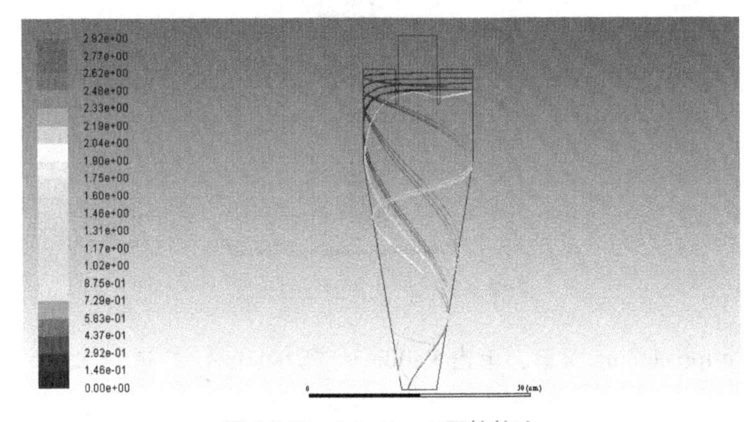

图 2-9-32　injection-0 颗粒轨迹

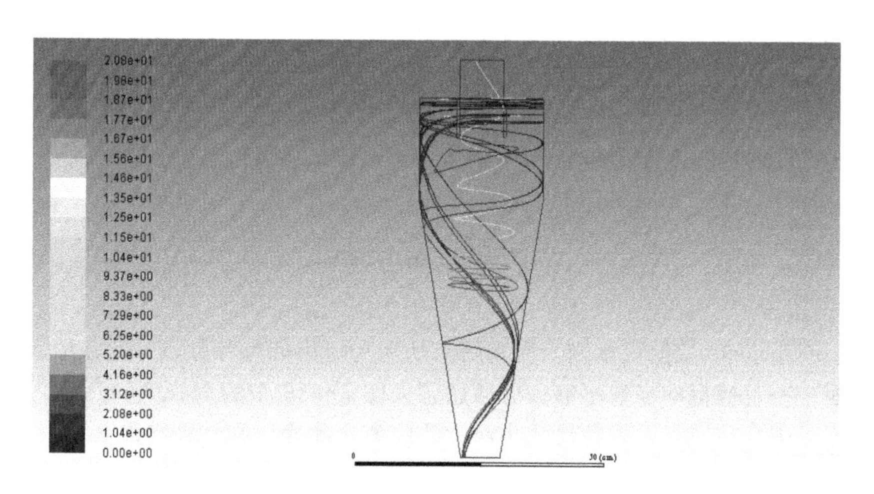

图 2-9-33　injection-1 颗粒轨迹

（2）单击 Results，双击 Reports，单击 Fluxes，打开流量报告对话框，如图 2-9-34 所示，可查看旋风分离器入口和出口的流量。

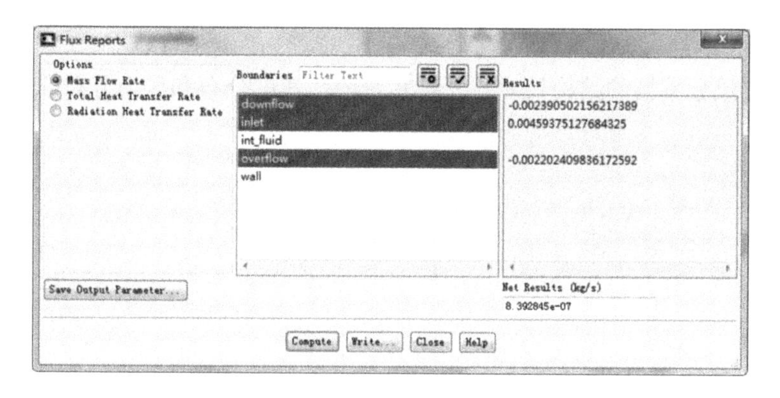

图 2-9-34　旋风分离器流量报告对话框

（3）双击 Sample，打开如图 2-9-35 所示对话框，可查看颗粒的捕捉情况。

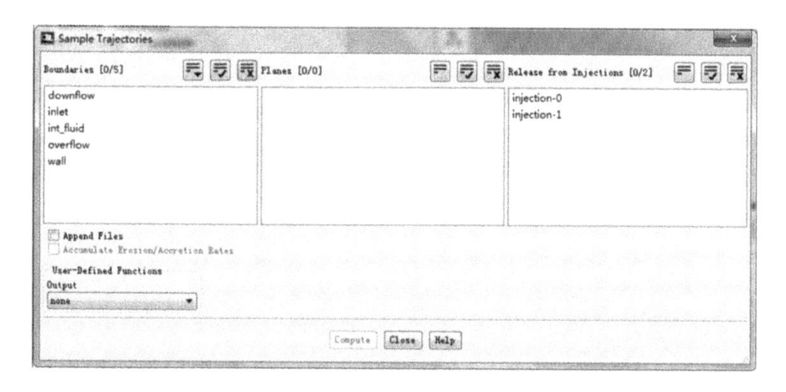

图 2-9-35　颗粒捕捉参数设置

injection-0 的捕捉和逃逸情况如下：

number tracked = 12，escaped = 0，aborted = 0，trapped = 12，evaporated = 0，incomplete = 0

分离效率
$$\eta_0 = \frac{12}{12} = 100\%$$

injection-1 的捕捉和逃逸情况如下：

number tracked = 12，escaped = 1，aborted = 0，trapped = 8，evaporated = 0，incomplete = 3

分离效率
$$\eta_1 = \frac{8}{12} = 66.67\%$$

注意： incomplete 数值表示输入流场后未从流场流出的颗粒数量，此数值大于 0 的原因有两方面，一是捕捉的步数不够，可通过调大图 2-9-19 中的 Max. Number of Steps 来解决；二是流场中存在漩涡，颗粒尺寸小而无法脱离，此为正常计算结果。

（4）单击 File→Write→Case&Data...，保存文件，名为 cyclone-DPM。

课后练习

（1）按照本章所给出的模型与方法，在旋风分离器底流口增加直段，观察图 2-9-29 中压力分布的变化。

（2）改变旋风分离器的结构尺寸，分析其对内部速度分布和压力分布的影响。

第3篇

ANSYS CFX 应用基础练习

ANSYS CFX 是由英国 AEA 公司开发的一种实用的流体工程分析工具，适用于模拟流体流动、传热、多相流、化学反应、燃烧等问题。ANSYS CFX 软件包具有丰富的物理模型和简单实用的前后处理功能，在航空航天、汽车设计、石油天然气和涡轮机设计等方面都有着广泛的应用。本篇通过 7 个比较典型的案例对 ANSYS CFX 的使用方法与技巧进行简单的介绍。

第1章 可压缩气体在缩放喷管内的流动——结构化网格

问题描述：温度为 $T_{in}=300K$ 的空气在一个大气压的作用下通过平均背压 $\bar{p}_{out}=0.9atm$（1atm = 101325Pa）的缩放喷管，喷管外形如图 3-1-1 所示。沿轴圆形截面的面积 A 为

$$A=0.1+x^2,\ -0.5\leqslant x\leqslant 0.5$$

背压是以正弦波规律变化的，计算公式为

$$p_{out}(t)=B(\sin\omega t)+\bar{p}_{out}$$

式中，B 为波幅；ω 为圆频率。

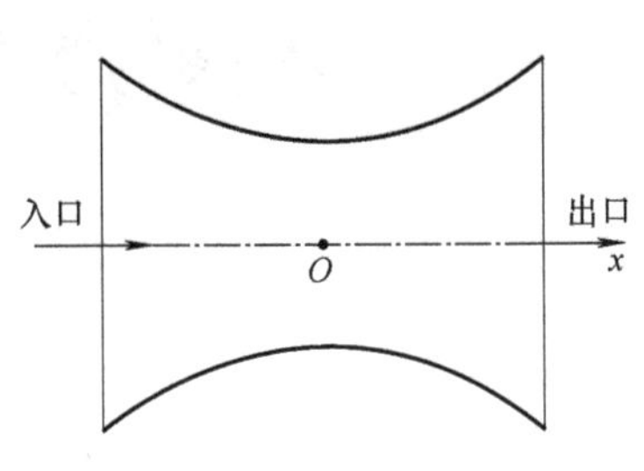

图 3-1-1　缩放喷管结构示意图

本章的电子文档对应光盘上的文件夹为：CFX 篇\nozzle；本章使用的软件为：ANSYS ICEM CFD 19.1，ANSYS CFX 19.1。

第1节 划分网格

1. 导入几何模型

（1）设定工作目录 File→Change Working Dir，选择文件存储路径。

（2）导入几何文件 File→Geometry→Open Geometry，选择文件 nozzle.tin，检查各个 Part 的定义是否正确。

2. 创建 Block

Block 是生成结构化网格的基础，是几何模型拓扑结构的表现形式，通过创建 Block 来体现几何模型，通过建立映射关系来搭建起几何模型和 Block 之间的桥梁，最终生成网格。

（1）分析几何模型，得到拓扑结构　喷管拓扑结构如图 3-1-2 所示

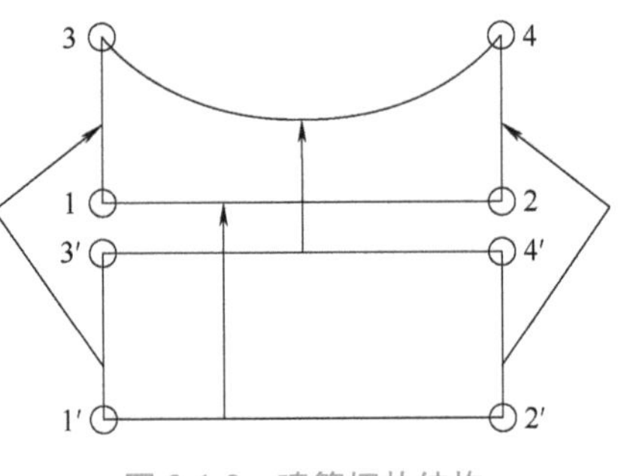

图 3-1-2　喷管拓扑结构

本例的拓扑结构如下：1、2、3、4 为几何模型上的 Point，用 P1、P2、P3、P4 表示；1′、2′、3′、4′为块上的 Vertex，用 V1、V2、V3、V4 表示。图 3-1-2 中箭头标出的是块的 Edge 和几何模型的 Curve 的映射关系。

（2）创建 Block

操作：在 Blocking 标签工具栏中，单击 Create Block 图标，打开创建 Block 对话框，如图 3-1-3 所示。

① 在 Part 框输入 FLUID，单击 Create Block 图标。

② 在 Type 下拉表中选择 2D Planar。

③ 单击 Apply 按钮，生成 Block，如图 3-1-4 所示。

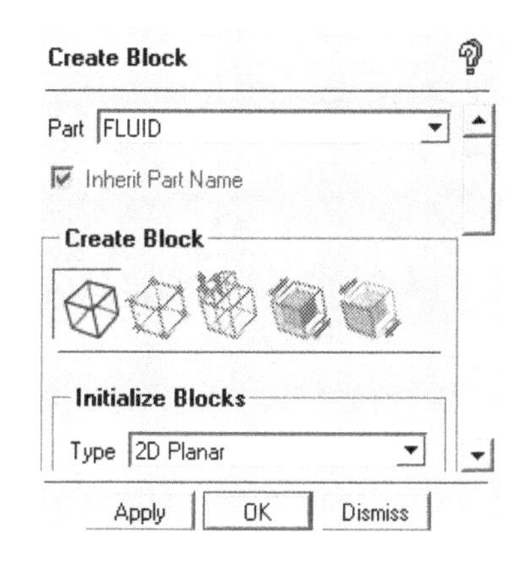

图 3-1-3　创建 Block 对话框

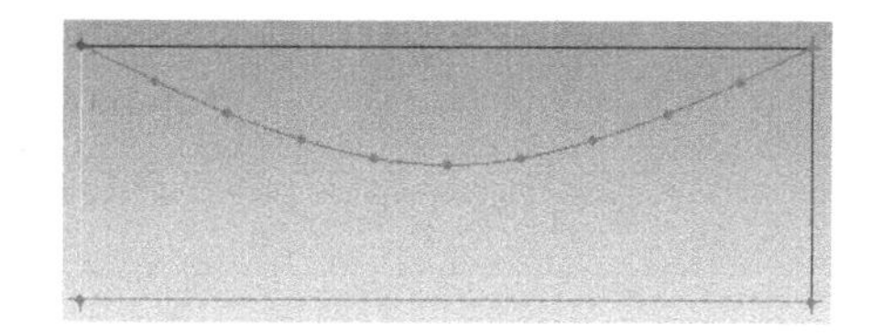

图 3-1-4　Block 生成结果

3. 建立映射关系

建立映射关系的目的是建立起 Geometry 与 Block 之间的对应关系。在二维问题中 Edge 到 Curve 的映射、在三维问题中 Face 到 Surface 的映射就是给定网格计算的边界条件，因此映射的合理与精准将直接影响生成网格的成败与质量。

操作：在 Blocking 标签工具栏中，单击 Associate 图标，打开创建点关联对话框如图 3-1-5 所示。

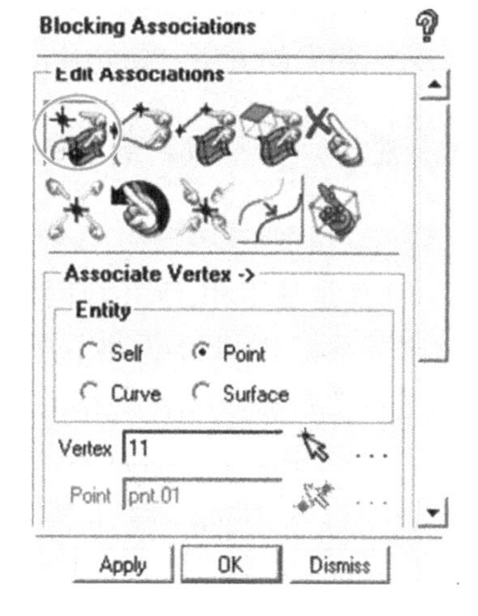

图 3-1-5　创建点关联对话框

（1）创建 P1 到 V1 的映射

① 单击 Associate Vertex 图标。

② 在 Entity 单选项中选择 Point，建立 Vertex 到 Point 的映射。

③ 单击 Vertex 框右侧 Select 图标，选择 V1，中键确认。

④ 单击 Point 框右侧的 Select 图标，选择 P1。

采用相同的方法，分别建立 P2 到 V2、P3 到 V3、P4 到 V4 的关联。

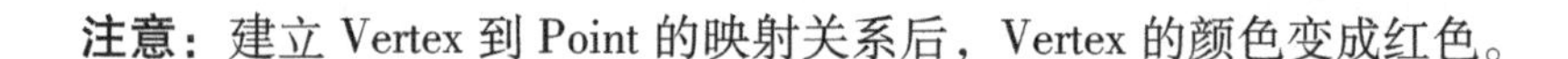

注意：建立 Vertex 到 Point 的映射关系后，Vertex 的颜色变成红色。

（2）建立 E1 到 C1 的映射

把 P1 到 P2 的连线称为 C1，把 V1 到 V2 的连线称为 E1。创建线关联对话框如图 3-1-6 所示。

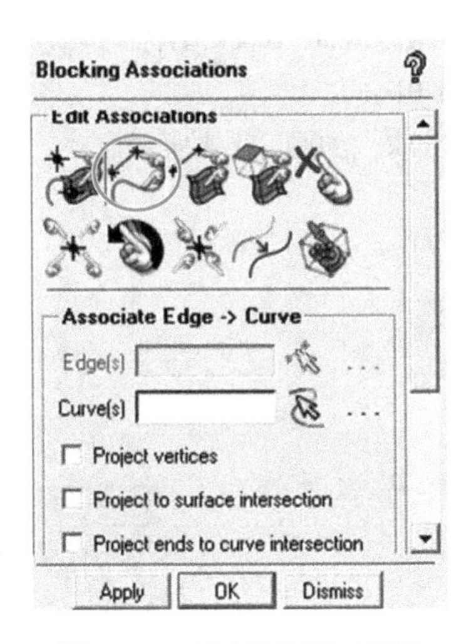

图 3-1-6　创建线关联对话框

① 单击 Associate Edge→Curve 图标。

② 单击 Edge 框右侧 Select Edge 图标，选择 E1，中键确认。

③ 单击 Curve 框右侧 Select Compcurve 图标，选择 C1，中键确认。

采用相同的方法，建立其他线段的映射关系。

注意：建立 Edge 到 Curve 的映射关系后，Edge 的颜色变成绿色。

4. 定义网格节点数

ICEM 是基于 Block 生成网格的，也就是首先生成 Block 的网格，然后依托 Edge 和 Curve 的映射关系将 Block 的网格节点坐标通过计算生成 Geometry 的网格坐标。因此，在 ICEM 中是通过定义 Edge 的节点数来定义网格节点。

结构化网格的一个特点就是对应边（Edge）的网格节点数目相同。

（1）在 Blocking 标签工具栏中，单击 Pre-Mesh Params 图标。

打开定义网格节点对话框如图 3-1-7 所示。

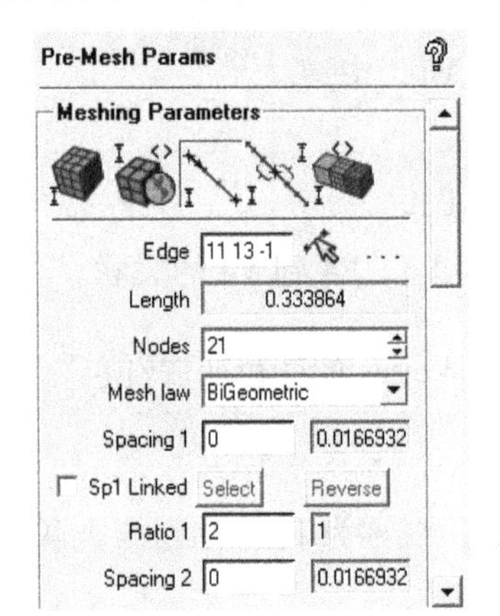

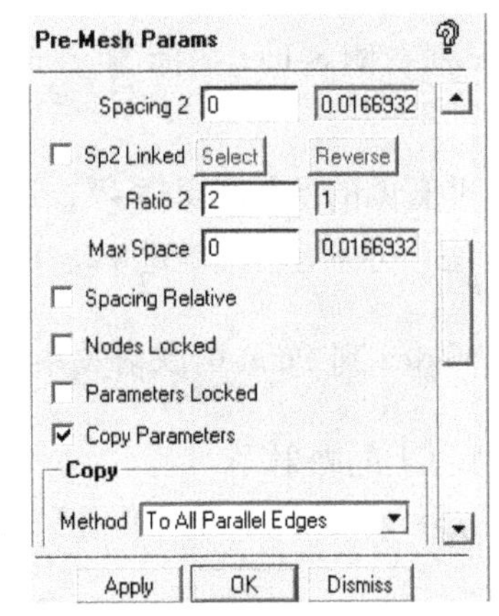

图 3-1-7　定义网格节点对话框

① 单击 Edge Params 图标。
② 在 Edge 框中选择入口边。
③ 在 Mesh Law 下拉表中选择 BiGeometric。
④ 在 Nodes 项输入 21。
⑤ 确认 Spacing 1=0、Spacing 2=0。
⑥ 勾选 Copy Parameters 复选项（对应入口边节点分布，并将其用到出口边）。
⑦ 单击 Apply 按钮。

注意： Spacing 1=0、Spacing 2=0 表示网格边界不加密。

（2）采用相同的方法，定义轴和管壁节点数为 51。
（3）保存当前的 Block 文件。
操作：File→Blocking→Save Blocking As，文件名为 nozzle. blk。

5. 导出网格

（1）在模型树中，单击 Model→Blocking→Pre-mesh，弹出网格更新对话框如图 3-1-8 所示，单击 Yes 按钮确定，生成网格如图 3-1-9 所示。

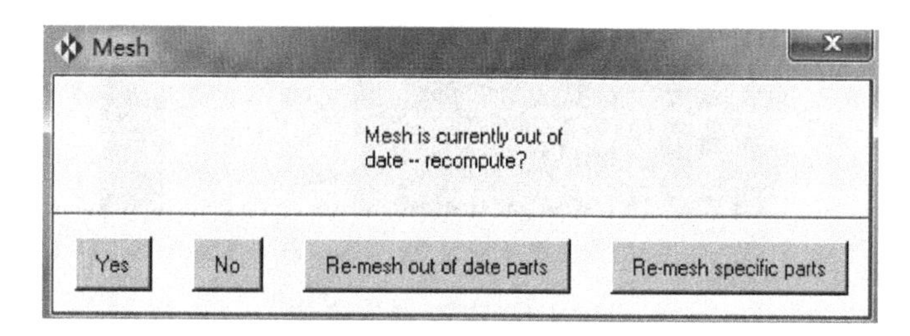

图 3-1-8 网格更新对话框

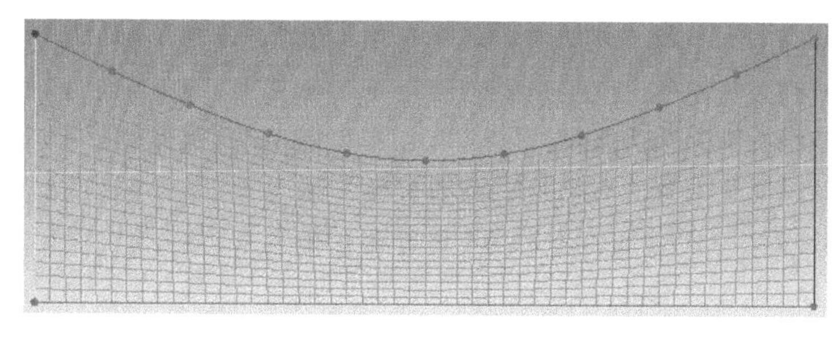

图 3-1-9 网格生成结果

（2）检查网格质量
操作：在 Blocking 标签工具栏中，单击 Pre-Mesh Quality 图标，检查网格质量设置对话框如图 3-1-10 所示。
① 在 Criterion 下拉表中选择 Determinant 2×2×2。
② 保留其他默认设置，单击 Apply 按钮。
右下方展示出以 Determinant 2×2×2 为标准检查网格质量结果，如图 3-1-11 所示。

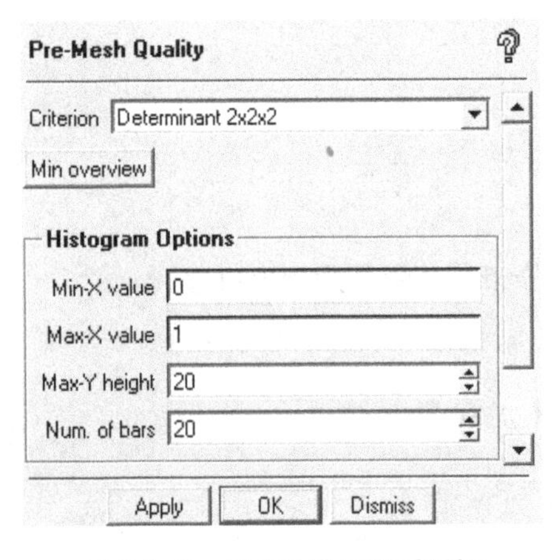

图 3-1-10　网格质量设置对话框

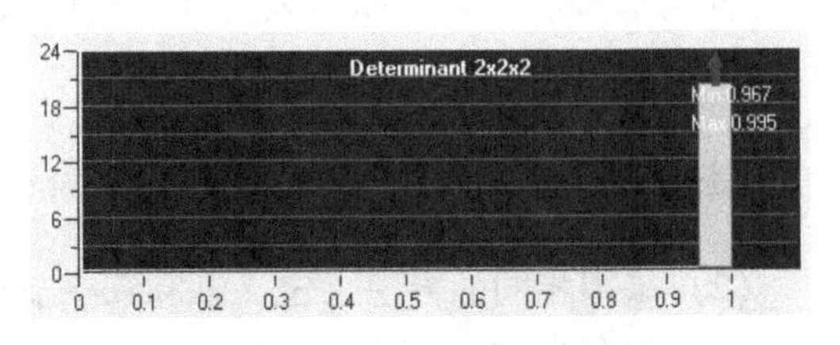

图 3-1-11　网格质量结果

(3) 在 Criterion 下拉表中选择 Angel，保留其他默认设置，单击 Apply 按钮。

以 Angel 为标准的网格质量，如图 3-1-12 所示。

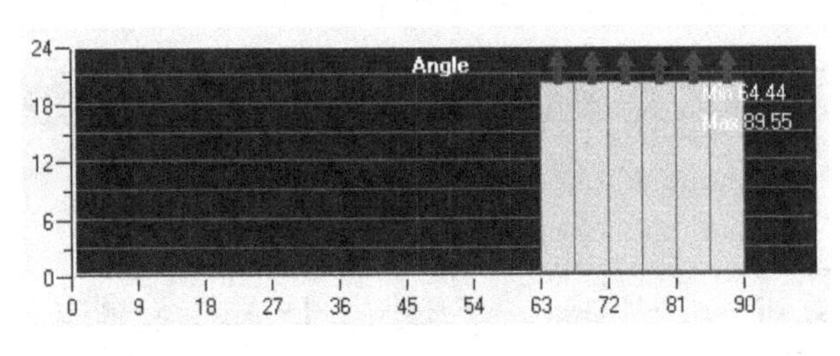

图 3-1-12　网格质量结果

注意：结构化网格的判定标准很多，在二维结构化网格中常用的有

(1) Determinant 2×2×2，网格质量表示的是网格节点中最小雅可比矩阵行列式和最大雅可比矩阵行列式的比值，值的分布范围为-1~1，其中 1 表示矩形网格单元，0 表示网格单元是一条线的情况，负值表示网格单元反转。在该判定原则下一般认为网格质量达到 0.1 以上是可以接受的，不允许存在负网格。

(2) Angel，表示某网格单元内最小的夹角，值的分布范围为 0~90，越大表示网格质量越好。

(4) 保存网格

操作：单击模型树 Model→Blocking→Pre-Mesh，选择 Convert to Unstruct Mesh，如图 3-1-13 所示。

File→Mesh→Save Mesh As，保存当前的网格文件为 nozzle. uns。

(5) 选择求解器

操作：在 Output 标签工具栏中，单击 Select Solver 图标。

① 在左下方对话框的 Output Solver 下拉表中选择 ANSYS Fluent。

② 单击 Apply 按钮。

（6）导出用于 Fluent 计算的网格文件

操作：在 Output 标签工具栏中，单击 Write input 图标，保存 . fbc 和 . atr 文件。

① 在弹出的对话框中，单击 NO 按钮，不保留工程文件。

② 在弹出的对话框中选择当前文件夹下的网格文件 nozzle. uns，单击打开。

③ Grid dimension 单选项选择 2D，导出二维网格，如图 3-1-14 所示。

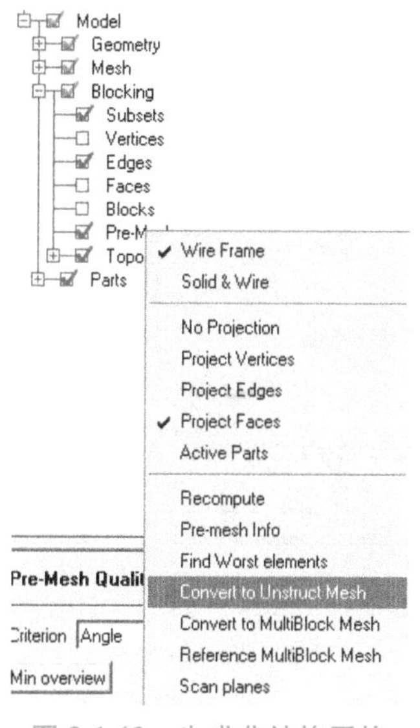

图 3-1-13 生成非结构网格

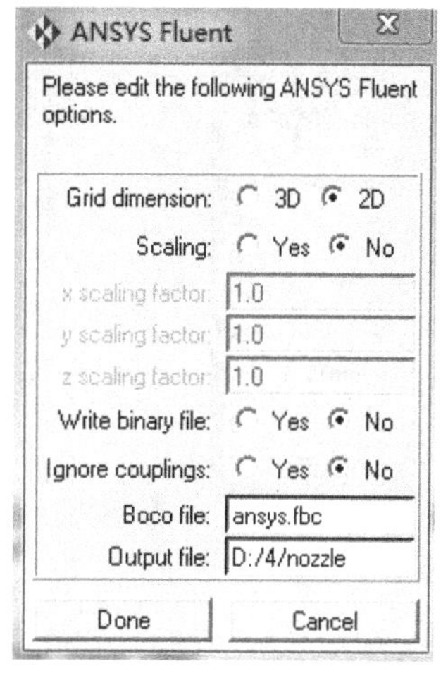

图 3-1-14 导出网格

④ 在 Output file 框中输入路径和文件名。

⑤ 单击 Done 按钮，导出网格。

第 2 节 启动 CFX-Pre 进行物理定义

1. 启动 CFX-Pre，选择执行模式

ANSYS CFX 启动界面如图 3-1-15 所示，单击 CFX-Pre 图标；启动 CFX-Pre 后，在菜单栏选择 File→New Case，在弹出的仿真类型对话框中选择 General，如图 3-1-16 所示。

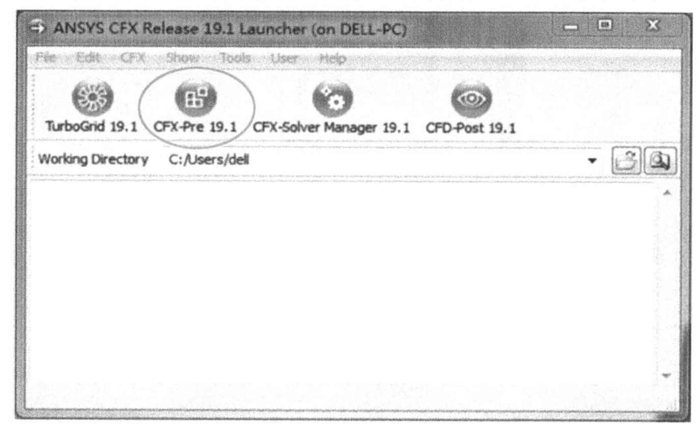

图 3-1-15 ANSYS CFX 启动界面

注意：对于所有类型的 CFD 仿真，General 模式是一个通用模式。

图 3-1-17 所示为 CFX-Pre 界面。

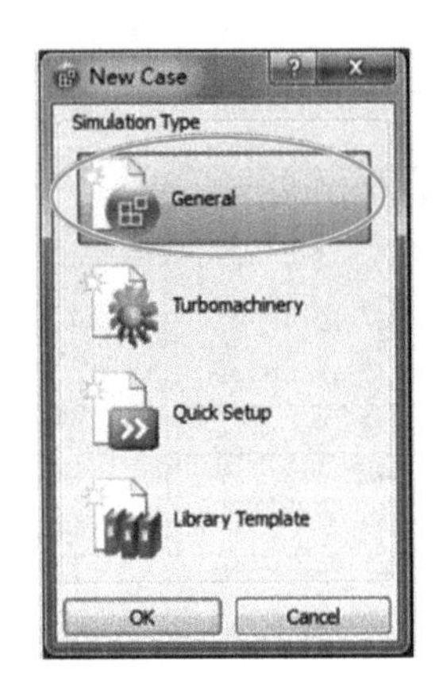

图 3-1-16　仿真类型对话框

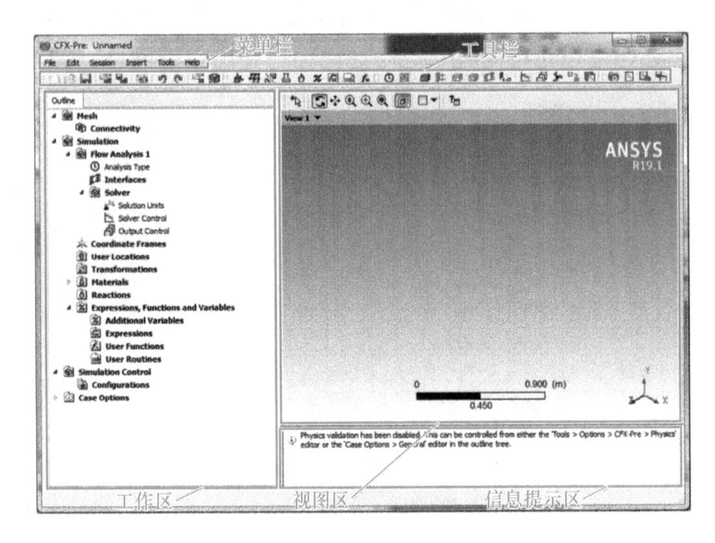

图 3-1-17　CFX-Pre 界面

2. 网格导入

（1）在工作区的目录树中，鼠标右键单击 Mesh，依次选择 Import Mesh→FLUENT，如图 3-1-18 所示。

（2）在弹出的对话框中选择上一节中保存的 nozzle. msh 文件，在对话框右侧 Mesh Units 中选择单位 m；展开 Advanced Options，在 Primitive Strategy 中选择 Derived；在 FLUENT Options 下勾选 Override Default 2D Mesh Settings 单选项，并按图 3-1-19 所示设置，将 Interpret 2D mesh as、Num of Planes、Angle（deg）三项分别设置为 Axisymmetric、200、360；单击 Open 按钮打开文件。

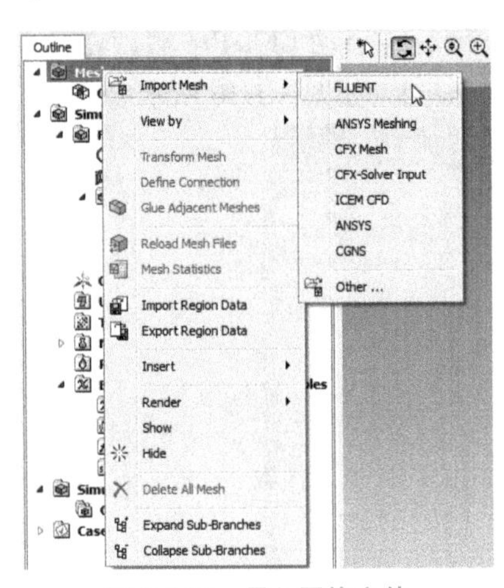

图 3-1-18　导入网格文件

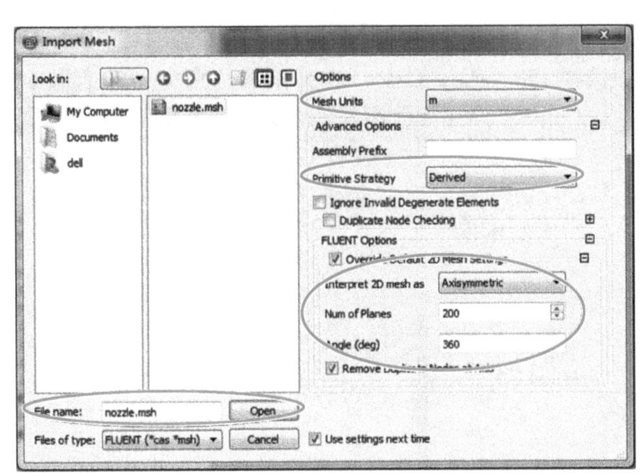

图 3-1-19　旋转二维网格

注意： CFX 只有三维求解器，当直接导入 msh 格式的二维网格时，CFX-Pre 会默认将二维网格拉伸出一个网格的厚度，此时与原问题不再等价。对于该案例中的问题，将二维网格绕旋转轴在 360°范围内复制成 200 份，每两份网格间夹角相等。

（3）在 CFX-Pre 目录树中，右键单击 Mesh 下的 Connectivity，选择 Define Connection，如图 3-1-20 所示。在弹出的对话框中，单击 Side One 选择框右侧的扩展列表，在扩展列表中单击 periodic. 1 B，类似地，Side Two 处选择 periodic. 1A，如图 3-1-21 所示；单击 OK 按钮。

注意： 对于二维轴对称模型，通常可以在 Fluent 中设置好轴对称后输出为 cas 文件再导入 CFX，这样 CFX 会自动构建楔形体，此时不用进行步骤（2）（3）中的设置，但需要将楔形体的侧面设置成对称边界条件。

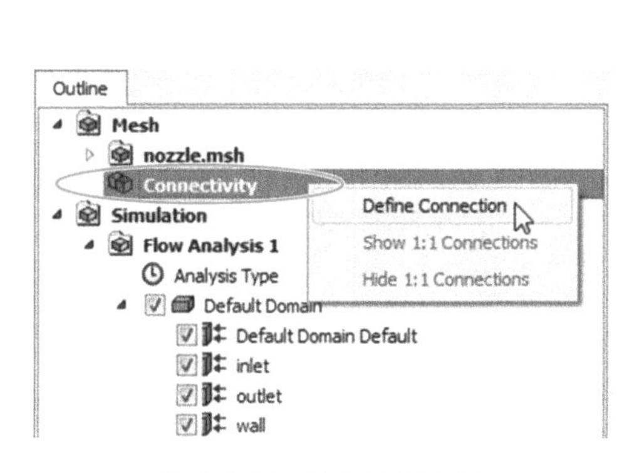

图 3-1-20　定义网格连接

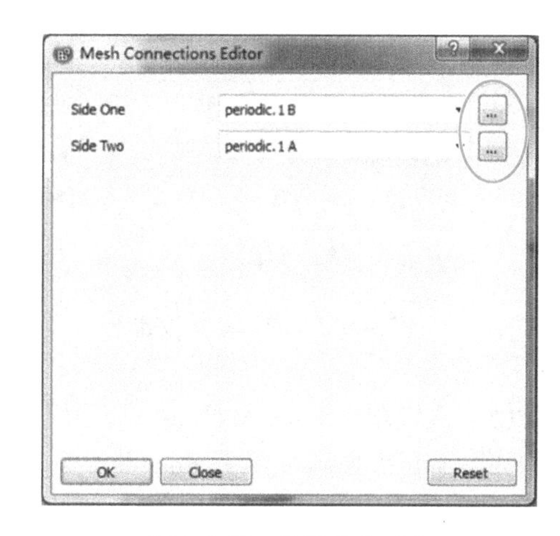

图 3-1-21　选择连接对象

3. 仿真（Simulation）设置

（1）在工作区的目录树中，展开 Simulation，双击 Flow Analysis 1 下的 Analysis Type，选择 Steady State，单击 OK 按钮。

（2）双击 Flow Analysis 1 下的 Default Domain，进行流域设置，如图 3-1-22、图 3-1-23 所示。

（3）按图 3-1-22 所示设置 Basic Settings：域类型选择流体域；单击 Fluid and Particle Definitions 下的 Fluid 1，流体材料（Material）选择理想空气，参考压力设为 0atm，其他保持默认设置，单击 Apply 按钮。

注意： 此处流体材料 Fluid 1 为自动生成，无须新建。在处理涉及多种流体的问题时，如多相流，可根据需要自行新建，如图 3-1-24 所示。

（4）按图 3-1-23 所示设置 Fluid Models：热传递模型选择 Total Energy，湍流模型选择 k-Epsilon，勾选高速壁面热传递模型，其他保持默认设置，单击 OK 按钮。

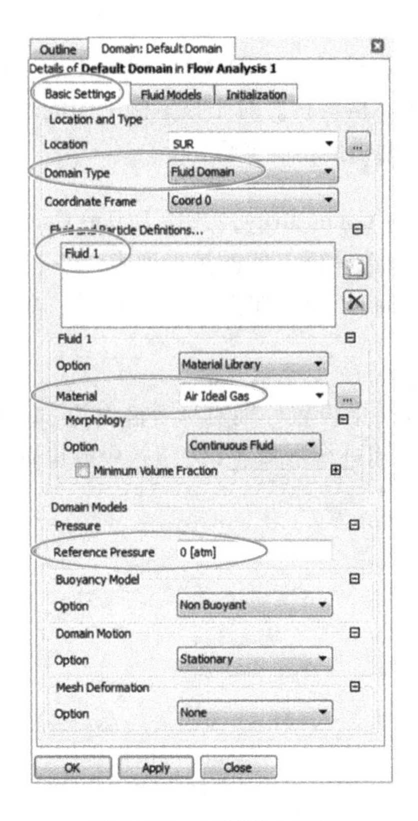

图 3-1-22　流域基本设置

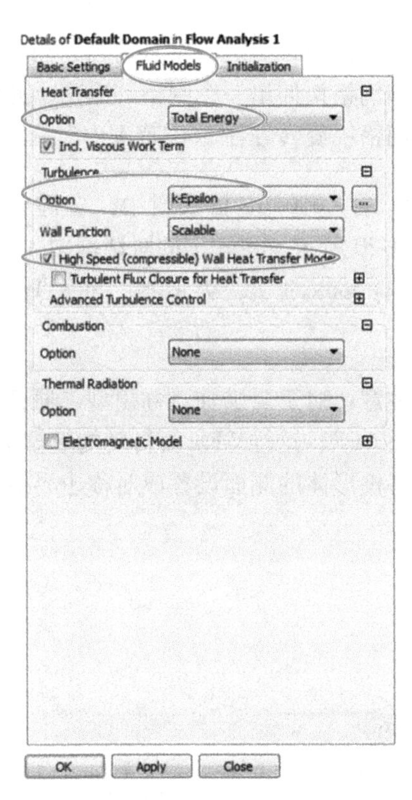

图 3-1-23　选择流体模型

（5）右键单击 Flow Analysis 1 下的 Default Domain，选择 Insert→Boundary，设置边界条件，如图 3-1-25 所示。单击 Boundary，在弹出的对话框中输入边界名称 inlet，单击 OK 按钮；在 Basic Settings 选项卡下，Boundary Type 选择 Inlet，在 Location 下拉表中选择 INLET；然后转到 Boundary Details 选项卡，如图 3-1-26 所示，流态选择 Subsonic，入口质量与动量选择总压，压力设置为 101325Pa，热传递处选择总温，温度设置为 300K；单击 OK 按钮。

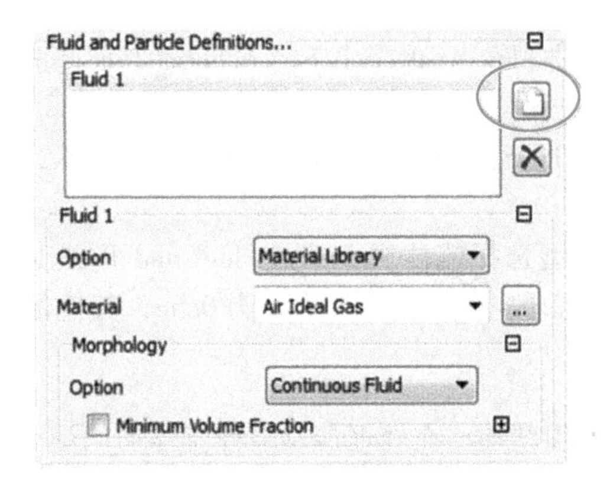

图 3-1-24　新建材料

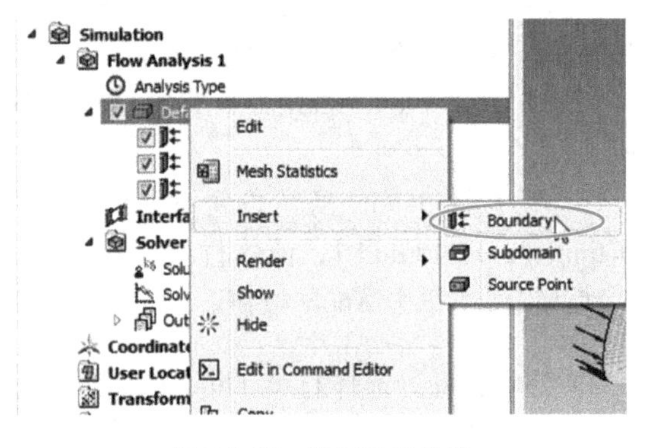

图 3-1-25　设置边界条件

（6）同步骤（5），设置出口边界条件：命名为 outlet，边界类型选 Opening，位置选择

outlet；出口界条件如图 3-1-27 所示；单击 OK 按钮。

（7）同步骤（5），设置壁面边界条件：命名为 wall，边界类型选 Wall，位置选择 WALL；壁面边界条件如图 3-1-28 所示；单击 OK 按钮。

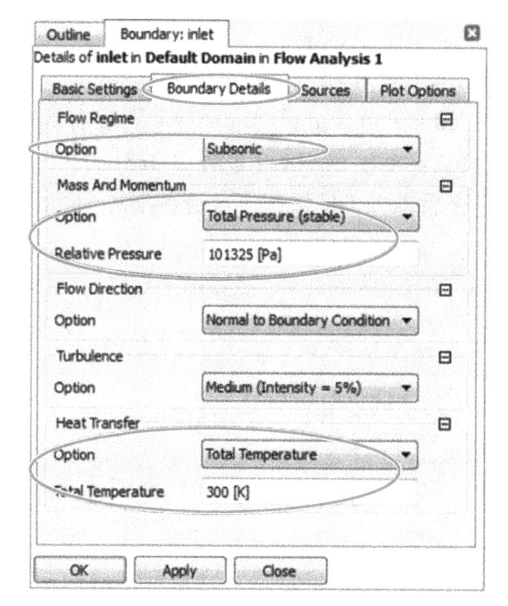

图 3-1-26　进口边界条件

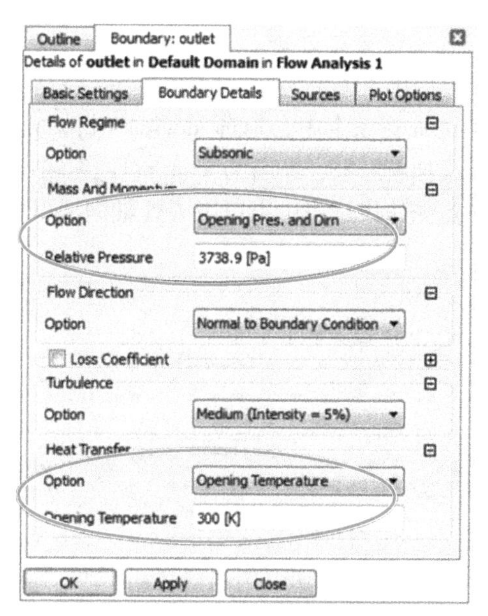

图 3-1-27　出口边界条件

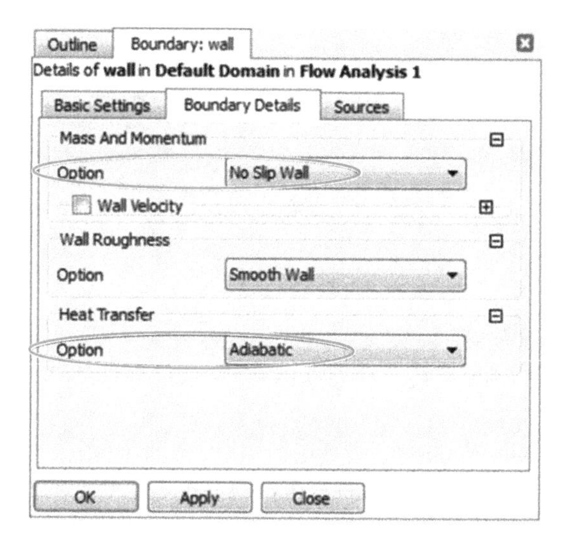

图 3-1-28　壁面边界条件

（8）展开左侧目录树 Flow Analysis 1 下的 Solver。双击 Solution Units 可查看求解单位，此处保持默认设置，单击 OK 按钮关闭。

（9）双击 Solver 下的 Solver Control，在 Basic Settings 选项卡中，如图 3-1-29 所示，收敛控制可以设置最大与最小迭代步，此处最大迭代步设置为 100；收敛准则选择 RMS 残差类型，即均方根残差，残差目标值设置为 0.0001；单击 OK 按钮确认并关闭对话框。

注意： 如果所处理的问题对某一物理量的收敛性要求很高，可在 Equation Class Settings 选项卡中对该物理量单独设置收敛准则，在 Equation Class Settings 中的设置会覆盖对应物理量在 Basic Settings 选项卡中的设置。

（10）双击 Solver 下的 Output Control，Results 和 Backup 选项卡中的设置保持默认，在 Monitor 选项卡中，勾选 Monitor Objects 复选项，在 Monitor Points and Expressions 列表右侧单击添加新对象，命名为 axial vel，在输出量列表中选择 Velocity u，坐标选择（0.5，0，0），即监测迭代过程中出口中心处轴向速度变化，设置完成后单击 OK 按钮，如图 3-1-30 所示。

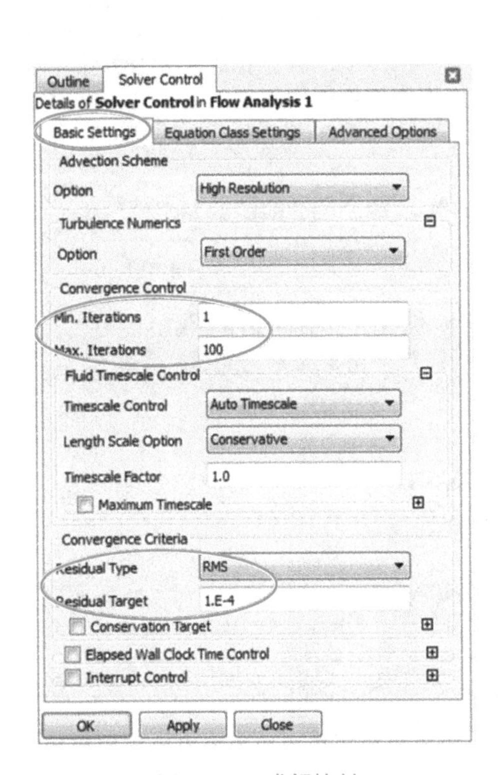

图 3-1-29　求解控制

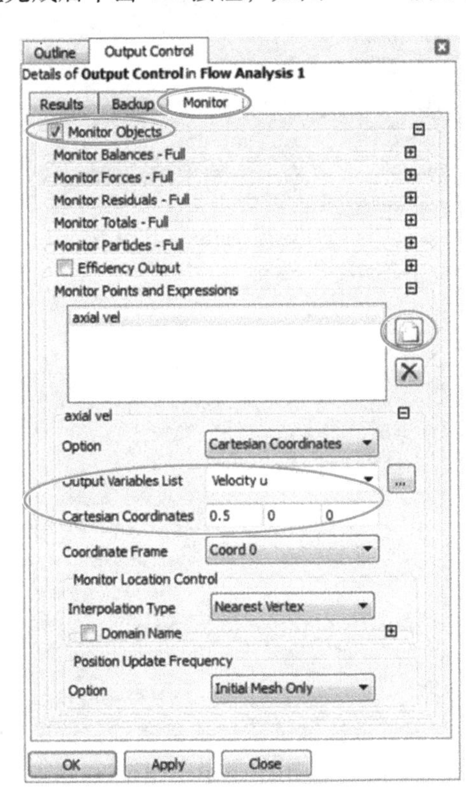

图 3-1-30　设置监测物理量

4. 仿真控制（Simulation Control）

（1）右键单击工作区目录树中的 Simulation Control，依次选择 Insert→Execution Control，如图 3-1-31 所示。

（2）双击插入的执行控制（Execution Control），如图 3-1-32 所示，在运行定义对话框，设置求解输入文件位置与名称，运行模式选择 Intel MPI Local Parallel 并行执行，进程数设置为 2；单击 OK 按钮完成设置。

注意： 根据计算机性能选择进程数，进程数越多，计算越快，但进程数不能超过计算机核数，一般预留几个核供其他程序运行。

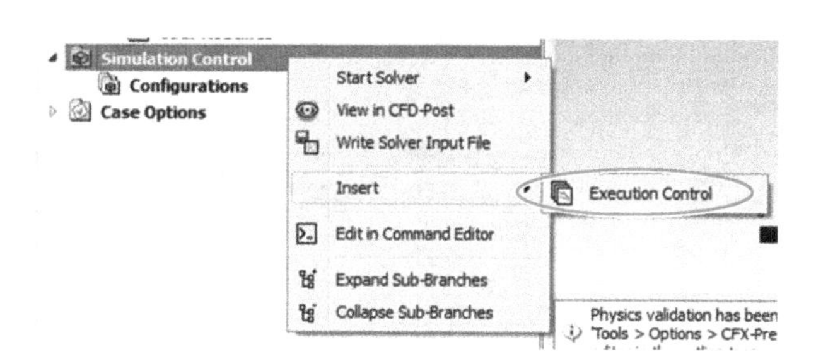

图 3-1-31　添加执行控制

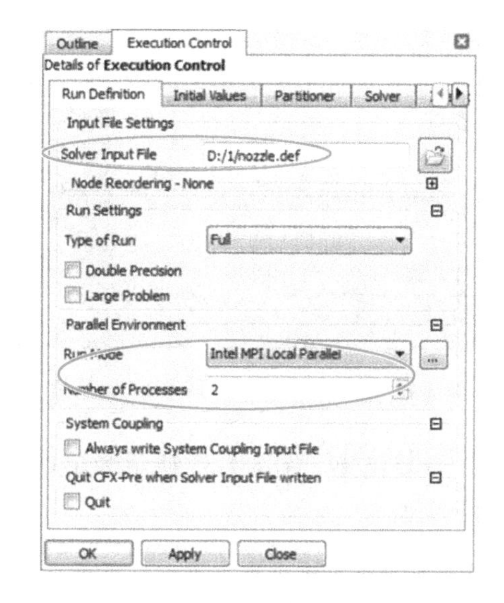

图 3-1-32　运行定义对话框

5. 保存文件，File→Save Case，选择保存路径 D:/1/nozzle

第3节　启动 CFX-Solver Manager 求解

1. 输出求解输入文件

操作：单击 CFX-Pre 工具栏中的图标，自动生成 .def 文件并自动打开 CFX-Solver Manager 对话框，如图 3-1-33 所示。

2. 求解

（1）在图 3-1-33 所示的 Run Definition 选项卡，选择 Working Drectory D：/1，其他保持默认设置，单击 Start Run 按钮开始计算。

注意： Run Definition 选项卡中的运行类型、运行模式自动设置成与 CFX-Pre 中的 Execution Control 设置一致，无须更改。

（2）计算过程中可以观察到残差变化，计算完成后弹出提示框，单击 OK 按钮关闭。图 3-1-34 所示为压力以及 u、v、w 三个方向动量的 RMS 残差变化曲线，当迭代进行至 35 步

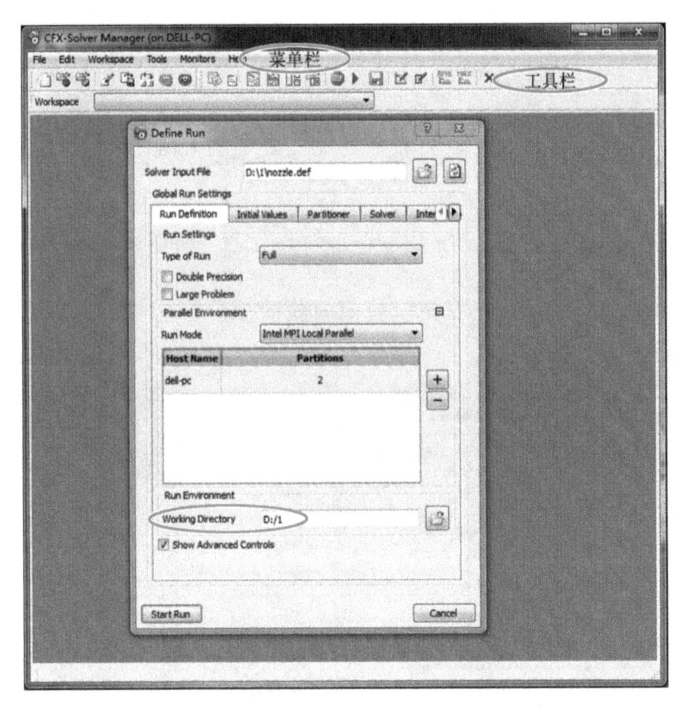

图 3-1-33　CFX-Solver Manager 对话框

时，所有残差均小于 0.0001，计算结束。图 3-1-35 所示为出口中心处轴向速度变化曲线，当计算结束时，速度基本不再变化。

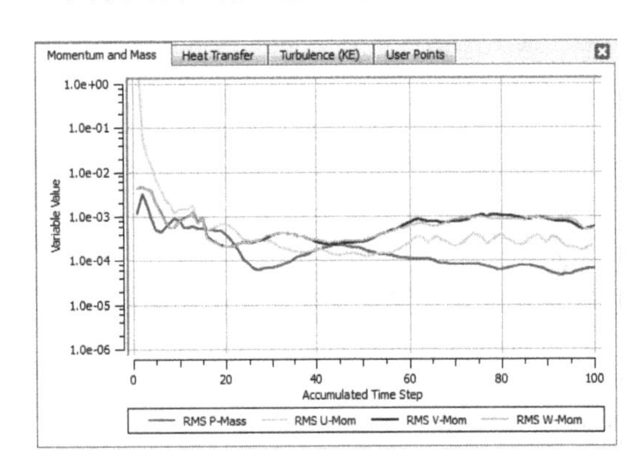

图 3-1-34　质量和动量残差

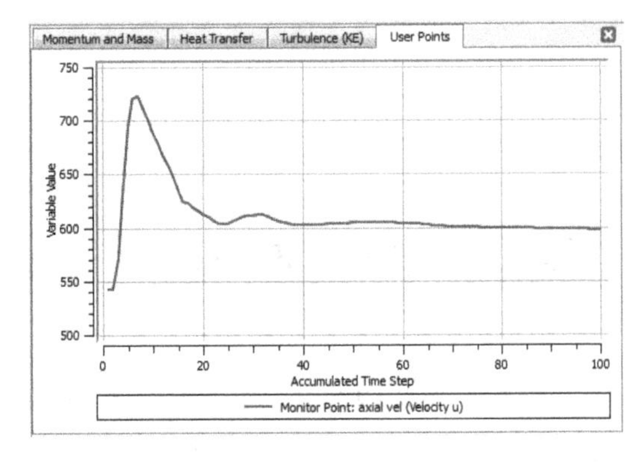

图 3-1-35　出口中心处轴向速度变化曲线

第 4 节　启动 CFX-Post 进行结果后处理

1. 打开 CFD-Post

操作：单击 CFX-Solver Manager 工具栏中图标，弹出启动 CFD-Post 对话框，保持默认设置，单击 OK 按钮。CFD-Post 对话框如图 3-1-36 所示。

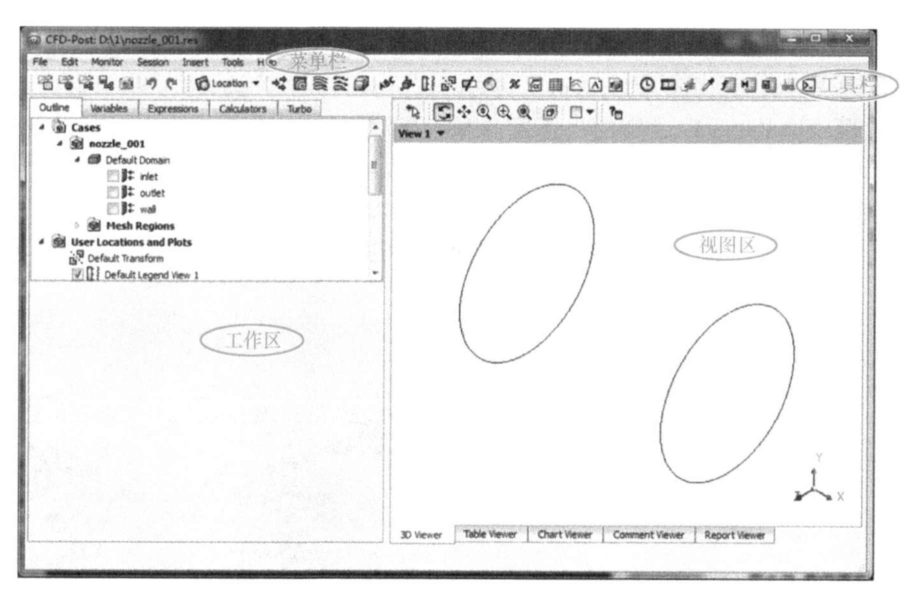

图 3-1-36 CFD-Post 对话框

2. 绘制压力、温度、马赫数云图

(1) 创建平面

操作：单击工具栏 Location 图标，在下拉菜单中单击 Plane，平面命名为 section1，单击 OK 按钮；打开平面设置对话框，如图 3-1-37 所示。

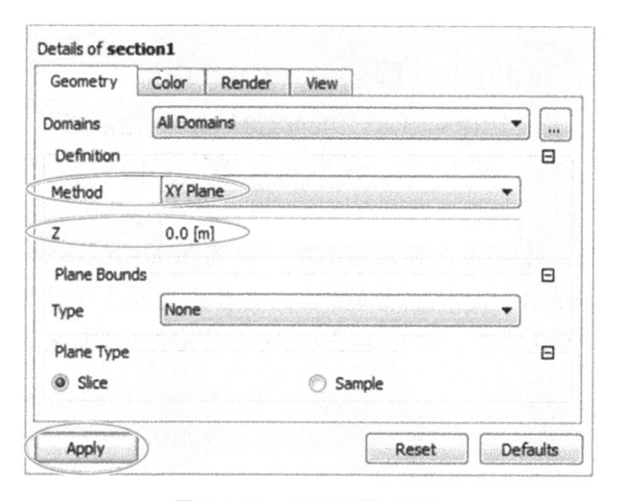

图 3-1-37 平面设置对话框

① 在 Defintion 中设置 Method 为 XY Plane。

② 偏移距离 Z 设为 0.0 [m]。

③ 其他保持默认设置，单击 Apply 按钮。

(2) 绘制压力云图

操作：单击工具栏图标，等值线图命名为 pressure contour，单击 OK 按钮；打开压力云图对话框，如图 3-1-38 所示。

① 在 Details of pressure contour 中，等值线位置（Locations）选择 section1。

② 变量（Variable）选择 Pressure。

③ 压力范围（Range）选择用户指定（User Specified），最小值（Min）设为 2597Pa，最大值（Max）设为 97730Pa。

④ 等值线数目 of Contours 设置为 30，其他保持默认设置，单击 Apply 按钮。

在视图区，单击直角坐标系的 Z 轴，可将视图调整为垂直于 Z 轴，得到压力云图如图 3-1-39 所示。

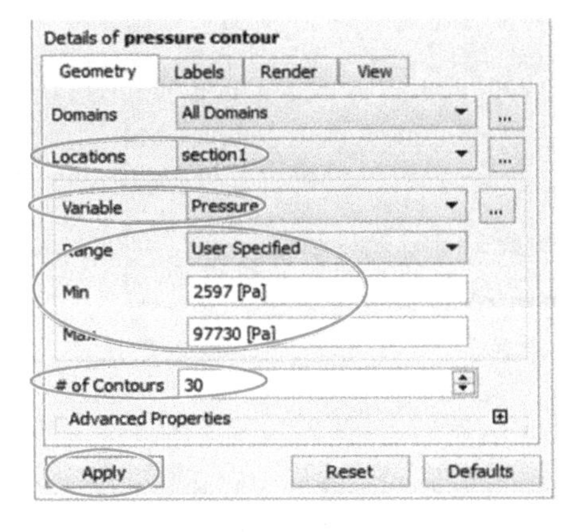

图 3-1-38　压力云图对话框

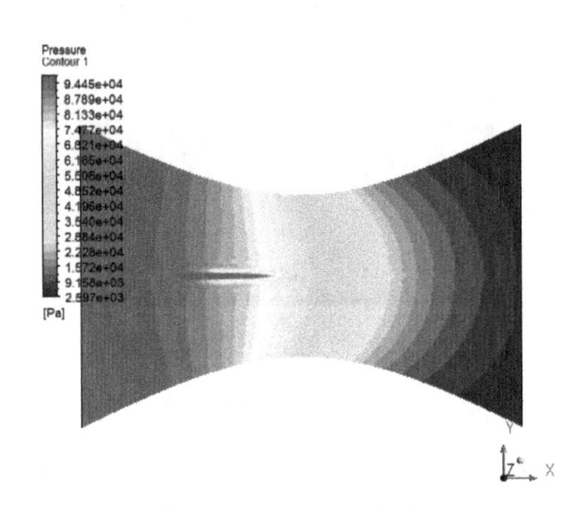

图 3-1-39　压力云图

（3）绘制温度云图

操作：同步骤（2），单击工具栏 图标，等值线图命名为 temperature contour，单击 OK 按钮；在 Details 中，位置选择 section1，变量选择温度，温度范围选择局部（Local），等值线数目设置为 30，其他保持默认设置，单击 Apply 按钮。温度云图如图 3-1-40 所示。

（4）绘制马赫数云图

同步骤（2），单击工具栏 图标，等值线图命名为 mach contour，单击 OK 按钮；在 Details 中，位置选择 section1，变量选择马赫数，马赫数范围选择局部（Local），等值线数目设置为 30，其他保持默认设置，单击 Apply 按钮。马赫数云图如图 3-1-41 所示。

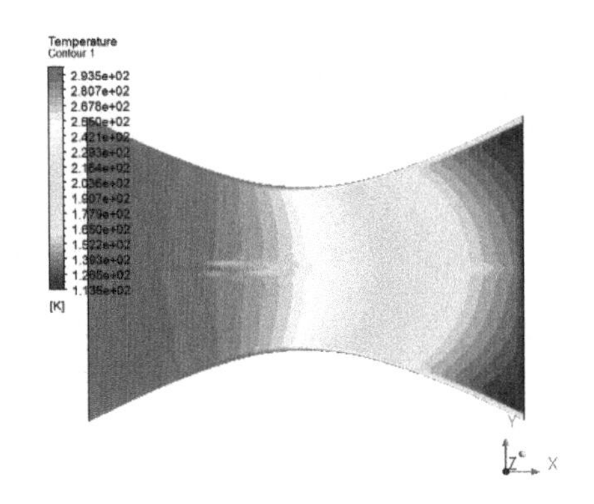

图 3-1-40　温度云图

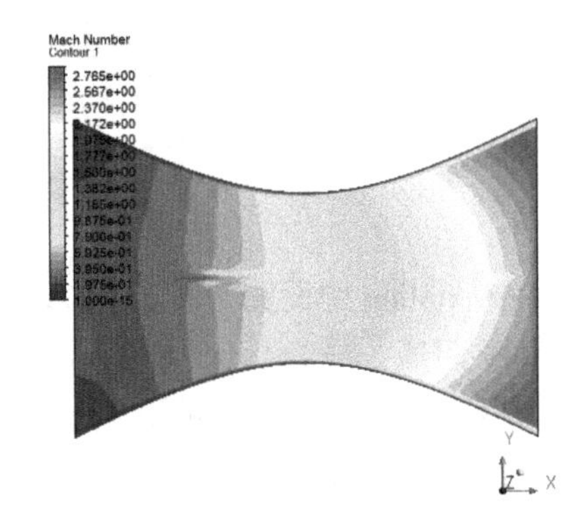

图 3-1-41　马赫数云图

注意： 创建的等值线图会出现在工作区的目录树中，在用户自定义位置与绘制下。步骤（2）~步骤（4）绘制了三个云图，为避免视图区出现多个绘制图形叠加的情况，需要在目录树中取消勾选不想要显示的图形，如图 3-1-42 所示。

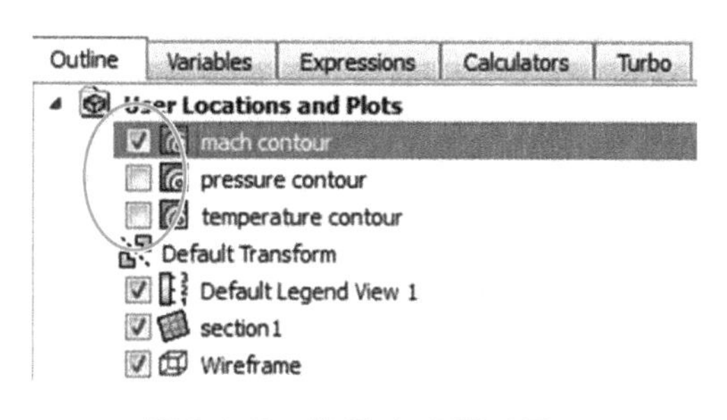

图 3-1-42　关闭/打开图形显示

3. 绘制速度矢量图与流线图

（1）绘制速度矢量图

操作：单击工具栏图标，矢量图命名为 velocity，单击 OK 按钮；打开速度矢量图对话框，如图 3-1-43 所示。

① 在 Geometry 选项卡中，位置选择 section1。

② 矢量起始位置（Sampling）选择矩形网格 Rectangular Grid。

③ 间隔（Spacing）设置为 0. 05。

④ 矩形长宽比（Aspect Ratio）设置为 0. 2，其他保持默认设置，单击 Apply 按钮。得到速度矢量图如图 3-1-44 所示。

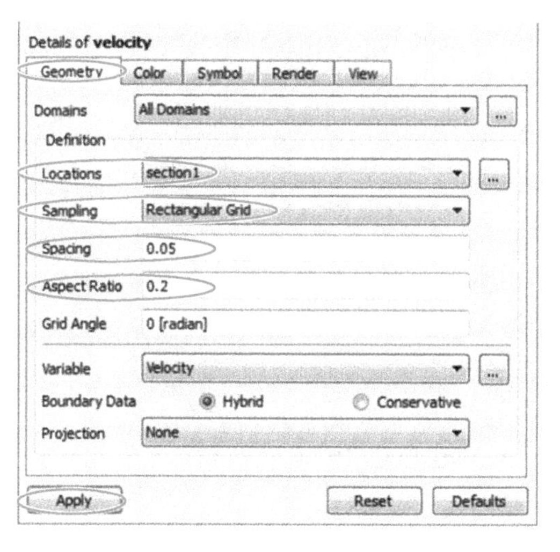

图 3-1-43　速度矢量图对话框

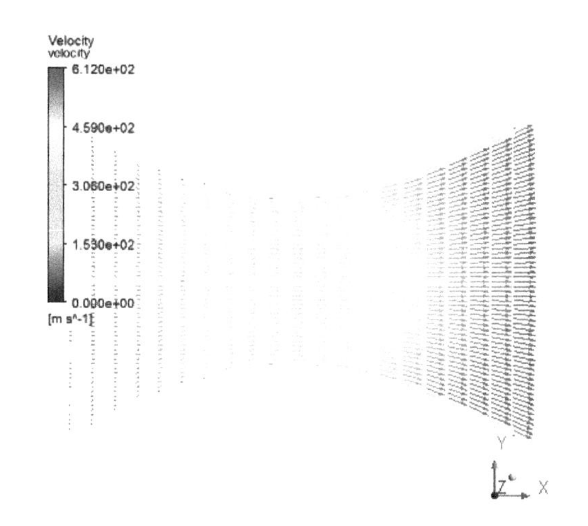

图 3-1-44　速度矢量图

注意： 如果需要修改矢量颜色与线条尺寸，可分别在对话框中 Color、Symbol 选项卡中设置。

（2）绘制流线图

操作：单击工具栏图标，命名为 Streamline1，单击 OK 按钮确定；打开流线图对话框，如图 3-1-45 所示。

① 在 Geometry 选项卡中，选择面流线类型为 Surface Streamline。

② Surfaces 选择 section1 面。

③ 流线样本位置选择等间距样本（Equally Spaced Samples）。

④ 设置 25 个样本点，其他保持默认设置，单击 Apply 按钮。得到流线图如图 3-1-46 所示。

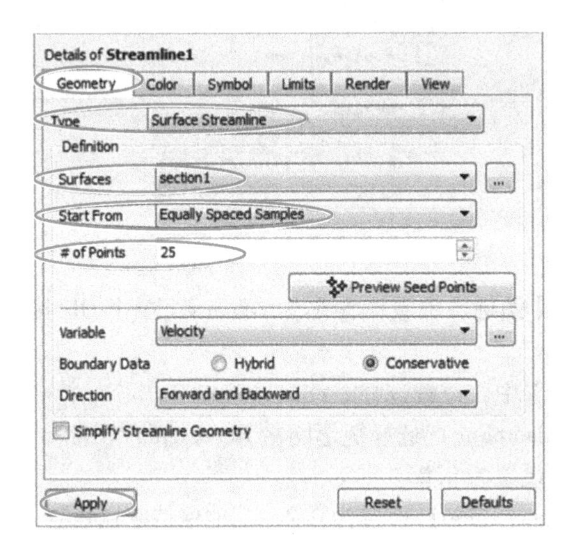

图 3-1-45　流线图对话框

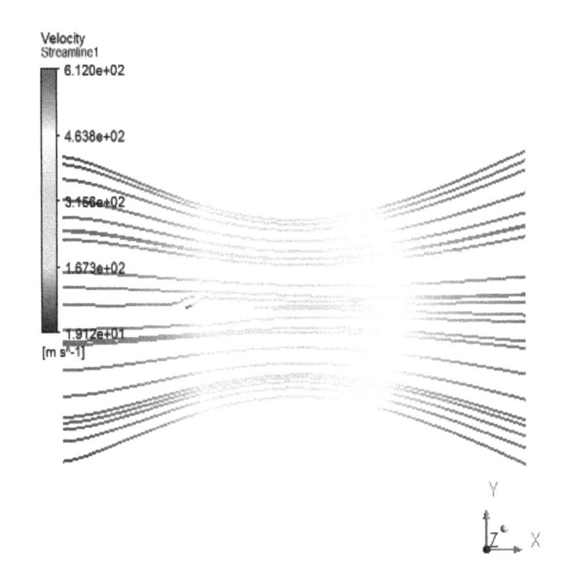

图 3-1-46　流线图

（3）流线动态流动演示

操作：单击工具栏🎞图标，打开动态演示对话框，如图 3-1-47 所示。

① 绘制动画对象选择 Streamline1。

② 拖动 Fast-Slow 指针可以调整播放速度。

③ 单击 Options 按钮可以设置运动粒子形状（Symbol）、大小（Symbol Size）、间距（Spacing）等，此处保持默认设置。

④ 单击播放图标开始动态演示，单击终止按钮停止动态演示。图 3-1-48 所示为动态演示过程中某一时刻粒子分布情况。

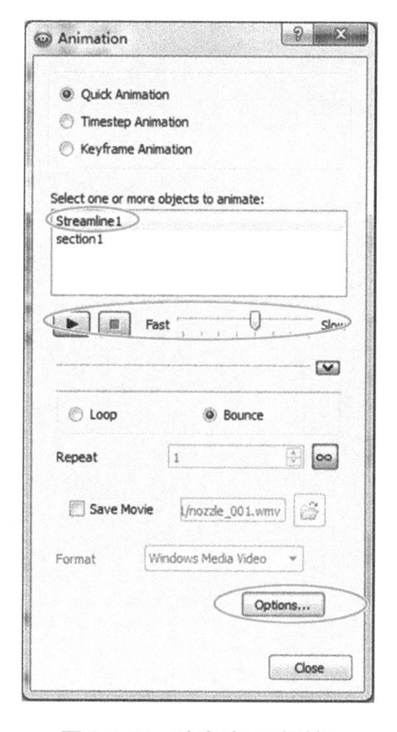

图 3-1-47　动态演示对话框

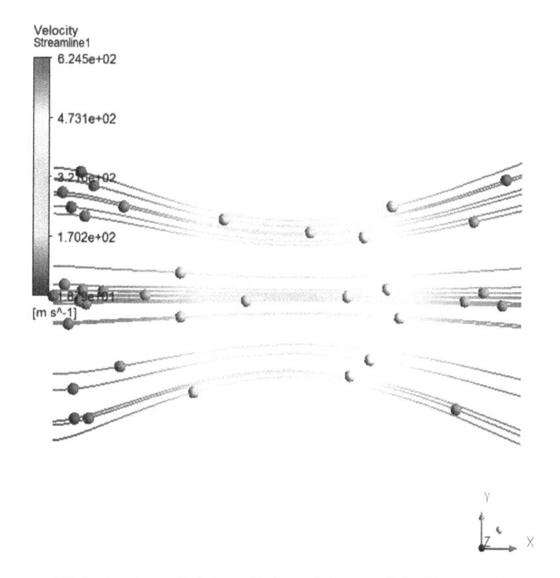

图 3-1-48　动态演示过程中某一时刻粒子分布

4. 绘制轴线上压力、马赫数分布曲线

（1）创建线段

操作：单击工具栏 Location 图标，在下拉菜单中单击 Line，线段命名为 axis，单击 OK 按钮；打开线段对话框如图 3-1-49 所示。

① 在 Geometry 选项卡中设置起点与终点分别为（-0.5，0，0）、（0.5，0，0）。

② 线段类型选择样本（Sample）。

③ 样本数（Samples）设为 100，其他保持默认设置，单击 Apply 按钮，如图 3-1-49 所示。

（2）绘制压力分布

操作：单击工具栏📈图标，输入名称 pressure，单击 OK 按钮；打开压力分布对话框，如图 3-1-50 所示。

① 在 General 选项卡中，图线类型选择 XY Line，标题设为 Pressure of Axis。

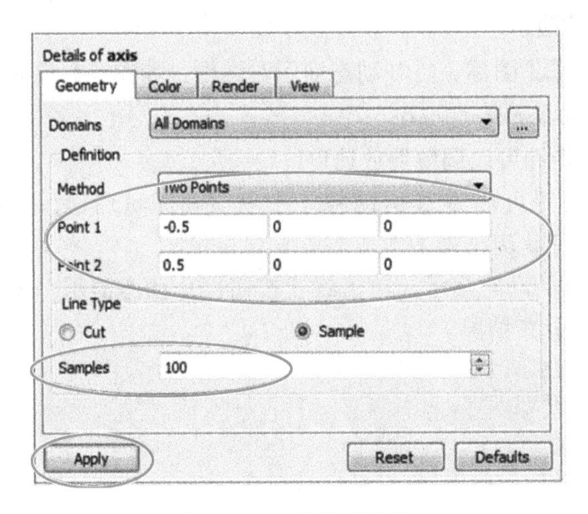

图 3-1-49　线段对话框

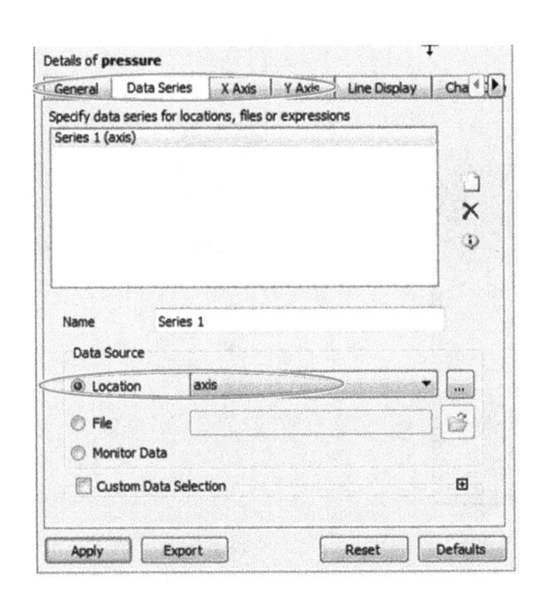

图 3-1-50　压力分布对话框

② 在 Data Source 选项卡中，数据源为位置（Location）定义，位置选择 axis。

③ 在 X Axis 选项卡中，变量选择为 X。

④ 在 Y Axis 选项卡中，变量选择为 Pressure，其他保持默认设置；单击 Apply 按钮。视图区转到 Chart Viewer 选项卡中，得到压力分布如图 3-1-51 所示。

（3）绘制马赫数分布

操作：单击工具栏图标，输入名称 mach，单击 OK 按钮；在 General 选项卡中，图线类型选择 XY Line，输入标题 Mach Number of Axis；转到 Data Series 选项卡中，数据源为位置（Location）选择 axis；转到 X Axis 选项卡中，选择变量为 X；转到 Y Axis 选项卡中，选择变量为 Mach Number，其他保持默认设置；单击 Apply 按钮。转到 Chart Viewer 选项卡中，看到马赫数分布如图 3-1-52 所示。

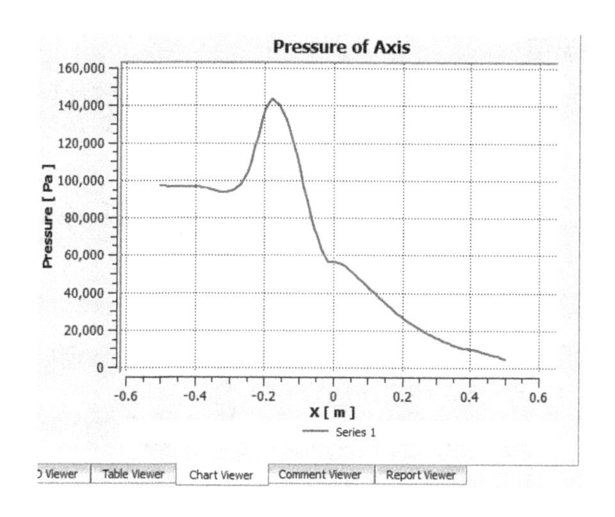

图 3-1-51 轴线上压力分布

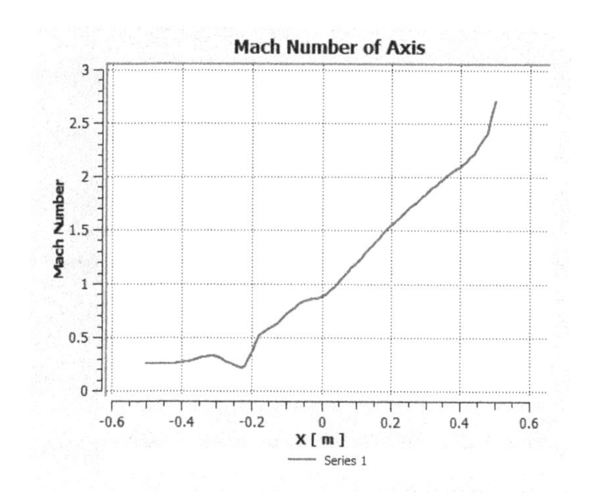

图 3-1-52 轴线上马赫数分布

5. 计算出口质量流量

操作：单击工具栏图标，打开函数计算器对话框，如图 3-1-53 所示。

（1）计算函数（Function）选择 massFlow。

（2）计算位置（Location）选择出口 outlet。

（3）单击 Calculate 按钮。

得到出口质量流量（Mass Flow on outlet）为-23.5735kg/s，负号表示流出。

6. 计算喉部平均温度

（1）创建喉口截面

操作：单击工具栏 Location 图标，在下拉菜单中单击 Plane，平面命名为 throat，单击 OK 按钮；在 Details of throat 中设置偏移基准平面为 YZ 平面，位置 X 设为 0m，其他保持默认设置，单击 Apply 按钮。

（2）计算喉部平均温度

操作：同计算出口质量流量，单击工具栏 图标，打开函数计算器对话框，如图 3-1-54 所示。

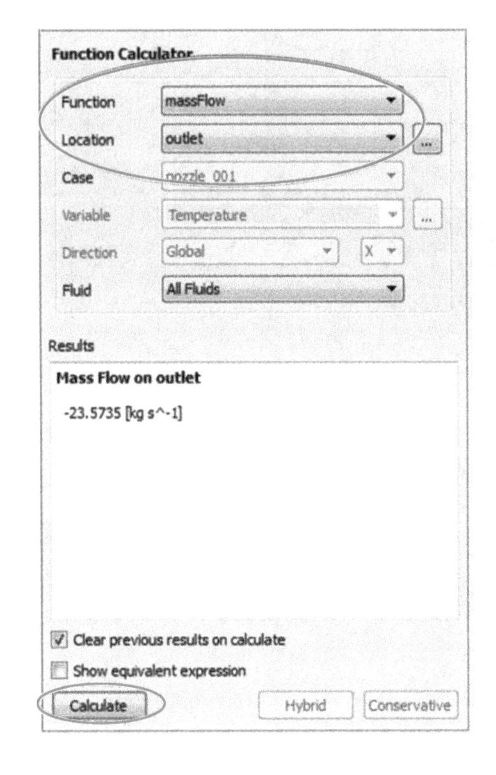

图 3-1-53　函数计算器对话框

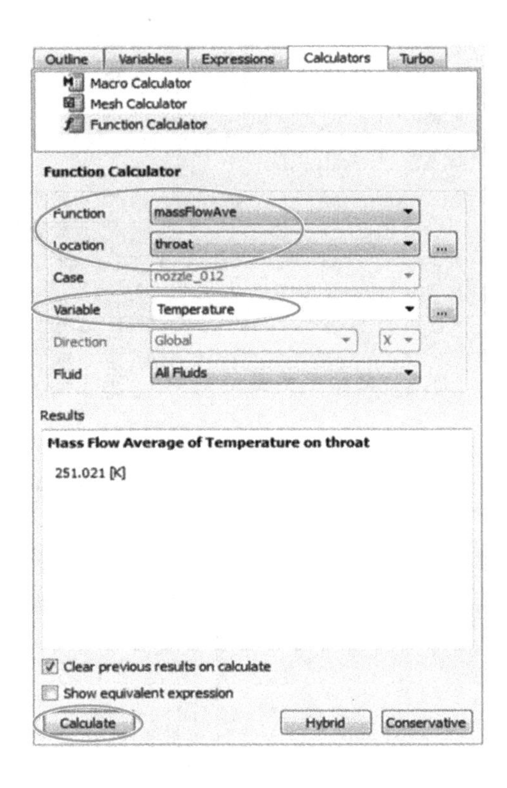

图 3-1-54　函数计算器对话框

① Function 选择 massFlowAve（质量流量加权平均）函数。

② 计算位置（Location）选择 throat。

③ 计算变量（Variable）选择 Temperature。

④ 单击 Calculate 按钮后得到喉部平均温度为 251. 021K。

第 5 节　数值模拟计算分析报告

本例是一个缩放喷管内可压缩气体的高速流动问题。初始条件：入口压强（绝对）为 101325Pa，出口压强（绝对）为 3738. 9Pa。

1. 出口处的流动参数

（1）出口处气流马赫数

按照等熵流动计算公式得到出口马赫数

$$\frac{p_0}{p}=\left(1+\frac{k-1}{2}Ma_e^2\right)^{\frac{k}{k-1}}=\frac{101325}{3738.9}=27.1$$

$$\Rightarrow Ma_e = 2.8$$

由此得知，在喷管喉部达到临界状态。

（2）出口处气流温度

$$\frac{T_0}{T_e} = 1 + \frac{k-1}{2} Ma_e^2 \Rightarrow \quad T_e = 116.8\text{K}$$

（3）出口处气流密度

$$\rho_0 = \frac{p_0}{RT_0} = \frac{101325}{287 \times 300} \text{kg/m}^3 = 1.177\text{kg/m}^3$$

$$\frac{\rho_0}{\rho_e} = \left(1 + \frac{k-1}{2} Ma_e^2\right)^{\frac{1}{k-1}} = \frac{101325}{3738.9} = 27.1$$

$$\Rightarrow \rho_e = 0.111\text{kg/m}^3$$

（4）出口处的气流速度

出口声速

$$c_e = \sqrt{kRT_e} = \sqrt{1.4 \times 287 \times 116.8}\,\text{m/s} = 216.6\text{m/s}$$

出流速度

$$V_e = Ma_e c_e = 2.8 \times 216.6\text{m/s} = 606.5\text{m/s}$$

（5）出流质量流量

出口半径

$$R_e = \sqrt{\frac{0.1 + 0.5^2}{\pi}}\,\text{m} = 0.334\text{m}$$

质量流量

$$Ma_e = \pi R_e^2 \rho_e V_e = (0.35 \times 0.111 \times 606.5)\,\text{kg/s} = 23.56\text{kg/s}$$

2. 喉部临界状态参数

（1）临界温度

入口温度为 300K，则临界温度为 $T_* = 0.8333T_0 = 250\text{K}$。

（2）临界压强

$$p_* = 0.5283p_0 = 53530\text{Pa}$$

（3）临界速度

$$V_* = \sqrt{kRT_*} = 317\text{m/s}$$

（4）临界密度

$$\rho_* = \frac{p_*}{RT_*} = 0.746\text{kg/m}^3$$

（5）喉部质量流量

喉部半径

$$r = \sqrt{0.1/\pi} = 0.178\text{m}$$

质量流量

$$m = \pi r^2 \rho_* V_* = (0.1 \times 0.746 \times 317)\,\text{kg/s} = 23.65\text{kg/s}$$

3. 数据分析

数据分析结果见表 3-1-1。

表 3-1-1　数据分析

	物理量	理论值	仿真值	误差	百分比/%	备注
出口处	马赫数	2.80	2.66	0.04		
	压强/Pa	3738.9				
	速度	606.5	603.2	3.3		
	温度/K	116.8	118.8	2.0		
	密度/($kg \cdot m^{-3}$)	0.111	0.119	0.008		
	质量流量/($kg \cdot s^{-1}$)	23.56	23.56	0.00		
喉部	马赫数	1	0.987			
	速度	317	313.50	3.5	1	
	压强/Pa	53530	54127.7	597.7	1	
	温度/K	250	251.0	1	0.4	
	密度/($kg \cdot m^{-3}$)	0.746	0.751	0.005	0.67	
	质量流量/($kg \cdot s^{-1}$)	23.65	23.57	0.08	0.34	

第2章 低流速绕圆柱的卡门涡街流动——非结构网格

问题描述：在来流速度为0.5m/s的低速均匀定常来流流场中，有一根直径为0.06m的无限长圆柱，其轴线垂直于来流速度方向。流场在垂直于圆柱轴线方向上的截面尺寸为1.2m×0.6m。在一定的流速范围内，当流体流过圆柱时，圆柱两侧会周期性地脱落出旋转方向相反、排列规则的双列线涡，经过非线性作用后，形成卡门涡街。

在本例中，将利用ANSYS CFX针对低流速绕圆柱卡门涡街进行仿真计算，问题可简化为二维平面问题，如图3-2-1所示。在求解过程中，初值采用全局初始化的方式定义。

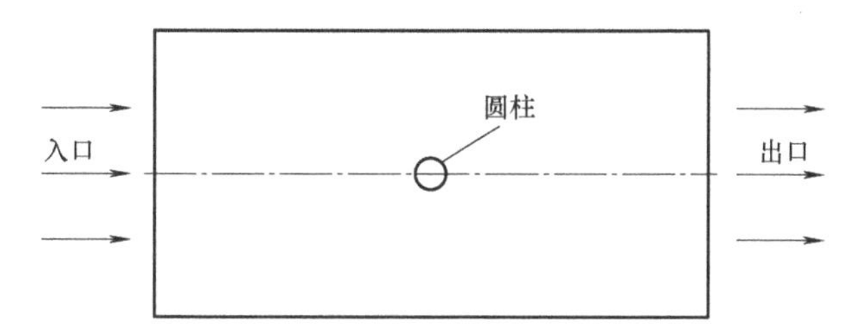

图3-2-1 圆柱绕流结构示意图

本章的电子文档对应光盘上的文件夹为：CFX\vortexstreet；本章使用的软件为：ANSYS ICEM CFD 19.1，ANSYS CFX 19.1。

第1节 利用ICEM创建几何模型

问题可简化为二维轴平面问题，故可仅针对一个横截面建模。

1. 启动ICEM，设定工作目录

ICEM的启动界面如图3-2-2所示。

操作：File→Change Working Dir，选择文件存储路径。

2. 创建如图3-2-3所示的关键点Point

创建点属于几何构图的内容，相关的操作都在标签栏的几何建模（Geometry）内。对应的标签工具栏中，从左到右排列可看出，主要包括创建点、创建线、创建面和创建体等，如图3-2-4所示。

通过输入坐标的方法创建所有点。

操作：（1）单击创建点图标，左下方数据输入区出现创建点工具栏，如图3-2-5所示。

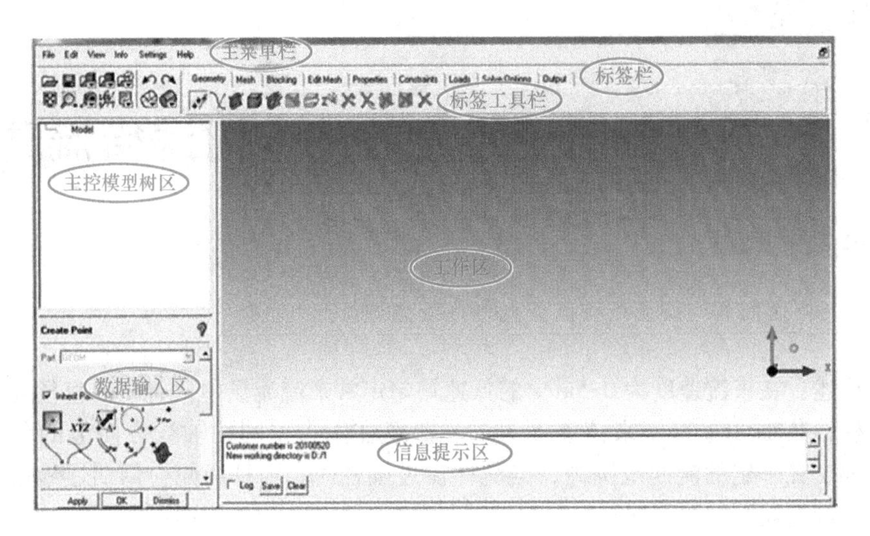

图 3-2-2　ICEM 启动界面

图 3-2-3　模型关键点

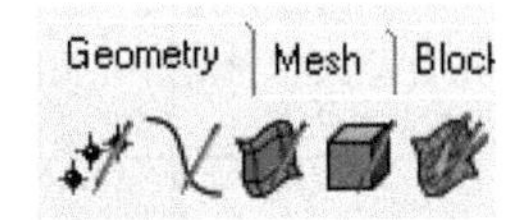

图 3-2-4　几何建模工具

（2）单击 xyz 图标，选择输入点的 X、Y、Z 坐标来创建点。此时左侧下方出现输入坐标对话框，如图 3-2-6 所示。

图 3-2-5　几何建点工具栏

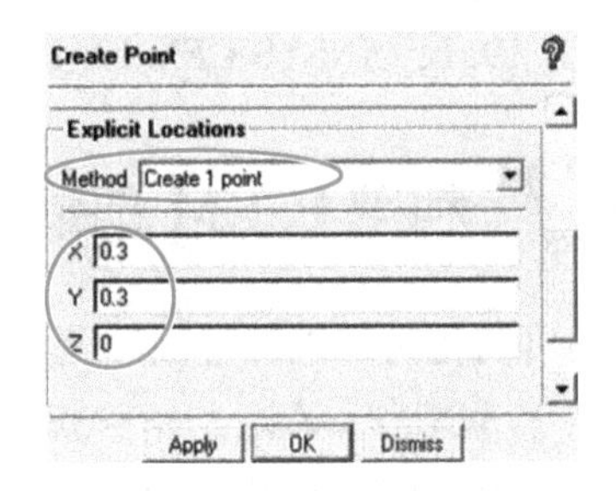

图 3-2-6　输入坐标对话框

① 在 Method 项选择 Create 1 point。

② 在 X、Y、Z 项分别输入 0.3、0.3、0。

③ 单击 Apply 按钮。

以上操作的结果就是在（0.3，0.3，0）位置创建了一个点。

类似的方法，在（-0.3，0.3，0）、（0.3，-0.3，0）、（-0.3，-0.3，0）、（0，0，0）、（0，0.03，0）、（0.03，0，1）位置创建另外几个点。

3. 创建线 Curve

（1）创建圆柱外壁面

操作：单击 Geometry 标签工具栏的创建线（Curve）图标，左下方数据输入区出现创建线对话框如图 3-2-7 所示。

操作：①单击按钮，下面出现 Center and 2 Points 选项区。

② 单击按钮，依次单击（0，0，0）、（0，0.03，0）、（0.03，0，0）三点，中键确认。这样就创建了图 3-2-8 中所示的圆。

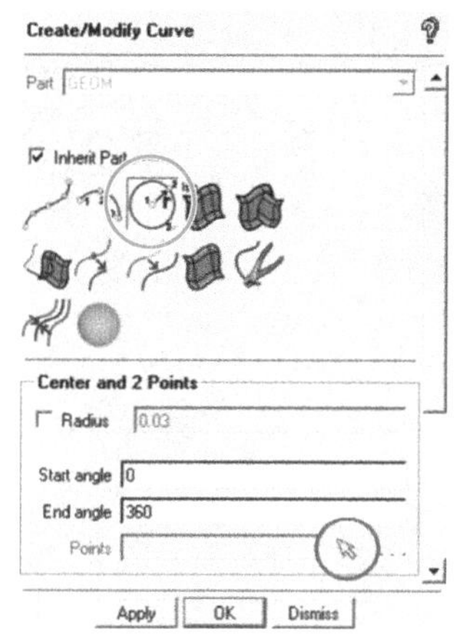

图 3-2-7 创建线对话框

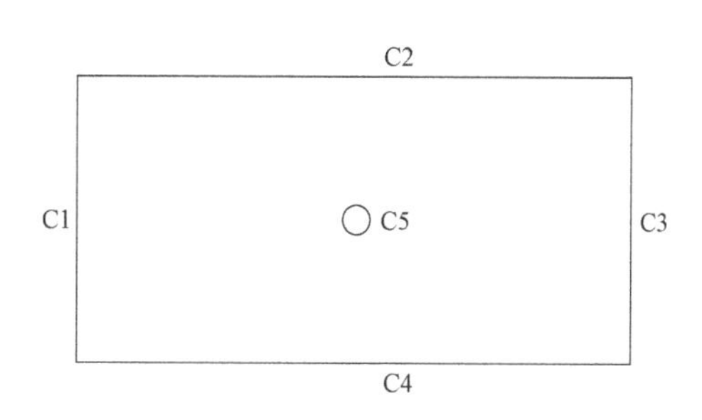

图 3-2-8 流域边界

（2）创建其他直线

操作：①单击按钮，下面出现 From Points 栏。

② 单击按钮，单击矩形壁面的四个顶点，每连接两个点，需要用中键确认一下，即一条一条地创建直线。最终流域边界如图 3-2-8 所示，并将四条边线和圆周分别命名为 C1、C2、C3、C4、C5。

4. 定义边界 Part

ICEM 中定义 Part 的名称就是导出网格后边界的名称。Part 中的元素可以是 Point、Curve、Surface，也可以是 Block 或网格。但任意一个元素只能存在于一个 Part 中，不能同时存在于两个不同的 Part 中。

注意： Part 名只能是大写，若输入小写字母，则会自动变为大写字母。

（1）定义入口边界

操作：在主控模型树 Model 中，右键单击 Parts，选择 Create Part，如图 3-2-9 所示，左下方数据输入区出现创建 Part 对话框，如图 3-2-10 所示。

① 在 Part 框中输入边界名称 inlet。

② 单击图标，单击 Create Part by Selection 中的 。

③ 单击入口边线 C1，中键确认，线段 C1 的颜色会自动变色。

此时在模型树的 Parts 中出现了 INLET，如图 3-2-11 所示。

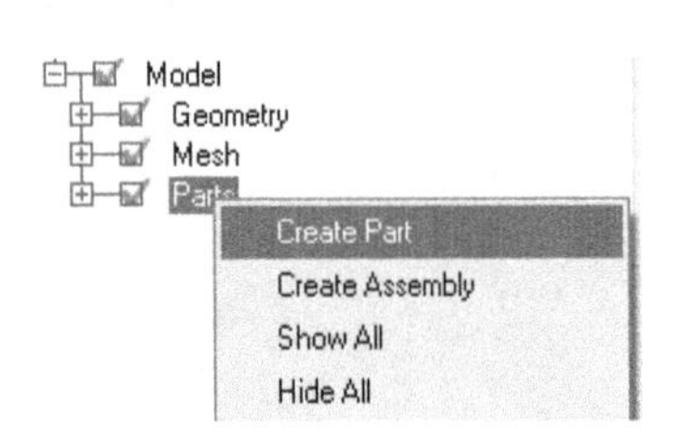

图 3-2-9 创建 Part

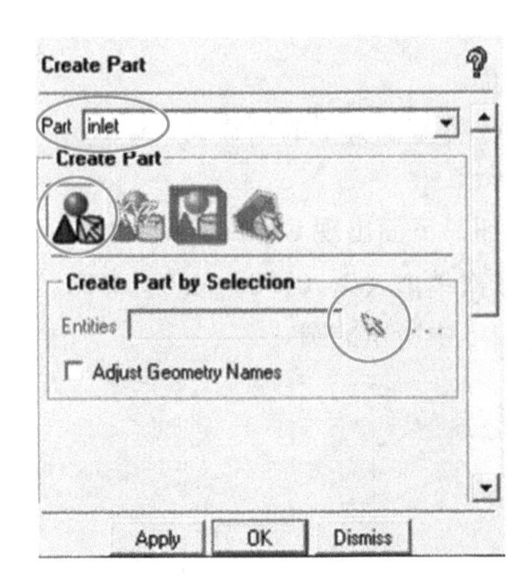

图 3-2-10 创建 Part 对话框

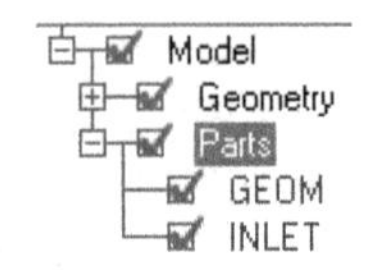

图 3-2-11 创建 INLET

（2）定义其他边界的名称

① 定义圆柱 Part 名为 Cylinder，选择 C5。

② 定义出口 Part 名为 outlet，选择 C3。

③ 定义壁面 Part 名为 Wall，选择 C2、C4。

④ 定义 Point 的 Part 名为 Point，选择所有的 Point。

注意： 在选择 Point 的过程中，可通过单击图 3-2-12 所示的浮动选择工具栏中右侧按钮，依次选取点、线、面、体。软件默认这四项都选，需取消线、面和体的选取，仅保留选点的项。然后通过按住鼠标左键拖出一个包围所有 Point 的矩形，选择所有的点，或者按键盘中的<A>键选择所有的 Point，然后按鼠标中键确认。

图 3-2-12 选择工具栏

（3）观察创建 Part 是否正确

创建 Part 后，树模型如图 3-2-13 所示，Parts 目录下新增添了创建的 Part。取消 INLET 的显示（在图 3-2-13 中取消 INLET 的勾选），查看几何模型上 C1 是否消失。若某个 Part 创建时漏选了线或点，右键单击模型树 Model 下 Parts 下的该项，在快捷菜单中选择 Add to Part，如图 3-2-14 所示。在弹出的对话框中添加线或点，如图 3-2-15 所示。

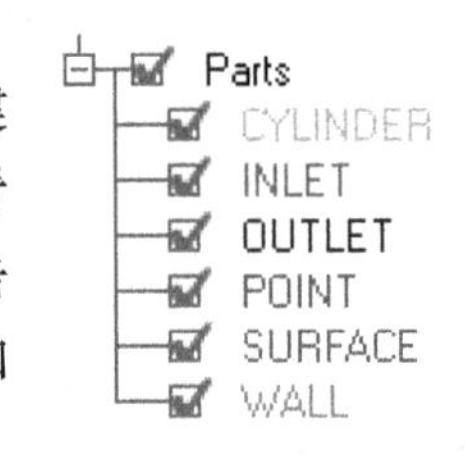

图 3-2-13 创建的 Parts

5. 创建面 Surface

（1）创建流域面

操作：在 Geometry 标签工具栏中单击 Create Surface 图标，左下方数据输入区出现创建（Surface）对话框，如图 3-2-16 所示。单击，在 Method 下拉表中选择 From Curves。依次点击四条边和圆周，鼠标中键确认，创建的流域面如图 3-2-17 所示。

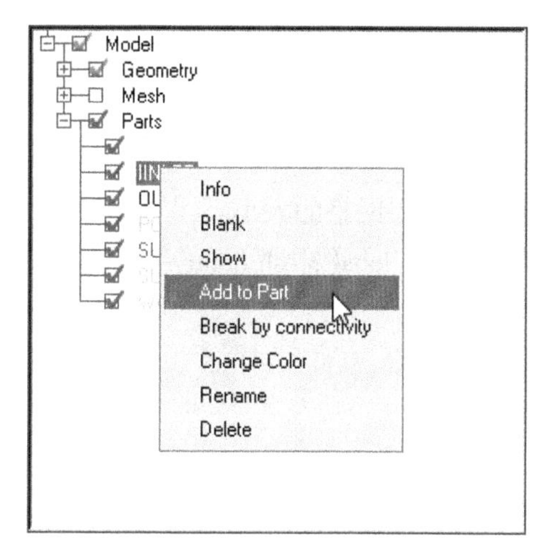

图 3-2-14 添加几何元素到 Part

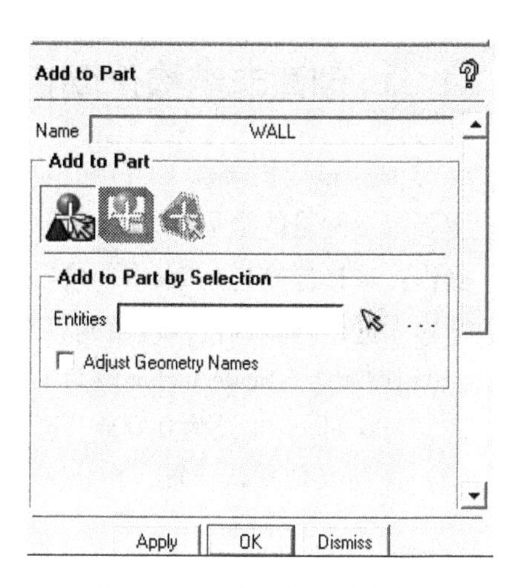

图 3-2-15 修改 Part 对话框

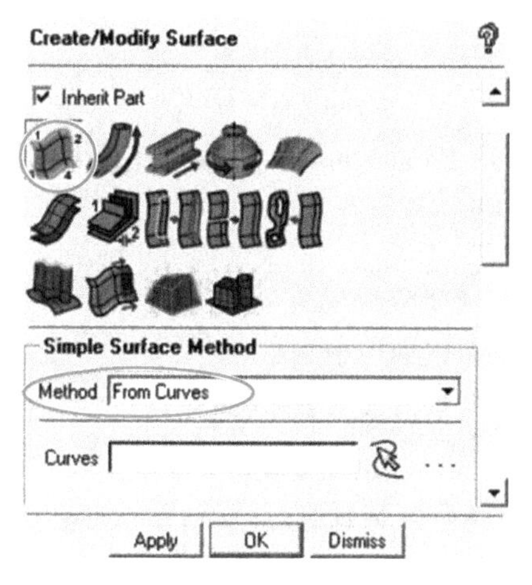

图 3-2-16 创建面对话框

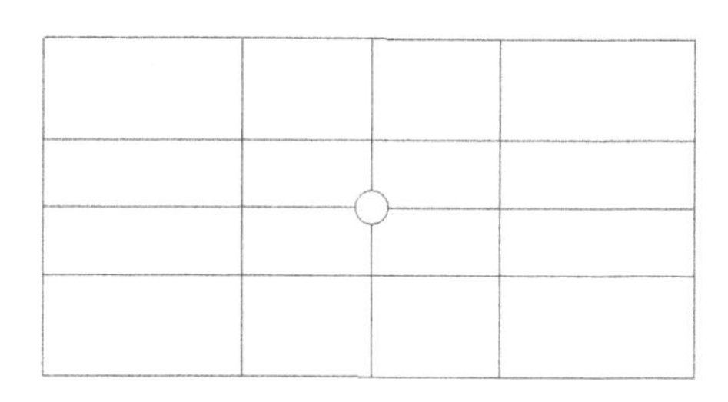

图 3-2-17 创建的流域面

注意：选择过程必须按照一定的方向依次选择，否则创建的 Surface 会失败。图中所显示的面的显示方式是 Wire Frame，显示方式可以通过鼠标右键单击树模型中的 Model→Geometry→Surfaces 修改。

（2）定义面的 Part，命名为 SURFACE

操作：右键单击模型树中的 Part，选择 Create Part。

① 在 Part 框输入名称 SURFACE。

② 单选图 3-2-12 中浮动选择工具栏右侧中的 Surface 选择按钮，单击所选的面，中键确认。

③ 保存几何模型。

操作：File→Geometry→Save Geometry As，保存当前的几何模型为 vortex street. tin。

第 2 节 创建非结构化网格

1. 定义全局网格参数（Global Mesh Size）

主要定义网格的全局尺寸，这影响面网格、体网格边界层网格的大小。

操作：选择标签栏的 Mesh，单击 Mesh 标签工具栏中的 Global Mesh Setup 图标，左下方数据输入区出现全局网格设置对话框，如图 3-2-18 所示。

（1）比例因子 Scale factor 设为 1.0，选中 Display 复选项。

（2）Max element 设为 0.004，选中 Display 复选项。

（3）保留其他默认设置，单击 Apply 按钮。

注意：比例因子 Scale Factor 是一个控制全局网格尺寸的系数，其值必须为正值。Max element 的值与 Scale Factor 的值相乘所得结果即为全局允许存在的最大网格尺寸。

选中 Display 复选项后，可以旋转几何模型尺寸观察 Scale Factor 和 Max element 的大小，并将其调整为合理值。

2. 定义壳网格参数（Shell Meshing Parameters）

操作：点选 Global Mesh Setup 工具栏中的 Shell Mesh Parameters 图标，打开壳网格设置对话框，如图 3-2-19 所示。

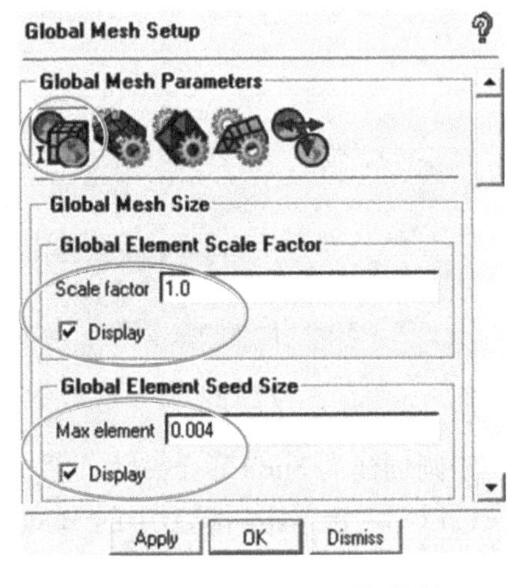

图 3-2-18 全局网格设置对话框

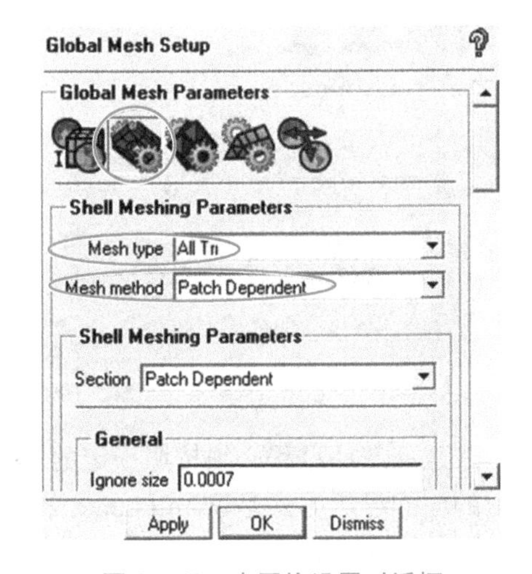

图 3-2-19 壳网格设置对话框

（1）在 Mesh type 项中，选择网格类型为 All Tri（三角形网格）。

（2）在 Mesh method 项中，选择网格生成方法为 Patch Dependent。

（3）保留其他默认设置，单击 Apply 按钮。

注意：对于壳/面网格，只有 Patch Dependent 方法才能生成边界层网格。

3. 定义 Part 的网格尺寸（Part Mesh Setup）

在不同的 Part 上定义不同的网格尺寸，既可保证计算精度，又可减小网格规模，提高计算效率。

操作：在 Mesh 标签工具栏中，单击 Part Mesh Setup 图标，打开列表如图 3-2-20 所示。

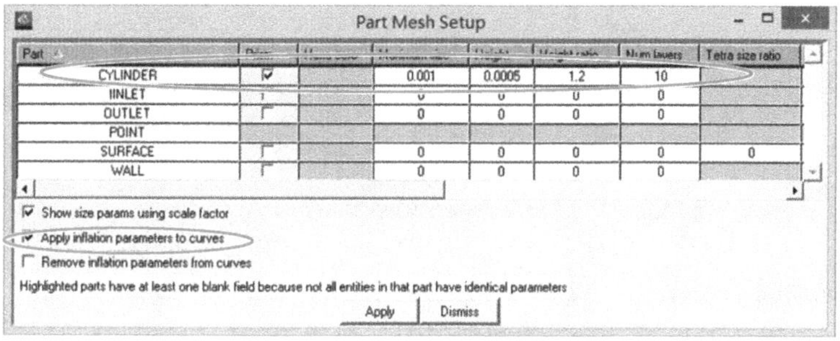

图 3-2-20 网格设置列表

（1）选中 Apply inflation parameters to curves 复选项，允许生成二维边界层网格。

（2）在 CYLINDER 项，选中 Prism，设置 Max（mum）size 为 0.001，Height 为 0.0005，Height ratio 为 1.2，Num layers 为 10。

在 CYLINDER 项选 Prism 是仅仅在 Wall 上定义了边界层网格，单击 Apply 按钮确认。

注意：ICEM 默认生成三维边界层网格，因此定义二维边界层网格生成参数时应首先选中 Apply inflation to curves。边界层中各参数的意义如下：Height 为第一层网格高度；Height ratio 为网格长度比例；Num layers 为边界层层数。

4. 生成网格

操作：在 Mesh 标签工具栏中，单击 Compute Mesh 图标，数据输入区出现网格计算对话框，如图 3-2-21 所示。

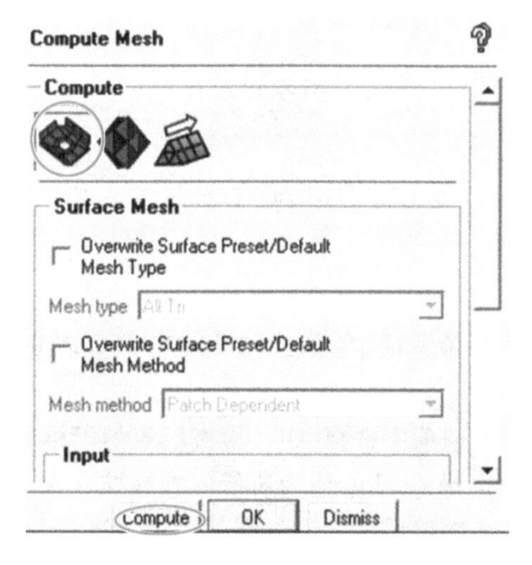

图 3-2-21 网格计算对话框

操作：单击 Surface Mesh Only 图标，保留其他默认设置，单击 Compute 按钮生成网格。生成的网格如图 3-2-22 所示。

图 3-2-22　网格显示图

5. 检查网格质量

操作：在标签栏的 Edit Mesh 标签工具栏中，单击 Display Mesh Quality ，如图 3-2-23 所示。

图 3-2-23　编辑网格（Edit Mesh）工具栏

在左下方数据输入区出现网格检查对话框，如图 3-2-24 所示。

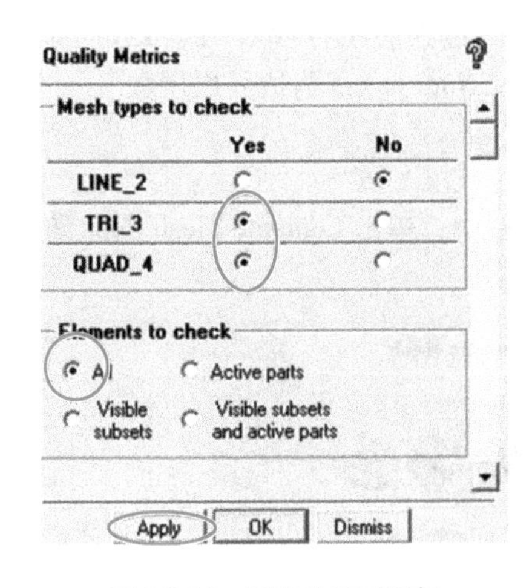

图 3-2-24　网格检查对话框

① 在 Method type to check 单选项中的 TRI_3 和 QUAD_4 项选择 Yes，即检查三角形和四边形网格单元。

② 在 Elements to check 单选项中选择 All，检查所有的网格单元。

③ 在 Criterion 下拉表中选择 Quality 作为质量评判标准。

④ 单击 Apply 按钮确定，网格质量检查结果如图 3-2-25 所示。

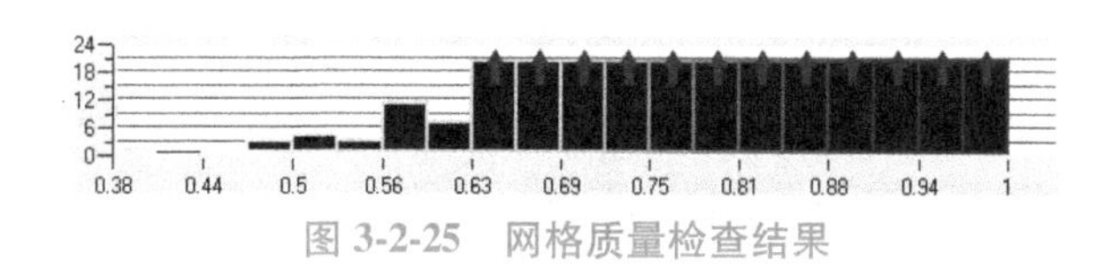

图 3-2-25　网格质量检查结果

注意：横轴表示网格质量，纵轴为相应网格质量区间内对应的网格单元数。网格质量应该为 0~1，值越大表明网格质量越好，不允许出现负值。

6. 导出网格

操作：File→Mesh→Save Mesh As，在文件夹中保存文件，文件名 vortex street. uns。

操作：在标签栏的 Output 标签工具栏中，点击最左边的 Select Solver，选择求解器，如图 3-2-26 所示。

（1）在左下方数据输入区的 Solver Setup 对话框中的 Output Solver 下拉表中选择 ANSYS Fluent，单击 Apply 按钮确认。

（2）单击 Output 标签工具栏最右边的 Write input 图标，在弹出的对话框中选 No；再弹出对话框时，给出网格文件的路径和文件名 vortex street. uns，单击确定。

（3）弹出网格输出对话框如图 3-2-27 所示。

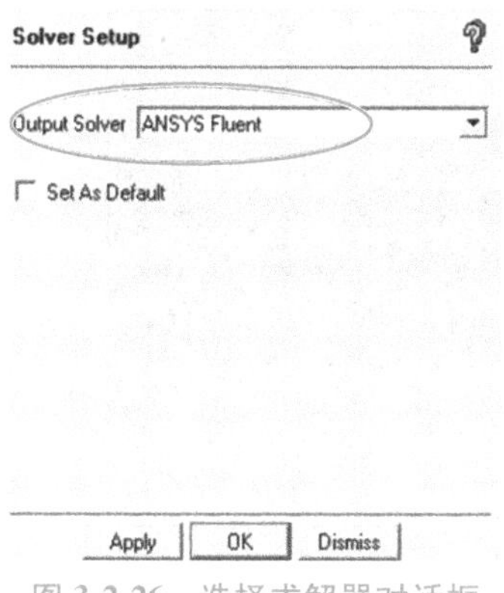

图 3-2-26　选择求解器对话框

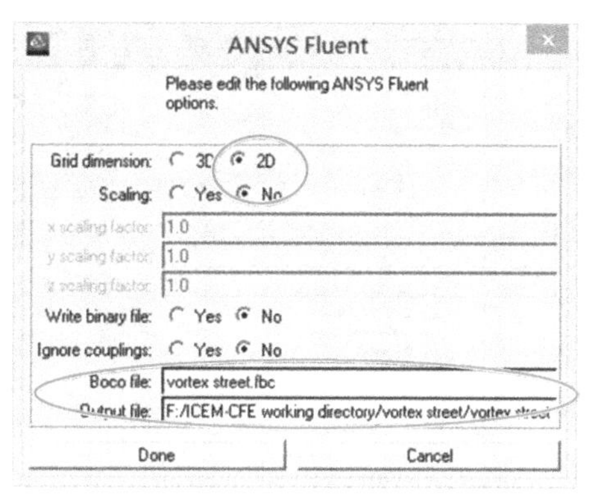

图 3-2-27　网格输出对话框

（4）在 Grid dimention 单选项选择 2D。

（5）在 Output file 框输入文件的路径和名称 F：/ICEM-CFE working directory/vortex street/vortex street。

（6）单击 Done 按钮，输出网格文件，文件名为 vortex street. msh。

第 3 节　启动 CFX-Pre 进行物理定义

1. 启动 CFX-Pre，选择执行模式

ANSYS CFX 启动画面如图 3-2-28 所示，单击启动 CFX-Pre 19. 1 图标；启动 CFX-Pre 后，在菜单栏选择 File→New Case，在弹出的仿真类型对话框中选择 General，如图 3-2-29 所示。

注意：对于所有类型的 CFD 仿真，General 模式是一个通用模式。

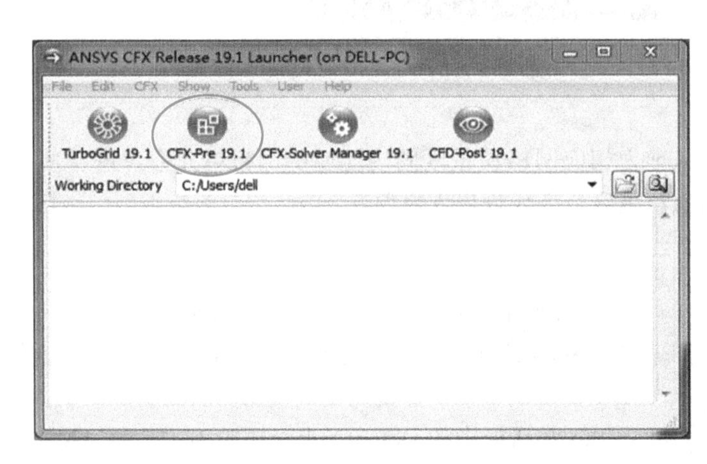

图 3-2-28　ANSYS CFX 启动界面

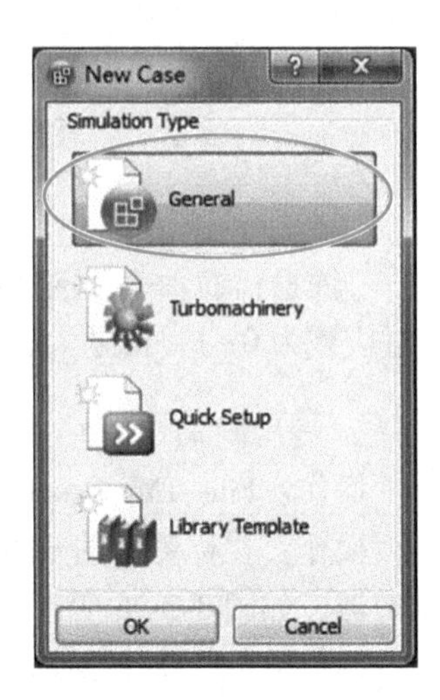

图 3-2-29　仿真类型对话框

图 3-2-30 所示为 CFX-Pre 界面。

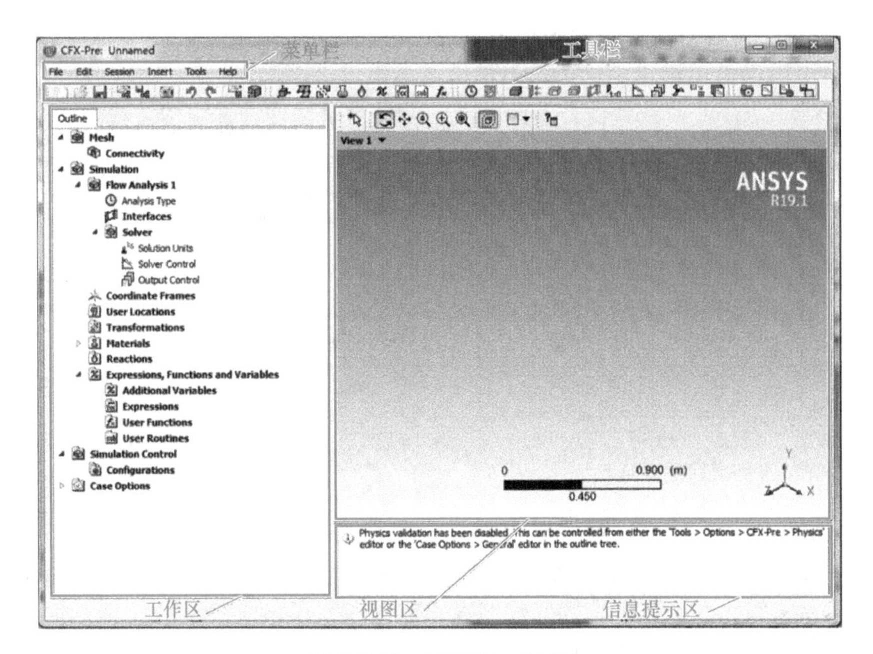

图 3-2-30　CFX-Pre 界面

2. 网格导入

（1）在工作区的目录树中，右键单击 Mesh，选择 Import Mesh→FLUENT，如图 3-2-31 所示。

（2）在弹出的对话框中选择第 2 节中保存的 vortex street. msh 文件，在对话框右侧 Mesh Units 框中选择单位 m；展开 Advanced Options，在 Primitive Strategy 中选择 Standard；在 FLUENT Options 下勾选 Override Default 2D Mesh Settings 复选项，并按图 3-2-32 所示进行设置，即分别设置为 Planar，1；单击 Open 按钮打开文件。

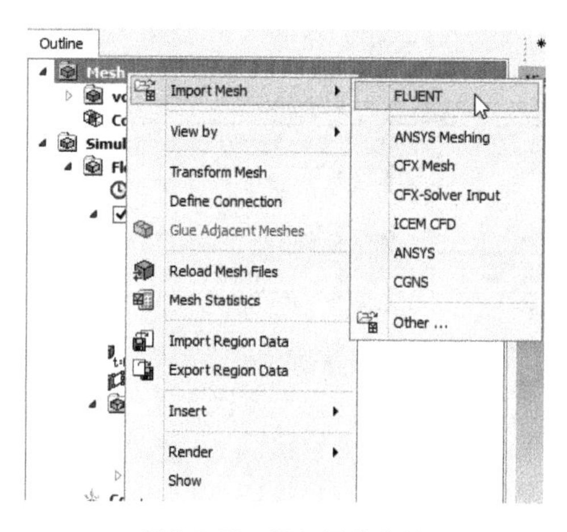

图 3-2-31　导入网格文件

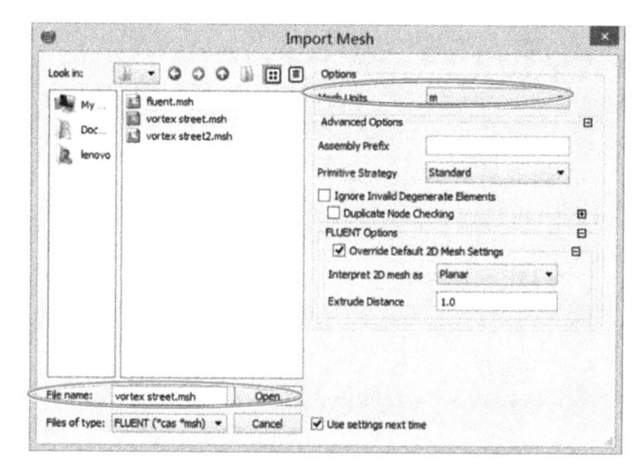

图 3-2-32　选择网格文件

3. 仿真（Simulation）设置

（1）分析类型设置

操作：在工作区的目录树中，展开 Simulation，双击 Flow Analysis 1 下的 Analysis Type，打开仿真类型选项卡，如图 3-2-33 所示。

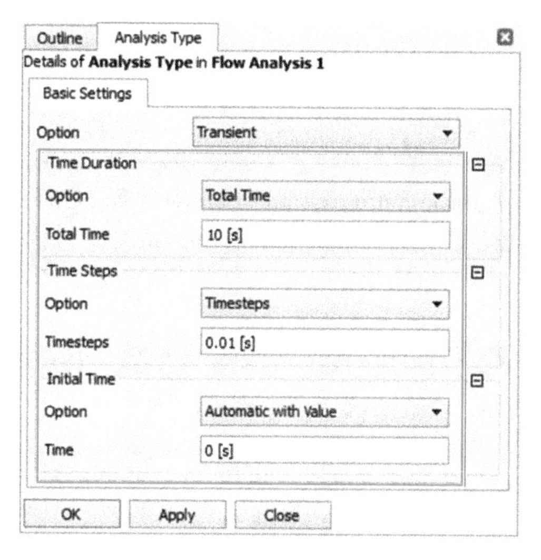

图 3-2-33　仿真类型选项卡

① 仿真类型（Option）选择 Transient（瞬态仿真）。

② 时间周期定义方式选择 Total Time（总时长），值为 10s。

③ 时间步定义方式选择 Timesteps，值为 0. 01s。

④ 初始时间定义方式选择 Automatic with Value，值为 0s。

单击 OK 按钮完成设置。

（2）流域设置

操作：双击 Flow Analysis 1 下的 Default Domain，进行流域设置，如图 3-2-34、图 3-2-35 所示。

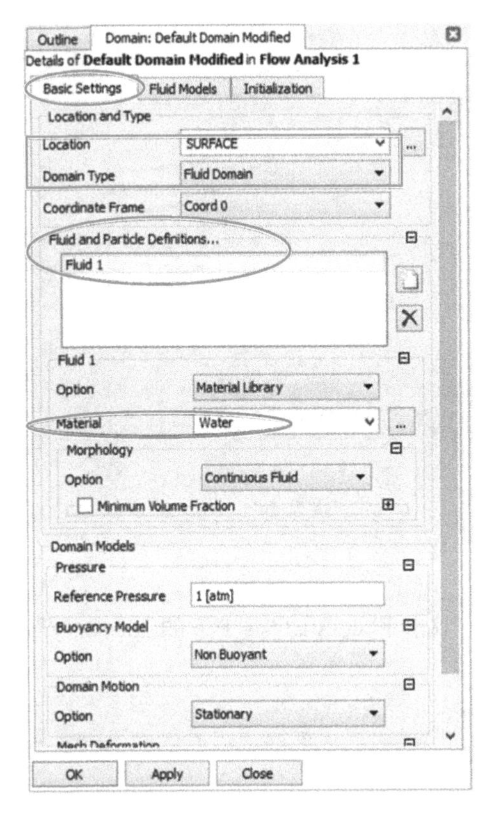

图 3-2-34 流域基本设置

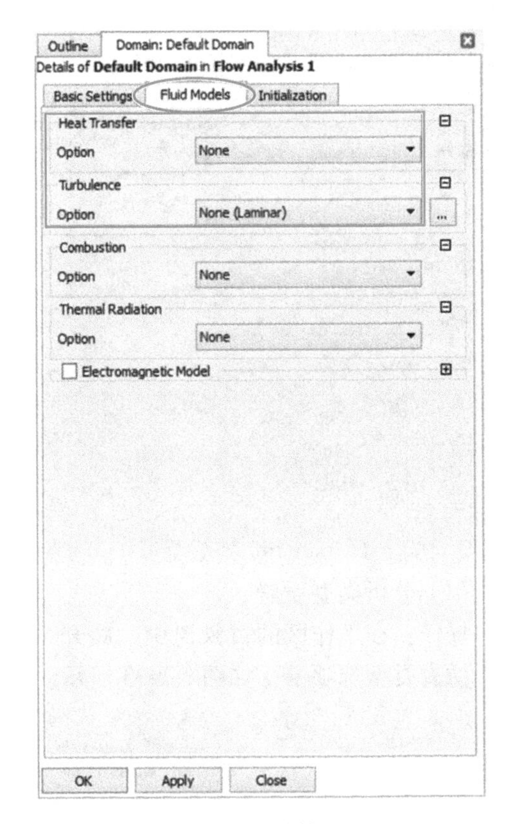

图 3-2-35 流体模型设置

① 按图 3-2-34 所示设置 Basic Settings，Location 项选择 SURFACE，域类型选择流体域；流体材料选择 Material 中 Water Data 下提供的水 Water，其他保留默认设置，单击 Apply 按钮。

注意： 流体材料 Fluid 1 会自动生成，可删除。若在空化流动中，需根据需要自行新建新材料，如图 3-2-36 所示。

② 按如图 3-2-35 所示设置 Fluid Models：热传递模型（Heat Transfer）选择 None；湍流模型（Turbulence）选择 None（Laminar）模型，其他保持默认设置，单击 OK 按钮。

（3）边界条件设置

操作：右键单击 Flow Analysis 1 下的 Default Domain，选择 Insert→Boundary，设置边界条件，如图 3-2-37 所示。

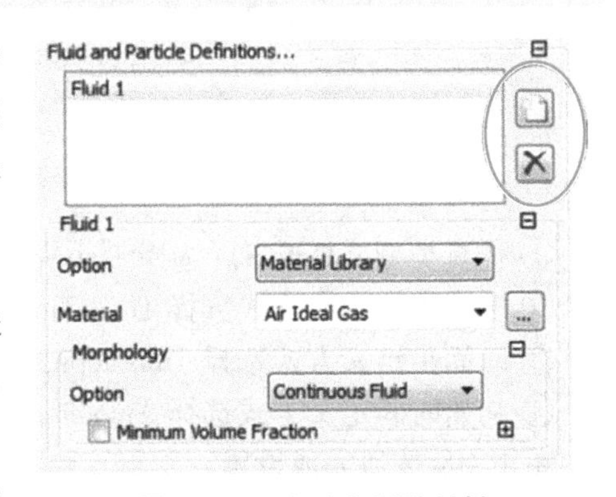

图 3-2-36 新建和删除材料

① 设置进口边界条件：单击 Boundary 图标，在弹出的对话框中输入边界名称 inlet，单击 OK 按钮；在 Basic Settings 选项卡中，Boundary Type 处选择 Inlet，在 Location 下拉表中选择INLET；

然后转到 Boundary Details 选项卡中，如图 3-2-38 所示，流态选择 Subsonic，质量与动量选择笛卡儿速度分量（Cart. Vel. Components），$U=0.5\text{m/s}$，$V=W=0\text{m/s}$；单击 OK 按钮。

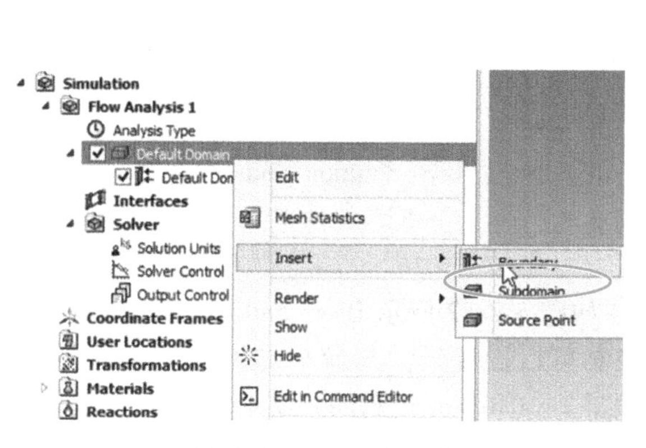

图 3-2-37　设置边界条件

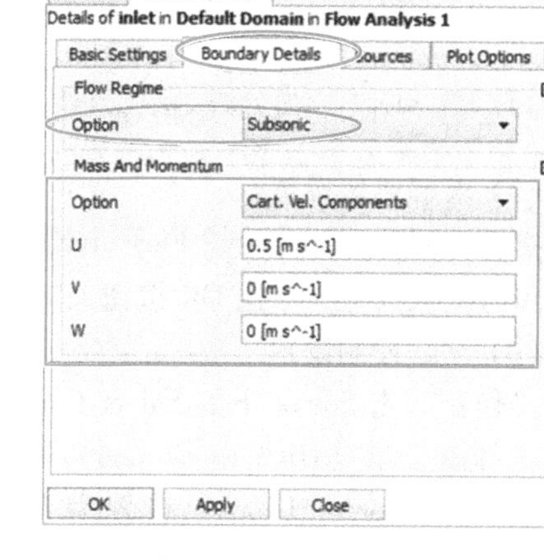

图 3-2-38　进口边界条件

② 同①，设置出口边界条件：命名为 outlet，边界类型 Opening，位置选择 OUTLET；Boundary Details 选项卡如图 3-2-39 所示设置；单击 OK 按钮。

③ 同①，设置外壁面边界条件：命名为 wall，边界类型 Wall，位置选择 WALL；Boundary Details 选项卡中选择自由滑移壁面（Free Slip Wall）；单击 OK 按钮。

④ 同①，设置内壁面边界条件：命名为 cylinder，边界类型 Wall，位置选择 CYLINDER；Boundary Details 选项卡的设置如图 3-2-40 所示；单击 OK 按钮。

⑤ 设置对称边界条件：左键双击 Default Domain Default，边界类型修改为 Symmetry；单击 OK 按钮。

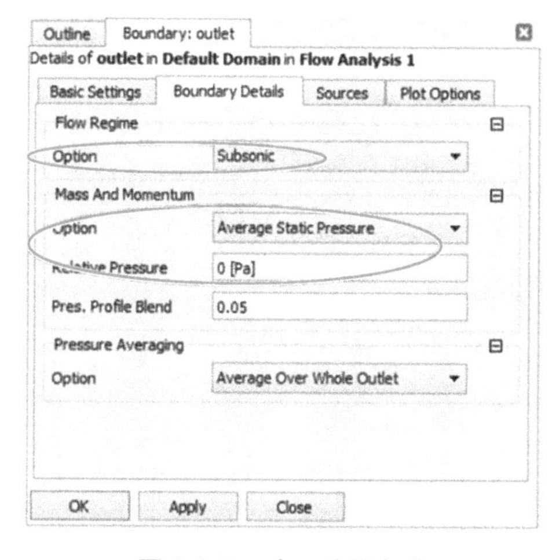

图 3-2-39　出口边界条件

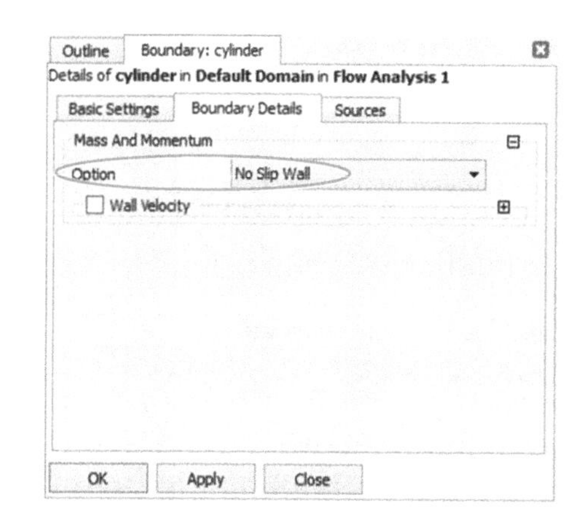

图 3-2-40　内壁面边界条件

（4）进行初始化设置

操作：右键单击 Flow Analysis 1，选择 Insert→Global Initialization，进入全局初始化设置

界面，如图 3-2-41 所示。

① 速度设置为 U 项输入 0.5 [ms^-1]，V 项为公式输入，单击图标，输入 tan(10/180 * pi) * 0.5[m/s] * step(x/1[m])，W 项输入 0 [ms^-1]。

② 初始相对压力 Relative Pressure 设置为 0 [Pa]。

注意：step() 为分段函数，x<0，step(x)= 0；x=0，step(x)= 0.5；x>0，step(x)= 1。

(5) 求解单位设置

操作：展开左侧目录树 Flow Analysis 1 下的 Solver。双击 Solution Units 可查看求解单位，此处保持默认设置，单击 OK 按钮关闭。

(6) 求解控制设置

操作：双击 Solver 下的 Solver Control，在如图 3-2-42 所示 Basic Settings 选项卡中。对流项选择高分辨（High Resolution）；收敛控制可以设置最大与最小迭代步，此处最大迭代步（Max，Coeff，Loops）设置为 5；收敛准则（Residual Type）选择 MAX 残差类型，即全局最大残差，残差目标值（Residual Target）设置为 0.001；单击 OK 按钮确认，关闭页面。

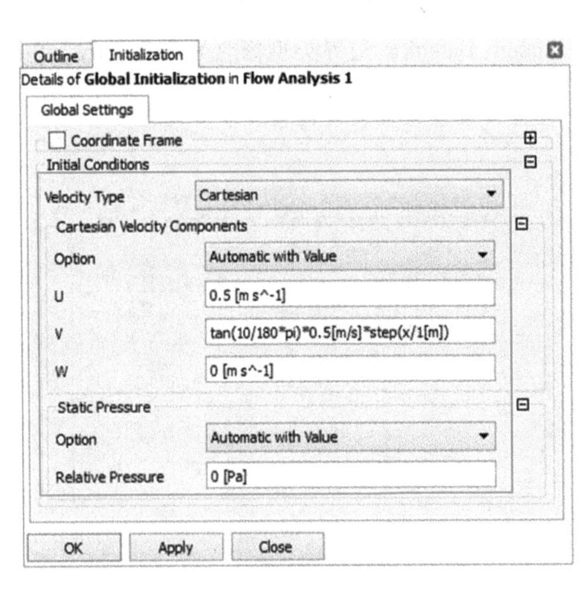

图 3-2-41　全局初始化设置界面

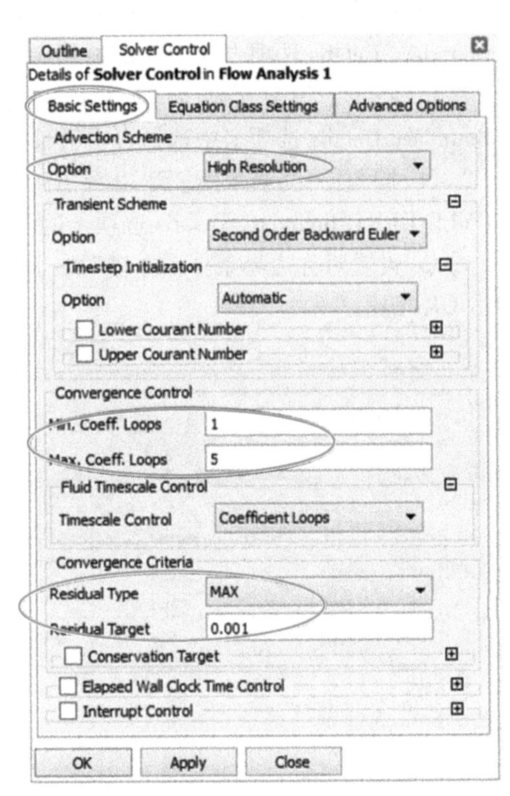

图 3-2-42　求解控制

(7) 输出控制设置

操作：双击 Solver 下的 Output Control，在其 Results、Backup、Trn Stats 选项卡中的设置保持默认。

① 在 Trn Results 选项卡中，新建一个瞬态结果输出 Transient Results 1，输出频率为每 5 个时间步长输出一次，如图 3-2-43 所示。单击 Apply 按钮。

② 在 Monitor 选项卡中，勾选 Monitor Objects 复选项，在 Monitor Points and Expressions 列表右侧单击添加新对象，命名为 Monitor Point 1，在输出量下拉表中选择 Absolute Pressure，坐标设为（0.03，0.03，0）（圆柱侧后方），即监测迭代过程中所选物理量在圆柱侧后方的变化过程，如图 3-2-44 所示。对于其他关心的物理量可自行添加。同理，可在列表中再添加两个监测点 Monitor Point 2、Monitor Point 3，坐标分别设为（0.03，0，0）、（0.03，-0.03，0），监测的物理量选择 Absolute Pressure。单击 OK 按钮。

注意：在图 3-2-44 中，对同一点选择监测多个物理量时，单击图标 ... 展开输出变量列表，按住<Ctrl>键进行物理量选择，可同时选择多个物理量。

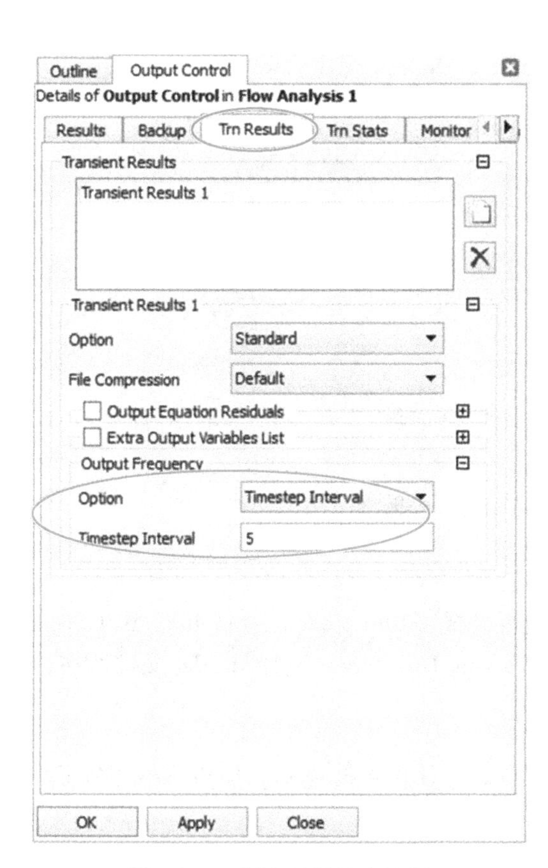

图 3-2-43 瞬态结果输出控制

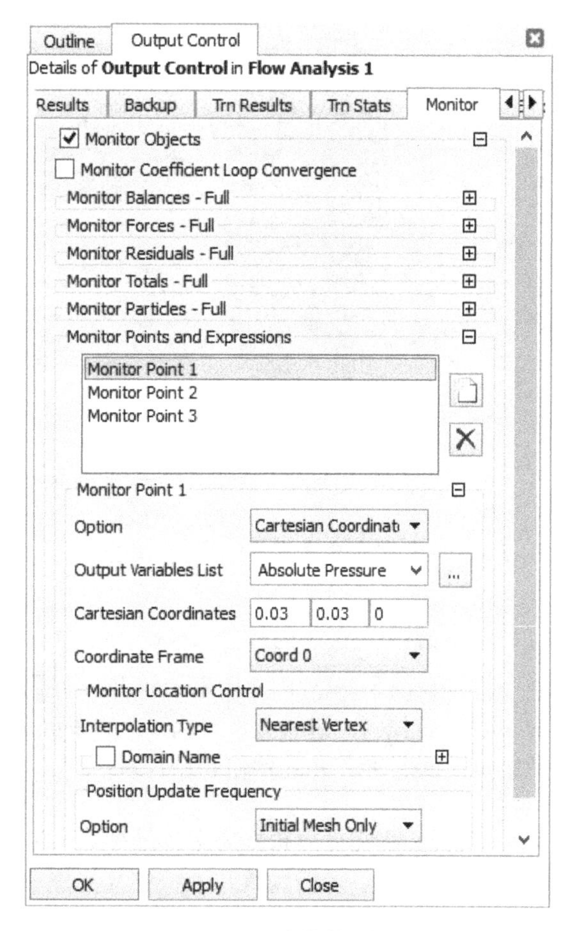

图 3-2-44 变量监测控制

4. 保存文件

菜单栏选择 File→Save Case，选择保存路径，命名为 vortex street. cfx。

第 4 节 启动 CFX-Solver Manager 求解

1. 输出求解输入文件

操作：单击 CFX-Pre 工具栏中的图标，自动生成 def 文件并自动打开 CFX-Solver Manager，如图 3-2-45 所示。

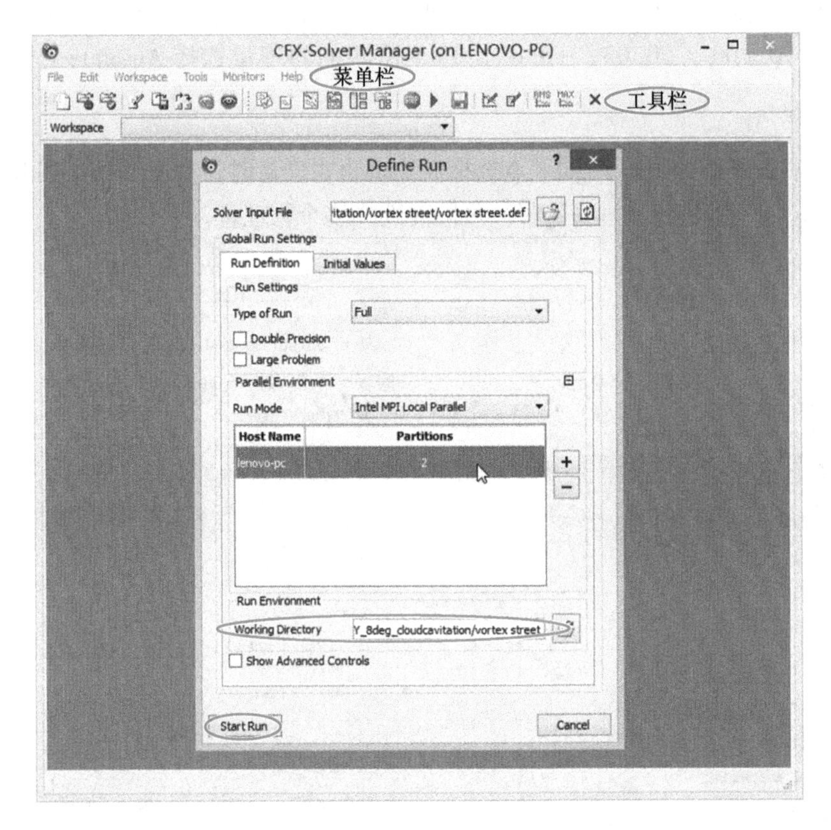

图 3-2-45 CFX-Solver Manager 界面

2. 求解

（1）在图 3-2-45 中的 Definition Run 界面，运行模式（Run Mode）选择 Intel MPI Local Parallel 并行执行，进程数设置为 2；工作目录（Working Directory）选择与 . def 文件所在目录相同；单击 Start Run 按钮开始计算。

注意：根据计算机性能选择进程数，进程数越多，计算耗时越短，但进程数不能超过计算机核数，一般预留几个核供其他程序运行。

（2）计算过程中可以观察到残差变化，计算完成后弹出提示框，单击 OK 按钮关闭。图 3-2-46 所示为压力以及 U、V、W 三个方向动量的 RMS 残差变化曲线。图 3-2-47 所示为所监测物理量（绝对压力）在圆柱后方三个位置处的变化曲线，结果表明在开始计算 400 个时间步长后，涡街开始较为稳定。

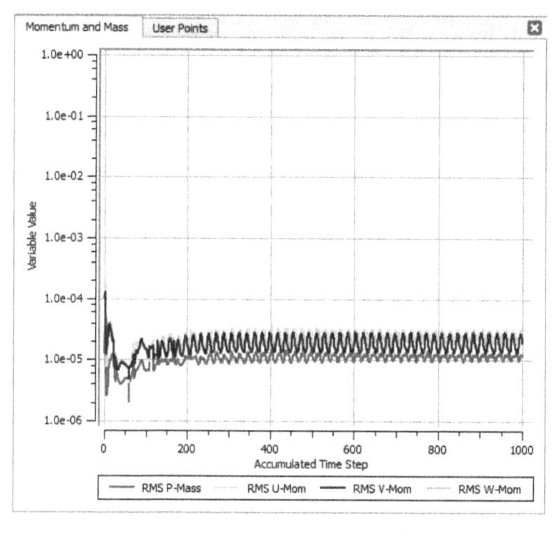

图 3-2-46 质量和动量残差

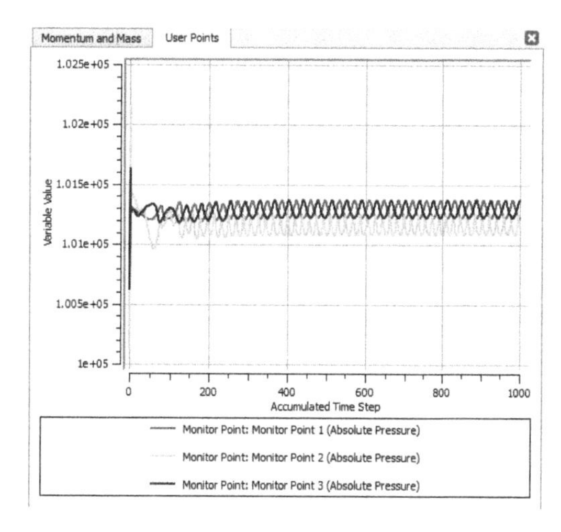

图 3-2-47 监测点处压力变化

第 5 节 启动 CFX-Post 进行结果后处理

1. 打开 CFD-Post

操作：单击 CFX-Solver Manager 工具栏中图标，弹出启动 CFD-Post 对话框，保持默认设置，单击 OK 按钮。CFD-Post 对话框如图 3-2-48 所示。

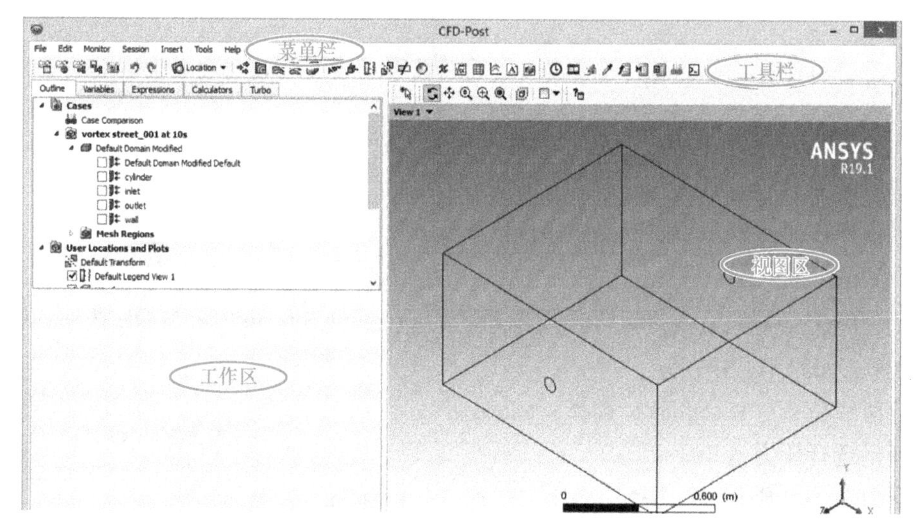

图 3-2-48 CFD-Post 对话框

2. 选择进行处理的时刻

操作：双击工作区的 Case Comparison，勾选 Case Comparison Active 复选项，可修改 Case 1 的当前时间步（Current Step），当前时间步默认是计算的最后一步，即 10s，如图 3-2-49 所示。此处保持默认设置，单击 Apply 按钮。

3. 绘制压力、速度云图和流线图

（1）创建平面

操作：单击工具栏 Location 图标，在下拉菜单中单击 Plane，平面命名为 section1，单击 OK 按钮；平面设置对话框如图 3-2-50 所示。

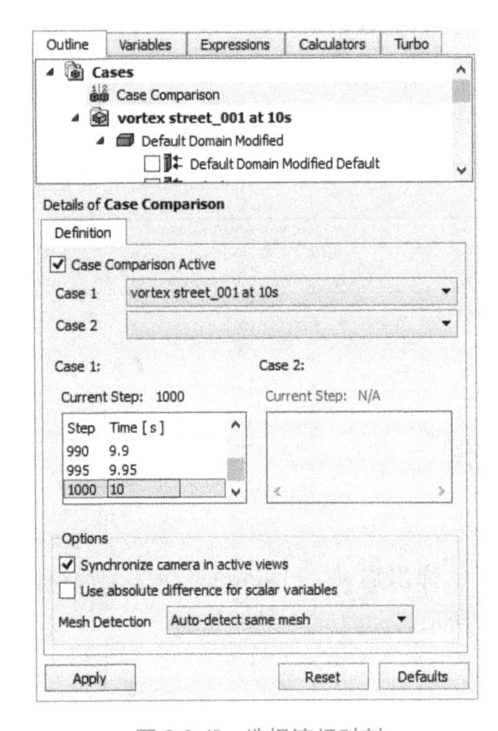

图 3-2-49　选择流场时刻

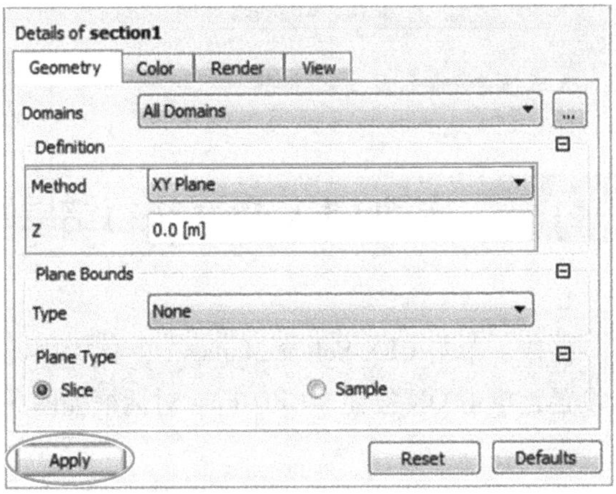

图 3-2-50　平面设置对话框

① 在 Geometry 选项卡中设置偏移基准平面为 XY Plane。

② 偏移距离 Z 设为 0m。

③ 其他选项保持默认设置，单击 Apply 按钮。

（2）绘制压力云图

操作：单击工具栏图标，等值线图命名为 pressure contour，单击 OK 按钮；打开压力云图对话框，如图 3-2-51 所示。

① 等值线位置（Locations）选择 section1。

② 变量选择压力（Pressure）。

③ 压力范围（Range）选择局部压力范围（Local）。

④ 等值线数目设置为 100，其他保持默认设置，单击 Apply 按钮。

在视图区，单击直角坐标系的 Z 轴，可将视图调整为垂直于 Z 轴，得到压力云图如图 3-2-52 所示。

（3）绘制速度云图

操作：同步骤（2），单击工具栏图标，等值线图命名为 velocity contour，单击 OK 按钮；等值线位置选择 section1，变量选择速度（Velocity），速度范围选择局部（Local），等值

线数目设置为100，其他保持默认设置，单击Apply按钮。得到速度云图如图3-2-53所示。

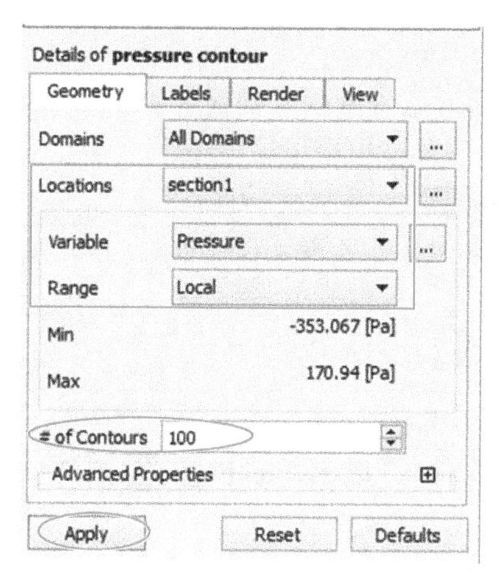

图 3-2-51　压力云图对话框

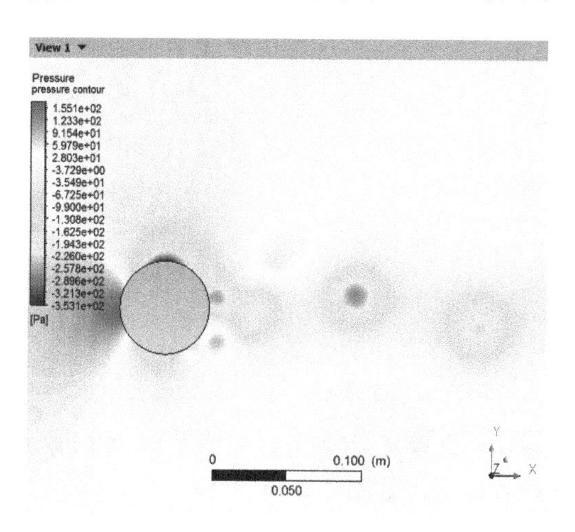

图 3-2-52　圆柱周围压力云图

（4）绘制流线图

操作：类似步骤（2），单击工具栏图标，流线图命名为streamline1，单击OK按钮；在对话框中的Geometry选项卡中，选择面流线（Surface Streamline）类型，选择section1面，流线样本位置选择等间距样本（Equally Spaced Samples），设置100个样本点，其他保持默认设置，单击Apply按钮。流线图如图3-2-54所示。

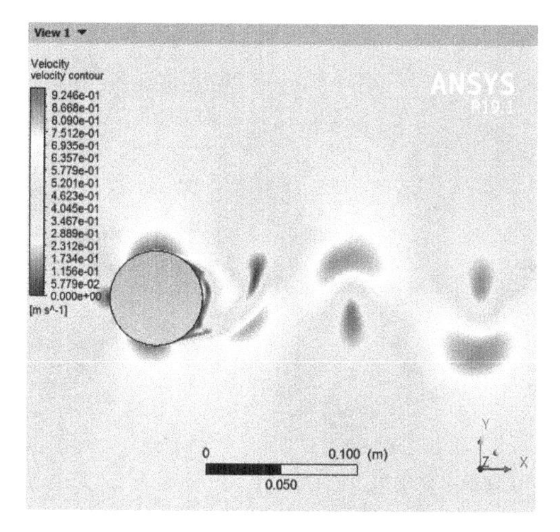

图 3-2-53　速度云图

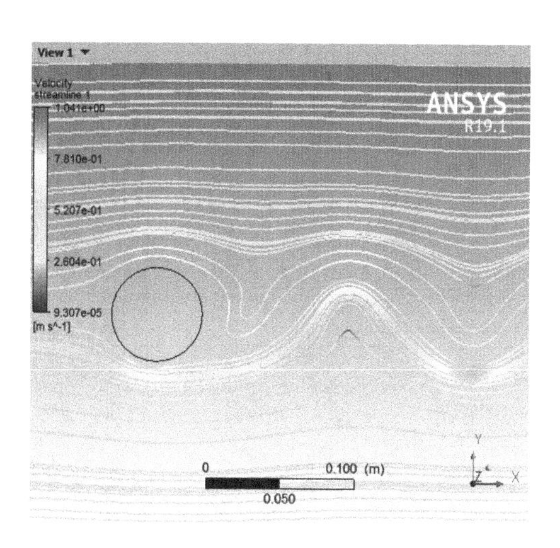

图 3-2-54　流线图

注意：创建的等值线图/流线图会出现在工作区的目录树中，在用户自定义位置与绘制（User Locations and Plots）下。步骤（2）~步骤（4）步中绘制了多个图形，为避免视图区出现多个绘制图形叠加的情况，需要在目录树中取消勾选不想要显示的图形，如图3-2-55所示。

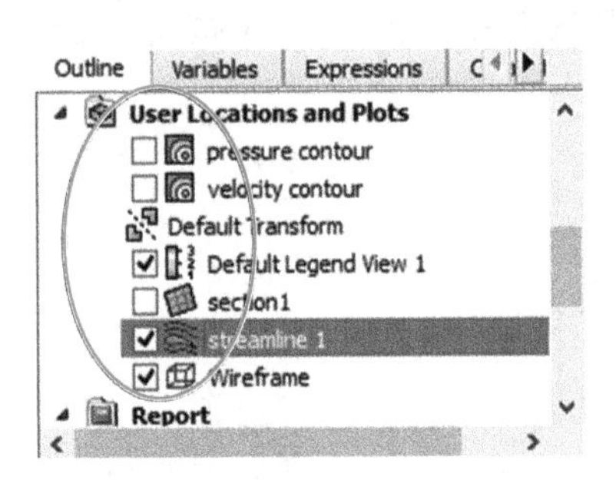

图 3-2-55　关闭/打开图形显示

4. 涡街动态演示

操作：在图 3-2-55 中，勾选显示 velocity contour 等值图。单击工具栏的图标，弹出动画设置界面，如图 3-2-56 所示。

① 选择 Timestep Animation 单选项。

② 勾选 Specify Range for Animation 复选项，开始时间步和结束时间步分别设为 400、1000。

③ 单击图标进行空化的动态演示。

图 3-2-57 所示为动态演示过程中某一时刻速度分布。

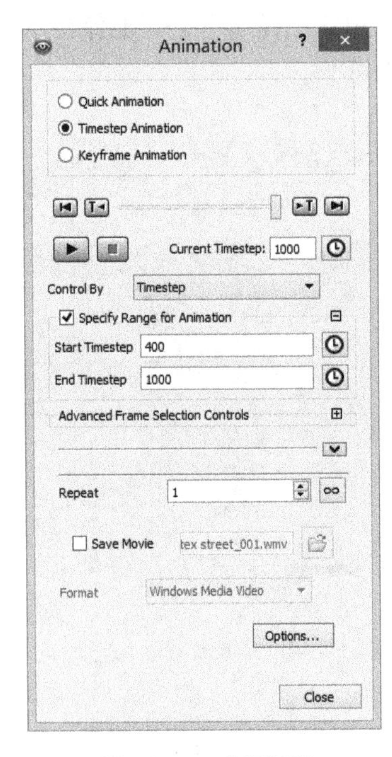

图 3-2-56　动画设置

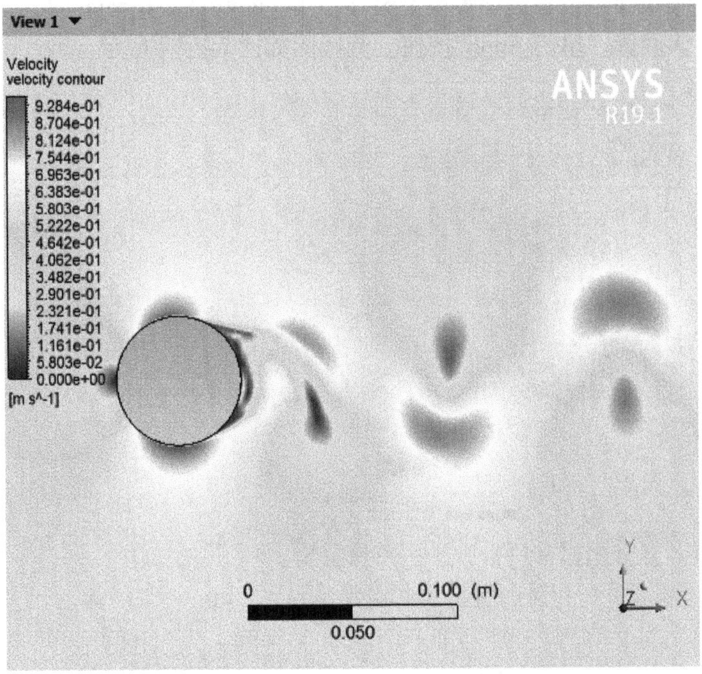

图 3-2-57　某一时刻速度分布

5. 涡脱落频率计算

（1）绘制监测点处压力变化曲线

操作：单击工具栏图标，弹出对话框，输入图表名称 pressure1，单击 OK 按钮。左下方出现 Chart 设置界面。

① 在 General 选项卡中，图线类型选择 XY Line，输入标题设为 Pressure1。

② 在 Data Series 选项卡中，数据源为监测数据（Monitor Data），Y Axis 变量选择 Monitor Point 1 处的绝对压力，如图 3-2-58 所示。其他保持默认设置；单击 Apply 按钮。视图区转到 Chart Viewer 下，监测点 1 处压力变化曲线如图 3-2-59 所示。

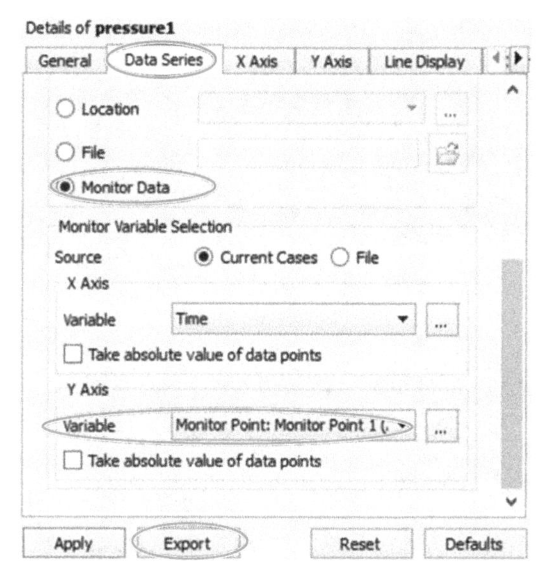

图 3-2-58　选择轴线作为数据源

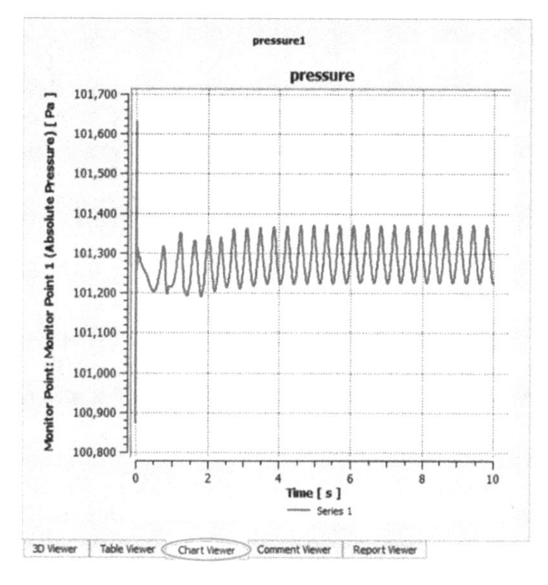

图 3-2-59　监测点 1 处压力变化曲线

（2）导出压力数据

操作：在图 3-2-58 中，单击下方的 Export 按钮，弹出对话框，选择数据文件保存路径，文件名命名为 pressure1，单击 Save 按钮保存。

（3）导入压力数据

操作：单击工具栏 图标，弹出对话框，输入图表名称“pressure vs time”，单击 OK 按钮。左下方出现 Chart 设置界面。

① 在 General 选项卡中，图线类型选择 XY-Transient or Sequence。

② 在 Data Series 选项卡中，数据源为文件（File）导入，并选择第（2）步保存的压力数据文件 pressure1. csv。

其他保持默认设置，单击 Apply 按钮。ChartViewer 视图下的曲线图与图 3-2-59 相同。

（4）计算涡脱落频率

操作：在步骤（3）Chart 设置界面的基础上进行修改设置。

① 在 General 选项卡中，勾选“Fast Fourier Transform”，再勾选“Subtractmean”，取消勾选“Full range of input data”，并输入范围：最小值 6，最大值 10。

② 在 X Axis 选项卡中，取消勾选自动确定坐标范围（Determine ranges automatically），并输入范围：最小值 1，最大值 10。

③ 转到 Y Axis 选项卡，指定 Y Function 为 Magnitude。其他保持默认设置；单击 Apply 按钮。

快速傅里叶变换的结果如图 3-2-60 所示，最大幅值对应的频率为 2. 74Hz，故涡脱落频率为 2. 74Hz。

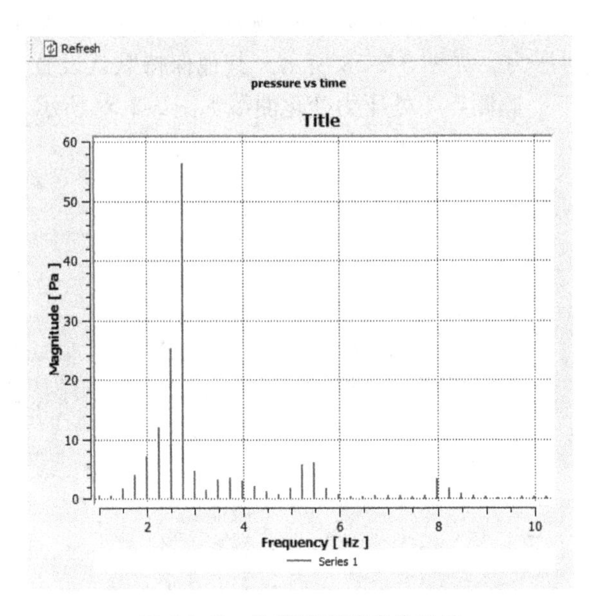

图 3-2-60　快速傅里叶变换结果

第 3 章 有相变的流动——空化模型的应用

问题描述：空化是当液体内部局部压强低于液体饱和蒸气压时，液体内部或液固交界面上蒸气或气体空穴的形成、发展和溃灭的过程，本案例模拟二维水翼在水中快速移动时的云状空化现象，采用 Clark Y 水翼，几何模型如图 3-3-1 所示。为方便分析，以水翼为参考系，入口来流速度 $U=10\text{m/s}$，温度为 25℃，出口绝对压强为 0.4atm，重力加速度为 9.8m/s^2。

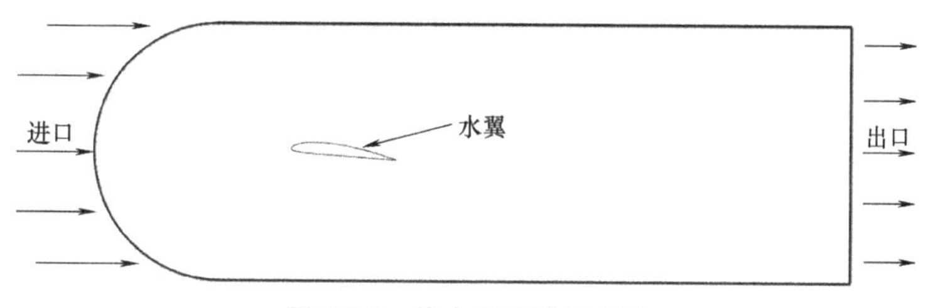

图 3-3-1 绕水翼流动示意图

本章的电子文档对应光盘上的文件夹为：CFX 篇\cavflow；本章使用的软件为：ANSYS ICEM CFD 19.1，ANSYS CFX 19.1。

第 1 节 划分网格

1. 导入几何模型

（1）设定工作目录 File→Change Working Dir，选择文件存储路径。

（2）导入几何文件 File→Geometry→Open Geometry。

选择文件 cavflow.tin，检查各个 Part 的定义是否正确。导入的几何模型如图 3-3-2 所示。

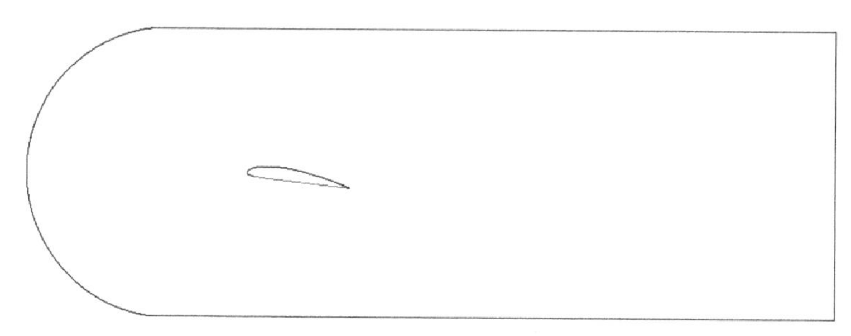

图 3-3-2 几何模型

2. 创建 Block

Block 是生成结构化网格的基础，是几何模型拓扑结构的表现形式，通过创建 Block

来体现几何模型，通过建立映射关系来搭建起几何模型和 Block 之间的桥梁，最终生成网格。

（1）创建 Block

操作：在 Blocking 标签工具栏中，单击 Create Block 图标，左下方弹出 Create Block 对话框，如图 3-3-3 所示。

① 在 Part 框输入 FLUID，单击 Create Block 图标。

② 在 Type 下拉列表中选择 3D Bounding Box。

③ 勾选 Project vertices 复选项。

④ 单击 Apply 按钮，生成 Block 结果如图 3-3-4 所示。

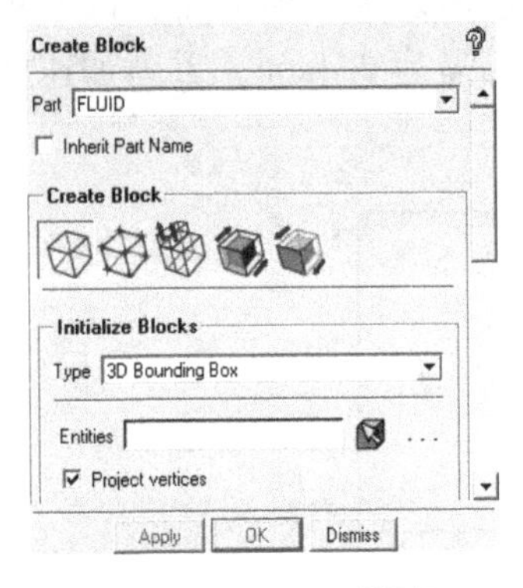

图 3-3-3 Block 对话框

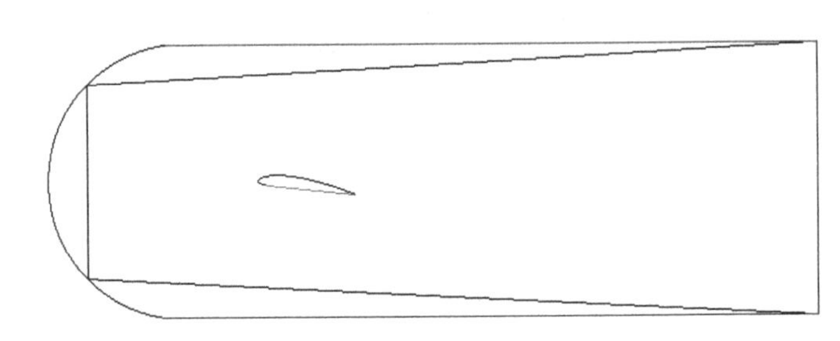

图 3-3-4 Block 生成结果

（2）创建 O-Block

操作：在 Blocking 标签工具栏中，单击 Split Block 图标，左下方弹出 Split Block 对话框，如图 3-3-5 所示。

① 在 Split Block 选项区中选择 Ogrid Block 图标。

② 在 Ogrid Block 选项区中选择 Select Block（s）图标，并在图形窗口选择第（1）步创建的 Block，鼠标中键确认。

③ 在 Ogrid Block 选项区中选择 Select Face（s）图标，并在图形窗口选择 Block 的两个侧面，中键确认，如图 3-3-6 所示，蓝色面为选中的面。

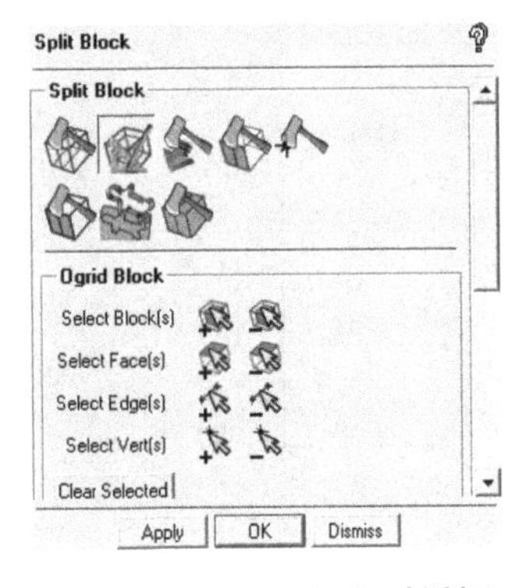

图 3-3-5 Split Block 对话框

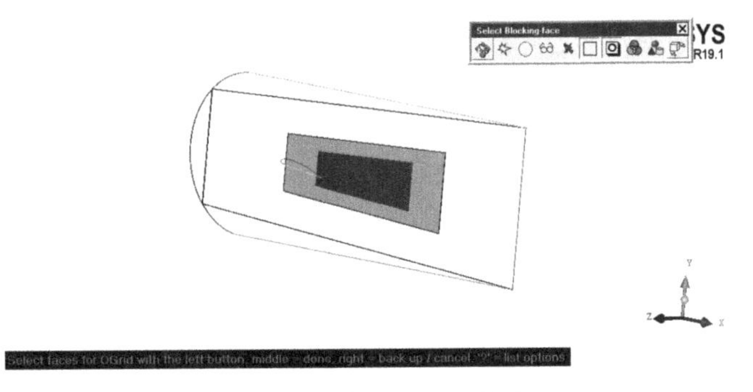

图 3-3-6 选择 Block 两侧面

④ 单击 Apply 按钮，生成如图 3-3-7 所示 Block，共有 5 个 Block。

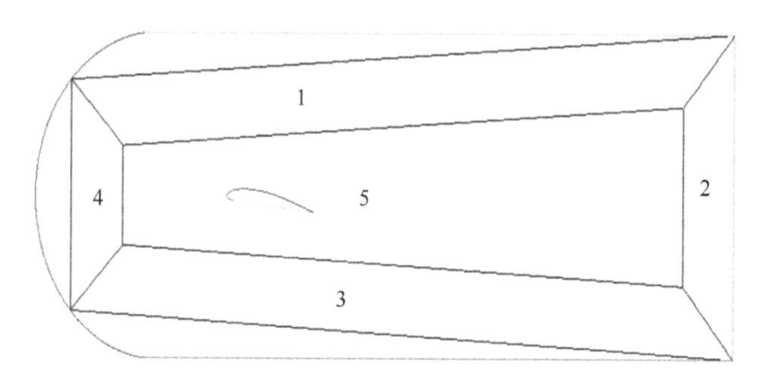

图 3-3-7　生成 Ogrid Block

注意：在创建 Ogrid Block 的第②步，因为要选择 Block 的两个侧面，在选择的过程中需要调整视图，因此需要切换到观察模式，有两种方式：①如图 3-3-6 所示，在选择 Face（s）时，右上角会出现一工具条，工具条的第一个图标可以切换观察模式/选择模式；②键盘<F9>为快捷键，也可以切换观察模式/选择模式。这两种方法在处于选择模式时均适用。

（3）创建 C-Block

操作：在 Blocking 标签工具栏中，单击 Split Block 图标，左下方弹出分解 Block 对话框。

① 在 Split Block 选项区中选择 Ogrid Block 图标。

② 在 Ogrid Block 选项区中选择 Select Block（s）图标，并在图形窗口选择图 3-3-7 中所示的标识为 2 的 Block，中键确定。

③ 在 Ogrid Block 选项区中选择 Select Face（s）图标，并在图形窗口选择图 3-3-7 中所示第 2 个 Block 的三个面（包括一对相对面和一个侧面），中键确定；如图 3-3-8 所示，蓝色面为选中的面。

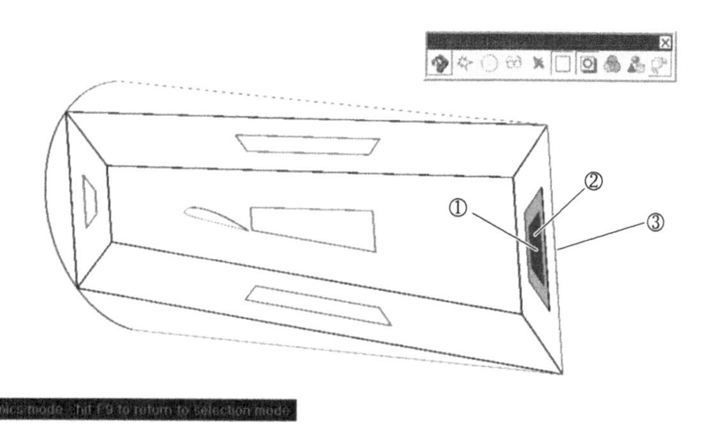

图 3-3-8　创建 C-Block

④ 单击 Apply 按钮，生成 Block 如图 3-3-9 所示，共有 8 个 Block，分别标号为 1~8。

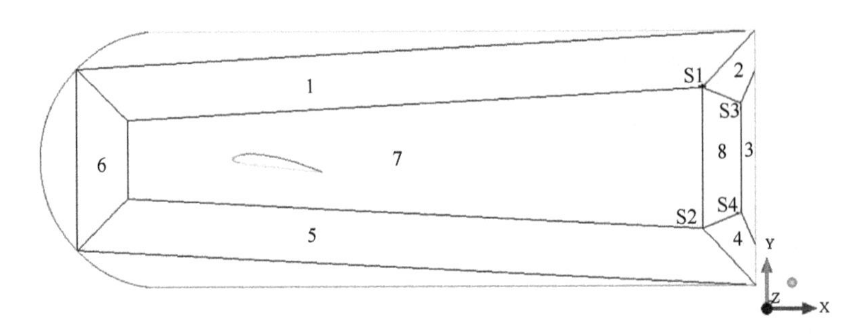

图 3-3-9　生成 C-Block

（4）删除多余 Block

操作：在 Blocking 标签工具栏中，单击删除 Block 图标，左下方弹出删除 Block 对话框。选择图 3-3-9 中所示 3、7 两个位置的 Block，中键确定。

（5）合并 Block 顶点

操作：在 Blocking 标签工具栏中，单击合并点（Merge Vertices）图标，左下方弹出合并点对话框，如图 3-3-10 所示。

① 单击 Merge Vertices 选项区的图标。

② 点选 2 Vertices 单选项。

③ 取消勾选“Propagate merge”复选项，并勾选“Merge to average”复选项。

④ 单击图标进行选择。首先选择在图 3-3-9 中所示的同一个侧面的 S1、S2 两点，然后选择 S3、S4 两点。

⑤ 同步骤④，选择在另一个侧面（相对侧面）的 S1、S2 两点，然后选择 S3、S4 两点。

⑥ 合并点之后的 Block 分布如图 3-3-11 所示，共有 5 个 Block（中心处的 Block 在上一步已删除）。

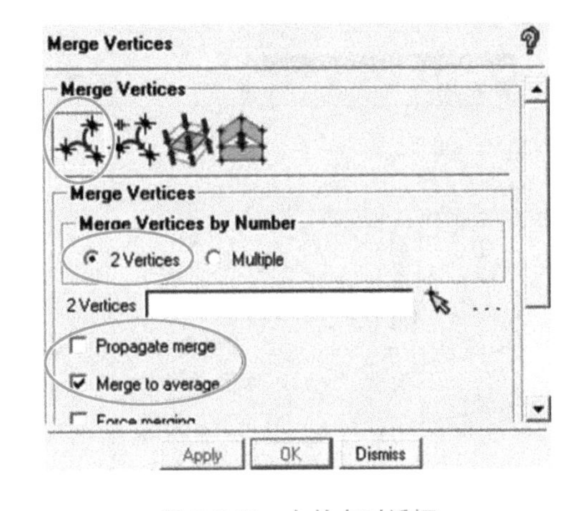

图 3-3-10　合并点对话框

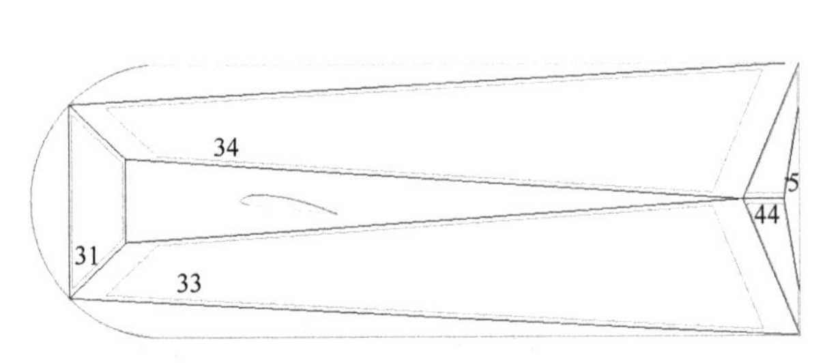

图 3-3-11　合并点后的 Block

可勾选树状区 Blocking 下的 Blocks 显示 Block，如图 3-3-12 所示。

3. 建立映射关系

建立映射关系的目的是建立起 Geometry 与 Block 之间的对应关系，映射的合理与精准将直接影响生成网格的成败与质量。图 3-3-13 所示为映射关系，建立了 Edge（E）到 Curve（C）的映射关系。由于视角问题，图 3-3-13 只能展示出同一个侧面上的映射关系，另一个侧面（相对面）上的映射关系与图 3-3-13 所示完全相同。因此，接下来介绍的关联设置中，所有的 Edge 和 Curve 均在同一个面上进行选择，在另一个面上的操作完全相同，不再赘述。

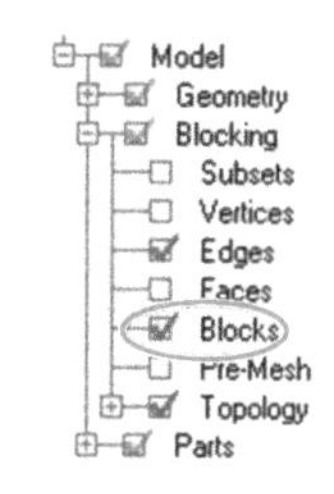

图 3-3-12 勾选 Blocks

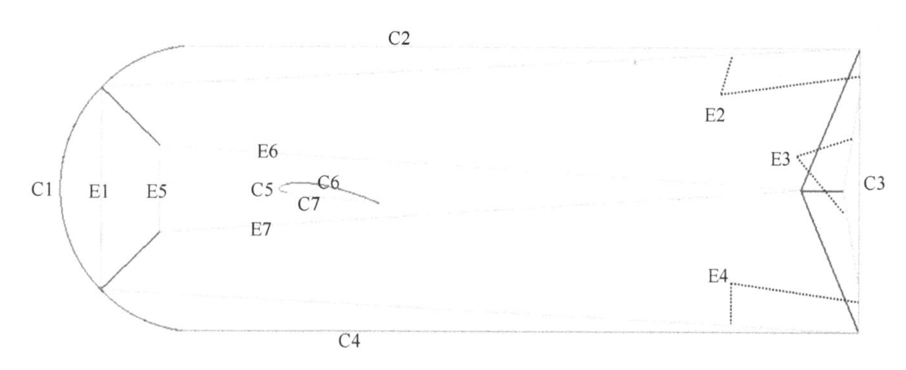

图 3-3-13 映射关系

（1）创建 E1 到 C1 的映射

操作：在 Blocking 标签工具栏中，单击 Associate 图标，左下方弹出关联对话框，如图 3-3-14 所示。

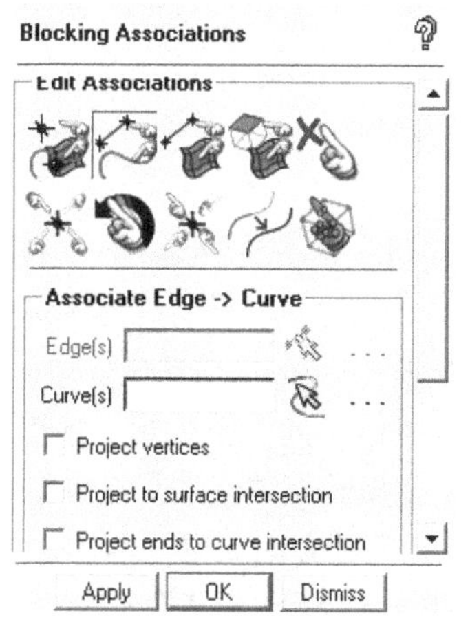

图 3-3-14 关联对话框

① 单击 Associate Edge to Curve 图标。

② 单击 Edge（s）框右侧 Select 图标，选择两侧面中的一个 E1，中键确认。

③ 上一步中键确认后，自动转到选择 Curve（s）的状态，选择与 E1 在同一个面上的

C1，中键确认。

采用相同的方法，分别建立 Ei 到 Ci（i=2~7）的关联。

注意：

（1）当选中 Edge 或 Curve 时，对应的线段会被加粗以强调，注意不要选错、多选或少选。有时显示加粗会有延迟，因此在单击鼠标左键选择后，可轻微滑动鼠标中键，观察目标线段是否变粗，如果发现选错线段，单击鼠标右键可取消上一步操作。

（2）建立 Edge 到 Curve 的映射关系后，Edge 的颜色变成绿色。

（3）合理切换（<F9>键）选择模式和观察模式，以方便选择。

（2）调整 Edge

操作：在 Blocking 标签工具栏中，单击 Move Vertex 图标，左下方弹出点移动对话框，如图 3-3-15 所示。

① 单击移动点图标。

② 移动约束（Movement Constraints）选择 Fix Z 复选项。

③ 单击点选择图标，调整图 3-3-13 所示 E1～E7 线段端点的位置，调整时，鼠标左键选择一个点并按住左键不松开，可拖动点移动。调整结果如图 3-3-16 所示。

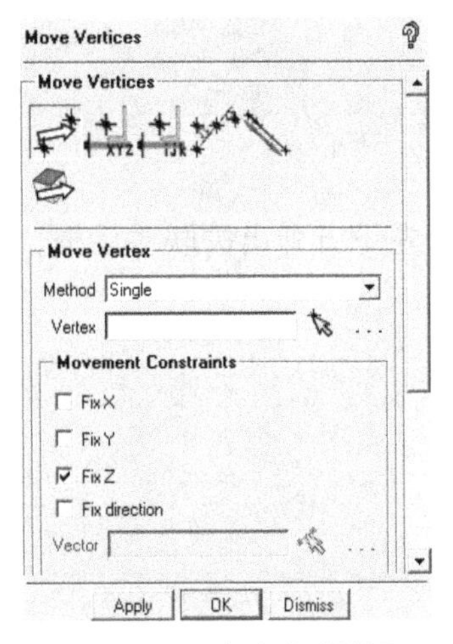

图 3-3-15　点移动对话框

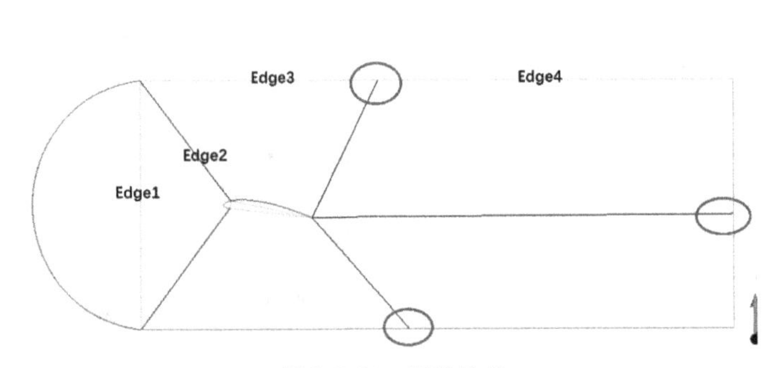

图 3-3-16　调整结果

注意：注意图 3-3-16 中红圈所标注的三个位置，前面已经说过，这里展示的只是一个侧面，另一个侧面与该侧面完全相同而被遮挡。在调整 Edge 的端点时，最终应使两侧面对应点的 X、Y 坐标相同，即从 Z 轴方向观察，两侧面 Edge 完全重合。对于红圈中标注的三个位置，先确定好一个侧面上 Edge 端点的位置，再使用图 3-3-15 中 Set Location 图标，勾选 Modify X 和 Modify Y，通过选择参考点（确定好的 Edge 端点）和要移动的点（另一侧面上对应的 Edge 端点）来对齐两个点。

除红圈标注的位置外，由于其他的 Edge 端点与 Curve 端点重合，因此可以很方便地确定它们的位置。

4. 定义网格节点数

（1）在 Blocking 标签工具栏中，单击 Pre-Mesh Params 图标，左下方弹出设定节点数设置对话框，如图 3-3-17 所示。

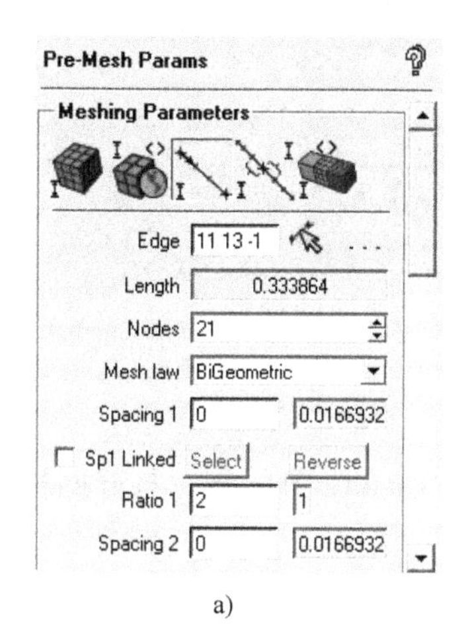

a)

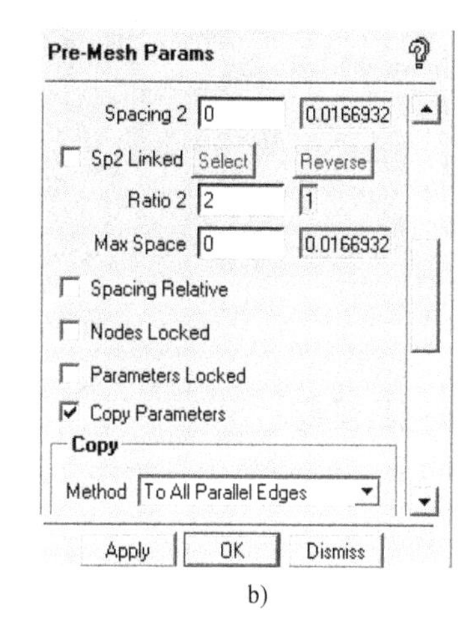

b)

图 3-3-17 节点数设置对话框

① 单击 Edge Params 图标。

② 在 Edge 栏中选择图 3-3-16 所示左侧入口边 Edge1。

③ 在 Mesh law 下拉表中选择 BiGeometric。

④ 在 Nodes 项输入 21。

⑤ 确认 Spacing 1=0、Spacing 2=0。

⑥ 勾选 Copy Parameters 复选项（对应入口边节点分布，并将其用到水翼前缘）。

⑦ 单击 Apply 按钮。

注意： Spacing 1=0、Spacing 2=0 表示网格边界不加密。

（2）采用相同的方法，设置 Edge2~Edge4。

① 选择 Edge2，Nodes=120；Spacing 1=0.4，Ratio 1=2；Spacing 2=0.14，Ratio 2=1.1，单击 Apply 按钮。

② 选择 Edge3，Nodes=110，Spacing 1=0，Spacing 2=0，其他保持默认设置，单击 Apply 按钮。

③ 选择 Edge4，Nodes=200；Spacing 1=2，Ratio 1=1.1；Spacing 2=0，Ratio 2=2，单击 Apply 按钮。

（3）保存当前的 Block 文件

操作：File→Blocking→Save Blocking As，文件名为 cavflow. blk。

5. 导出网格

（1）生成网格

操作：在模型树中，勾选 Model→Blocking→Pre-mesh，弹出对话框，单击 Yes 按钮确定，生成网格如图 3-3-18 所示。

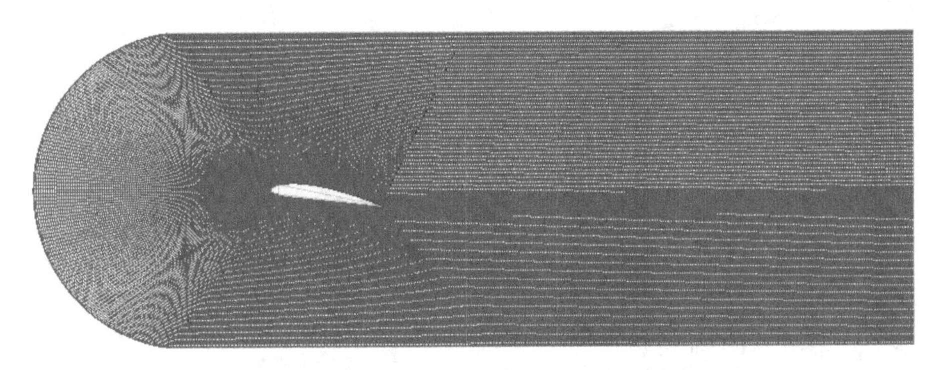

图 3-3-18　生成网格展示

（2）检查网格质量

操作：在 Blocking 标签工具栏中，单击 Pre-Mesh Quality 图标，打开网格质量设置对话框如图 3-3-19 所示。

① 在 Criterion 下拉表中选择 Determinant 2×2×2。

② 保留其他默认设置，单击 Apply 按钮。

右下方展示出以 Determinant 2×2×2 为标准检查网格质量结果，如图 3-3-20 所示。

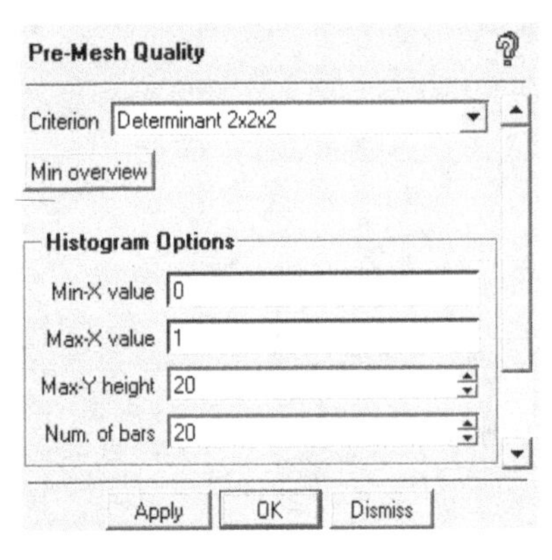

图 3-3-19　网格质量设置

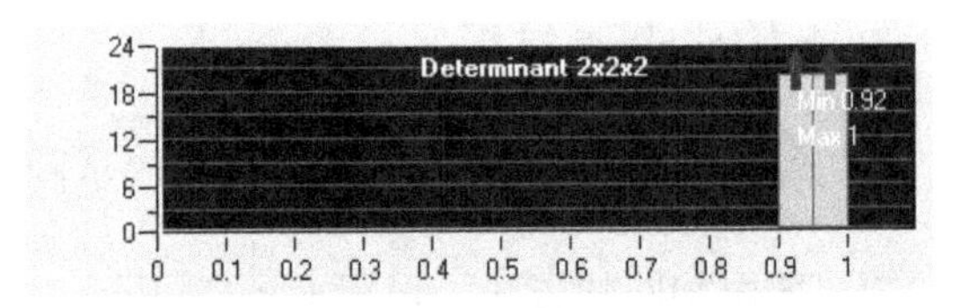

图 3-3-20　网格质量结果

（3）保存网格

操作：右键单击模型树 Model→Blocking→Pre-Mesh，选择 Convert to Unstruct Mesh，如图 3-3-21 所示；File→Mesh→Save Mesh As，保存当前的网格文件为 cavflow. uns。

（4）选择求解器

操作：在 Output 标签工具栏中，单击 Select Solver 图标，在左下方弹出的对话框的 Output Solver 下拉表中选择 ANSYS CFX，单击 Apply 按钮。

（5）导出用于 CFX 计算的网格文件

操作：在 Output 标签工具栏中，单击 Write input 图标。

① 在弹出的对话框中，单击 NO 按钮，不保留工程文件。

② 弹出对话框如图 3-3-22 所示。

③ 保持选项默认设置，单击 Done 按钮，导出网格。

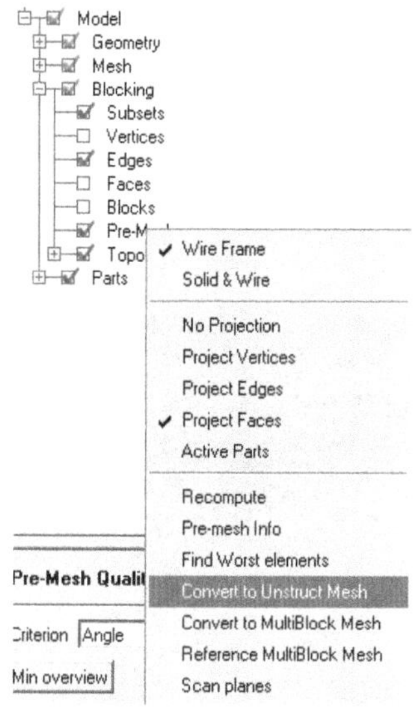

图 3-3-21 生成非结构网格

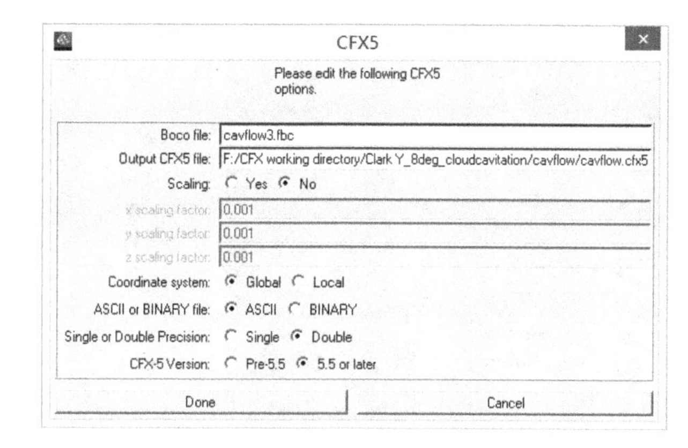

图 3-3-22 保存网格 CFX5 网格文件

第 2 节 启动 CFX-Pre 进行物理定义

1. 启动 CFX-Pre，选择执行模式

ANSYS CFX 启动界面如图 3-3-23 所示，单击启动 CFX-Pre 图标；启动 CFX-Pre 后，在菜单栏选择 File→New Case，在弹出的仿真类型对话框中选择 General，如图 3-3-24 所示。

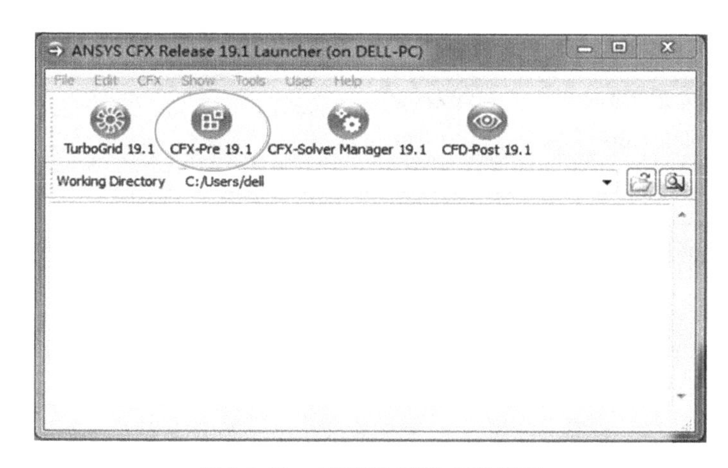

图 3-3-23 ANSYS CFX 启动界面

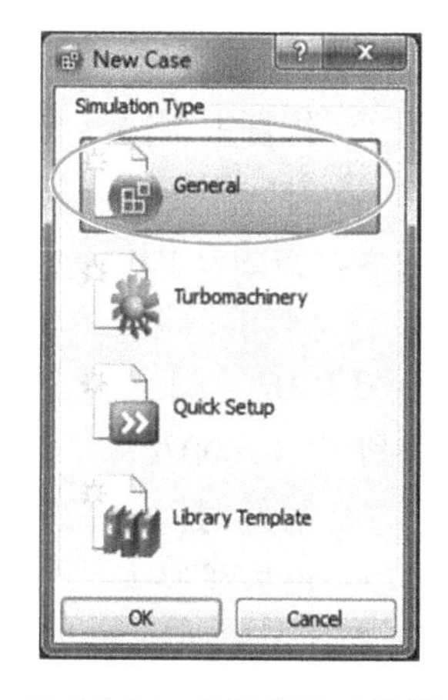

图 3-3-24 仿真类型对话框

注意：对于所有类型的 CFD 仿真，General 模式是一个通用模式。

2. 网格导入

（1）在工作区的目录树中，右键单击 Mesh，选择 Import Mesh→ICEM CFD，如图 3-3-25 所示。

（2）在弹出的对话框中选择生成的网格文件 cavflow. cfx5，在对话框右侧 Mesh Units 中选择单位 mm，其他保持默认设置，如图 3-3-26 所示，单击 Open 按钮打开。

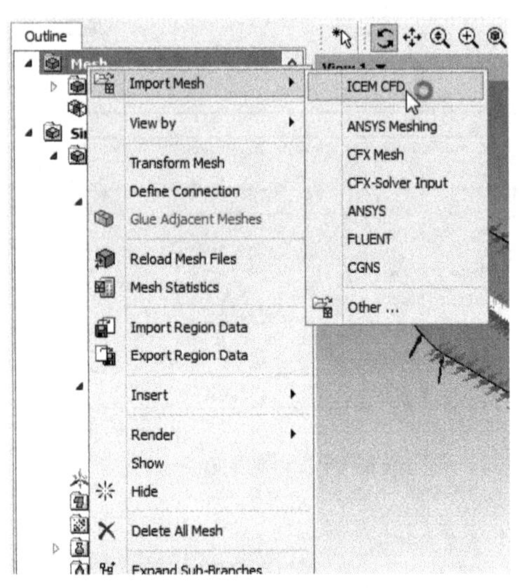

图 3-3-25　导入网格文件

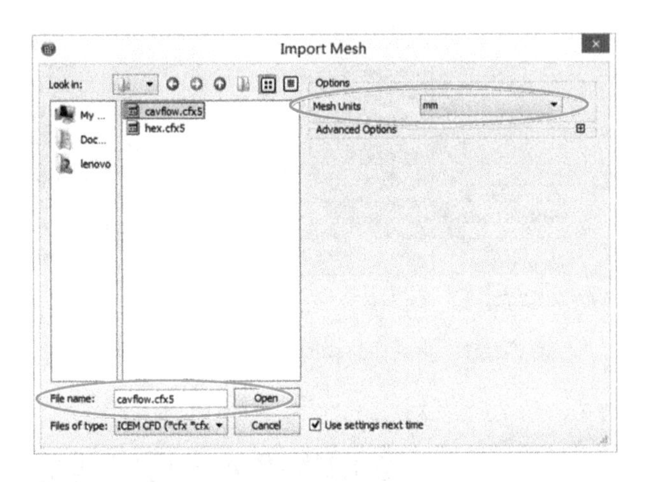

图 3-3-26　选择网格文件

3. 仿真（Simulation）设置

（1）分析类型设置

操作：在工作区的目录树中，展开 Simulation，双击 Flow Analysis 1 下的 Analysis Type，打开仿真类型设置窗口，如图 3-3-27 所示。

① 仿真类型选择 Transient（瞬态仿真）。

② 时间周期定义方式选择 Total Time（总时长），值为 0. 035 [s]。

③ 时间步定义方式选择 Timesteps，值为 50 * 0. 0007 [s]，表示一共 50 步，每一步步进时长为 0. 0007s。

④ 初始时间定义方式选择 Automatic with Value，值为 0 [s]。

单击 OK 按钮完成设置。

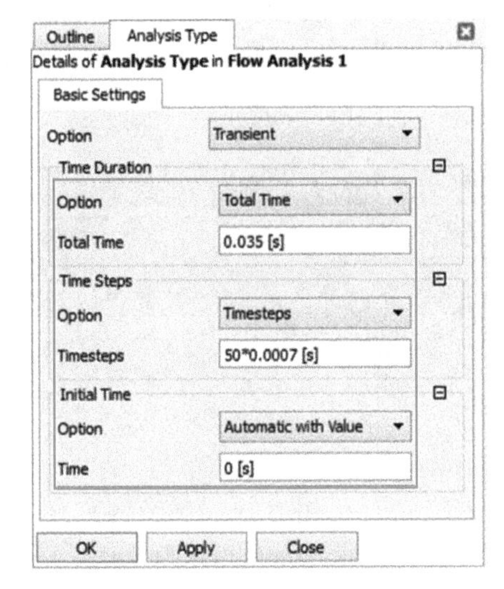

图 3-3-27　仿真类型设置

（2）流域设置

操作：双击 Flow Analysis 1 下的 foil，进行流域设置。

① 按图 3-3-28 所示 Basic Settings 选项卡进行设置：域类型选择流体域（Fluid Doman）；新建两种材料，材料分别选择 25℃下的水和水蒸气，两种材料均可在 Material 中 Water Data

下选中；参考压力设为 0atm，重力及浮力设置按图 3-3-28b 展示设置；其他保持默认设置，单击 Apply 按钮。

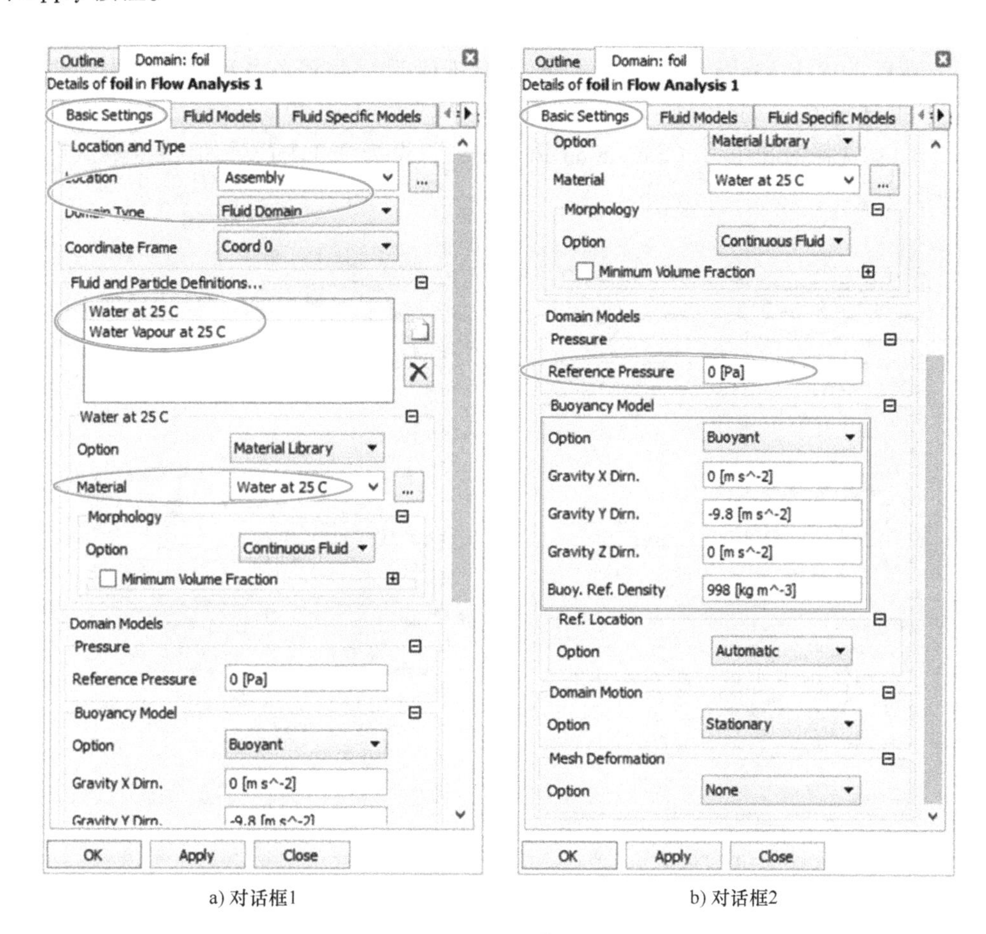

a) 对话框1　　b) 对话框2

图 3-3-28　流域基本设置

注意：流体材料 Fluid 1 会自动生成，可删除。在空化流动中，根据需要自行新建新材料，如图 3-3-29 所示。

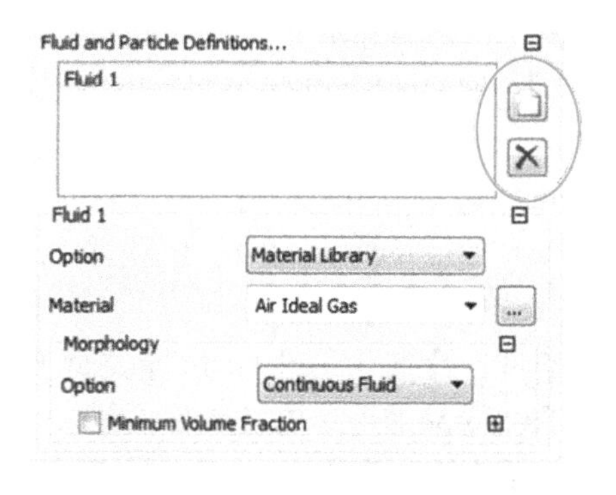

图 3-3-29　新建和删除材料对话框

② 如图 3-3-30 所示 Fluid Models 选项卡进行设置：热传递模型选择等温模型 Isothermal，流体温度 298K；湍流模型选择 k-Epsilon 模型，其他保持默认设置，单击 Apply 按钮。

③ 转到 Fluid Specific Models 选项卡，流体浮力模型选择 Density Difference（密度差）。

④ 转到 Fluid Pair Models 选项卡，如图 3-3-31 所示。表面张力系数设置为 0.072N/m；质量输运模型选择 Cavitation（空化）；空化模型选择 Rayleigh Plesset 模型，平均直径设为 2.0E-06 [m]；选择饱和压力（Saturation Pressure），设为 2334Pa。其他保持默认设置，单击 OK 按钮。

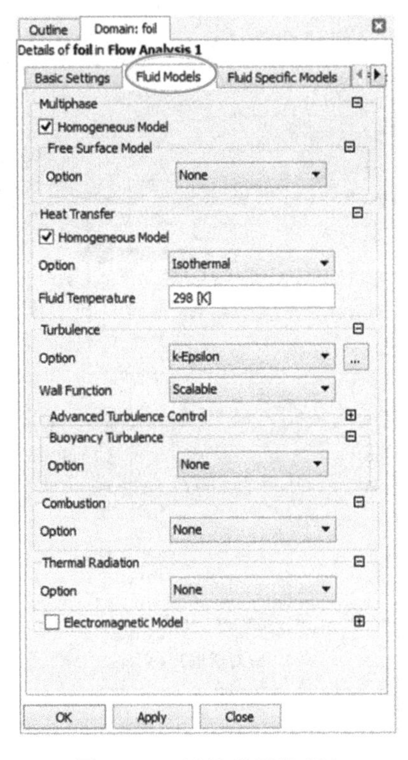

图 3-3-30　流体模型选项卡

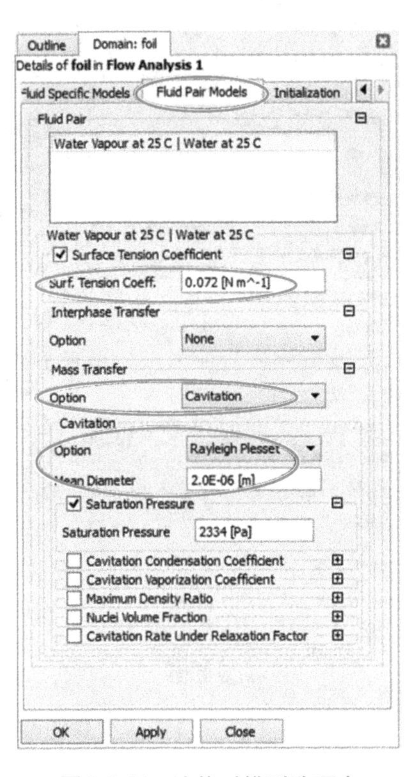

图 3-3-31　流体对模型选项卡

(3) 边界条件设置

操作：右键单击 Flow Analysis 1 下的 Default Domain，选择 Rename，填入 foil。再次右键单击 foil，选择 Insert→Boundary，设置边界条件，如图 3-3-32 所示。

① 设置进口边界条件：单击 Boundary，在弹出的对话框中输入边界名称 inlet，单击 OK 按钮；在 Basic Settings 选项卡中，Boundary Type 处选择 Inlet，在 Location 下拉表中选择 INLET；然后转到 Boundary Details 选项卡中，如图 3-3-33 所示，流态选择 Subsonic，质量与动量选择笛卡儿速度分量（Cart. Vel. Components），U 项输入 10 [ms^-1]，V、W 项输入 0 [ms^-1]；湍流强度选择 Low；单击 OK 按钮。

② 同①，设置出口边界条件：命名为 outlet，边界类型 Opening，位置选择 OUTLET；Boundary Details 选项卡设置如图 3-3-34 所示；单击 OK 按钮。

③ 同①，设置外壁面边界条件：命名为 wall，边界类型 Wall，位置选择 WALL；Boundary Details 选项卡中选择自由滑移壁面（Free Slip Wall）；单击 OK 按钮。

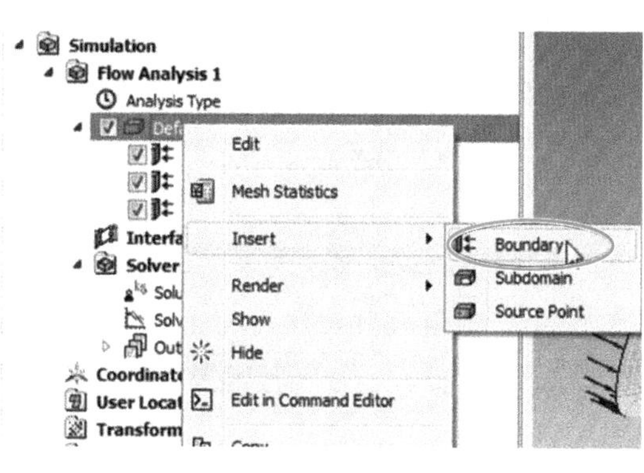

图 3-3-32 设置边界条件

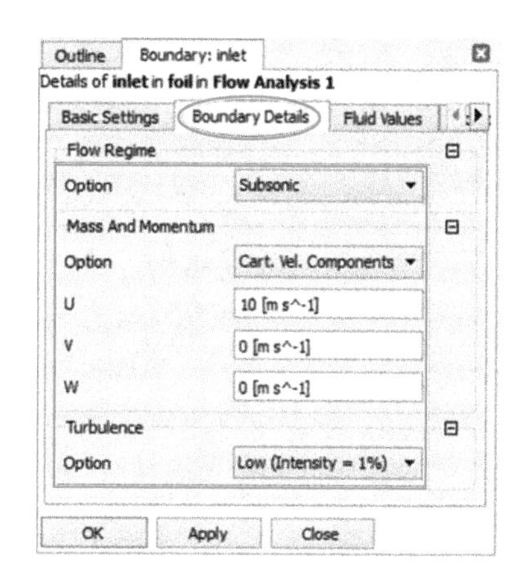

图 3-3-33 进口边界条件

④ 同①，设置内壁面边界条件：命名为 foil1，边界类型 Wall，位置选择 FOIL；Boundary Details 选项卡中设置如图 3-3-35 所示；单击 OK 按钮。

⑤ 同①，设置对称边界条件：命名为 symmetry，边界类型 Symmetry，位置选择 SYMMETRY；单击 OK 按钮。

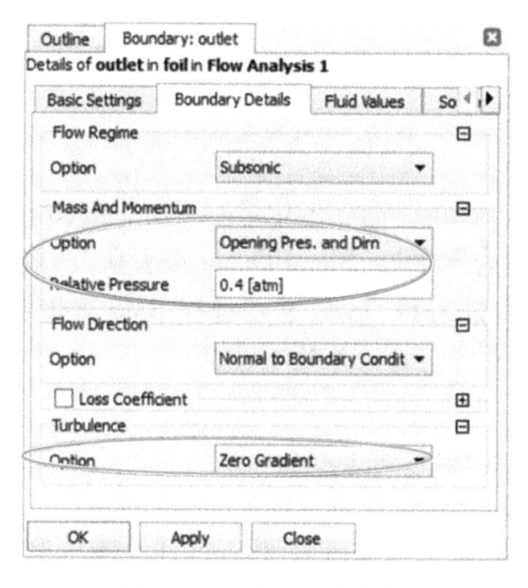

图 3-3-34 出口边界条件

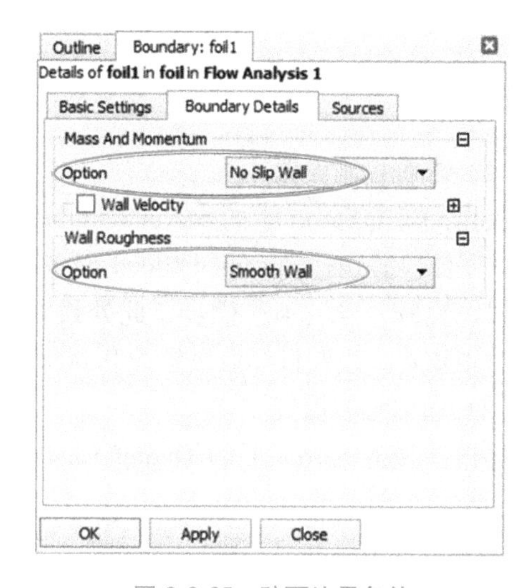

图 3-3-35 壁面边界条件

（4）进行初始化设置

操作：右键单击 Flow Analysis 1，选择 Insert→Global Initialization，进入初始化设置界面。

① 在 Global Settings 选项卡中，按图 3-3-36 进行设置。

② 在 Fluid Settings 选项卡中，按图 3-3-37 进行设置；水和水蒸气的初始体积分数均为自动（Automatic）。

（5）求解单位设置

操作：展开左侧目录树 Flow Analysis 1 下的 Solver。双击 Solution Units 可查看求解单位，此处保持默认设置，单击 OK 按钮关闭。

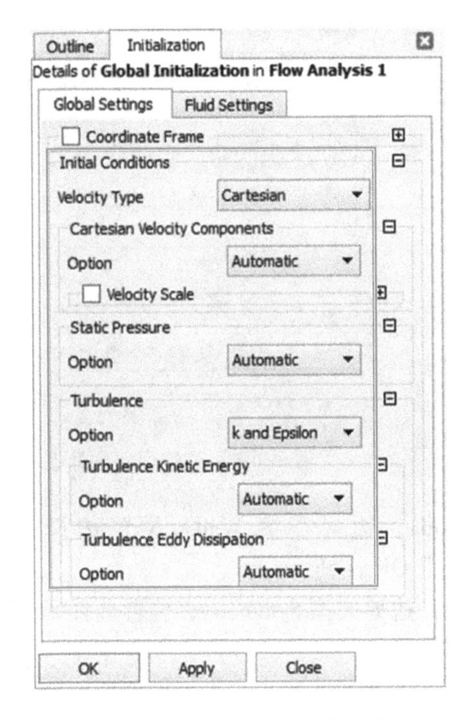

图 3-3-36　全局初始化选项卡

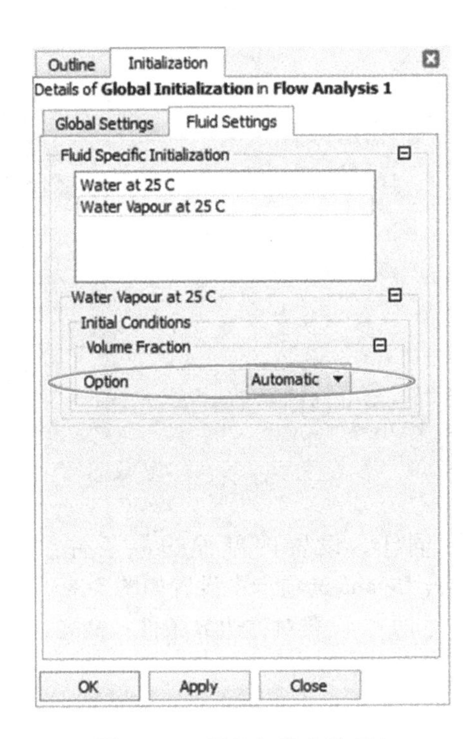

图 3-3-37　流体初始化选项卡

（6）求解控制设置

操作：双击 Solver 下的 Solver Control，在 Basic Settings 选项卡中进行设置，如图 3-3-38 所示。平流设置选择 Specified Blend Factor（指定混合因子），Blend Factor 设为 0.5；收敛控制可以设置最大与最小迭代步，此处最大迭代步设置为 6；收敛准则选择 RMS 残差类型，即均方根残差，残差目标值设置为 0.0001；单击 OK 按钮确认并关闭页面。

（7）输出控制设置

操作：双击 Solver 下的 Output Control，在其 Results 和 Backup 选项卡中的设置保持默认。

① 在 Trn Results 选项卡中新建一个瞬态结果输出 Transient Results 1，输出频率为 0.0014s，如图 3-3-39 所示。单击 Apply 按钮。

② 在 Trn Stats 选项卡中新建一个瞬态统计输出 Transient Statistics 1。单击图标 ... 展开输出变量列表，如图 3-3-40 所示，按住<Ctrl>键进行变量选择可同时选择多个变量，需要选择的变量已列举在表 3-3-1 中；勾选开始和停止迭代列表，分别设置为 110、150，如图 3-3-40 所示。单击 Apply 按钮。

③ 在 Monitor 选项卡中勾选 Monitor Objects 复选项，在 Monitor Points and Expressions 列表的右侧单击添加新对象，命名为 V1，在输出量列表中选择 Absolute Pressure、Eddy Viscosity、Water Vapor at 25 C. Velocity、Volume Fraction、Vorticity Z 五个变量，坐标选择（0.0020082，0.0035078，0）（水翼前缘），即监测迭代过程中所选变量在水翼前缘的变化过程，如图 3-3-41 所示。对其他关心的变量可自行添加。单击 OK 按钮。

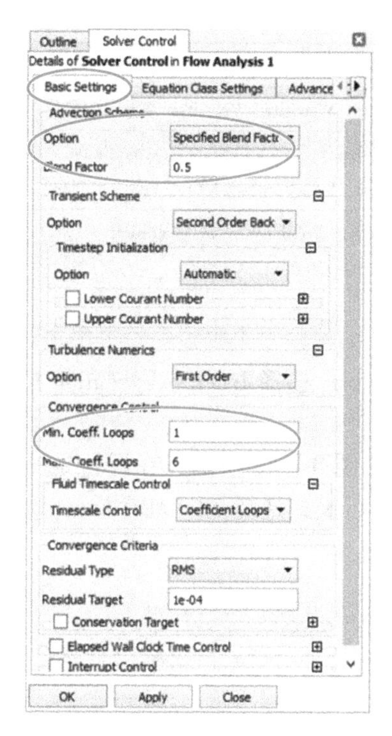

图 3-3-38　求解控制

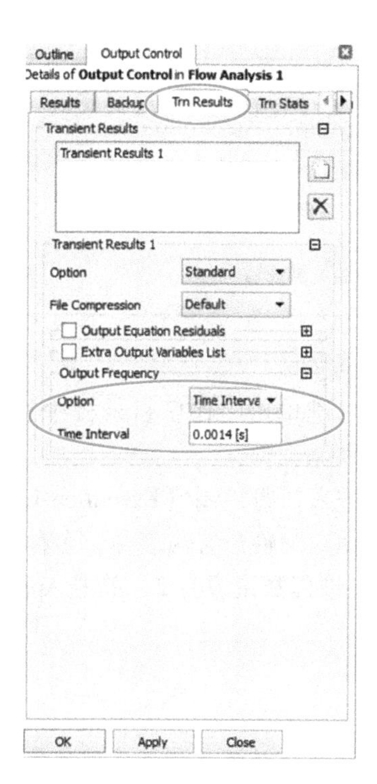

图 3-3-39　瞬态结果输出控制

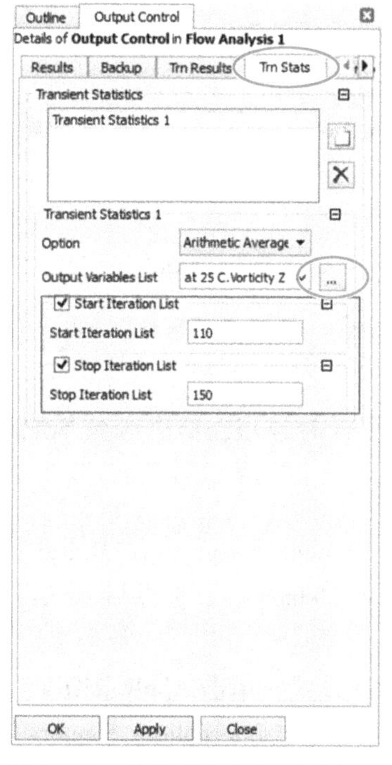

图 3-3-40　瞬态统计结果输出控制

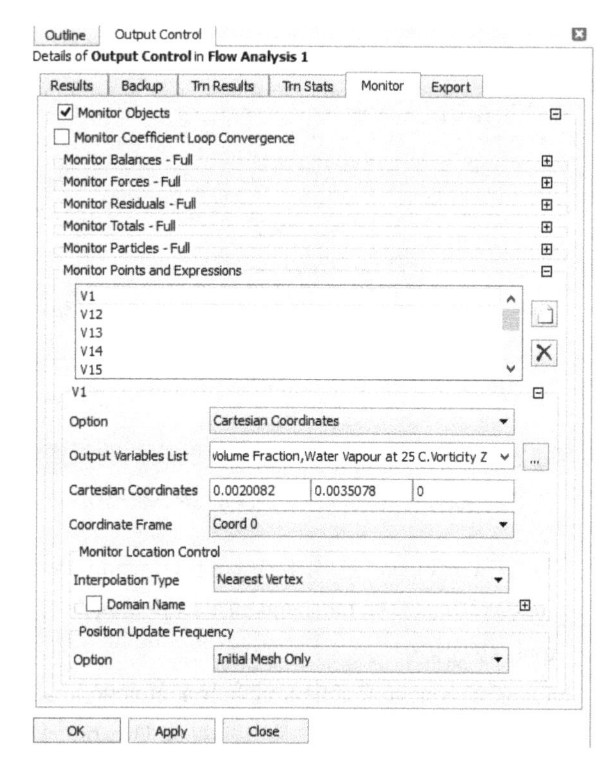

图 3-3-41　变量监测控制

表 3-3-1　输出统计变量

输出变量	变量名称
流场变量	Absolute Pressure，Eddy Viscosity，Velocity，Vorticity
Water Vapor 相关变量	Water Vapor at 25 C. Velocity，Volume Fraction，Vorticity Water Vapor at 25 C. Vorticity X/Y/Z
Water 相关变量	Water at 25 C. Velocity，Volume Fraction，Vorticity Water at 25 C. Vorticity X/Y/Z

4. 仿真控制（Simulation Control）

（1）右键单击工作区目录树中的 Simulation Control，选择 Insert→Execution Control，如图 3-3-42 所示。

（2）进入执行控制（Execution Control）设置，如图 3-3-43 所示，在运行定义选项卡中设置求解输入文件位置与名称，名称设为 cavflow，运行模式选择 Intel MPI Local Parallel（并行执行），进程数设置为 2；单击 Apply 按钮。

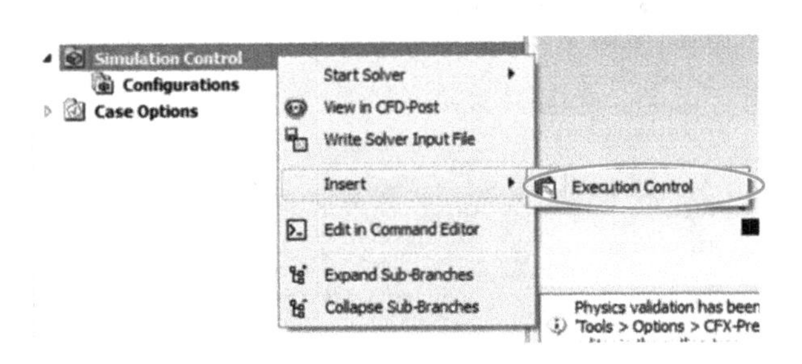

图 3-3-42　添加执行控制

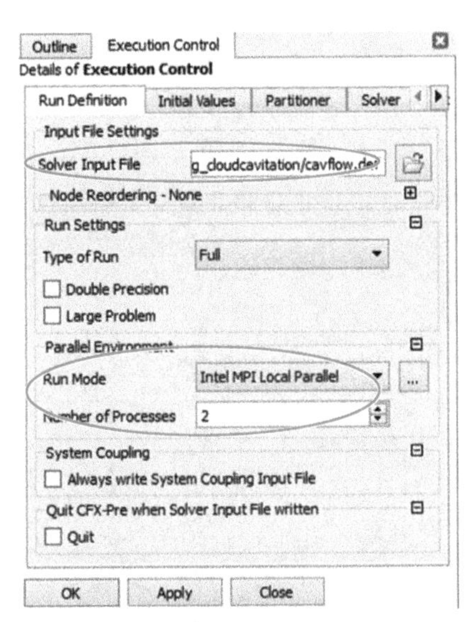

图 3-3-43　执行控制对话框

注意：根据计算机性能选择进程数，进程数越多，计算耗时越短，但进程数不能超过计算机核数，一般预留几个核供其他程序运行。

（3）在 Partitioner 选项卡中勾选 Override Default Large Problem Setting；在 Multidomain Option 选项卡中，选择 Independent Partitioning；勾选 Partitioner Memory。其他保持默认设置，单击 Apply 按钮。

（4）在 Solver 选项卡中勾选 Solver Memory。其他保持默认设置，单击 Apply 按钮。

（5）在 Interpolator 选项卡中，勾选 Override Default Precision 和 Interpolator Memory。其他保持默认设置，单击 Apply 按钮。

（6）在 Initial Values 选项卡中，可以指定流场初始信息，但需要有流场初值文件。此处

我们暂时先不做改动，保持默认设置，待下一步计算出初值文件后再进行修改。

注意：对于瞬态计算，需要定义0s时刻的流场信息，包括各点的压力、速度等。而初值文件则是为了提供初始时刻流场的信息。当然，如不进行初值指定，软件也可以自动生成初始时刻流场信息。

5. 保存文件

选择 File→Save Case，选择保存路径，命名为 cavflow. cfx。

第3节 启动 CFX-Solver Manager 计算初值文件

1. 生成初值计算文件

将上一节中得到的 cavflow. cfx 文件另存，并命名为 initial value. cfx。另存之后 initial value. cfx 为打开状态。如图 3-3-44 所示，双击模型树中 Flow Analysis 下的 Analysis Type，将仿真类型改为稳态计算（Steady State），单击 OK 按钮；双击模型树中 Solver 下的 Output Control，单击 OK 按钮。

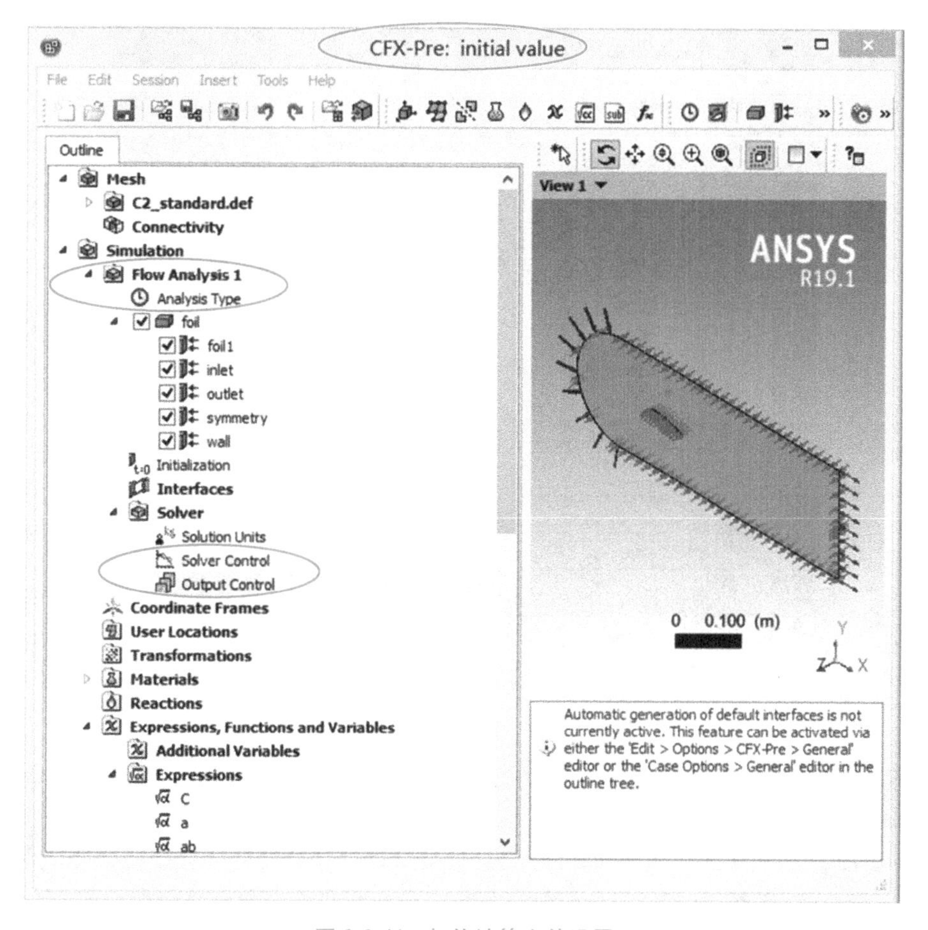

图 3-3-44 初值计算文件设置

双击 Execution Control 设置，如图 3-3-43 所示，在运行定义选项卡中设置求解输入文件位置与名称，名称为 initial value，运行模式选择 Intel MPI Local Parallel（并行执行），进程数设置为 2；单击 OK 按钮。

2. 启动 CFX-Solver Manager 计算初值

（1）输出求解输入文件。

操作：单击 CFX-Pre 工具栏中的图标，自动生成 . def 文件并自动打开 CFX-Solver Manager，如图 3-3-45 所示。

（2）在图 3-3-45 所示 Run Definition 选项卡中，选择工作目录（结果文件保存目录），其他保持默认设置，单击 Start Run 按钮开始计算。

（3）计算结束后，在工作目录下会生成计算结果文件 initial value_001. res，这个结果文件就是瞬态计算的初值文件。

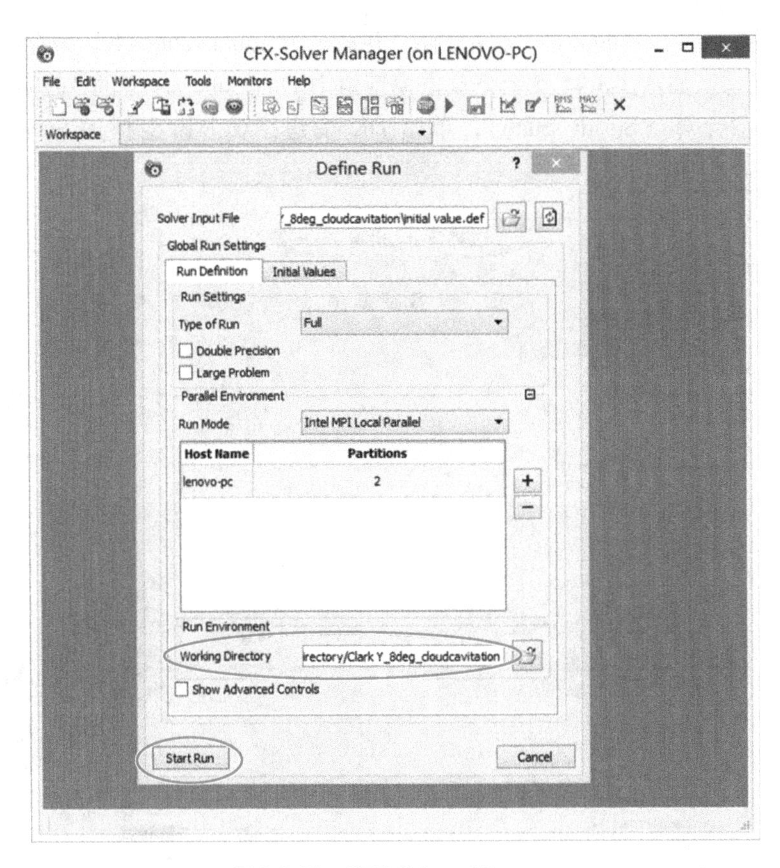

图 3-3-45　CFX-Solver Manager

第 4 节　非定常计算

1. 设置初值

操作：打开 cavflow. cfx 文件，双击 Execution Control，并转到 Initial Values 选项卡，如图 3-3-46 所示。勾选 Initial Values Specification 复选项，初值文件选择 initial value_001. res，

并勾选 Initial Values Control 和 Continue History From 复选项。其他保持默认设置，单击 OK 按钮。

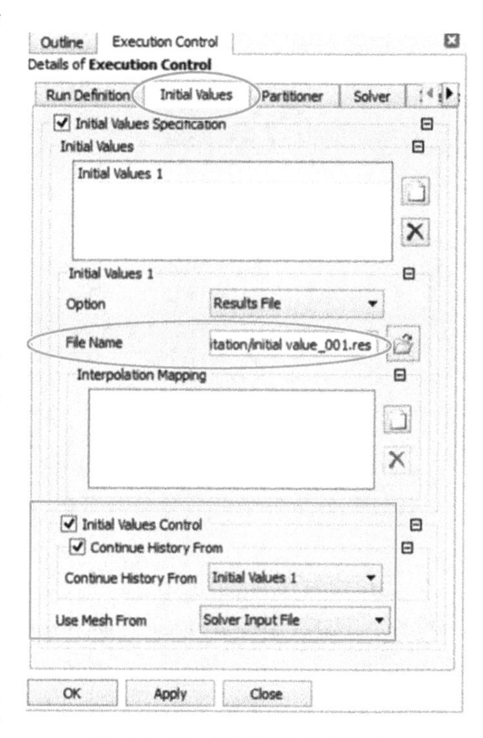

图 3-3-46　设置瞬态计算初值

2. 求解

（1）生成求解文件

操作：单击 CFX-Pre 工具栏中的图标，自动生成 .def 文件并自动打开 CFX-Solver Manager，如图 3-3-45 所示。

（2）求解计算

操作：在图 3-3-45 所示 Run Definition 选项卡中，选择工作目录，其他保持默认设置，单击 Start Run 按钮开始计算。

注意：Run Definition 选项卡中的运行类型、运行模式自动设置成与 CFX-Pre 中的 Execution Control 设置一致，无须更改。

（3）监测计算过程

计算过程中可以观察到残差变化，计算完成后弹出提示框，单击 OK 按钮关闭。图 3-3-47 所示为质量以及 U、V、W 三个方向动量的 RMS 残差变化曲线。图 3-3-48 所示为所监测物理量在水翼前缘位置的变化曲线，前 100 步为初值文件的迭代步，100~150 步为瞬态仿真的迭代步。

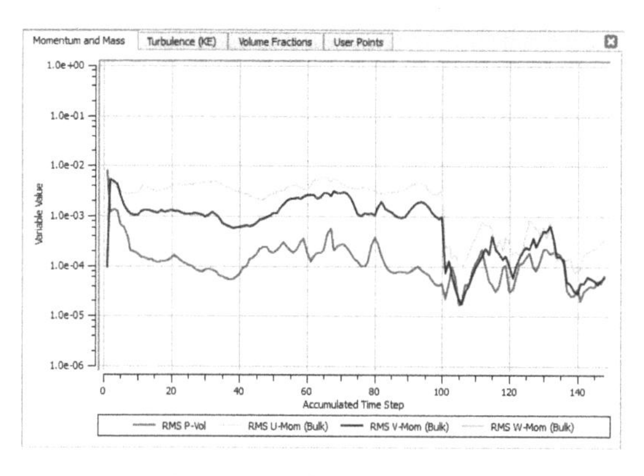

图 3-3-47　质量和动量残差

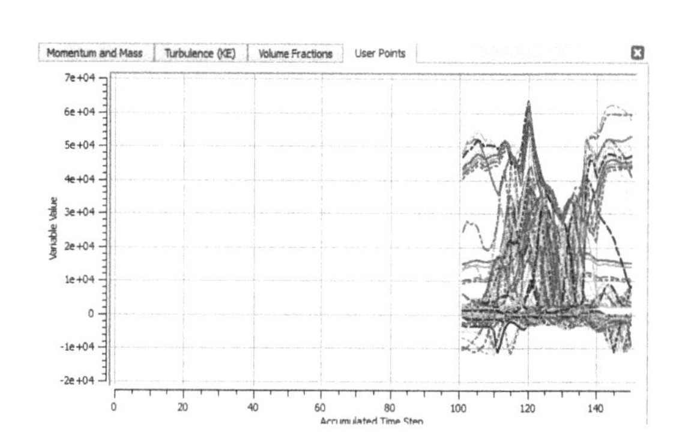

图 3-3-48　水翼前缘各物理量变化曲线

第 5 节　启动 CFX-Post 进行结果后处理

1. 打开 CFD-Post

操作：单击 CFX-Solver Manager 工具栏中图标，弹出启动 CFD-Post 对话框，保持默认设置，单击 OK 按钮。CFD-Post 界面如图 3-3-49 所示。

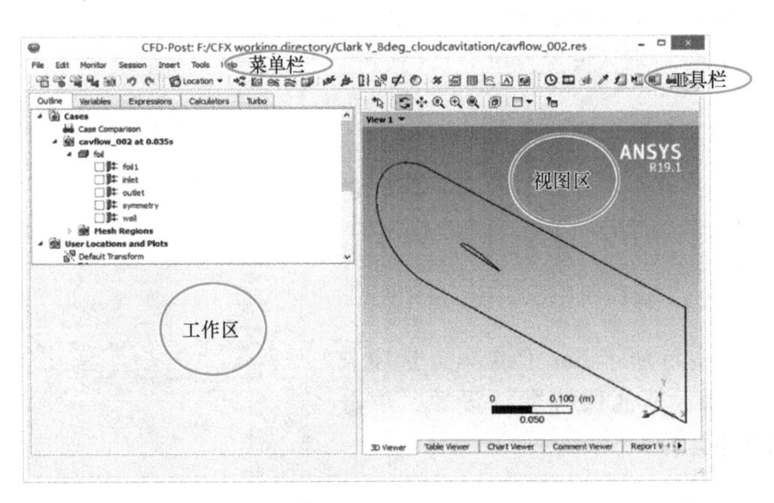

图 3-3-49　CFD-Post 界面

2. 选择进行处理的时刻

操作：双击工作区的 Case Comparison，勾选 Case Comparison Active 复选项，可修改 Case 1 的当前时间步（Current Step），当前时间步默认是计算的最后一步，即 0.035s，如图 3-3-50 所示。此处保持默认设置，单击 Apply 按钮。

3. 绘制压力及体积分数云图

（1）创建平面

操作：单击工具栏 Location 图标，在下拉菜单中单击 Plane，平面命名为 section1，单击 OK 按钮；平面设置对话框如图 3-3-51 所示。

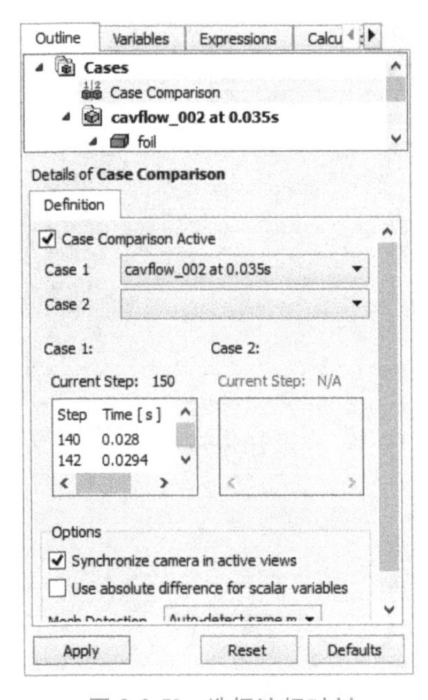

图 3-3-50　选择流场时刻

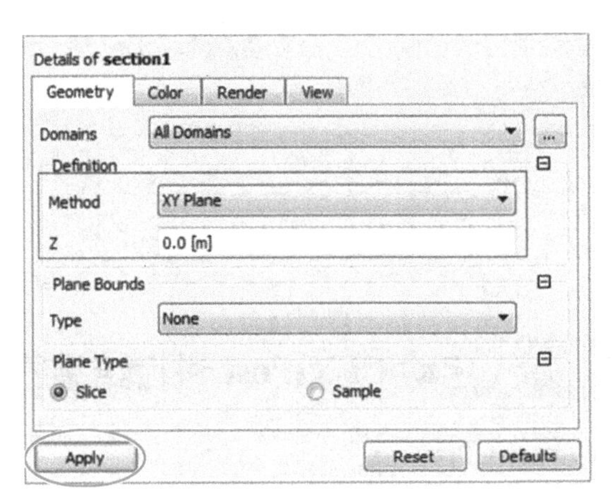

图 3-3-51　平面设置对话框

① 在 Geometry 选项卡中设置偏移基准平面为 XY Plane。

② 偏移距离 Z 设为 0.0 [m]。

③ 其他保持默认设置，单击 Apply 按钮。

（2）绘制水体积分数云图

操作：单击工具栏图标，等值线图命名为 pressure contour，单击 OK 按钮；打开压力云图对话框，如图 3-3-52 所示。

① 在 Geometry 选项卡中，等值线位置（Locations）选择 section1。

② 变量选择压力（Pressure）。

③ 压力范围（Range）选择全局压力范围（Global）。

④ 等值线数目设置为 100，其他保持默认设置，单击 Apply 按钮。

在视图区，单击直角坐标系的 Z 轴，可将视图调整为垂直于 Z 轴，得到压力云图如图 3-3-53 所示。

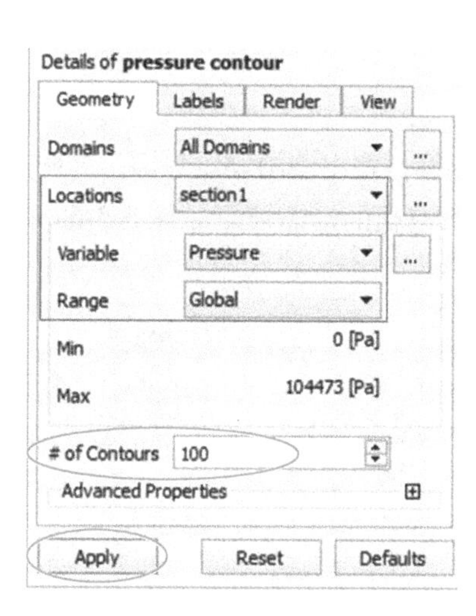

图 3-3-52 压力云图对话框

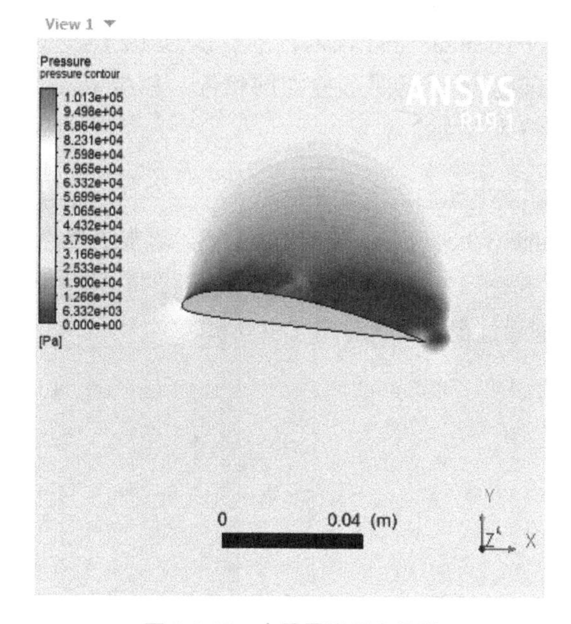

图 3-3-53 水翼周围压力云图

（3）绘制水蒸气体积分数云图

操作：同步骤（2），单击工具栏图标，等值线图命名为 water vapor volume fraction，单击 OK 按钮；位置选择 section1，变量选择水蒸气体积分数（Water Vapor at 25 C. Volume Fraction），体积分数范围选择局部（Local），等值线数目设置为 30，其他保持默认，单击 Apply 按钮。水蒸气体积分数云图如图 3-3-54 所示。

（4）绘制水体积分数云图

操作：同步骤（2），单击工具栏图标，等值线图命名为 water volume fraction，单击 OK 按钮；位置选择 section1，变量选择水体积分数（Water at 25 C. Volume Fraction），范围选择局部（Local），等值线数目设置为 30，其他保持默认设置，单击 Apply 按钮。水体积分数云图如图 3-3-55 所示。

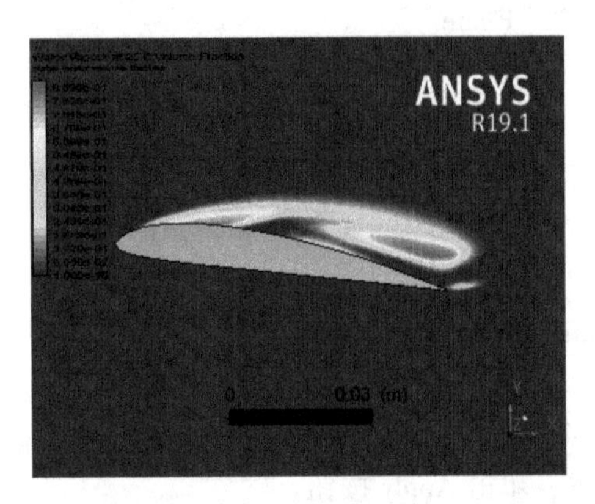

图 3-3-54　水蒸气体积分数云图

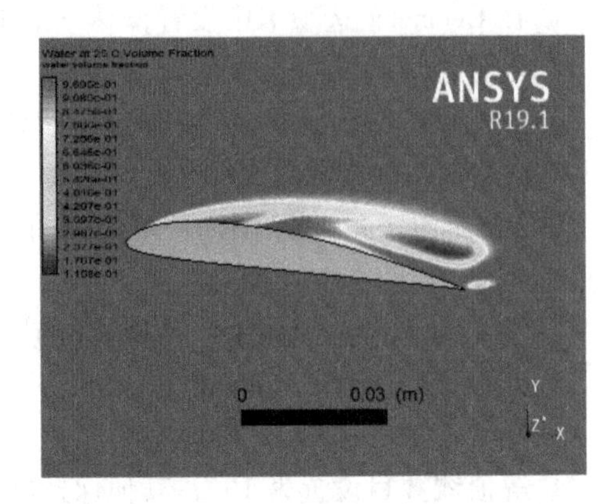

图 3-3-55　水体积分数云图

注意：创建的等值线图会出现在工作区的目录树中，在用户自定义位置与绘制（User Locations and Plots）下。步骤（2）~步骤（4）中绘制了三个云图，为避免视图区出现多个绘制图形叠加的情况，需要在目录树中取消勾选不想要显示的图形，如图 3-3-56 所示。

4. 空化动态演示

如图 3-3-56 所示，勾选相关云图。单击工具栏的图标，弹出动画设置界面，如图 3-3-57 所示。选择 Timestep Animation 单选项，单击图标进行空化的动态演示，图 3-3-58 所示为动态演示过程中某一时刻气相分布。

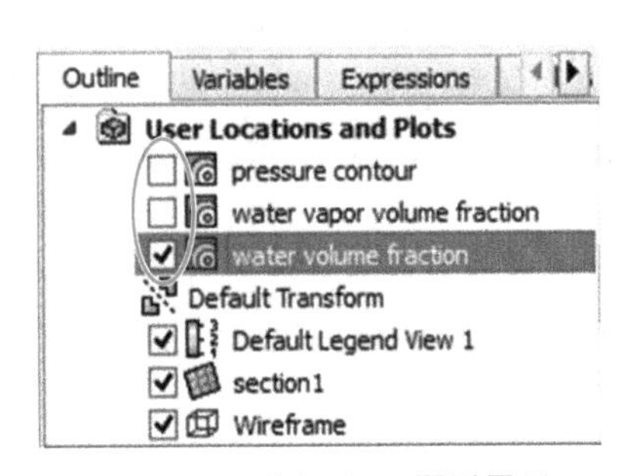

图 3-3-56　关闭/打开图形显示

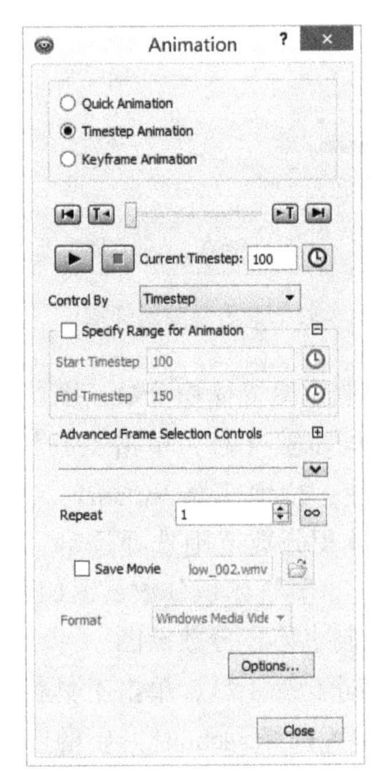

图 3-3-57　动画设置界面

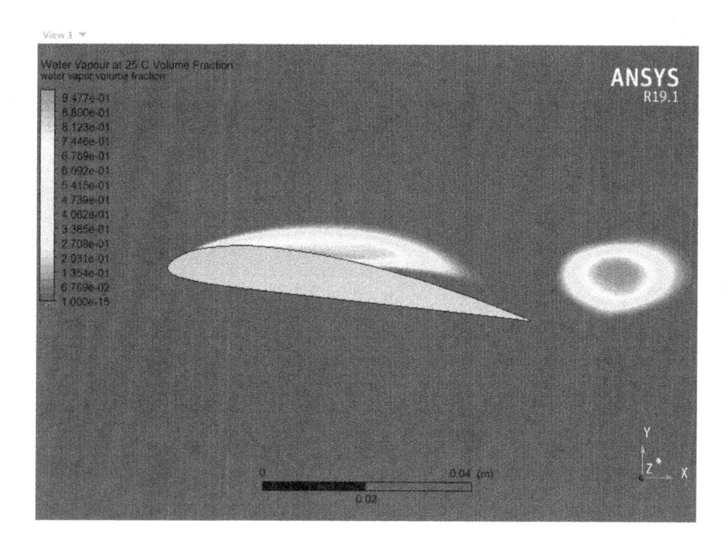

图 3-3-58　某一时刻气相分布

第4章 T形管冷热混合器——结构化网格

问题描述：图3-4-1为T形冷热混合器结构示意图，热水与冷水分别从T形管的主管和支管进入，在主管与支管交汇处相遇并发生掺混，之后从主管出口流出。在主管与支管的交汇处，冷热水发生强烈掺混，并且会伴随热分层现象，以及热传导与热对流过程。

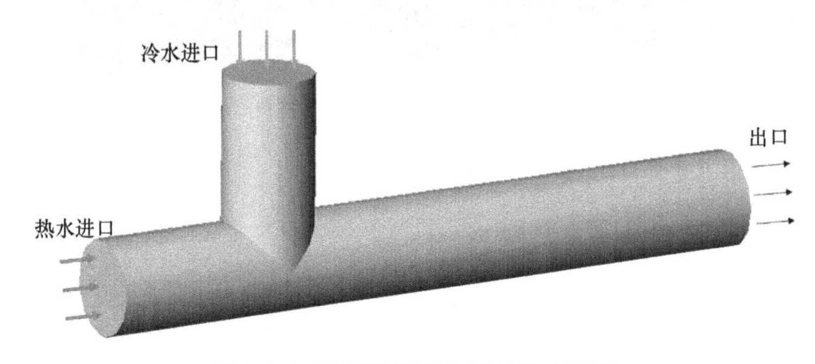

图3-4-1 T形冷热混合器结构示意图

利用ANSYS CFX模拟T形管冷热水混合传热过程。T形管冷水进口流速为0.5m/s，温度27℃，热水进口流速为2m/s，温度为60℃。

本章的电子文档对应光盘上的文件夹为：CFX篇\T-mixer；本章使用的软件为：ANSYS ICEM CFD 19.1，ANSYS CFX 19.1。

第1节 划分网格

1. 导入几何模型

（1）设定工作目录File→Change Working Dir，选择文件存储路径。

（2）导入几何文件File→Geometry→Open Geometry。

选择文件T-mixer.tin，检查各个Part的定义是否正确。导入的几何文件如图3-4-2所示。

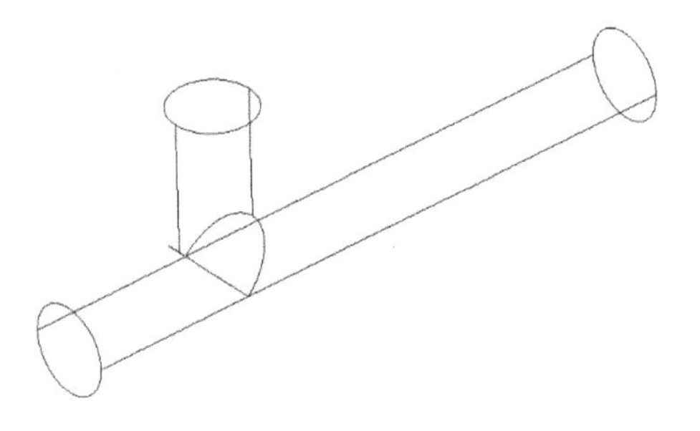

图3-4-2 T形管几何模型

2. 创建Block

Block是生成结构化网格的基础，是几何模型拓扑结构的表现形式，通过创建Block来体现几何模型，通过建立映射关系来搭建起几何模型和Block之间的桥梁，最终生成网格。

（1）创建三维 Block

操作：单击标签栏的 Blocking，单击 Create Block 图标，左下方出现 Block 设置界面，如图 3-4-3 所示。

① Part 框中输入 Block 名称，修改为 FLUID。

② Type 下拉表中选择 Block 类型，此处默认，为 3D Bounding Box。

③ 单击 Apply 按钮。

（2）分割 Block

分割 Block 的目的是为了切分出 T 形管所在的 T 形区域，并删除多余 Block。

操作：在 Blocking 标签工具栏中，单击 Split Block 图标，左下方弹出 Block 分割对话框，如图 3-4-4 所示。

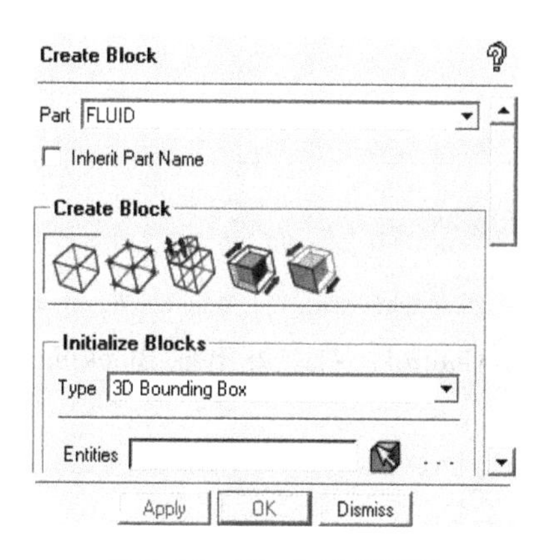

图 3-4-3　Block 设置界面

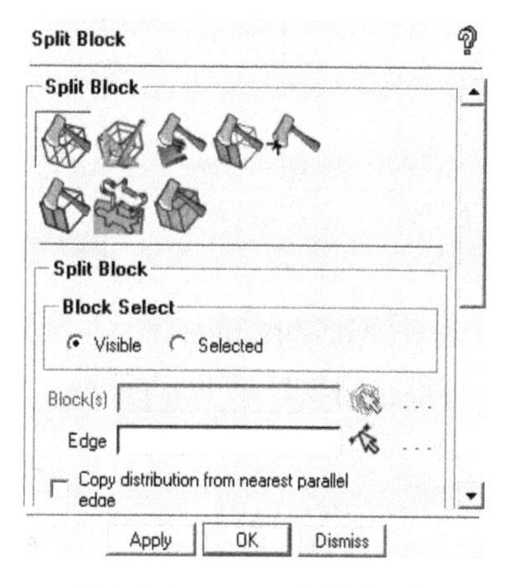

图 3-4-4　Block 分割对话框

① 单击 Split Block 图标。

② Block Select 单选项勾选 Visible。

③ 单击 Select Edge 图标；如图 3-4-5 所示，鼠标左键选择上方 Edge，再次单击出现 Block 分割面，长按鼠标左键可以拖动 Block 分割面进行移动，移动分割面使分割面接近垂直管左侧边缘，单击鼠标中键确认。

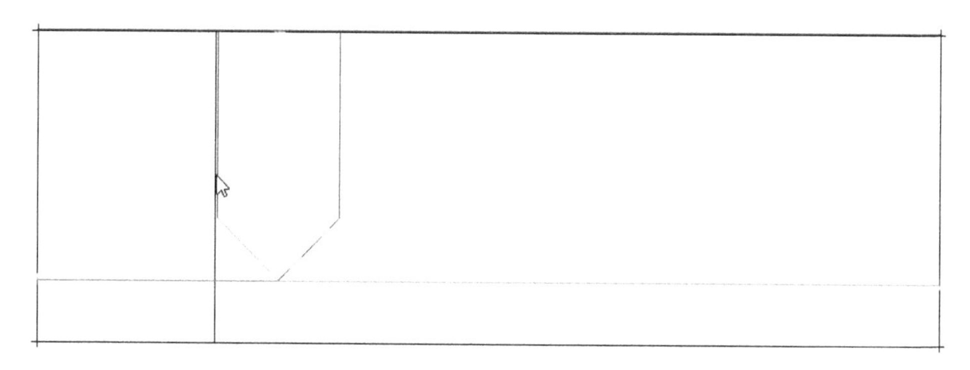

图 3-4-5　分割 Block 示意

④ 同③，再次分割，移动分割面使分割面接近垂直管右侧边缘，单击鼠标中键确认。

⑤ 操作同③，鼠标左键选择左侧 Edge，再次单击鼠标左键出现 Block 分割面，长按鼠标左键可以拖动 Block 分割面进行移动，移动分割面使分割面接近水平管上方边缘，单击鼠标中键确认。

⑥ 同⑤，再次分割，移动分割面使分割面接近水平管另一侧边缘，单击鼠标中键确认。

分割后的 Block 如图 3-4-6 所示。

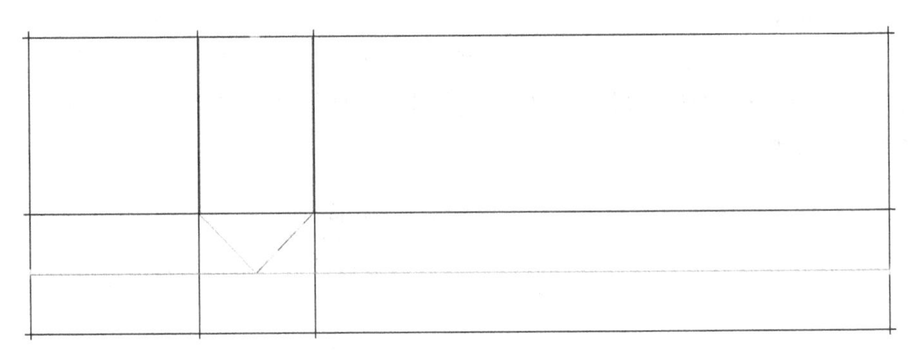

图 3-4-6　分割后的 Block

（3）分割 T 形管所在 Block

操作：右键左侧数目录中 Blocking，选择 Index Control，右下方出现 Blocking 控制界面，如图 3-4-7 所示。

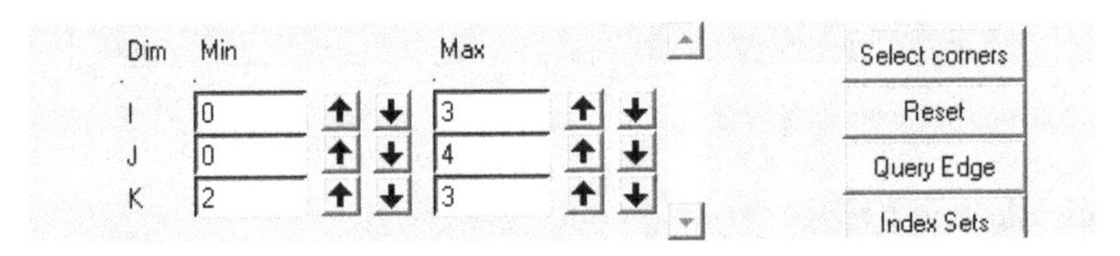

图 3-4-7　Block 索引控制

对 K 方向，调小最大值，调大最小值，隐藏竖直管左右两侧 Block；最终图形界面仅显示竖直管所在的 Block 及其下方的 Block，结果如图 3-4-8 所示。

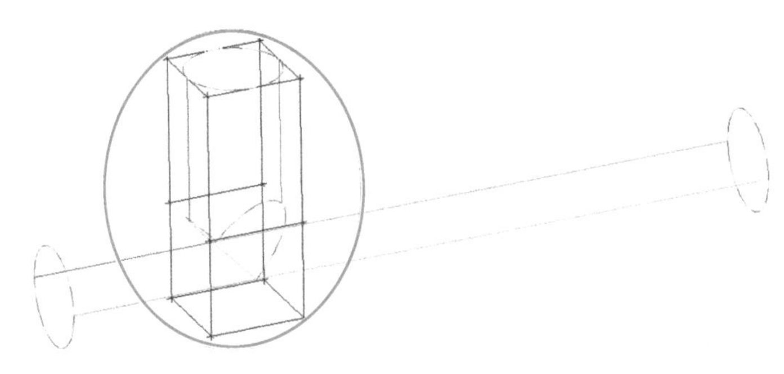

图 3-4-8　Block 索引控制结果

分割 T 形管所在 Block 的目的是为了保证 T 形管两管相交处的网格质量。

操作：在 Blocking 标签工具栏中，单击 Split Block 图标，左下方弹出 Block 分割对话框，如图 3-4-4 所示。

① 单击 Split Block 图标。

② BlockSelect 单选项勾选 Visible。

③ 单击 SelectEdge 图标；如图 3-4-9 所示，鼠标左键选择竖直管进口的 Edge，再次单击鼠标左键出现 Block 分割面，长按鼠标左键可以拖动 Block 分割面进行移动，移动分割面使分割面接近圆管轴线，单击鼠标中键确认。

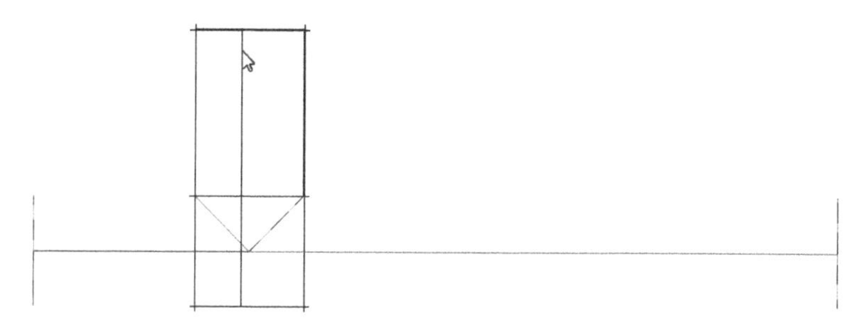

图 3-4-9　竖直管所在 Block 及下方 Block 分割

分割后的 Block 如图 3-4-10 所示。

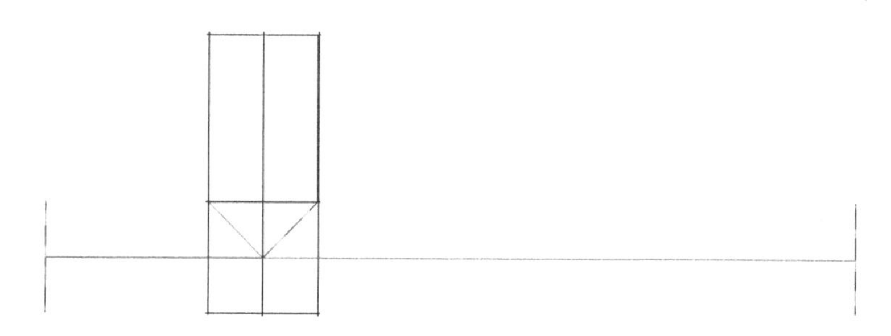

图 3-4-10　分割后的 Block 分布

注意：移动分割面过圆管轴线时，在左侧树目录 Model→Geometry 下，勾选 Surfaces，以方便调整分割面位置。

（4）删除多余 Block

操作：① 在图 3-4-7 中，单击 Reset 使所有 Block 显示出来。

② 在 Blocking 标签工具栏中，单击 Delete Block 图标，在几何显示窗口左键选择左上方和右上方的 2 个 Block，如图 3-4-11 中所示，黑色边的 2 个方块（图中序号分别为 31、29）即为需要删除的 Block。单击鼠标中键确认。

3. 建立映射关系

建立映射包括 Block 的顶点（Vertex）到 Geometry 的点（Point）的映射、Block 的边（Edge）到 Geometry 的线（Curve）的映射，Block 的面（Face）到 Geometry 的表面（Surface）的映射。

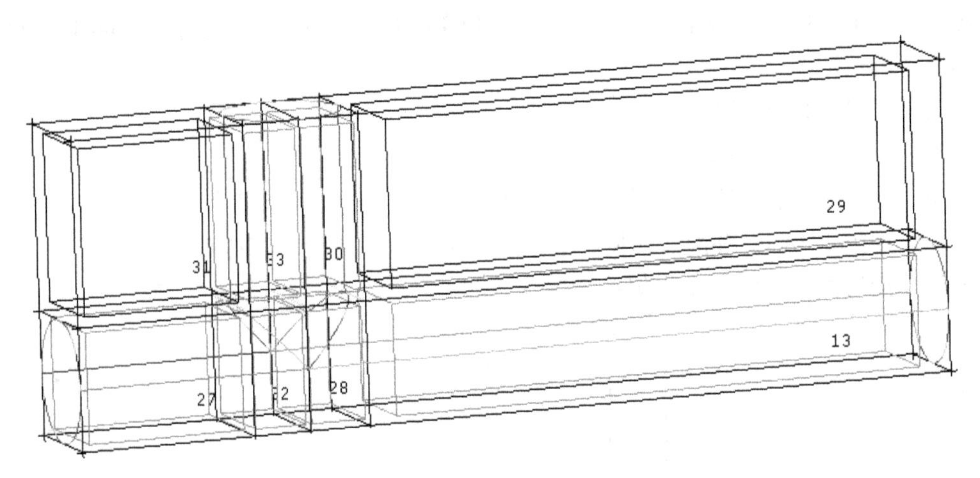

图 3-4-11　删除多余的 Block

（1）建立点的映射

操作：① 勾选左侧树目录 Model→Geometry 下的 Points，显示所有的 Point，如图 3-4-12 所示。

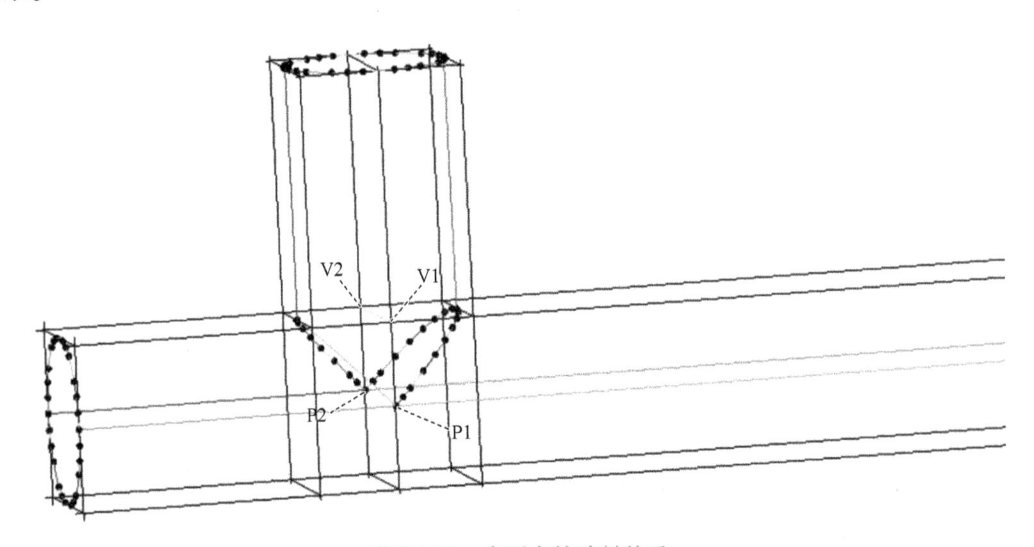

图 3-4-12　点到点的映射关系

② 在 Blocking 标签工具栏中，单击 Associate 图标，左下方弹出对话框如图 3-4-13、图 3-4-14 所示。

① 单击 Associate Vertex 图标。

② 在 Entity 单选项中选择 Point，建立 Vertex 到 Point 的映射。

③ 单击 Vertex 框右侧 Select 图标 ，选择 V1，然后默认进入选择 Point 的状态。

④ 选择 P1，然后默认进入选择 Vertex 的状态。

⑤ 类似③，选择 V2。

⑥ 类似④，选择 P2。

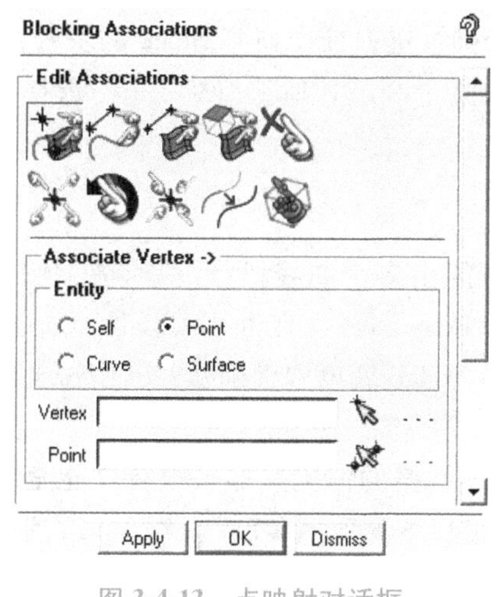

图 3-4-13 点映射对话框

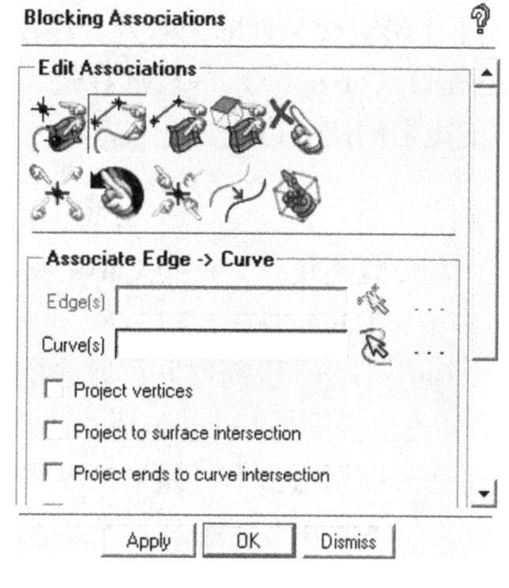

图 3-4-14 线映射对话框

注意：建立 Vertex 到 Point 的映射关系后，Vertex 的颜色变成红色。

（2）建立边线的映射

如图 3-4-12 所示，把 P1 到 P2 间的两个半圆曲线称为 C1、C2。C1、C2 对应的 Block 边线 E1、E2 如图 3-4-15 所示。

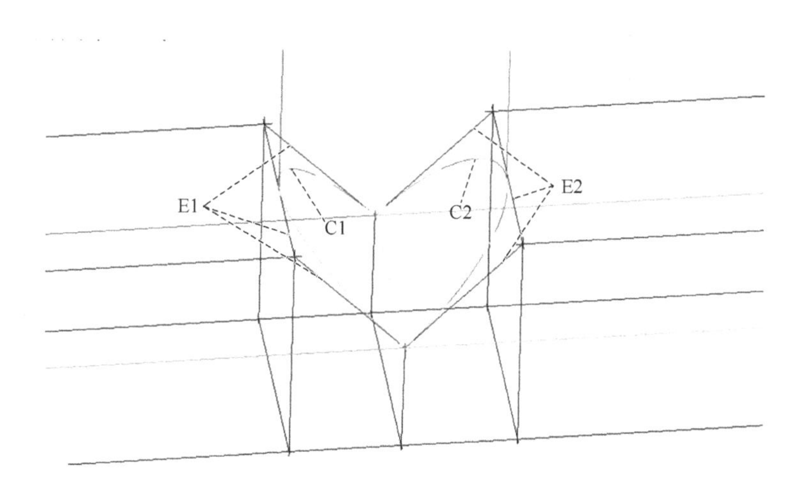

图 3-4-15 线映射对应关系

① 单击 Associate Edge to Curve 图标，如图 3-4-14 所示。

② 勾选 Project vertices 复选项。

③ 单击 Edge 框右侧 Select Edge 图标，选择 E1，中键确认；然后默认进入选择 Curve 的状态。

④ 选择 C1，中键确认；然后默认进入选择 Edge 的状态。

⑤ 采用相同的方法，建立所有 E2 到 C2 的关联。

⑥ 除了 T 形管交叉处的关联外，还需建立三个圆管进口或出口到 Block 的映射，在建立这三处映射时，Curve（s）一栏选择进口或出口的整个圆线，Edge（s）一栏选择与 Curve 位置对应的矩形的四条边线。

注意：

（1）在边线关联时，有些 Curve 或者 Edge 可能由多个曲线段/线段组成，例如 C1、C2 就由多个小 Curve 组成，E1、E2 也分别由 3 段 Edge 组成，在进行关联时，选择 Curve 要将多段 Curve/Edge 全部选上，即选择全部 Curve/Edge 后再中键确认；⑥中进出口关联中的 Curve 也由多段小 Curve 组成，注意不要漏选或多选。

（2）在后面划网格中，如果检查质量时出现负网格的情况，那么很有可能是由错误关联导致。如果关联出现错误，可以通过关联设置下的取消关联将关联取消，再重新进行关联。

（3）选中 Edge 或 Curve 时，Edge 或 Curve 会被加粗，注意不要选错。

（4）建立 Edge 到 Curve 的映射关系后，Edge 的颜色变成绿色。

（3）建立面的映射

操作：在图 3-4-13 所示对话框中，单击 Associate Face to Surface 图标，打开面映射对话框。

① Method 下勾选 Part。

② Face（s）选择如图 3-4-16 所示的 12 个蓝色侧面，中键确认。

③ 在弹出的 Select parts 窗口中，勾选 HWALL，单击 Accept 按钮确认。

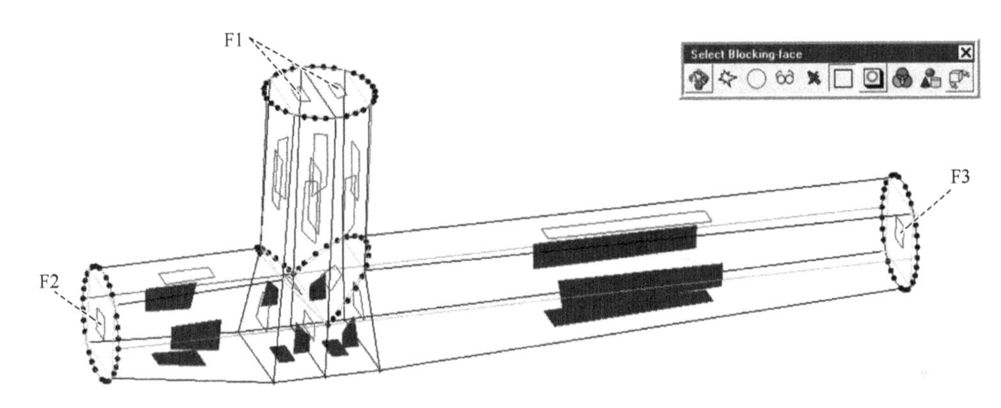

图 3-4-16　面映射中所选择的 Face

4. 划分 O-Block

划分 O-Block 的目的是为了提高管壁附近网格的质量。

操作：在 Blocking 标签工具栏中，单击 Split Block 图标，左下方弹出 Block 分割对话框，如图 3-4-4 所示。

① 单击 Ogrid Block 图标。

② 单击 Select Block（s）图标，在视图区选择所有的 Block，中键确认。

③ 单击 Select face（s）图标，在视图区选择图 3-4-16 中所示 F1、F2、F3 所包含的 4 个 Face 面，中键确认。

④ 单击 Apply 按钮。

划分 Ogrid Block 后的 Block 分布如图 3-4-18 所示。

5. 定义网格长度/节点数

（1）设置近壁面网格

操作：在 Blocking 标签工具栏中，单击 Pre-Mesh Params 图标，左下方弹出近壁面网格设置对话框如图 3-4-17 所示。

① 单击 Edge Params 图标。

② 单击 Edge 栏右侧图标，并选择图 3-4-18 中所示的 E1 边。

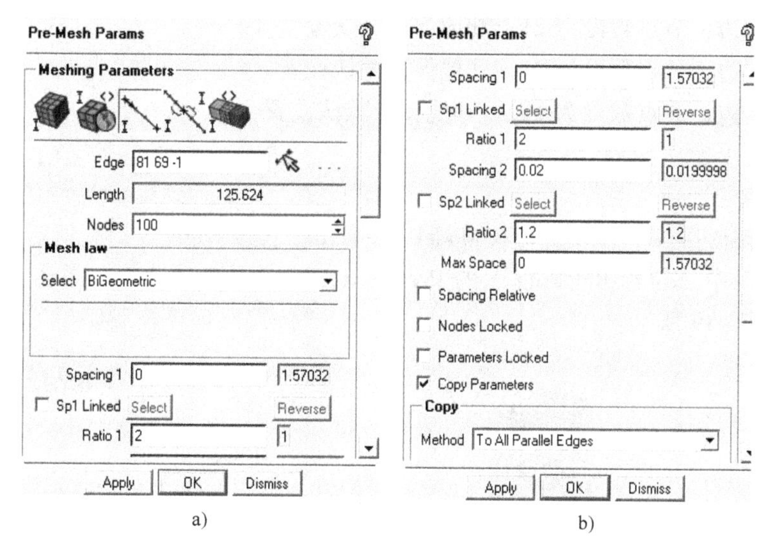

图 3-4-17 近壁面网格设置对话框

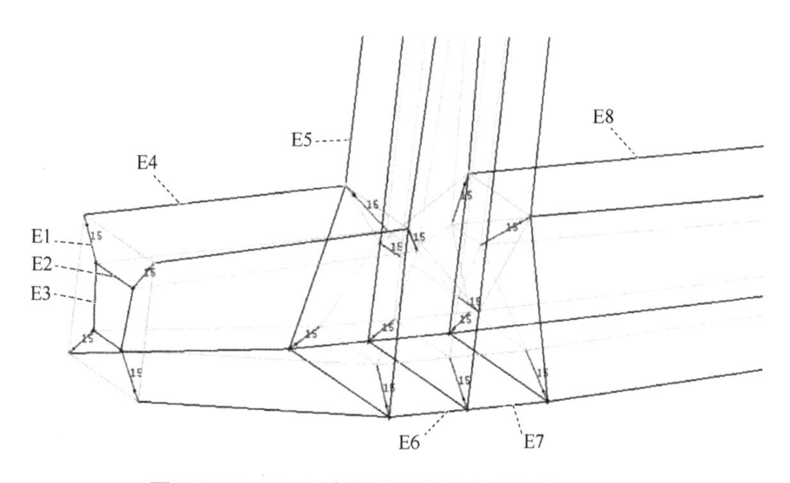

图 3-4-18 Block 中需要设置节点分布的 Edge 边

③ 在 Nodes 项输入 15。

④ 输入 Spacing 1=0.15，Ratio 1=2。

⑤ 输入 Spacing 2=0，Ratio 2=2。

⑥ 勾选 Copy Parameters 复选项（将设置应用到所有边界层短边）。

⑦ 其他保持默认设置，单击 Apply 按钮。

（2）设置其他边节点分布

操作：操作与步骤（1）设置近壁面网格相同，区别在于节点数的选择。

① 选择 E2 边，节点数设为 31，其他保持默认设置。

② 选择 E3 边，节点数设为 27，其他保持默认设置。

③ 选择 E4 边，节点数设为 61，其他保持默认设置。

④ 选择 E5 边，节点数设为 73，其他保持默认设置。

⑤ 选择 E6 边，节点数设为 21，其他保持默认设置。

⑥ 选择 E7 边，节点数设为 21，其他保持默认设置。

⑦ 选择 E8 边，节点数设为 101，其他保持默认设置。

6. 检查网格质量

（1）查看网格

操作：① 在树目录中，取消勾选 Model→Blocking 下的 Edges。

② 在树目录中，勾选 Blocking 下的 Pre-mesh，弹出更新对话框，单击 Yes 按钮确定，生成网格如图 3-4-19 所示。

图 3-4-19　网格划分结果

（2）检查网格质量

操作：在 Blocking 标签工具栏中，单击 Pre-Mesh Quality 图标，打开检查网格质量设置对话框，如图 3-4-20 所示。

① 在 Criterion 下拉表中选择 Determinant 2×2×2。

② 其他保持默认设置，单击 Apply 按钮。

右下方展示出网格质量结果如图 3-4-21 所示。

7. 导出网格

（1）保存网格

操作：右键单击树目录中 Blocking 下的 Pre-Mesh，选择 Convert to Unstruct Mesh，然后

再单击 File→Mesh→Save Mesh As，保存当前的网格文件为 T-mixer. uns。

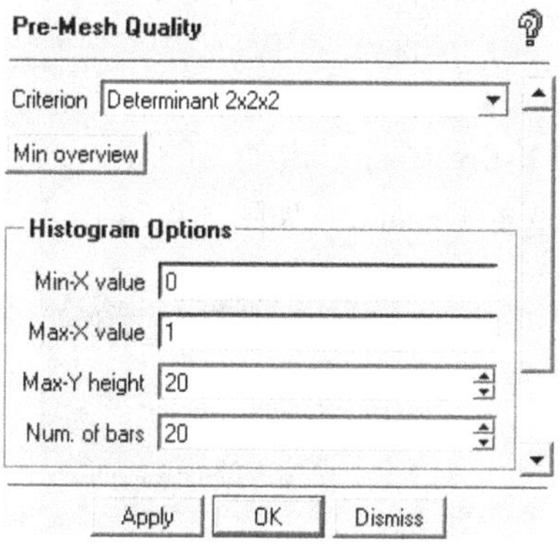

图 3-4-20　检查网格质量设置

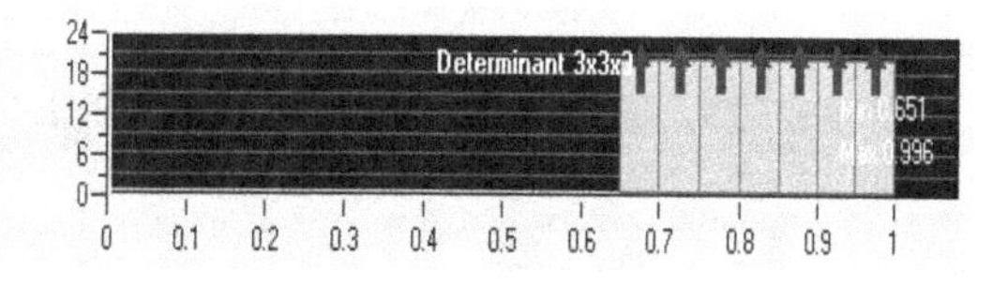

图 3-4-21　网格质量检查结果

（2）选择求解器

操作：在 Output 标签工具栏中，单击 Select Solver 图标。

① 在左下方对话框的 Output Solver 下拉表中选择 ANSYS CFX。

② 单击 Apply 按钮。

（3）导出用于 CFX 计算的三维网格文件

操作：在 Output 标签工具栏中，单击 Write input 图标，保存 . fbc 和 . atr 文件。

（a）在弹出的对话框中，单击 NO 按钮，不保留工程文件，弹出导出网格对话框，如图 3-4-22 所示。

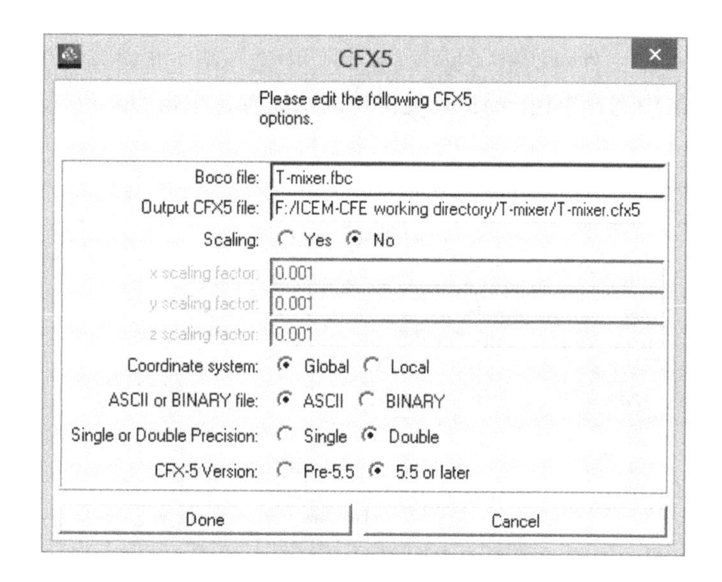

图 3-4-22　导出网格对话框

（b）Output CFX5 file 项文件名为 T-mixer。

（c）单击 Done 按钮，导出网格。

第 2 节 启动 CFX-Pre 进行物理定义

1. 启动 CFX-Pre，选择执行模式

ANSYS CFX 启动界面如图 3-4-23 所示，单击启动 CFX-Pre 图标；启动 CFX-Pre 后，在菜单栏选择 File→New Case，在弹出的仿真类型对话框中选择 General，如图 3-4-24 所示。

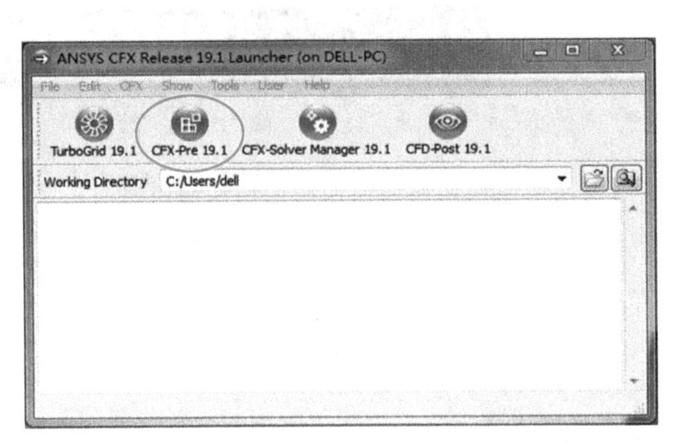

图 3-4-23 ANSYS CFX 启动界面

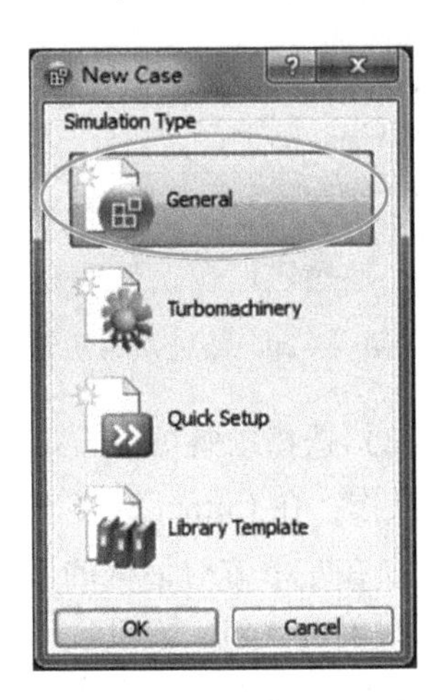

图 3-4-24 仿真类型对话框

2. 网格导入

（1）在工作区的目录树中，右键单击 Mesh，选择 Import Mesh→ICEMCFD 导入网格文件，如图 3-4-25 所示。

（2）在弹出的网格文件对话框（见图 3-4-26）中选择第 1 步保存的 T-mixer. cfx5 网格文件，在 Mesh Units 框中选择单位 mm；其他保持默认设置，单击 Open 按钮打开文件。

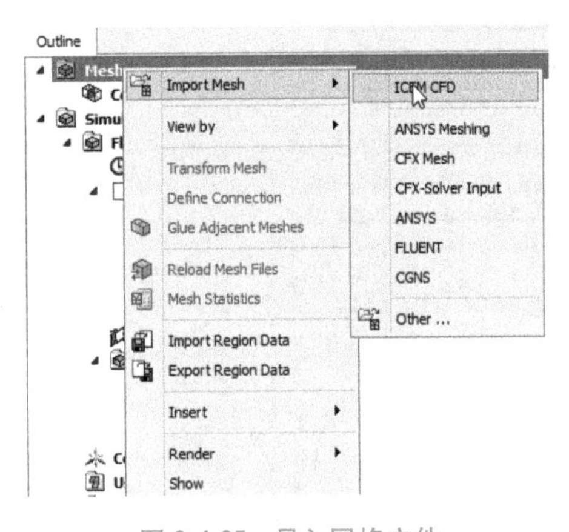

图 3-4-25 导入网格文件

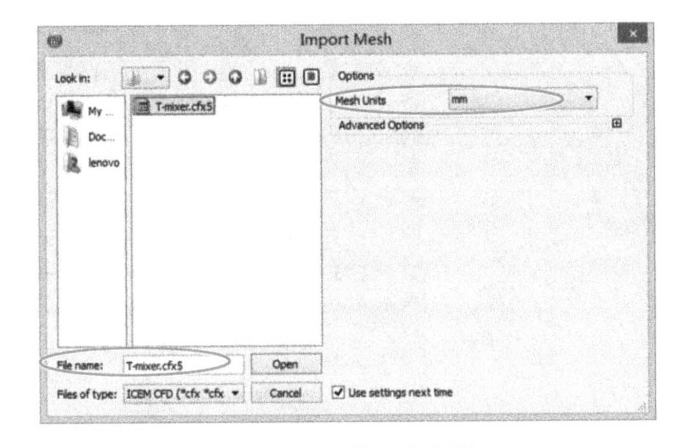

图 3-4-26 网格文件对话框

3. 仿真（Simulation）设置

（1）分析类型设置

操作：在工作区的目录树中，展开 Simulation，双击 Flow Analysis 1 下的 Analysis Type，

打开仿真类型设置窗口，仿真类型设置为 Steady State，单击 OK 按钮完成设置。

（2）流域设置

操作：双击 Flow Analysis 1 下的 Default Domain，进行流域设置。

① 按图 3-4-27 所示设置 Basic Settings 选项卡：域类型选择流体域；流体材料选择 Material 下拉表中的 Water；参考压力设为 1 [atm]；其他保持默认设置，单击 Apply 按钮。

② 按图 3-4-28 所示设置 Fluid Models 选项卡：热传递模型选择 Thermal Energy；湍流模型选择 k-Epsilon 模型，其他保持默认设置，单击 OK 按钮。

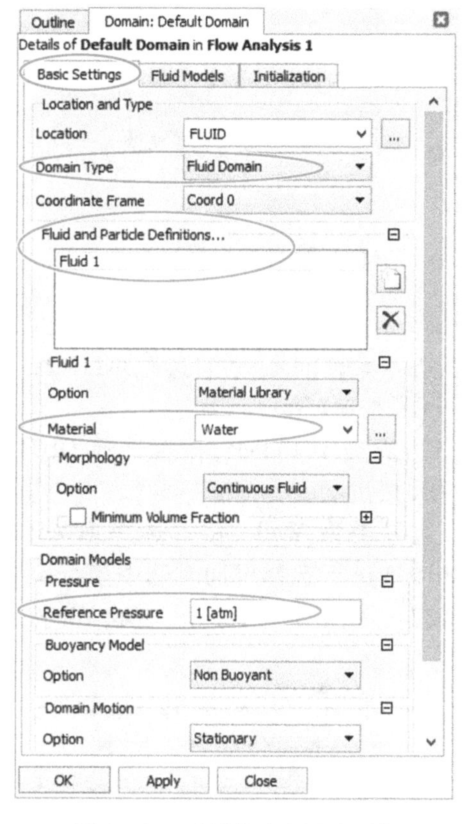

图 3-4-27　流域基本设置选项卡

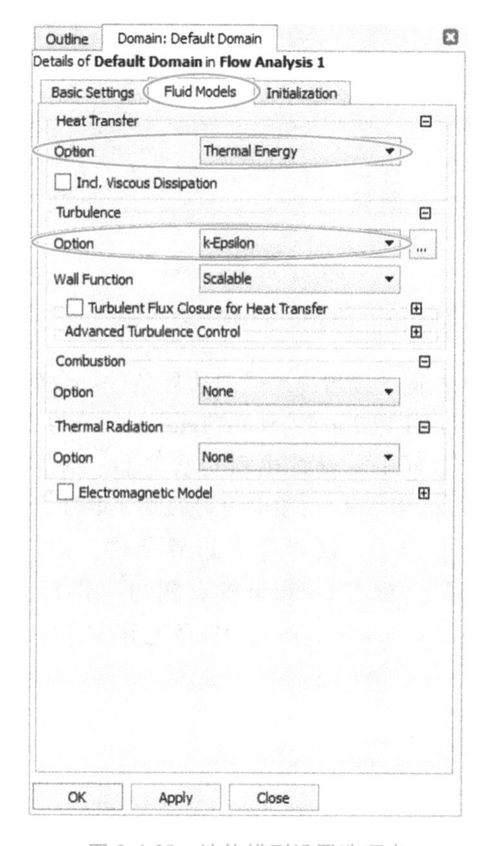

图 3-4-28　流体模型设置选项卡

注意：当考虑流动过程中的传热时，传热模型需要设置为 Thermal Energy 或 Total Energy。Thermal Energy 模型模拟了焓在流体域中的传输，它与 Total Energy 模型的不同之处在于它不考虑平均流动动能的影响，适用于低速流动。当黏性热和湍流影响非常重要时，优先选择 Total Energy，例如马赫数超过 0.3 的气体流动。

（3）边界条件设置

操作：右键单击 Flow Analysis 1 下的 Default Domain，选择 Insert→Boundary，设置边界条件，如图 3-4-29 所示。

① 设置热水进口边界条件：单击 Boundary 图标，在弹出的对话框中输入边界名称 inlet1，单击 OK 按钮；在 Basic Settings 选项卡，Boundary Type 选择 Inlet，在 Location 下拉表

中选择 INLET1；然后转到 Boundary Details 选项卡，如图 3-4-30 所示，流态 Option 选择 Subsonic，质量与动量选择法向速度（Normal Speed），速度设为 0.5m/s；设置进口静温（Static Temperature）为 340K；单击 OK 按钮。

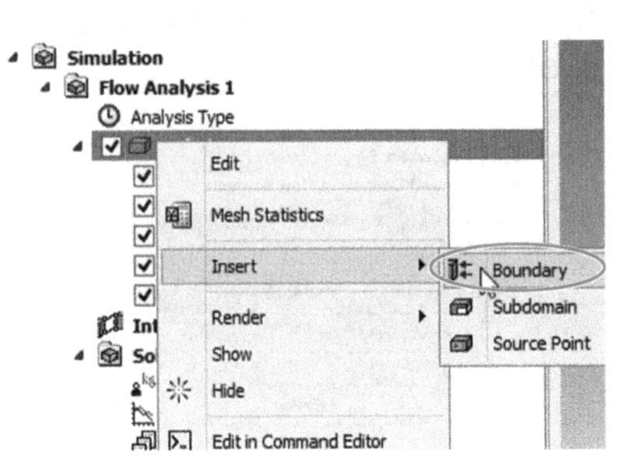

图 3-4-29 设置边界条件

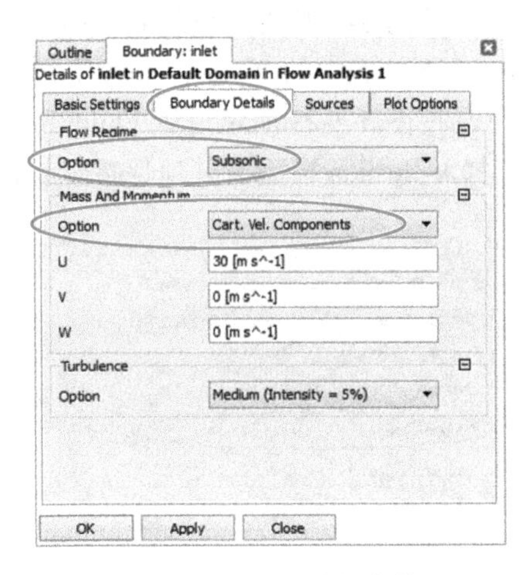

图 3-4-30 进口边界条件

② 同①设置冷水进口边界条件：命名为 inlet2，边界类型 Inlet，位置选择 INLET2；Normal Speed 为 2m/s，Static Temperature 为 300K；单击 OK 按钮。

③ 同①，设置出口边界条件：命名为 outlet，边界类型 Outlet，位置选择 OUTLET；Boundary Details 选项卡设置如图 3-4-31 所示；单击 OK 按钮。

④ 同①，设置壁面边界条件：命名为 wall，边界类型 Wall，位置选择 HWALL 和 VWALL（单击 Location 框右侧的 ... 图标，按住<Ctrl>键进行选择可同时选中多个位置）；Boundary Details 选项卡中选择无滑移壁面（No Slip Wall），如图 3-4-32 所示；单击 OK 按钮。

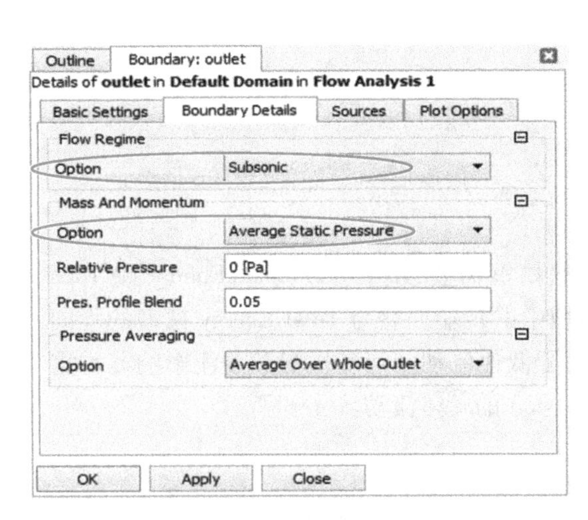

图 3-4-31 出口边界条件

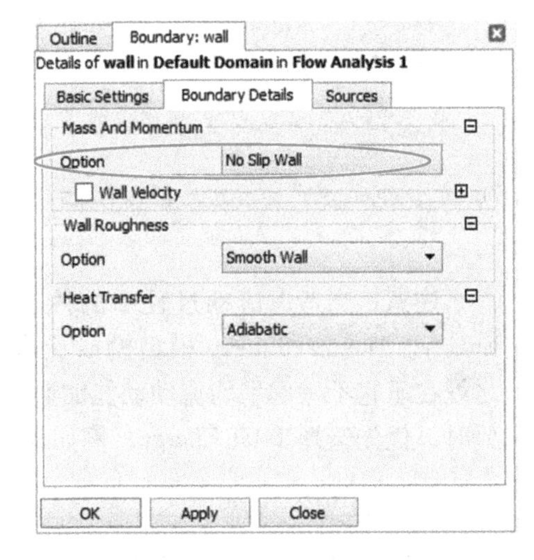

图 3-4-32 壁面边界条件

（4）求解单位设置

操作：展开左侧目录树 Flow Analysis 1 下的 Solver。双击 Solution Units 可查看求解单位，

此处保持默认，单击 OK 按钮关闭。

（5）求解控制设置

操作：双击 Solver 下的 Solver Control，在 Basic Settings 选项卡中的设置，如图 3-4-33 所示。对流项选择高分辨（High Resolution）；收敛控制可以设置最大与最小迭代步，此处最大迭代步设置为 500；收敛准则选择 RMS 残差类型，即均方根残差，残差目标值设置为 0.00001；单击 OK 按钮确认并关闭页面。

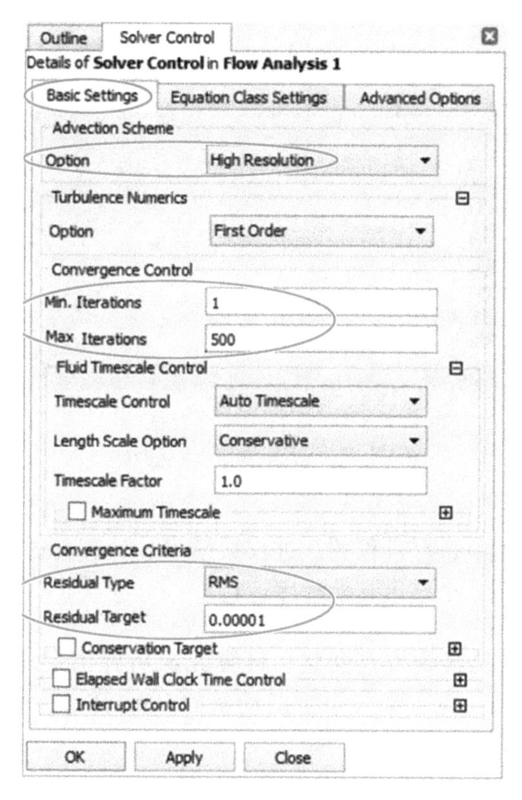

图 3-4-33　求解控制

4. 保存文件

选择 File→Save Case，选择保存路径，命名为 T-mixer. cfx。

第 3 节　启动 CFX-Solver Manager 求解

1. 输出求解输入文件

操作：单击 CFX-Pre 工具栏中的图标，自动生成 . def 文件并自动打开 CFX-Solver Manager，如图 3-4-34 所示。

2. 求解

（1）在图 3-4-34 界面的 Run Definition 选项卡中，运行模式（Run Mode）下拉表中选择 Intel MPI Local Parallel（并行执行），进程数设置为 2；工作目录（Working Directory）选择与 . def 文件所在目录相同；单击 Start Run 按钮开始计算。

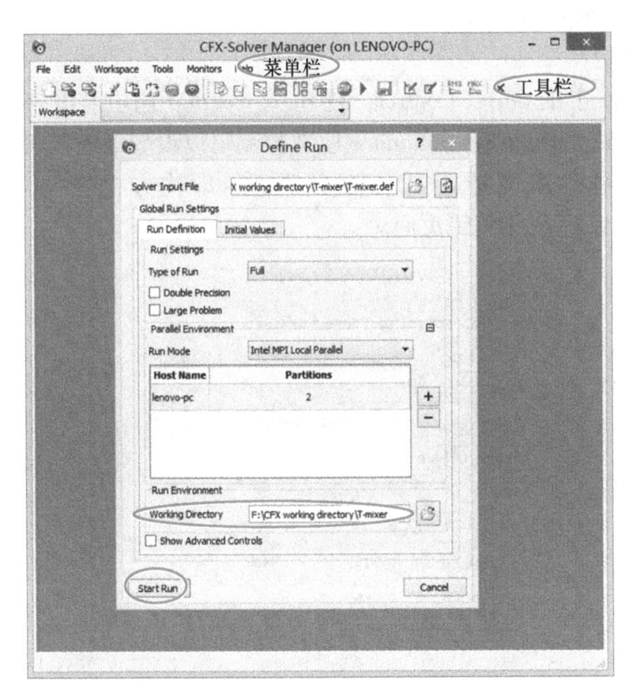

图 3-4-34 CFX-Solver Manager

注意：根据计算机性能选择进程数，进程数越多，计算耗时越短，但进程数不能超过计算机核数，一般预留几个核供其他程序运行。

（2）计算过程中可以观察到残差变化，计算完成后弹出提示框，单击 OK 按钮关闭。图 3-4-35 所示为压力以及 U、V、W 三个方向动量的 RMS 残差变化曲线，图 3-4-36 中所示为热能残差曲线。

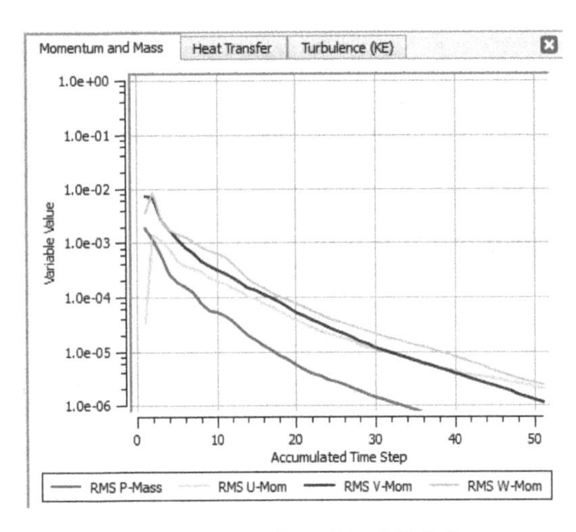

图 3-4-35 压力和动量残差变化

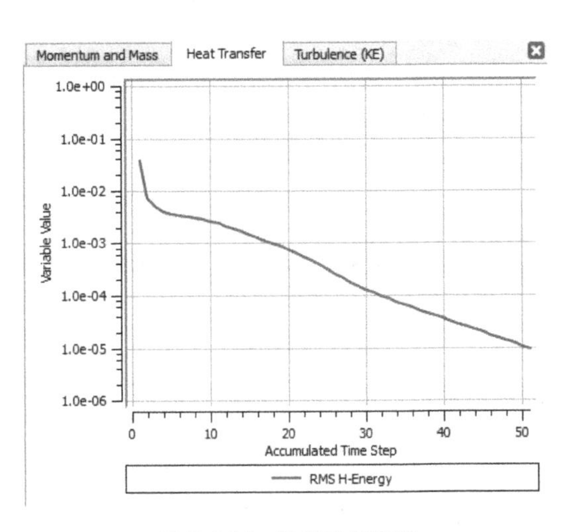

图 3-4-36 热能残差变化

第 4 节　启动 CFX-Post 进行结果后处理

1. 打开 CFD-Post

操作：单击 CFX-Solver Manager 工具栏中图标，弹出启动 CFD-Post 对话框，保持默认设置，单击 OK 按钮。CFD-Post 界面如图 3-4-37 所示。

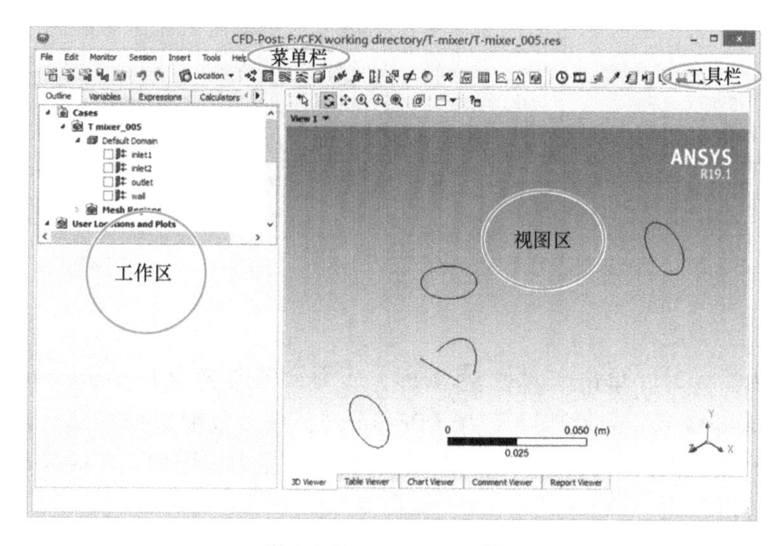

图 3-4-37　CFD-Post 界面

2. 绘制中切面温度、压力、速度云图

（1）创建中切面

操作：单击工具栏 Location 图标，在下拉菜单中单击 Plane，平面命名为 section1，单击 OK 按钮；平面设置对话框如图 3-4-38 所示。

① 在 Defintion 中设置偏移基准平面为 YZ Plane。

② 偏移距离 X 设为 0. 0 ［m］。

③ 其他保持默认设置，单击 Apply 按钮。

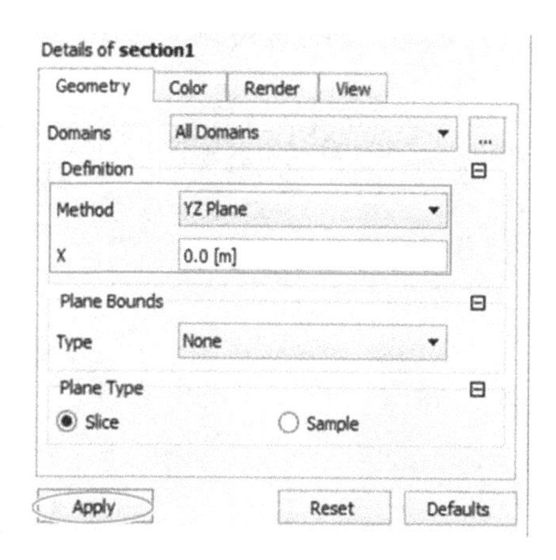

图 3-4-38　平面设置对话框

（2）绘制温度云图

操作：单击工具栏图标，等值线图命名为 Temperature contour，单击 OK 按钮；打开温度云图对话框，如图 3-4-39 所示。

① 在 Details of Temperature contour 中，等值线位置（Locations）选择 section1。

② 变量（Variable）选择温度（Temperature）。

③ 温度范围（Range）选择局部压力范围（Local）。

④ 等值线数目设置为 30，其他保持默认设置，单击 Apply 按钮。

温度云图如图 3-4-40 所示。

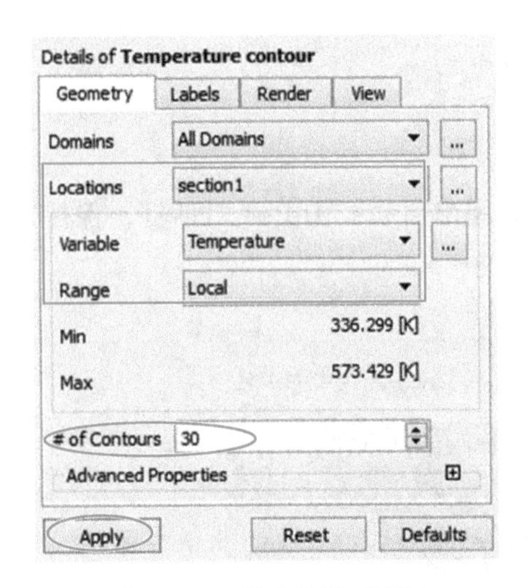

图 3-4-39　温度云图对话框

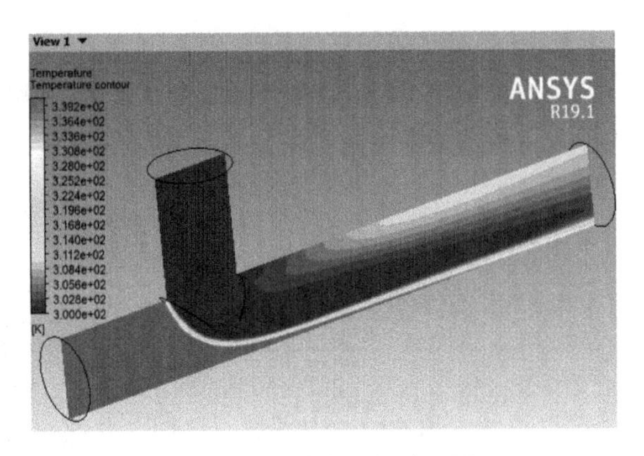

图 3-4-40　中切面温度云图

（3）绘制压力云图

操作：同步骤（2），单击工具栏图标，压力云图命名为 Pressure contour，单击 OK 按钮；位置选择 section1，变量选择压力（Pressure），压力范围选择局部（Local），等值线数目设置为 30，其他保持默认设置，单击 Apply 按钮。压力云图如图 3-4-41 所示。

（4）绘制速度云图

操作：同步骤（2），单击工具栏图标，速度云图命名为 Velocity contour，单击 OK 按钮；位置选择 section1，变量选择速度（Velocity），速度范围选择局部（Local），等值线数目设置为 30，其他保持默认设置，单击 Apply 按钮。速度云图如图 3-4-42 所示。

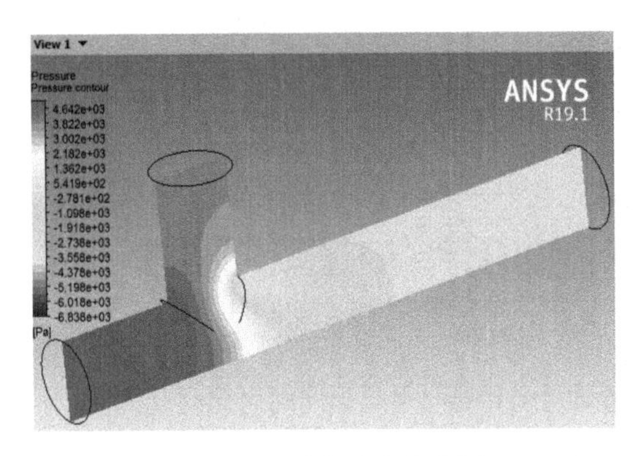

图 3-4-41　中切面压力云图

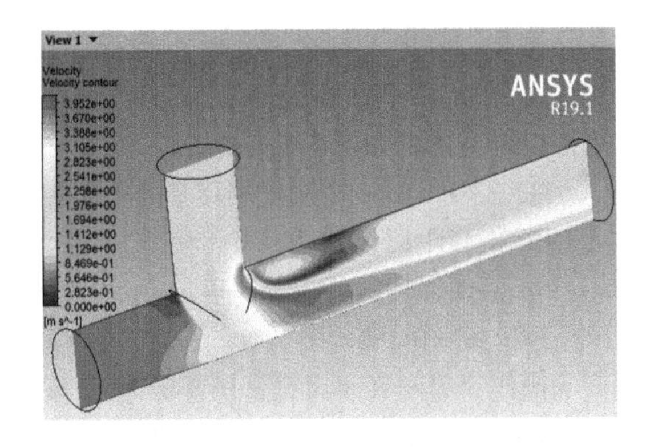

图 3-4-42　中切面速度云图

注意：几何轮廓、创建的平面和等值线图等会出现在工作区的目录树中，在用户自定义位置与绘制（User Locations and Plots）下。步骤（2）~步骤（4）中绘制了多个图形，为避免视图区出现多个绘制图形叠加的情况，需要在目录树中取消勾选不想要显示的图形，如图 3-4-43 所示。

3. 绘制壁面温度云图

操作：单击工具栏图标，速度图命名为 wall temperature，单击 OK 按钮；左下方出现矢量图设置对话框 Details of wall temperature。

操作：在 Geometry 选项卡中，矢量位置（Locations）选择 wall；变量（Variable）选择温度（Temperature）；范围（Range）选择局部（Local）；等值线（of Contours）数目设为 30；其他保持默认设置，单击 Apply 按钮。

壁面温度云图如图 3-4-44 所示。

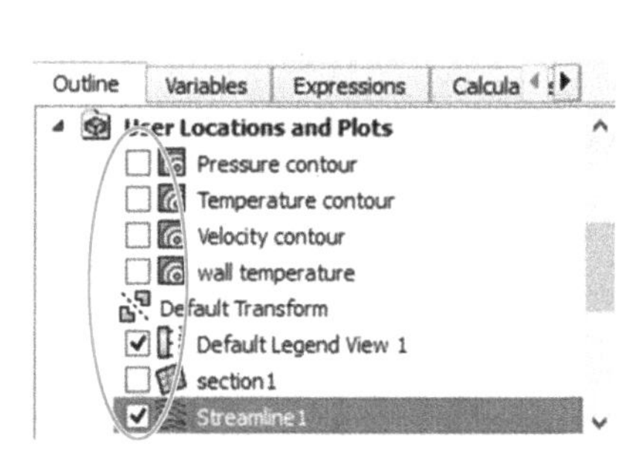

图 3-4-43　关闭/打开图形显示

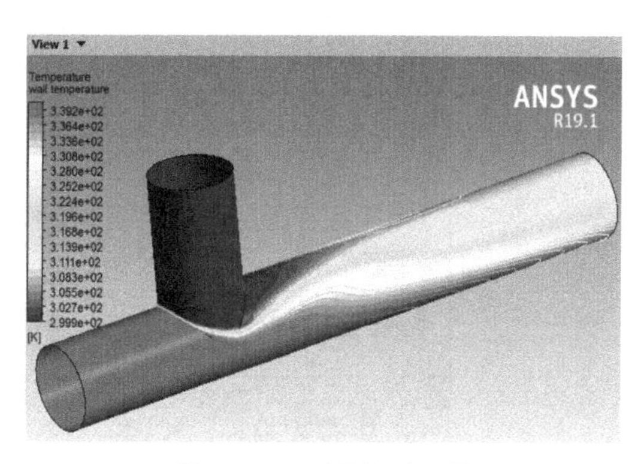

图 3-4-44　壁面温度云图

4. 绘制三维流线图

操作：单击工具栏图标，流线图命名为 Streamline1，单击 OK 按钮；左下方出现流线图设置对话框，如图 3-4-45 所示。

在 Geometry 选项卡中：

① Type 选择 3D Streamline。

② Start From 选择 inlet1 和 inlet2。

③ Sampling 为 EquallySpaced。

④ of Points 为 50，其他保持默认设置，单击 Apply 按钮。

三维流线图如图 3-4-46 所示。

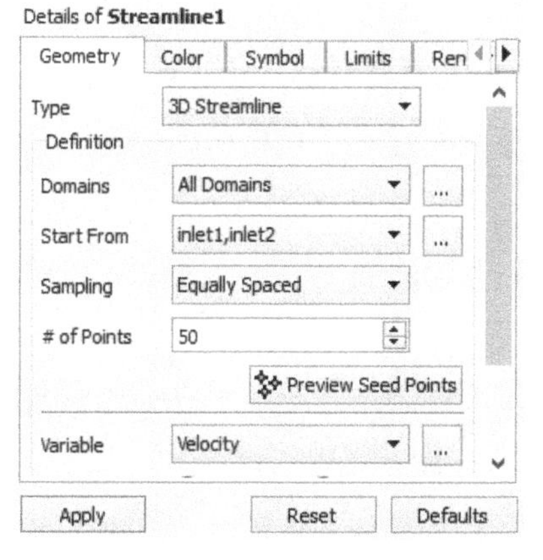

图 3-4-45　流线图设置对话框

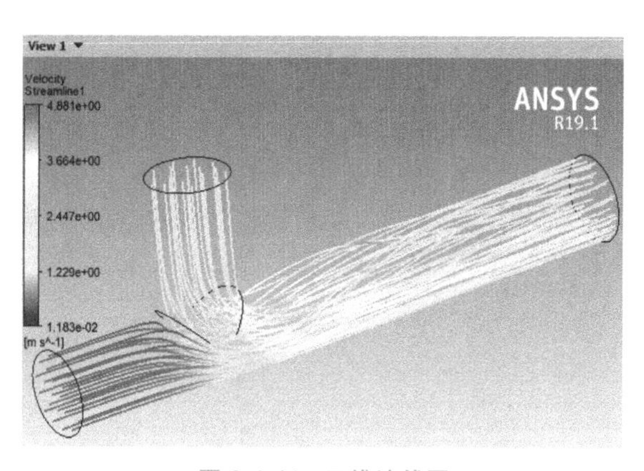

图 3-4-46　三维流线图

5. 流场动态演示

操作：在图 3-4-43 中，勾选显示 Streamline1 流线图。单击工具栏的图标，弹出动画设置界面。

① 勾选 Quick Animation。

② 单击图标进行流线的动态演示。

图 3-4-47 所示为动态演示过程中某一时刻流体质点分布。

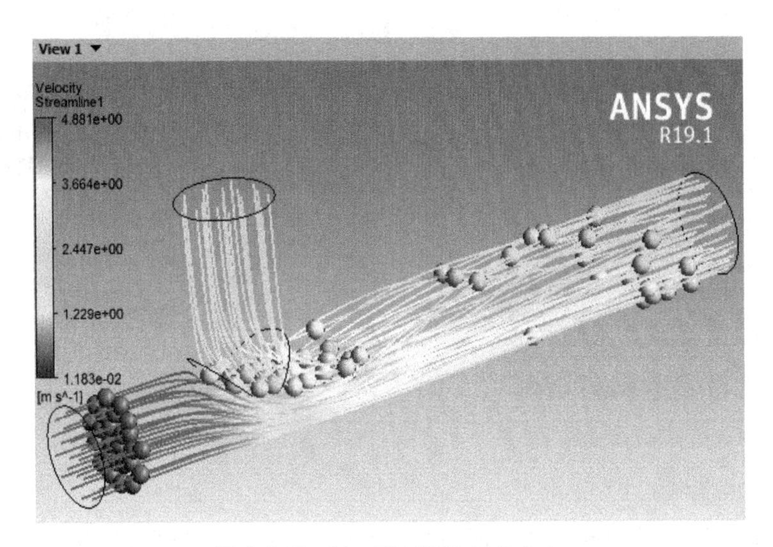

图 3-4-47　某一时刻流体质点分布

第 5 章　汽车绕流问题——结构化网格

问题描述：一小型轿车以 30m/s 的速度在平整路面行驶，大气环境压强为 1atm，空气在经过车身表面时，将在车尾发生边界层分离，形成低压区，车身前部的高压区与尾部低压区导致车体的形状阻力。

在本例中，利用 ANSYS CFX 针对车辆行驶过程中的外流场进行瞬态仿真计算，对问题进行简化，转换为二维平面问题，简化模型如图 3-5-1 所示。空气来流速度为 30m/s，环境压力为 1atm。在求解过程中，初值采用全局初始化的方式定义。

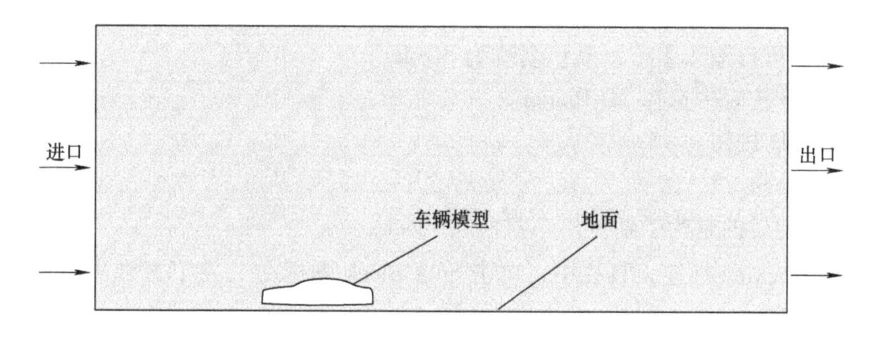

图 3-5-1　车辆绕流模型示意图

本章的电子文档对应光盘上的文件夹为：CFX 篇\2dcar；本章使用的软件为：ANSYS ICEM CFD 19.1，ANSYS CFX 19.1。

第 1 节　划分网格

1. 导入几何模型

（1）设定工作目录 File→Change Working Dir，选择文件存储路径。

（2）导入几何文件 File→Geometry→Open Geometry。

选择文件 2dcar. tin，检查各个 Part 的定义是否正确。导入几何文件后的几何模型如图 3-5-2 所示。

2. 创建 Block

Block 是生成结构化网格基础，是几何模型拓扑结构的表现形式，通过创建 Block 来体现几何模型，通过建立映射关系来搭建起几何模型和 Block 之间的桥梁，最终生成网格。由于汽车的外形比较复杂，为保证生成的网格质量较高，需要对汽车周围邻近的 Block 进行更为细致地划分。

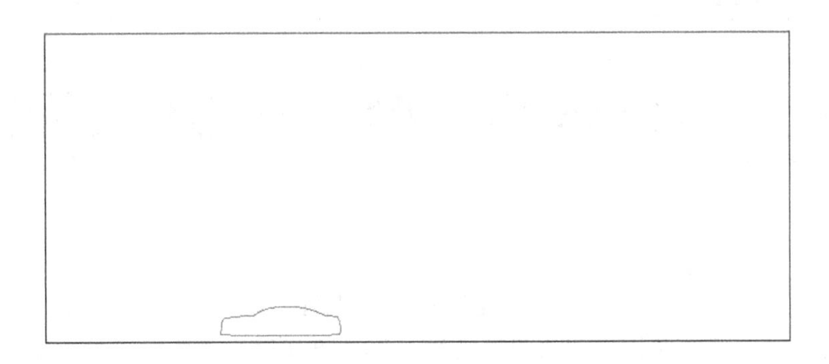

图 3-5-2　外流场几何模型

（1）创建二维平面 Block

操作：单击标签栏的 Blocking，单击 Create Block 图标，左下方出现 Block 设置界面，如图 3-5-3 所示。

① Part 框中可自输入名称，默认名称为 SOLID。

② 在 Type 下拉表中选择 2D Planar。

③ 单击 Apply 按钮。

（2）分割 Block

分割 Block 的目的是为了切分出车身所在 Block。

操作：在 Blocking 标签工具栏中，单击 Split Block 图标，左下方弹出分割 Block 对话框，如图 3-5-4 所示。

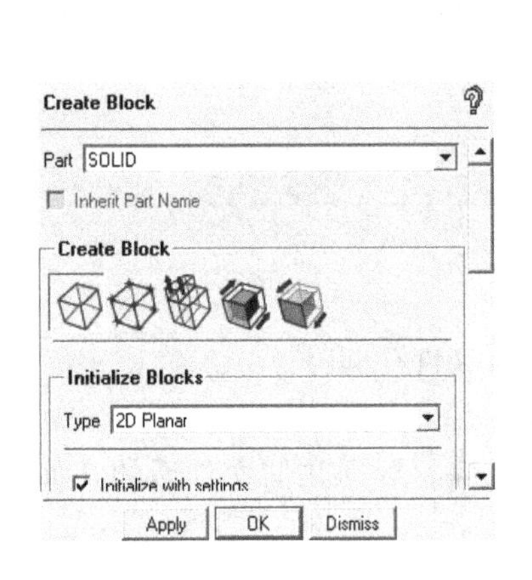

图 3-5-3　Block 设置界面

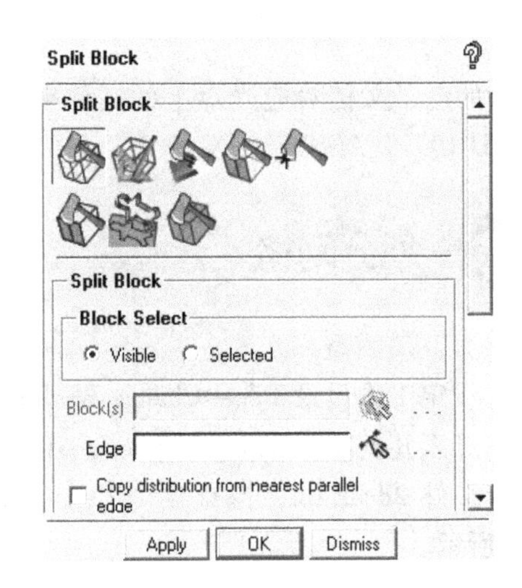

图 3-5-4　分割 Block 对话框

① 单击 Split Block 图标。

② Block Select 单选项勾选 Visible。

③ 单击 Select Edge 图标；如图 3-5-5 所示，鼠标左键选择上方 Edge，再次单击鼠标

左键出现 Block 分割线，长按鼠标左键可以拖动 Block 分割线进行移动，移动分割线使分割线接近车辆前缘，单击鼠标中键确认。

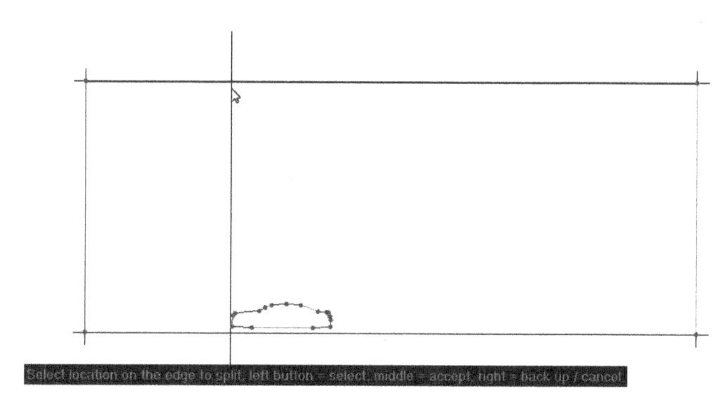

图 3-5-5 分割 Block

④ 同③，再次分割，移动分割线使分割线接近车辆尾缘，单击鼠标中键确认。

⑤ 操作同③，鼠标左键选择左侧进口的 Edge，再次单击鼠标左键出现 Block 分割线，长按鼠标左键可以拖动 Block 分割线进行移动，移动分割线使分割线接近车辆顶部，单击鼠标中键确认。

⑥ 同⑤，再次分割，移动分割线使分割线接近车辆底部，单击鼠标中键确认。

分割后的 Block 如图 3-5-6 所示。

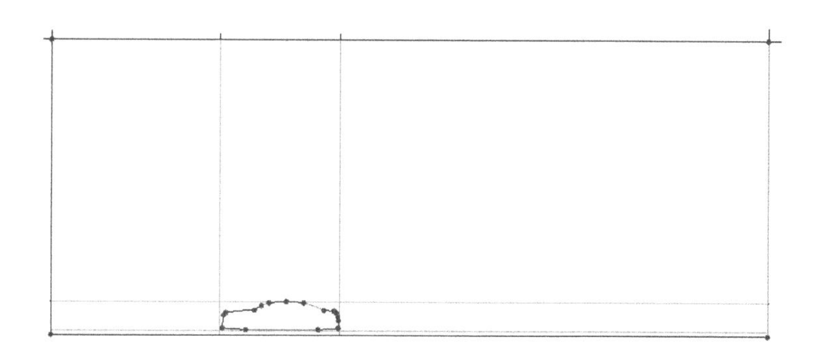

图 3-5-6 分割后的 Block

（3）分割车身所在 Block

操作：右键左侧数目录中 Blocking，选择 Index Control，右下方出现 Blocking 控制界面，如图 3-5-7 所示。

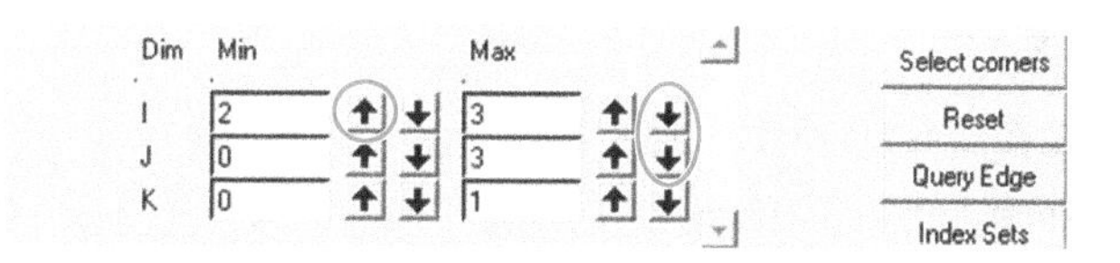

图 3-5-7 Block 索引控制

① 对 I 方向，调大最小值，调小最大值，隐藏车身左右两侧 Block。

② 对 J 方向，调小最大值，隐藏车身上方 Block。

最终图形界面仅显示车身所在 Block 以及车身下方 Block，如图 3-5-8 所示。

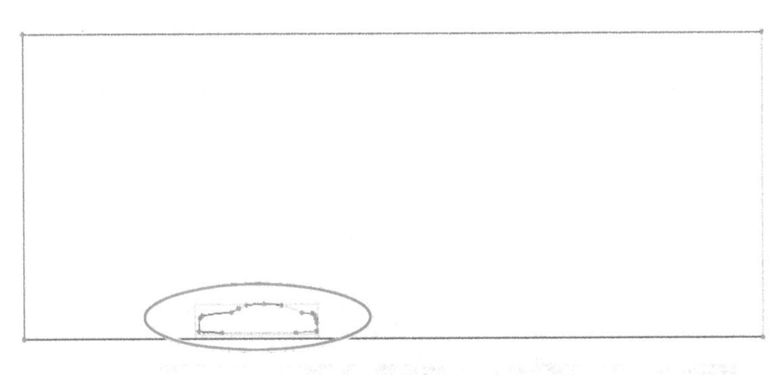

图 3-5-8　车身所在 Block 及车身下方 Block

分割车身所在 Block 的目的是为了保证划分网格时的质量。

操作：在 Blocking 标签工具栏中，单击 Split Block 图标，左下方弹出分割 Block 对话框，如图 3-5-4 所示。

① 单击 Split Block 图标。

② Block Select 单选项勾选 Visible。

③ 单击 Select Edge 图标；如图 3-5-9 所示，鼠标左键选择车身顶部的 Edge，再次单击鼠标左键出现 Block 分割线，长按鼠标左键可以拖动 Block 分割线进行移动，移动分割线使分割线接近车辆前风窗玻璃前缘点，单击鼠标中键确认。

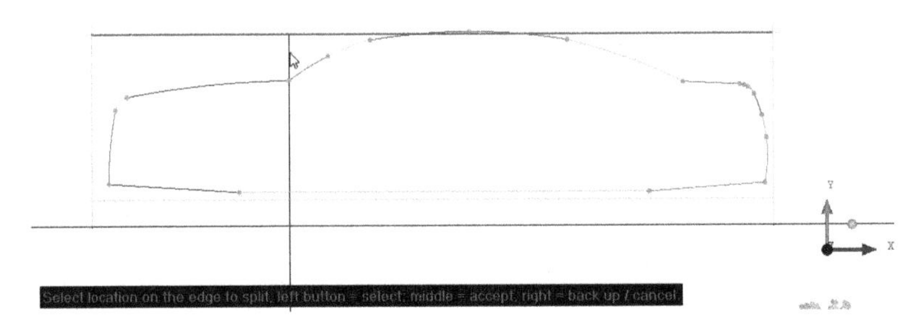

图 3-5-9　车身所在 Block 及下方 Block 分割

④ 同③，再次分割，移动分割线使分割线接近车辆后风窗玻璃后缘点，单击鼠标中键确认。

⑤ 操作同③，鼠标左键选择车头前方的 Edge，再次单击鼠标左键出现 Block 分割线，长按鼠标左键可以拖动 Block 分割线进行移动，移动分割线使分割线接近车辆前风窗玻璃前缘点，单击鼠标中键确认。

分割后的 Block 如图 3-5-10 所示。

（4）删除多余 Block

操作：在 Blocking 标签工具栏中，单击 Delete Block 图标，在几何显示窗口左键选择车身内部的 4 个 Block，如图 3-5-11 中所示，黑色边的 4 个方块（图中序号分别为 32、22、27、30）即为需要删除的 Block。单击鼠标中键确认。

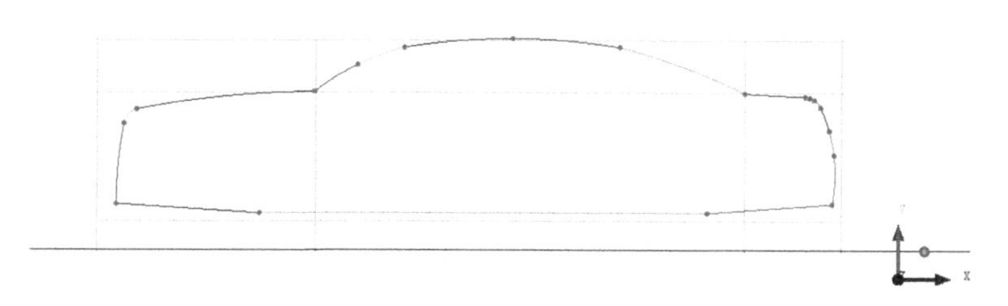

图 3-5-10 分割后的 Block

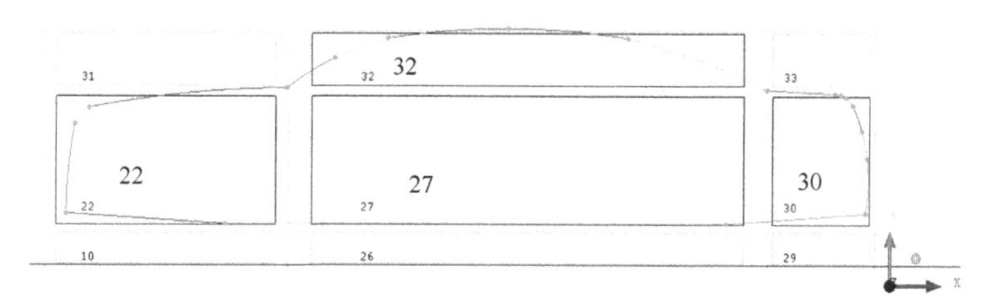

图 3-5-11 删除车身内部多余的 Block

3. 建立映射关系

建立映射包括 Block 的顶点（Vertex）到 Geometry 的点（Point）的映射和 Block 的边（Edge）到 Geometry 的线（Curve）的映射。

（1）建立点的映射

操作：勾选左侧树目录 Geometry 下的 Points，显示所有的 Point，如图 3-5-12 所示。

操作：在 Blocking 标签工具栏中，单击 Associate 图标，左下方弹出点映射对话框，如图 3-5-13 所示。

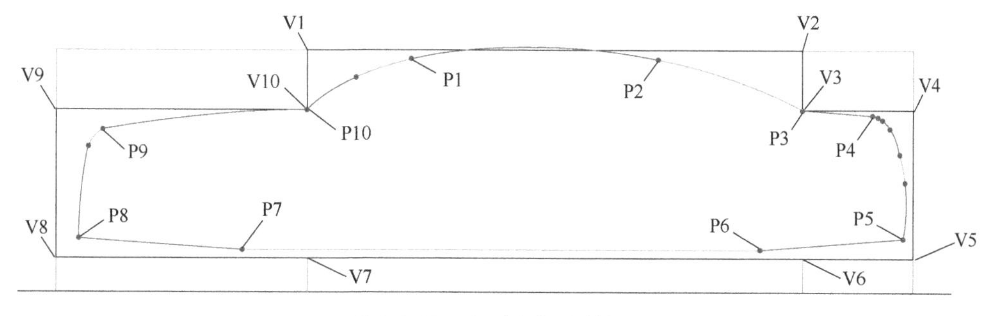

图 3-5-12 点到点的映射关系

① 单击 Associate Vertex 图标。

② 在 Entity 单项选择 Point，建立 Vertex 到 Point 的映射。

③ 单击 Vertex 右侧 Select 图标，选择 V1，然后默认进入选择 Point 的状态。

④ 选择 P1，然后默认进入选择 Vertex 的状态。

⑤ 类似③选择 V2。

⑥ 类似④选择 P2。

⑦ 重复以上操作，分别建立 V3~V10 到 P3~P10 的关联，右键退出选择状态。

⑧ 单击右下方 Block 索引控制中的 Reset 按钮，如图 3-5-7 所示，取消 Block 隐藏，使所有的 Block 都显示出来。

⑨ 将整个方形外流场几何的 4 个顶点与 Block 的 4 个顶点进行关联（方形外流场几何的 4 个顶点与 Block 的 4 个顶点在视图区是重合的）。

注意：建立 Vertex 到 Point 的映射关系后，Vertex 的颜色变成红色。

（2）建立边线的映射

把 V1 到 V2 的连线称为 E1，把 P1 到 P2 的曲线称为 C1，同理有 E2～E10，C2～C10。

① 单击 Associate Edge to Curve 图标，如图 3-5-14 所示。

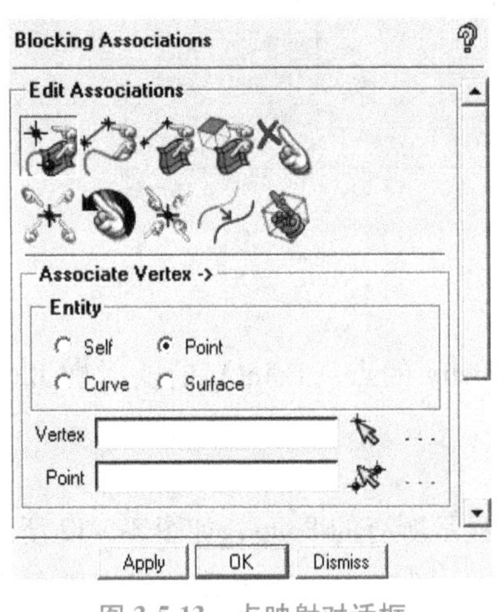

图 3-5-13　点映射对话框

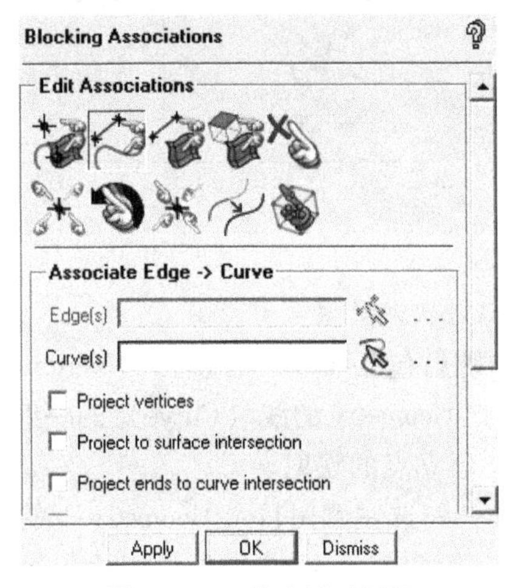

图 3-5-14　线映射对话框

② 单击 Edge 框右侧 Select Edge 图标，选择 E1，中键确认；然后默认进入选择 Curve 的状态。

③ 选择 C1，中键确认；然后默认进入选择 Edge 的状态。

④ 采用相同的方法，分别建立 E2～E10 到 C2～C10 的关联。

⑤ 除了车辆外表面的关联外，还需建立整个方形外流场几何的四条边与 Block 的最外围四条线段的关联（方形外流场几何的四条边与 Block 的最外围四条线段在视图区是重合的）。

注意：

（1）选中 Edge 或 Curve 时，Edge 或 Curve 会被加粗，注意不要选错。

（2）在边线关联时，有些 Curve 或者 Edge 可能由多个曲线段/线段组成，例如 P4 到 P5 之间就有 6 个小 Curve 组成，在进行 P4、P5 间曲线段 C4 与 V4、V5 间曲线段 E4 的关联时，选择 Curve 要将 6 个小 Curve 全部选上，即选择全部 6 条 Curve 后再中键确认。

（3）在后面划网格中，如果检查质量时出现负网格的情况，那么有可能是由错误关联导致。如果关联出现错误，可以通过关联设置下的取消关联将关联取消，再重新进行关联。

（4）建立 Edge 到 Curve 的映射关系后，Edge 的颜色变成绿色。

4. 调整 Block 形状

图 3-5-15 所示为关联完成后车身周围的 Block 分布，为了保证网格质量，需要调整图中①、②、③、④四条 Edge，使这四条 Edge 保持竖直。

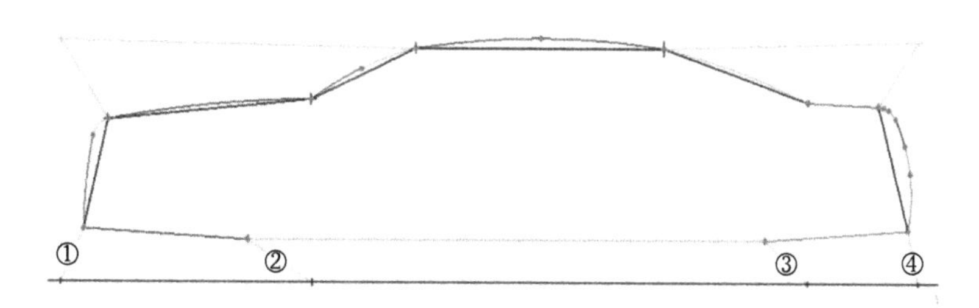

图 3-5-15　关联后车身周围 Block 分布

操作：在 Blocking 标签工具栏中，单击 Move Vertex 图标，左下方弹出对话框如图 3-5-16 所示。

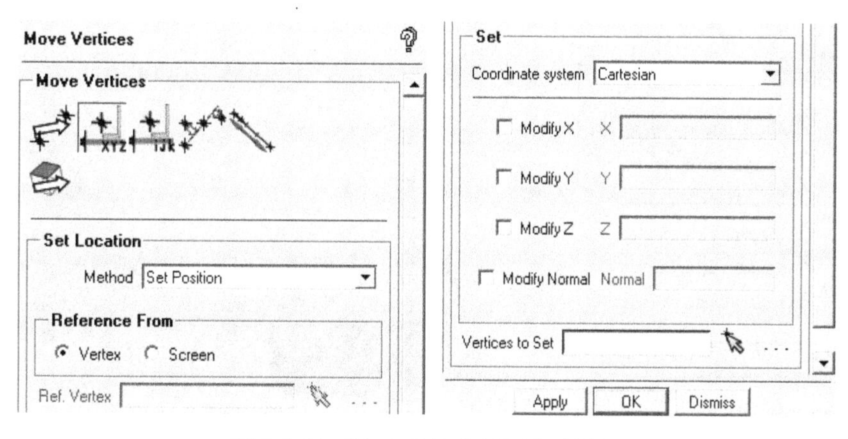

图 3-5-16　Block 顶点位置调整对话框

① 顶点移动方式选择 Set Location 图标。

② Set Location 的方法和参考点选取方式（Reference From）保持默认。

③ 单击 Ref. Vertex 框右侧的图标进行参考点选取，选择 Edge①的上端点。

④ 坐标系统保持默认，勾选 ModifyX 复选项。

⑤ 单击 Verticestoset 框右侧的图标选取需要被移动的点，选择 Edge①的下端点，中键确认。

⑥ 单击 Apply 按钮。

对于②、③、④三条边采取相同的方式进行调整，均选择上端点作为参考点，下端点为被移动点。调整后的结果如图 3-5-17 所示。

5. 定义网格长度/节点数

（1）划分车身表面及流场边界网格

操作：在 Mesh 标签工具栏中，单击 Curve Mesh Setup 图标，左下方出现如图 3-5-18 所示的对话框。

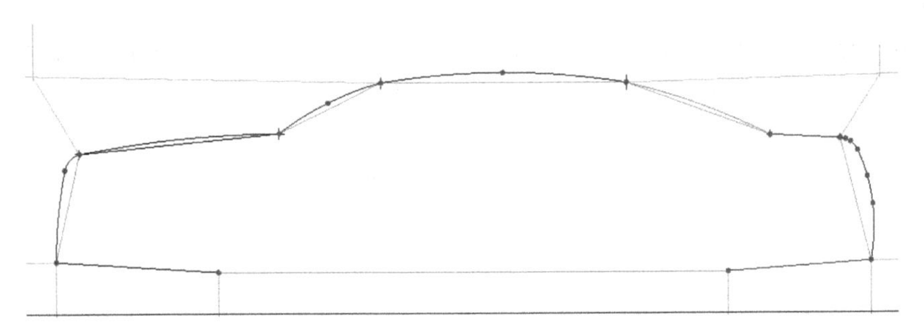

图 3-5-17　调整后的 Block 分布

① Method 保持默认设置，单击 Select Curves 框右侧图标，此时在视图区弹出浮动工具栏，单击浮动工具栏中 Select items in a part 图标，弹出如图 3-5-19 所示的界面，勾选 CARFACE 复选项，单击 Accept 按钮。

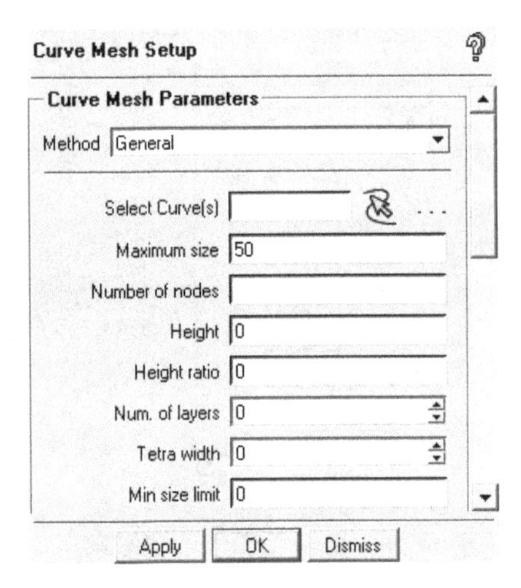

图 3-5-18　Curve 网格设置

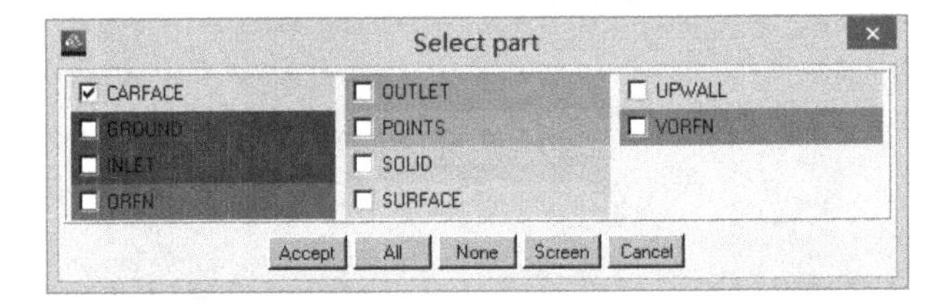

图 3-5-19　Part 选择

② 最大尺寸 Maximum size 设置为 10，单击 Apply 按钮。

③ 再次点击 Select Curves 右侧图标，单击浮动工具栏中 Select items in a part 图标，勾选 GROUND、INLET、OUTLET、UPWALL 复选项，单击 Accept 按钮。

④ 最大尺寸 Maximum size 设置为 50，单击 Apply 按钮。

（2）生成边界层 Block

操作：勾选左侧树目录 Parts 下的 VORFN，再勾选树目录 Blocking 下的 Blocks，将已经删除的 Block 显示出来。右键单击树目录 Blocking 下的 Blocks，选择 Solid，使 Block 更清晰地显示，此时视图区内黄色的块即为已经删除的块，绿色的块为保留下来的块。

操作：单击 Blocking 标签工具栏下的 Split Block 图标，左下方弹出设置对话框，如图 3-5-20 所示。

① 单击 Ogrid Block 图标。

② 单击 Select Block（s）右侧图标，选择车辆内部四个黄色 Block，中键确认。

③ 勾选 Around block（s）复选项，Offset 设置为 1。

④ 单击 Apply 按钮。

划分结果如图 3-5-21 所示，车身外围绕的一圈绿色小 Block 即为生成的边界层 Block。

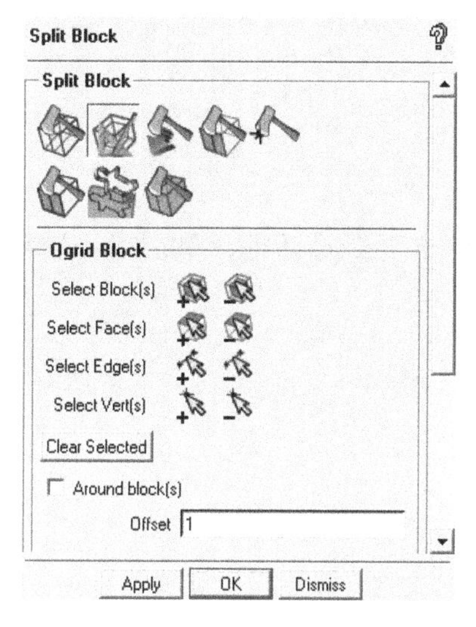

图 3-5-20　Ogrid Block 设置

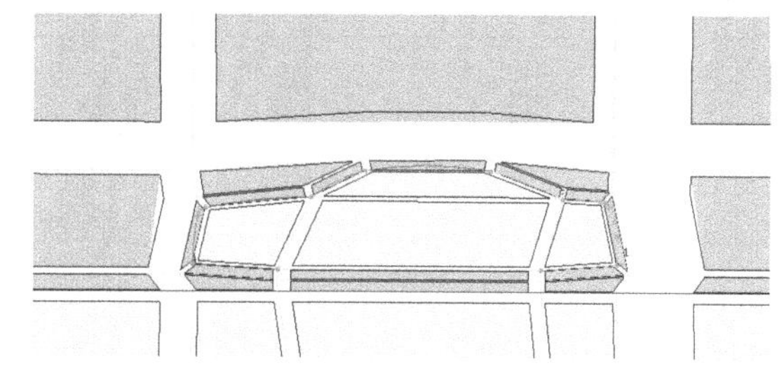

图 3-5-21　边界层 Block

（3）设置边界层网格数。

取消勾选左侧树目录 Parts 下的 VORFN。

操作：在 Blocking 标签工具栏中，单击 Pre-Mesh Params 图标，左下方弹出设定节点数设置对话框如图 3-5-22 所示。

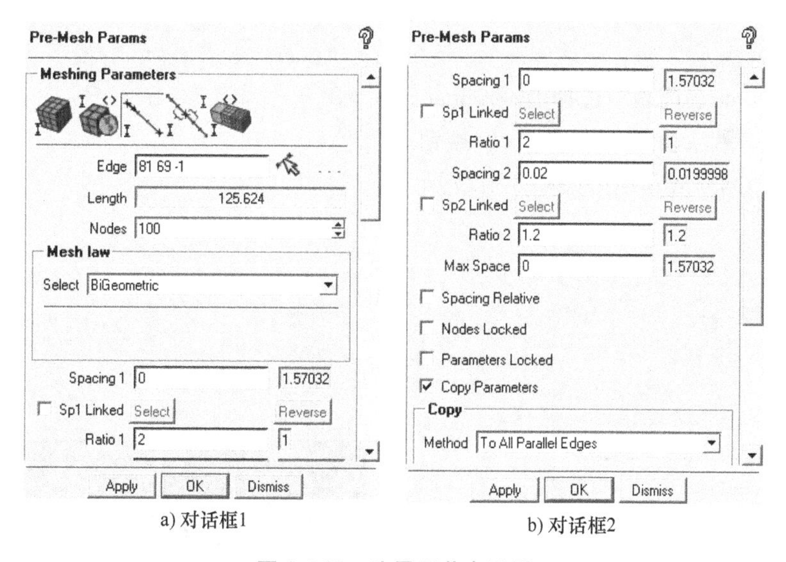

a) 对话框1　　b) 对话框2

图 3-5-22　边界层节点设置

① 单击 Edge Params 图标。

② 单击 Edge 框右侧图标，并选择任意一个边界层 Block 的短边。

③ 在 Nodes 框输入 100。

④ 输入 Spacing 1=0，Ratio 1=2。

⑤ 输入 Spacing 2=0.02，Ratio 2=1.2。

⑥ 勾选 Copy Parameters（将设置应用到所有边界层短边）。

⑦ 其他保持默认设置，单击 Apply 按钮。

6. 检查网格质量

（1）查看网格

操作：在树目录中，取消勾选 Blocking 下的 Block。

操作：在树目录中，勾选 Blocking 下的 Pre-mesh，弹出更新对话框，单击 Yes 按钮确定，网格划分结果如图 3-5-23 所示。

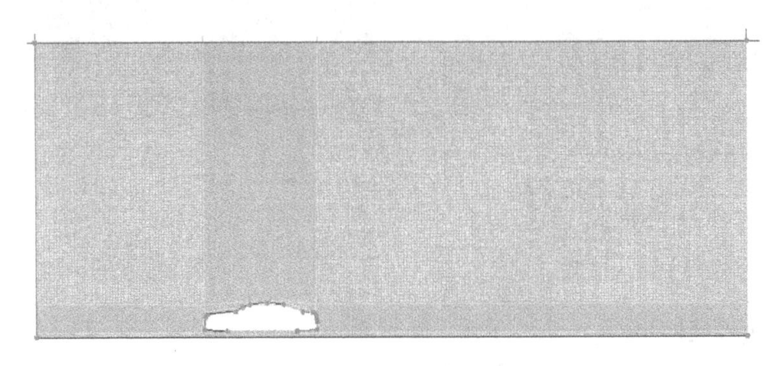

图 3-5-23　网格划分结果

（2）检查网格质量

操作：在 Blocking 标签工具栏中，单击 Pre-Mesh Quality 图标，检查网格质量设置对话框如图 3-5-24 所示。

① 在 Criterion 下拉表中选择 Determinant 2×2×2。

② 其他保持默认设置，单击 Apply 按钮。

右下方显示网格质量结果如图 3-5-25 所示。

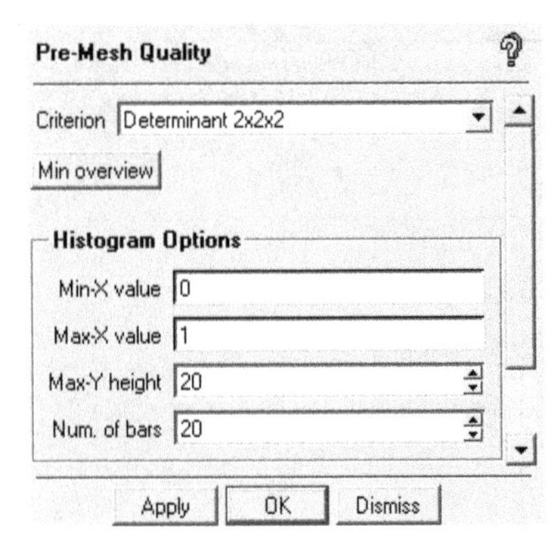

图 3-5-24　检查网格质量设置

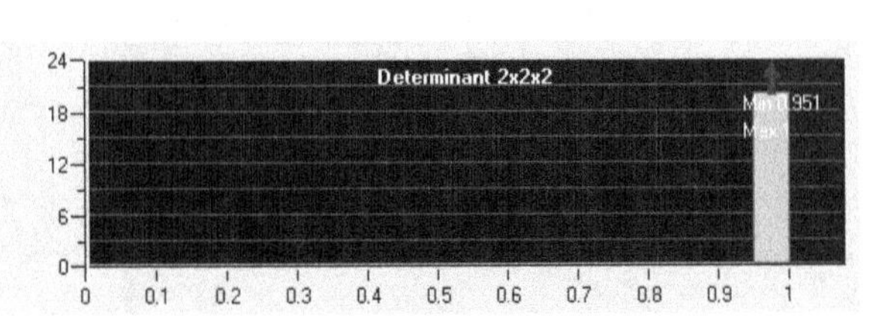

图 3-5-25　网格质量检查结果

7. 导出网格

(1) 保存网格

操作：右键单击树目录中 Blocking 下的 Pre-Mesh，选择 Convert to Unstruct Mesh，然后再单击 File→Mesh→Save Mesh As，保存当前的网格文件为 2dcar. uns。

(2) 选择求解器

操作：在 Output 标签工具栏中，单击 Select Solver 图标。

① 在左下方对话框的 Output Solver 下拉表中选择 ANSYS Fluent。

② 单击 Apply 按钮。

③ 导出用于 Fluent 计算的网格文件

操作：在 Output 标签工具栏中，单击 Write input 图标，保存 . fbc 和 . atr 文件。

① 在弹出的对话框中，单击 NO 按钮，不保留工程文件。

② 在弹出的对话框中选择当前文件夹下的网格文件 2dcar. uns，弹出导出网格对话框如图 3-5-26 所示。

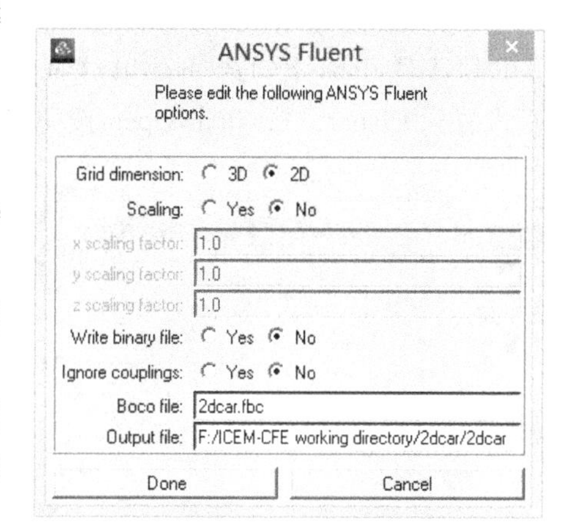

图 3-5-26 导出网格对话框

③ 在 Grid dimension 项选择 2D，输出二维网格。

④ 在 Output file F:/ICEM · CFE working directory/2dcar/2dcar。

⑤ 单击 Done 按钮，导出网格。

第2节 启动 CFX-Pre 进行物理定义

1. 启动 CFX-Pre，选择执行模式

ANSYS CFX 启动界面如图 3-5-27 所示，单击启动 CFX-Pre 19. 1 图标；启动 CFX-Pre 后，在菜单栏选择 File→New Case，在弹出的仿真类型对话框中选择 General，如图 3-5-28 所示。

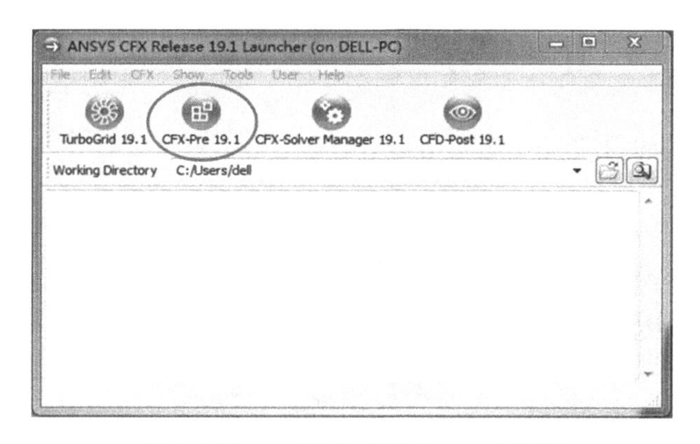

图 3-5-27 ANSYS CFX-Pre 启动界面

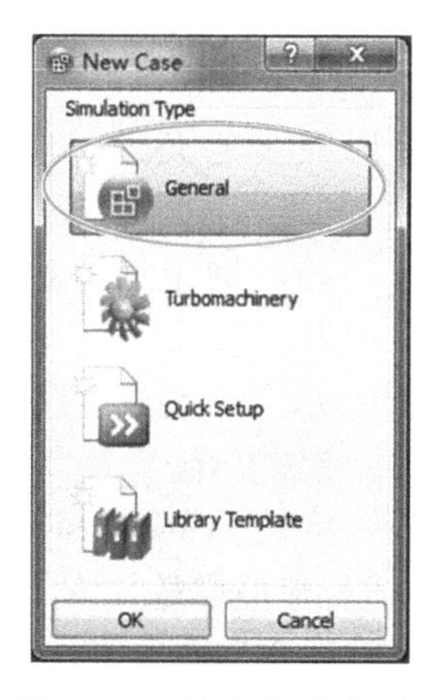

图 3-5-28 仿真类型对话框

注意：对于所有类型的 CFD 仿真，General 模式是一个通用模式。

2. 网格导入

（1）在工作区的目录树中，鼠标右键单击 Mesh，选择 Import Mesh→FLUENT，如图 3-5-29 所示。

（2）在弹出的对话框中选择第 1 节中保存的 2dcar. msh 网格文件，在对话框右侧 Mesh Units 中选择单位 mm；展开 Advanced Options，在 Primitive Strategy 下拉表中选择 Standard；在 FLUENT Options 下勾选 Override Default 2D Mesh Settings 复选项，并按图 3-5-30 所示设置，分别设置为 Planar，1；单击 Open 按钮打开文件。

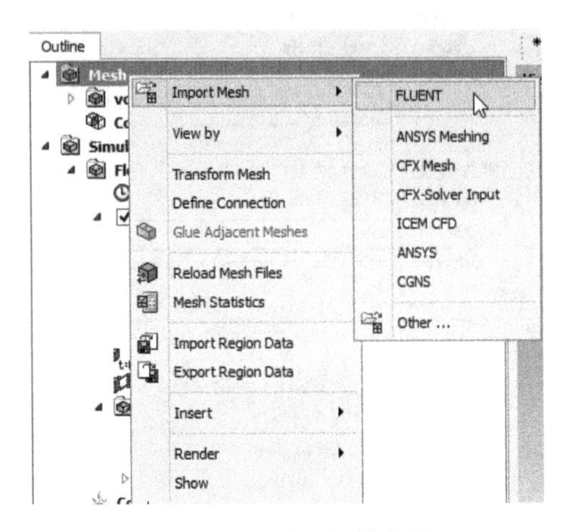

图 3-5-29　导入网格文件

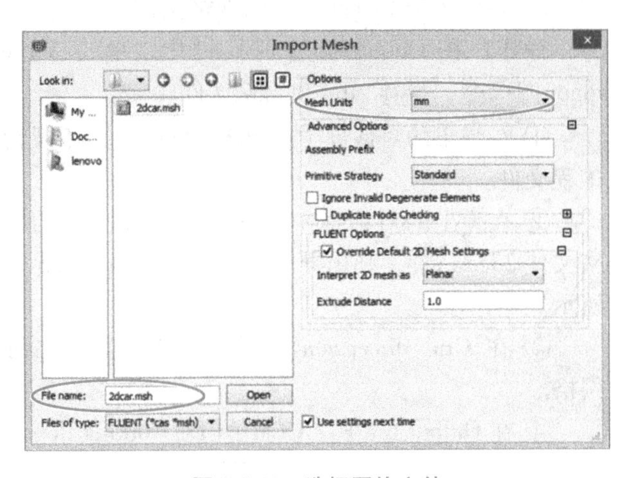

图 3-5-30　选择网格文件

3. 仿真（Simulation）设置

（1）分析类型设置

操作：在工作区的目录树中，展开 Simulation，双击 Flow Analysis 1 下的 Analysis Type，打开分析类型选项卡，如图 3-5-31 所示。

① 仿真类型选择 Transient（瞬态仿真）。

② 时间周期定义方式选择 Total Time（总时长），值为 0.1［s］。

③ 时间步定义方式选择 Timesteps，值为 0.001［s］。

④ 初始时间定义方式选择 Automatic with Value，值为 0［s］。

单击 OK 按钮完成设置。

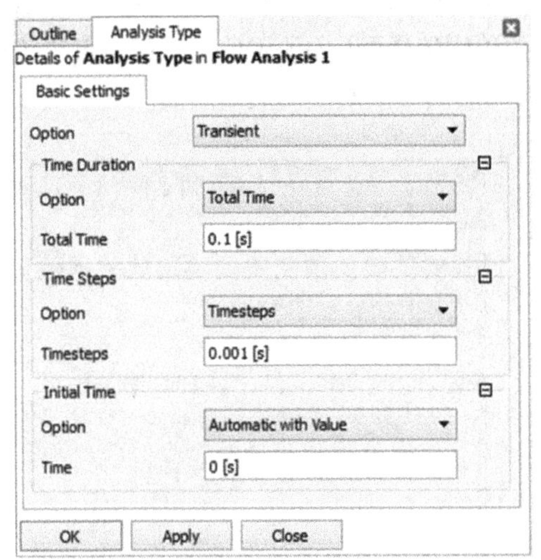

图 3-5-31　分析类型选项卡

（2）流域设置

操作：双击 Flow Analysis 1 下的 Default Domain，进行流域设置。

① 按图 3-5-32 所示设置 Basic Settings 选项卡：域类型选择流体域；流体材料选择 Material

中 Air Data 下提供的 25℃的空气“Air at 25C”；参考压力设为 1atm；其他保持默认设置，单击 Apply 按钮。

② 按如图 3-5-33 所示设置 Fluid Models 选项卡：热传递模型选择 None；湍流模型选择 k-Epsilon 模型；其他保持默认设置，单击 OK 按钮。

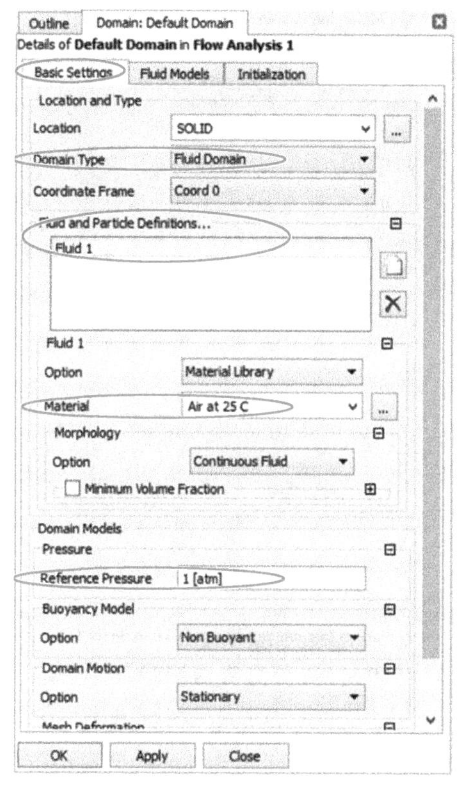
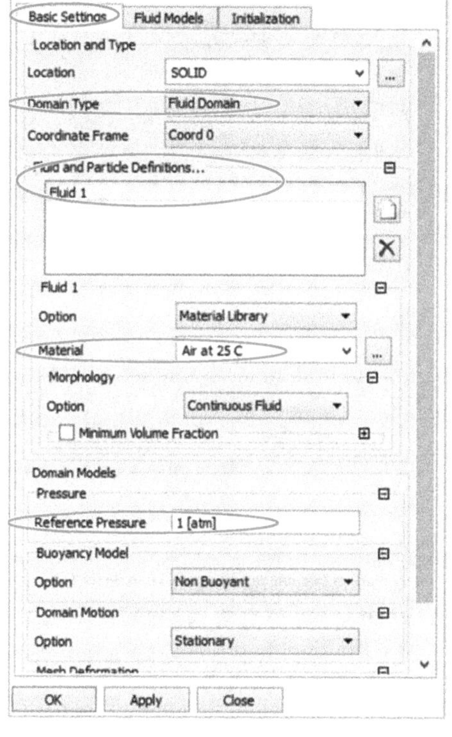

图 3-5-32　流域基本设置

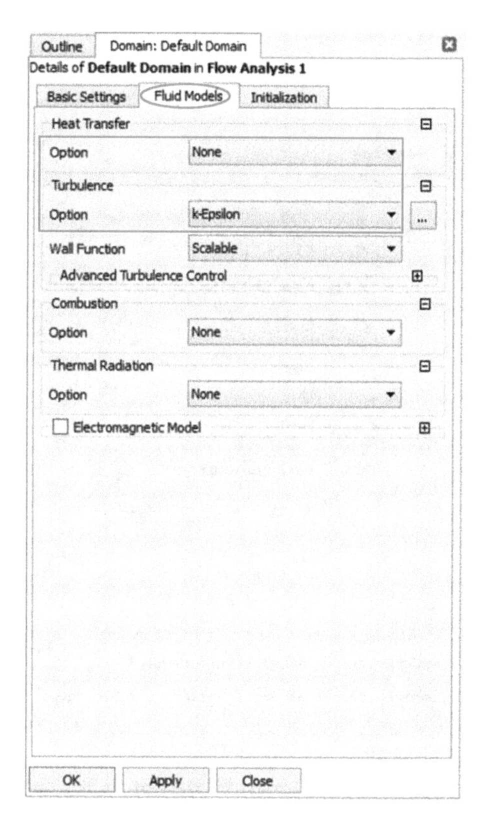

图 3-5-33　流体模型设置

（3）边界条件设置

操作：右键单击 Flow Analysis 1 下的 Default Domain，选择 Insert→Boundary，设置边界条件，如图 3-5-34 所示。

① 设置进口边界条件：单击 Boundary，在弹出的对话框中输入边界名称 inlet，单击 OK 按钮；在 Basic Settings 选项卡，Boundary Type 处选择 Inlet，在 Location 处下拉表中选择 INLET；然后转到 Boundary Details 选项卡，如图 3-5-35 所示，流态选择 Subsonic，质量与动量选择笛卡儿速度分量（Cart. Vel. Components），速度 U、V、W 项分别输入 30［ms^-1］、0［ms^-1］、0［ms^-1］；单击 OK 按钮。

② 同①，设置出口边界条件：命名为 outlet，边界类型 Outlet，位置选择 OUTLET；Boundary Details 选项卡设置如图 3-5-36 所示；单击 OK 按钮。

③ 同①，设置外壁面边界条件：命名为 wall，边界类型 Wall，位置选择 GROUND 和 UPWALL（单击 Location 右侧的 ... 图标，按住<Ctrl>键进行选择可同时选中多个位置）；Boundary Details 页面下选择自由滑移壁面（Free Slip Wall）；单击 OK 按钮。

④ 同①，设置内壁面边界条件：命名为 carface，边界类型 Wall，位置选择 CARFACE；Boundary Details 选项卡设置如图 3-5-37 所示；单击 OK 按钮。

⑤ 设置对称边界条件：鼠标左键双击 Default Domain Default，边界类型修改为 Symmetry；单击 OK 按钮。

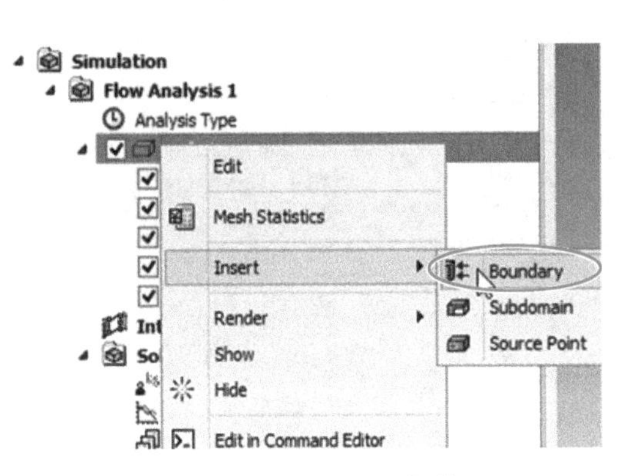

图 3-5-34　设置边界条件

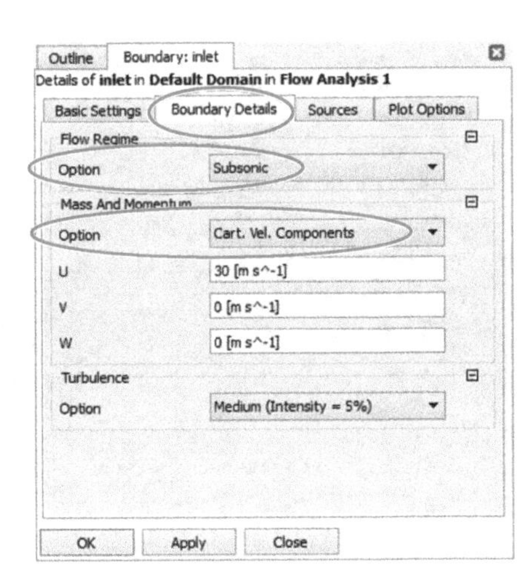

图 3-5-35　进口边界选项卡

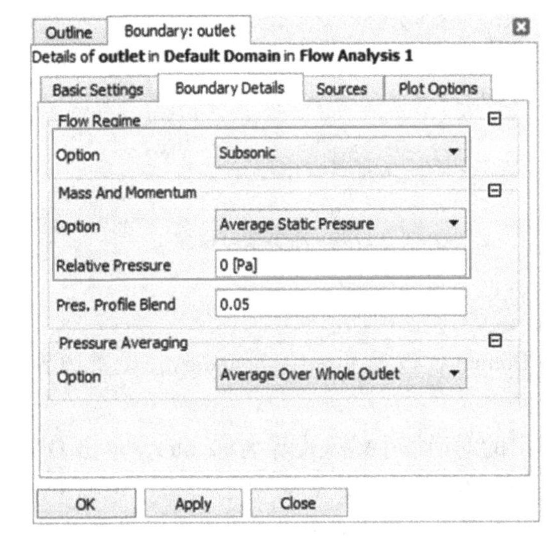

图 3-5-36　出口边界条件

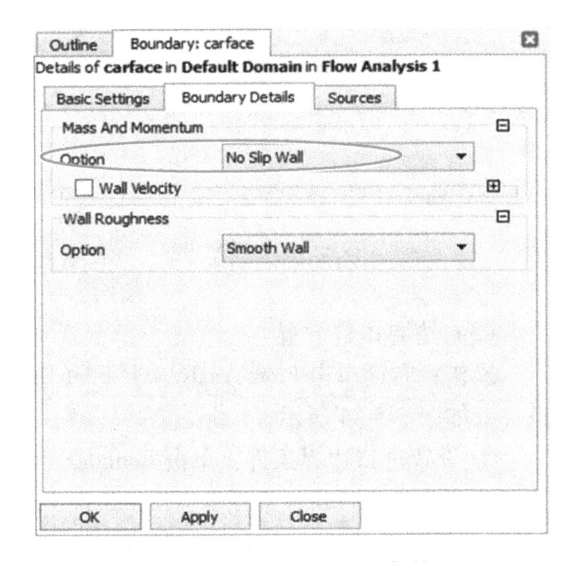

图 3-5-37　内壁面边界条件

（4）进行初始化设置

操作：右键单击 Flow Analysis 1，选择 Insert→Global Initialization，进入全局初始化设置界面。如图 3-5-38 所示。

① 速度 U、V、W 三项设置为 30［ms^-1］、0［ms^-1］、0［ms^-1］。

② 初始相对压力设置为 0Pa。

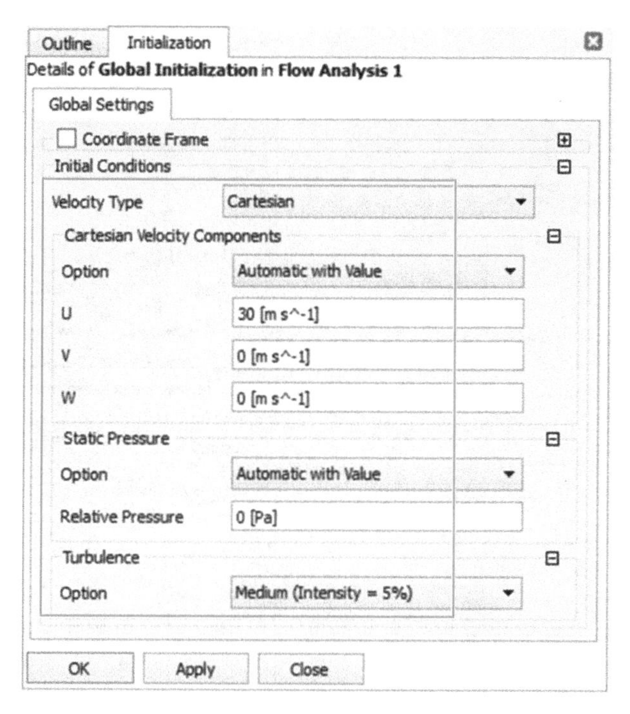

图 3-5-38 全局初始化设置

（5）求解单位设置

操作：展开左侧目录树 Flow Analysis 1 下的 Solver。双击 Solution Units 可查看求解单位，此处保持默认，单击 OK 按钮关闭。

（6）求解控制设置

操作：双击 Solver 下的 Solver Control，在 Basic Settings 选项卡中设置，如图 3-5-39 所示。

对流项选择高分辨（High Resolution）；收敛控制可以设置最大与最小迭代步，此处最大迭代步设置为 10；收敛准则选择 RMS. 残差类型，即均方根残差，残差目标值设置为 0.0001；单击 OK 按钮确认并关闭页面。

（7）输出控制设置

操作：双击 Solver 下的 Output Control，并在 Results、Backup、Trn Stats 选项卡的设置保持默认。

① 在 Trn Results 选项卡中，新建一个瞬态结果输出 Transient Result 1，输出频率每 5 个时间步长输出一次，如图 3-5-40 所示。单击 Apply 按钮。

② 在 Monitor 选项卡中，勾选 Monitor Objects 复选项，在 Monitor Points and Expressions 列表框右侧单击添加新对象，命名为 Monitor Point 1，在输出量列表中选择 Absolute Pressure，坐标选择（10.1，0.8，0）（车辆尾部），即监测迭代过程中所选物理量在车辆尾部的变化过程，如图 3-5-41 所示。对其他关心的物理量可自行添加。同理，再在列表框中添加两个监测点 Monitor Point 2、Monitor Point 3，坐标分别为（10.3，0.6，0）、（10.5，0.5，0），监测的物理量选择 Absolute Pressure。单击 OK 按钮。

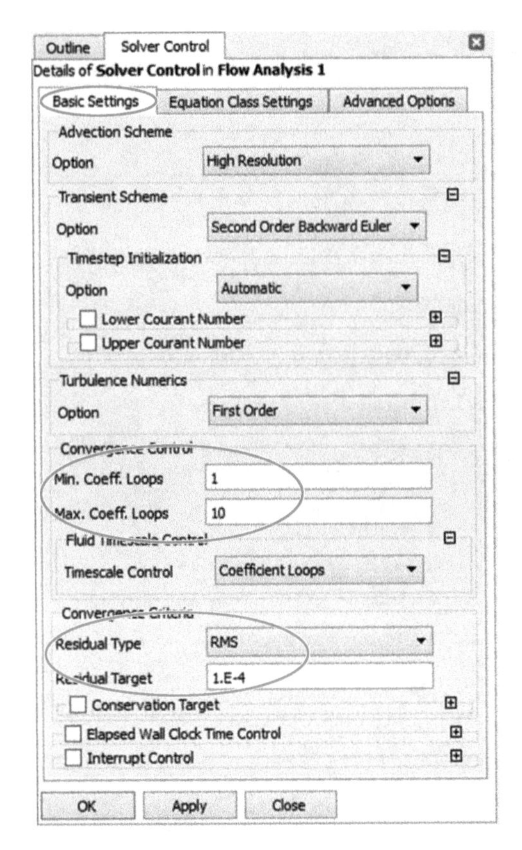

图 3-5-39　求解控制

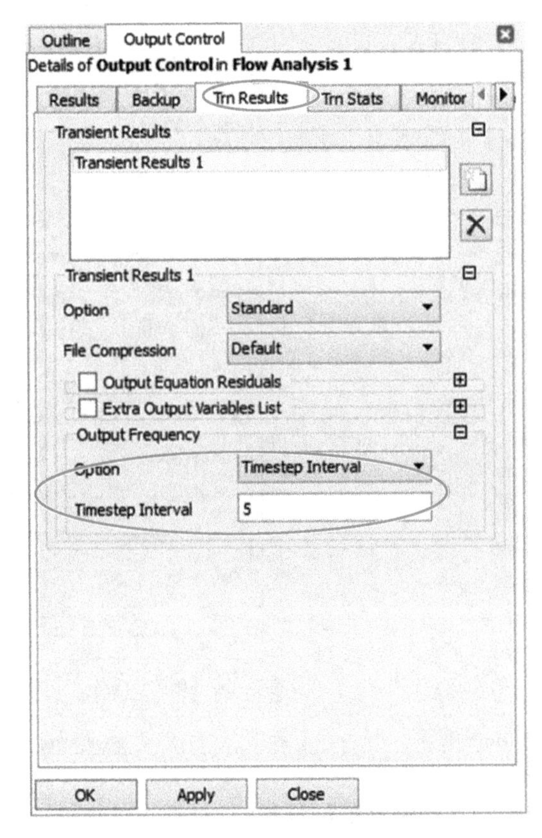

图 3-5-40　瞬态结果输出控制

注意：在图 3-5-41 中，对同一点选择监测多个物理量时，单击图标 ... 展开输出变量列表，按住<Ctrl>键进行物理量选择，可同时选择多个物理量。

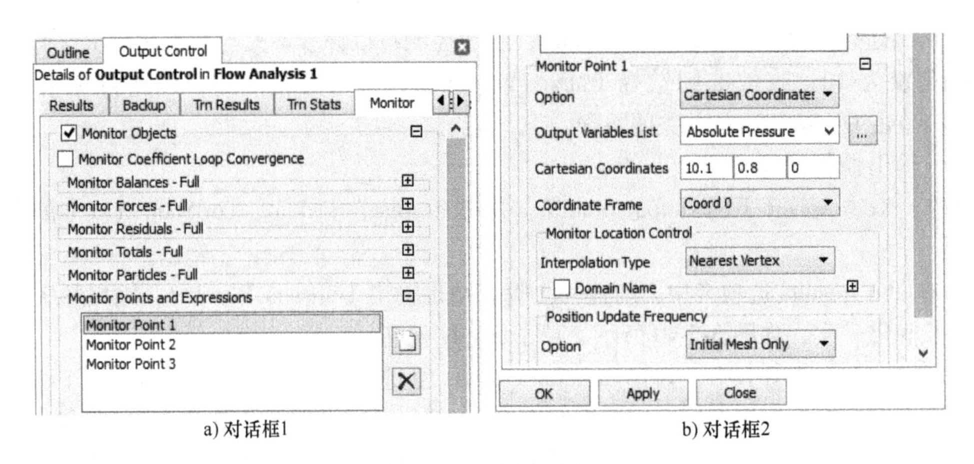

a) 对话框1　　　　b) 对话框2

图 3-5-41　输出控制

4. 保存文件

选择 File→Save Case，选择保存路径，命名为 2dcar. cfx。

第3节 启动 CFX-Solver Manager 求解

1. 输出求解输入文件

操作：单击 CFX-Pre 工具栏中的图标，自动生成 .def 文件并自动打开 CFX-Solver Manager，如图 3-5-42 所示。

2. 求解

（1）在图 3-5-42 所示 Run Definition 选项卡中，运行模式（Run Mode）选择 Intel MPI Local Parallel（并行执行），进程数设置为 2；工作目录（Working Directory）选择与 .def 文件所在目录相同；单击 Start Run 按钮开始计算。

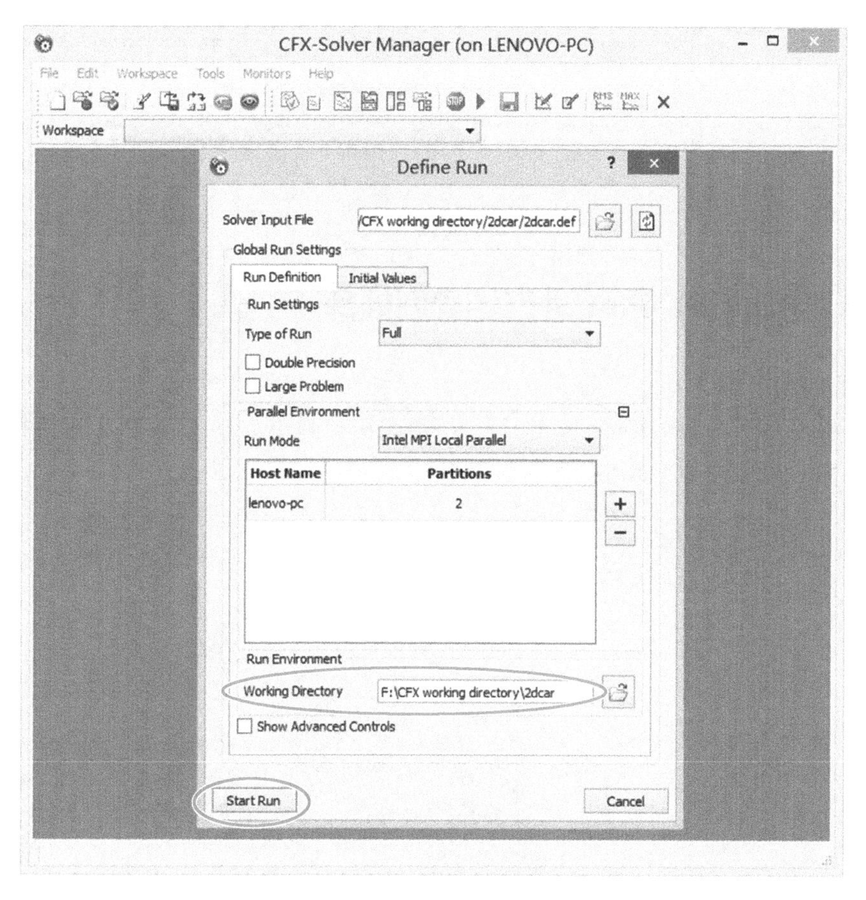

图 3-5-42 CFX-Solver Manager 界面

注意：根据计算机性能选择进程数，进程数越多，计算耗时越短，但进程数不能超过计算机核数，一般预留几个核供其他程序运行。

（2）计算过程中可以观察到残差变化，计算完成后弹出提示框，单击 OK 按钮关闭。图 3-5-43 所示为压力以及 U、V、W 三个方向动量的 RMS 残差变化曲线。

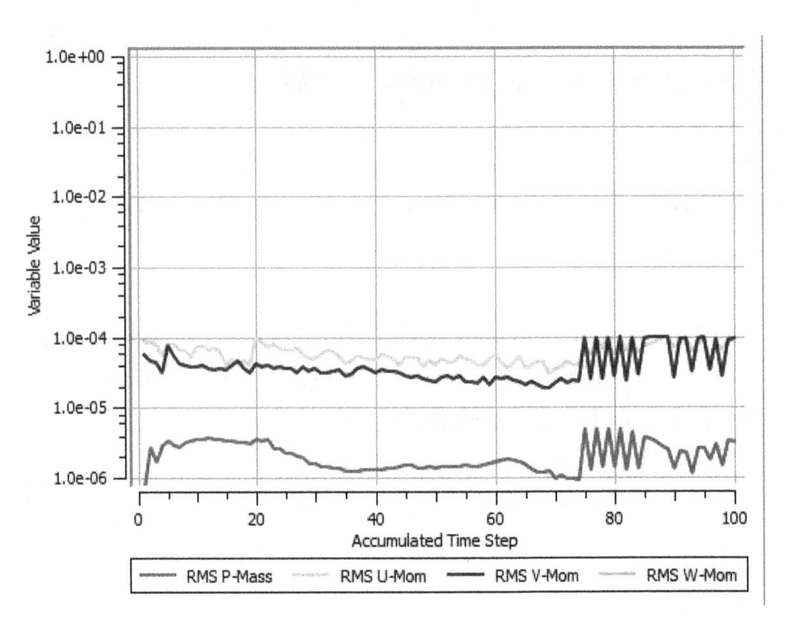

图 3-5-43　压力和动量残差曲线

第 4 节　启动 CFX-Post 进行结果后处理

1. 打开 CFD-Post

操作：单击 CFX-Solver Manager 工具栏中图标，弹出启动 CFD-Post 对话框，保持默认设置，单击 OK 按钮。CFD-Post 界面如图 3-5-44 所示。

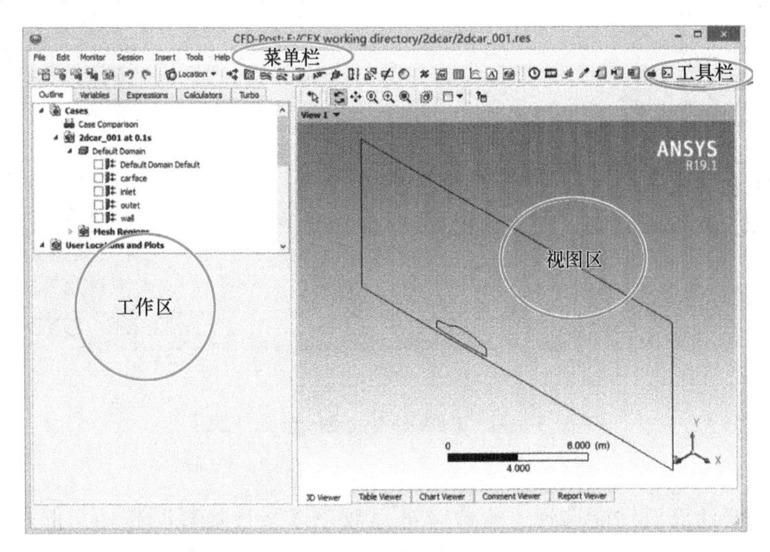

图 3-5-44　CFD-Post 界面

2. 选择进行处理的时刻

操作：双击工作区的 Case Comparison，勾选 Case Comparison Active 复选项，可修改 Case 1

的当前时间步（Current Step），当前时间步默认是计算的最后一步，即 0.1s，如图 3-5-45 所示。此处保持默认设置，单击 Apply 按钮。

3. 绘制压力、速度云图和流线图

（1）创建平面

操作：单击工具栏 Location 图标，在下拉菜单中单击 Plane，平面命名为 section1，单击 OK 按钮；平面设置对话框如图 3-5-46 所示。

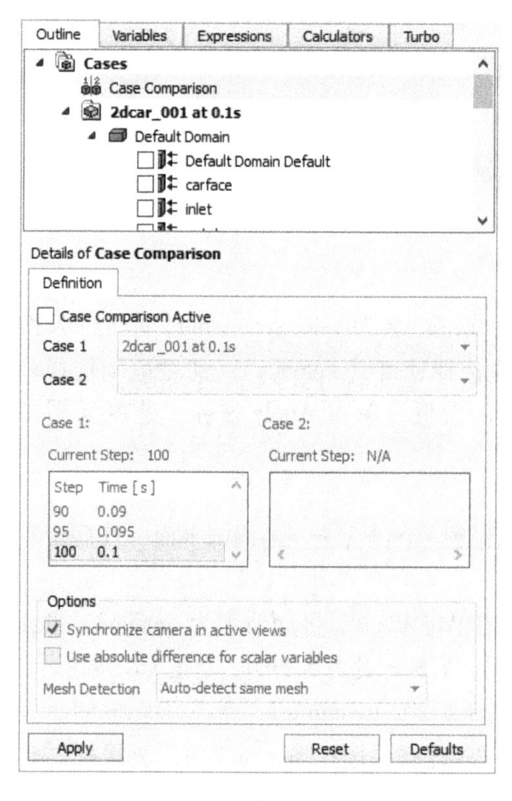

图 3-5-45 选择流场时刻

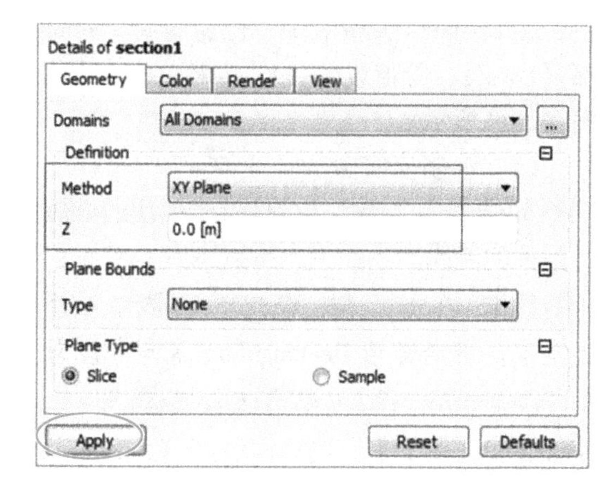

图 3-5-46 定义平面

① 在 Details of section1 中设置偏移基准平面为 XY Plane。

② 偏移距离 Z 设为 0 [m]。

③ 其他保持默认设置，单击 Apply 按钮。

（2）绘制压力云图

操作：单击工具栏图标，等值线图命名为 pressure contour，单击 OK 按钮；打开压力云图对话框，如图 3-5-47 所示。

① 在 Domains 选项卡中，等值线位置（Locations）选择 section1。

② 变量选择压力（Pressure）。

③ 压力范围（Range）选择局部压力范围（Local）。

④ 等值线数目设置为 100，其他保持默认设置，单击 Apply 按钮。

在视图区，单击直角坐标系的 Z 轴，可将视图调整为垂直于 Z 轴，车身周围压力云图如图 3-5-48 所示。

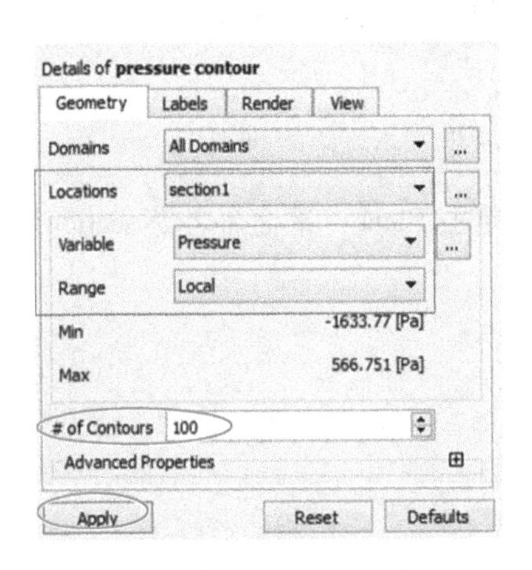

图 3-5-47　压力云图对话框

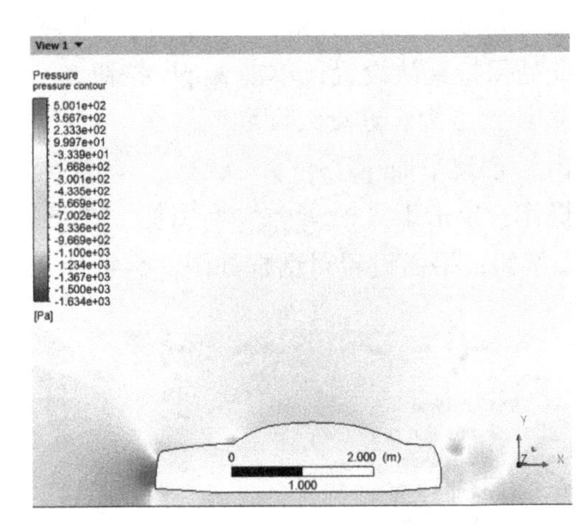

图 3-5-48　车身周围压力云图

（3）绘制速度云图

操作：同步骤（2），单击工具栏图标，等值线图命名为 velocity contour，单击 OK 按钮；在 Domains 选项卡中，位置选择 section1，变量选择速度（Velocity），速度范围选择局部（Local），等值线数目设置为 100，其他保持默认设置，单击 Apply 按钮。速度云图如图 3-5-49 所示。

（4）绘制流线图

车身附近的流线分布是需要关注的区域，因此创建一个包含车身的局部平面，仅展示车身附件的流线。

操作：单击工具栏 Location 图标，在下拉菜单中单击 Plane，平面命名为 section2，平面类型 Type 选择矩形 Rectangular，X Size 设为 100［m］，Y Size 设为 5［m］，单击 OK 按钮。

类似步骤（2），单击工具栏图标，流线图命名为 streamline1，单击 OK 按钮。在 Geometry 选项卡中，选择面流线（Surface Streamline）类型，选择 section2 面，流线样本位置选择等间距样本（Equally Spaced Samples），设置 100 个样本点，其他保持默认设置，单击 Apply 按钮。流线图如图 3-5-50 所示。

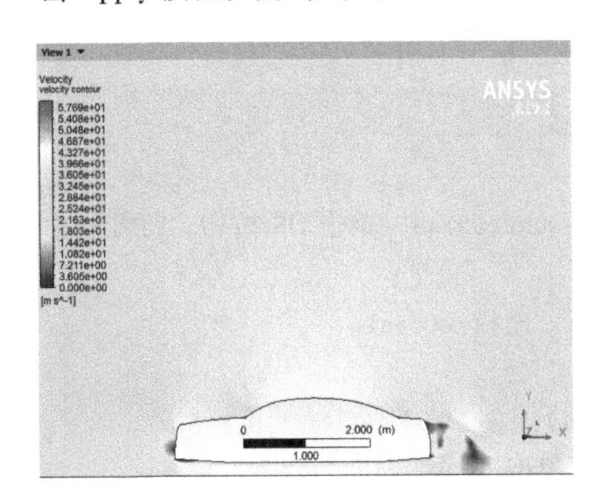

图 3-5-49　速度云图

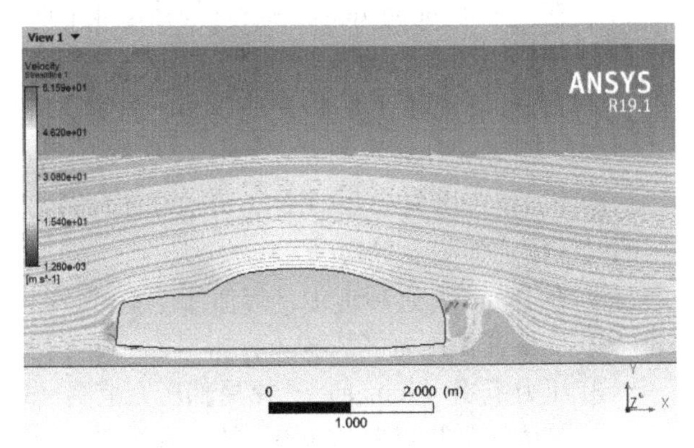

图 3-5-50　流线图

注意：创建的等值线图/流线图会出现在工作区的目录树中，在用户自定义位置与绘制（User Locations and Plots）下。步骤（2）~步骤（4）绘制了多个图形，为避免视图区出现多个绘制图形叠加的情况，需要在目录树中取消勾选不想要显示的图形，如图 3-5-51 所示。

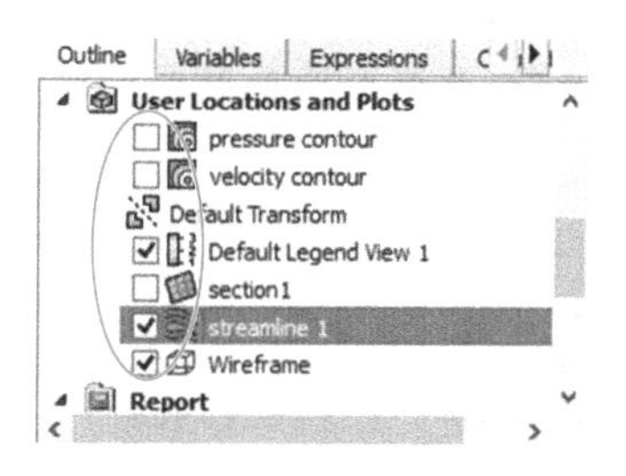

图 3-5-51 关闭/打开图形显示

4. 绘制速度矢量图

操作：单击工具栏图标，速度图命名为 Vector1，单击 OK 按钮；左下方出现矢量图设置对话框 Details of Vector1。

① 在 Geometry 选项卡中，矢量位置（Locations）选择 section2；样本（Sampling）分布选择随机（Random）；样本点数量设为 50000。

② 在 Symbol 选项卡中，符号尺寸（SymbolSize）设为 0.1。

③ 其他保持默认设置，单击 Apply 按钮。

车辆尾部速度矢量图如图 3-5-52 所示

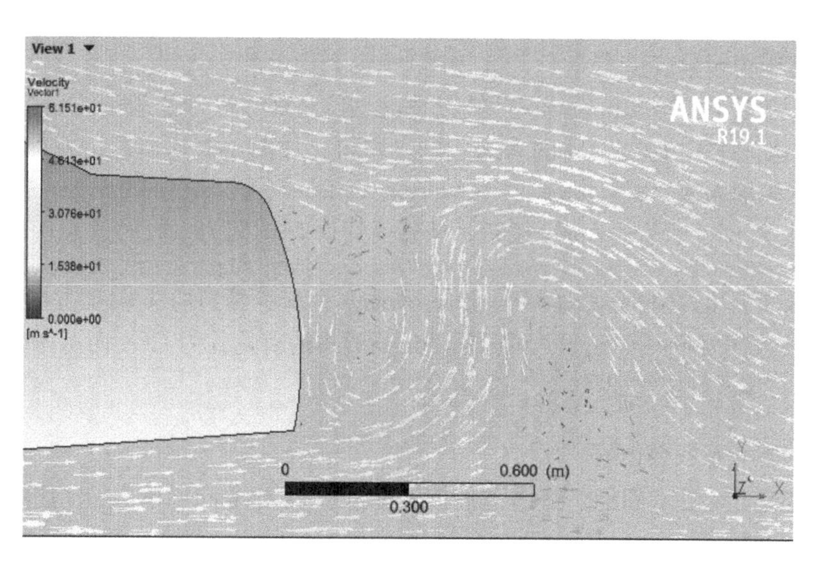

图 3-5-52 车辆尾部速度矢量

5. 流场动态演示

操作：在图 3-5-51 中，勾选显示 pressure contour（等值图）复选项。单击工具栏的图标，弹出动画设置界面。

① 勾选 Timestep Animation。

② 勾选 Specify Range for Animation，开始时间步和结束时间步分别为 40，100。

③ 单击▶图标进行空化的动态演示。

图 3-5-53 所示为动态演示过程中某一时刻压力分布。

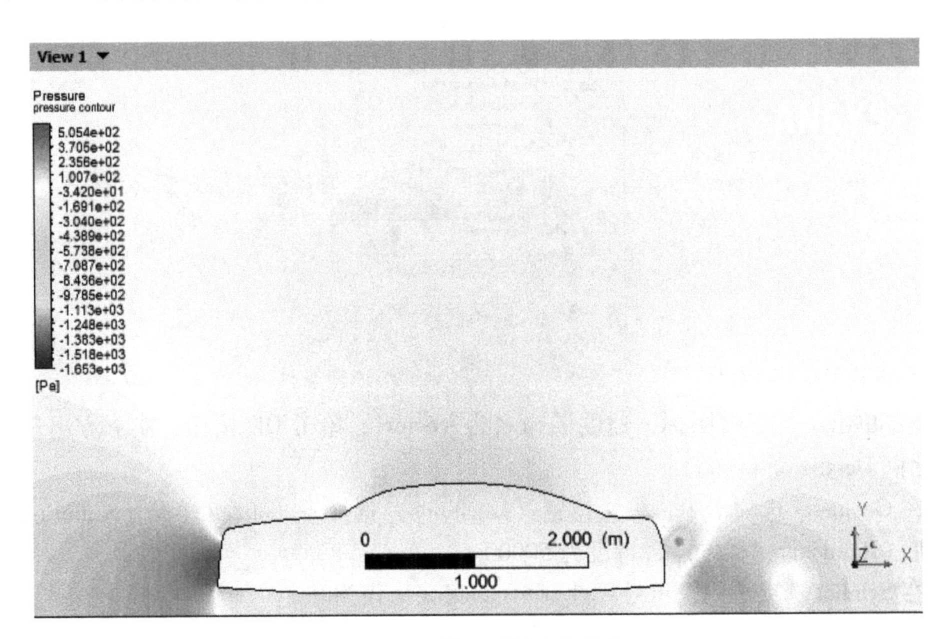

图 3-5-53　某一时刻压力分布

6. 阻力系数计算

（1）创建阻力系数表达式

操作：点击工作区的 Expressions 标签，右键 Expressions 新建表达式，命名为 Cd，单击 OK 按钮确认，左下方弹出 Cd 的表达式定义窗口，如图 3-5-54 所示。在 Details of Detail 的 Defintion 框内输入表达式：force_x( )@ region:carface/(0. 5 * 1. 293[kg/m^3] * 30[m/s]^2 * 1[mm] * 1. 2[m])，单击 Apply 按钮，计算得到 0. 1s 时阻力系数的值为 0. 312495。

注意： Cd 表达式中 force_x( )@ region:carface 为车身受到的 *X* 轴正方向的力，即车身空气阻力。其中 force_<Axis> ( )@ <Location>形式的表达式为 CFX 内置函数。Location 处可以通过右键进行位置选择。

（2）绘制阻力系数变化图

操作：单击工具栏图标，弹出对话框，输入图表名称 cd，单击 OK 按钮。左下方出现 Chart 设置界面。

① 在 Details 的 General 选项卡中，图线类型选择“XY-TransientorSequence”，输入标题 Cd；

② 转到 Data Series 选项卡中，数据源为表达式（Expression），Expression 右侧下拉表中选择表达式 Cd。

其他保持默认设置；单击 Apply 按钮。视图区转到 Chart Viewer 选项卡中，阻力系数的变化过程如图 3-5-55 所示。

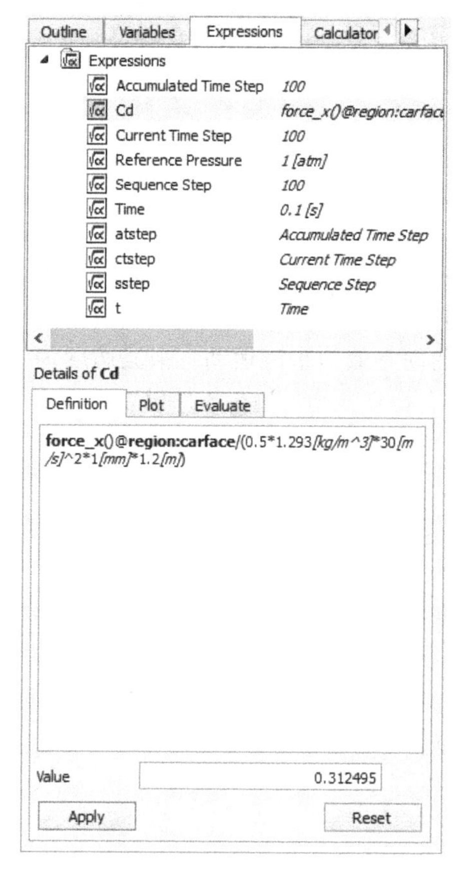

图 3-5-54　创建表达式

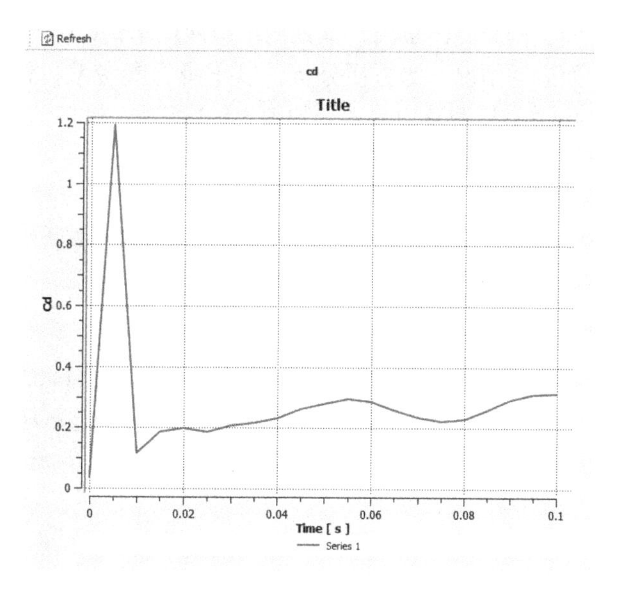

图 3-5-55　阻力系数随时间变化

第6章　船舶水上行驶问题——自由表面模型的应用

问题描述：自由表面是在恒定竖直方向的应力和零平行方向的剪应力作用下的流体表面，例如海洋表面，本案例模拟两栖车辆以恒定速度 v=5m/s 在水面行驶时，流体及自由液面运动情况。为方便分析，以车身为参考系，将两栖车运动等效为来流运动，来流速度为4m/s，模型及边界划分如图3-6-1所示：进口速度为5m/s，出口压力见边界条件设置，全流域为25℃的气液两相，环境压强 p=1atm。

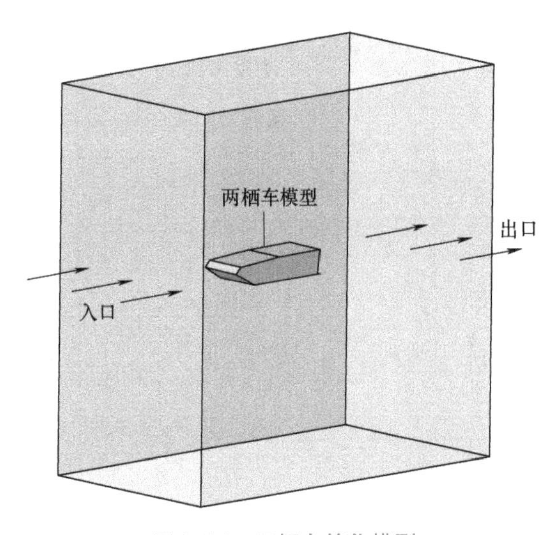

图3-6-1　两栖车简化模型

本章的电子文档对应光盘上的文件夹为：CFX篇\amphibious vehicle；本章使用的软件为：ANSYS ICEM CFD 19.1，ANSYS CFX 19.1。

第1节　划分网格

1. 启动ICEM CFD并创建项目

ICEM CFD的启动界面如图3-6-2所示。

操作：① File→Change Working Dir，选择文件存储路径。

② File→Save Projects，在文件名中填入che，单击保存。

2. 导入几何模型

操作：① File→Import Model，选择文件“che. igs”，单击打开，左下角弹出模型导入对

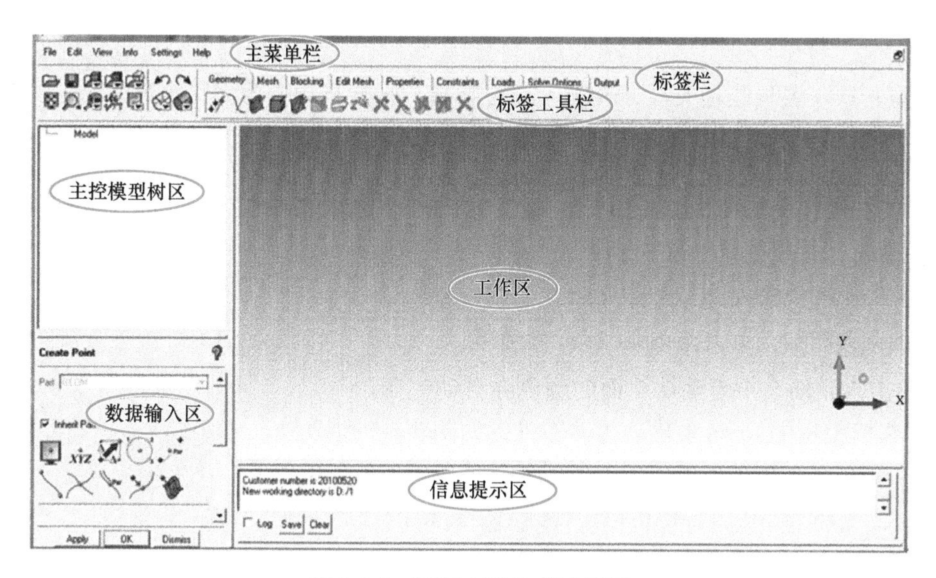

图 3-6-2 ICEM CFD 启动界面

话框，如图 3-6-3 所示。

② 在 Convert Units 中将单位改为 Millimeters（mm），单击 Apply 按钮确定，得到几何模型如图 3-6-4 所示。

注意：几何模型的文件路径要为全英文路径，否则 ICEM 有可能会报错。

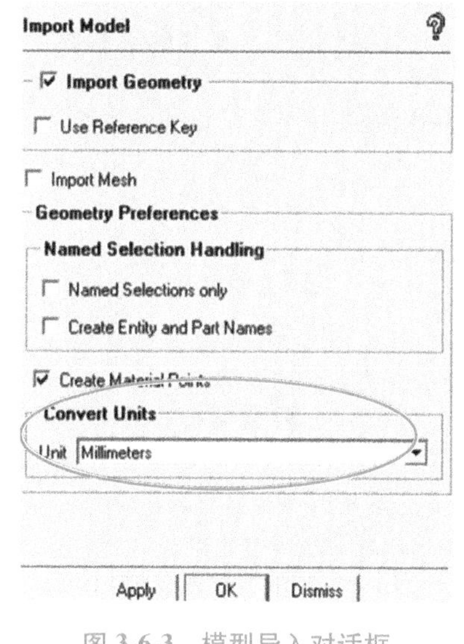

图 3-6-3 模型导入对话框

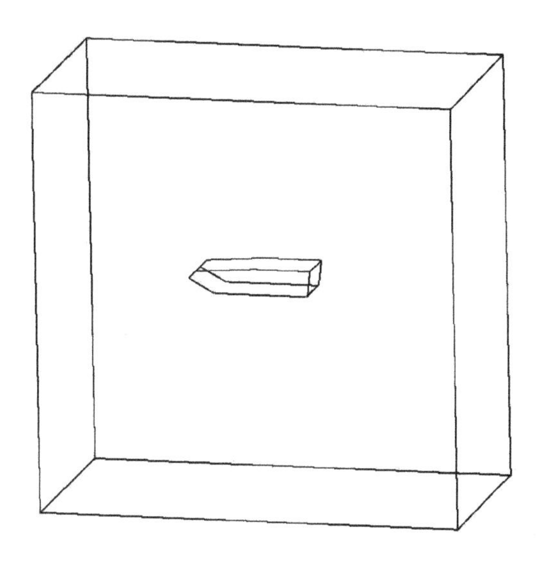

图 3-6-4 ICEM 几何模型

3. 定义 Part

ICEM 中定义 Part 的名称就是导出网格后边界的名称。Part 中的元素可以是 Point、Curve、Surface，也可以是 Block 或网格。但任意一个元素只能存在于一个 Part 中，不能同时存在于两个不同的 Part 中。

注意： Part 名只能是大写，若输入小写字母，则会自动变为大写字母。

（1）定义入口边界

操作：在主控模型树 Model 中，右键单击 Parts，选择 Create Part，如图 3-6-5 所示，左下方数据输入区出现创建 Part 对话框，如图 3-6-6 所示。

① 在 Part 框中输入边界名称 inlet。

② 单击图标，单击 Entities 框右方的 。

③ 单击入口面，中键确认，面的颜色会自动改变。

此时在模型树的 Parts 中出现了 INLET，如图 3-6-7 所示。

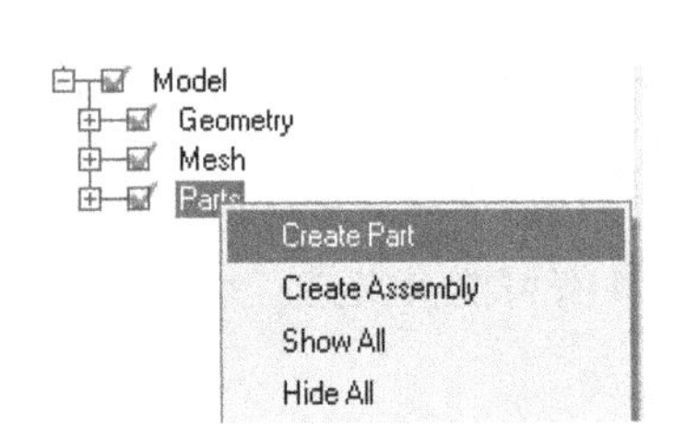

图 3-6-5 创建 Part

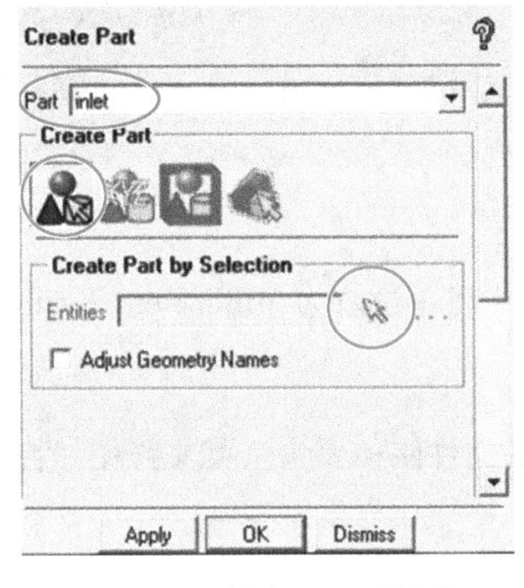

图 3-6-6 创建 Part 对话框

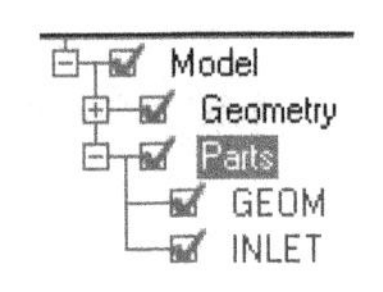

图 3-6-7 创建 INLET

（2）定义其他边界面的名称，各 Part 的命名如图 3-6-8 所示

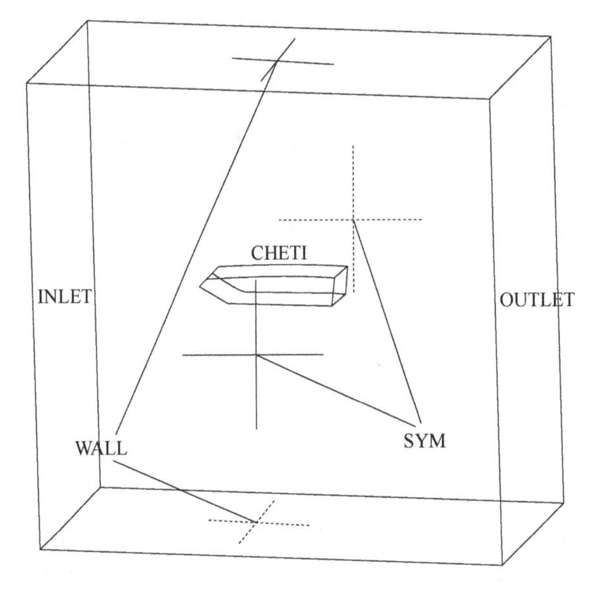

图 3-6-8 Part 命名

① 定义出口面 Part 名为 OUTLET。
② 定义上下壁面 Part 名为 WALL。
③ 定义前后两侧壁面 Part 名为 SYM。

注意：
（1）可以右键单击 Geometry 下的 Surface，勾选 Solid & Wire，再勾选 Transparent，显示固体边界与三维网格并透明化，方便确定各个 Part 的位置。
（2）在选择面的过程中，可通过单击图 3-6-9 所示的浮动选择工具栏中右侧按钮，依次是点、线、面、体，默认都选，单击取消点、线和体的选取，仅保留选面的项。然后进行面的选择，可避免误选点/线/体。

图 3-6-9 选择工具栏

4. 创建 Block

Block 是生成结构化网格的基础，是几何模型拓扑结构的表现形式，通过创建 Block 来体现几何模型，通过建立映射关系来搭建起几何模型和 Block 之间的桥梁，最终生成网格。
（1）创建三维 Block
操作：在 Blocking 标签工具栏中，单击 Create Block 图标，左下方弹出创建 Block 对话框，如图 3-6-10 所示。

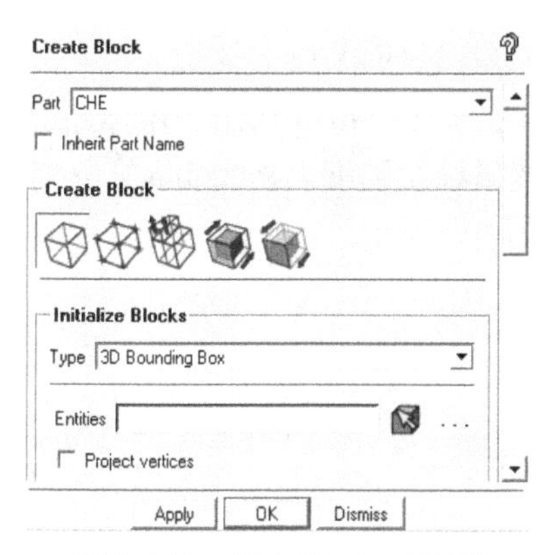

图 3-6-10 创建 Block 对话框

① 在 Part 框输入 CHE，单击 Create Block 图标。
② 在 Type 下拉表中选择 3D Bounding Box。
③ 单击 Apply 按钮，生成如图 3-6-11 所示 Block。

注意：生成的 Block 为长方体，其边线称为 Edge；几何（Geometry）的边线称为 Curve。生成的 Block 边线与几何边线重合，通过取消勾选模型树下 Geometry 中的 Curves，即隐藏几何边线，此时工作区显现的黑色边线即为 Edge，如图 3-6-12 所示。

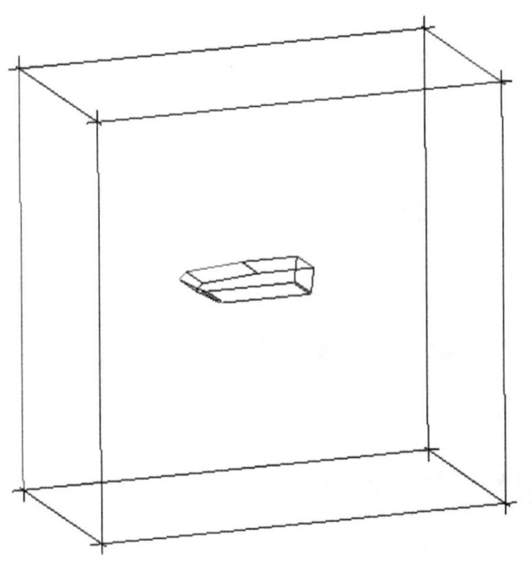

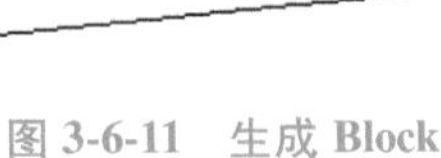

图 3-6-11　生成 Block

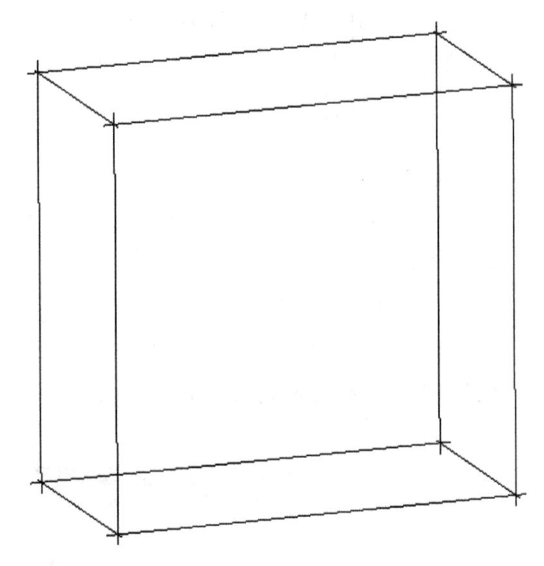

图 3-6-12　Block 的边线 Edge

（2）分割 Block

分割 Block 的目的是为了切分出车身所在 Block。

操作：在 Blocking 标签工具栏中，单击 Split Block 图标，左下方弹出分割 Block 对话框，如图 3-6-13 所示。

① 单击图标（Split Block）。

② Block Select 中单选项勾选 Visible。

③ 单击工作区右下角三维坐标轴的+Y 轴。

④ 单击 Select Edge 图标；如图 3-6-14 所示，鼠标左键选择最上方 Edge，再次单击鼠标左键出现 Block 分割面，长按鼠标左键可以拖动 Block 分割面进行移动，移动分割面使分割面接近两栖车附近，单击鼠标中键确认。

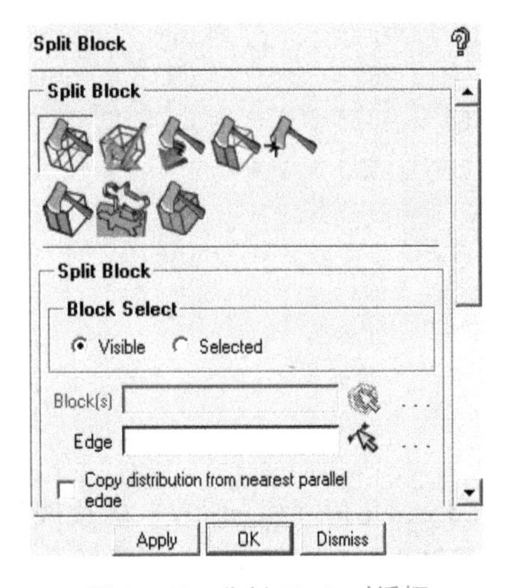

图 3-6-13　分割 Block 对话框

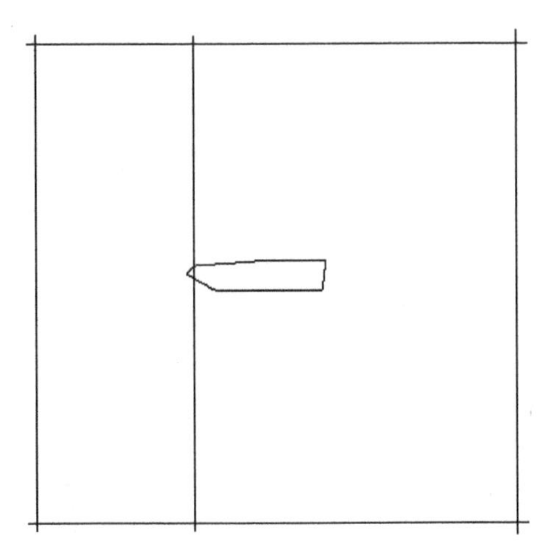

图 3-6-14　分割 Block

⑤ 同④，再次分割，移动分割线使分割线接近车辆尾缘，单击鼠标中键确认。

⑥ 操作同④，鼠标左键选择左侧进口的 Edge，再次单击鼠标左键出现 Block 分割线，长按鼠标左键可以拖动 Block 分割线进行移动，移动分割线使分割线接近车辆顶部，单击鼠标中键确认。

⑦ 同⑥，再次分割，移动分割线使分割线接近车辆底部，单击鼠标中键确认；分割后的 Block 如图 3-6-15 所示。

⑧ 单击工作区右下角三维坐标轴的+X 轴。

⑨ 操作同④，鼠标左键选择最左侧（车辆上方）Edge，再次单击鼠标左键出现 Block 分割面，长按鼠标左键可以拖动 Block 分割面进行移动，移动分割面使分割面接近两栖车附近，单击鼠标中键确认。

⑩ 同⑨，再次分割，移动分割线使分割线接近车辆，单击鼠标中键确认。

分割后的 Block 如图 3-6-16 所示。

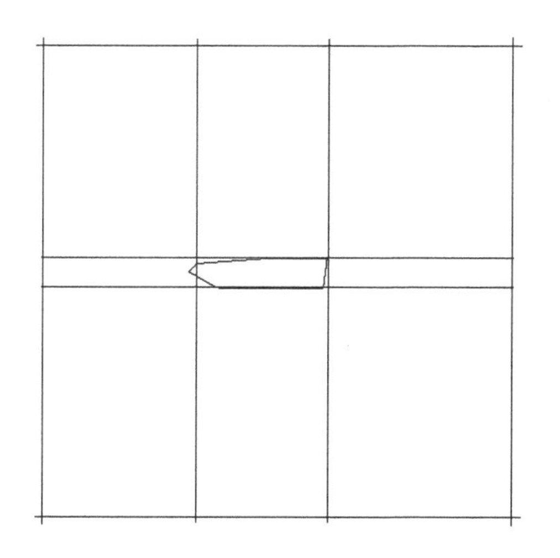

图 3-6-15　分割后的 Block

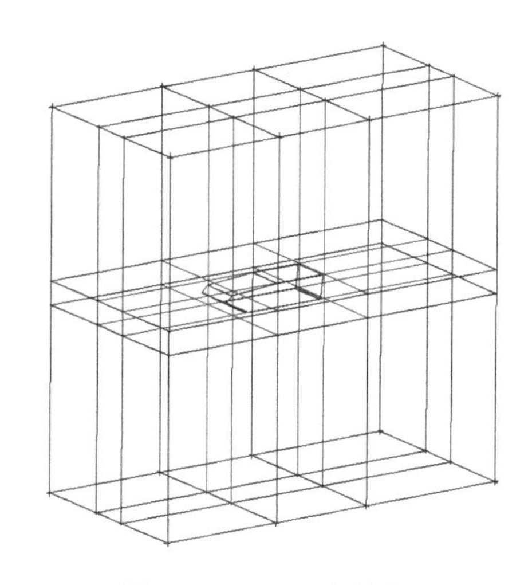

图 3-6-16　Block 分割结果

对车身正前方的 Block 进行切分，保证后续生成网格时的网格质量较优。

操作：在 Blocking 标签工具栏中，单击 Split Block 图标，左下方弹出分割 Block 对话框，如图 3-6-13 所示。

① 单击图标（Split Block）。

② Block Select 中单选项勾选 Selected。

③ 单击 Select block 图标，选择车身正前方的 Block，如图 3-6-17 所示，单击鼠标中键确认，确认后自动进入 Select Edge 状态。

④ 按键盘<F9>键，进入视图调整模式，单击工作区右下角三维坐标轴的+Y 轴，再次按键盘<F9>键，退出视图调整模式。

⑤ 鼠标左键选择最左侧 Edge，再次单击鼠标左键出现 Block 分割面，长按鼠标左键可以拖动 Block 分割面进行移动，移动分割面使分割面经过两栖车最前方的边线，单击鼠标中键确认。

勾选模型树下 Model→Blocking→Blocks，如图 3-6-18 所示，图 3-6-17 中编号 49 的 Block 被分成图 3-6-18 中的 49、53。可右键 Blocks 勾选 Solid，使 Block 以实体形式显示，如图 3-6-19 所示。

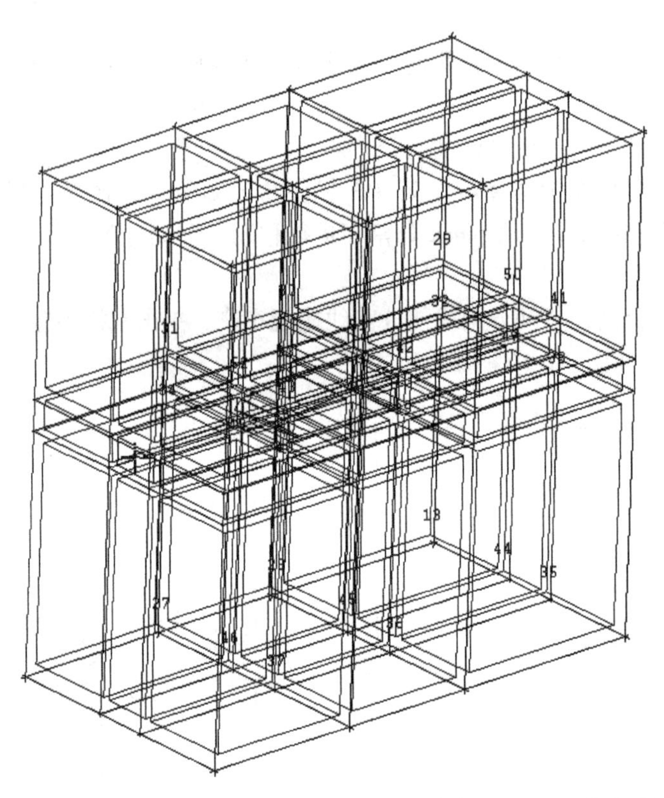

图 3-6-17 选择需要切分的编号 49 的 Block（选中后 Block 边线变为黑色）

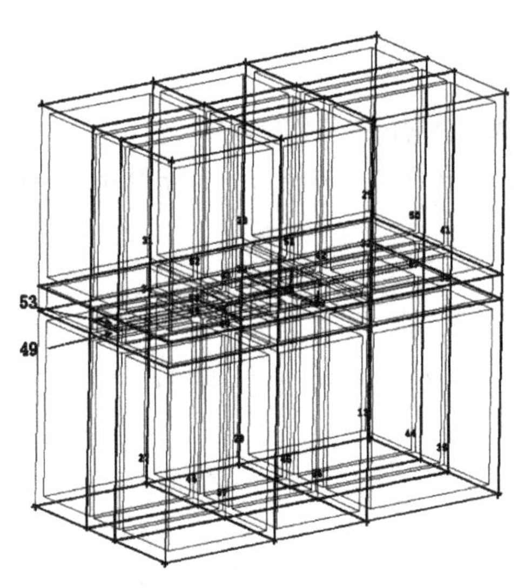

图 3-6-18 分割后的 Block

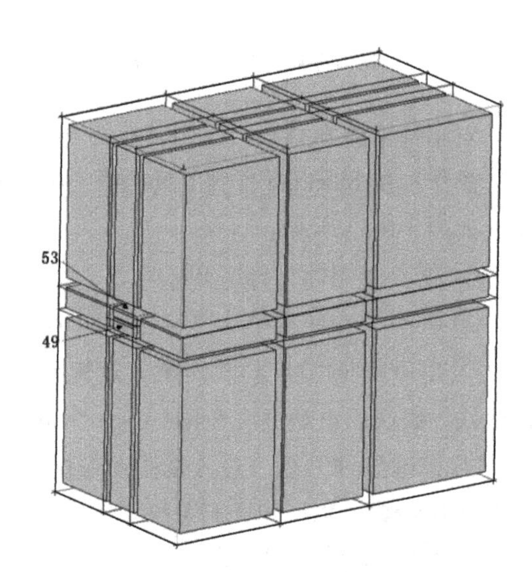

图 3-6-19 Block 实体显示

（3）删除多余 Block

经过分割处理，两栖车外形的 Block 已经单独提取出来。在实际分析中两栖车内部为固体域，不参与流体计算，因此需要删除该部分 Block。

操作：在 Blocking 标签工具栏中，单击图标（Delete Block），左下方弹出删除 Block 对话框，如图 3-6-20 所示，选中两栖车位置所在的 Block（编号为 48），中键确定。

注意： 删除 Block 后，与之相邻的 Block 的相邻边线变为黑色，如图 3-6-21 所示。

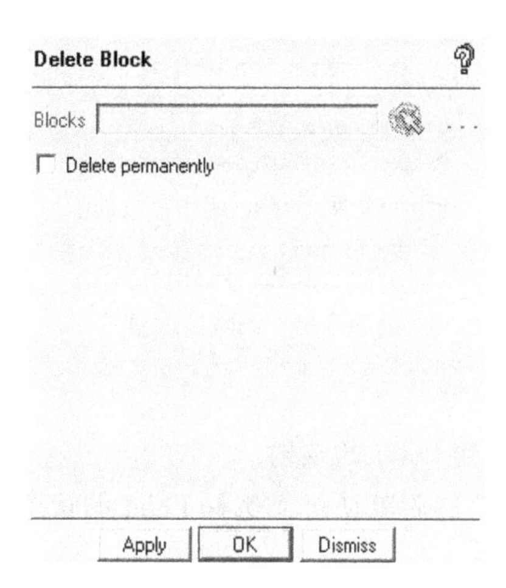

图 3-6-20　删除 Block 对话框

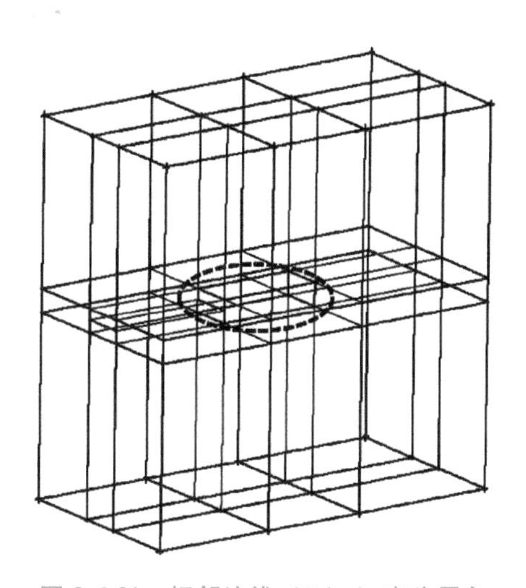

图 3-6-21　相邻边线（Edge）变为黑色

5. 建立映射关系

建立映射包括 Block 的顶点（Vertex）到 Geometry 的点（Point）的映射和 Block 的边（Edge）到 Geometry 的线（Curve）的映射。

（1）建立点的映射

操作：① 勾选左侧树 Model→Geometry→Points，显示所有的 Point，如图 3-6-22 所示。

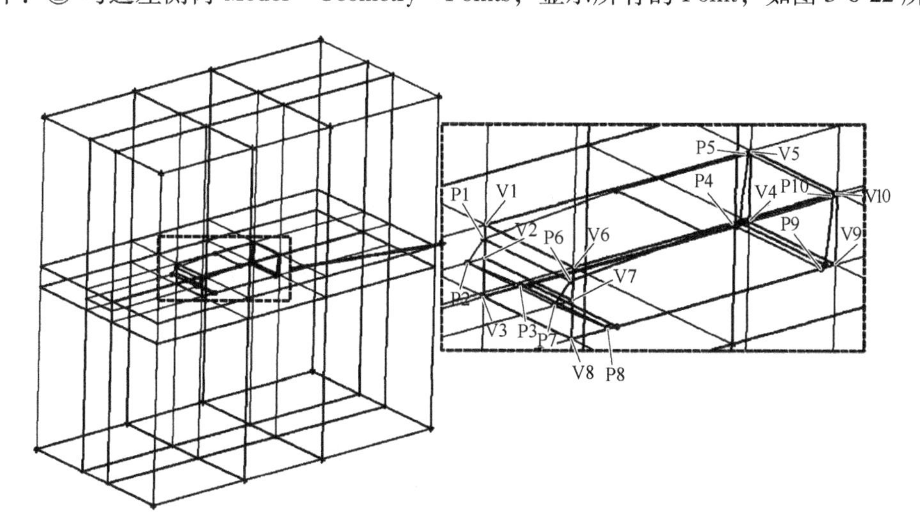

图 3-6-22　Point 与 Vertex 的映射关系

② 在 Blocking 标签工具栏中，单击 Associate 图标，左下方弹出点映射对话框，如图 3-6-23 所示。

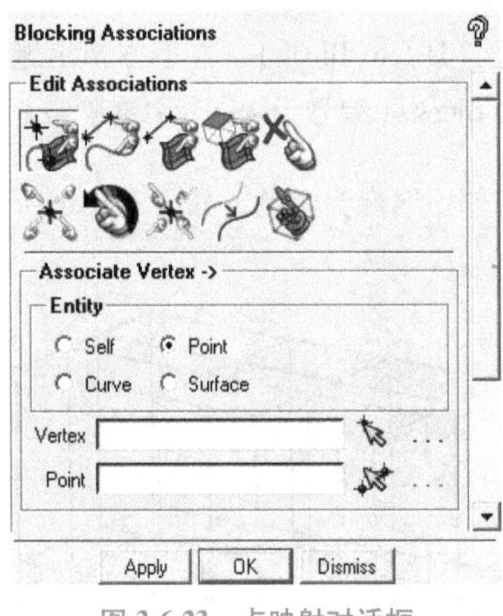

图 3-6-23　点映射对话框

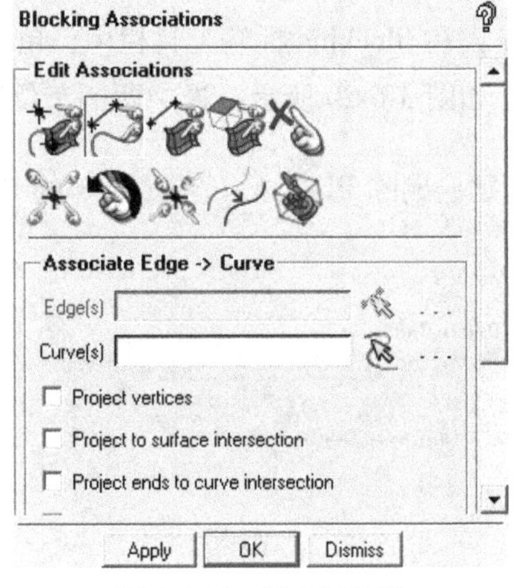

图 3-6-24　线映射设置

① 单击 Associate Vertex 图标。

② 在 Entity 单选项区中选择 Point，建立 Vertex 到 Point 的映射。

③ 单击 Vertex 框右侧 Select 图标，选择 V1，然后默认进入选择 Point 的状态。

④ 选择 P1，然后默认进入选择 Vertex 的状态。

⑤ 类似③选择 V2。

⑥ 类似④选择 P2。

⑦ 重复上述操作，建立所有 V1～V10 到 P1～P10 的关联，右键退出选择状态。

⑧ 除了车体处的关联外，还需建立整个长方体流域进口/出口与 Block 的八个顶点映射，在建立映射时，Vortex 一栏选择矩形进口或出口的顶点，Point 一栏选择与 Vortex 位置对应（重合）的矩形的顶点，即图 3-6-11 与图 3-6-12 中对应顶点关联。

注意：

（1）P6～P10 与 P1～P5 关于车体中面对称分布，V6～V10 与 V1～V5 也关于车体中面对称分布。

（2）建立 Vertex 到 Point 的映射关系后，Vertex 的颜色变成红色。

（2）建立边线的映射

如图 3-6-25 所示，C1～C6 为几何上的边线 Curve，E1～E6 为 Block 上的边线 Edge。

① 单击 Associate Edge to Curve 图标，如图 3-6-24 所示。

② 单击 Edge 框右侧 Select Edge 图标，选择 E1，中键确认；然后默认进入选择 Curve 的状态。

③ 选择 C1，中键确认；然后默认进入下一组关联选择 Edge 的状态。

④ 采用相同的方法，分别建立所有 E2～E6 到 C2～C6 的关联。

⑤ 除了车体处的关联外，还需建立整个长方体流域十二条边线与 Block 的映射，在建立

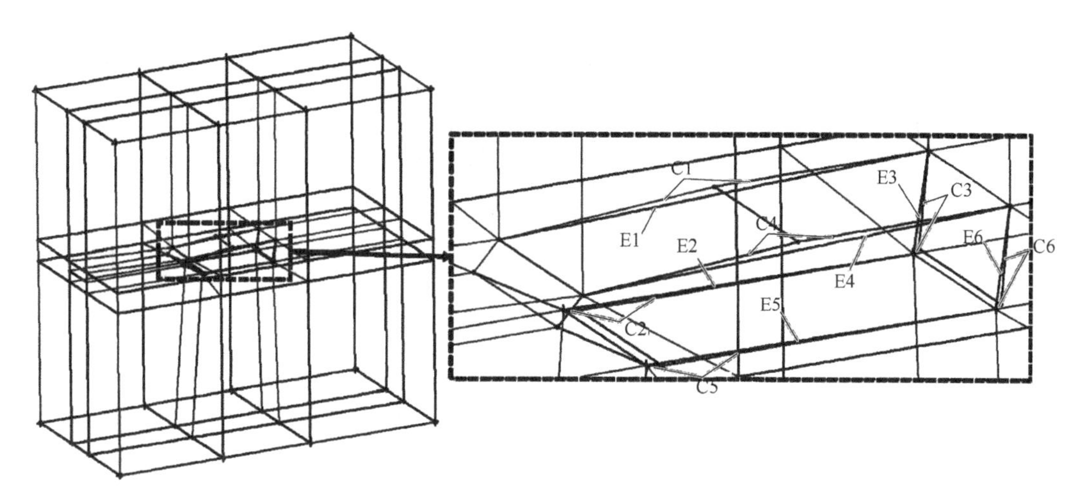

图 3-6-25 Edge 与 Curve 的映射关系

映射时，Curve（s）一栏选择长方体流域的边线，Edge（s）一栏选择与 Curve 位置对应（重合）的边线，即图 3-6-11 与图 3-6-12 中对应边线关联。

注意：

（1）对于有边界对应关系但没有重合的几何边线（Curves）与 Block 边线（Edges），建立线关联（映射）是必要的，例如对于 C1 和 E1，C1 是折线，E1 是直线，两者不重合，需要将 E1 映射到 C1 上。而对于图 3-6-22 中线段 P1P2 和 V1V2，在完成点关联之后，这两个线段是重合的，此时这两个线段之间的关联不是必要的，一般建议进行关联。

（2）选中 Edge 或 Curve 时，Edge 或 Curve 会被加粗，注意不要选错。

（3）在后面划网格中，如果检查质量时出现负网格的情况，那么有可能是由错误关联导致的。如果关联出现错误，可以通过关联设置下的取消关联将关联取消，再重新进行关联。

（4）建立 Edge 到 Curve 的映射关系后，Edge 的颜色变成绿色。

6. 调整 Block 形状

为了保证网格质量，需要调整图 3-6-26 中 Set 的六个点的位置，使这六个点与参考点（Ref）沿流向的坐标相同。

操作：在 Blocking 标签工具栏中，单击 Move Vertex 图标，左下方弹出对话框如图 3-6-27 所示。

① 顶点移动方式选择 Set Location 图标。

② Set Location 的方法（Method）和参考点选取方式（Reference From）保持默认设置。

③ 单击 Ref. Vertex 框右侧的图标进行参考点选取，选择参考点 Ref 点。

④ 坐标系统保持默认设置，勾选 Modify X 复选项。

⑤ 单击 Vertices to Set 框右侧的图标选取需要被移动的点，选择图 3-6-26 Set 所指的六个点，中键确认。

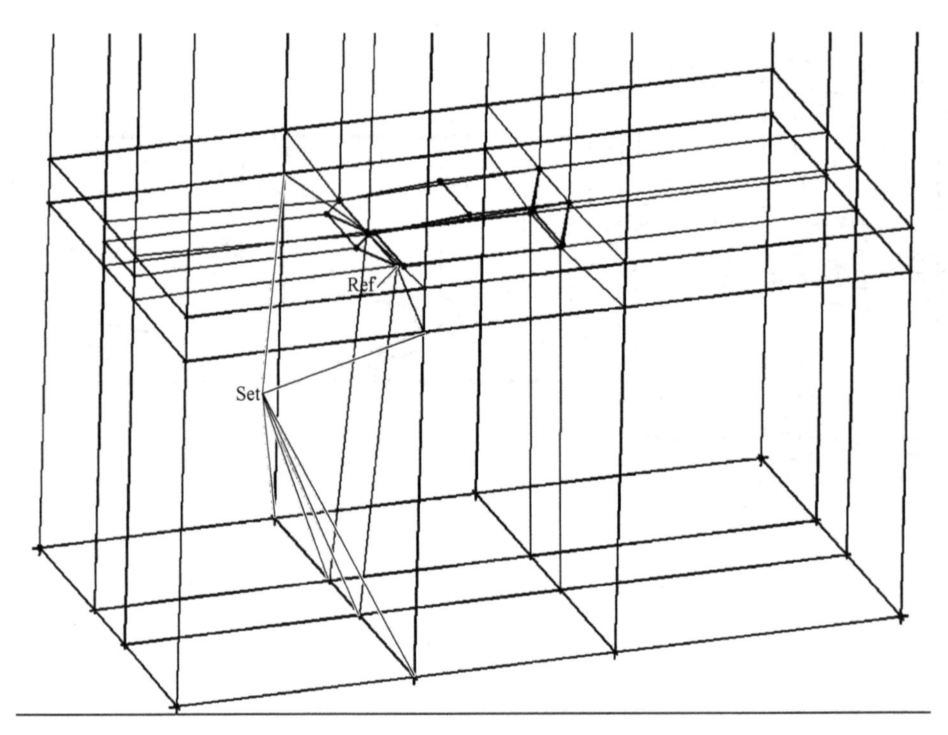

图 3-6-26 关联后车身周围 Edge 形状

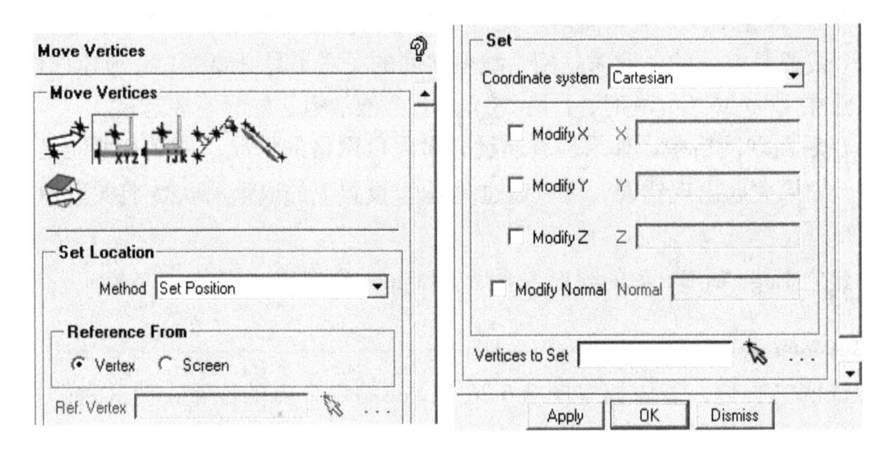

图 3-6-27 Block 中点位置调整设置

⑥ 单击 Apply 按钮。

调整后的结果如图 3-6-28 所示。

7. 定义网格长度/节点数

操作：在 Blocking 标签工具栏中，单击图标（Pre-Mesh Params），左下方弹出节点数设置对话框如图 3-6-29 所示。

① 单击图标（Edge Params）。

② 单击 Edge 框右侧图标，选择任意一条 Edge 边。

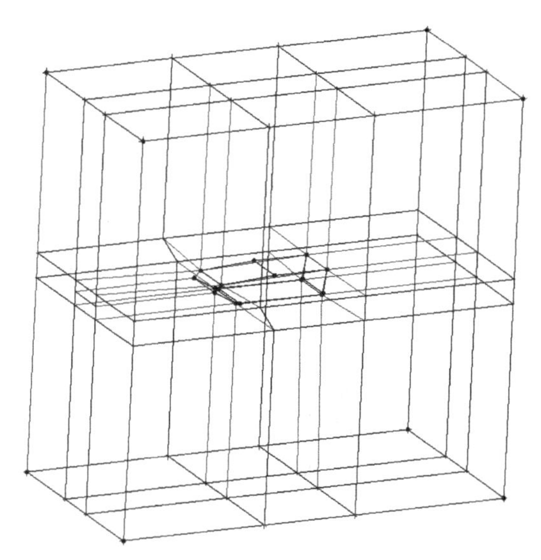

图 3-6-28 调整后的 Edge 形状

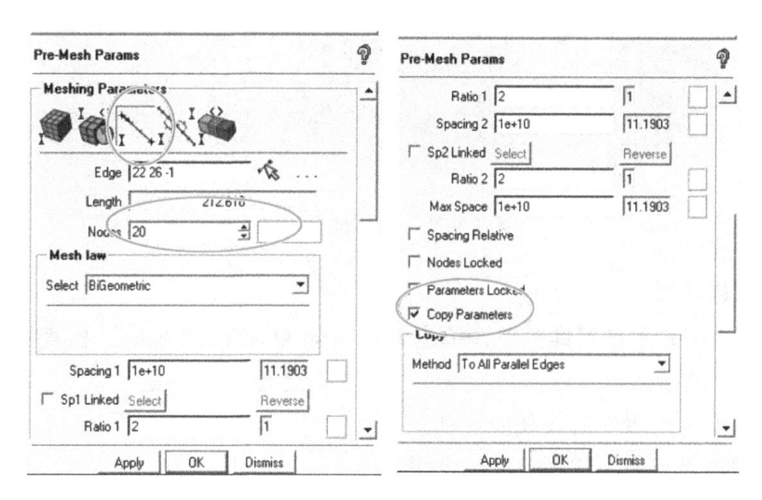

图 3-6-29 设定网格长度/节点数

③ 在 Nodes 框输入节点数，各边节点数设置图 3-6-30 所示。

④ 勾选 Copy Parameters 复选项（将设置应用到所有平行边）。

⑤ 其他保持默认设置，单击 Apply 按钮。

8. 检查网格质量

（1）查看网格

操作：① 在树目录中，取消勾选 Model→Blocking 下的 Edges。

② 在树目录中，勾选 Blocking 下的 Pre-mesh，弹出更新对话框，单击 Yes 按钮确定，网格划分结

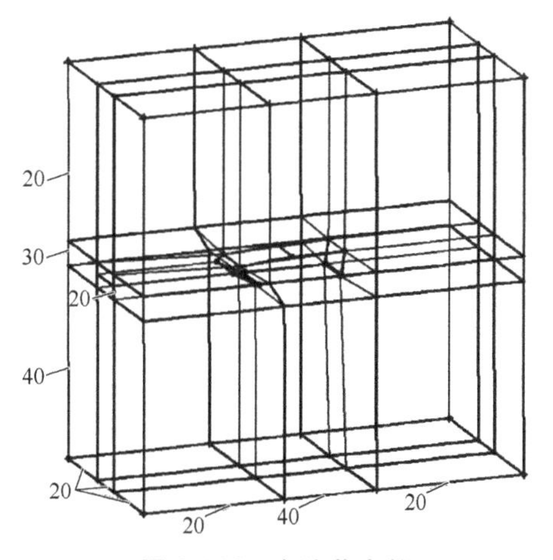

图 3-6-30 各边节点数

果如图 3-6-31 所示。

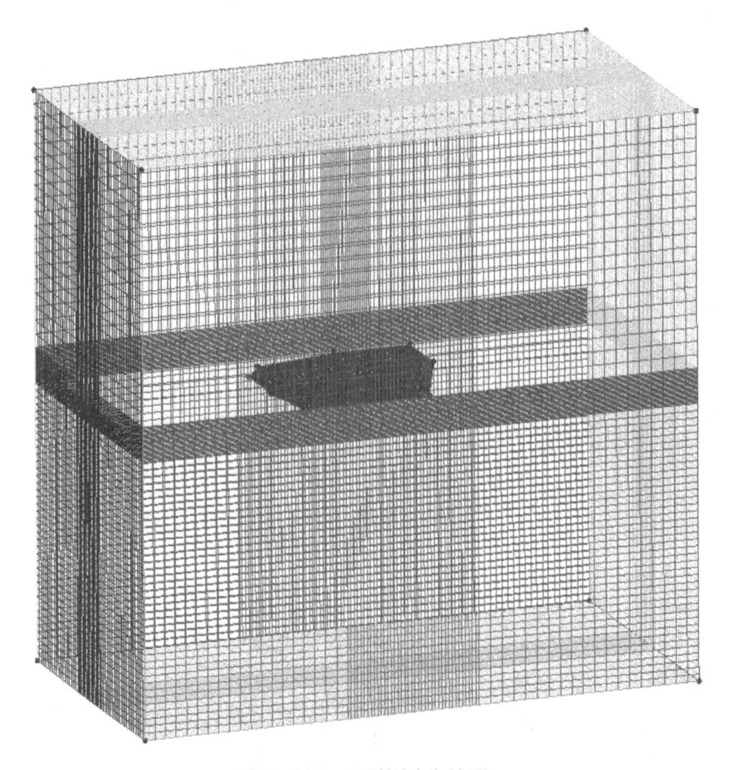

图 3-6-31　网格划分结果

（2）检查网格质量

操作：在 Blocking 标签工具栏中，单击 Pre-Mesh Quality 图标，检查网格质量设置对话框，如图 3-6-32 所示。

① 在 Criterion 下拉表中选择相应选项。

② 其他保持默认设置，单击 Apply 按钮。

右下方展示出网格质量结果如图 3-6-33 所示。

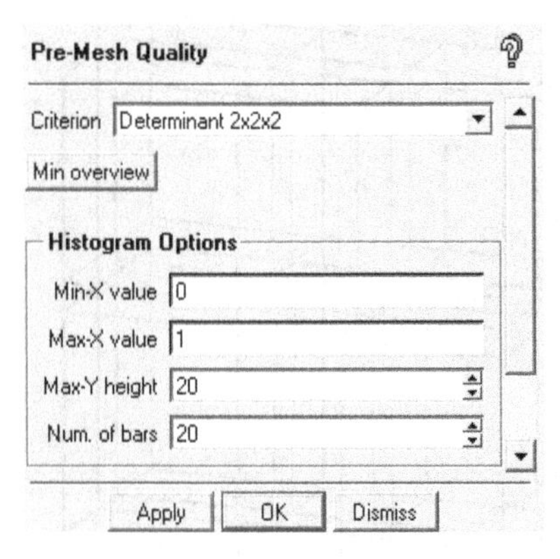

图 3-6-32　检查网格质量对话框

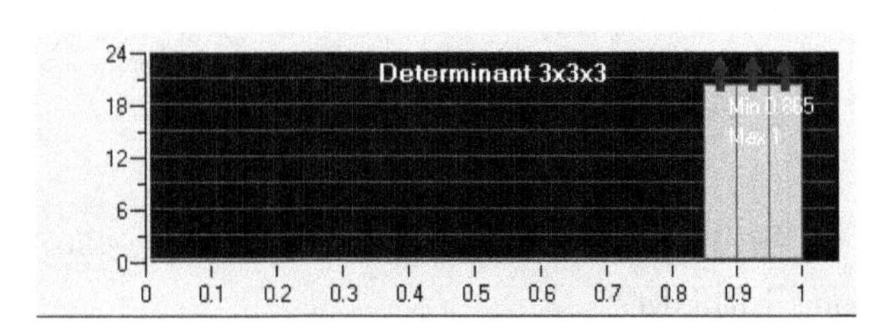

图 3-6-33　网格质量结果

9. 导出网格

(1) 保存网格

操作：右键单击树目录 Model→Blocking 下的 Pre-Mesh，选择 Convert to Unstruct Mesh，然后再单击 File→Mesh→Save Mesh As，保存当前的网格文件为 che. uns。

(2) 选择求解器

操作：在 Output 标签工具栏中，单击 Select Solver 图标。

① 在左下方对话框的 Output Solver 下拉表中选择 ANSYS CFX。

② 单击 Apply 按钮。

(3) 导出用于 CFX 计算的三维网格文件

操作：在 Output 标签工具栏中，单击 Write input 图标，保存 . fbc 和 . atr 文件。

① 在弹出的对话框中，单击 NO 按钮，不保留工程文件，之后弹出导出网格对话框如图 3-6-34 所示。

② Output CFX5 file 项文件名为 che。

③ 单击 Done 按钮，导出网格。

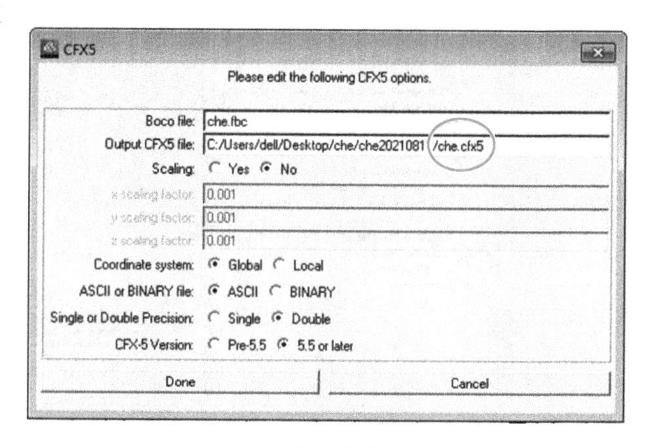

图 3-6-34 导出网格

第2节 启动 CFX-Pre 进行物理定义

1. 启动 CFX-Pre，选择执行模式

ANSYS CFX 启动界面如图 3-6-35 所示，单击启动 CFX-Pre 19. 1 图标；启动 CFX-Pre 后，在菜单栏选择 File→New Case，在弹出的仿真类型对话框中选择 General，如图 3-6-36 所示。

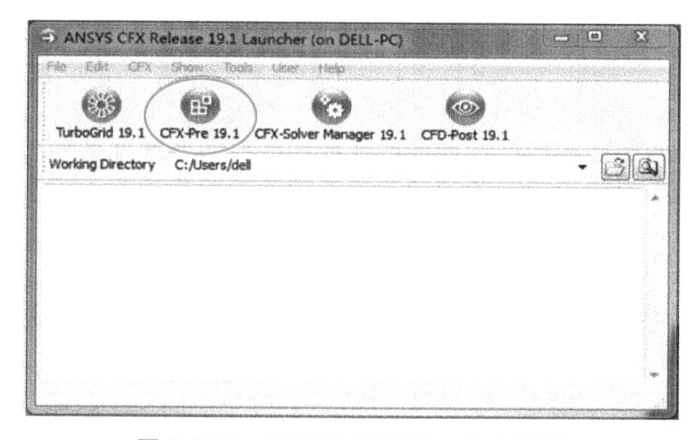

图 3-6-35 ANSYS CFX-Pre 启动界面

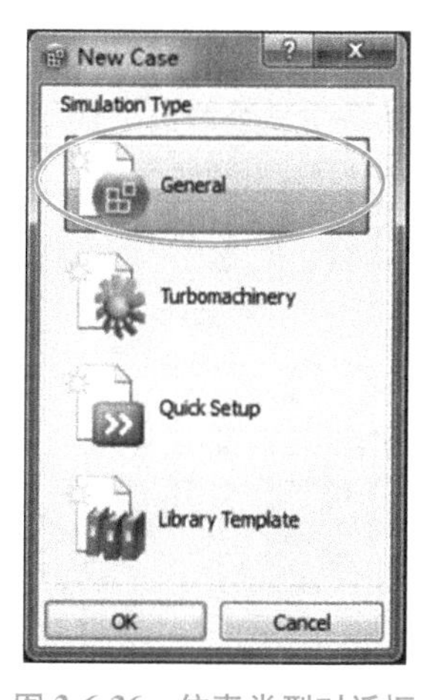

图 3-6-36 仿真类型对话框

注意：对于所有类型的 CFD 仿真，General 模式是一个通用模式。

图 3-6-37 所示为启动后 CFX-Pre 界面。

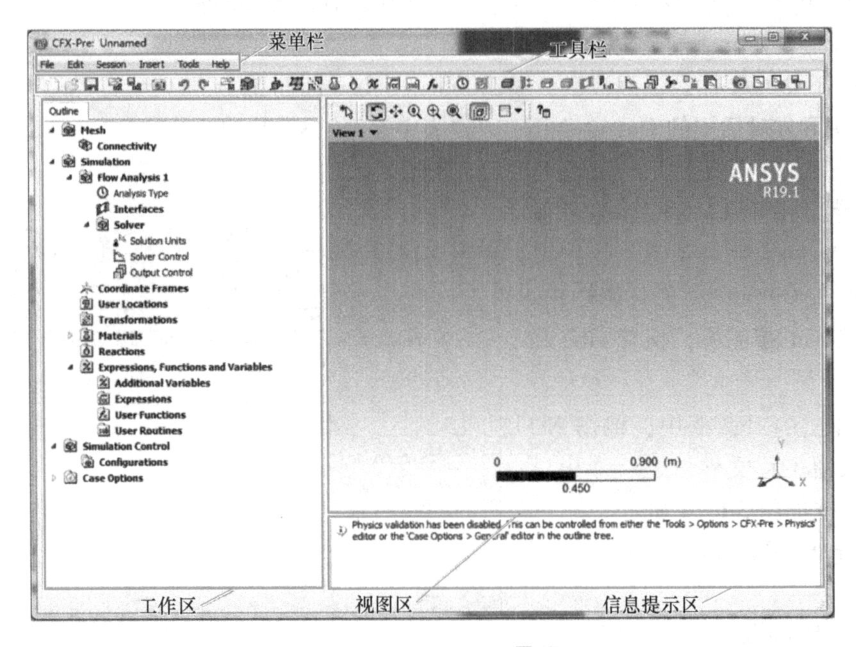

图 3-6-37　CFX-Pre 界面

2. 网格导入

(1) 选择导入格式

在工作区的目录树中，右键单击 Mesh，选择 Import Mesh→ICEM CFD，如图 3-6-38 所示。

(2) 导入设置

在弹出的对话框中选择第 1 节中保存的 che. cfx5 网格文件，在对话框右侧 Mesh Units 下拉表中选择单位 mm；其他保持默认设置，单击 Open 按钮打开文件。

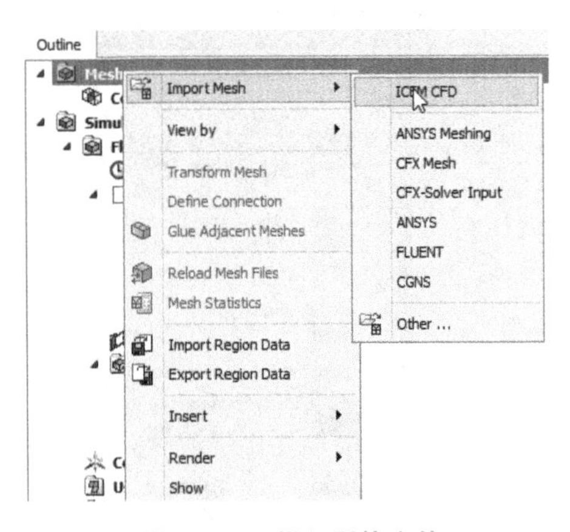

图 3-6-38　导入网格文件

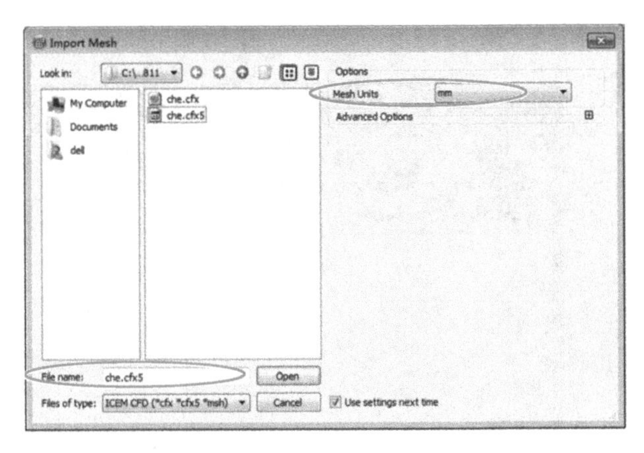

图 3-6-39　选择网格文件

（3）平移网格

操作：在工作区目录树中 Mesh→che. cfx5 处右键单击，选择 Transform Mesh，弹出平移网格对话框，如图 3-6-40 所示。

① Transformation 框中选择 Translation。

② Dz 处输入 −0.15，即沿 Z 轴负方向移动 0.15m。

③ 其他保持默认设置，单击 Apply 按钮确认。

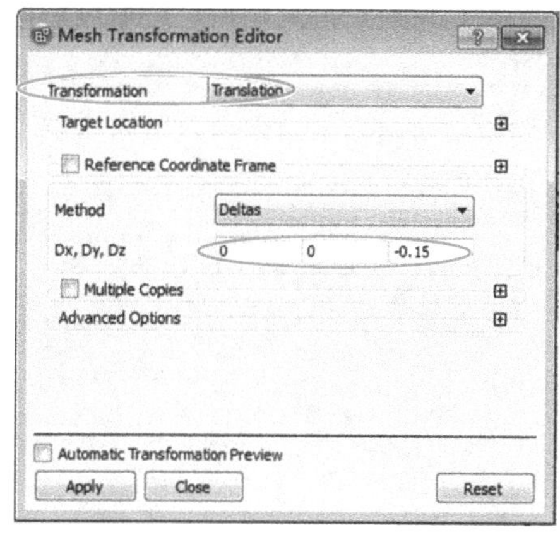

图 3-6-40　平移网格对话框

3. 仿真（Simulation）设置

（1）分析类型设置

操作：在工作区的目录树中，展开 Simulation，双击 Flow Analysis 1 下的 Analysis Type，打开仿真类型设置窗口，仿真类型选择 Steady State，单击 OK 按钮完成设置。

（2）流域设置

操作：双击 Flow Analysis 1 下的 Default Domain，进行流域设置，如图 3-6-41～图 3-6-44 所示。

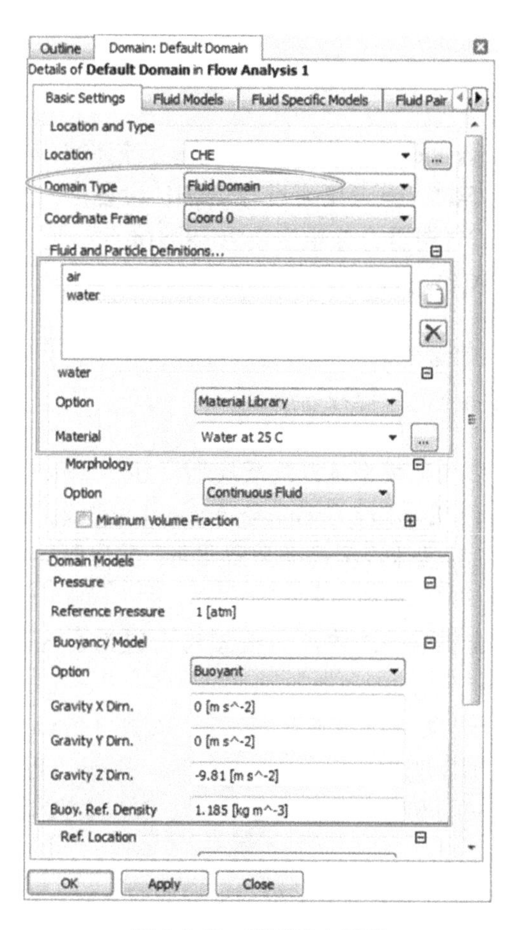

图 3-6-41　流域基本设置

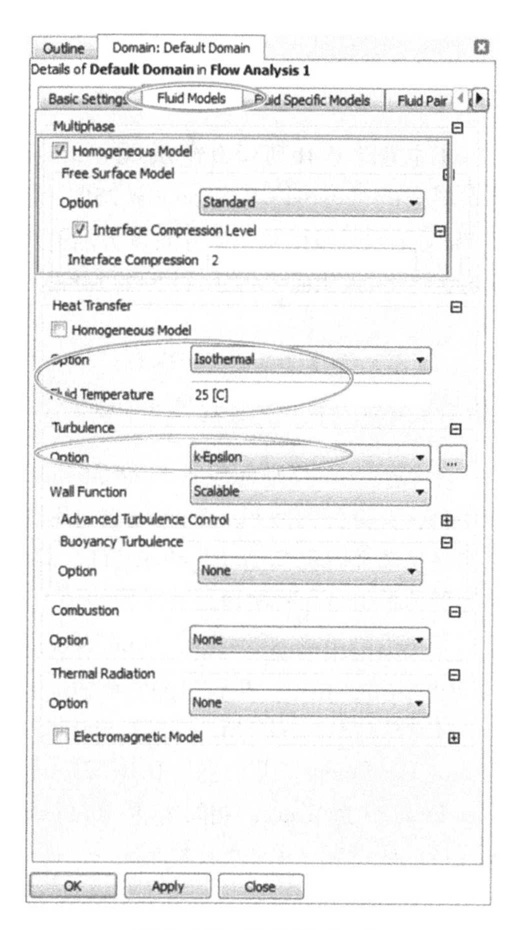

图 3-6-42　流体模型设置

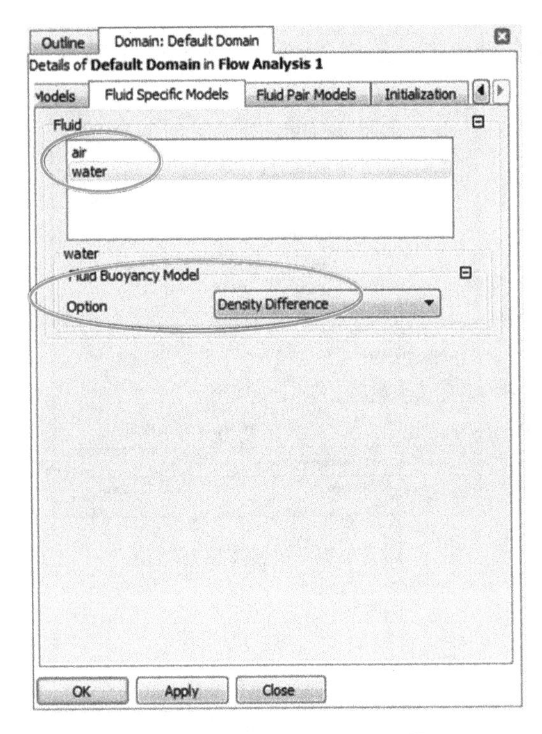

图 3-6-43　流体特定模型设置

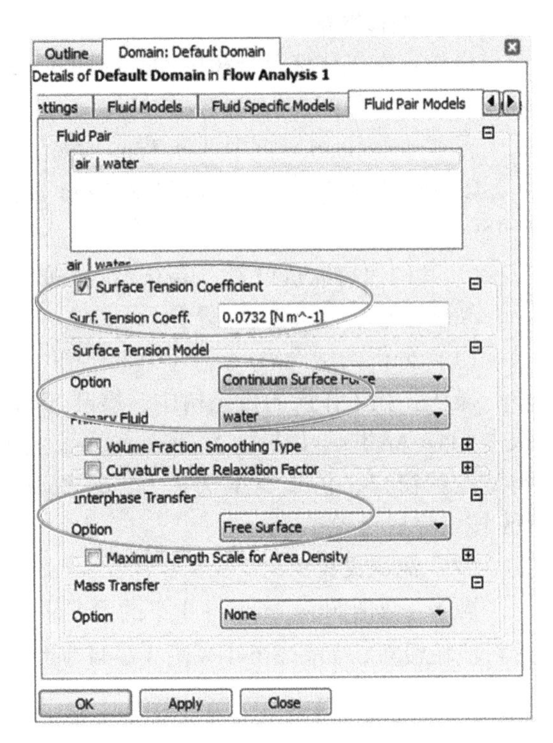

图 3-6-44　流域对模型设置

① 按图 3-6-41 所示设置 Basic Settings 选项卡：Location 为 CHE；域类型选择流体域；流体材料选择 Material 中“Water at 25C”和“Air at 25C”；参考压力设为 1atm；设置浮力模型 Buoyancy Model，X、Y 方向重力加速度均为 0，Z 方向重力加速度设为 $-9.81\mathrm{m/s^2}$，浮力参考密度 Buoy. Ref. Density 设为 $1.185\mathrm{kg/m^3}$，单击 Apply 按钮。

注意：如果 Material 中没有“Water at 25C”，则需要单击右侧的 图标，再单击 图标，在材料目录中选择 Water Data 下的“Water at 25C”进行加载。

② 按图 3-6-42 所示设置 Fluid Models 选项卡：多相流模型选择均质模型（Homogeneous Model），自由面模型 Free Surface Model 选择 Standard，Interface Compression Level 设为 2；热传递模型选择等温模型（Isothermal），温度设为 25℃；湍流模型选择 k-Epsilon；其他保持默认设置，单击 Apply 按钮。

③ 按图 3-6-43 所示设置 Fluid Specific Models 选项卡：流体浮力模型均设置为密度差（Density Difference），单击 Apply 按钮。

④ 按如图 3-6-44 所示设置 Fluid Pair Models 选项卡：勾选表面张力系数（Surface Tension Coefficient）并设置为 0.0732N/m；表面张力模型选择 Continuum Surface Force，Primary Fluid 设为 Water；相间传递（Interphase Transfer）模型选择自由面（Free Surface）；其他保持默认设置，单击 OK 按钮。

（3）边界条件设置

操作：右键单击 Flow Analysis 1 下的 Default Domain，选择 Insert→Boundary，打开设置

边界条件对话框，如图 3-6-45 所示。

① 设置进口边界条件：单击 Boundary，在弹出的对话框中输入边界名称 inlet，单击 OK 按钮；在 Basic Settings 选项卡，Boundary Type 选择 Inlet，在 Location 下拉表中选择 INLET；然后转到 Boundary Details 选项卡，如图 3-6-46 所示，质量与动量选择 Normal Speed，大小为 5m/s；转到 Fluid Values 选项卡，如图 3-6-47 所示，单击 Volume Fraction 框右侧图标，空气体积分量为 step(z/1[m])，水相设为 1-step(z/1[m])；其他保持默认设置，单击 OK 按钮。

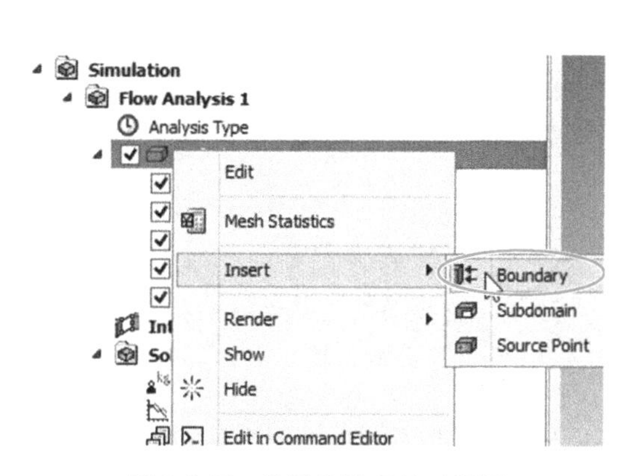

图 3-6-45 设置边界条件对话框

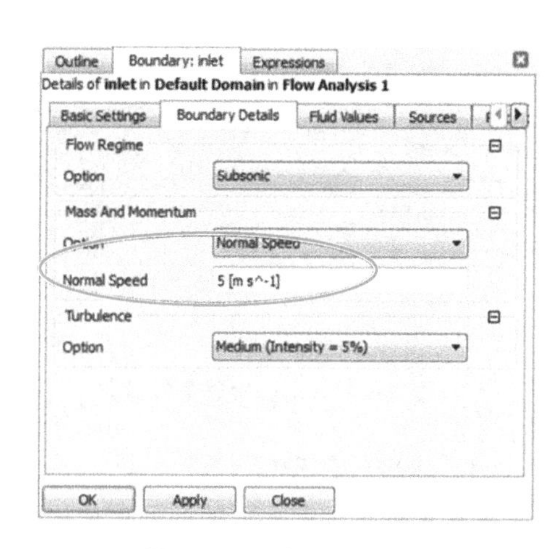

图 3-6-46 边界速度设置

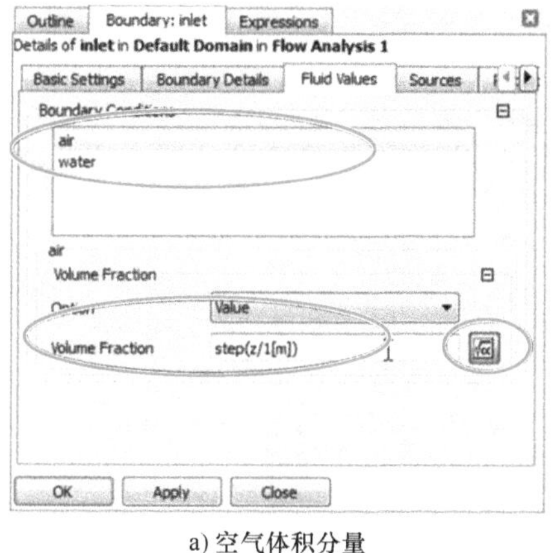

a) 空气体积分量

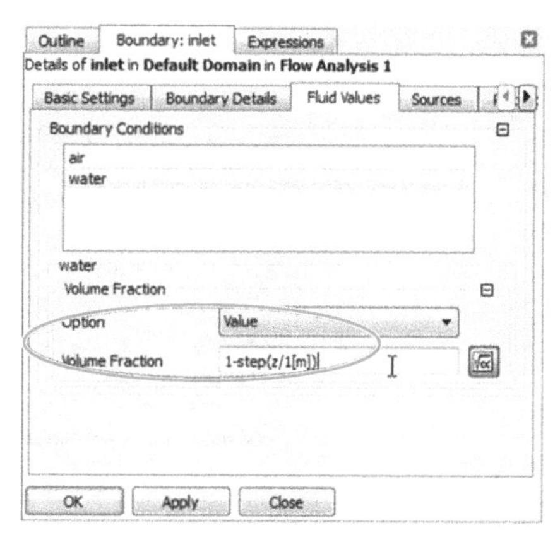

b) 水相体积分量

图 3-6-47 空气与水的入口体积分布

② 同①，设置出口边界条件：命名为 opening，边界类型 Opening，位置选择 OUTLET、SYM A、SYM B、UP、Wall A、Wall B（单击 Location 框右侧的图标，按住<Ctrl>键进行选择可同时选中多个位置）；转到 Boundary Details 选项卡，Mass and Momentum 设置为 Opening Pres. and Dirn，Relative Pressure 设为 998 * 9.81 * ((-z)/1[m])[Pa] * (1-step(z/1[m]))，如图 3-6-48 所示；转到 Fluid Values 选项卡，与入口设置相同；其他保持默认设置，单击 OK 按钮。

③ 同①，设置两栖车边界条件：命名为 cheti，边界类型 Wall，位置选择 CHETI，Mass and Momentum 设置为无滑移壁面（No Slip Wall），如图 3-6-49 所示；其他保持默认设置，单击 OK 按钮。

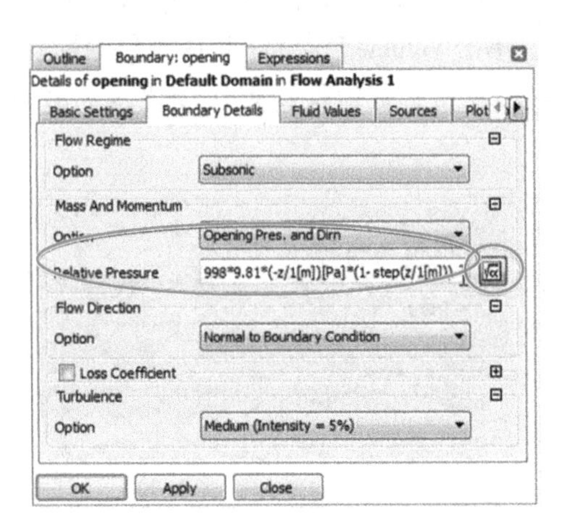

图 3-6-48　出口边界条件设置

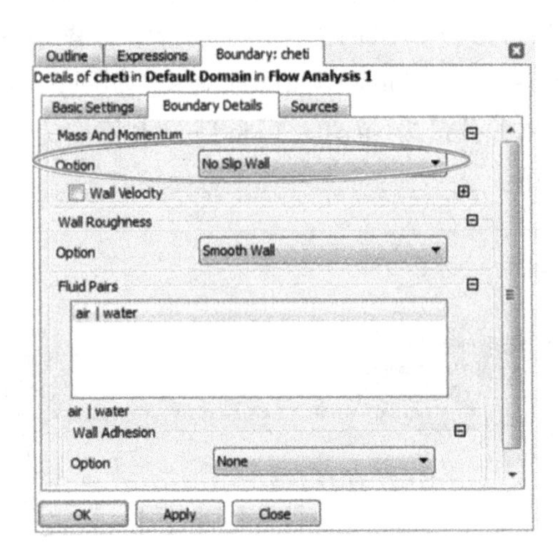

图 3-6-49　两栖车边界设置

（4）求解控制设置

操作：双击 Solver 下的 Solver Control，在 Basic Settings 选项卡中按图 3-6-50 所示设置。

对流项选择高分辨（High Resolution）；收敛控制可以设置最大与最小迭代步，此处最大迭代步设置为 500；收敛准则选择 RMS 残差类型，即均方根残差，残差目标值设置为 0.0001；单击 OK 按钮确认并关闭页面。

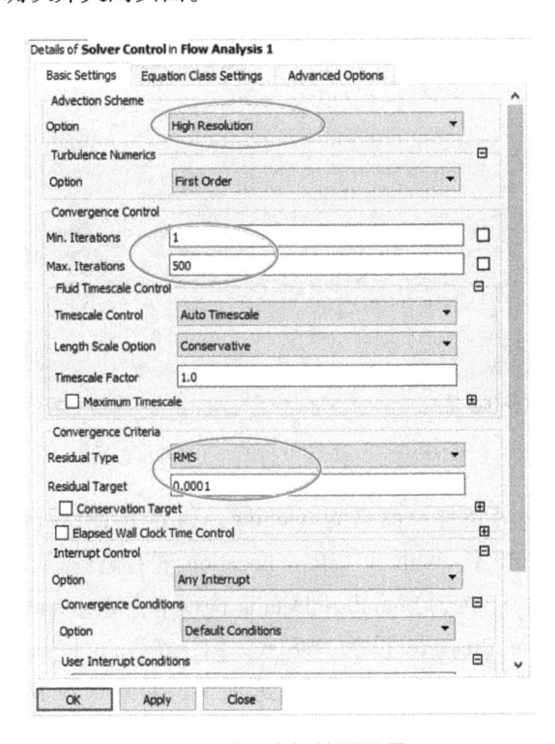

图 3-6-50　求解控制设置

4. 仿真控制

（1）右键单击工作区目录树中的 Simulation Control，选择 Insert→Execution Control，如图 3-6-51 所示。

（2）进入执行控制窗口，如图 3-6-52 所示。在 Run Definition 选项卡中，在 Slover Input File 处设置求解输入文件的位置与名称，运行模式选择 Intel MPI Local Parallel（并行执行），进程数设置为 2；单击 Apply 按钮。

注意：根据计算机性能选择进程数，进程数越多，计算耗时越短，但进程数不能超过计算机核数，一般预留几个核供其他程序运行。

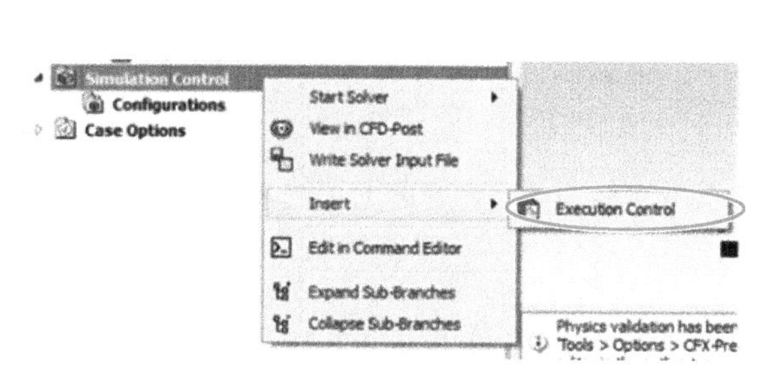

图 3-6-51　添加执行控制

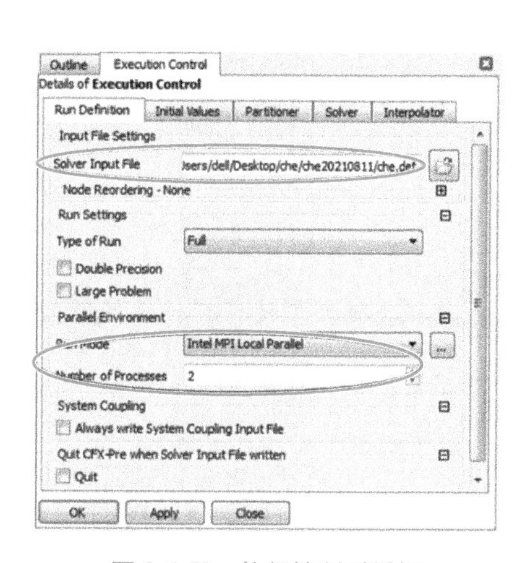

图 3-6-52　执行控制对话框

5. 保存文件

选择 File→Save Case，选择保存路径，命名为 che. cfx。

第 3 节　启动 CFX-Solver Manager 求解

1. 输出求解输入文件

操作：单击 CFX-Pre 工具栏中的图标，生成 .def 文件并自动打开 CFX-Solver Manager，如图 3-6-53 所示。

2. 求解计算

（1）在图 3-6-53 所示 Run Definition 选项卡，选择工作目录（结果文件保存目录），其他保持默认设置，单击 Start Run 按钮开始计算。

（2）计算结束后，在工作目录下会生成计算结果文件 che_001. res。

注意：如果不在当前计算机上求解，可以仅导出 .def 文件。在另一台计算机打开 CFX-Solver Manager，单击打开 .def 文件即可进行求解设置。若如此做，则需要额外设置输出文件目录。

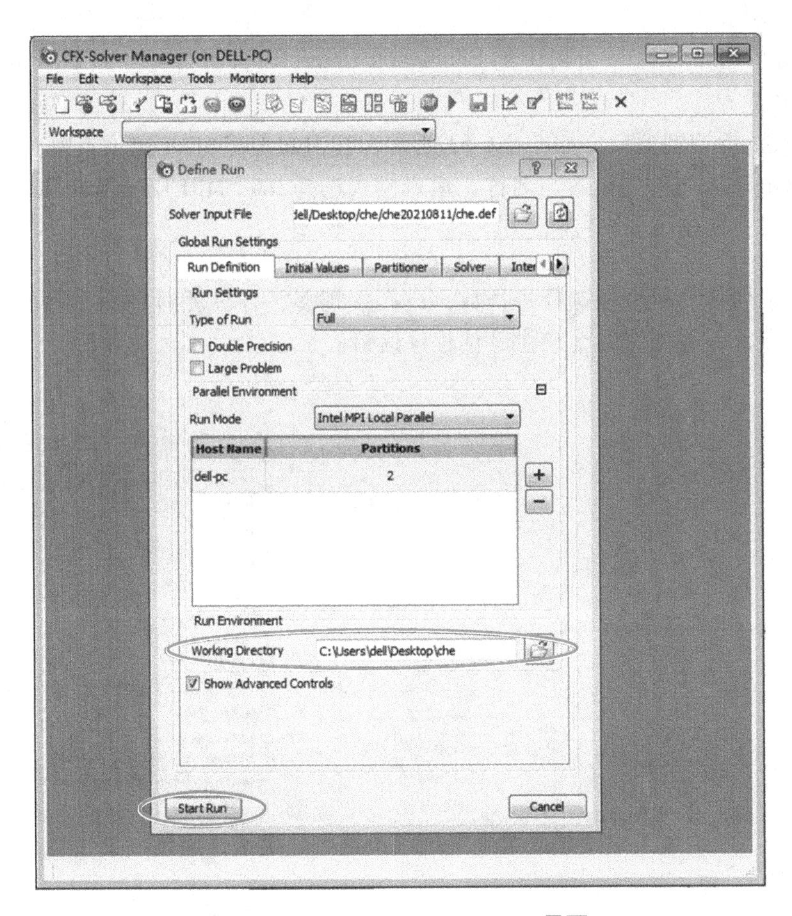

图 3-6-53 CFX-Solver Manager 界面

（3）计算过程中可以观察到残差变化，计算 500 时间步或残差小于 0.0001 时计算完成，弹出提示框，单击 OK 按钮关闭。图 3-6-54 所示为压力以及 U、V、W 三个方向动量的 RMS 残差变化曲线。

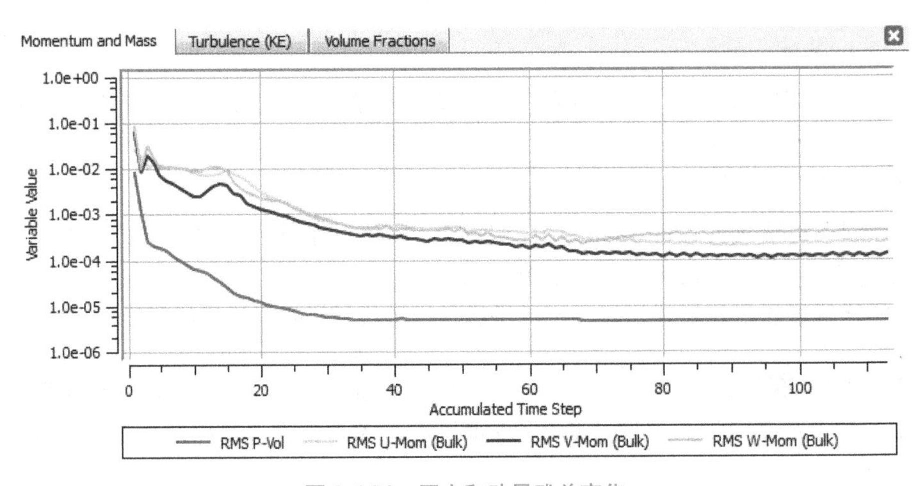

图 3-6-54 压力和动量残差变化

注意：

（1）CFX 计算自动终止有两种方式：一是计算求解步数达到设定的最大求解步数；二是满足收敛准则，只要一个条件满足则计算终止。

（2）本算例为手动终止计算，前文已经说明 CFX 自动终止计算的两种方式，除此之外也可手动终止计算。如图 3-6-54 所示，计算既未达到 500 步（167 步），残差也不小于 0.0001，但是残差曲线已经趋于稳定，认为结果已经收敛，所以单击工具栏中的图标，手动终止计算。

第 4 节 启动 CFX-Post 进行结果后处理

1. 打开 CFD-Post

操作：单击 CFX-Solver Manager 工具栏中图标，弹出启动 CFD-Post 对话框，保持默认设置，单击 OK 按钮。CFD-Post 界面如图 3-6-55 所示。

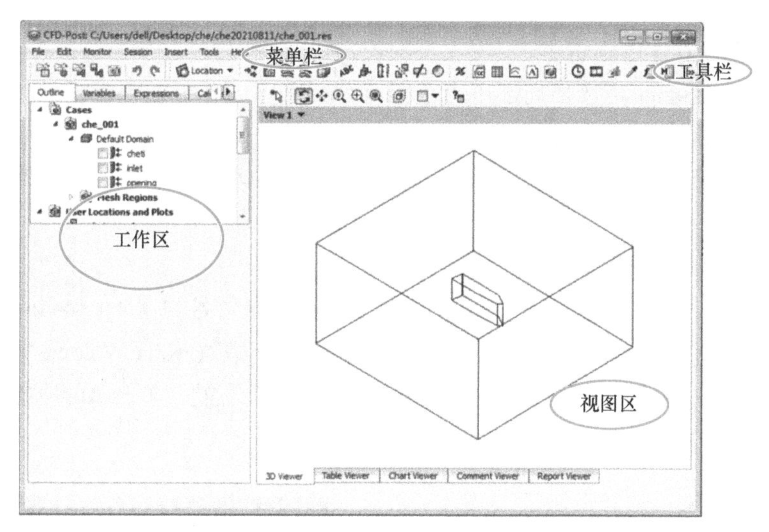

图 3-6-55 CFD-Post 界面

2. 绘制压力、水相体积分数云图

（1）创建平面

操作：单击工具栏 Location 图标，在下拉菜单中单击 Plane，平面命名为 section1，单击 OK 按钮；平面设置对话框如图 3-6-56 所示。

① 在 Geometry 选项卡中设置偏移基准平面为 XZ Plane。

② 偏移距离 Z 设为 0.0 [m]。

③ 其他保持默认设置，单击 Apply 按钮。

（2）绘制气相分布云图

操作：单击工具栏图标，云图命名为 pressure contour，单击 OK 按钮；打开压力云图设置对话框如图 3-6-57 所示。

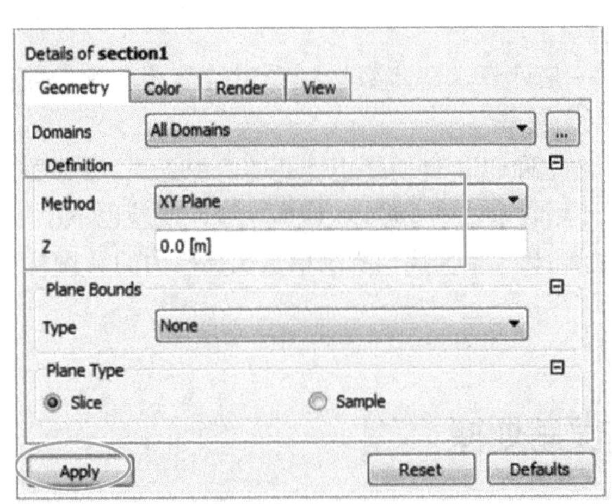

图 3-6-56　平面设置对话框

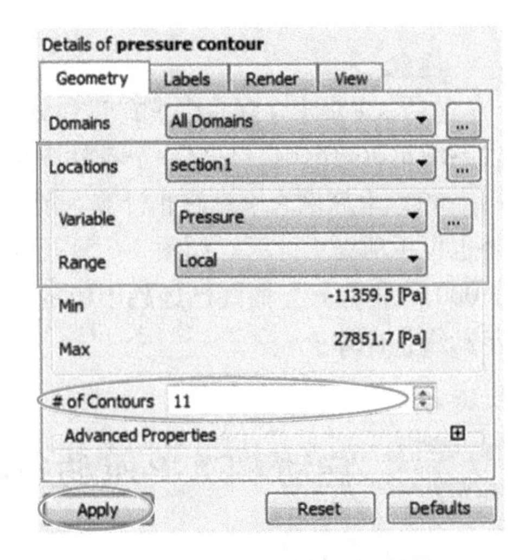

图 3-6-57　压力云图设置对话框

① 在 Details of pressure contour 的 Geometry 选项卡中，等值线位置（Locations）选择 section1。

② 变量选择压力（Pressure）。

③ 压力范围（Range）选择局部压力范围（Local）。

④ 等值线数目设置为 11，其他保持默认设置，单击 Apply 按钮。

在视图区，单击直角坐标系的 Z 轴，可将视图调整为垂直于 Z 轴，车身周围压力云图如图 3-6-58 所示。

（3）绘制水相体积分数云图

操作：同步骤（2），单击工具栏图标，等值线图命名为 water fraction，单击 OK 按钮；在 Details 中，位置选择 section1，变量选择水体积分数（water. Volume Fraction），范围选择局部（Local），等值线数目设置为 11，其他保持默认设置，单击 Apply 按钮。水相体积分数云图如图 3-6-59 所示。

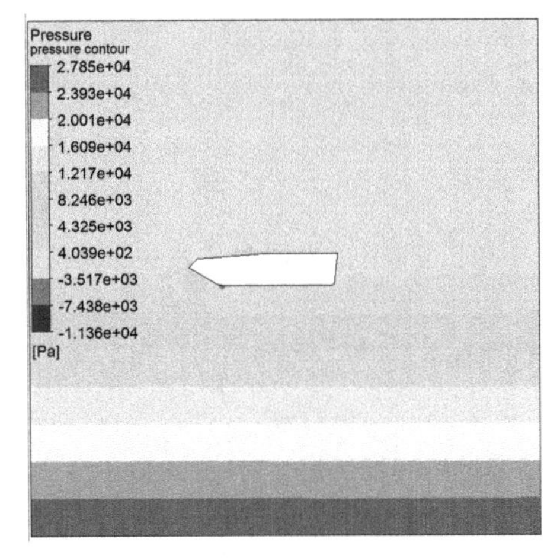

图 3-6-58　车身周围压力云图

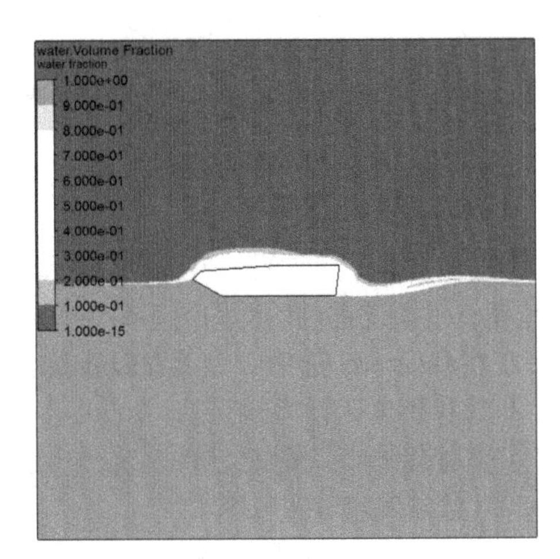

图 3-6-59　水相体积分数云图

3. 阻力计算

操作：单击工作区的 Expressions 标签，右键 Expressions 新建表达式，命名为 Fd，单击 OK 按钮确认，左下方弹出 Fd 的表达式定义窗口，如图 3-6-60 所示。在 Details of Detail 内输入表达式“force_x( )@ cheti”（不含引号），单击 Apply 按钮，计算得到阻力值为-696. 3N，方向为 x 轴负方向。

注意：Fd 表达式中“force_x( )@ cheti”为车身受到的 X 轴正方向的力，即车身阻力。其中“force_<Axis> ( )@ <Location>”形式的表达式为 CFX 内置函数。Location 处可以通过右键进行位置选择。

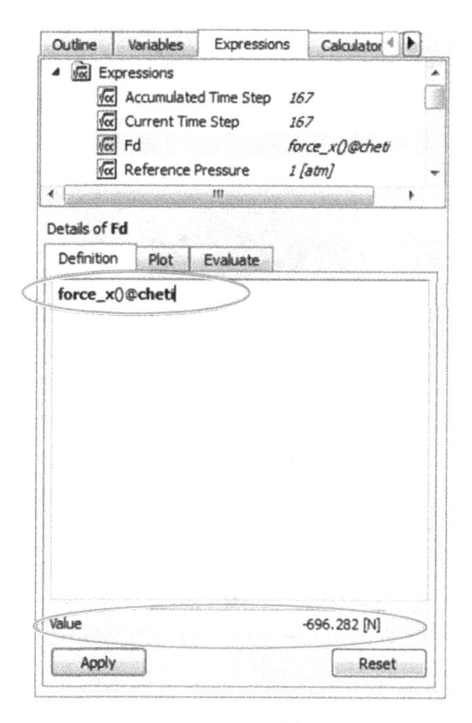

图 3-6-60　阻力计算设置

第7章 叶轮机械的建模与计算——Turbogrid的应用

问题描述：本案例模拟轴流式喷水推进泵在额定工况下的定常流动，喷水推进泵转速为1450r/min，泵的叶轮前与导叶后均为3倍叶轮直径长的直管段。几何文件已给出，分别为yelun. xml、daoye. xml、inlet. igs、outlet. igs。边界条件：入口绝对压力为2atm，出口质量流量为320kg/m^3，全流域为25℃的单相水流体。轴流式喷水推进泵如图3-7-1所示。

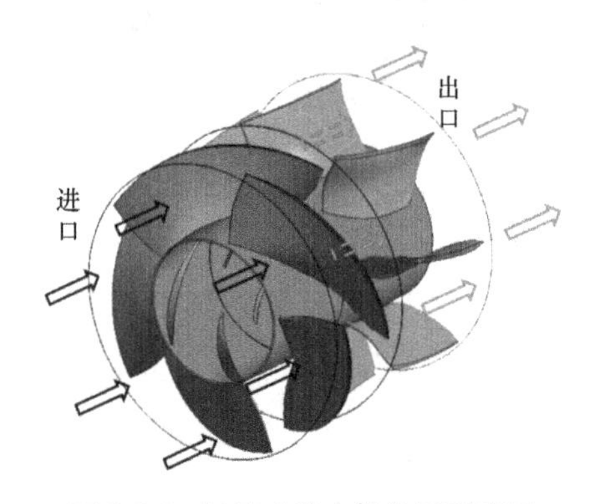

图3-7-1　轴流式喷水推进泵示意图

本章的电子文档对应光盘上的文件夹为：CFX \ pump；本章使用的软件为：ANSYS Workbench 2020，Workbench BladeGen，ANSYS ICEM CFD，ANSYS CFX。

第1节　绘制叶轮与导叶的结构化网格

喷水推进泵叶轮与导叶的三维结构复杂，使用ICEM绘制网格较为困难，因此使用专为绘制旋转机械结构网格开发的TurboGrid进行结构化网格划分，并利用ICEM进行后续处理。

1. 入叶轮几何文件

(1) 保存Workbench的工作目录

启动Workbench，设定工作目录File→Save As，选择文件存储路径，输入文件名为waterjet pump。

(2) 确认叶轮几何文件并在TurboGrid中打开

如图3-7-2，将左侧工具箱（Toolbox）栏目下的BladeGen模块拖动至右侧的项目视图（Project Schematic）区域下。

双击Blade Design进入BladeGen工作页面，选择File→Open中导入yelun. XML文件，确认打开后如图3-7-3所示。关闭BladeGen，右键单击Blade Design→Update更新模块。

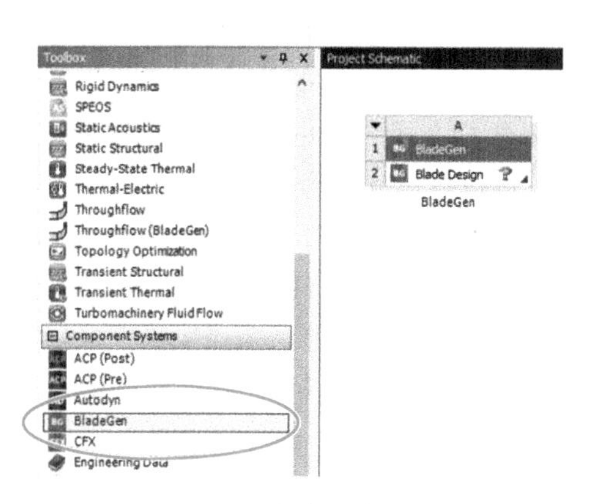

图 3-7-2 创建工作目录

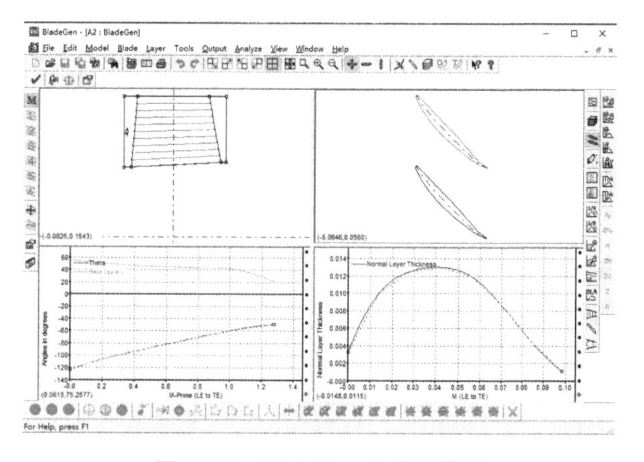

图 3-7-3 BladeGen 中确认模型

右键单击 Blade Design→Transfer Data To New→TurboGrid，创造与 BladeGen 相关联的新模块 TurboGrid，如图 3-7-4 所示。

双击新模块中的 Turbo Mesh，打开 TurboGrid 工作页面，显示出单叶片模型如图 3-7-5 所示。

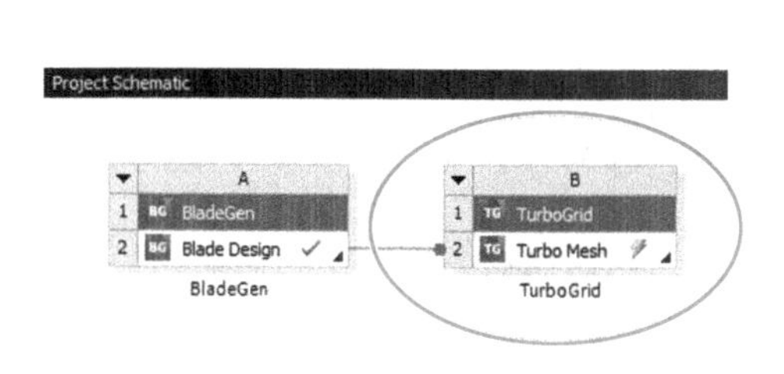

图 3-7-4 Workbench 中的模块

图 3-7-5 TurboGrid 中的单叶片模型

2. 设定叶顶间隙

一般来说，叶片的模型默认与外缘和轮毂相连。TurboGrid 可以通过 Shroud Tip 功能自动截取叶顶间隙，本算例采用 Normal Distance 法。

在左侧树目录中的 Geometry→Blade Set 下双击 Shroud Tip，勾选后，在 Tip Option 下拉表中选择 Normal Distance，并将叶顶间隙（Distance）修改为 0.5mm，如图 3-7-6 所示，单击 Apply 按钮确定。

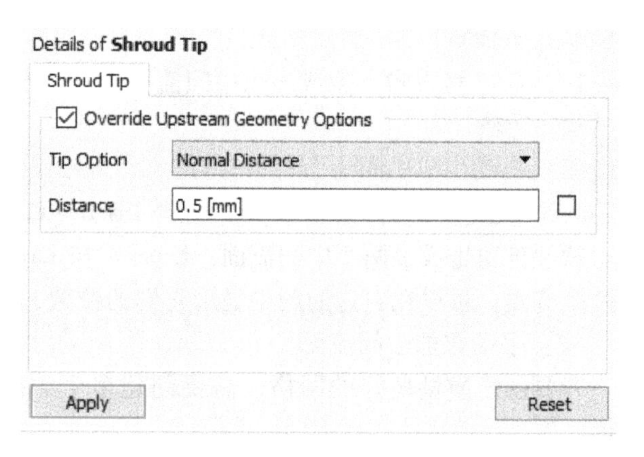

图 3-7-6 设定叶顶间隙

3. 创建几何拓扑

在 TurboGrid 中绘制网格的对象不是几何体，而是几何体对应的拓扑结构，因此应先建立几何拓扑。

右键单击左侧树目录中的 Topology Set，单击 Suspend Object Updates（暂停对象更新）进行拓扑创建。

在创建拓扑结构前，可以在 Blade Set 下的 Inlet 与 Outlet 详细工作区中，通过修改 Hub 和 Shroud 两个值（范围 0~1）来调节进、出口处轮缘、轮毂的拓扑几何位置。本算例模型的轮缘与轮毂平行，不需要修改，保持默认值为 1 即可。

所得到的结果为轮缘（Shroud）与轮毂（Hub）的面网格，在左侧树目录下的 Layers 中可以找到，如图 3-7-7 所示。

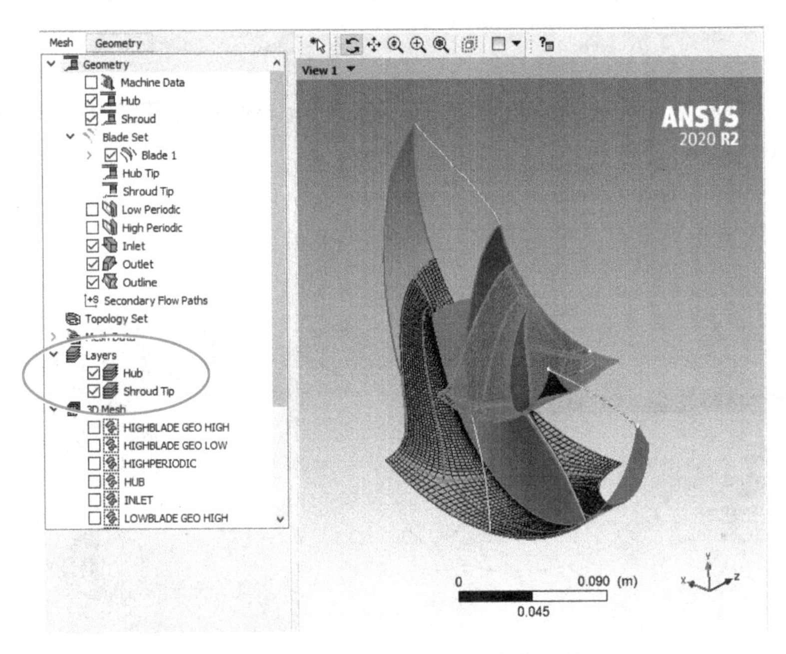

图 3-7-7　自动生成的轮缘、轮毂网格

4. 生成流面网格

TurboGrid 可以自动生成多个中间流面的面网格，并通过多个流面建立整体叶片流体区的结构化网格。

（1）自动生成中间流面

右键单击左侧树目录的 Layer，选择 Insert→Layers Automatically。

软件自动生成了两个中间流面：Layer 1 与 Layer 2，通过勾选左侧树目录中 Layers 下的这两个流面，可以在右边的图中显示它们的位置，如图 3-7-8 所示。

（2）手动添加中间流面

若要创建质量良好的网格，需要创建多个中间流面，因此在 Layer 1 后手动添加一个流面。

右键单击 Layer 1→Insert→Layer After，即可生成位于 Layer 1 与轮缘的中间流面 Layer 3，如图 3-7-9 所示。

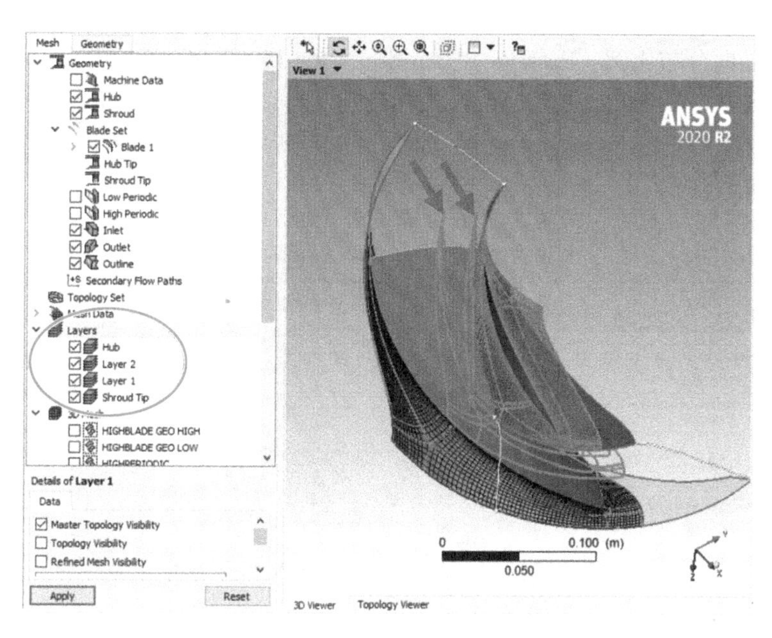

图 3-7-8　自动生成的中间流面网格

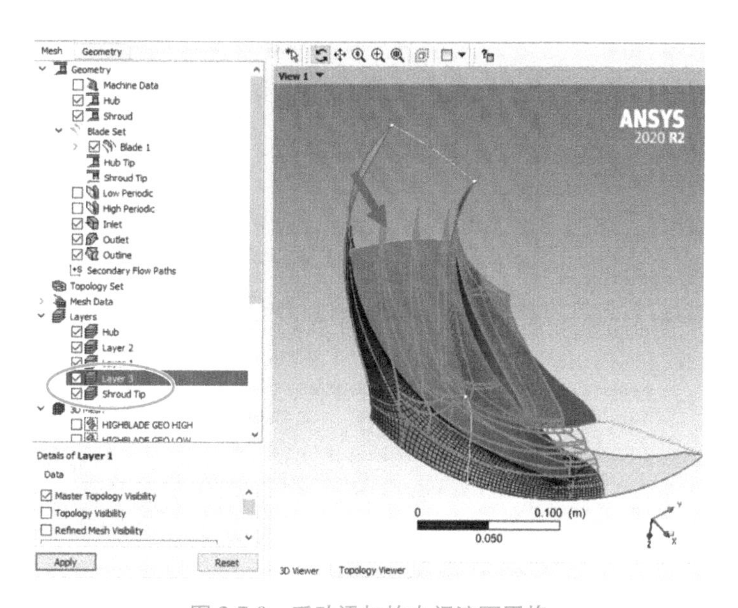

图 3-7-9　手动添加的中间流面网格

依此类推，可以创建多个中间流面，以提高网格质量。

5. 修改网格

完成以上步骤后网格就已确定，可以通过修改参数来调整网格的数量与质量。

双击左侧树目录的 Mesh Data，在 Method 中选择 Target Passage Mesh Size，在下方 Node Count 中选择 Fine（250000），即设定一个叶片的网格约为 25 万。

可以修改如下三个变量来修改网格质量与尺寸：

（1）网格大小比例：Mesh Size→Factor Base→0~5。

(2) 边界层网格生长率：Mesh Size→勾选 Target Maximum Expansion Rate→Rate→1～2。

(3) 叶片展向分布比例：Passage→Spanwise Blade Distribution Parameters→Facto→0～1。

修改后如图 3-7-10 所示，单击 Apply 按钮确定，可以在窗口左下角查看当前网格数量。

在左侧树目录中双击 Mesh Analysis，如图 3-7-11 所示，可以查看网格各质量参数的数据，以便于修改调整。

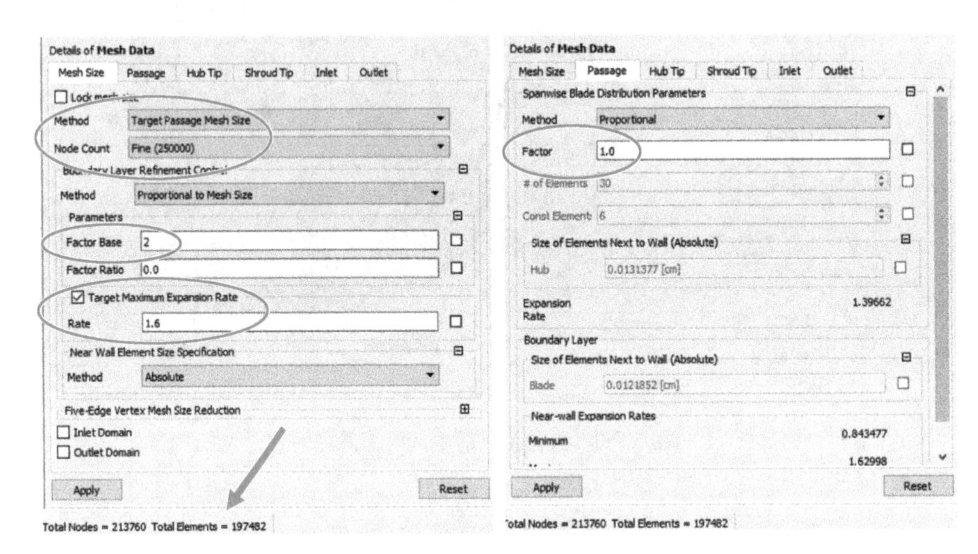

图 3-7-10　修改网格数量与质量

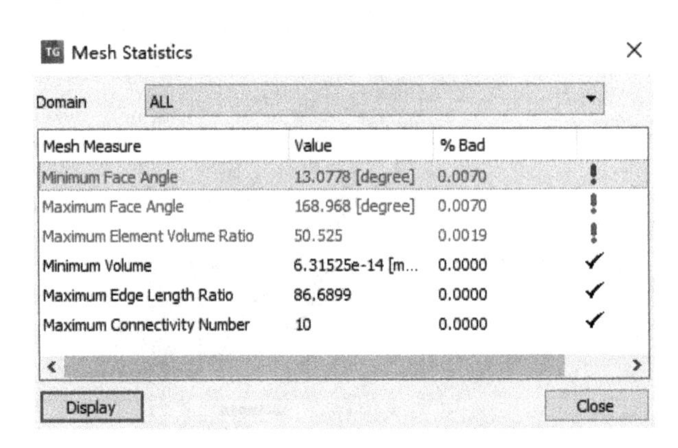

图 3-7-11　网格质量数据

注意： 修改网格质量时，一定不能出现负体积网格，且要尽量减少低质量网格所占的比例。

修改无误后，保存文件，退出 TurboGrid 页面。

6. 利用 ICEM 补全整体网格

在 TurboGrid 中完成了单叶片网格的绘制，接下来可以将网格导入 ICEM 中进行周期旋转。

（1）打开 ICEM 界面

在 Workbench 工作页面中右键单击 Turbo Mesh→Transfer Data To New→ICEM CFD，创造与 TurboGrid 相关联的新模块 ICEM CFD。

双击 Model，进入 ICEM CFD 界面，可见到单叶片网格如图 3-7-12 所示。

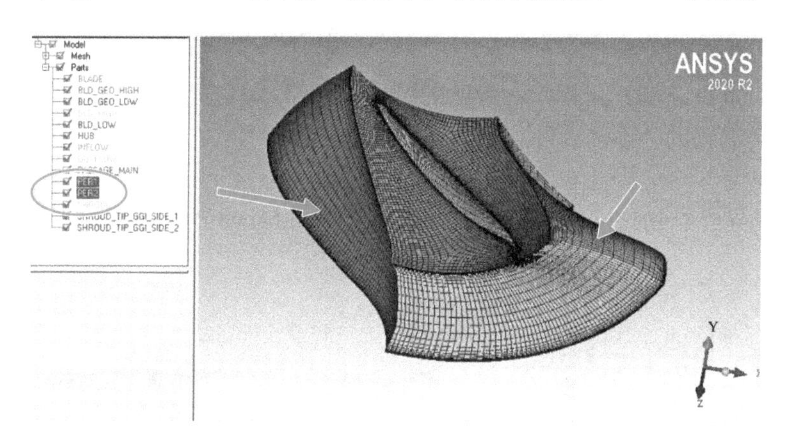

图 3-7-12　单叶片网格与两个过渡面

（2）周期旋转

展开左侧树目录的 Parts，勾选 PER1 与 PER2，右键选择 Delete 删除两个过渡面，避免周期化时重复。

选择上方工具栏中 Edit Mesh 下的 Transform Mesh ，在左下单击 Select 选择旋转对象，在弹出的工具栏中单击选择所有的网格。

单击 Rotate Mesh ，勾选 Copy，将 Number of copies 修改为 4（叶轮一共 5 个叶片）。

勾选 Merge nodes 加合网格，方法为 Automatic。勾选 Delete duplicate elements 删除重复元素。

将 Rotation 下的转轴 Axis 改为 Z 轴，本算例的叶轮是围绕 Z 轴旋转，并将 Angle 修改为 72°（360°÷5＝72°）。所有修改如图 3-7-13 所示，单击 Apply 按钮完成叶轮网格建立。

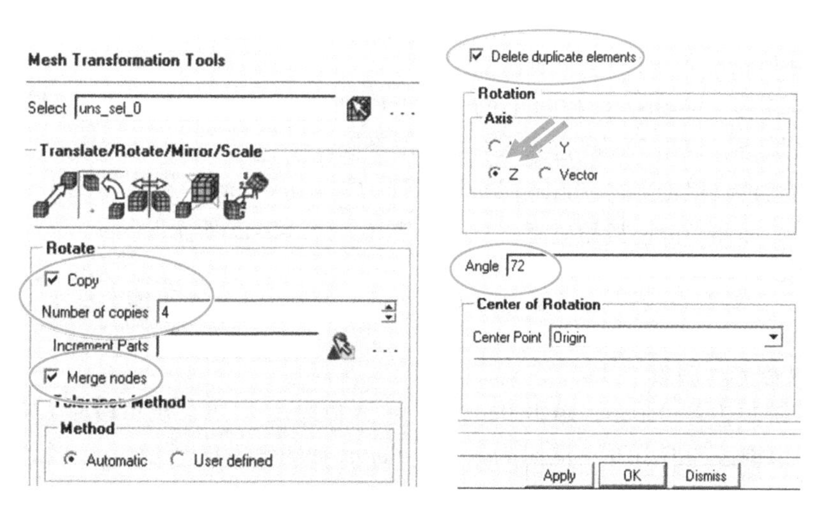

图 3-7-13　周期网格设置

生成完整叶轮网格后，保存文件，退出 ICEM CFD 页面。

注意：在 ICEM 中可以通过工具查看 TurboGrid 绘制的网格质量，但不能使用光顺 TurboGrid 的网格。

7. 绘制导叶的结构化网格

重复以上 1~6 的步骤，可以绘制导叶的结构化网格，但应注意以下两点：

(1) 导叶是静止的，不需要叶顶间隙，因此跳过第 2 步。

(2) 导叶共有 8 个，因此在周期化网格时，应将 4 改为 7，角度改为 45°。

最终得到的导叶结构化网格如图 3-7-14 所示。Workbench 的工作界面如图 3-7-15 所示。

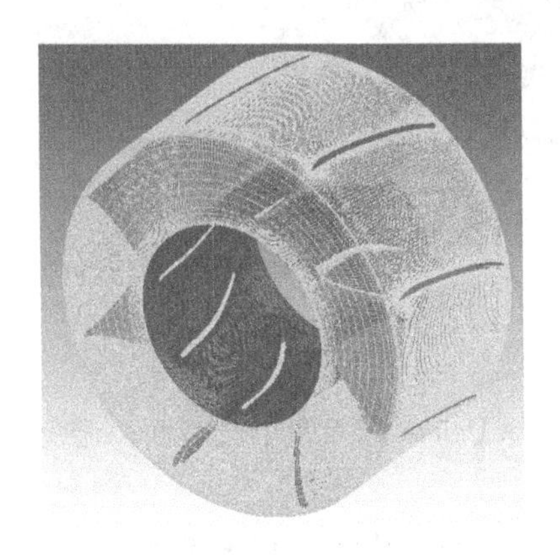

图 3-7-14　导叶的结构化网格

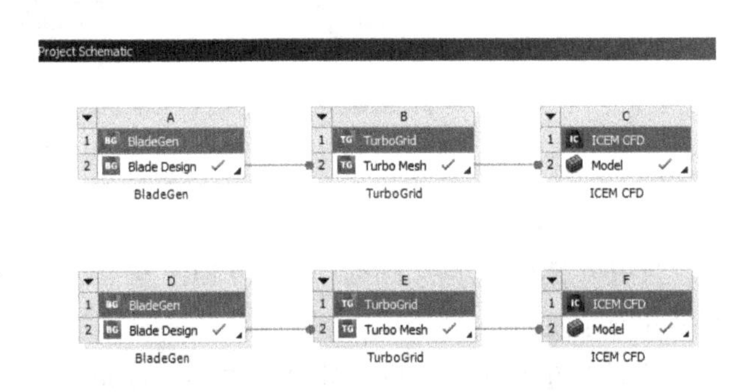

图 3-7-15　Workbench 工作界面

第 2 节　绘制出入口管路的结构化网格

用于数值计算的喷水推进泵前后直管段与导水锥的结构较为简单，使用 ICEM 绘制网格即可。首先在 ICEM 中绘制入口段与导水锥的网格。

1. 导入几何模型

(1) 使用 Import Model 导入几何模型

将左侧工具箱（Toolbox）栏目下的 ICEM CFD 模块拖动至右侧的项目视图（Project Schematic）区域下，双击 Model 进入 ICEM 工作页面。

导入几何文件，单击 File→Import Model，选中文件 inlet. igs，在 Convert Unit 中将单位改为毫米（mm），单击 Apply 按钮确定，如图 3-7-16、图 3-7-17 所示。

注意：几何模型的文件路径要为全英文路径，否则 ICEM 有可能会报错。

(2) 修改各 Part 名称

操作：右键单击各个 Part，单击 Rename。将入口段改为 IN、出口段改为 OUT、壁面改为 WALL、导水锥改为 GUIDE，同时删除其他 Part，如图 3-7-18 所示。

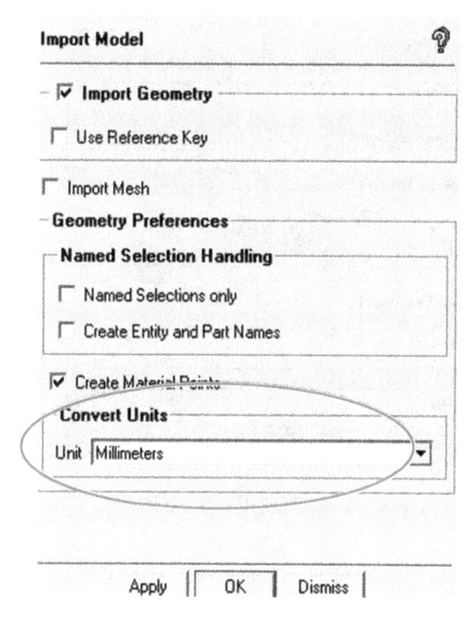

图 3-7-16 Import Model 导入几何模型

图 3-7-17 入口段几何模型

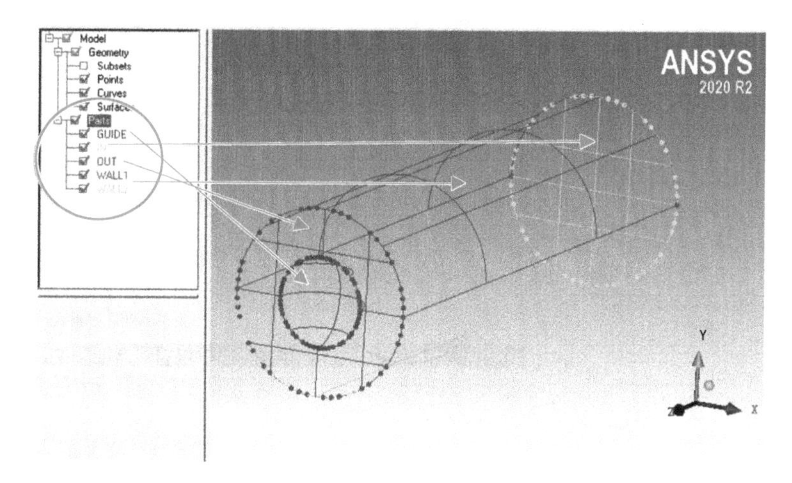

图 3-7-18 自动生成的中间流面网格

注意：

（1）可以右键单击 Geometry 下的 Surface，勾选 Solid & Wire，再勾选 Transparent，显示固体边界与三维网格并透明化，方便确定各个 Part 的位置。

（2）如果 Part 过多，可以右键单击 Parts，选择 Create Part 创建新的 Part，将多个面整合在一起。

2. 创建整体 Block

Block 是生成结构化网格的基础，是几何模型拓扑结构的表现形式，通过创建 Block 来体现几何模型，通过建立映射关系来搭建起几何模型和 Block 之间的桥梁，最终生成网格。

（1）创建三维 Block

操作：单击标签栏的 Blocking，单击图标 Create Block ，左下方出现 Block 设置界面，如图 3-7-19 所示。

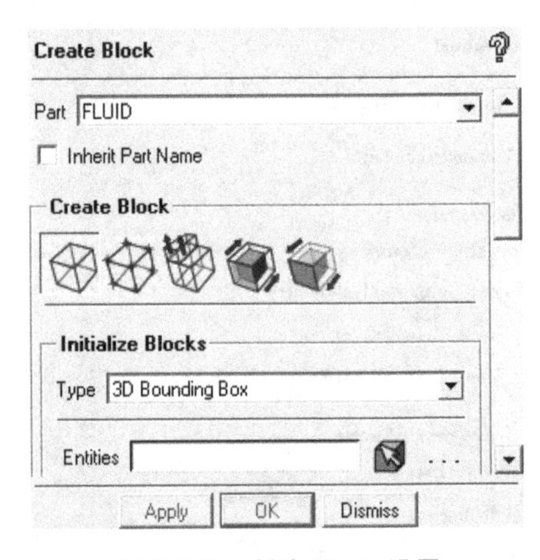

图 3-7-19　创建 Block 设置

其中 Part 中可定义名称，本例中修改为 FLUID。Type 下拉表用来选 Block 类型，此处默认为 3D Bounding Box，单击 Apply 按钮。

（2）建立整体映射关系

建立映射包括 Block 的顶点（Vertex）到 Geometry 的点（Point）的映射、Block 的边（Edge）到 Geometry 的线（Curve）的映射，Block 的面（Face）到 Geometry 的表面（Surface）的映射。首先建立边线的映射。

① 单击 Associate Edge to Curve 图标 ，如图 3-7-20 所示。

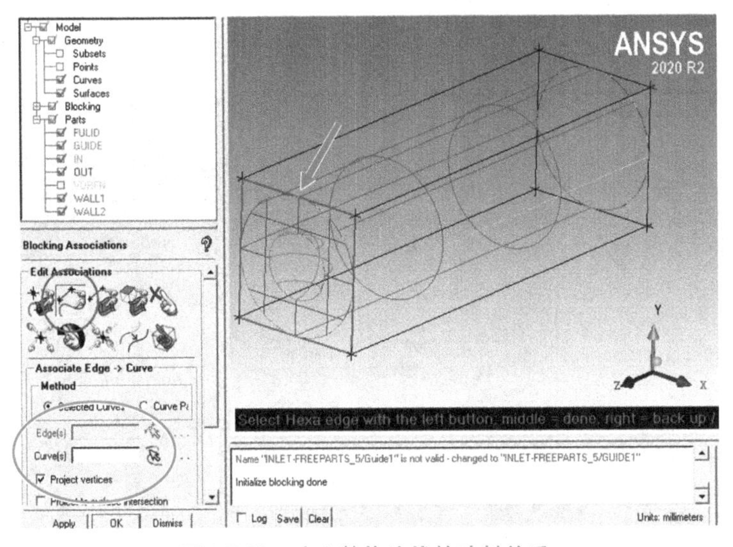

图 3-7-20　建立整体边线的映射关系

② 勾选 Project Vertices。

③ 单击 Edge Select Edge 右侧图标 ，如图中所示选择 Block 的四个边线，中键确认；然后默认进入选择 Curve 的状态。

④ 选择出口段圆形边线，中键确认；然后默认进入选择 Edge 的状态。

⑤ 采用相同的方法，建立入口段 Block 的边线与入口圆形边线的关联。

注意：

（1）在边线关联时，有些 Curve 或者 Edge 可能由多个曲线段/线段组成，在进行关联时，选择 Curve 要将多段 Curve/Edge 全部选上，即选择全部 Curve/Edge 后再中键确认，注意不要漏选或多选。

（2）在后面划网格中，如果检查质量时出现负网格的情况，那么很有可能是由错误关联导致。如果关联出现错误，可以通过关联设置下的取消关联将关联取消，再重新进行关联。

3. 分割、删除 Block——调整网格

初步建立的 Block 并不符合实际结构，需要进一步对 Block 进行修改。

（1）分割 Block

分割 Block 的目的是为了区分开导水锥附近的网格与进口直管段的网格。

在 Blocking 标签工具栏中，单击 Split Block 图标，左下方弹出分割 Block 对话框，如图 3-7-21 所示。

① 单击 Split Block 图标。

② Block Select 方式勾选 Visible 单选项。

③ 单击 Select Edge 图标；如图 3-7-22 所示，鼠标左键选择横向边，再次单击鼠标左键出现 Block 分割面，长按鼠标左键可以拖动 Block 分割面进行移动，移动分割面使分割面接近导水锥附近，单击鼠标中键确认。

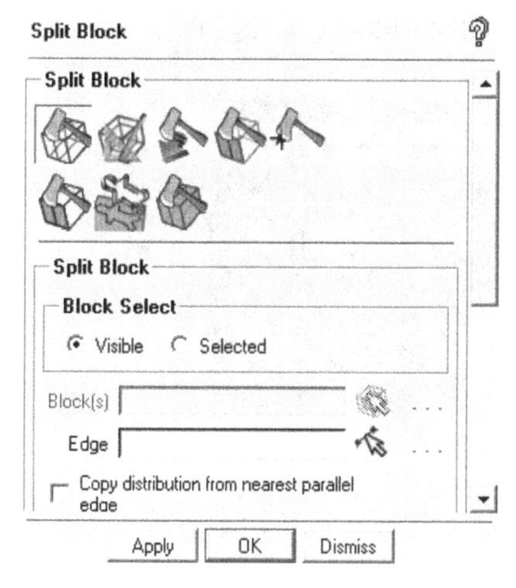

图 3-7-21 分割 Block 对话框

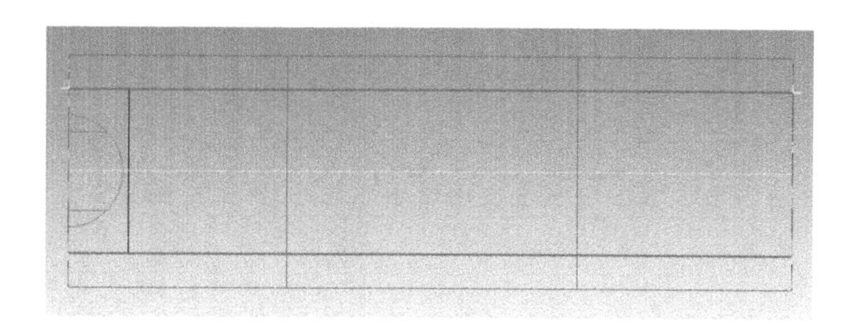

图 3-7-22 调整分割面（X 方向视图）

（2）划分 O-Block

划分 O-Block 的目的是为了提高管壁与导水锥附近网格的质量。

在 Blocking 标签工具栏中，单击 Split Block 图标，左下方弹出分割 Block 对话框，如图 3-7-21 所示。

① 单击 Ogrid Block 图标。

② 单击 Select Block（s）图标，在视图区选择所有的 Block，中键确认。

③ 单击 Select face（s）图标，在视图区选择图 3-7-23 中所示两个圆面，中键确认。

④ 单击 Apply 按钮。

划分 O-Block 后的 Block 分布如图 3-7-24 所示（已勾选 Solid & Wire 与 Transparent）。

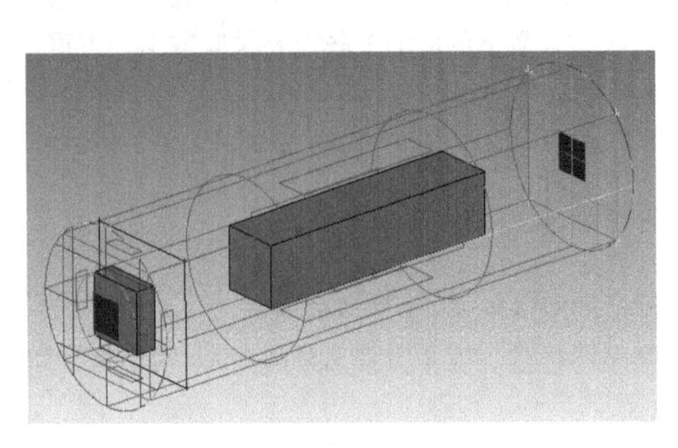

图 3-7-23　分割 O-Block 对话框

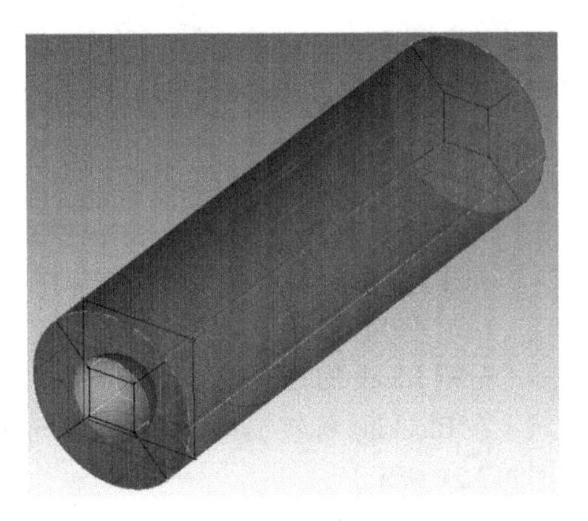

图 3-7-24　调整分割面（X 方向视图）

（3）删除导水锥的 Block

经过分割与 O-Block 处理，导水锥内部的 Block 已经单独提取出来。在实际分析中导水锥内部为固体域，不参与流体计算，因此需要删除该部分 Block。

操作：在 Blocking 标签工具栏中，单击 Delete Block 图标，左下方弹出删除 Block 对话框，如图 3-7-25 所示。选中导水锥所在位置已经被分割好的小 Block，中键确定。

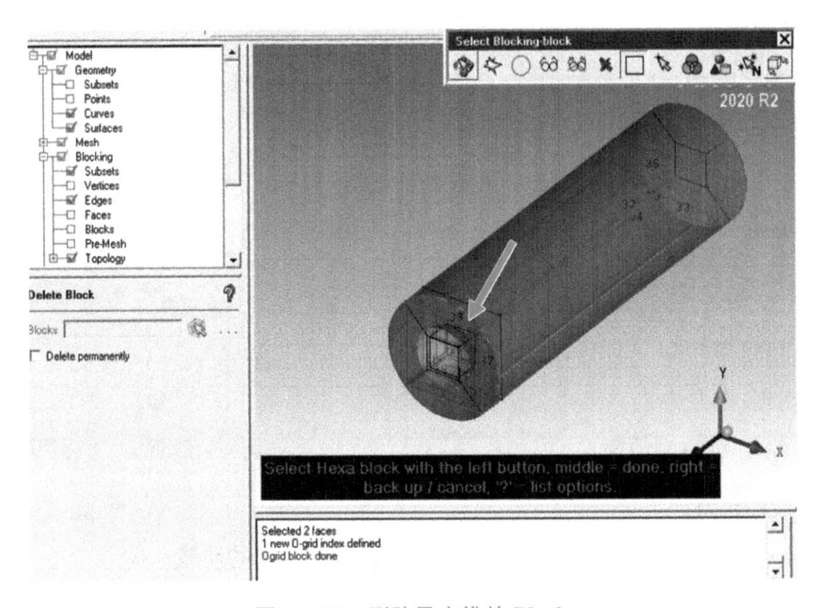

图 3-7-25　删除导水锥的 Block

（4）建立导水锥线的映射关系

如上文 2（2）中方法相同，将 Block 的边线与导水锥圆形边线建立映射关系。

单击 Associate Edge to Curve 图标，勾选 Project Vertices；单击 Edge 右侧 Select Edge 图标，选择 Block 的四个边线，中键确认；然后默认进入选择 Curve 的状态；注意这里要选择导水锥的圆形边线，中键确认。

(5) 建立导水锥面的映射

导水锥为半球形曲面结构，要使 Block 的面与导水锥曲面关联，才能保证这里的网格质量。

在如图 3-7-20 所示界面，单击 Associate Face to Surface 图标，进行面映射设置。

① Method 单选项中勾选 Part。

② Face（s）选择如图 3-7-26 所示的 5 个蓝色面，中键确认。

③ 在弹出的 Select parts 窗口中，勾选 GUIDE，单击 Accept 按钮确认。

④ 单击 Snap Project Vertices 图标，单击 Apply 按钮在右侧图像中更新映射关系。

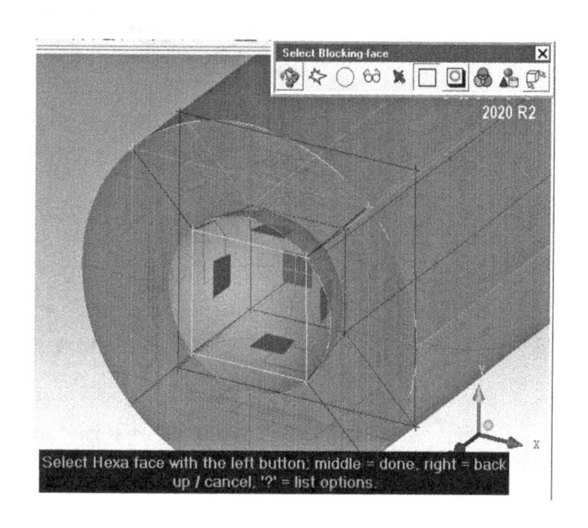

图 3-7-26　选择导水锥的 5 个蓝色面

4. 定义网格长度/节点数

(1) 设置 XY 方向上的网格长度/节点数

在 Blocking 标签工具栏中，单击图标（Pre-Mesh Params），左下方弹出设定网格长度/节点数对话框，如图 3-7-27 所示。

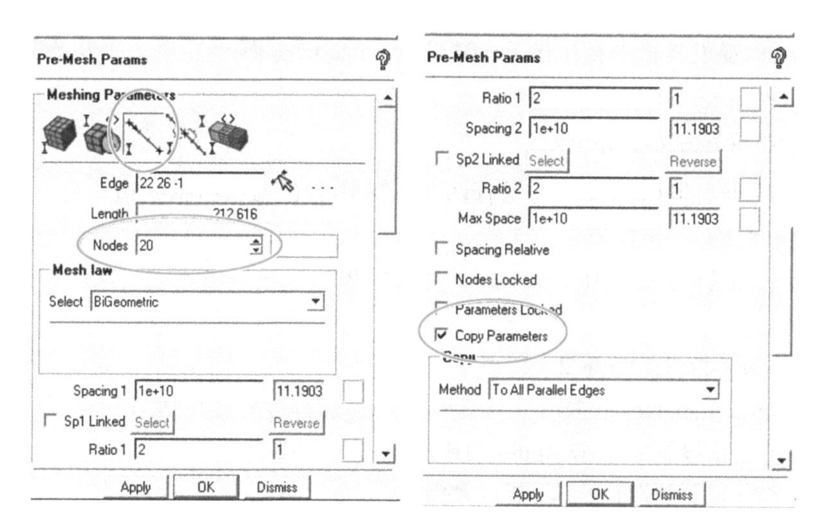

图 3-7-27　设定网格长度/节点数对话框

① 单击 Edge Params 图标。

② 单击 Edge 框右侧图标，并选择图 3-7-28 中红色箭头所指正方形的一边。

③ 在 Nodes 框输入 20。

④ 勾选 Copy Parameters 复选项（将设置应用到所有边界层短边）。

⑤ 其他保持默认设置，单击 Apply 按钮。

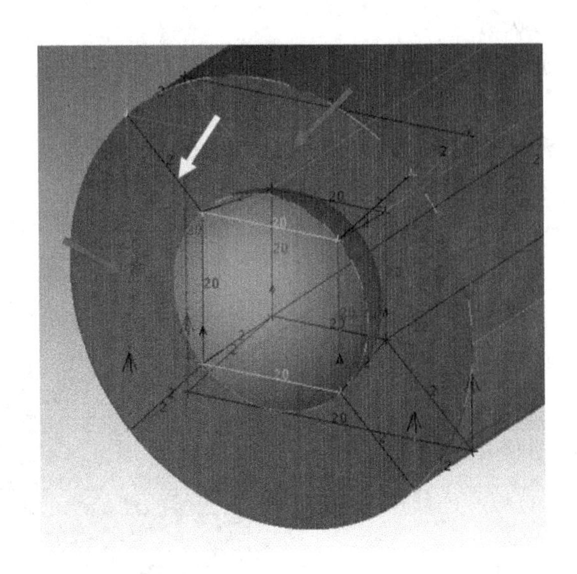

图 3-7-28　XY 面上修改对应边的节点数

注意：右键单击左侧的 Model→Blocking→Edge，勾选 Counts，可以在右侧图形中显示网格长度与节点数，十分方便进行对比与修改。

（2）修改设置近壁面网格

在 Blocking 标签工具栏中，单击 Pre-Mesh Params 图标，左下方弹出设定节点数设置对话框。

① 单击（Edge Params）图标。

② 单击 Edge 框右侧图标，并选择图 3-7-28 中黄色箭头所指斜边。

③ 在 Nodes 框输入 15。

④ 输入 Spacing 1=0.15，Ratio 1=2；（如果边界网格质量不好，可以将 0.15 修改为 0.2 或 0.3）。

⑤ 输入 Spacing 2=0，Ratio 2=2。

⑥ 勾选 Copy Parameters 复选项（将设置应用到所有边界层短边）。

⑦ 其他保持默认设置，单击 Apply 按钮。

（3）设置 Z 方向上的网格长度/节点数操作：

与步骤（1）设置 XY 面网格相同，区别在于节点数的选择。如图 3-7-29 所示，将 Z 轴方向的短边与长边的 Nodes 框分别改为 15 与 50。

5. 检查网格质量

（1）查看网格

在树目录中，取消勾选 Model→Blocking 下的 Edges。

在树目录中，勾选 Blocking 下的 Pre-mesh，弹出更新对话框，单击 Yes 按钮确定，生成网格如图 3-7-30 所示。

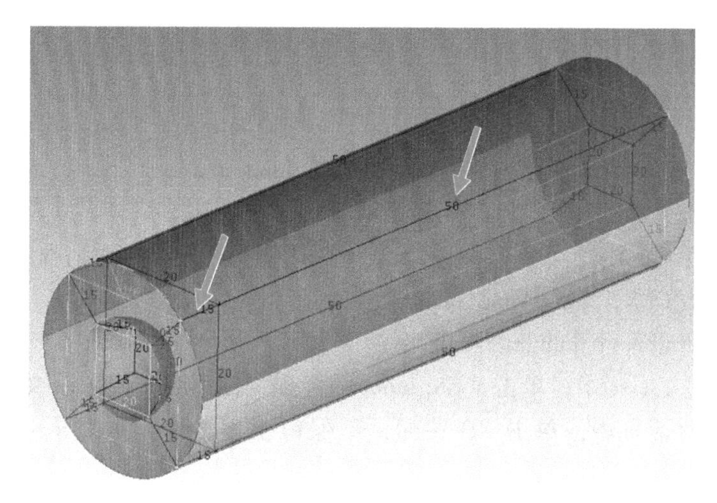

图 3-7-29 Z 方向上修改对应边的节点数

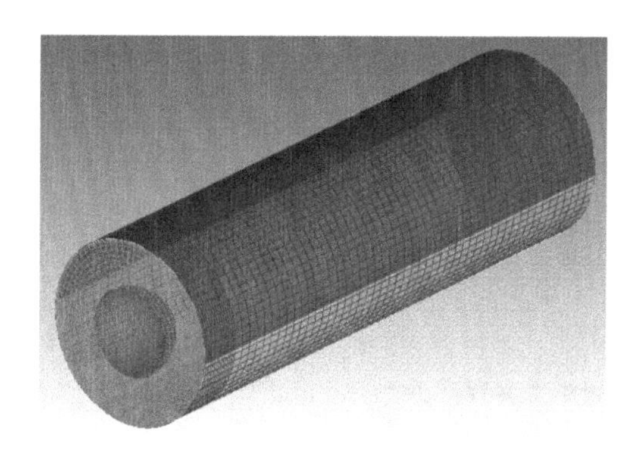

图 3-7-30 网格划分结果

（2）检查网格质量

在 Blocking 标签工具栏中，单击 Pre-Mesh Quality 图标，打开检查网格质量对话框，如图 3-7-31 所示。

① 在 Criterion 下拉表中选择相应选项。

② 其他设置保持默认，单击 Apply 按钮。

右下方展示出网格质量结果，如图 3-7-32 所示。

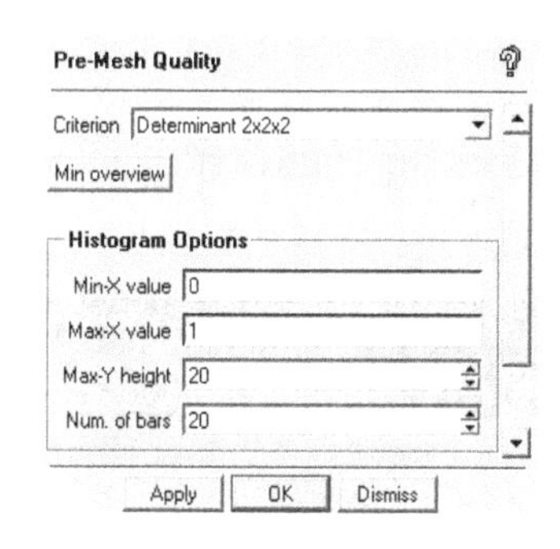

图 3-7-31 检查网格质量对话框

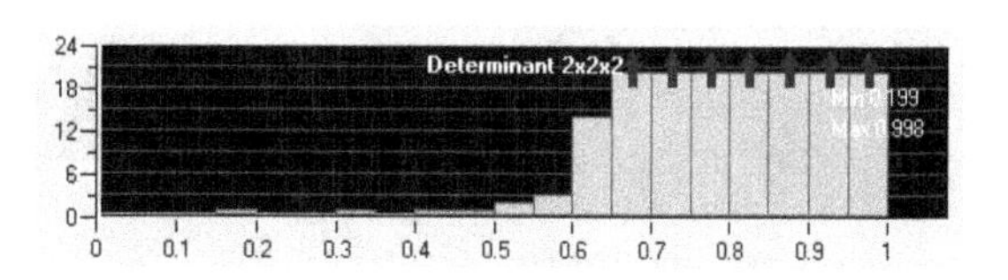

图 3-7-32 网格质量结果

6. 导出网格

(1) 保存网格

右键单击树目录中 Blocking 下的 Pre-Mesh，选择 Convert to Unstruct Mesh，然后再单击 File→Mesh→Save Mesh As，保存当前的网格文件为 Inlet. uns。

(2) 选择求解器

在 Output 标签工具栏中，单击 Select Solver 图标。在左下方对话框的 Output Solver 下拉表中选择 ANSYS CFX，单击 Apply 按钮。

(3) 导出用于 CFX 计算的三维网格文件

在 Output 标签工具栏中，单击 Write input 图标，保存 . fbc 和 . atr 文件。

① 在弹出的对话框中，单击 NO 按钮，不保留工程文件，弹出导出网格对话框，如图 3-7-33 所示。

② Output CFX5 file 项文件名为 Inlet。

③ 单击 Done 按钮，导出网格。

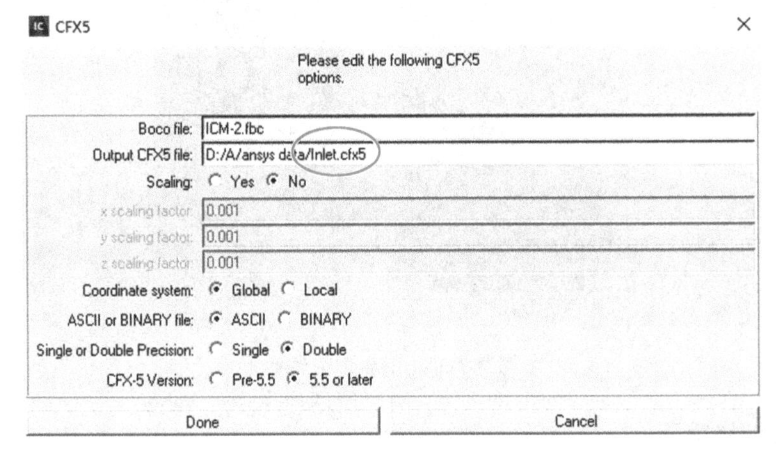

图 3-7-33　导出网格对话框

7. 绘制出口管路的结构化网格

以相同的方法绘制出口管路，得到的出口段网格如图 3-7-34 所示，网格质量如图 3-7-35 所示，输出文件名为 Outlet. uns，其他输出过程同进口段。

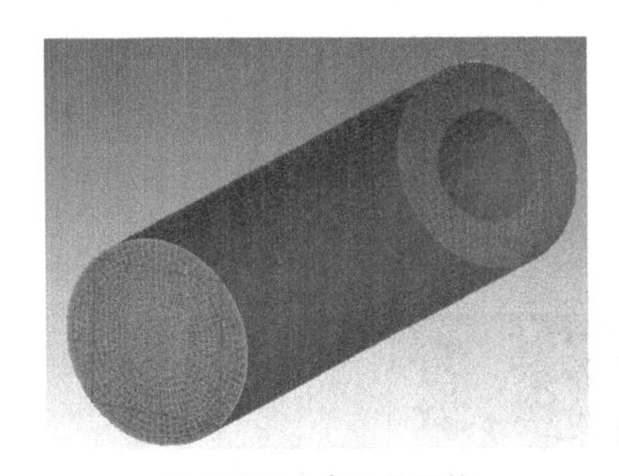

图 3-7-34　出口段网格

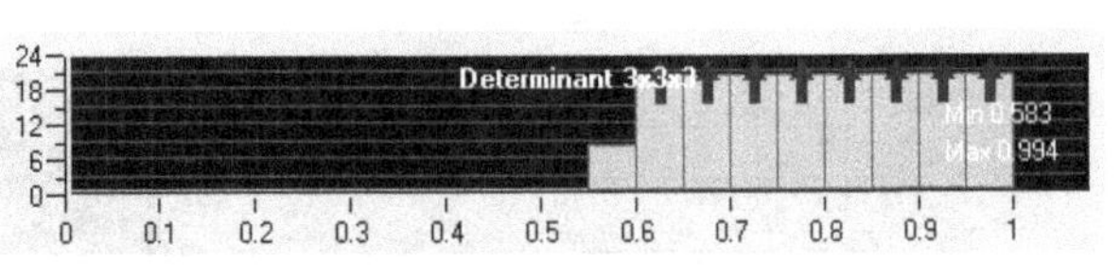

图 3-7-35　网格质量

至此，所有网格都已绘制完成，Workbench 的项目工作页面如图 3-7-36 所示。

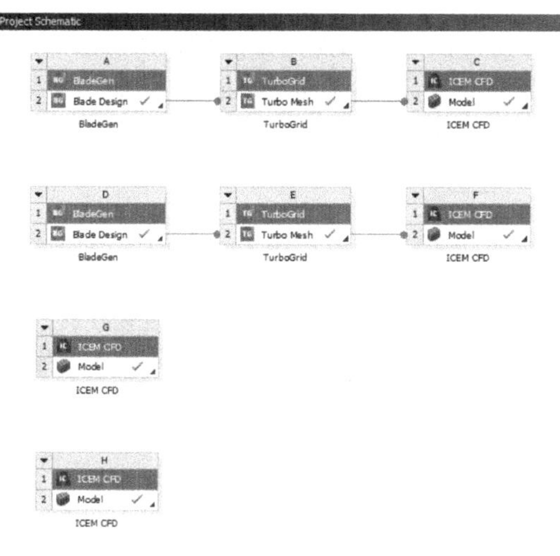

图 3-7-36 Workbench 的项目工作页面

第 3 节 启动 CFX-Pre 进行算例设置

1. 关联网格与 CFX-Pre

若想在 CFX-Pre 处理绘制好的网格，需要在 Workbench 工作页面中进行关联，或在 CFX-Pre 中使用 Import Mesh 命令导入。本算例仅介绍 Workbench 工作页面导入网格的方法。

在 Workbench 页面中，右键单击最上方 ICEM CFD 模块（C：叶轮的网格）中的 Model，选择 Transfer Data To New→CFX，创造与叶轮网格相关联的新模块 D：CFX。

分别拖动导叶、入口段、出口段 ICEM 模块（G、H、I）中的 Model 至 CFX 模块下的 Setup 次目录下，建立其他网格与 CFX 模块的关系，如图 3-7-37 所示。

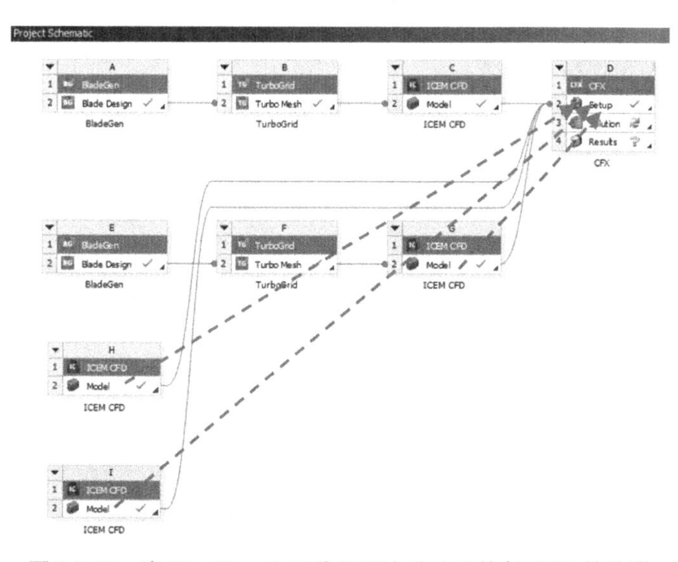

图 3-7-37 在 Workbench 工作页面上建立网格与 CFX 的关联

2. 调整网格位置

（1）打开 CFX-Pre

CFX-Pre 是 CFX 计算的前处理器，功能为设置模拟条件。

在 Workbench 页面中双击 CFX 模块下的 Setup 次目录，进入图 3-7-38 所示的 CFX-Pre 界面。

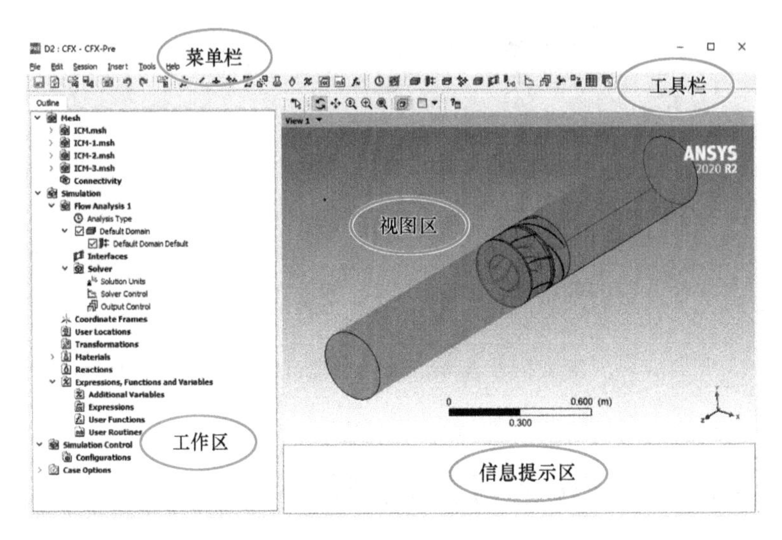

图 3-7-38　CFX-Pre 界面

（2）调整网格相对位置

由图 3-7-38 中可发现，由于绘制几何模型时未统一坐标，部分模型存在重叠、分离的现象，因此需要对叶轮、导叶、出入口管路网格的相对位置进行调整。

在左侧 Outline 中的 Mesh 下，右键单击相应的网格，选取 Mesh Statistics，弹出如图 3-7-39 所示的信息框，其中包含了网格数量与在 X、Y、Z 轴上坐标范围。

在左侧 Outline 中的 Mesh 下，右键单击相应的网格，选取 Transform Mesh，弹出如图 3-7-40 所示的操作框，Transformation 框中选择 Translation，在下方的坐标中分别输入平移的坐标向量，实现网格模型的平移。

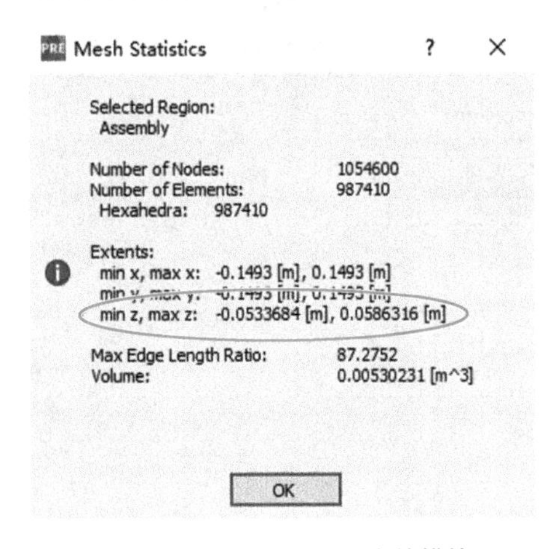

图 3-7-39　Workbench 中的模块

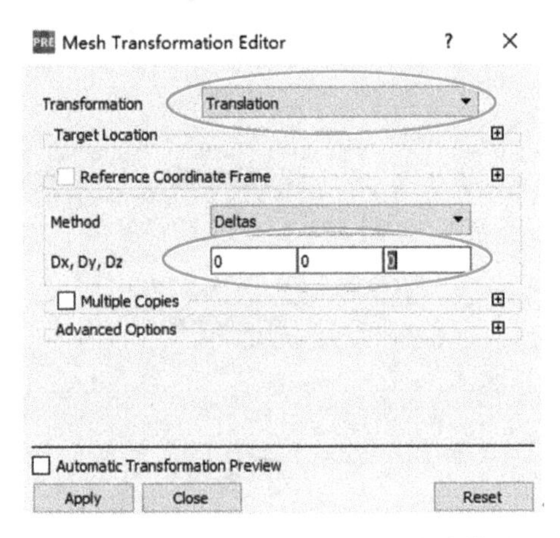

图 3-7-40　TurboGrid 中的单叶片模型

经调整后的网格如图 3-7-41 所示。

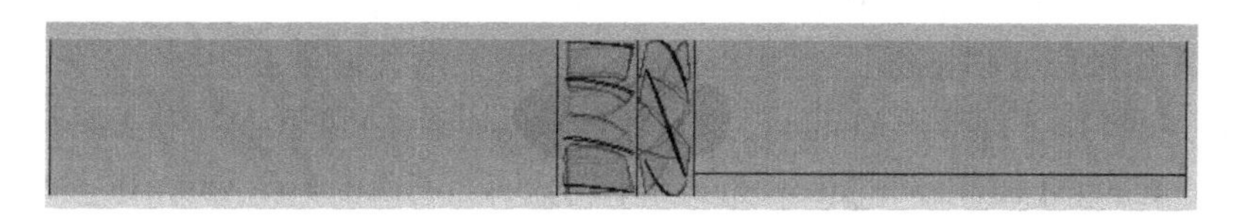

图 3-7-41　调整后的各网格位置

3. 仿真设置（Simulation）

（1）分析类型设置

在工作区的目录树中，展开 Simulation，双击 Flow Analysis 1 下的 Analysis Type，打开仿真类型设置窗口，仿真类型设置为 Steady State，单击 OK 按钮完成设置。

（2）流域设置

双击 Flow Analysis 1 下的 Default Domain，进行流域设置，如图 3-7-42、图 3-7-43 所示。

Details of Default Domain Modified in Flow Analysis 1
Basic Settings
Fluid Models
Initialization
Location and Type
Location
FLUID
Domain Type
Fluid Domain
Coordinate Frame
Coord 0
Fluid and Particle Definitions...
Fluid 1
Fluid 1
Option
Material Library
Material
Water at 25 C
Morphology
Option
Continuous Fluid
Minimum Volume Fraction
Domain Models
Pressure
Reference Pressure
1 [atm]
Buoyancy Model
Option
Non Buoyant
Domain Motion
Option
Stationary
OK
Apply
Close

图 3-7-42　流域基本设置

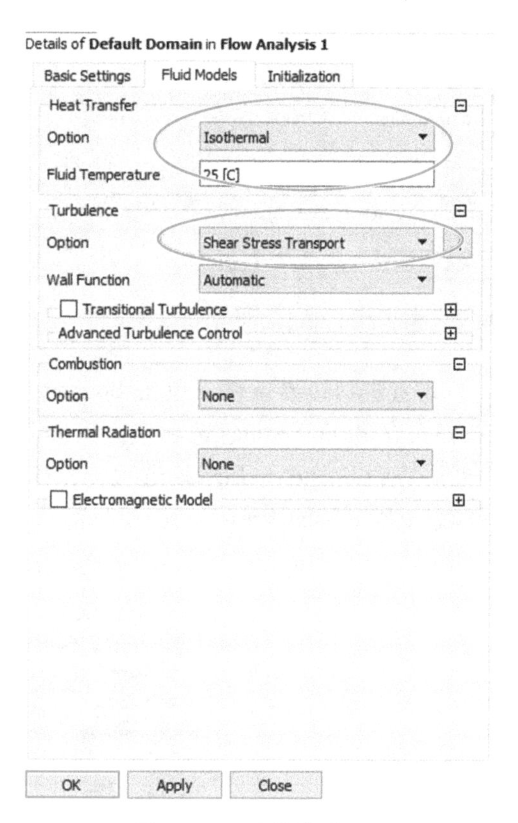

图 3-7-43　流体模型设置

① 按图 3-7-42 所示设置 Basic Settings 选项卡：Location 选择 FLUID（进口段）；域类型选择流体域；流体材料选择 Material 中的 Water at 25C；参考压力设为 1［atm］；其他保持默认设置，单击 Apply 按钮。如果 Material 中没有 Water at 25C，则需要单击右侧的【...】图标，再单击图标，在材料目录中选择 Water 下的 Water at 25C 进行装载。

② 按图 3-7-43 所示设置 Fluid Models 选项卡：热传递模型选择 Isothermal 等温模型，温度为 25 [℃]；湍流模型选择 SST 模型，其他保持默认设置，单击 OK 选项卡。

③ 右键单击 Default Domain，使用 Rename 命令重命名该域为 Inlet。

④ 重复以上操作，创造出 Outlet（出口段，Location 为 FLUID2）、Stator（导叶段，Location 为 PASSAGE_MAIN 2）与 Impeller（叶轮段，Location 为 PASSAGE_MAIN），其中 Outlet 与 Stator、Inlet 的域设置相同。Impeller 为旋转的叶轮段，因此按图 3-7-44 设置：Option 改为 Rotating 旋转域，旋转速度为 1450r/min，转轴为 Z 轴。

（3）入口段边界条件设置

右键单击 Flow Analysis 1 下的 Inlet，选择 Insert→Boundary，设置边界条件，如图 3-7-45 所示。

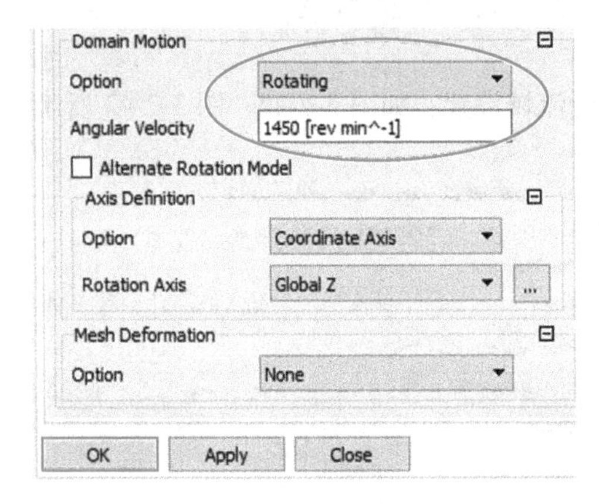

图 3-7-44 Impeller 的域设置

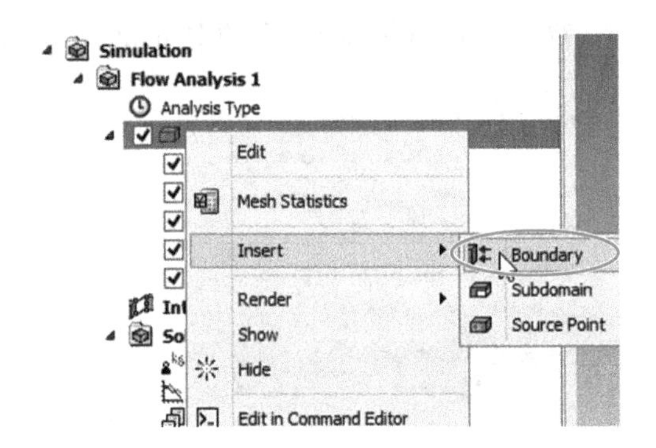

图 3-7-45 设置边界条件

① 设置进口边界条件：单击 Boundary，在弹出的对话框中输入边界名称 inlet，单击 OK 按钮；在 Basic Settings 选项卡，Boundary Type 处选择 Inlet，在 Location 下拉表中选择 IN；然后转到 Boundary Details 选项卡，如图 3-7-46 所示，流态选择 Subsonic，质量与动量选择稳态全压（Total Pressure（stable）），压力设为 1 [atm]；其他为默认设置，单击 OK 按钮。

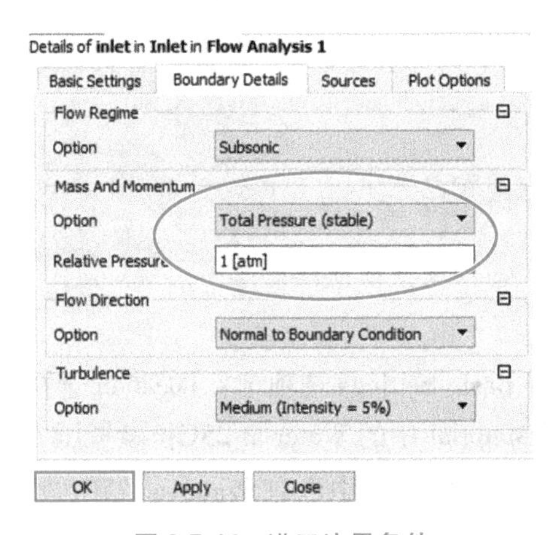

图 3-7-46 进口边界条件

② 同①，设置壁面边界条件：命名为 wall1，边界类型设为 Wall，位置选择 WALL1 和 WALL2（单击 Location 框右侧的 ... 图标，按住<Ctrl>键进行选择可同时选中多个位置）；Boundary Details 选项卡中选择无滑移壁面（No Slip Wall），如图 3-7-47 所示；单击 OK 按钮。

③ 同②，设置导水锥边界条件：命名为 guide1，边界类型设为 Wall，位置选择 GUIDE；Boundary Details 选项卡中选择 No Slip Wall（无滑移壁面）；单击 OK 按钮。

（4）出口段边界条件设置

右键单击 Flow Analysis 1 下的 Outlet，选择 Insert→Boundary，设置边界条件。

① 设置出口边界条件：单击 Boundary，在弹出的对话框中输入边界名称 outlet，单击 OK 按钮；在 Basic Settings 选项卡，Boundary Type 处选择 Outlet，在 Location 处下拉列表，选择 OUT2；然后转到 Boundary Details 选项卡，如图 3-7-48 所示，流态选择 Subsonic，质量与动量选择 Mass Flow Rate（质量流量），流量设为 320 [kg s^-1]；其他保持默认设置，单击 OK 按钮。

② 同①，设置壁面边界条件：命名为 wall2，边界类型 Wall，位置选择 WALL；Boundary Details 选项卡中选择 No Slip Wall（无滑移壁面）；单击 OK 按钮。

③ 同②，设置导水锥边界条件：命名为 guide2，边界类型选择 Wall，位置选择 GUIDE2；Boundary Details 选项卡中选择 No Slip Wall（无滑移壁面）；单击 OK 按钮。

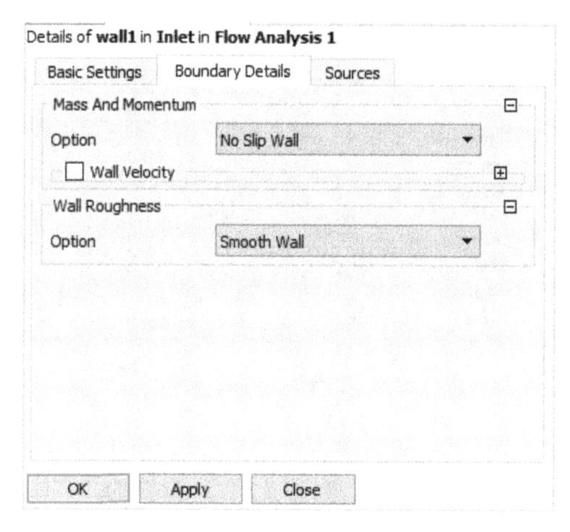

图 3-7-47　壁面边界条件设置

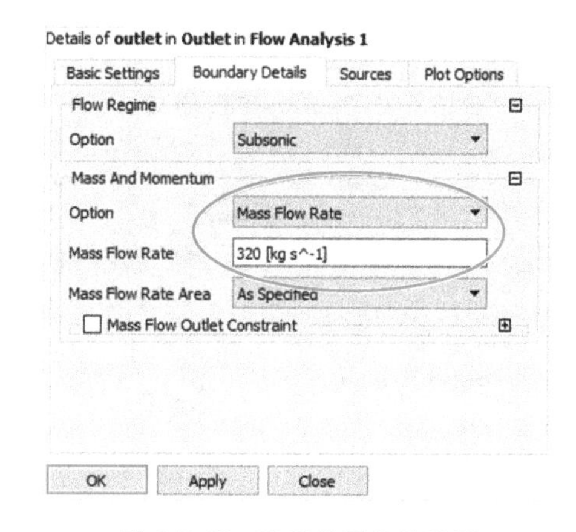

图 3-7-48　出口边界条件设置

（5）叶轮与导叶段边界条件设置

右键单击 Flow Analysis 1 下的 Impeller，选择 Insert→Boundary，设置边界条件。

① 设置叶轮边界条件：单击 Boundary，在弹出的对话框中输入边界名称 blade1，单击 OK 按钮；在 Basic Settings 选项卡中 Boundary Type 选择 Wall，在 Location 下拉表中选择 Primitive 2D、BLD_GEO_LOW、BLD_HIGH；Boundary Details 选项卡中选择 No Slip Wall（无滑移壁面）；单击 OK 按钮。

② 同①，分别设置轮缘与轮毂的壁面边界条件：分别命名为 shroud、hub，边界类型 Wall，位置选择 SHROUD、HUB；Boundary Details 选项卡中选择 No Slip Wall（无滑移壁面）；单击 OK 按钮。

③ 根据①与②，设置导叶段边界条件，其中 blade2 区域选择 BLADE 2、BLD_GEO_HIGH 2、BLD_HIGH 2、BLD_GEO_LOW 2。

（6）交界面设置

右键单击 Flow Analysis 1 下的 Interfaces，选择 Insert→Domain interface，设置交界面。

① 入口-叶轮交界面设置如图 3-7-49 所示：单击 Domain interface，在弹出的对话框中输入交界面名称 interface inlet to impeller，单击 OK 按钮；在 Basic Settings 选项卡中，Side1 处选择入口段的出口——Inlet 的 OUT；Side2 处选择叶轮的进口——Impeller 的 INFLOW。叶轮为旋转域，入口段为静止域，故该面为动静交界面，因此模型选择 Frozen Rotor，范围为 Specified Pitch Angles：360［degree］至 360［degree］，单击 Apply 按钮。

② 同①新建叶轮-导叶交界面，名称为 Interface impeller to stator，Side1 处选择叶轮段的出口——Impeller 的 OUTFLOW；Side2 处选择导叶的进口——Stator 的 INFLOW2，其他均同第一个面。

③ 同①新建导叶-出口交界面设置如图 3-7-50 所示，名称为 Interface stator to outlet，Side1 处选择导叶段的出口——Stator 的 OUTFLOW2；Side2 处选择出口段的进口——Outlet 的 IN2。导叶与出口段均为静止域，故该面为静静交界面，因此模型选择 None，单击 Apply 按钮。

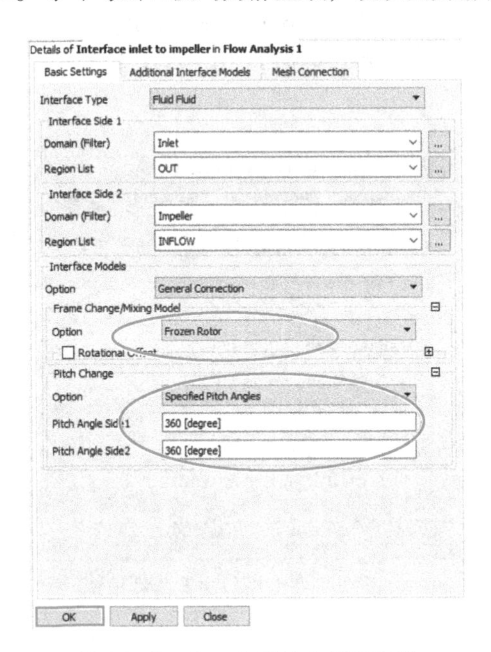

图 3-7-49　入口与叶轮交界面设置

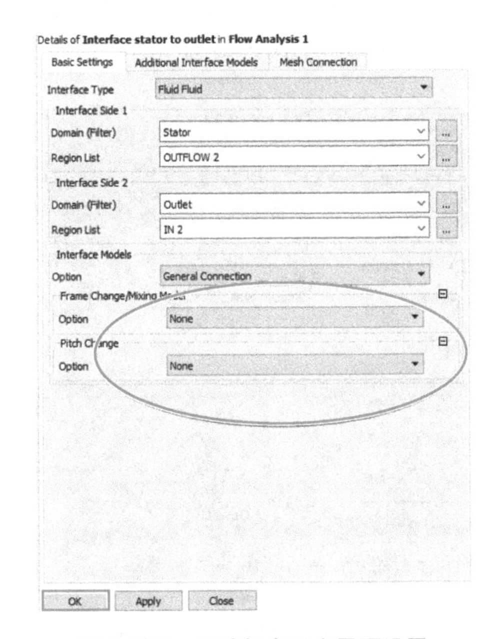

图 3-7-50　导叶与出口交界面设置

（7）求解器设置

双击 Solver 下的 Solver Control，在 Basic Settings 选项卡按图 3-7-51 所示进行设置。对流项选择 High Resolution（高分辨）；收敛控制可以设置最大与最小迭代步，此处最大迭代步设置为 500（500~1000 步均可）；收敛准则选择 RMS 残差类型，即均方根残差，残差目标值设置为 0.0001；单击 OK 按钮确认并关闭页面。

4. 执行控制

右键单击 Simulation Control，选择 Insert→Execution Control，弹出执行控制对话框，如

图 3-7-52 所示。Solver Input File 可以设定 . def 文件的输出位置；Run Mode 可以选择求解处理器，本算例为 63 核。

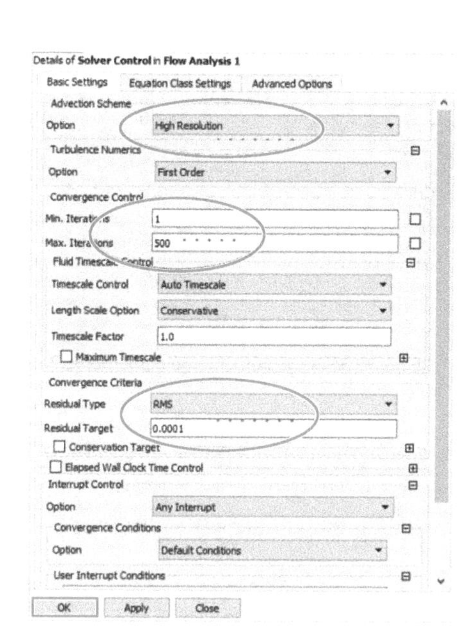

图 3-7-51　出口边界条件设置

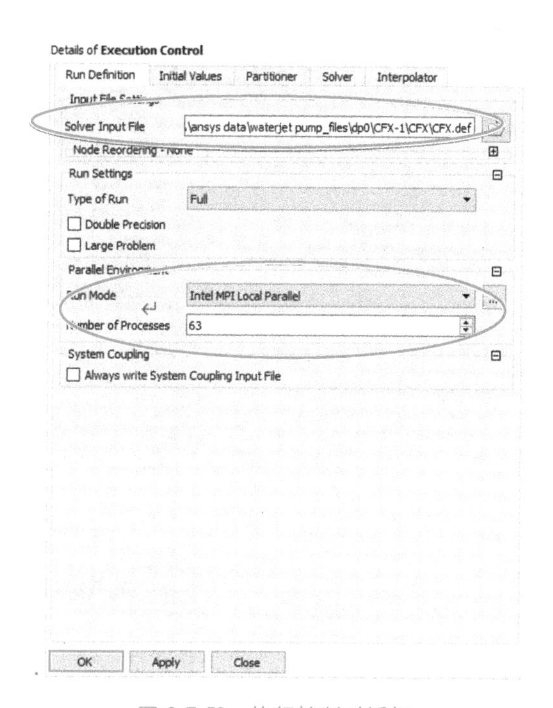

图 3-7-52　执行控制对话框

注意：根据计算机性能选择进程数，进程数越多，计算耗时越短，但进程数不能超过计算机核数，一般预留几个核供其他程序运行。

第 4 节　启动 CFX-Solver Manager 进行定常流动计算

1. 求解

双击 Workbench 右侧项目视图中 CFX 模块下的 Solution 求解 Solution，进入 CFX-Solver Manager，如图 3-7-53 所示。同时，系统将在 CFX 文件夹中自动生成上文设置好的 . def 文件。

注意：如果不在当前计算机上求解，则可以导出 . def 文件。在另外一台计算机的 CFX 界面打开 CFX-Solver Manager，单击打开 . def 文件进行求解设置。若如此做，则需要额外设置输出文件目录。

2. 计算完成

计算过程中可以观察到残差变化，进行 500 步或残差到达 0.0001 时计算完成，弹出提示框，单击 OK 按钮关闭。图 3-7-54 所示为压力以及 U、V、W 三个方向动量的 RMS 残差变化曲线，图 3-7-55 所示为湍流残差曲线。

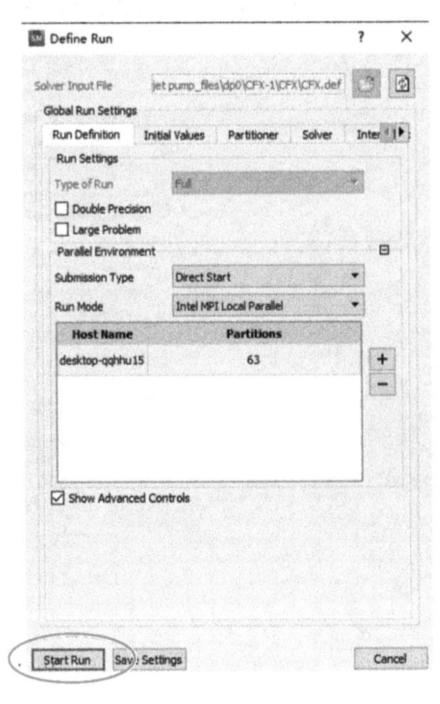

图 3-7-53 CFX-Solver Manager 界面

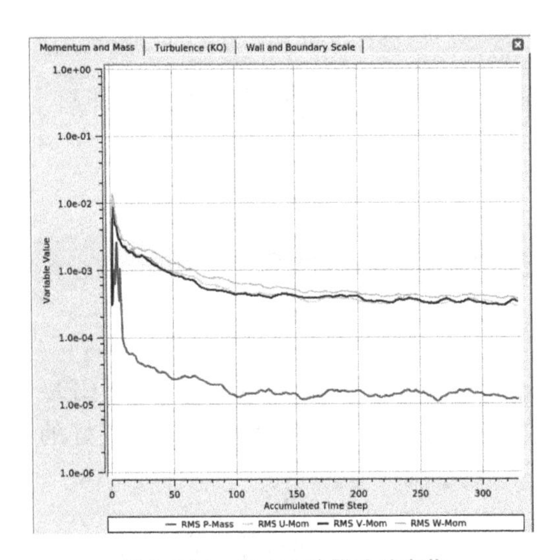

图 3-7-54 压力和动量残差变化

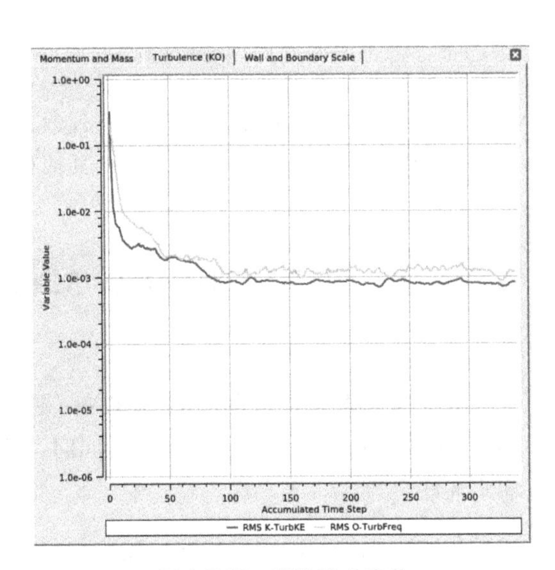

图 3-7-55 湍流残差变化

第 5 节 利用 CFX-Post 进行计算结果的后处理

双击 Workbench 右侧项目视图中 CFX 模块下的 Results 结果处理 Results，进入 CFX-Post。

注意：如果不在当前电脑上进行后处理，则可以单击 CFX-Solver Manager 工具栏中图标，弹出启动 CFD-Post 对话框，保持默认设置，单击 OK 按钮。或在 CFX 界面打开 CFD-Post，单击图标读取 res 文件进行后处理。

CFD-Post 界面如图 3-7-56 所示。

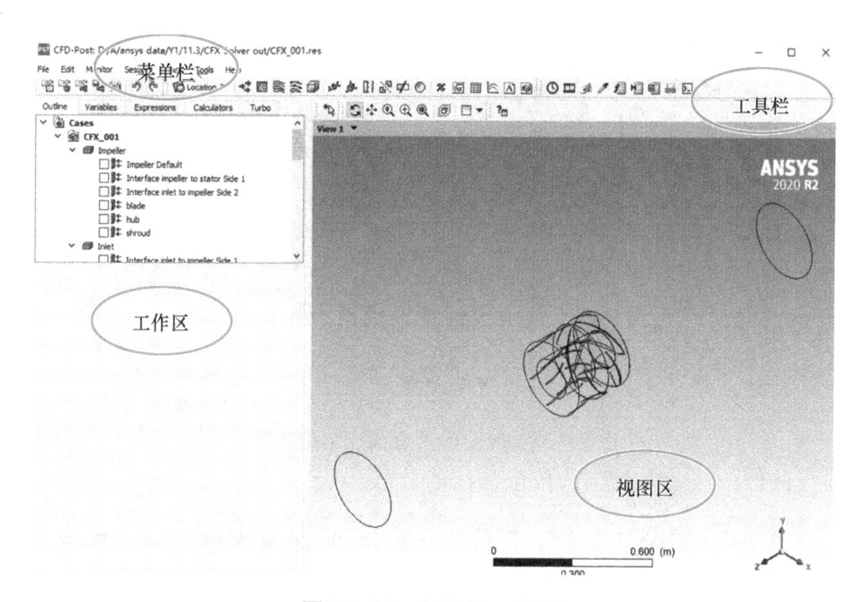

图 3-7-56　CFD-Post 界面

1. 利用 CFX-Post 绘制可视化图片

（1）绘制叶轮叶片表面压力分布图

单击工具栏上的 Contour 图标，弹出命名框，将云图命名为 Impeller Pressure，单击 Apply 按钮确定，在左下方出现设置对话框 Details of Impeller Pressure，按图 3-7-57 所示进行设置。

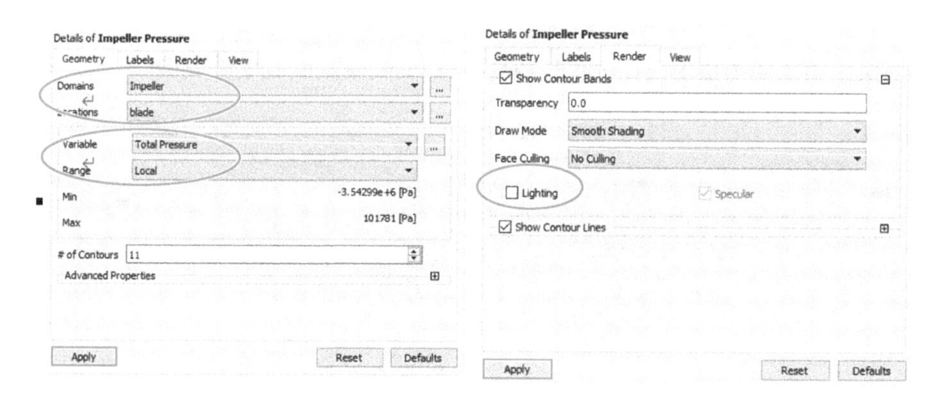

图 3-7-57　叶片表面压力分布图设置

① 在 Domains 中选择分析区域 Impeller 叶轮。

② 在 Locations 中单击 ...，选择位置 blade 叶片。

③ 在 Variable 变量中选择要分析的全压 Total Pressure。
④ 标尺范围 Range 选择 Local 局部。
⑤ 单击上方 Render，取消勾选 Lighting 发光。
⑥ 其他保持默认设置，单击 Apply 按钮，得到如图 3-7-58 所示的叶轮叶片表面压力分布图。

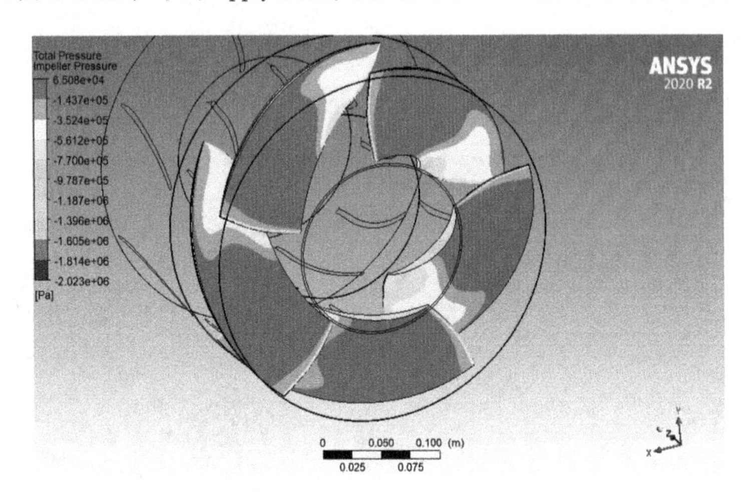

图 3-7-58 叶轮叶片表面压力分布图

注意：右键单击视图区的框线，在弹出 Wireframe 选单中单击 Hide 图标，可以隐藏图 3-7-56 中所示的框线。

（2）绘制入口管道截面速度分布图

单击工具栏上的 Location 图标，在下方选框中选择 Plane 弹出命名框，将云图命名为 Inlet Velocity，单击 Apply 按钮，在左下方出现对话框 Details of Inlet Velocity。进行如图 3-7-59 所示设置：在 Domains 中选择要建立的位置 Inlet 入口管路；在 Method 中选择 YZ 平面；其他保持默认设置，单击 Apply 按钮，得到入口管路的截面。

操作：单击工具栏上的 Contour 图标，弹出命名框，将云图命名为 Inlet Velocity2，单击 Apply 按钮确定，在左下方出现设置对话框 Details of Inlet Velocity2。进行如图 3-7-60 所示设置。

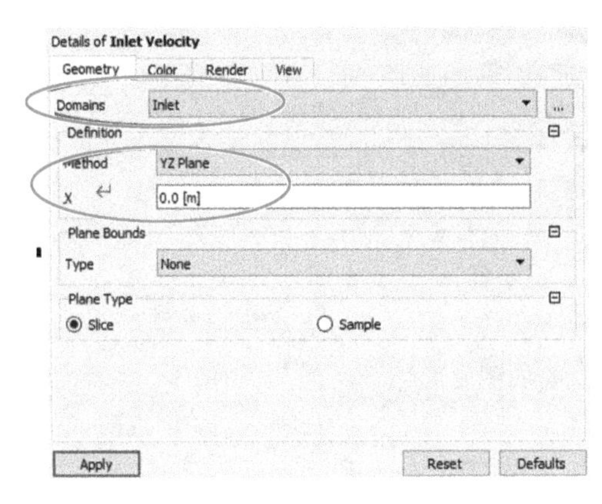

图 3-7-59 入口管路截面图设置

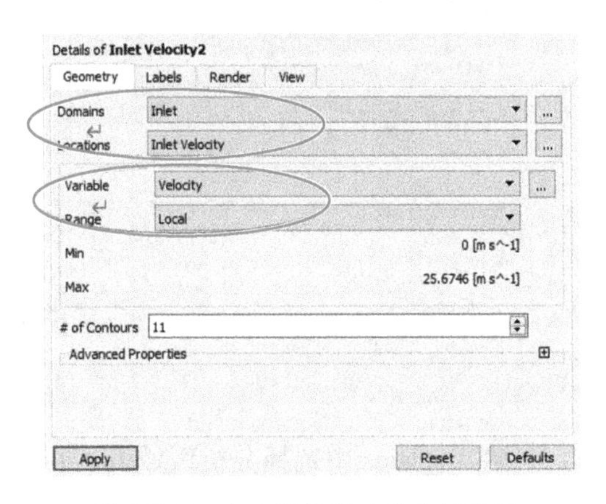

图 3-7-60 入口管路速度分布图设置

① 在 Domains 中选择分析区域 Inlet 入口管路。
② 在 Locations 中单击 ... ，选择位置 Inlet Velocity 平面。
③ 在 Variable 变量中选择要分析的速度 Velocity。
④ 标尺范围 Range 选择 Local 局部。
⑤ 单击上方 Render，取消勾选 Lighting 发光。
⑥ 其他保持默认设置，单击 Apply 按钮，得到如图 3-7-61 所示的入口管路速度分布图。

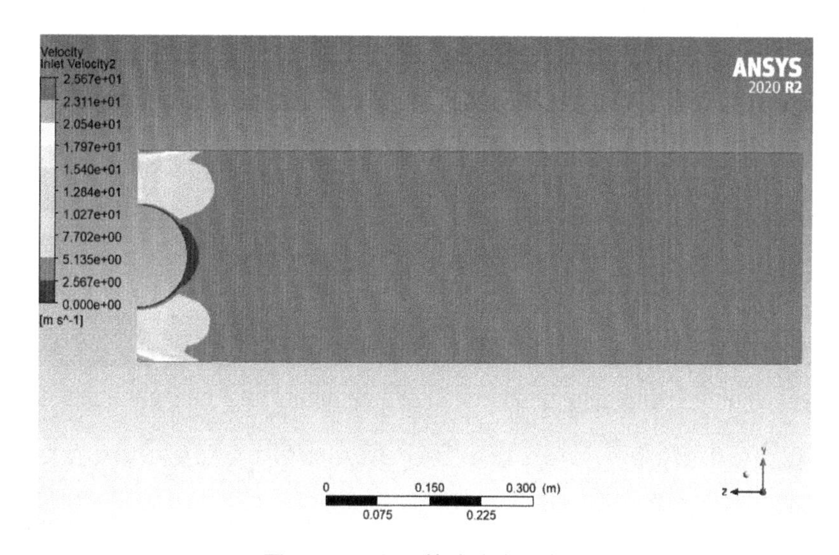

图 3-7-61　入口管路速度分布图

2. 利用 Turbo 模块绘制可视化图片

Turbo 模块是专为旋转机械进行后处理分析的模块，运用 Turbo 模块可以快速浏览泵子午面、叶展面各参量的分布情况。

（1）进入 Turbo 模块

单击左侧工作区上的 Turbo，进入旋转机械分析模块，自动弹出提示框如图 3-7-62 所示，单击 Yes 按钮进行分析。系统自动弹出警告：无法分析 Inlet 与 Outlet，单击 OK 按钮确认。

如图 3-7-63 所示，左侧树目录中可以看到 Inlet 与 Outlet 均标红，Impeller 与 Stator 可以进行正常分析。

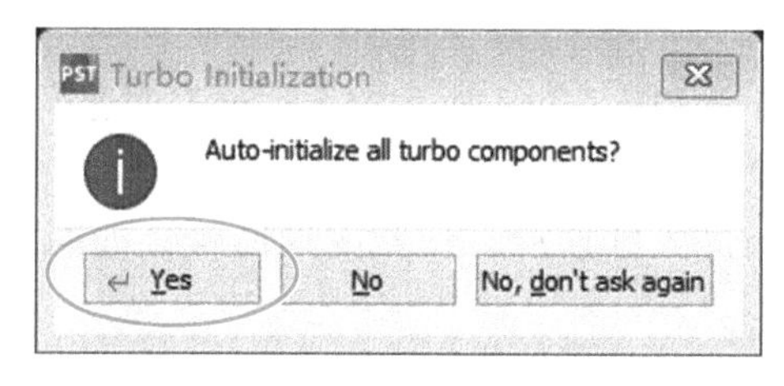

图 3-7-62　CFX-Solver Manager 界面

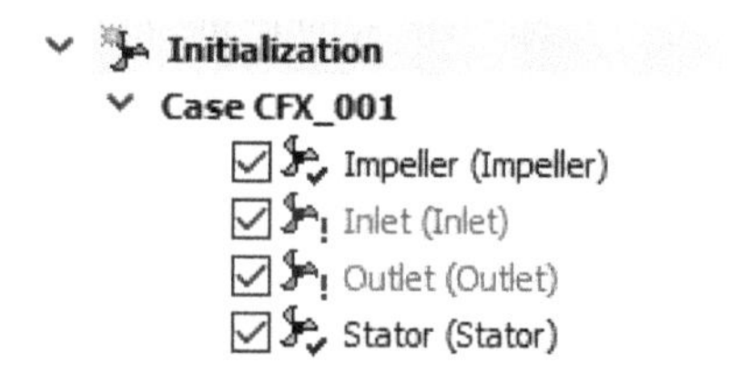

图 3-7-63　Turbo 模块可分析的部分

单击工作区中第二项：Initialize All Components，初始化所有分量，再单击第四项

Calculate Velocity Components，计算所有速度分量。

（2）绘制叶轮子午面压力云图

单击树目录中 Plots 下的 Meridional 图标，进入子午面，设置图形属性，如图 3-7-64 所示。

① 在 Domains 中选择分析区域 Impeller 叶轮。

② 在 Variable 变量中选择要分析的全压 Total Pressure。

③ 标尺范围 Range 选择 Local 局部。

④ 取消勾选 Show sample mesh，隐藏网格线。

⑤ 其他保持默认设置，单击 Apply 按钮，得到如图 3-7-65 所示的叶轮子午面压力云图。

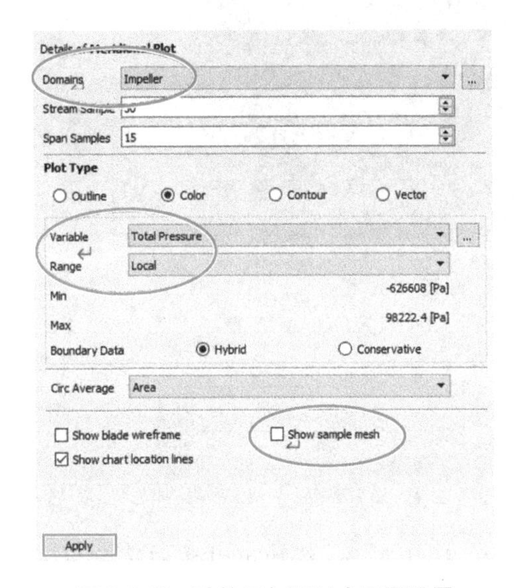

图 3-7-64　叶轮子午面压力云图设置

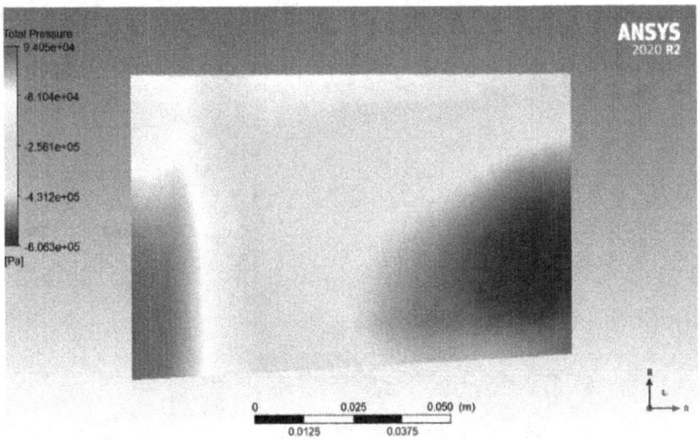

图 3-7-65　叶轮子午面压力云图

（3）绘制导叶子午面速度云图

单击树目录中 Plots 下的 Meridional 图标，进入子午面，设置图形属性，如图 3-7-66 所示。

① 在 Domains 中选择分析区域 Stator 导叶。

② 在 Variable 变量中选择要分析的速度 Velocity。

③ 标尺范围 Range 选择 Local 局部。

④ 取消勾选 Show sample mesh，隐藏网格线。

⑤ 其他保持默认设置，单击 Apply 按钮，得到如图 3-7-67 所示的导叶子午面速度云图。

（4）绘制叶轮 70%叶展面压力云图

单击树目录中 Plots 下的 Blade-to-Blade 图标，进入叶展面，设置图形属性，如图 3-7-68 所示。

① 在 Domains 中选择分析区域 Impeller 叶轮。

② Span 中输入 0.7，意为 70%叶展面。

③ 在 Variable 变量中选择要分析的全压 Total Pressure。

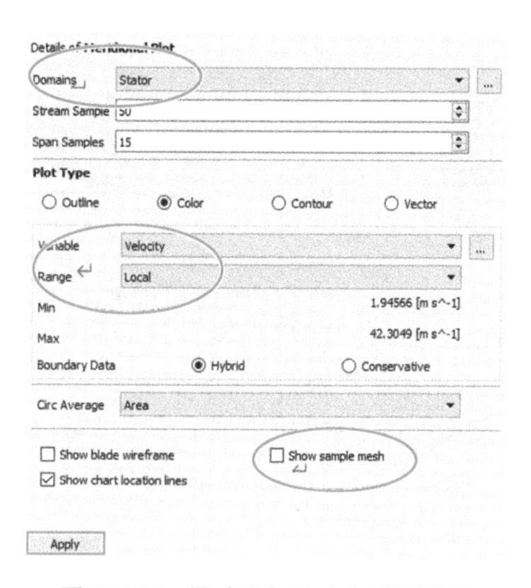

图 3-7-66 导叶子午面速度云图设置

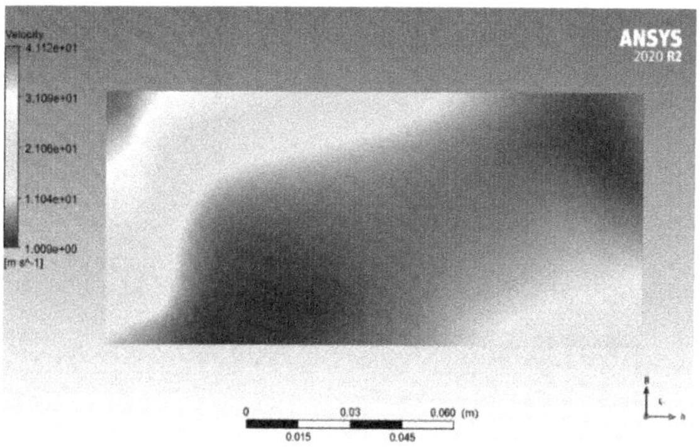

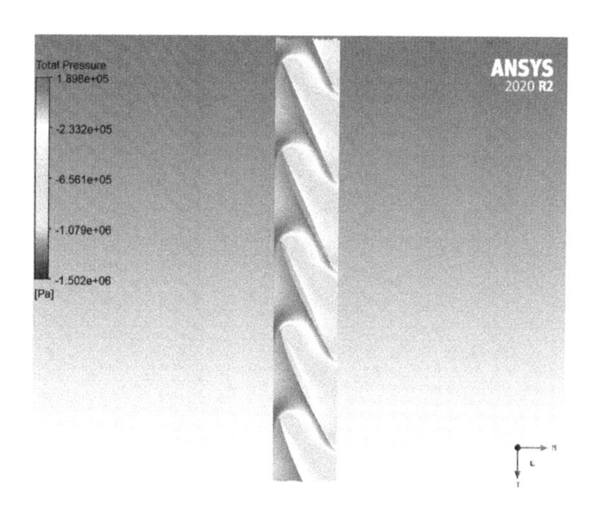

图 3-7-67 导叶子午面速度云图

④ 标尺范围 Range 选择 Local 局部。

⑤ 其他保持默认设置，单击 Apply 按钮，得到如图 3-7-69 所示的叶轮 70%叶展面的压力云图。

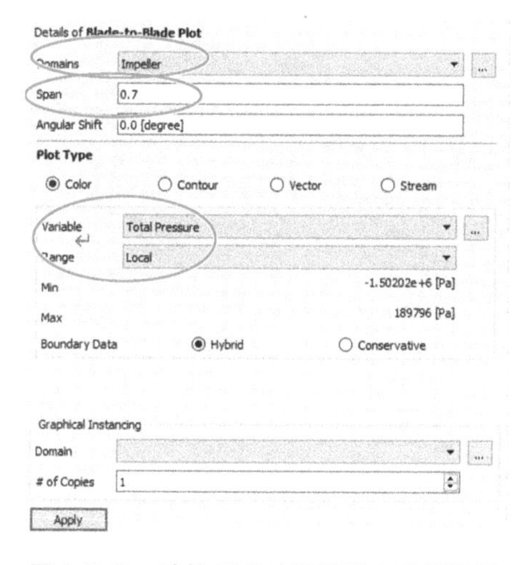

图 3-7-68 叶轮 70%叶展面压力云图设置

图 3-7-69 叶轮 70%叶展面压力云图

第4篇

CFD后处理软件——Tecplot 360应用简介

Tecplot 360是一个可对数值模拟计算结果进行后处理的软件工具，可直接读入CAD图形，以及CFD软件（PHOENICS、FLUENT、STAR-CD）所生成的文件；也能把处理结果导出，导出的文件格式包括了BMP、AVI、FLASH、JPEG等。Tecplot 360作为一个后处理软件，在图形处理方面有很多独特的地方，在工程和科学研究中得到广泛的应用。

第 1 章 滑动阀门内流动计算结果后处理——利用 Tecplot 处理二维流动问题

本节利用一个简单算例的后处理过程，介绍 Tecplot 的使用方法。例子是一个二维定常流动问题，先用 Fluent 对问题进行仿真计算，然后将计算结果的 Case 文件和 Data 文件读入 Tecplot，再进行数值计算结果的后处理。

注意：本例使用的 Case 文件和 Data 文件在光盘 Tecplot 篇的 valve 文件夹中。

第 1 节 启动 Tecplot 360，读入文件

1. 启动 Tecplot 360

双击桌面的 Tecplot 360 图标，工作画面如图 4-1-1 所示。

工作区
Click to Select, Drag to Select Group

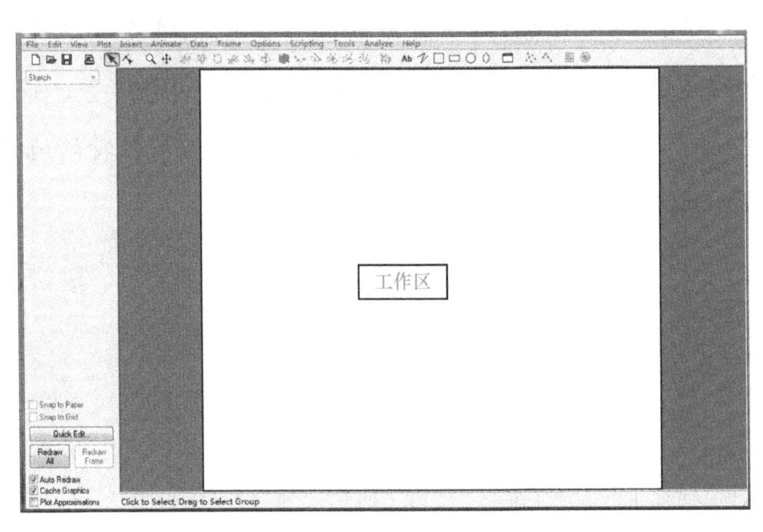

图 4-1-1 Tecplot 360 启动画面

（1）第 1 行为菜单栏，如图 4-1-2 所示，包括 File（文件）、Edit（编辑）等。

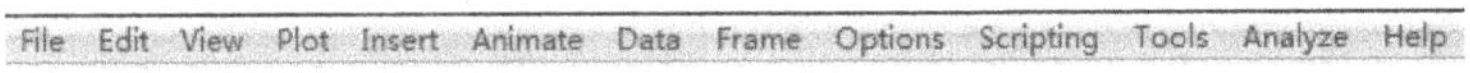

File Edit View Plot Insert Animate Data Frame Options Scripting Tools Analyze Help

图 4-1-2 Tecplot 360 菜单栏

其中的文件操作如图 4-1-3 所示主要有：New Layout（新布局）。Open Layout...（打开

布局）。Save Layout（保存布局）。Save Layout as...（布局另存为）。Load Data File（s）...（读入数据文件）。

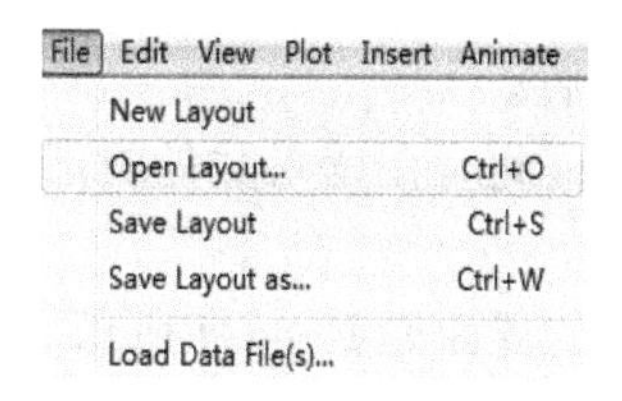

图 4-1-3　文件操作下拉菜单

（2）第 2 行为工具栏，如图 4-1-4 所示，自左向右的图标分别为新布局、打开布局、保存布局、打印、选择工具栏等。

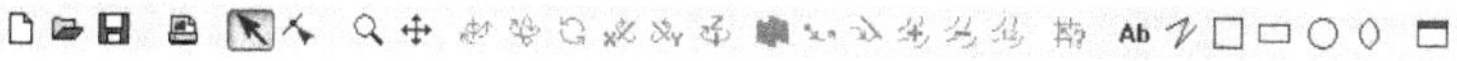

图 4-1-4　Tecplot 360 工具栏

（3）中间为工作区，展示图形绘制情况。

（4）左下角有快速编辑按钮 Quick Edit...，可打开快速编辑工具栏。

（5）最下边一行是操作提示区。

2. 读入 case 和 data 文件

操作：File→Load Data File（s）...，打开数据类型对话框，如图 4-1-5 所示。

（1）在 Select Import Format 对话框中列表中选择 Fluent Data Loader，单击 OK 按钮，打开 fluent 数据文件读入对话框，如图 4-1-6 所示。

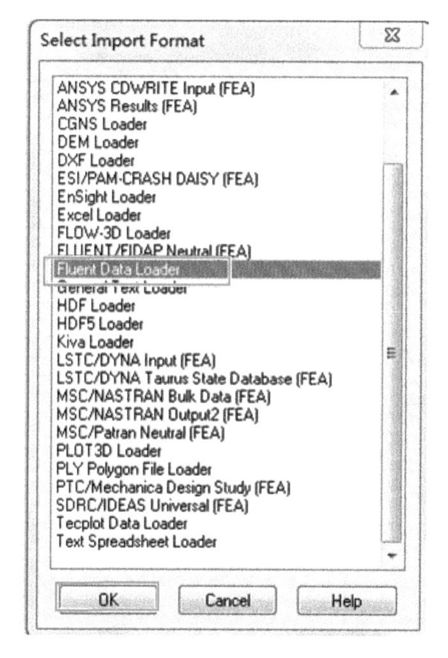

图 4-1-5　数据类型对话框

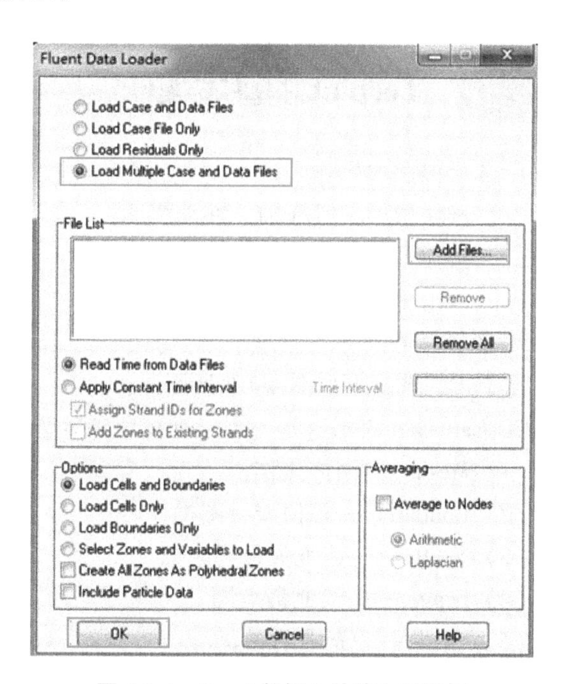

图 4-1-6　fluent 数据文件读入对话框

（2）选择 Load Multiple Case and Data Files，单击文件列表 File List 项右侧 Add Files...按钮，打开文件选择对话框。

（3）选择数据文件所在的文件夹，双击文件名 valve. cas 和 valve. dat，则在下边 Selected File（s）项显示出所选中的两个文件。

单击最下面的 Open Files 按钮，此时在读入文件对话框中的文件列表（File List）项显示出所读入的文件。

单击 OK 按钮，读入数文件后的界面如图 4-1-7 所示。

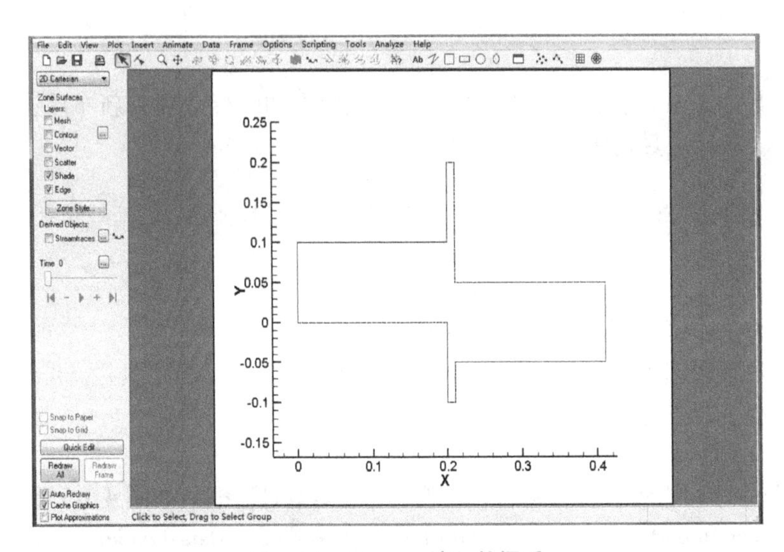

图 4-1-7　Tecplot 读入数据后

第 2 节　Tecplot 的基本操作

1. 鼠标的基本操作

（1）按住鼠标右键拖动，移动图形。

（2）按住鼠标中键上下移动，缩放图形。

（3）双击坐标轴可对坐标轴进行设置。

2. 图形画面的基本操作

左上边的选择框如图 4-1-8 所示。

2D Cartesian 表示这是一个二维直角坐标系中的图形。

（1）Mesh——网格操作；

（2）Contour——等值线云图操作。

（3）Vector——速度矢量场。

（4）Scatter——绘制散点图。

（5）Shade——充满阴影。

（6）Edge——显示流域边界。

勾选 Contour 后的流域如图 4-1-9 所示，为默认的压力云图。

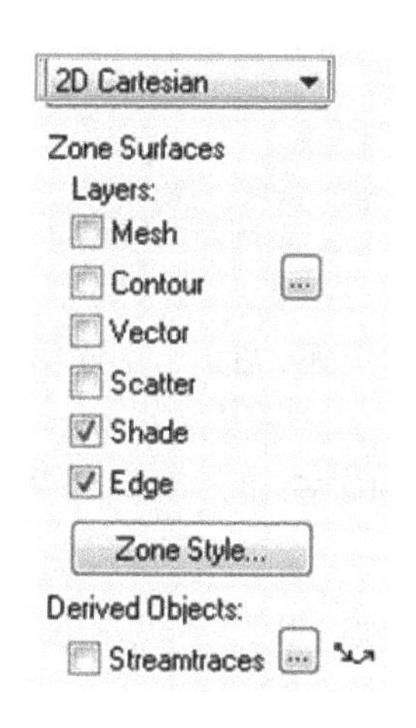

图 4-1-8　选择操作对象

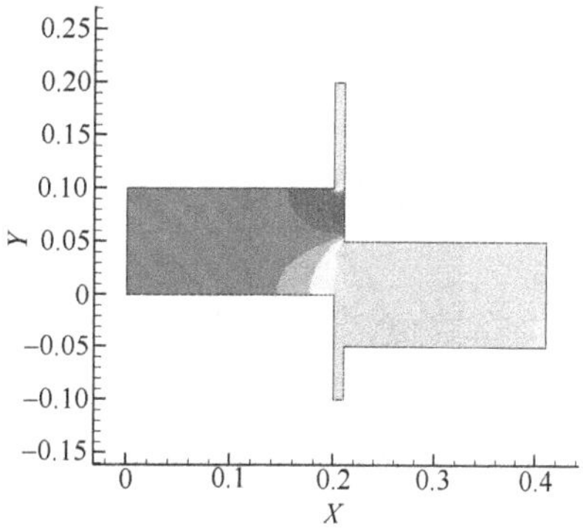

图 4-1-9　压力分布云图

注意：这些按钮都是图层的开关按钮，用鼠标左键单击操作。

3. 保存图片

如果需要保存这张图片，可以进行如下操作。

（1）File→Export...，打开保存文件对话框，如图 4-1-10 所示。

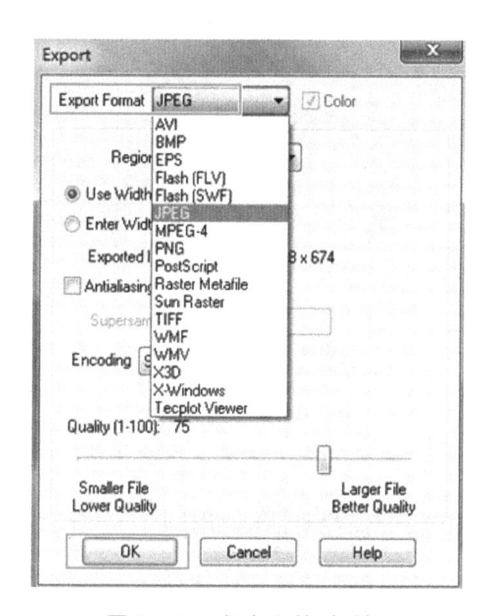

图 4-1-10　保存文件对话框

（2）在 Export Format 下拉菜单中选择 JPEG，表示输出 JPEG 格式，单击 OK 按钮。

（3）确定保存位置以及文件名，单击保存按钮。

注意：也可通过 Edit→Copy Plot to Clipboard 复制图片到其他文档中。

4. 查询某一点的信息

有时需要查询某一点上的流动参数，可进行如下操作：

（1）单击工具栏中间位置的图标。

（2）此时右下角显示鼠标的位置信息。

（3）单击流域内一点，弹出数据信息框如图 4-1-11 所示。

（4）在 Var Values 选项卡内，单击下边的 Probe At... 按钮，打开位置信息对话框如图 4-1-12 所示。

（5）输入坐标数值，X = 0.3，Y = 0.01，单击 Do Probe 按钮，得到结果如图 4-1-13 所示。

（6）单击 Scroll Down 可查看其他流场参数。

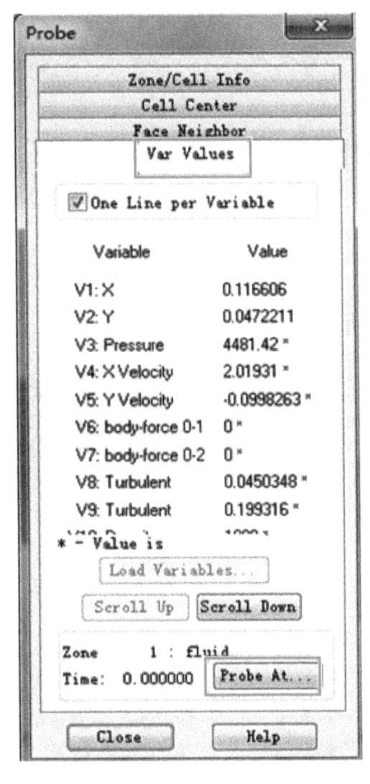

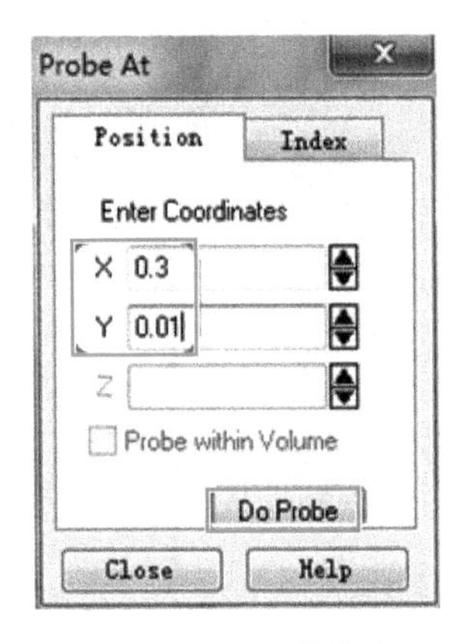

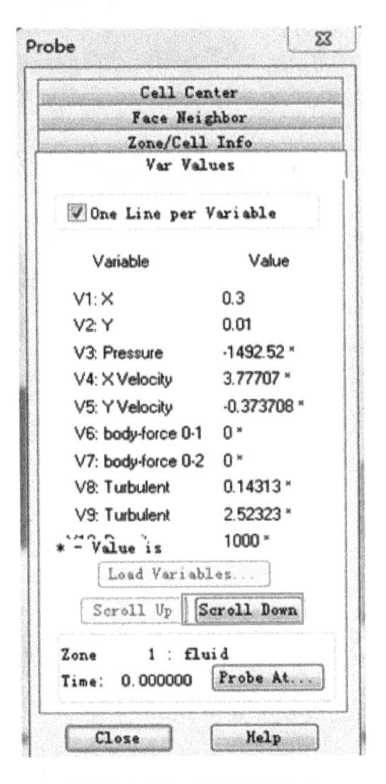

图 4-1-11　数据信息 1　　图 4-1-12　位置信息　　图 4-1-13　数据信息 2

5. 保存布局文件

操作：File→Save Layout，打开保存对话框如图 4-1-14 所示。

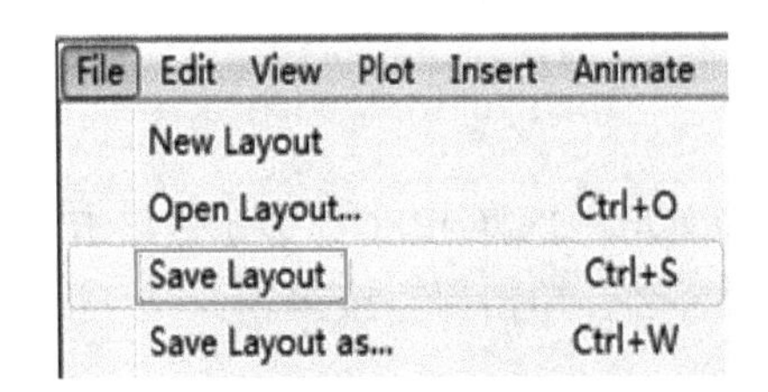

图 4-1-14　文件操作

（1）选择已创建的文件夹。
（2）在文件名框中输入文件名，保存类型为 *.lay。
（3）单击保存（s）。

注意：File→Open Layout...，打开所保存的布局文件，即可继续进行操作。

第 3 节 绘制流线相关的操作

在左边工具栏的下方，有流线绘制操作按钮 Streamtraces，如图 4-1-15 所示。

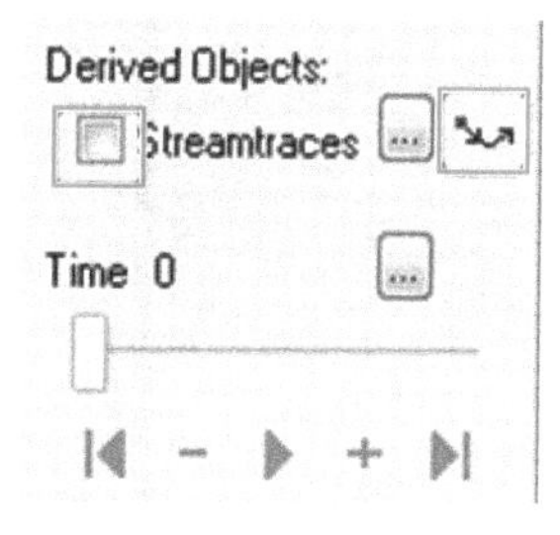

图 4-1-15 绘制流线

1. 基本操作

（1）单击 Streamtraces 左侧按钮，弹出对话框如图 4-1-16 所示，单击 OK 按钮。

（2）单击 Streamtraces 右侧 图标。

（3）用鼠标单击流域中任何一个点，就会画出过此点的流线，陆续单击几个点，得到流线如图 4-1-17 所示。

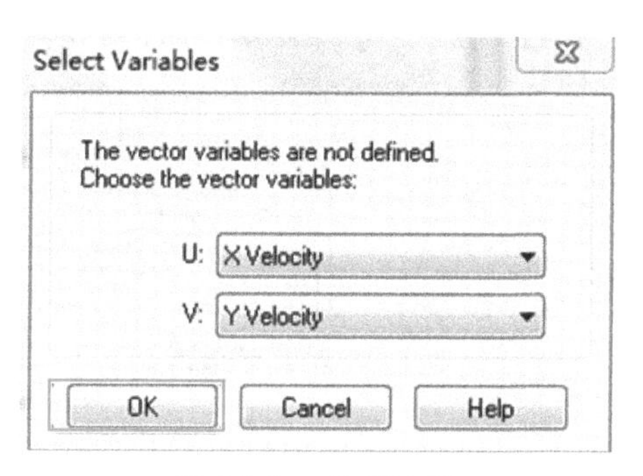

图 4-1-16 绘制流线

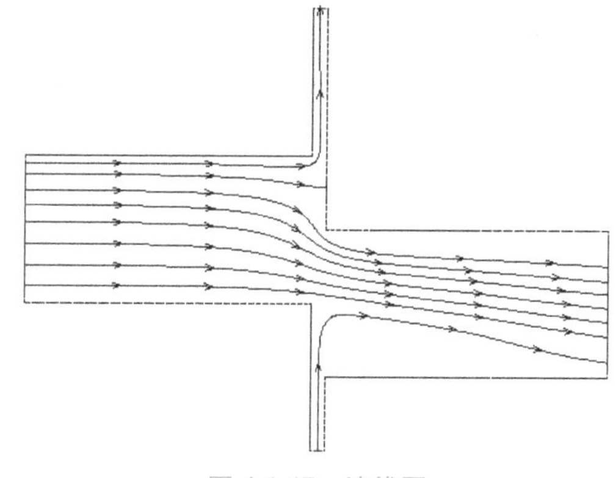
图 4-1-17 流线图

注意：
（1）若按住左键不放，拉出一条直线，则是画出一组流线。
（2）流线条数可在 Plot→streamline 中修改。
（3）若不满意，还可以逐步取消操作：Edit→Undo Style Change。

2. 流线的删除及流线位置的设置

（1）单击 Streamtraces 右侧的图标，打开流线位置对话框，如图 4-1-18 所示。

对话框中 Position 选项卡的下部，Number of 9，说明目前有 9 条流线。Delete Last 按钮是删除最后绘制的一条流线，而 Delete All 按钮是删除所有的流线。

（2）单击 Delete All 按钮，删除所有的流线。

（3）选择单选项 Enter XYZ Positions。

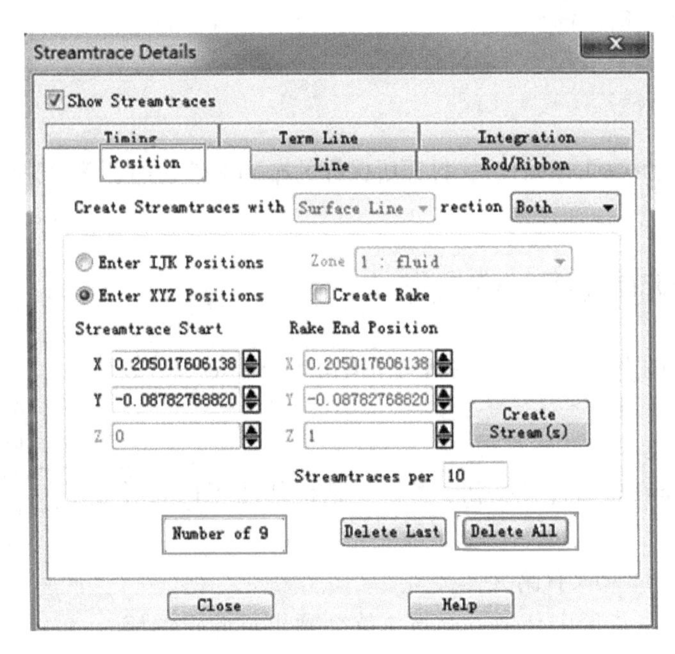

图 4-1-18　流线位置对话框

（4）在 Streamtrace Start 下面 X 项输入 0.1，Y 项输入 0.05，如图 4-1-19 所示。

（5）单击右边的 Create Stream(s) 按钮；创建一条经过点（0.1，0.05）的流线，如图 4-1-20 所示。

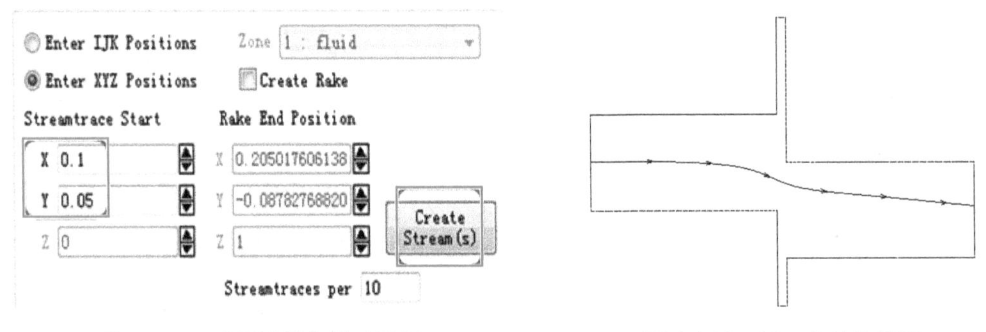

图 4-1-19　设置流线位置对话框　　　　图 4-1-20　过一点的流线图

3. 流线线型的设置

打开 Line 选项卡，打开线型设置对话框如图 4-1-21 所示。

（1）勾选 Show Paths 复选项，可以在 Line Color 项可以选择流线的颜色（默认为 Black 黑色，设为 Red 红色）；在 Line Thickness 项可以设置流线的粗细（默认 0.1，设为 0.5）。

（2）勾选 Show Arrowheads on Line 复选项（表示在流线上画出速度矢量箭头）。在 Arrowhead Size 项设置箭头的比例（默认 1.2，设为 2），在 Arrowhead Spacing 项设置箭头之间的间隔（默认 10，设为 5）。

此时流线形状如图 4-1-22 所示。

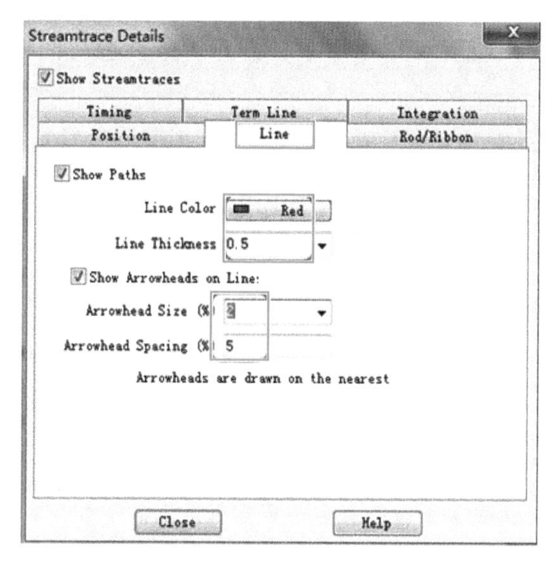

图 4-1-21 线型设置对话框

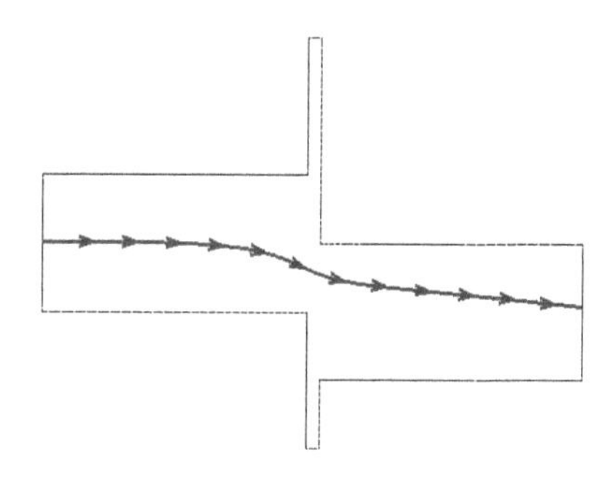

图 4-1-22 流线图

再将流线线型改回默认设置，用鼠标单击流域的若干点，可得到若干流线。

4. 流线的 Timing 选项卡设置

这是为显示流动过程而设置的，其设置对话框如图 4-1-23 所示。

（1）选中 Show Markers 复选项

① 可以在 Size 框中设置浮标（Maker）的大小（默认 1）。

② 在 Color 框中可以设置浮标的颜色（默认黑色）。

③ 在 Shape 框中可以设置浮标的形状（默认圆球）。

（2）在 Time 项可以设置时间（本例为定常流动，默认设置即可）

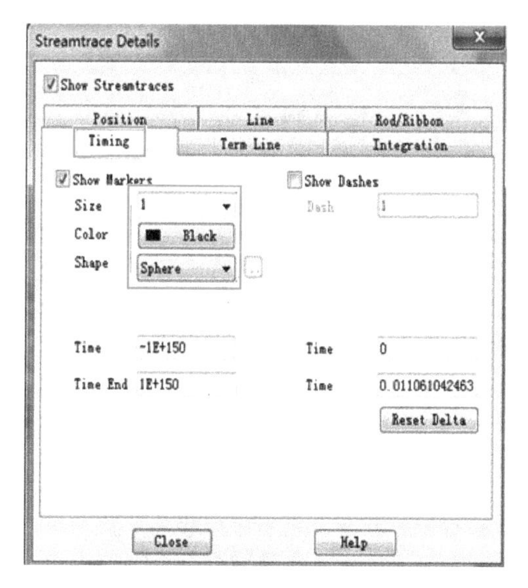

图 4-1-23 流线图对话框的 Timing 选项卡

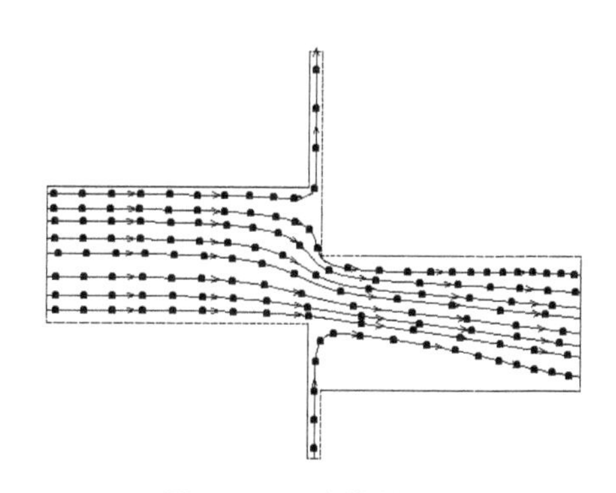

图 4-1-24 流线展示图

5. 流动的动画演示

（1）在 Animate 菜单选择 Streamtraces...，如图 4-1-25 所示，打开动画设置对话框如图 4-1-26 所示。

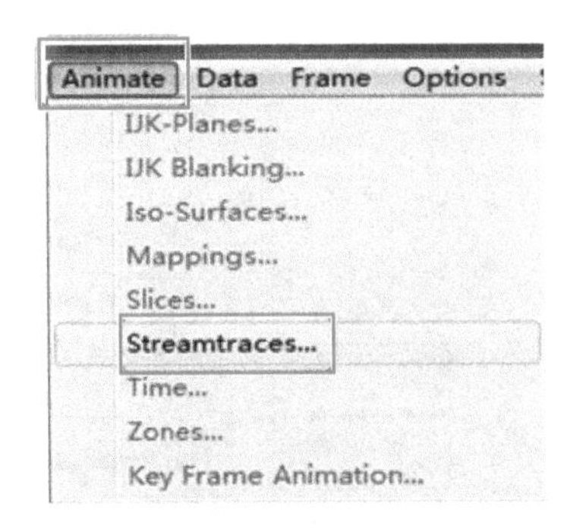

图 4-1-25　动画下拉菜单

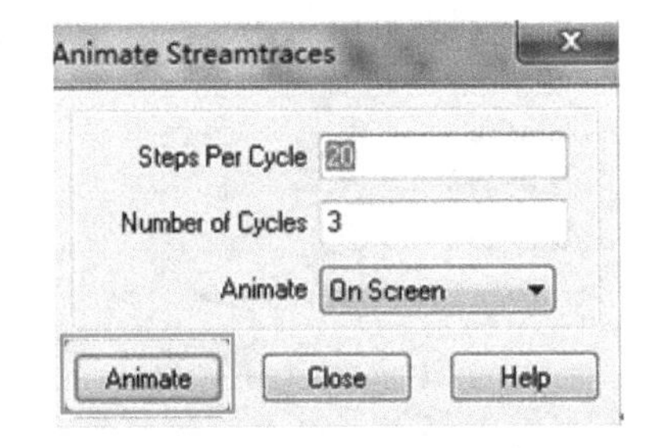

图 4-1-26　动画设置对话框

（2）单击 Animate 按钮，流线中的浮标沿着流线运动，显示出流体的流动过程，如图 4-1-24 所示。

（3）在 Steps Per Cycle 框中默认设置是 20。

（4）在 Number of Cycles 框中默认设置是 3。

（5）在 Animate Streamtraces 框中，默认是在屏幕上演示（On Screen），也可用其他类型的文件保存起来，如图 4-1-27 所示。

（6）在 Number of Cycles 框中设置为 5，延长演示时间。

（7）在 Animate 框中选择 to MPEG-4 file，单击 Animate 按钮，打开输出对话框，如图 4-1-28 所示。

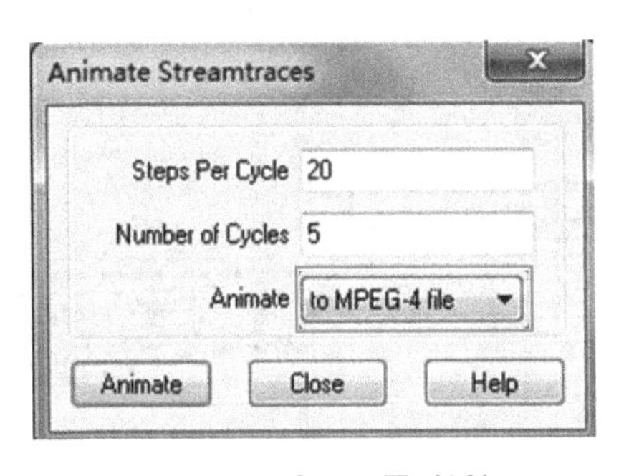

图 4-1-27　动画设置对话框

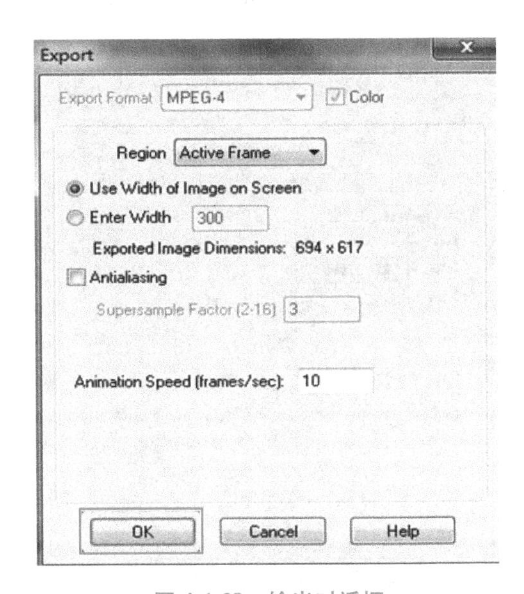

图 4-1-28　输出对话框

（8）单击 OK 按钮，打开文件保存对话框，确定文件夹和文件名，单击保存（s）按钮。

此时，在当前文件夹中生成一个动画文件，单击可播放。

第 4 节 绘制云图与等值线

在左侧工具栏中，不选 Streamtraces，选择 Contour，如图 4-1-29 所示，使流域显示默认的压力分布云图。

1. 绘制等值线

操作：单击 Zone Style... 按钮，打开区域设置对话框，如图 4-1-30 所示。

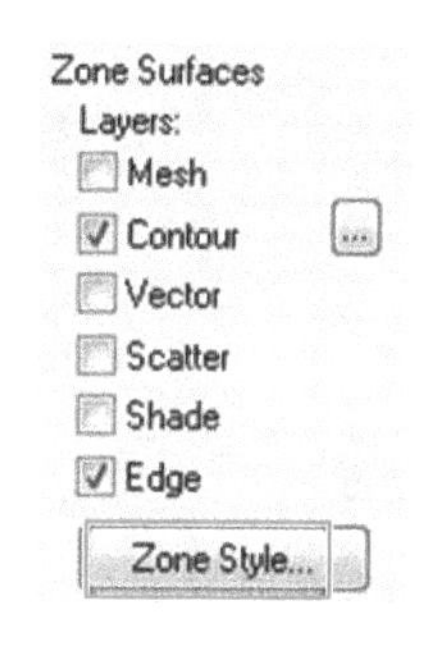

图 4-1-29 选择菜单

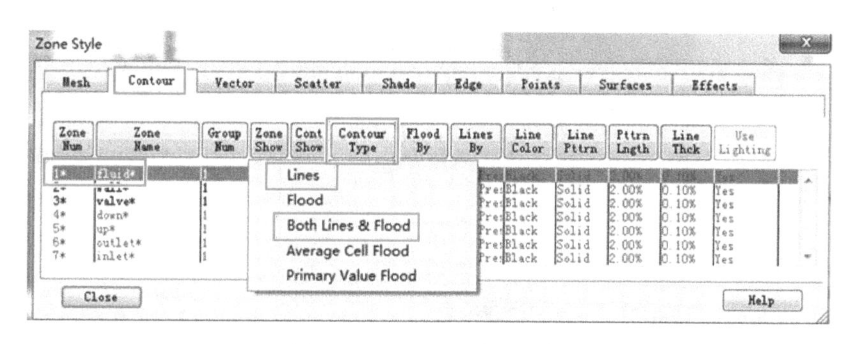

图 4-1-30 区域设置对话框

（1）在 Contour 选项中单击编号为 1 * 的行。

（2）单击 Contour Type。

（3）在下拉菜单中选择 Lines。此时显示的是等值压力线，如图 4-1-31 所示。

（4）在下拉菜单中选择 Both Lines & Flood，则同时显示等值压力分布和云图，如图 4-1-32 所示。

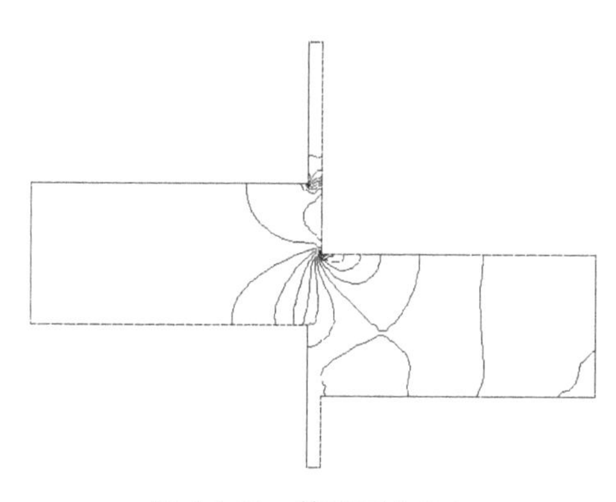

图 4-1-31 等值压力分布

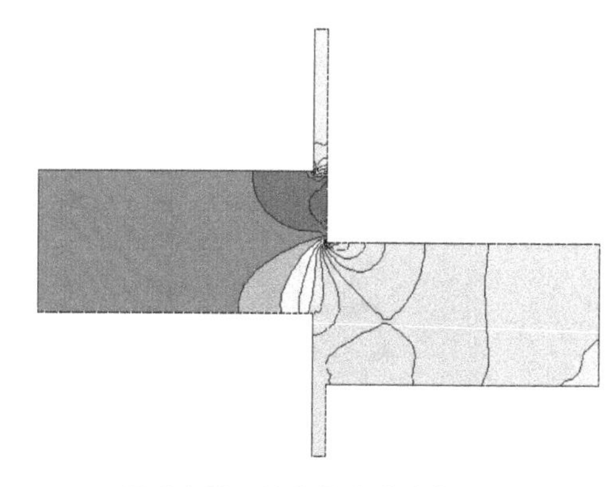

图 4-1-32 等值压力分布与云图

2. 设置压力分布的等分数

操作：单击图 4-1-29 中 Contour 右侧的 ...，打开云图设置对话框，如图 4-1-33 所示。

单击流场参数选择框，打开下拉菜单，选择物理量（默认 Pressure）。

单击最右侧的按钮 >>，打开云图设置对话框，如图 4-1-34 所示。

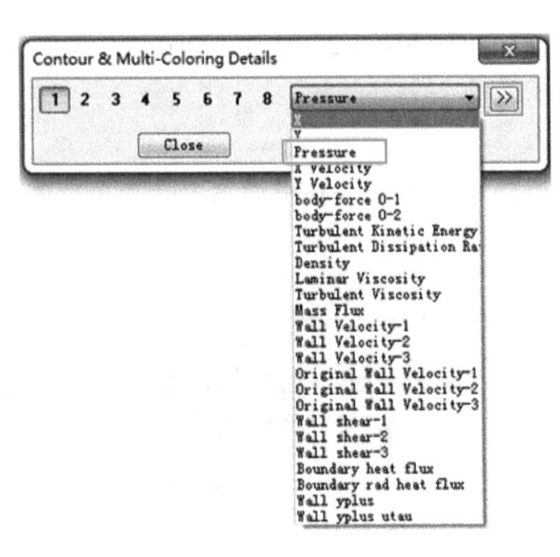

图 4-1-33　云图设置对话框

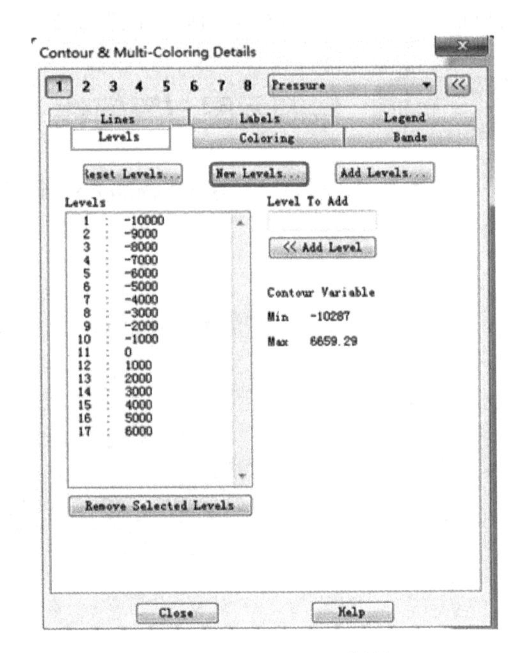

图 4-1-34　云图设置对话框

在 Levels 选项卡中显示 Min（最小压强）和 Max（最大压强），左边显示 Levels 数量就是把压强差等分多少份。

（1）单击 New Levels 按钮 New Levels... ，打开压强等分对话框如图 4-1-35 所示。

（2）在 Maximum Level 框输入 6600。

（3）在 Number of Levels 框填入 20，表示将压力场等分为 20 份。

（4）单击 OK 按钮。此时对话框和云图如图 4-1-36、图 4-1-37 所示。

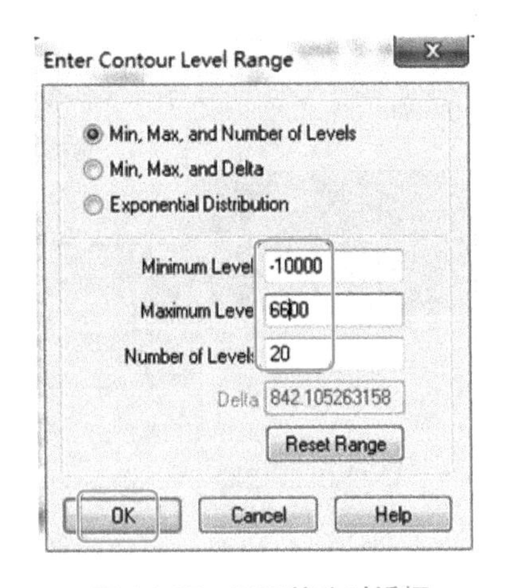

图 4-1-35　压强等分对话框

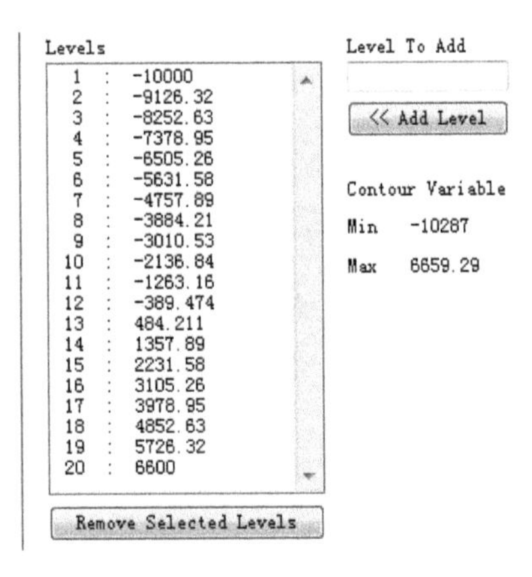

图 4-1-36　云图设置对话框

3. 设置压力标尺

标尺 Legend 选项卡如图 4-1-38 所示。

（1）选择 Show Contour Legend 复选项，显示标尺。

（2）选择 Show Header 复选项，显示名称；选择 Separate Color Bands 复选项，显示颜色分割框；Alignment 项可选横向放置还是竖向放置；X（%）和 Y（%）可调整标尺的位置。

（3）Level Skip 框中选择显示的数量。

（4）Header Font 框中选择名称字体的大小；Text 框中选择字体的颜色；Number Font 框中选择数字的大小；Number Format 框中选择数字显示格式。

（5）在 Legend Box 选项区，Line Thickness 框中选择标尺外框线的粗细；Box Color 框中选择标尺外框线的颜色；如果选择 No Box，则不显示外框线。

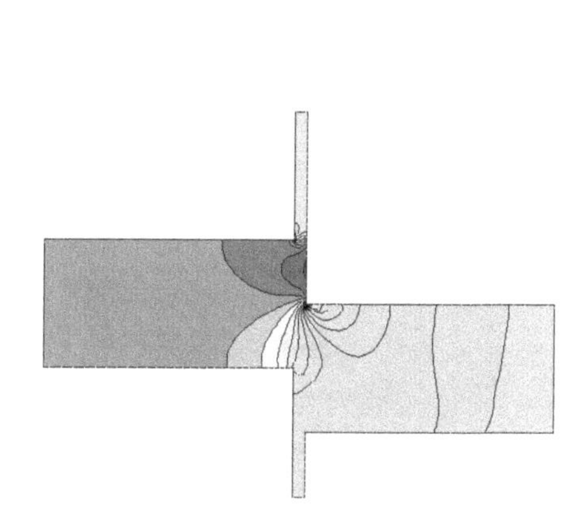

图 4-1-37　云图与等压线

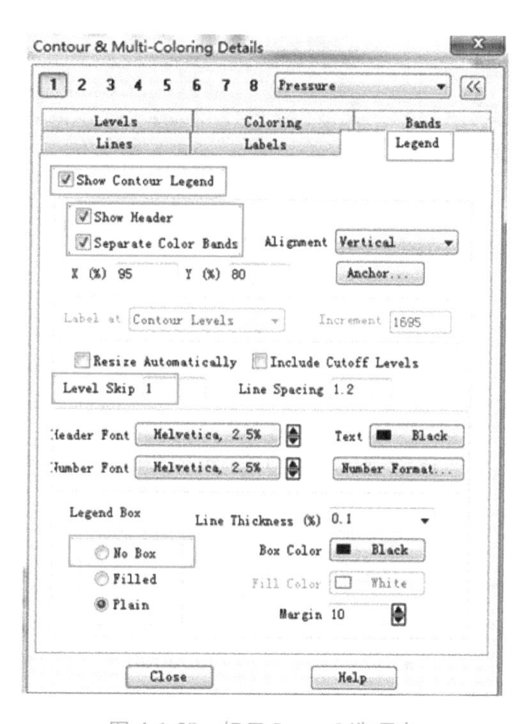

图 4-1-38　标尺 Legend 选项卡

此时区域的显示效果如图 4-1-39 所示。

4. 设置等值线标签

单击 Labels，打开标签（Labels）选项卡如图 4-1-40 所示，勾选 Show Labels 复选项。

（1）单选项 Use Contour Number 表示标注等值线的编号；单选项 Use Contour Value 表示标注等值线对应的数值。

（2）Color 框中选择标注字的颜色；Font 框中选择标注字的大小和字体；其右侧 Fill 表示可选择充填颜色。

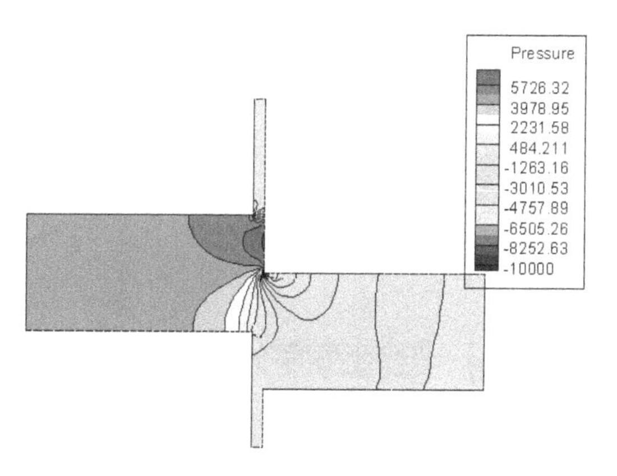

图 4-1-39　带标尺的压力分布图

（3）复选项 Align Labels with Contour Lines 表示沿着等值线标注数值；Spacing 框中输入沿等值线标注之间的间隔距离；Level Skip 框中输入标注等值线的间隔。

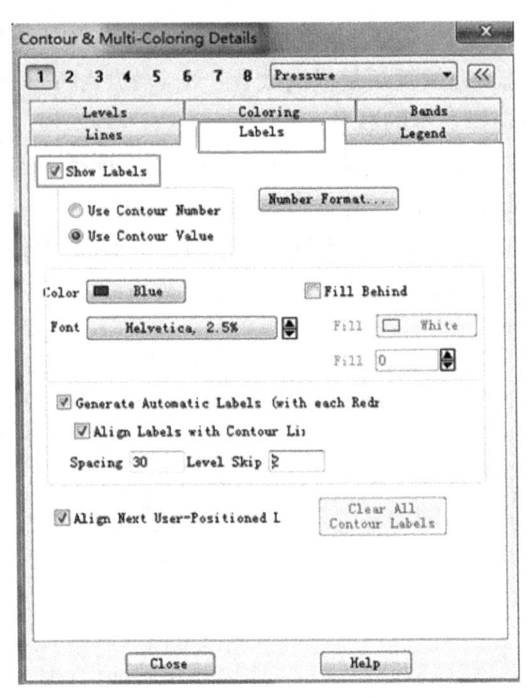

图 4-1-40　标签选项卡

此时区域显示的压力线分布如图 4-1-41 所示，压强分布值如图 4-1-42 所示。

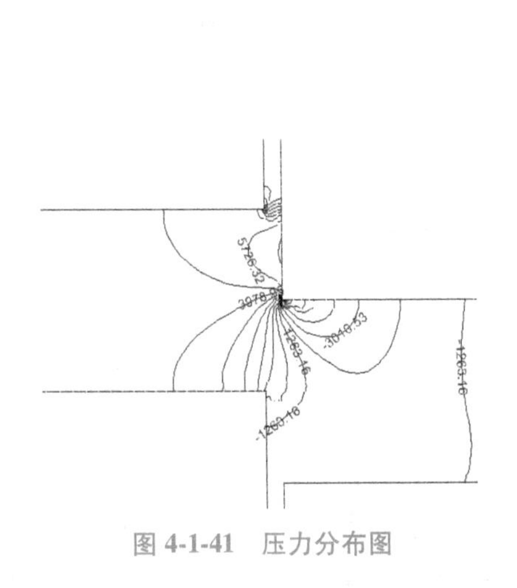

图 4-1-41　压力分布图

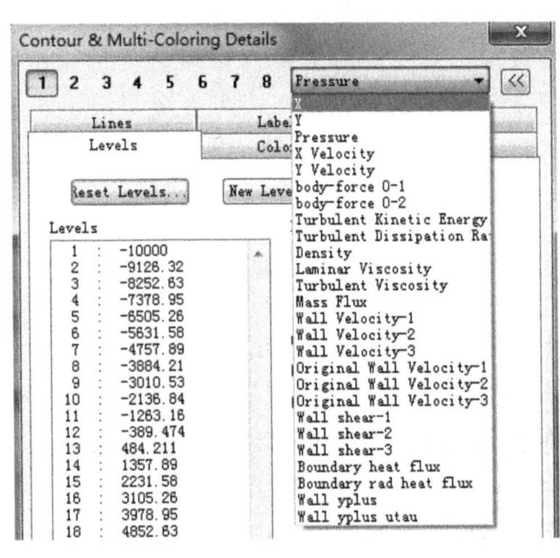

图 4-1-42　压强值分布

第 5 节　绘制速度分布云图与速度矢量图

1. 绘制速度分布云图

注意：在绘制云图的变量选项中，只有 X Velocity 和 Y Velocity，而没有速度大小的变量。

操作：Analyze→Calculate Variables...，打开流动参数对话框，如图 4-1-43 所示。

（1）单击 Name 右侧的 Select... 按钮，打开参数选择对话框，如图 4-1-44 所示。

（2）在参数中选择 Velocity Magnitude。

（3）单击 OK 按钮，单击 Calculate 按钮，单击 Close 按钮。

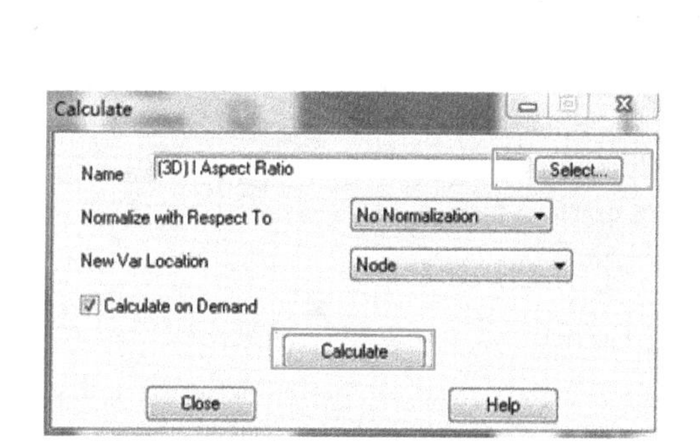

图 4-1-43　流动参数对话框

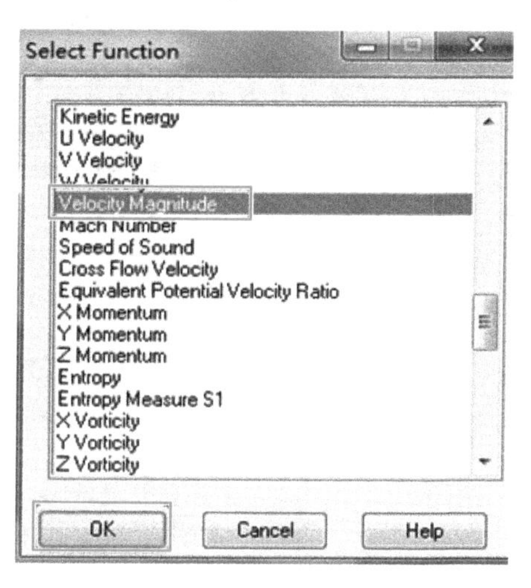

图 4-1-44　参数选择对话框 1

此时，在绘制云图的变量选项中出现了 Velocity Magnitude 项，如图 4-1-45 所示，选中后，速度分布云图如图 4-1-46 所示。

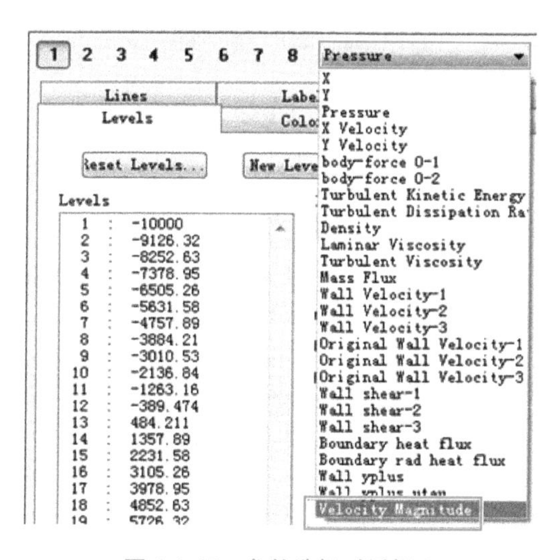

图 4-1-45　参数选择对话框 2

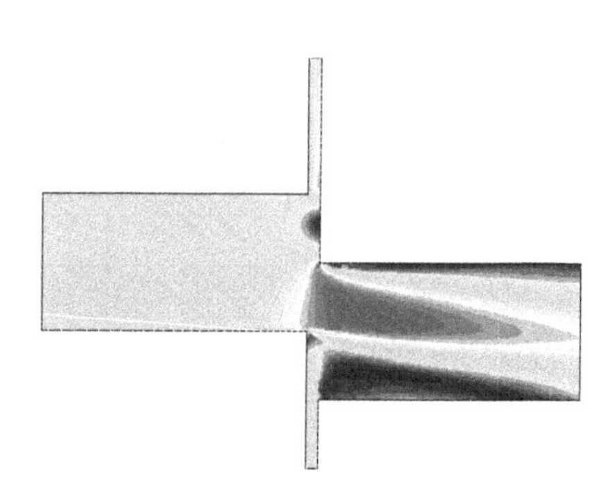

图 4-1-46　速度分布云图

2. 绘制速度矢量图

（1）单击左边的 Vector，即可显示流域内的速度矢量，如图 4-1-47 所示。

（2）调整疏密程度

单击左边 Zone Style... 按钮，打开 Points 选项卡，单击 Zone Num 为 1 * 所在的行，单击 Index Skip，对话框如图 4-1-48 所示。选择 Enter Skip...，打开对话框如图 4-1-49 所示。

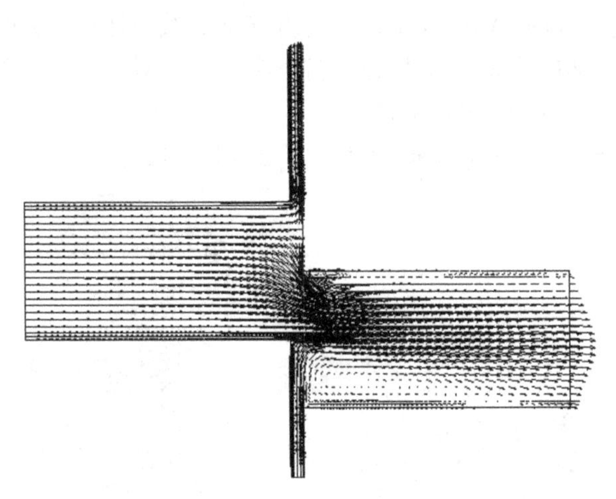

图 4-1-47　速度矢量图 1

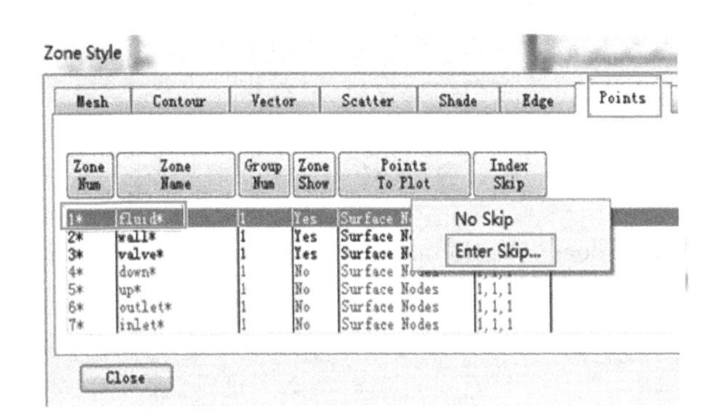

图 4-1-48　显示方式对话框

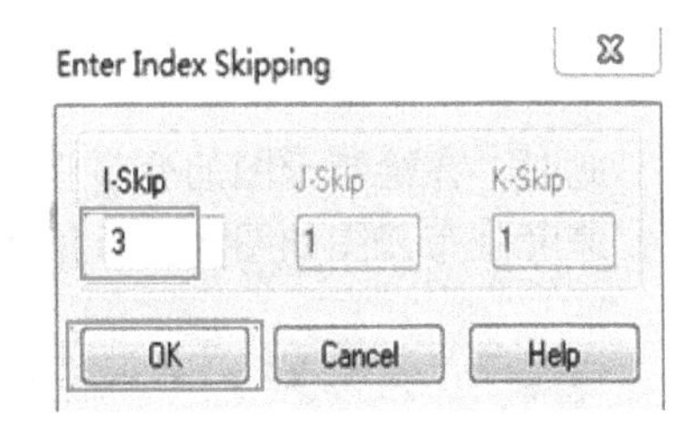

图 4-1-49　间隔调整对话框

在 I-Skip 项（沿 x 方向的间隔）设置为 3，单击 OK 按钮。此时速度矢量图明显变疏了。

（3）设置矢量图形

打开 Vector 选项卡，单击 Zone Num 为 1＊所在的行，如图 4-1-50 所示，可对矢量的表示方式进行设置。单击 Vector Type 按钮，有四种选择，默认是 Head at Point。

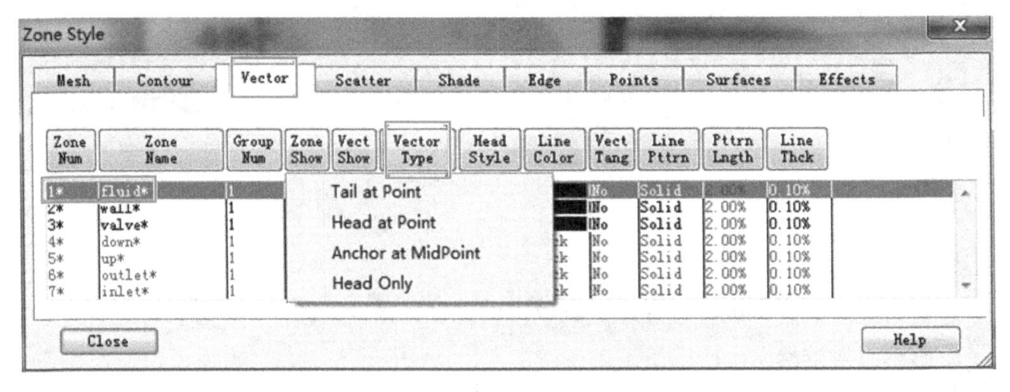

图 4-1-50　矢量调整对话框 1

在 Vector Show 项可控制是否显示矢量。在 Head Style 项可选择箭头式样；在 Line Length 项可设置箭头长度；在 Line Thck 项可设置线的粗细，如图 4-1-51 所示。

（4）设置矢量的颜色

在 Line Color 项可设置矢量的颜色。设置对话框如图 4-1-52 所示。选择最下边的 Multi，此时矢量图如图 4-1-53 所示。

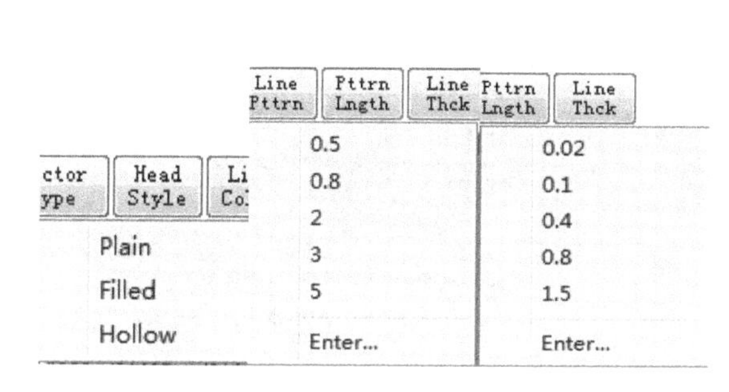

图 4-1-51　矢量调整对话框 2

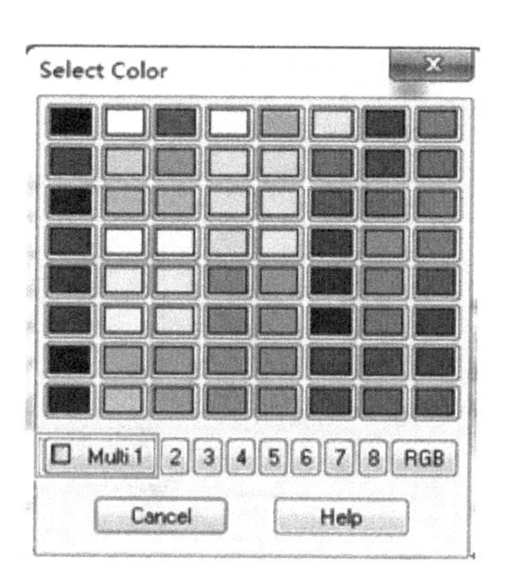

图 4-1-52　矢量调整对话框 3

（5）设置速度标尺

操作：单击 Contour 右侧的按钮，选择 Legend 选项卡，打开标尺设置对话框如图 4-1-54 所示。

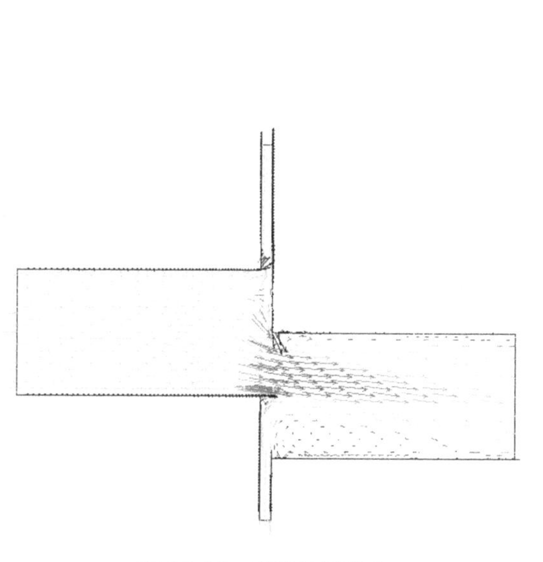

图 4-1-53　速度矢量图 2

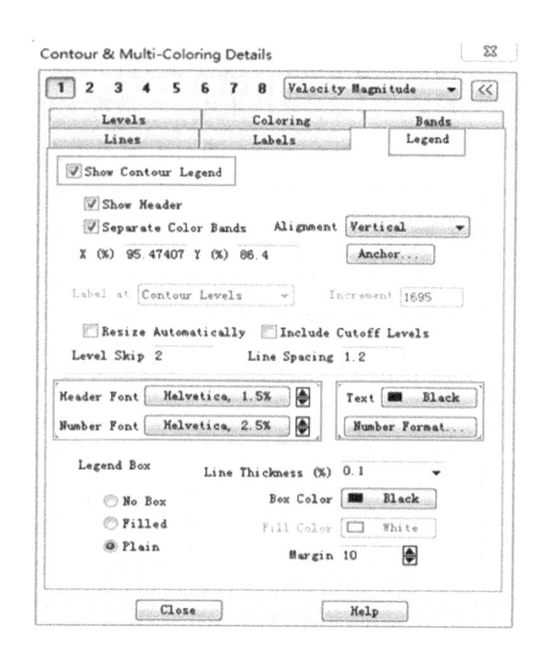

图 4-1-54　标尺设置对话框

勾选 Show Contour Legend 复选项；适当调整名称字体大小 Header Font 和数值字体大小 Number Font 项；右边 Text 可设置字体颜色；Number Format... 项可设置数值精度等。双击标尺，拖动标尺到合适的位置，速度矢量结果如图 4-1-55 所示。

3. 绘制一条线上的速度矢量

（1）绘制一条直线

操作：Data→Extract→Points from Polyline...

勾选左下方的 Snap to Grid 左侧按钮，则右下角的位置信息为鼠标点附近的网格点。

（2）鼠标单击（0.26，0.05），再单击（0.26，-0.05），按下<Esc>键，弹出对话框如图 4-1-56 所示。

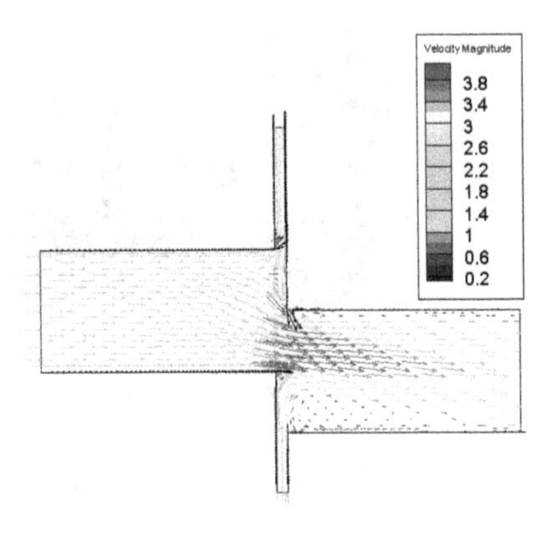

图 4-1-55　速度矢量图 3

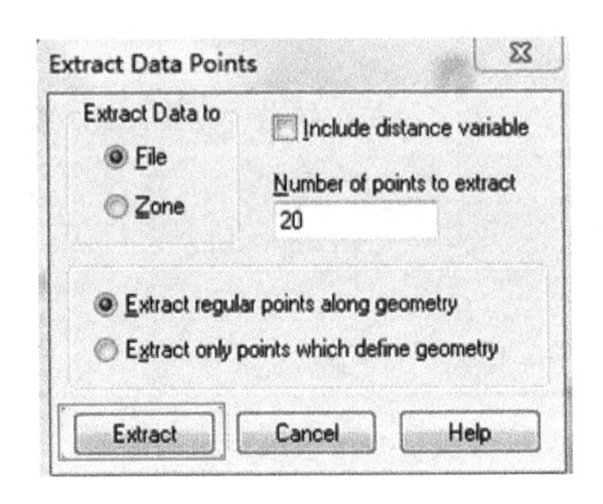

图 4-1-56　选择对话框 1

注意：如果不满意，可单击左下角的 Redraw All 图标，重新绘制直线。

（3）单击 Extract 按钮，选定文件夹，输入文件名 x=26，单击保存。

在选定的文件夹内生成一个数据文件 x=26. dat。

（4）将数据文件 x=26. dat 读入 Tecplot。

操作：File→Loads Data Files...，在打开的文件下拉菜单中选择 Tecplot Data Loader，单击 OK 按钮，弹出对话框如图 4-1-57 所示。

（5）选择 Add to current data set 单选项，单击 OK 按钮。

（6）选择刚刚创建的数据文件 x=26. dat，单击 OK 按钮。

在左侧 Zone Surfaces Layers 选中 Vector，此时的速度矢量图如图 4-1-58 所示。

图 4-1-57　选择对话框 2

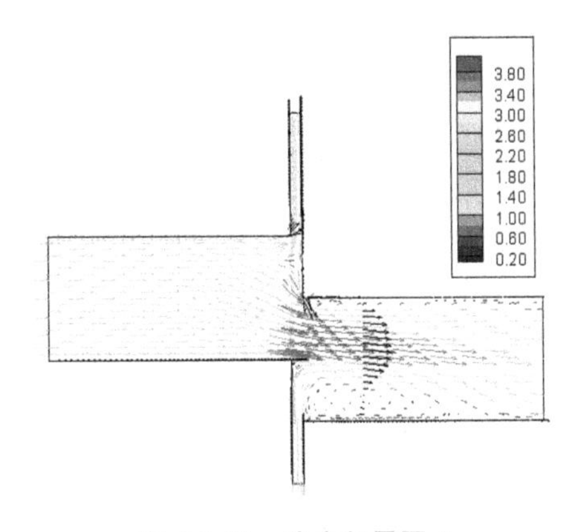

图 4-1-58　速度矢量图 4

注意： 此时，单击 Zone Style... 会看到在最下边出现了新创建的线，名字为 ZONE 001，可对其进行设置。

（7）在 Zone Style... 中，将 1 *、2 * 和 3 * 中 Vector 项的 Vector Show 都设为 No，如图 4-1-59 所示，则只显示直线上的速度矢量，如图 4-1-60 所示。

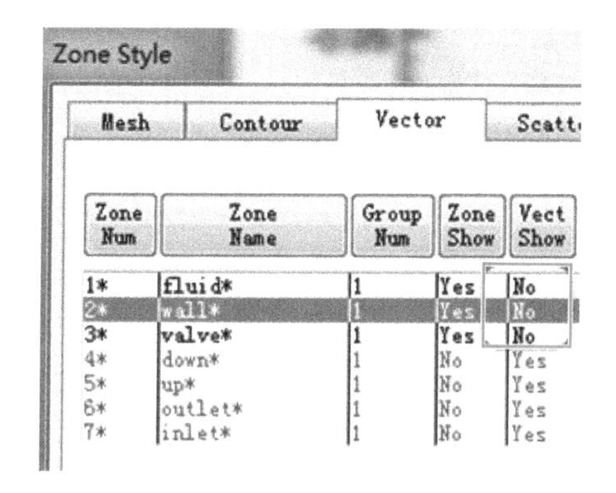

图 4-1-59　矢量设置对话框

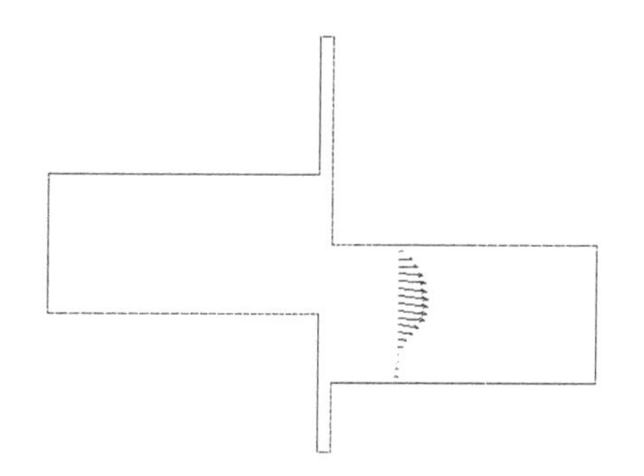

图 4-1-60　速度矢量图 5

注意： 也可统计此线（ZONE 001）上的平均速度、平均压强、流量等值。

4. 绘制 XY 图

（1）File→New Layout，新建布局文件。

（2）File→Loads Data File（s）...，读入数据文件。

（3）Tecplot Data Loader...，读入 Tecplot 数据文件。

（4）选择 x=0. 26. dat，单击 Open 按钮，单击 OK 按钮，如图 4-1-61 所示。

（5）在 Definitions 项，单击左侧的 Mapping Style...，弹出绘图对话框，如图 4-1-62 所示。

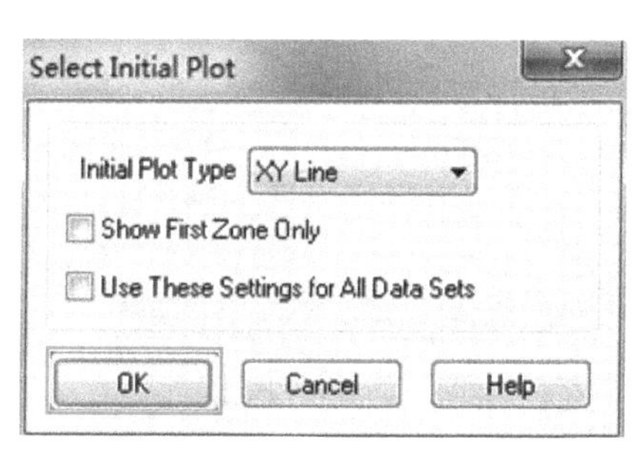

图 4-1-61　设置 XY 图

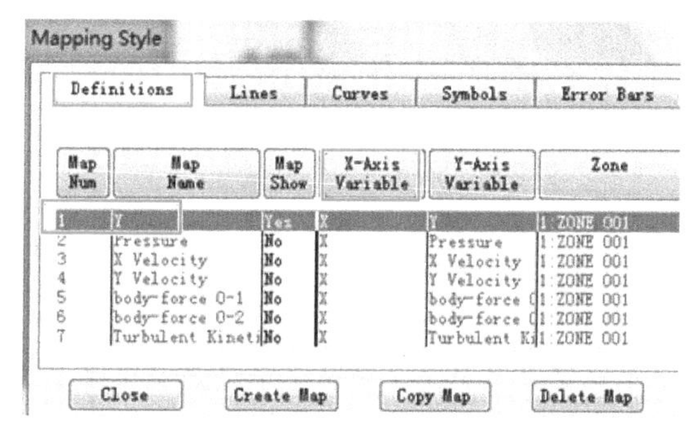

图 4-1-62　绘图对话框

（6）单击 Map Num 为 1 的行。

（7）单击 X-Axis Variable，弹出图 4-1-63 所示的变量选择对话框，选择 Pressure，单击 OK 按钮，单击 Close 按钮。

（8）单击菜单 View→Fit to Full Size，得到在 $x=0.26$ 截面上的压力分布，如图 4-1-64 所示。

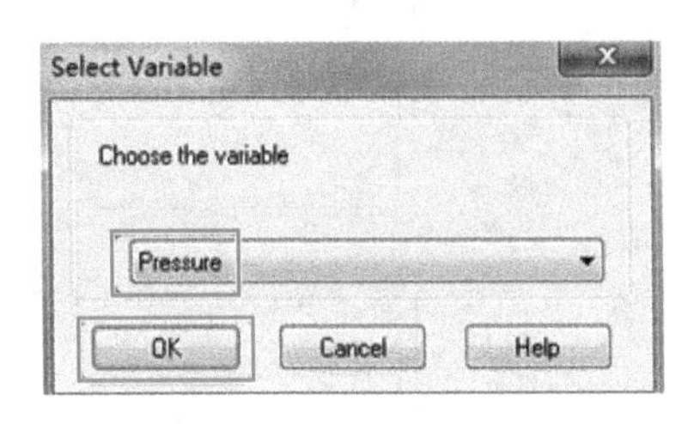

图 4-1-63　变量选择对话框

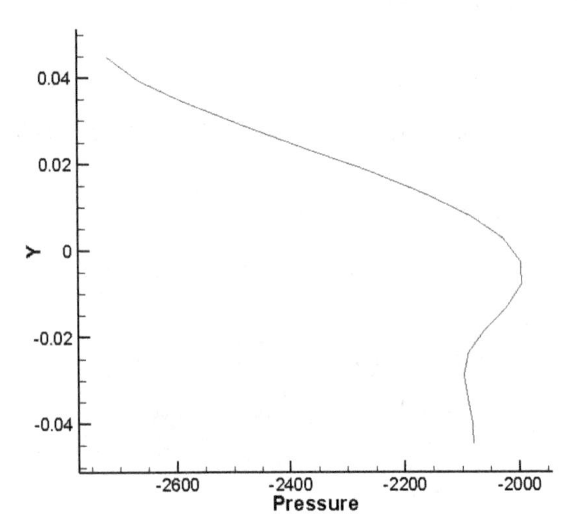

图 4-1-64　压力分布曲线图

第 6 节　在图中插入文字

操作：Insert→Text，在欲加入文字的地方用鼠标单击一下，出现文字对话框，如图 4-1-65 所示。

（1）在 Color 框中选择文字的颜色（Red）。

（2）在 Font 框中可选择文字的字体和大小，单击按钮，弹出字体选择对话框，如图 4-1-66 所示。

（3）选择 FangSong；字体大小 Height 选择 20，单击 OK 按钮。

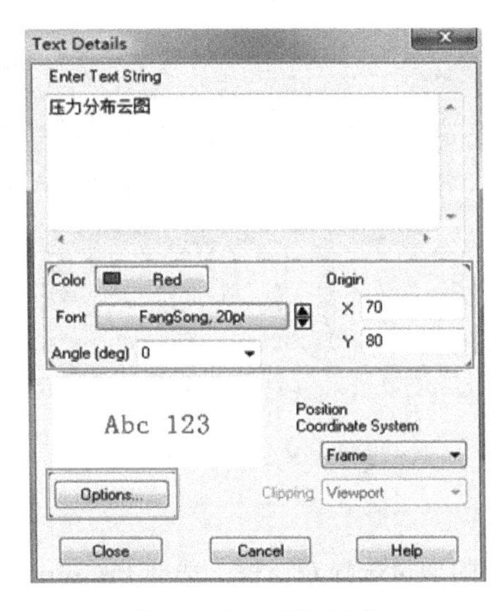

图 4-1-65　文字对话框

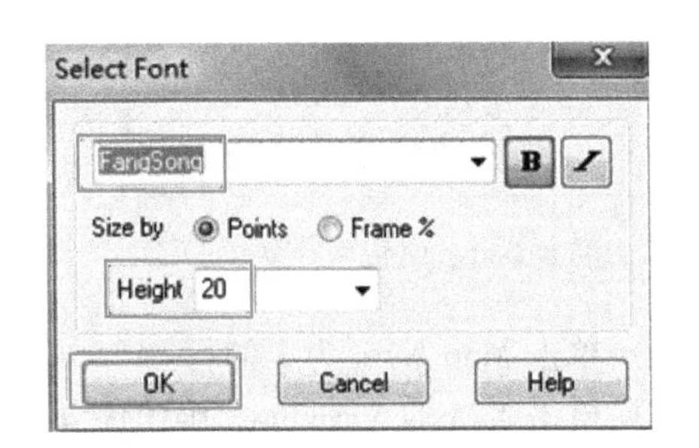

图 4-1-66　字体选择对话框

注意： 如果输入中文，需选择 FangSong。

（4）在 Origin 的 X、Y 框中输入文字的起始位置，X=70，Y=80。

（5）在 Angle 框中选择文字的倾斜度。

（6）单击 Options... 按钮，打开字体设置对话框如图 4-1-67 所示。单击 Filled 单选项可添加边框；Line Thickness 框中设置边框线粗细；Box Color 框中设置边框线颜色；Fill Color 框中设置边框内的填充颜色。

最后得到压力分布如图 4-1-68 所示。

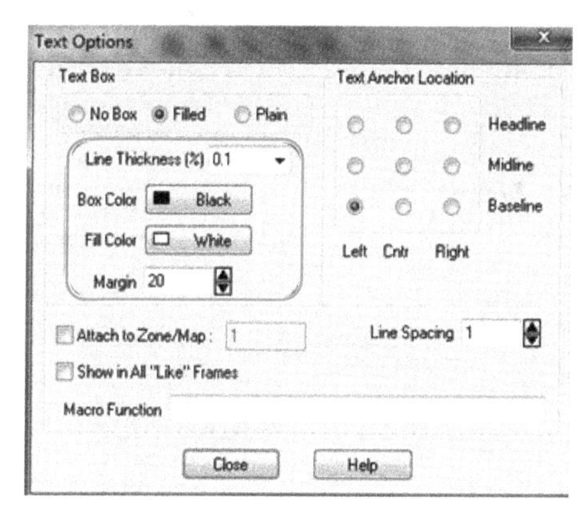

图 4-1-67 字体设置对话框

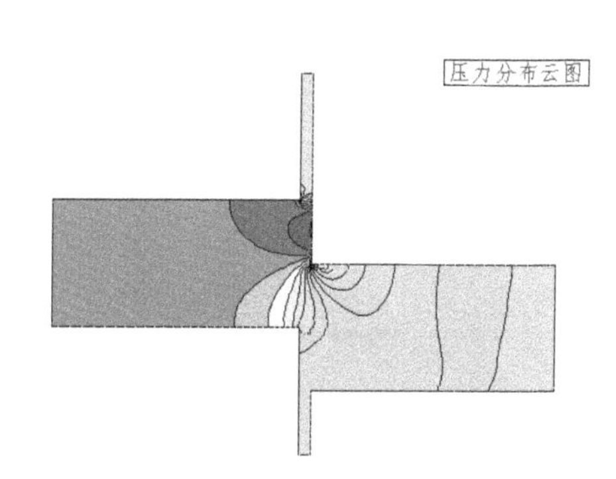

图 4-1-68 压力分布云图

注意： 双击文字图框，可打开设置对话框进行修改。

第 7 节 绘制流域的涡量图

在云图绘制选项中没有涡量这个变量，必须定义这个量，为此需要编辑公式。

操作：Data→Alter→Specify Equations...，打开公式编辑对话框，如图 4-1-69 所示。

（1）单击右侧的 Data Set Info... 按钮，打开流场变量信息选项卡如图 4-1-70 所示。

（2）在 Zone 列表中选择 1：fluid；右边 Variable 列表中显示出流场变量名称。

（3）在 Equation 列表中输入公式 {wz}=ddx({Y Velocityy})-ddy({X Velocityy})。

注意： 在 Variable（s）列表中，左边是数字，右边是变量名，一一对应，比如 V4 就是 X Velocity，所以，前面的公式也可写成 {wz}=ddx(V5)-ddy(V4)

（4）单击 Compute 按钮，弹出确认对话框，单击“确定”按钮。

这样就创建了涡量 $\omega_z=\frac{dv}{dx}-\frac{du}{dy}$ 这个流场变量。

（5）单击左侧 Zone Surfaces Layers 工具栏中 Contour 右侧的设置按钮，打开云图设置对话框。

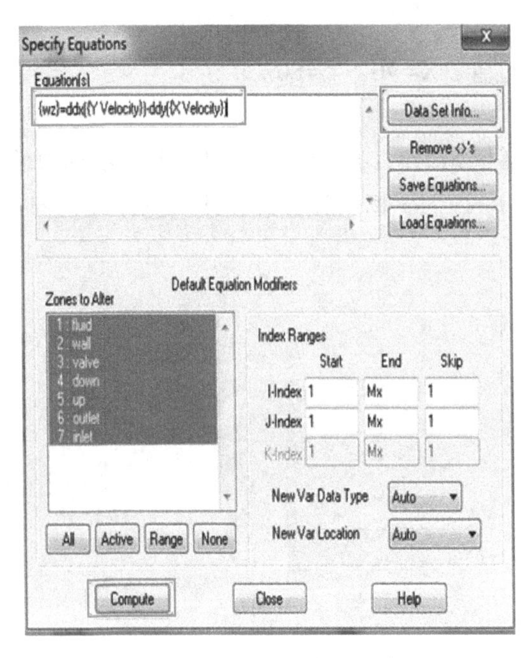

图 4-1-69　公式编辑对话框

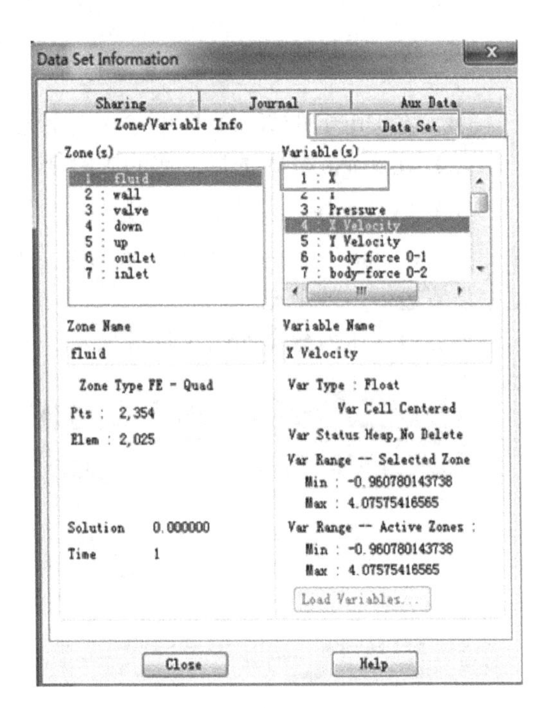

图 4-1-70　变量信息选项卡

（6）在如图 4-1-71 所示变量下拉菜单里出现了新创建的 wz 这个变量，选中后，就得到涡量分布云图和涡量等值线，如图 4-1-72 所示。

图 4-1-71　流场变量表

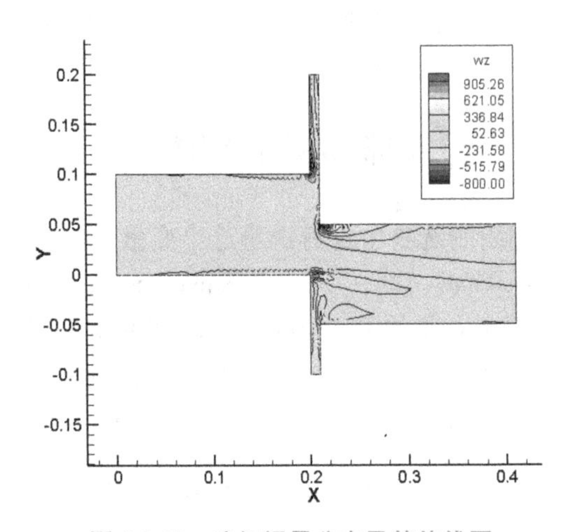

图 4-1-72　流场涡量分布及等值线图

第 8 节　仿真计算结果的统计计算

1. 下游阀门的受力

操作：Analyze→Perform Integrations...，打开统计对话框如图 4-1-73 所示。

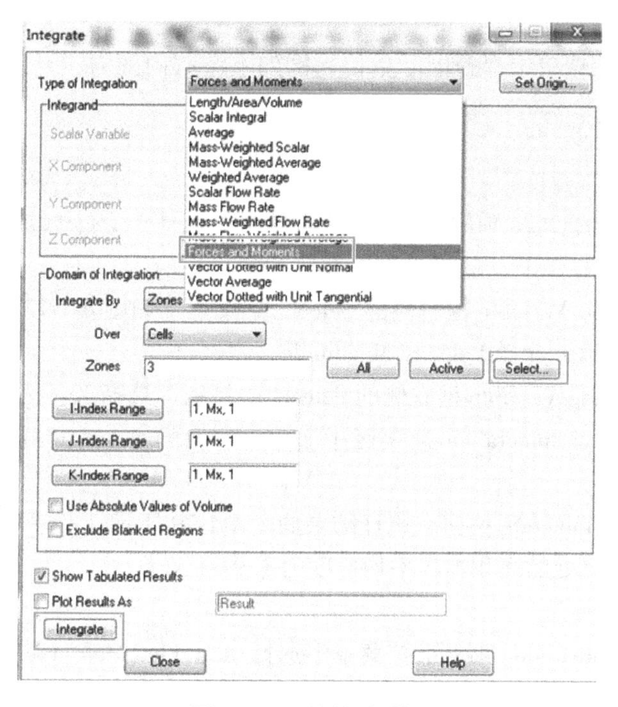

图 4-1-73 统计对话框

（1）在 Type of Integration 项的下拉菜单中选择 Forces and Moments。

（2）单击 Doman of Integration 下 Zones 框后面的 Select... 按钮，打开区域选择对话框，如图 4-1-74 所示。

（3）选择 valve（编号为 3），单击 OK 按钮。

（4）单击下边的 Integrate 按钮进行统计，统计结果如图 4-1-75 所示。

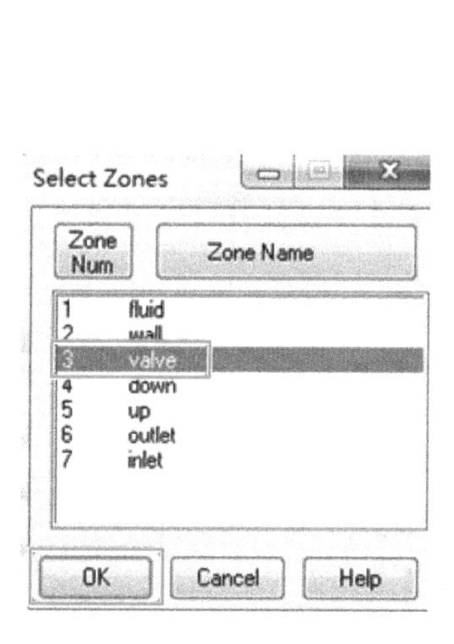

图 4-1-74 选择对话框

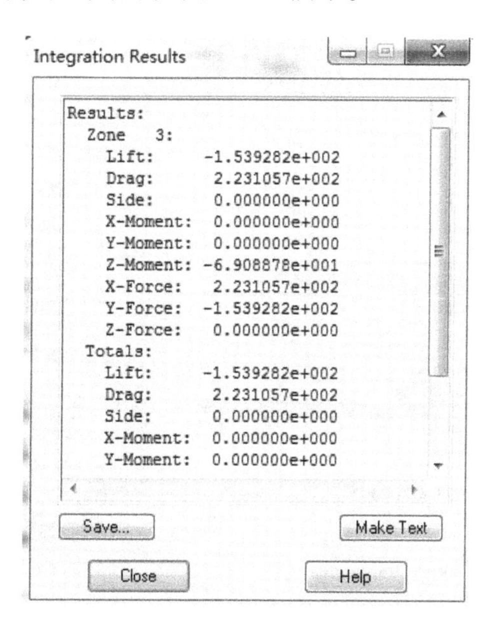

图 4-1-75 统计结果列表

注意：其中的数据单位都是国际单位，例如下游阀门受力：升力为-154N；阻力为232N。

2. 出口处平均出流速度

（1）在 Type of Integration 项的下拉菜单中选择 Weighted Average（加权平均），如图 4-1-76 所示。

（2）单击 Averaged Variable 框右侧的 Select... 按钮，如图 4-1-77 所示，打开变量选择对话框如图 4-1-78 所示，选择 Velocity Magnitude。

（3）单击 Weighting Variable 框右侧的 Select... 按钮，选择 X。

（4）单击 Doman of Integration 选项区中 Zones 框后的 Select... 按钮，选择边界 outlet（编号为 6）。

（5）单击下边的 Integrate 按钮，统计结果如图 4-1-79 所示。

统计结果：在出口处的面积加权平均速度为 1.94m/s。

3. 出口处的质量流量

（1）在 Type of Integration 项的下拉菜单中选择 Mass Flow Rate（质量流量），如图 4-1-80 所示。

（2）单击 Select... 按钮，选择边界 outlet（编号为 6）。

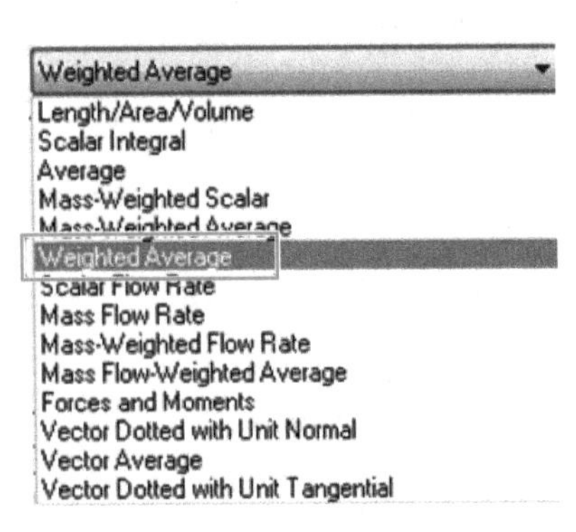

图 4-1-76　统计方法对话框 1

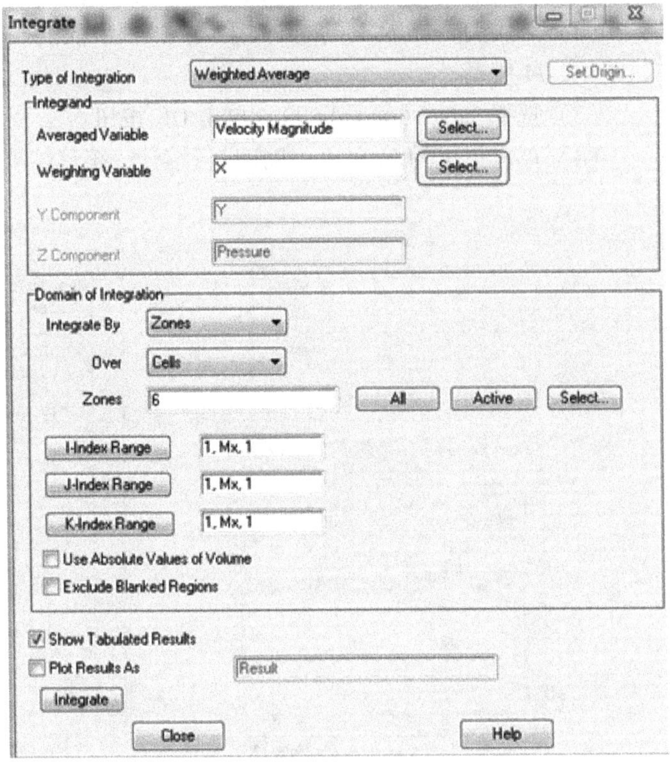

图 4-1-77　统计方法对话框 2

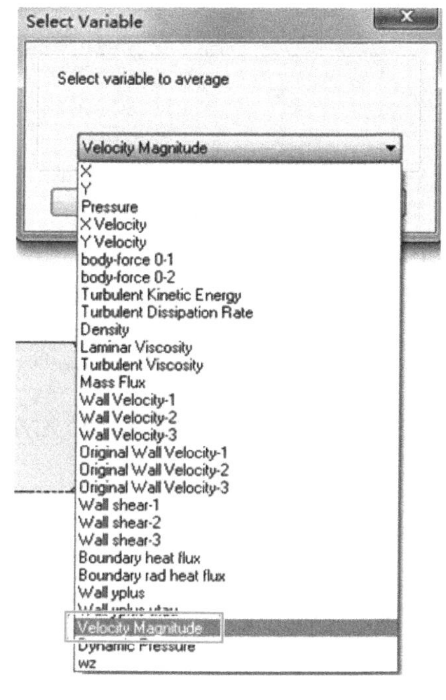

图 4-1-78　变量选择对话框

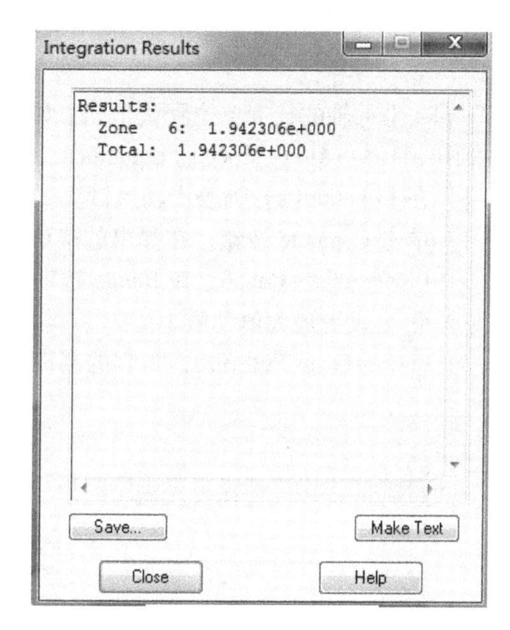

图 4-1-79　出口平均流速统计结果

（3）单击下边的 Integrate 按钮，统计计算结果如图 4-1-81 所示。

统计结果的质量流量为 193.3kg/s，其中负号表示流出。

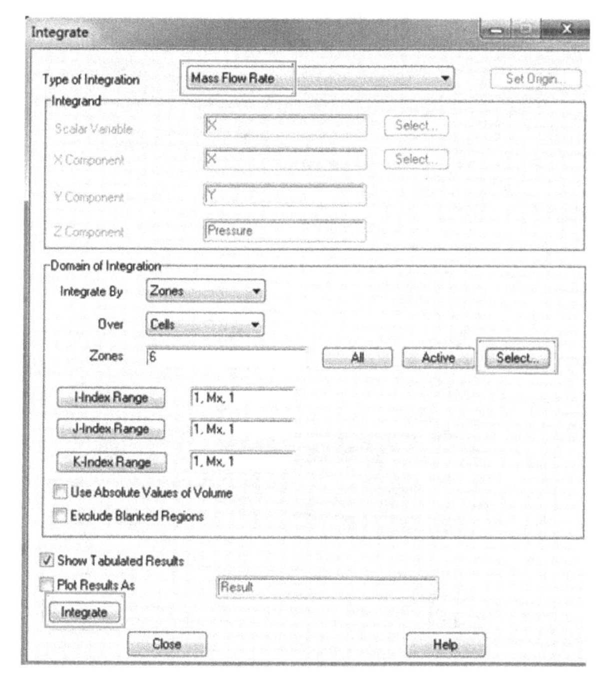

图 4-1-80　设置对话框

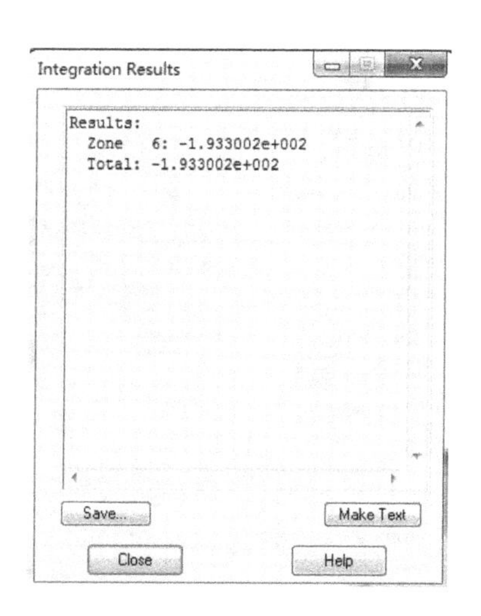

图 4-1-81　出口质量流量统计结果

第 9 节 坐标轴的设置

1. 改变长度单位

Tecplot 坐标轴的长度单位默认是 m，如果转换为 cm，还需要进行设置。

操作：Data→Alter→Specify Equations...，打开计算式对话框如图 4-1-82 所示。

（1）在 Equation(s) 列表中输入计算式 x={x} * 100 和 y={y} * 100。

（2）单击 Compute 按钮；在弹出的确认对话框（图 4-1-83）中单击“确定”按钮。

（3）Plot→Axis→Range，在 Range 选项卡中选择 Set to Var Min/Max，如图 4-1-84 所示，分别对 X 和 Y 设置最大值和最小值。

（4）View→Fit to Full Size，得到的画面中坐标轴的单位已换为 cm，如图 4-1-85 所示。

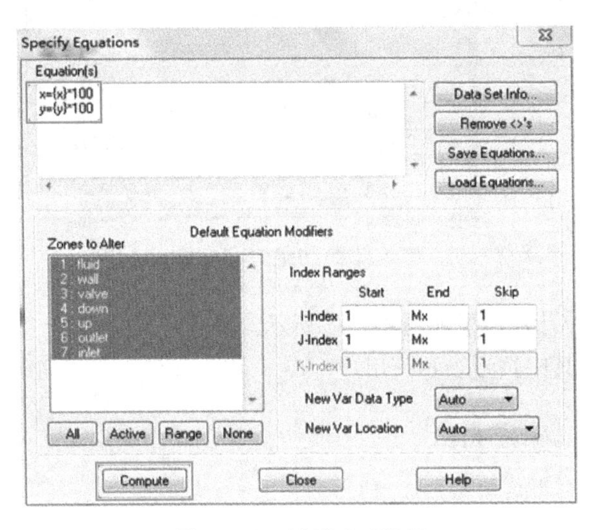

图 4-1-82 计算式对话框

图 4-1-83 确认对话框

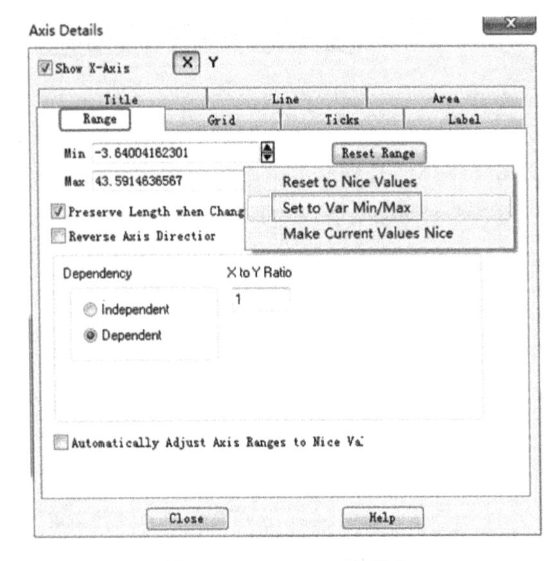

图 4-1-84 Range 选项卡

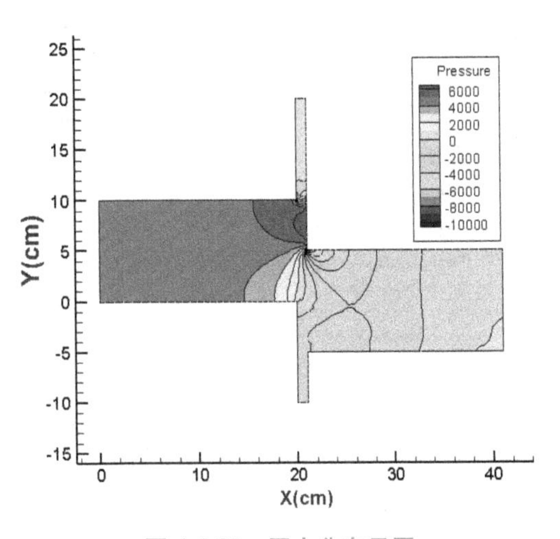

图 4-1-85 压力分布云图

2. 改变坐标轴的标注

双击 X 坐标轴，打开坐标轴设置对话框如图 4-1-86 所示。

（1）在 Title 选项卡中，选择 Use Text 单选项，并输入 X（cm）。

（2）在 Color 框中选颜色 Blue。

（3）在 Font 框中选字体和大小。

（4）在 Offset from Line 框中确定与坐标轴的距离。

（5）对 Y 轴进行（1）~（4）同样的设置。

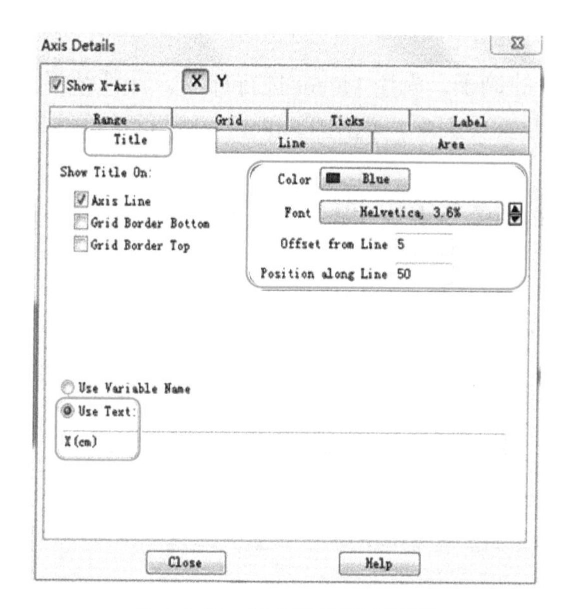

图 4-1-86 坐标轴设置对话框

3. 在 Label 选项卡中可设置坐标轴中数字字体的大小

4. 在 Line 选项卡中可设置坐标轴线的粗细

注意：不建议修改坐标长度单位，因为笔者发现改变坐标单位后，涉及质量流量和质量加权平均的统计计算结果会出现问题。

第 2 章 利用 Tecplot 360 处理三维流动问题

本例为一个缩放喷管的例子，先用 Fluent 进行计算，计算结果的 Case 文件和 Data 文件在光盘 Tecplot 篇的 ventuli 文件夹中。现用 Tecplot 360 进行计算结果的后处理。

第 1 节 启动 Tecplot 360，读入数据

1. 读入数据文件

操作：File→Load Data Files...

（1）在弹出的 Select Import Format 对话框中选择 Fluent Data Loader，单击 OK 按钮，弹出数据文件对话框，如图 4-2-1 所示。

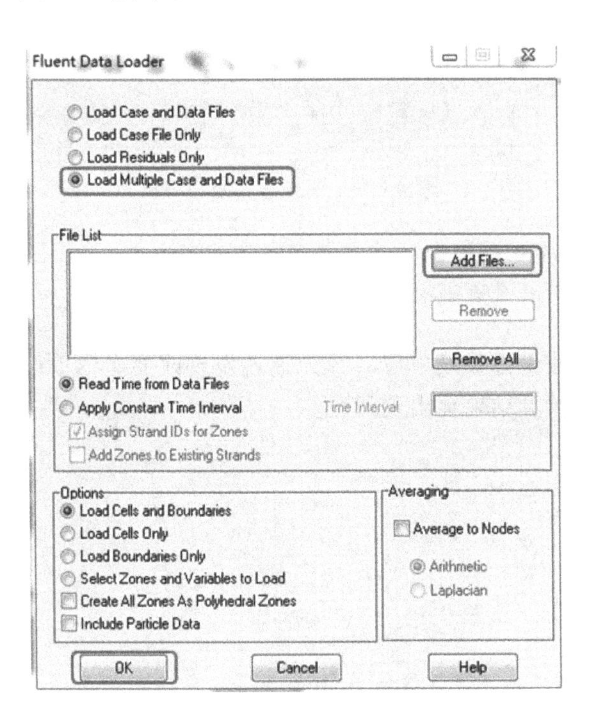

图 4-2-1 数据文件对话框

（2）选择 Load Multiple Case and Data Files 单选项。

（3）在 FileList 选项区，单击右边的 Add Files... 按钮，打开选择文件对话框，如图 4-2-2 所示。

（4）找到文件夹 venturi，双击欲选的文件名：ventuli. cas 和 ventuli. dat，则在下边 Selected Files 框内显示所选文件，单击 Open Files 按钮。

（5）在 Fluent Tada Loader 对话框的 File List 列表中将显示出所选文件，单击 OK 按钮。此时工作窗口显示的模型如图 4-2-3 所示。

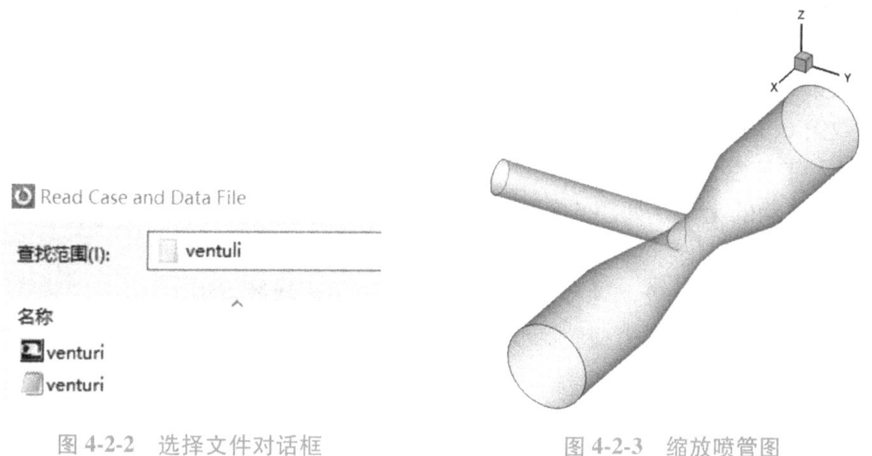

图 4-2-2　选择文件对话框　　　　图 4-2-3　缩放喷管图

2. 基本操作

（1）调整视角

操作：View→Rotate...，打开视角调整对话框，如图 4-2-4 所示。

选择 Preset Views 中的 XY 按钮，则显示 XY 坐标面的图形，如图 4-2-5 所示。

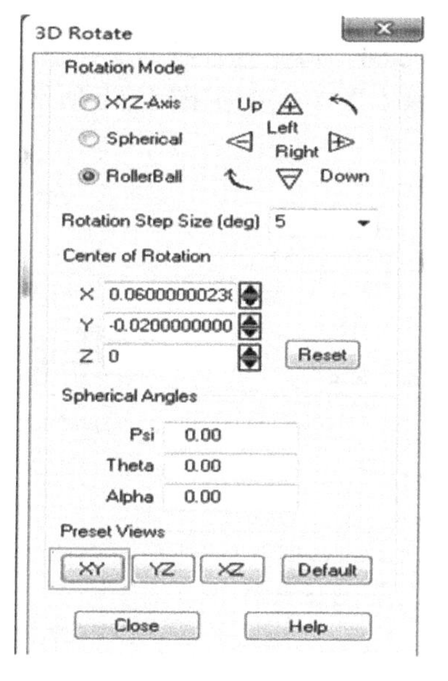

图 4-2-4　视角调整对话框

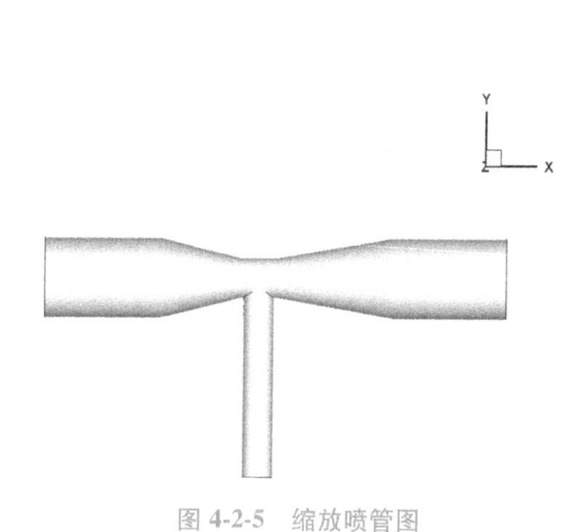

图 4-2-5　缩放喷管图

注意：图形的缩放、移动操作与二维图形相同。

（2）图形视角的调整都集中在第 2 行的工具栏内，主要有如下操作。注意，操作都是按下鼠标左键拖动。

① 左数第 1 个图标，球面旋转。

② 左数第 2 个图标，任意旋转。

③ 左数第 3 个图标，绕垂直于纸面的轴旋转。

④ 左数第 4 个图标，绕 X 轴旋转。

⑤ 左数第 5 个图标，绕 Y 轴旋转。

⑥ 左数第 6 个图标，绕 Z 轴旋转。

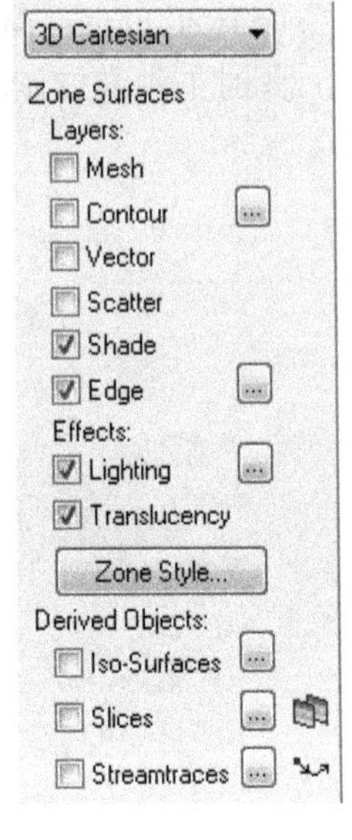

图 4-2-6　工具栏

（3）显示工具栏

窗口左侧显示的工具栏如图 4-2-6 所示。区域面布局操作有：3D Cartesian（三维笛卡儿坐标系）；Mesh（绘制网格）；Contour（绘制等值线和云图）；Vector（绘制速度矢量图）；Scatter（绘制散点图）；Shade（绘制阴影）；Edge（模型轮廓线）。

显示效果操作有：Lighting（渲染操作）；Translucency（透明度操作）。

切割操作有：Iso-Surfaces（等值面切割）；Slices（切片操作）；Streamtraces（绘制流线）。

注意：当前没有切面，如果单击 Contour，则仅显示固壁的压力分布云图。

（4）设置坐标轴和坐标面

操作 Plot→Axis...，打开坐标轴对话框如图 4-2-7 所示，可进行设置。

① 在 Range 选项卡中勾选左上角的 Show X-Axis 复选项，则显示 X 轴的坐标轴。

② 在 Title 选项卡中勾选下面的 Use Text 复选项，输入 X（m），如图 4-2-8 所示。

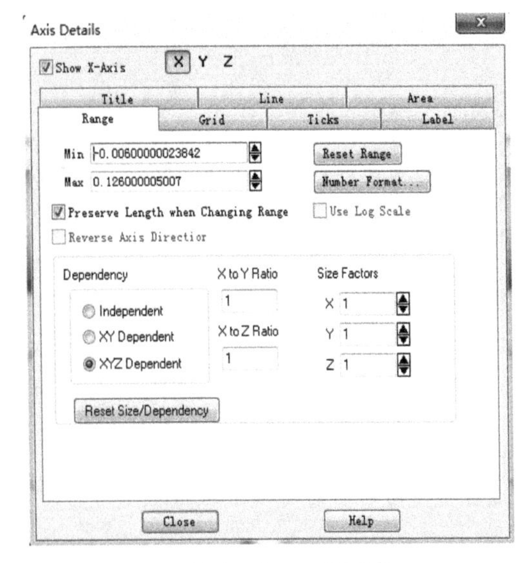

图 4-2-7　Range 选项卡

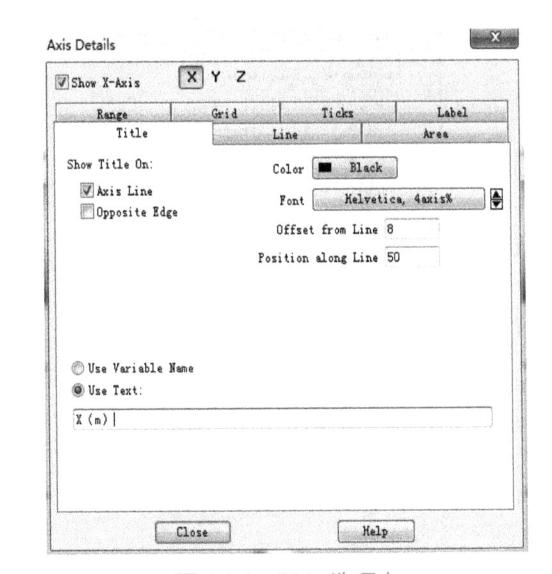

图 4-2-8　Title 选项卡

对 Y 轴和 Z 轴进行类似的操作。

单击 Contour（默认壁面上的压力分布云图），得到三维压力分布图如图 4-2-9 所示。

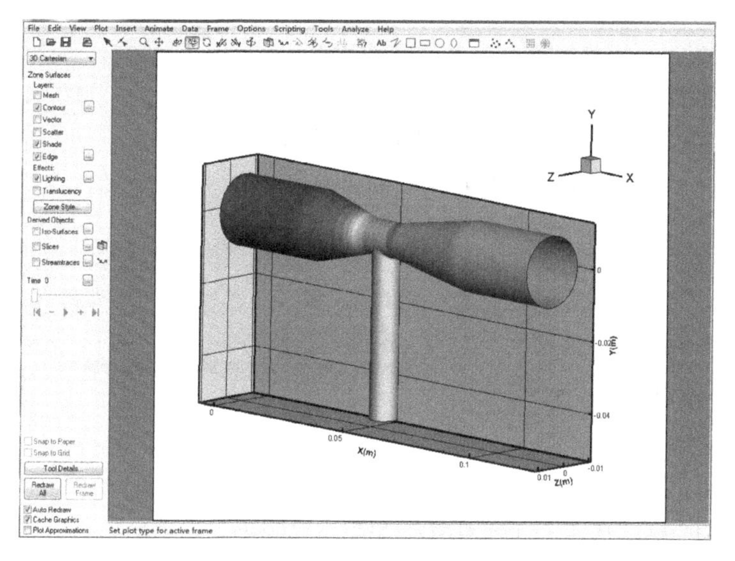

图 4-2-9 三维压力分布图

第 2 节 创建切片并绘制切平面上分布图

1. 应用切片操作创建切割面

操作：Data→Extract→Slice from Plane...，打开切片设置对话框，如图 4-2-10 所示。

（1）在 Slice Plane 中选择 Constant Z（Z 为常数），设 Z=0（流域的对称面）。

（2）在 Create Slice From 框中选择 Volume Zones（对体进行切割，得到切平面），此时工作区中的对称面切片如图 4-2-11 所示，红色平面表示切平面。

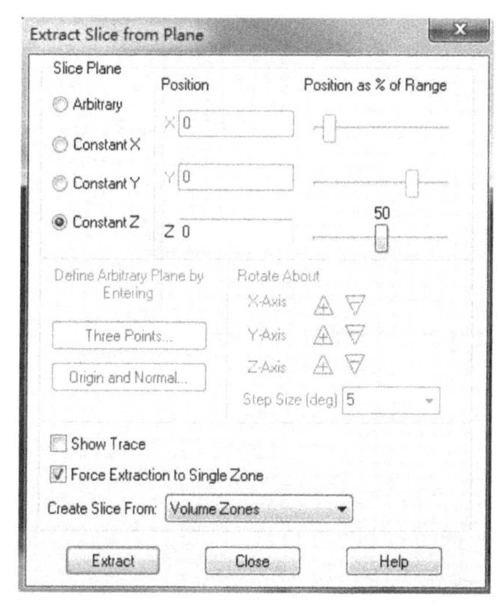

图 4-2-10 切片设置对话框

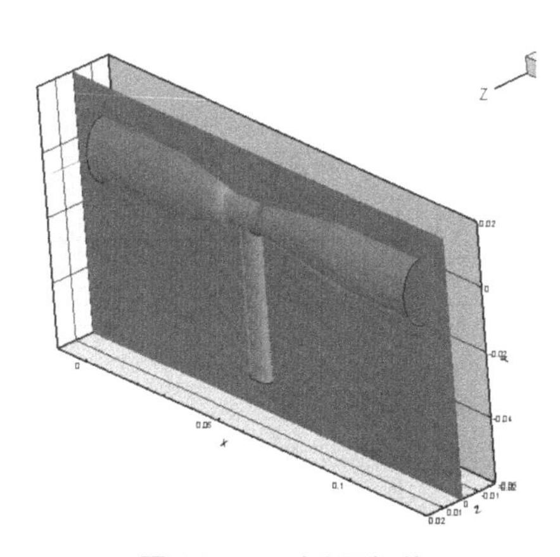

图 4-2-11 对称面切片

（3）单击 Extract 按钮，弹出确认对话框。

（4）看到 Slice extraction successful 的提示，单击确定按钮。

（5）单击 Close 按钮，完成操作。

2. 显示对称面上的参数分布

（1）单选对称面

操作：单击左边的 Zone Style... ，弹出切片选择对话框，如图 4-2-12 所示。

注意到第 6 行 6 * Slic：Z = 0 * 就是刚刚创建的切平面。

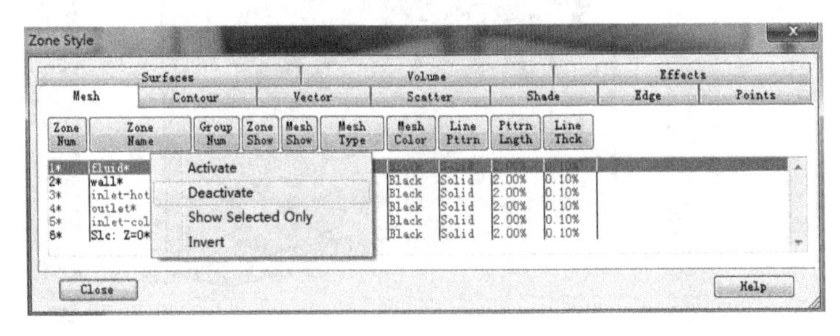

图 4-2-12　切片选择对话框

（2）进入 Mesh 选项卡，单击第 1 行，fluid *，单击 Zone Show，选择 Deactivate。

（3）单击第 2 行，wall *，单击 Zone Show，选择 Deactivate。

3. 压力分布云图

（1）在左边工具栏里的 Effects（效果）项不选 Translucency（透明度）。

（2）在 Zone Style 的 Contour 选项卡中单击 6 *，即 Slc：Z = 0 *，在 Contour Type 里选 Both Lines & Flood。

（3）单击 Close 按钮，得到压力分布云图如图 4-2-13 所示。

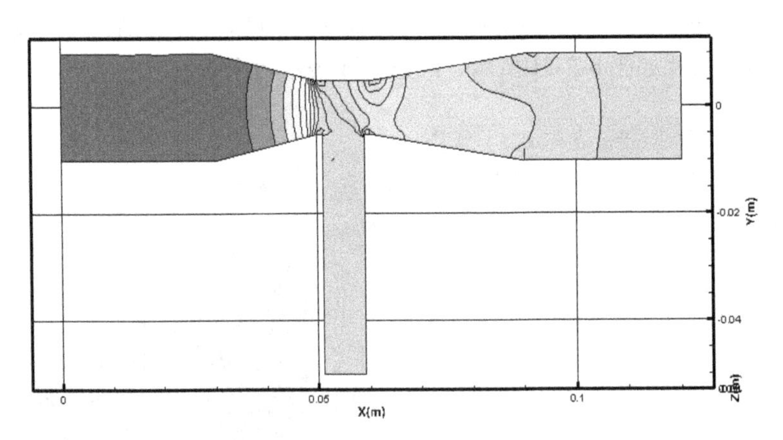

图 4-2-13　压力分布云图

4. 对称面上的流线图

（1）不选 Contour，取消云图显示。

（2）选择 Streamtraces 中的 Streamtraces 复选项。

（3）单击右侧的流线按钮，单击流域中的点，得到若干流线。

（4）单击流线设置按钮▭，打开流线设置对话框如图 4-2-14 所示。

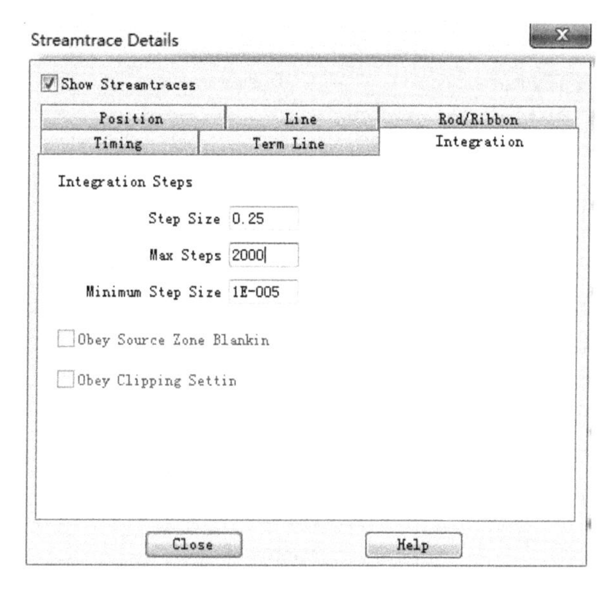

图 4-2-14　流线设置对话框

（5）在 Integration 选项卡，将 Max Steps 调整为 2000，单击 Close 按钮。

得到流线图如图 4-2-15 所示。

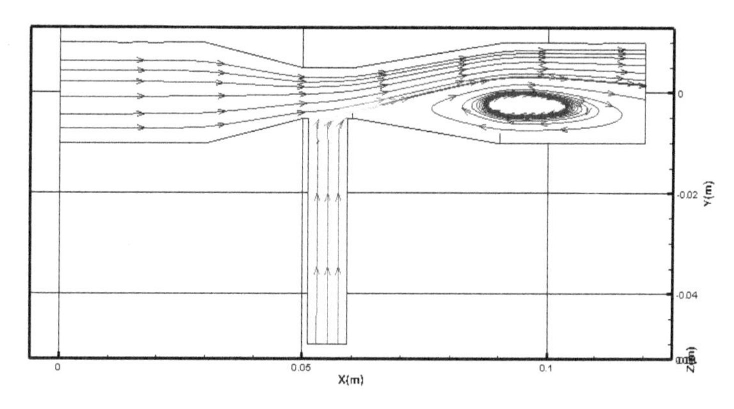

图 4-2-15　流线图

5. 制作动画

（1）在 Timing 选项卡中，选中 Show Markers 复选项，如图 4-2-16 所示。

（2）设 Size 为 0. 5。

（3）设 Color 为多色 Multi 1。（在 Contour 项设置为温度）。

其他保持默认设置，单击 Close 按钮，得到流线动画图如图 4-2-17 所示。

选择 Animate→Streamtraces. . . ，单击 Animate 按钮，得到动画效果。

如果在 Animate 框中选择 to MPEG-4 file，如图 4-2-18 所示，还可制作动画文件。

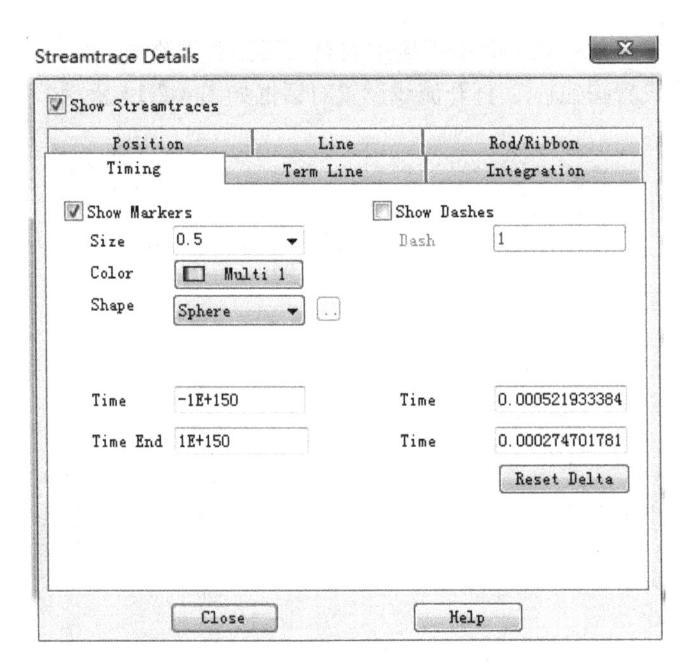

图 4-2-16 Timing 选项卡

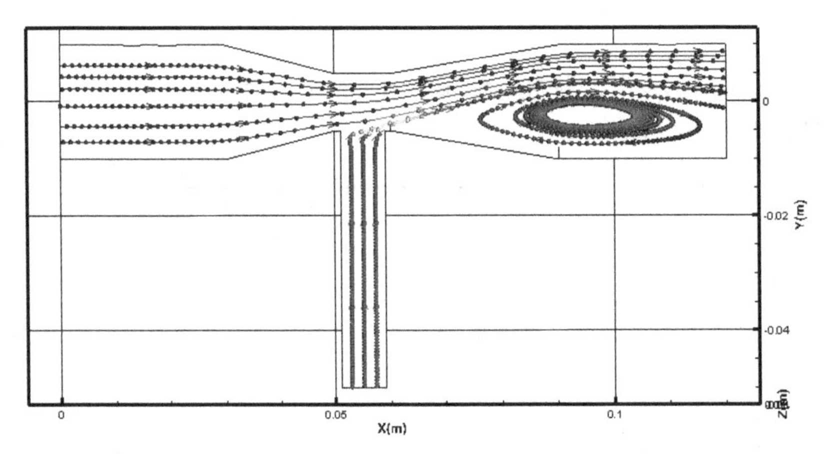

图 4-2-17 流线动画图

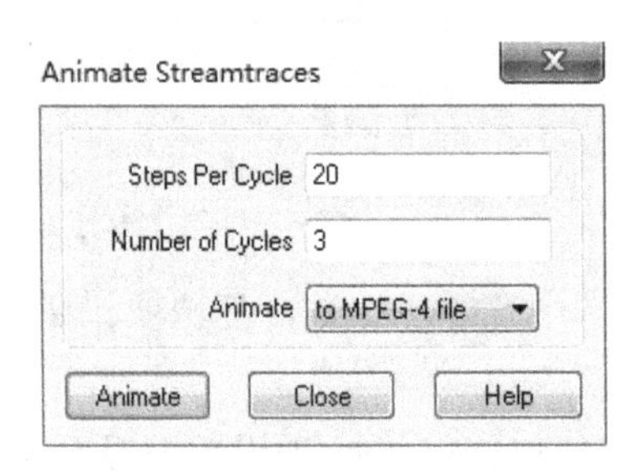

图 4-2-18 动画文件对话框

6. 绘制等值面

绘制等值面的操作是在左侧工具栏 Iso-Surfaces 中。

（1）勾选 Iso-Surfaces 左边的按钮。

（2）单击 Iso-Surfaces 右侧的按钮，即可打开等值面对话框，如图 4-2-19 所示。

（3）单击 Define Iso-Surfaces 右侧的按钮，弹出变量选择选择对话框和下拉列表如图 4-2-20 所示。

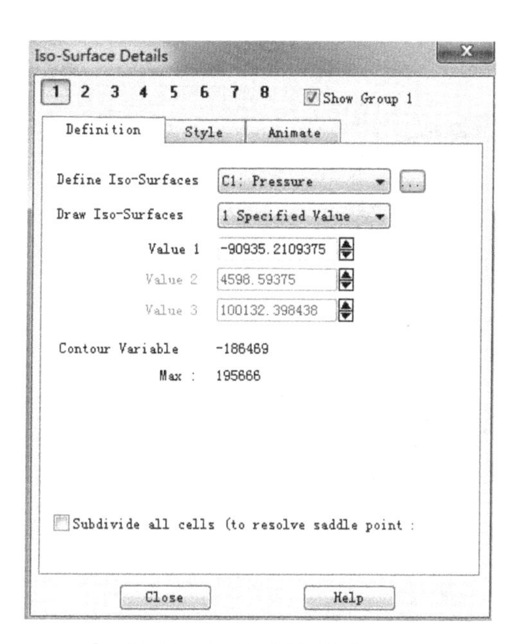

图 4-2-19　等值面对话框 1

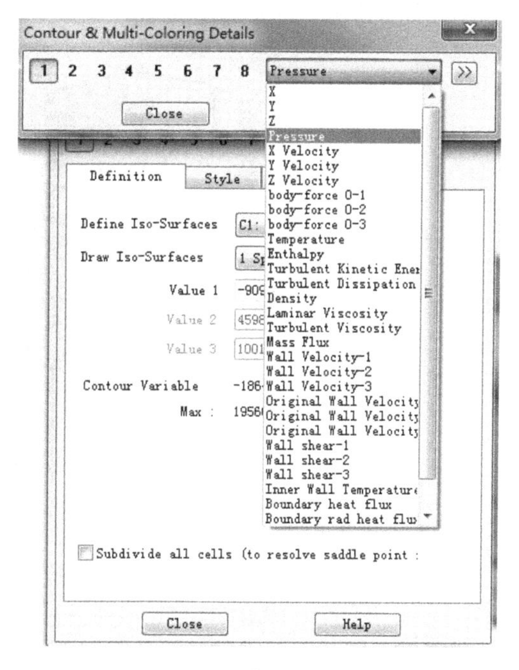

图 4-2-20　变量选择列表

（4）默认是选择 Pressure，改选 Y，并设 Y 的值 Value 1 为 0，如图 4-2-21 所示，此时图中切面如图 4-2-22 所示。

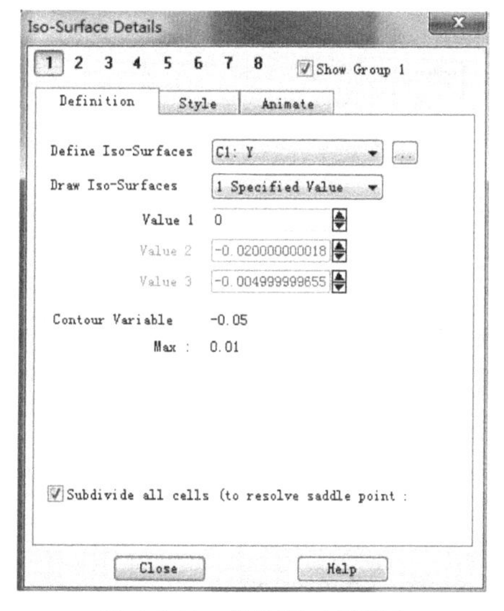

图 4-2-21　等值面对话框 2

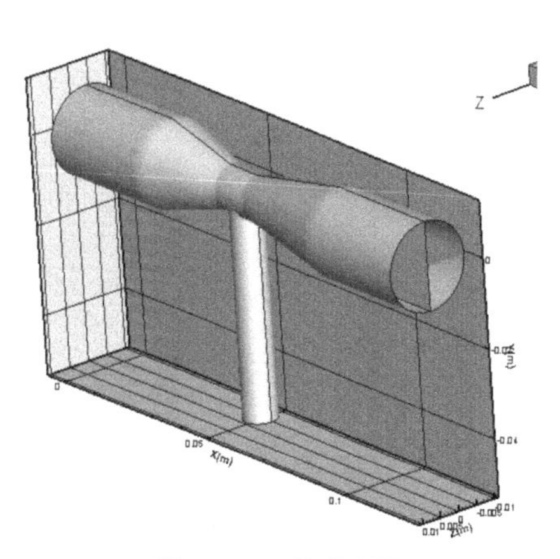

图 4-2-22　等值面图

（5）勾选下面的 Subdivide all cells 复选项，单击 Close 按钮，则创建 Y = 0 的平面（黄色）。

（6）选择 Data→Extract→Iso-surfaces...，把 Y = 0 的面变成一个域，可进行数据处理。

（7）选中 Contour，选中 Streamtraces，绘制几条流线，则在 Z = 0 的对称面和 Y = 0 的面上的流线图和压力分布如图 4-2-23 所示。

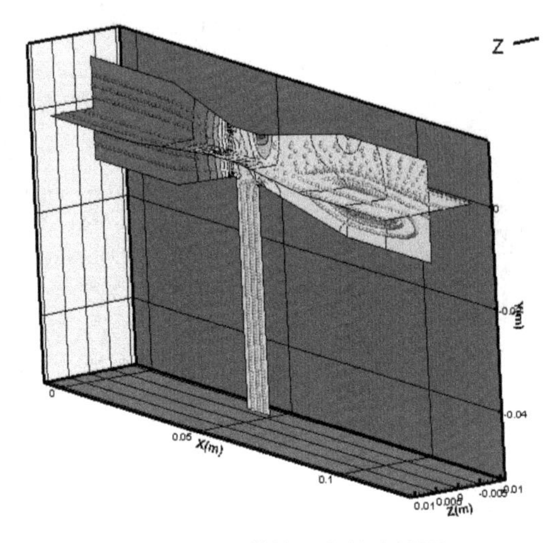

图 4-2-23　等值面上的流线图

注意：用此方法可以绘制等压面、等温面等。

7. 作任意角度的切面

操作：Data→Extract→Slice from Plane，打开切面设置对话框，如图 4-2-24 所示。

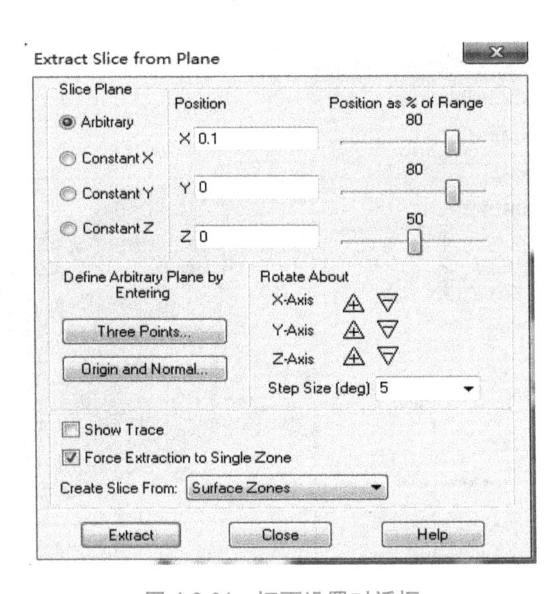

图 4-2-24　切面设置对话框

（1）在 Slice Plane 单选项中选择 Arbitrary。

（2）在 Define Arbitrary Plane by Entering 项中选择 Three Points...，弹出确定点位置对话框如图 4-2-25 所示，可作过三个点的切面。

（3）在 Define Arbitrary Plane by Entering 项中选择 Origin and Normal...，弹出确定点位置和方向对话框如图 4-2-26 所示，可绘制出过一个点并已知法向的切面。

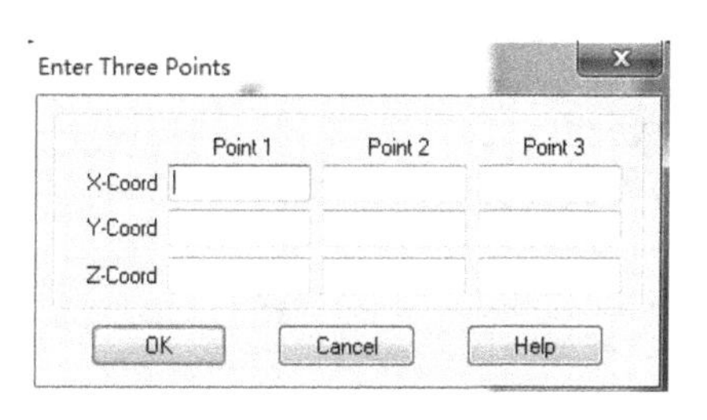

图 4-2-25　点设置对话框

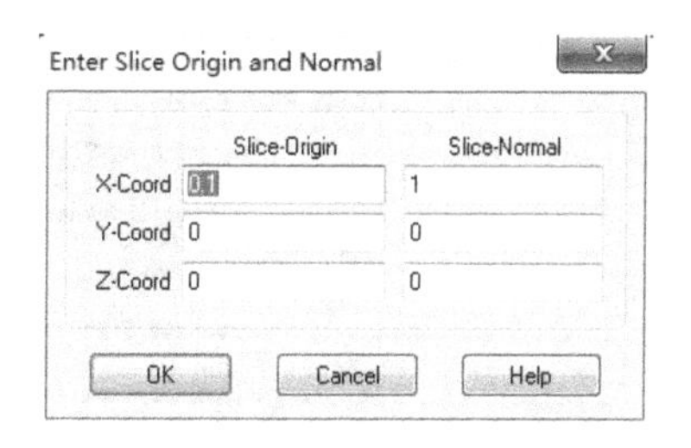

图 4-2-26　点和方向设置对话框

8. 创建三维流域中的流线

由于在三维流域中用鼠标单击流域中的点，位置很难确定，故可采用输入点位置并绘制过此点的流线来完成。

（1）删除所有已创建的流线。

（2）在左侧 Streamtraces 中单击方形按钮，打开流线位置选项卡，如图 4-2-27 所示。

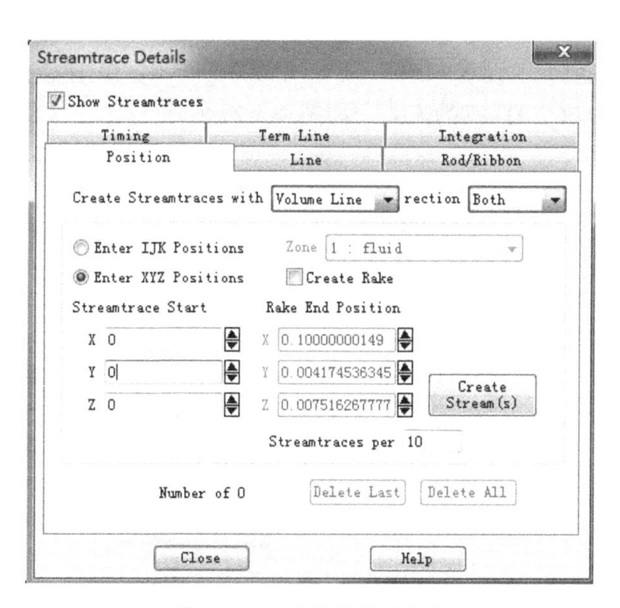

图 4-2-27　流线位置选项卡

（3）在 Position 选项卡中设 X=0，Y=0，Z=0，单击 Create Stream（s），创建一条通过（0，0，0）点的流线。

注意：类似的方法可创建多条流线。

（4）在 Line 选项卡设置颜色 Line Color 为红色，设置线粗 Line Thickness 为 0.4，如图 4-2-28 所示。

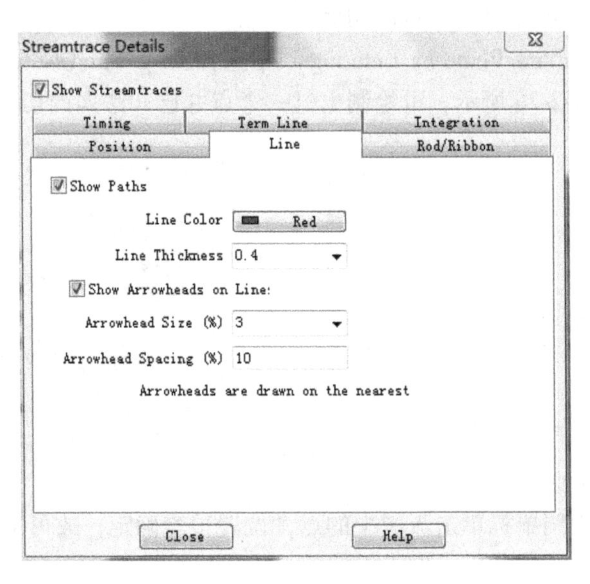

图 4-2-28　流线设置选项卡

（5）在 Position 选项卡中设 X=0.055，Y=-0.04，Z=0，单击 Create Stream（s），创建一条通过（0.055，0.04，0）点的流线。

（6）在 Position 选项卡中设 X=0.08，Y=-0.006，Z=0，单击 Create Stream（s），创建一条通过（0.08，-0.006，0）点的流线，如图 4-2-29 所示。

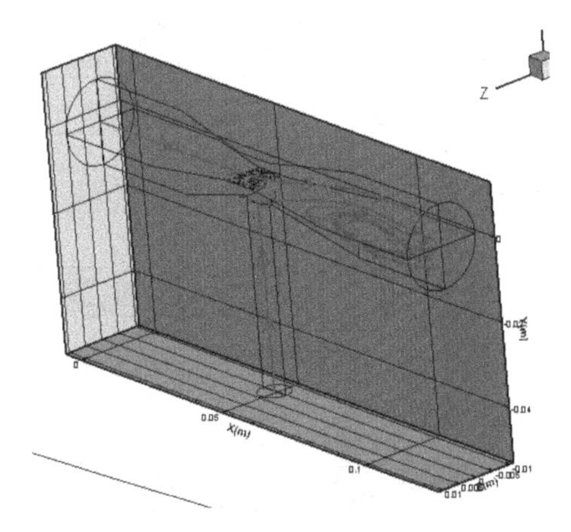

图 4-2-29　流线图

注意： 在 Integration 选项卡的 Max Steps 项可设置流线的长度，如图 4-2-30 所示。

（7）在 Timing 选项卡，选择 Show Markers，并设 Color（颜色）为蓝色，如图 4-2-31 所示。

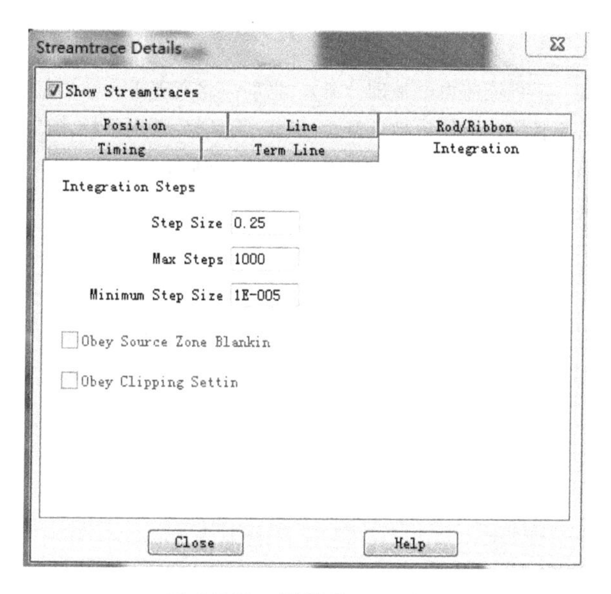

图 4-2-30 流线 Integration

（8）单击菜单栏的 Animate→Streamtraces...，单击 Animate 按钮，可演示动画效果，如图 4-2-32 所示。

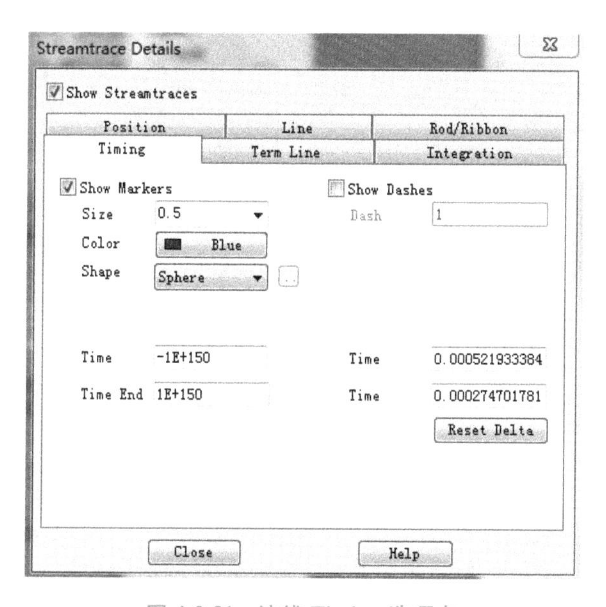

图 4-2-31 流线 Timing 选项卡

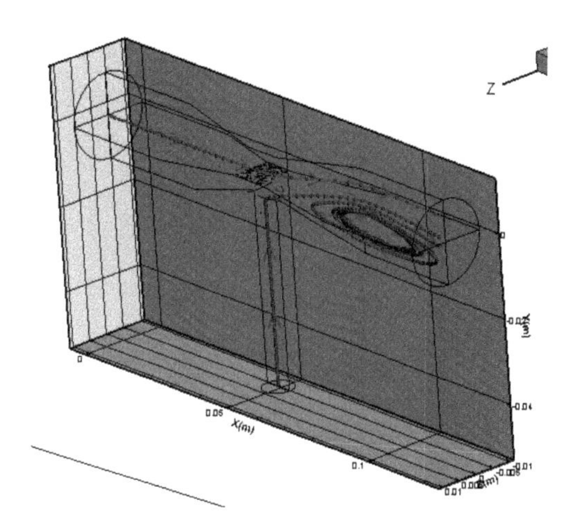

图 4-2-32 流线动画效果

后记：CFD 后处理的工作非常重要，也有很多优秀的软件。在此仅仅介绍了 Tecplot 一款软件的应用，希望能引起大家对后处理的关注。当然，要使后处理展示得更加美观，还要多练习，多实践。

参考文献

[1] 韩占忠，王国玉，黄彪. 工程流体力学基础 [M]. 北京：北京理工大学出版社，2020.
[2] 周力行. 湍流两相流动与燃烧的数值模拟 [M]. 北京：清华大学出版社，1991.
[3] 杨世铭，陶文铨. 传热学 [M]. 北京：高等教育出版社，2002.
[4] 韩占忠. 流体工程仿真计算实例与分析 [M]. 北京：北京理工大学出版社，2009.